JN174538

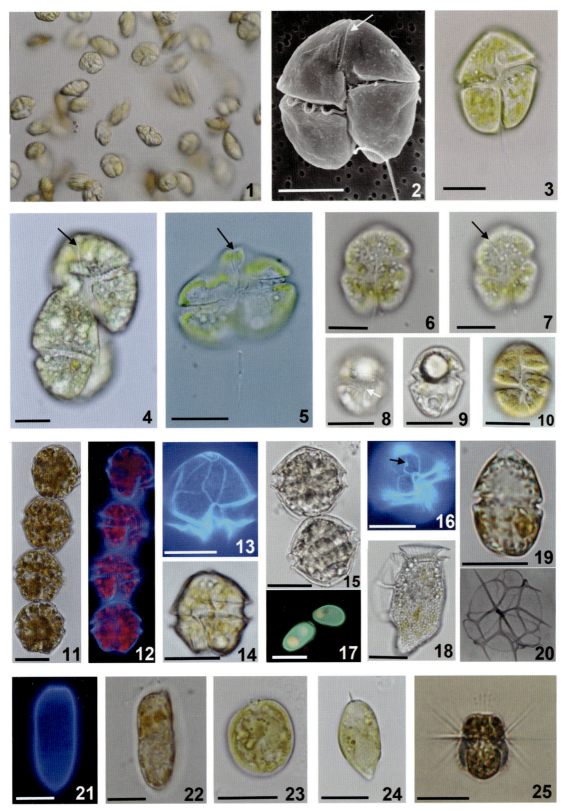

口絵 A　　有害有毒プランクトン（一部に無被害種も含む）（詳細は本扉裏の ii ページ参照）

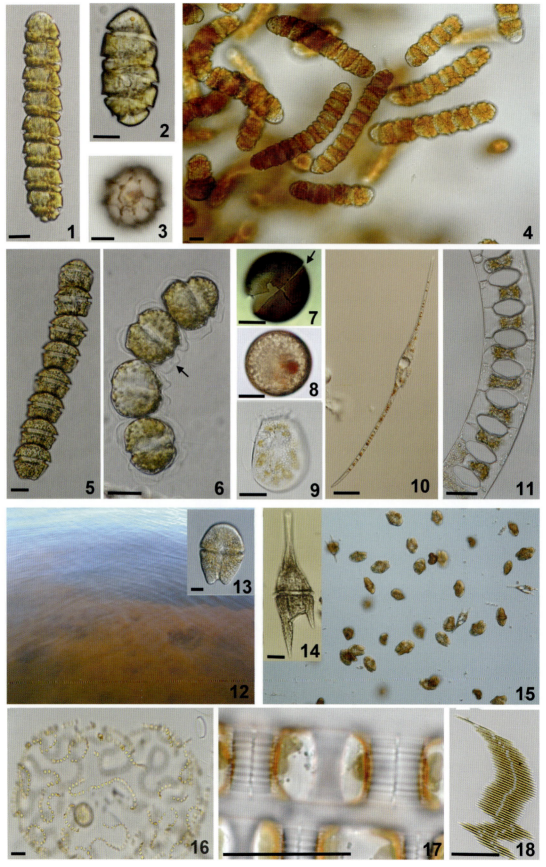

口絵 B　　有害有毒プランクトン（一部に無被害種も含む）（詳細は本扉裏の ii ページ参照）

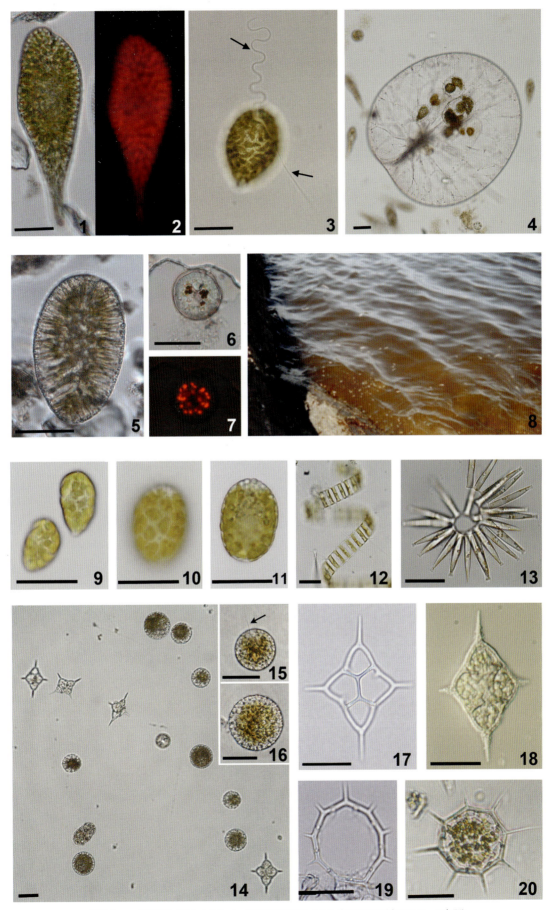

口絵 C　　有害有毒プランクトン（一部に無被害種も含む）（詳細は本扉裏の ii ページ参照）

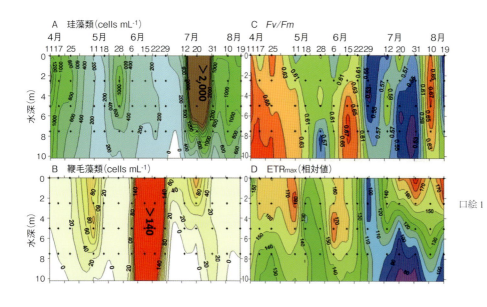

口絵1 　2012年広島県呉港におけ
　　　る珪藻類，鞭毛藻類の細胞
　　　密度および植物プランクト
　　　ン群集のF_v/F_m，ETR_{max}
　　　（相対値）の鉛直分布の推
　　　移（2-6図8，100頁）

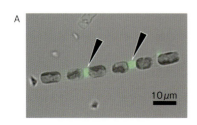
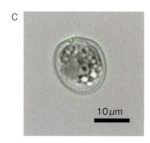
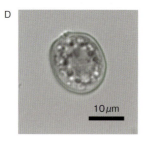

口絵2 　間接蛍光抗体法による *Heterosigma akashiwo* が
　　　産生する高分子アレロパシー物質の結合部位の
　　　検出（2-8図3，115頁）
　　　A：高分子アレロパシー物質を曝露した
　　　Skeletonema costatum 細胞，B：高分子アレロ
　　　パシー物質未曝露の *S. costatum* 細胞，C：高分
　　　子アレロパシー物質を曝露した *Prorocentrum
　　　minimum* 細胞，D：高分子アレロパシー物質未
　　　曝露の *Prorocentrum minimum* 細胞．なお，図中
　　　の矢印は，蛍光シグナルが検出された部位を示
　　　す．

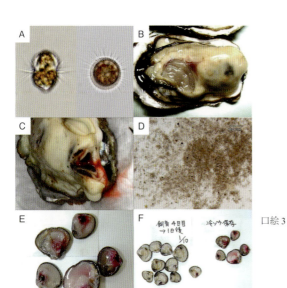

口絵3 　2004年に的矢湾および2004年，2005年に木曽三川河口域で発生した
　　　Mesodinium rubrum による赤変カキと赤変シジミ（畑 未発表）（2-9図2，
　　　125頁）
　　　A：*M. rubrum* の側面観（左）と上面観（右），B：赤変カキの外観，C：
　　　赤変カキの浸出液，D：浸出液の光学顕微鏡像，E：赤変シジミの外観，
　　　F：清浄海水による飼育後（左）と飼育前（右）の赤変シジミ．

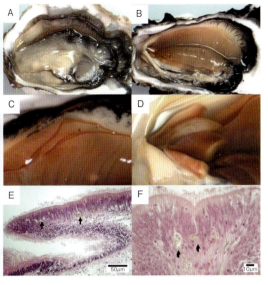

口絵4　2001年に伊勢湾口（鳥羽市地先）で発生したカキの鰓着色（畑　未発表）（2-9 図3，127頁）
A：着色カキの外観，B：着色カキの鰓と唇弁，C：鰓の拡大，D：唇弁の拡大，E：唇弁の上皮組織で観察された茶褐色顆粒，F：茶褐色顆粒の拡大.

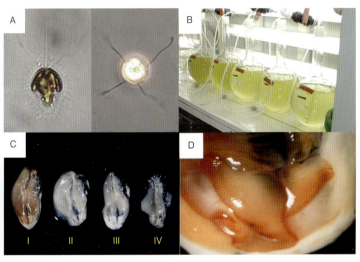

口絵5　*Chrysochromulina quadrikonta* 単離培養株によるカキ鰓着色の再現試験（畑　未発表）（2-9 図6，127頁）
A：*C. quadrikonta* の側面観（左）と上面観（右），B：*C. quadrikonta* 単離株の細胞浮遊液，C：*C. quadrikonta* 給餌区（Ⅰ），*Pavlova lutheri* 給餌区（Ⅱ），*Chaetoceros gracilis* 給餌区（Ⅲ），無給餌区（Ⅳ），D：*C. quadrikonta* 給餌区の唇弁.

口絵6　2014年に伊勢湾口（鳥羽市地先）で発生した原因不明の茶変カキと岩手県沿岸（大船渡湾）で茶変カキの原因と推定された *Prorocentrum* sp. aff. *dentatum*（＝*Prorocentrum shikokuense*）（畑　未発表）（2-9 図7，128頁）
A：伊勢湾口で発生した茶変カキ（原因不明），B：*Prorocentrum* sp. aff. *dentatum* の単体（左）と連鎖個体（右）.

口絵7　2015年に熊野灘沿岸（紀北町白石湖）で発生した原因不明の黄変カキ（畑　未発表）（2-9 図8，128頁）
A：黄変カキの外観，B：浸出液.

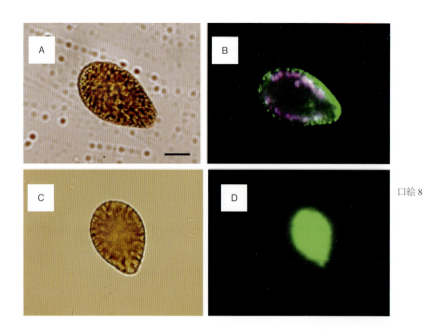

口絵 8　*Chattonella marina* の活性酸素産生における細胞内局在性（**2-11 図 2**，140 頁）スーパーオキサイド特異的蛍光プローブ存在下での *C. marina* 細胞の（A）明視野および（B）蛍光顕微鏡写真．過酸化水素特異的蛍光プローブ存在下での *C. marina* 細胞の（C）明視野および（D）蛍光顕微鏡写真．スケール：20 μm．（Kim et al. 2007）．

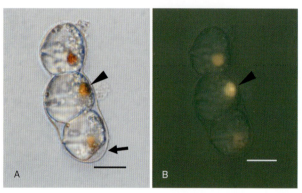

口絵 9　*Cochlodinium polykrikoides* の透明皮膜シスト（**3-1 図 3**，171 頁）
A：明視野，B：B 励起下．
▶：赤橙色顆粒（red accumulation body），➡：透明皮膜（hyaline membrane），スケール：20 μm．

口絵 10　　相模湾沿岸域（江の島沖）での夜光虫赤潮（荒 功一撮影）（**3-4 図 1**，201 頁）

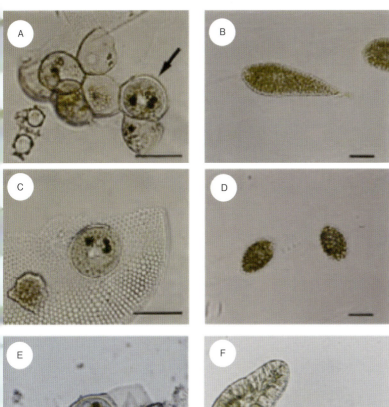

口絵 11　瀬戸内海の海底泥中に存在していた *Chattonella* 属の各種のシストとそのシストから発芽して生じた栄養細胞（Imai & Itoh 1988, Yamaguchi et al. 2008b, Imai & Yamaguchi 2012）（3-5 図 3, 215 頁）
C. antiqua（A, B）, *C. marina*（C, D）, *C. ovata*（E, F）. スケール：30 μm.

口絵 12　通常の養殖ノリ（A）と色落ちしたノリ（B）およびそれらのノリ製品（左：通常ノリ, 右：色落ちノリ）（C）（西川（2011）を改変）（3-8 図 1, 241 頁）

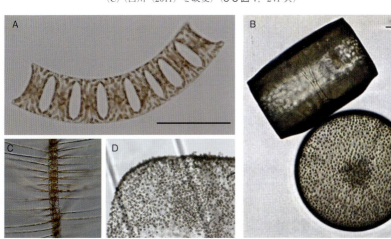

口絵 13　代表的なノリ色落ち原因珪藻（スケール：100 μm）（3-8 図 2, 241 頁）
Eucampia zodiacus（A）, *Coscinodiscus wailesii*（B）, *Chaetoceros densus*（C）および *Thalassiosira diporocyclus*（D）.

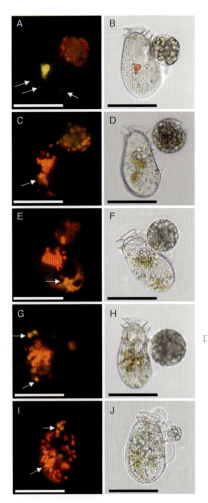

口絵 14　*Dinophysis fortii* により *Mesodinium rubrum* の捕食を介した葉緑体の奪取過程の顕微鏡観察（A, C, E, G, I：落射蛍光観察，B, D, F, H, J：通常光観察）（4-2 図 6，287 頁）本観察は連続観測ではなく，同一細胞でもない．スケール：50 μm.

A，B：*D. fortii* が *M. rubrum* を捕獲して 1 分後．まだ葉緑体の奪取は確認されない．

C，D：同 5 分後．葉緑体の取り込みがすでに開始，取り込まれた葉緑体が細胞の中央付近に集積．

E，F：同 10 分後．半数以上の葉緑体が取り込まれ，細胞付近に集積．

G，H：同 15 分後．ほぼすべての葉緑体が取り込まれ，葉緑体が細胞縁辺部へ拡散．細胞質はまだ *M. rubrum* 細胞中に存在．

I，J：同 40 分後．葉緑体の細胞縁辺部への輸送は完了し，細胞質もほぼ取り込まれて捕食．白色矢印は実験開始時に *D. fortii* に残存，保持されていた葉緑体を示す．

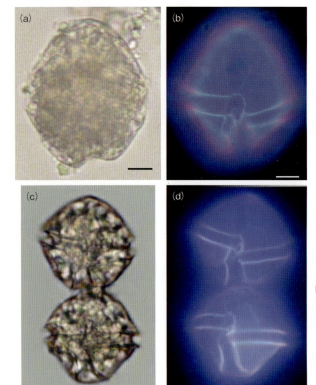

口絵 15　PET チャンバーで捕捉した *Alexandrium catenella* の遊泳細胞（4-3 図 2，292 頁）

（a）通常光下で観察した発芽細胞，（b）カルコフロール染色して UV 励起光下で観察した（a）の発芽細胞，（c）通常光下で観察した栄養細胞（発芽細胞が減数分裂した後の 2 連鎖細胞），（d）カルコフロール染色して UV 励起光下で観察した（c）の栄養細胞．スケール：10 μm.

（a），（b）は石川・石井（2007）より転載

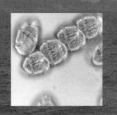

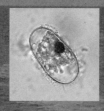

Advances in Harmful Algal Bloom Research

有害有毒
プランクトンの
科学

今井一郎・山口峰生・松岡數充 編

恒星社厚生閣

口絵 A ～ C の画像の撮影法

LM：光学顕微鏡（通常光），FM：光学顕微鏡（蛍光），SEM：走査型電子顕微鏡，TEM：透過型電子顕微鏡．スケールは 20 μm.

口絵 A

1-4：*Karenia mikimotoi*（Miyake & Kominami ex Oda）G. Hansen & Ø. Moestrup．1：赤潮形成状況（長崎県大村湾 2006 年 7 月）（LM）．2：腹面（矢印：直線状の上錐溝）（SEM）．3：腹面（LM）．4：分裂中の細胞（矢印：直線状の上錐溝）（LM）．

5：*Karenia brevis*（C. C. Davis）G. Hansen & Ø. Moestrup（矢印：直線状の上錐溝）（LM）．

6-7：*Takayama tasmanica* M. F. de Salas, C. J. S. Bolch & G. M. Hallegraeff．6：腹面（LM）．7：腹面（矢印：S 字状の上錐溝）（LM）．

8-10：*Karenia digitata* Z. B. Yang, H. Takayama, K. Matsuoka & I. J. Hodgkiss．8：腹面（矢印：縦溝左端の下錐への侵入）（LM）．9：背腹断面（LM）．10：腹面（横溝の顕著な段差）（LM）．

11-12：*Alexandrium tamiyavanichii* Balech．11：4 細胞連鎖群体（LM）．12：4 細胞連鎖群体のカルコフロール染色（FM）．

13-14：*Alexandrium catenella*（Whedon & Kofoid）Balech．13：カルコフロール染色（矢印：第一頂板 1'に腹孔がない）（FM）．14：腹面（LM）．

15-16：*Alexandrium tamarense*（Lebour）Balech．15：2 細胞連鎖群体（LM）．16：カルコフロール染色（矢印：第一頂板 1' の腹孔）（FM）．

17：*Alexandrium acatenella/catenella/tamarense* シストのプリムリン染色（FM）．

18：*Dinophysis caudata* Saville-Kent．側面観（LM）．

19-20：*Heterocapsa circularisquama* Horiguchi．19：背腹面（LM）．20：鱗片．環の直径は約 0.2 μm（TEM）．

21-22：*Prorocentrum shikokuense* Hada．21：側面のカルコフロール染色（FM）．22：側面（LM）．

23：*Prorocentrum compressum*（J. W. Bailey）Abé ex J. D. Dodge（LM）．

24：*Prorocentrum triestinum* J. Schiller（LM）．

25：*Mesodinium rubrum*（Lohmann 1908）Hamburger & Buddenbrock 1929（= *Myrionecta rubra* Lohmann, 1908）（LM）．

口絵 B

1-4：*Cochlodinium polykrikoides* Margalef．1：8 細胞連鎖群体（East Asia ribo-type）（LM）．2：2 細胞連鎖群体（East Asia ribo-type）（LM）．3：生シスト（East Asia ribo-type）（LM）．4：赤潮形成時の細胞集合状態（韓国釜山港 2000 年）（LM）．

5-8：*Gymnodinium catenatum* H. W. Graham．5：8 細胞連鎖群体（LM）．6：4 細胞連鎖群体（細胞の変形が始まる）．（矢印：細胞表面から剥離した薄膜）（LM）．7：空シスト（矢印：発芽孔）（LM）．8：生シスト（大きな赤橙色顆粒が特徴）（LM）．

9：*Dinophysis fortii* Pavillard（捕食生物の色素体を内包）（LM）．

10：*Ceratium fusus*（Ehrenberg）Dujardin（LM）．

11：*Eucampia zodiacus* Ehrenberg（LM）．

12-15：12：*Akashiwo sanguinea/Ceratium furca* の混合赤潮発生状況（有明海湾奥部 2006 年）．13：*Akashiwo sanguinea*（K. Hirasaka）G. Hansen & Ø. Moestrup（LM）．14：*Ceratium furca*（Ehrenberg）Claparède & Lachmann（LM）．15：*Akashiwo sanguinea* と *Ceratium furca* の混在状況（LM）．

16：*Chaetoceros socialis* H. S. Lauder（LM）．

17：*Skeletonema* sp.（LM）．

18：*Bacillaria paxillifera*（O. F. Müller）T. Marsson（LM）．

口絵 C

1-8：*Chattonella marina*（Subrahmanyan）Hara & Chihara．1：*Chattonella marina* var. *antiqua*（Hada）Demura & Kawachi（LM）．2：1 の蛍光像（FM）．3：*Chattonella marina* var. *marina*（Subrahmanyan）Demura & Kawachi（矢印：2 本の鞭毛）（LM）．4：*Chattonella* 赤潮発生時に出現した *Noctiluca scintillans*（Makartney 1810）Kofoid & Swezy 1921．細胞内に捕食された *C. marina* が観察される（LM）．5：*Chattonella marina* var. *ovata*（Hara & Chihara）Demura & Kawachi（LM）．6：ガラス質の基質に付着した *Chattonella marina* の生シスト（LM）．7：6 の蛍光像（葉緑体が赤色の粒子として見える）（FM）．8：*Chattonella* 赤潮の発生状況（長崎県諫早湾 2002 年）．

9：*Heterosigma akashiwo*（Hada）Hada ex Hara & Chihara（LM）．

10-11：*Fibrocapsa japonica* Toriumi & Takano（LM）．

12：*Chaetoceros debilis* Cleve（LM）．

13：*Asteroplanus karianus*（Grunow）Gardner & Crawford（LM）．

14：*Dictyocha fibura* Ehrenberg と球形 *Chattonella*（*Viciciutus globosus*（Hara et Chihara）Chang）の混合赤潮（長崎県大村湾 2013 年）（LM）．

15：小型球形 *Chattonella*（*Viciciutus globosus* Hara et Chihara）Chang）（矢印：上方に伸びる 1 本の鞭毛）．16：大型球形 *Chattonella*（LM）．

17-18：*Dictyocha fibura* Ehrenberg．17：*Dictyocha fibura* の珪酸質骨格（LM）．18：*Dictyocha fibura* の生細胞（LM）．

19-20：*Dictyocha octonaria* Ehrenberg（= *Octactis octonaria*（Ehrenberg）Hovasse）．19：*Dictyocha octonaria* の珪酸質骨格（LM）．20：*Dictyocha octonaria* の生細胞（LM）．

まえがき

　海洋生態系においては基礎生産を担う植物プランクトンが，海中の，あるいは海に食糧を依存する生きとし生けるものすべての生命の源となっている．われわれ人間も海から豊かな水産物の恵みを受けており，その根源は植物プランクトンにあるといえよう．海洋の植物プランクトン群集は多種多様な分類群の生物から構成されており，これは陸上の主要な基礎生産者が維管束植物門など植物界の一部のグループから構成されている点と大きく異なる．海洋の基礎生産者である植物プランクトンは，真核生物で9門，原核生物のラン藻類を入れるとさらに多様な生物群から構成されていることになる．海産種の数は5,000種を超えるとされており，淡水産種で15,000種以上知られているが，実際には未だ調査が十分に進んでいない海産の方が種数は多いと考えられている．このように多様な植物プランクトン種の中には，大量に増殖して赤潮を形成し魚介類に致死作用を示すもの，あるいは高等動物に対して致死作用等をもたらす毒を生産し細胞中に保有するもの等，様々な有害有毒プランクトンが存在している．とくに赤潮による養殖魚介類の大量斃死と有毒プランクトンによる有用二枚貝類の毒化は，水産における大問題としてだけでなく，海洋生態系への悪影響から環境問題としても認識されている．

　有害赤潮による漁業被害としては，具体的には100年以上も前から渦鞭毛藻類のカレニア（*Karenia mikimotoi*）によるものが報じられており，コクロディニウム（*Cochlodinium polykrikoides*）やラフィド藻類のシャットネラ（*Chattonella* spp.）等による養殖魚介類の大量斃死が深刻なものとして挙げられ，現在もそれらによる被害が続いている．大規模な被害を伴った記憶に新しい有害赤潮としては，八代海や有明海において2009年と2010年に発生したシャットネラ赤潮，および豊後水道に面する宇和海で2012年に発生し養殖魚介類の大量斃死を引き起こしたカレニア赤潮等が挙げられる．加えて外来種と推察されるヘテロカプサ（*Heterocapsa circularisquama*）による二枚貝類の斃死被害も深刻であり，最近では日本海の佐渡島にある汽水湖の加茂湖を舞台として養殖カキに対して新たに斃死被害が発生するようになっている．さらに珪藻類による養殖ノリの色落ち被害は，有明海や瀬戸内海等を中心にほとんど毎年発生し，春の珪藻赤潮によってノリ養殖はシーズンを終えるというパターンが定番化している．

　有毒プランクトンによる水産被害に目を転じてみると，北日本を中心に，下痢性貝毒や麻痺性貝毒による有用二枚貝類（ホタテガイやカキが中心）の基準値を超える毒化がほぼ毎年起こり，出荷の自主規制がなされている．特に麻痺性貝毒による二枚貝類の毒化状況を俯瞰するならば，出荷規制の発生する海域が近年は大阪湾など西日本沿岸域にも拡大して定着した感がある．また，気仙沼湾では2011年の大震災に伴う巨大津波で壊滅したホタテガイ養殖が，関係者の必死の努力によって復興の努力がなされ，やっと出荷が可能になり再開された2013年にこれまでほとんど発生の記録のなかった麻痺性貝毒によって出荷が規制され，水産業の復興全体に暗雲が立ち込めてきている状況にある．さらに海藻類に付着する有毒渦鞭毛藻類も，海洋温暖化に伴って世界的に分布が拡大する傾向にあるといえる．

　有害プランクトンによる赤潮の発生と有毒プランクトンによる魚介類の毒化の機構は，種特異的かつ水域特異的であり，したがってその発生の予察もまた同様である．よってこれらの発生予察や被害

軽減に向けてのモニタリングは，対象とする原因生物と水域環境の多様性をしっかり考慮し，それらの特性に立脚する必要がある．以上から，原因となっている有害有毒プランクトン種について，分類・生理・生態・生活環・個体群動態等に関して，現時点における研究の到達点を総括し，将来の有望な展開や，研究のボトルネックになっている問題点等の整理を行うことは喫緊の課題といえる．本書においては，有害有毒プランクトンに関する研究成果について近年の知見を広く総括し，発生機構に基づく赤潮や貝毒の予知・予察の可能性を探り，これからの研究の進展方向を展望する．

　本書が現役の研究者のみならず，赤潮研究に取り組む新参研究者や機関職員，関係の学問領域に関心を抱く学生の皆さん，あるいは現場で養殖等の水産関係の仕事に関係している方々の参考になることを切に祈念します．最後に本書の出版に際し，平成27年度科学研究費助成事業（科学研究費補助金，研究成果公開促進費，課題番号15HP5220）の助成を受けたことを記して感謝の意を表します．

2015年12月

今井一郎・山口峰生・松岡數充

本書で使われている学名について
　最近の分類学の進展につれて学名がしばしば変更され，調査現場でのモニタリングデータの継続性をどのように担保していくのかが問われている．本書ではこのような学名変更については基本的に各執筆者の意向に従っているが，特に近年公表された事例については以下の点に留意されたい．

Alexandrium catenella および *A. tamarense*
　本書では，John et al.（2014a, b）によって提案された定義による新しい種名は採用していない．それは，これまでわが国で進められてきた *Alexandrium* 属に関連した調査研究結果からは新提案の種名を特定することが困難であることによる．現状では本書で用いられている *Alexandrium catenella* や *A. tamarense* は *Alexandrium tamarense* species complex として把握しておくことが適切であると考えられる．これらの種に関する分類学的取り扱いについての経緯は，1-1章「渦鞭毛藻の分類」で解説されている．

Chattonella antiqua, *C. marina* および *C. ovata*
　調査現場ではこれら3種を形態的特徴によりそれぞれ識別することが可能であることから，*C. antiqua*, *C. marina*, *C. ovata* として観察・計数してきた経緯がある．その一方で，Demura et al.（2009）は主に分子系統解析結果に基づき，*Chattonella antiqua*, *C. marina*, *C. ovata* は同一種であり，これら3種は *Chattonella marina* の変種として取り扱われるべきであるとの主張をしている．これらの経緯については1-2章「ラフィド藻類の分類と分布」で解説されている．

Mesodinium rubrum と *Myrionecta rubra*
　Mesodinium rubrum は以前 *Myrionecta rubra* に変更されたこともあったが，Garcia-Cuetos et al.（2012）によって *Myrionecta* 属が無効との報告がなされているため，本書では *Mesodinium rubrum* としている．

文　献
John U, Litaker W, Montresor M, Murray S, Brosnahan ML, Anderson DM（2014a）Formal revision of the *Alexandrium tamarense* species complex（Dinophyceae）taxonomy: the introduction of five species with emphasis on molecular-based（rDNA）classification. Protist 165: 779-804.

John U, Litaker W, Montresor M, Murray S, Brosnahan ML, Anderson DM（2014b）Proposal to reject the name *Gonyaulax catenella*（*Alexandrium catenella*）（Dinophyceae）Taxon 63: 932-933.

Demura M, Noel MH, Kasai F, Watanabe MM, Kawachi M（2009）Taxonomic revision of *Chattonella antiqua*, *C. marina* and *C. ovata*（Raphidophyceae）based on their morphological characteristics and genetic diversity. Phycologia 48: 518-535.

Garcia-Cuetos L, Moestrup Ø, Hansen PJ（2012）Studies on the genus *Mesodinium* II. Ultrastructural and molecular investigations of five marine species help clarifying the taxonomy. J Euk Microbiol 59: 374-400.

執筆者一覧

（五十音順，＊は編者）

青木一弘	水産総合研究センター中央水産研究所
浅見大樹	北海道立総合研究機構水産研究本部網走水産試験場
足立真佐雄	高知大学教育研究部自然科学系
荒 功一	日本大学生物資源科学部
有元太朗	広島大学大学院生物圏科学研究科
石井健一郎	京都大学大学院地球環境学堂
石川 輝	三重大学大学院生物資源学研究科
石田直也	長崎県対馬水産業普及指導センター
板倉 茂	水産庁増殖推進部
今井一郎＊	北海道大学大学院水産科学研究院
小田達也	長崎大学水産・環境科学総合研究科
鬼塚 剛	水産総合研究センター瀬戸内海区水産研究所
折田和三	鹿児島県商工労働水産部
神山孝史	水産総合研究センター東北区水産研究所
小池一彦	広島大学大学院生物圏科学研究科
高坂祐樹	青森県産業技術センター水産総合研究所
坂本節子	水産総合研究センター瀬戸内海区水産研究所
櫻田清成	熊本県県南広域本部
澤田真由美	北海道立総合研究機構産業技術研究本部食品加工研究センター
紫加田知幸	水産総合研究センター瀬戸内海区水産研究所
嶋田 宏	北海道立総合研究機構水産研究本部中央水産試験場
白石智孝	和歌山県水産試験場
高山晴義	前 広島県水産試験場
田中伊織	前 北海道立総合研究機構水産研究本部中央水産試験場
外丸裕司	水産総合研究センター瀬戸内海区水産研究所
内藤佳奈子	県立広島大学生命環境学部
永井清仁	㈱ミキモト真珠研究所
長井 敏	水産総合研究センター中央水産研究所
夏池真史	東京工業大学大学院理工学研究科
西川哲也	兵庫県立農林水産技術総合センター但馬水産技術センター
西谷 豪	東北大学大学院農学研究科
西堀尚良	四国大学短期大学部
野田 誠	大分県東部振興局農山漁村振興部

畑 直亜　　　　　三重県水産研究所
深町 康　　　　　北海道大学低温科学研究所
福山哲司　　　　　日本大学大学院生物資源科学研究科
本城凡夫　　　　　香川大学瀬戸内圏研究センター
松岡數充*　　　　長崎大学大学院水産・環境科学総合研究科付属環東シナ海環境
　　　　　　　　　資源研究センター
松原 賢　　　　　佐賀県有明水産振興センター
宮村和良　　　　　大分県農林水産研究指導センター水産研究部
山口晴生　　　　　高知大学教育研究部自然科学系
山口峰生*　　　　水産総合研究センター瀬戸内海区水産研究所
山﨑康裕　　　　　水産大学校生物生産学科
山砥稔文　　　　　長崎県総合水産試験場

目　次

第4部　主要な有毒プランクトンにおける生理，生態，生活環，およびブルームの動態

第 1 部
有害有毒プランクトンの分類
－Part 1 Taxonomy of harmful algae－

　赤潮は，水中の微小生物，特に植物プランクトンの大量増殖や集積の結果発生する海水の着色現象を指す．淡水で起これば淡水赤潮と呼ばれる．赤潮の原因となる生物は，原核生物である紅色硫黄細菌やラン藻類，原生動物の中の繊毛虫類も含まれるが，主たるものは光合成を行う浮遊性の微細藻類，すなわち植物プランクトンの仲間であり，世界中で 200 種以上にのぼるという．また，有毒プランクトンは 60 種以上が報じられている．赤潮や貝毒の原因となる植物プランクトンは多様であり，ラン藻，クリプト藻，緑藻，プラシノ藻，黄金色藻，ハプト藻，ユーグレナ藻，珪藻，ラフィド藻，渦鞭毛藻の種が知られている．これらの中で，渦鞭毛藻類が赤潮や貝毒の原因生物として種数が最も多い．珪藻類がこれに次ぐが，近年はノリ養殖の季節に大発生して海水中の栄養塩類を枯渇させ，ノリの色落ち被害を起こすことが多くなっており，注目されるようになっている．ラフィド藻は，種数の少ない小さいグループの鞭毛藻類であるが，その赤潮による養殖魚類の斃死被害は群を抜いて高頻度で額も大きい．すなわち，有害有毒プランクトンは分類学的に多様であるが，重要なものの多くは，渦鞭毛藻，珪藻およびラフィド藻の 3 つの分類群に属しているといえる．第 1 部では，最近特に進展が著しい分子系統解析結果を踏まえてこれら 3 つの分類群を対象に分類の現状を解説し問題点を整理する．

1-1　渦鞭毛藻の分類[*1]

松 岡 數 充[*2]・高 山 晴 義[*3]

1．はじめに

　有害有毒種を数多く含む渦鞭毛藻はアンフィエスマと呼ばれる細胞外皮を持つアルベオラータの一員である．アンフィエスマに形成されるセルロース質板の発達状況によって，無殻種と有殻種に大別される．最もこれは便宜的な区分で，実際にはセルロース板の発達は，それがない種（例えば *Oxyrrhis marina*）から堅牢に発達した種（例えば *Goniodoma polyedricum*）まで連続している（Morrill & Loeblich 1984）．したがって，無殻種の中でも薬品固定がほぼ不可能な種もあり，また，ある程度可能な種もある（図1）．

図1　細胞外皮（アンフィエスマ）の構造
　　PM：原形質膜，TV：小胞，TP：鎧板，P：ペリクル，CM：細胞質膜．小胞内に形成される鎧板の大きさは1から4へとほぼ連続的に変化する．3や4段階のアンフィエスマを持つ種が有殻種とされる．

　1990年代以降急速に進展した分子系統学は渦鞭毛藻の分類にもきわめて大きな影響を与えている．従来の形態のみに基づいた分類は系統を反映していないことが明らかになり（Daugbjerg et al. 2000, Saldarriaga et al 2004, Hoppenrath & Leander 2010），新分類群の提唱や改訂が後を絶たない（例えば Daugbjerg et al. 2000, Yamaguchi et al. 2011, Sarai et al. 2013）．最近の渦鞭毛藻の分類学は外部形態のみならず，鞭毛装置などの内部形態や上錐溝，シストの形態のように分子系統を反映した微細な形態にも注目して行われている．無殻類では以前は細胞長に対する横溝の位置と段差の大きさにより，*Gymnodinium*，*Gyrodinium*，*Amphidinium*，*Katodinium* などに分類されていたが，分子系統解析の結果，それらのいずれもが多系統を示すことから，現在では分子系統を反映した形態形質，例えば上錐溝の形態，腹孔の有無と位置，上錐の形態に着目して分類されている（図2）．その結果，*Karenia*，*Karlodinium*，*Takayama*，*Togula*，*Prosoaulax*，*Apicoporus*，*Tovellia*，*Borghiella*，*Baldinia*，*Jadwigia* などの新属が提唱されるとともに多くの新種が記載されている（例えば Daugbjerg et al. 2000, de Salas et al. 2003, Sampedro et al. 2011）．しかも，その研究動向は現在も継続しており，新属から取り残された

[*1]　Taxonomy of modern dinoflagellates
[*2]　Kazumi Matsuoka（kazu-mtk@nagasaki-u.ac.jp）
[*3]　Haruyoshi Takayama

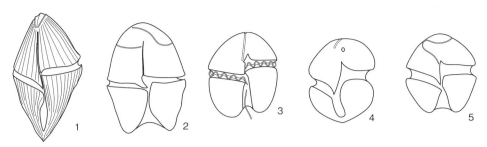

図2　分子系統上の位置と色素体，上錐溝の構造を加味して新たに細分された無殻渦鞭毛藻類
1: *Gymnodinium* 属，2: *Akashiwo* 属，3: *Karenia* 属，4: *Karlodinium* 属，5: *Takayama* 属．

Gymnodinium，*Gyrodinium*，*Amphidinium* は未だに多系統であることから，さらなる新属・新種の記載が継続されていて，未だに分類体系が確定されていない．このような新たな分類の傾向について無殻類，有殻類の事例に分けて後に詳述する．

2．目や科レベルでの渦鞭毛藻の分類

　渦鞭毛藻類を対象とした分子系統解析が始まった当初の結果では目レベルでさえ多系統になるとされ，従来の形態分類が混乱に陥った．*Prorocentrum* 類が多系統になって，Gonyaulacoid 分岐群と Peridinioid 分岐群を間に挟んで2分された分岐群を形成した（図3）ことから GPP（Gonyaulacoid-Peridinioid-Prorocentroid）複合群などと呼称された（Saldarriaga et al. 2004）．しかし，それは当時，分子系統解析に活用された塩基配列が18S リボソーム遺伝子（SSU）や28S リボソーム遺伝子（LSU）のいずれかを使った解析に起因するとされ，より多くの塩基配列データ（例えば SSU と LSU にスペーサーである ITS（Internal Transcribed Spacer）領域を加えたもの）を使って再検討された結果，現在では目レベルでの大分類は従来の系統をほぼ反映していると考えられている（Orr et al. 2012）（図4）．しかし，目以下のレベルの科や属は多系統を示す例が数多く存在しており，これらの混乱が落ち着き，新たな分類体系が確立するまではさらなる塩基配列データの蓄積を必要としている．

3．分類名の混乱

　前述のように，近年では塩基配列データと形態形質を合わせた種同定が行われているが，この方法に問題がないわけではない．GenBank には莫大な数の渦鞭毛藻種の塩基配列データが登録されている．その中で，初期の塩基配列データに付されている種名は不正確な事例もある．また，GenBank 登録データには論文として公表されているものだけではなく，種名の追跡が不可能な事例もあり，中には新たに記載・提唱される以前の生物名で登録されている事例もある．例えば *Karenia mikimotoi* は *Gymnodinium mikimotoi* としても登録されていることから，これらの遺伝子情報を適切に活用するには該当する種についての分類の歴史を熟知しておくことが求められる．また，ある種に対していかなる分類名を使うかは研究者の見解によっても異なる．例えば，東シナ海およびその周辺海域での赤潮原因種である *Prorocentrum dentatum* とされてきた種は，中国では *P. donghaiense* と *P. dentatum*（Lu & Goebel 2001, 中国沿海赤潮編集委員会 2003）が，韓国では *P. dentatum*（Kim 2005），日本では *P.*

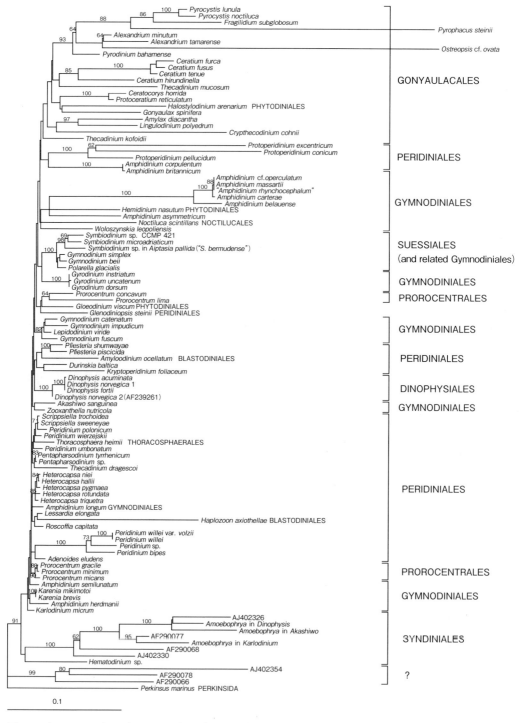

図3 G（Gymnodinioid）-P（Prorocentroid）-P（Peridinioid）complex が強調された時の分子系統樹図（Saldarriaga et al. 2004）

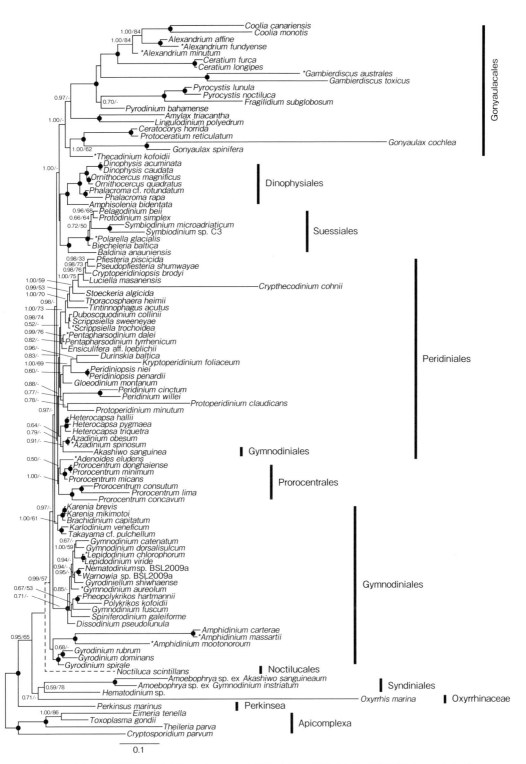

図4　より長い塩基配列情報（SSU + ITS + LSU 領域）を用いて得られた分子系統樹図（Orr et al. 2012） *dentatum*（福代ほか 1990）あるいは *P. shikokuense*（羽田 1975），と呼ばれている．これらの生物は形態学的特徴や分子系統解析の結果では同じ種であることが判明している（Takano & Matsuoka 2011）が，その生物名は現時点では統一して使われていない．このような研究の歴史も理解しておく必要がある．また，後述する *Alexandrium* 属，*Protoperidinium* 属や *Diplopsalis* 類，以前の *Gymnodinium* 属にとどまらず，多くの渦鞭毛藻の属・種名の変更や改訂，分類体系の修正は今後もしばらく継続すると思われ，現状では種名の混乱は避けられそうにない．これまでの遺伝子情報も加味して提案された渦鞭毛藻の分類体系を表 1 に紹介しておく．

（1）有殻類の事例

　有殻類では Gonyaulax 科の *Pyrodinium* 属や *Alexandrium* 属の種分類に大きな進展があった．*Pyrodinium* 属は *P. bahamense* の 1 種を含んでいるが，従来は連鎖群体を形成し，太平洋（特に西太平洋熱帯海域）に分布し麻痺性貝毒を産生する *P. bahamense* var. *compressum* と大西洋熱帯域に分布し，非連鎖群体性で無毒の *P. bahamense* var. *bahamense* の 2 変種が認められてきた（Steidinger et al. 1980）．Mertens et al.（2014）はこれら 2 変種のプランクトン期およびシスト期の形態を詳細に観察し，遺伝子情報も加えて，既存の地理的分布や毒産生能も再検討した結果，分類学的に *P. bahamense* に 2 変種を認めることは適切でないと結論した．この研究で注目すべき他の点は，これまでに報告されてきたプランクトン細胞の形態観察結果には同じ *P. bahamense* の遊泳細胞であっても異なった生活期には異なった形態を示す場合があること，すなわち，配偶子，運動性接合子，運動性減数母細胞などでは鎧板配列は同じであっても，各鎧板の形や大きさ，また頂角や後角の発達の程度が異なる，などに注意を払う必要があることを指摘していることである．

　Alexandrium 属，特に *catenella-tamarense* グループについて最近提唱された分類学的再検討は今後の有毒プランクトン研究を進めていくうえで注視しておくべきである．*A. catenella-tamarense* グループの分類については従来より形態形質に基づく種と分子系統解析に基づく種との間に不一致があり，日本でも調査現場での対応に混乱・苦慮してきた経緯がある．John et al.（2014a）は *catenella-tamarense* グループの種について，各海域から報告されたそれらの形態を原記載に基づいて詳細に検討して整理し，また遺伝子情報を再整理した結果，これまで John et al.（2003）や Lilly et al.（2007）によって分子系統学的に認められてきた *catenella-tamarense* グループの 5 つの分岐群を *Alexandrium tamarense* species complex（種群）としてまとめた（図 5）．加えて，*Alexandrium fundyense* と *A. tamarense* を再定義し，これらに加え *A. mediterraneum*，*A. pacificum*，*A. australiense* を新種として記載した．これら一連の分類学的研究の中で重要な点は，*A. catenella* の種名を国際藻類・菌類・植物命名規約（ICN）第 56.1 条「命名上無益な変更を引き起こす原因となるいかなる学名に対しても廃棄の提案をすることができる－（McNeil et al. 2012）；邦訳は日本植物分類学会国際命名規約邦訳委員会（2014）－」に依拠して廃棄すると提案したことである（John et al. 2014b）．これによってこれからの現場での有毒 *Alexandrium* 属への対応が混乱する可能性が出てきた．*A. catenella* を廃棄する理由として，本種（原記載名は *Gonyaulax catenella*（Whedon & Kofoid 1936））の模式地である北米・サンフランシスコ沖から採取した *Alexandrium* プランクトンの分子系統解析結果は *A. fundyense* と同じであり，英国タマール川河口域が模式地である *A. tamarense* と異なっていること，形態学的には *A. fundyense* と *A. tamarense* ともに腹孔を持つ細胞と持たない細胞が認められること，したがってそれが種識別の基準

表 1　最近提唱された渦鞭毛藻の分類体系（Gómez 2012）に追加・改編．有害・有毒種を太字で示す．科以上の分類群については
研究者によって取り扱いが異なっていることに注意．
p.p.：pro parte．s.s.：狭義の（sensu stricto）．s.l.：広義の（sensu lato）．

Infraregnum Alveolata, Phylum Dinoflagellata

Class Ellobiopsea / Ellobiophyceae
　　Order Thalassomycetales
　　　　Ellobiopsidae / Thalassomycetaceae: *Ellobiopsis, Parallobiopsis, Rhizellobiopsis, Thalassomyces*
Class Oxyrrhea
　　Order Oxyrrhida / Oxyrrhinales
　　　　Oxyrrhinaceae: *Oxyrrhis*
Class of Pronoctiluca, incertae sedis
　　　　Protodiniferaceae: *Pronoctiluca*
Class of Duboscquella (Marine Alveolate Group I)
　　Order Duboscquodinida / Duboscquellales
　　　　Duboscquellaceae: *Dogelodinium, Duboscquella, Ichthyodinium, Keppenodinium*
Class Syndinea (Marine Alveolate Group II)
　　Order Syndiniales
　　　　Syndiniaceae: *Actinodinium, Caryotoma, Merodinium, Syndinium*
　　　　Coccidinidae / Coccidiniaceae: *Coccidinium*
　　　　Family of Hematodinium : *Hematodinium*
　　　　Sphaeriparaceae: *Atlanticellodinium, Sphaeripara*
　　　　Amoebophryidae / Amoebophryaceae: *Amoebophrya*
Class Noctilucea / Noctiluciphyceae (Dinokaryota)
　　Order Noctilucales
　　　　Noctilucaceae: *Noctiluca, Spatulodinium*
　　　　Kofoidiniaceae: *Kofoidinium, Pomatodinium*
　　　　Leptodiscaceae: *Abedinium, Cachonodinium, Craspedotella, Leptodiscus, Petalodinium, Scaphodinium*
Class Dinoflagellata / Dinophyceae (Dinokaryota)
　　Order Haplozooidea / Haplozoonales
　　　　Haplozoonaceae: *Haplozoon*
　　Order Dinotrichales
　　　　Crypthecodiniaceae: *Crypthecodinium*
　　　　Dinotrichaceae: *Dinothrix, Durinskia, Galeidinium, Gymnodinium* p.p., *Kryptoperidinium, Peridiniopsis* p.p.,
　　　　Peridinium quinquecorne
　　Order Dinococcales
　　　　Phytodiniaceae: *Baldinia, Borghiella, Cystodinium, Dinamoebidium, Dinastridium, Dinoclonium, Dinococcus, Hypnodinium,*
　　　　　　Manchudinium, Phytodinium, Prosoaulax, Sphaerodinium, Tetradinium
　　　　Symbiodiniaceae: *Aureodinium, Biecheleria, Pelagodinium, Biecheleriopsis, Piscinoodinium, Polarella, Protodinium,*
　　　　　　Symbiodinium
　　Order of Akashiwo
　　　　Family of *Akashiwo*: **Akashiwo**
　　Order Brachidiniales
　　　　Brachidiniaceae: *Asterodinium, Brachidinium, Gynogonadinium,* **Karenia, Karlodinium,** *Microceratium, Pseliodinium,*
　　　　　　Takayama, *Torodinium*
　　Order Gymnodiniales s.s.
　　　　Chytriodiniaceae: *Chytriodinium, Dissodinium, Myxodinium, Schizochytriodinium, Syltodinium*
　　　　Gymnodiniaceae: **Barrufeta,** *Gymnodinium* s.s., *Gyrodiniellum,* **Lepidodinium,** *Paragymnodinium, Pheopolykrikos,*
　　　　　　Polykrikos, *Spiniferodinium*
　　　　Warnowiaceae: *Erythropsidinium, Greuetodinium, Nematodinium, Nematopsides, Proterythropsis, Warnowia*
　　Order Gymnodiniales s.l.
　　　　Family of *Gyrodinium dorsum*: *Gymnodinium* p.p., *Gyrodinium* p.p.
　　　　Family of *Togula*: *Togula*
　　　　Family of *Apicoporus*: *Apicoporus*
　　　　Family of *Amphidinium*: **Amphidinium** s.s., *Schillingia, Trochodinium*
　　　　Family of *Balechina*: *Balechina*
　　　　Family of *Cochlodinium*: *Cochlodinium* s.s., **Cochlodinium** s.l.
　　　　Family of *Gyrodinium* s.s.: *Ceratodinium, Gyrodinium* s.s., *Plectodinium, Sclerodinium*
　　　　Family of *Moestrupia*: *Moestrupia*
　　Order Ptychodiscales
　　　　Family Ptychodiscaceae: *Ptychodiscus*
　　Order Thoracosphaerales
　　　　Calciodinellaceae: *Calciodinellum, Calcigonellum, Duboscquodinium, Pernambugia* **Scrippsiella** s.s., *Tintinnophagus*

Oodiniaceae / Thoracosphaeraceae: *Amyloodinium, Cachonella, Chalubinskia, Chimonodinium, Crepidoodinium, Cryptoperidiniopsis, Cystodinedria, Haidadinium, Leonella, Luciella, Oodinioides, Oodinium, Parvodinium, Paulsenella, Peridinium* p.p., *Pfiesteria, Protoodinium, Pseudopfiesteria, Staszicella, Stoeckeria, Stylodinium, Thoracosphaera, Tyrannodinium*

Glenodiniaceae: *Dinosphaera, Glenodiniopsis, Glenodinium, Glochidinium, Gloeodinium, Hemidinium, Kansodinium, Lophodinium, Nephrodinium, Palatinus, Peridiniopsis* s.s., *Thompsodinium*

Order Peridiniales s.s.

Peridiniaceae: Bagredinium, Peridinium s.s.

Order Peridiniales s.l.

Heterocapsaceae: Heterocapsa

Podolampadaceae: *Blepharocysta, Gaarderiella, Lessardia, Lissodinium, Mysticella, Podolampas, Roscoffia*

Amphidiniopsidaceae: *Amphidiniopsis, Archaeperidinium, Herdmania, Thecadinium dragescoi*

Protoperidiniaceae: *Protoperidinium* s.s. *Archaeperidinium*

Diplopsaliaceae: *Boreadinium, Diplopelta, Diplopsalis, Diplopsalopsis, Dissodium, Gotoius, Lebouraia, Oblea, Preperidinium, Protoperidinium depressum*-group

Heterodiniaceae: *Dolichodinium, Heterodinium*

Pfestriaceae: Luciella, Pfesteria, Pseudopfiesteria

Family of *Ensiculifera*: *Ensiculifera, Pentapharsodinium*

Oxytoxaceae: *Oxytoxum*

Family of *Corythodinium*: *Corythodinium*

Amphidomataceae: *Amphidoma* s.s.

Cladopyxidaceae: *Cladopyxis, Micracanthodinium, Palaeophalacroma*

Endodiniaceae: *Endodinium*

Family of *Amphidoma caudata*: *Amphidoma caudata*, Azadinium

Order Peridiniales incertae sedis: *Adenoides, Archaeosphaerodiniopsis, Bysmatrum, Cabra, Peridiniella, Planodinium, Pseudothecadinium, Rhinodinium, Sabulodinium, Thecadiniopsis, Vulcanodinium*

Uncertain order

Tovelliaceae: *Bernardinium, Esoptrodinium, Jadwigia, Katodinium, Opisthoaulax, Tovellia*

Woloszynskiaceae: *Woloszynskia*

Uncertain order

Apodiniaceae: *Apodinium, Parapodinium*

Order Actiniscales

Actiniscaceae: *Actiniscus*

Dicroerismataceae: *Dicroerisma*

Order Amphilothales

Amphilothaceae: *Achradina, Amphilothus*

Order Prorocentrales

Haplodiniaceae: *Haplodinium*

Prorocentraceae: *Exuviaella, Mesoporos*, Prorocentrum s.s.

Family of *Prorocentrum panamense*: Genus of *Prorocentrum panamense*

Family of *Plagiodinium*: *Plagiodinium*

Order Dinophysales

Amphisoleniaceae: *Amphisolenia, Triposolenia*

Oxyphysaceae: *Dinofurcula, Latifascia*, Phalacroma s.s., *Proheteroschisma*

Dinophysaceae: *Citharistes, Dinophysis hastata*-group, Dinophysis s.s., *Histioneis, Histiophysis, Metadinophysis, Metaphalacroma, Ornithocercus, Parahistioneis*

Family of *Pseudophalacroma*: *Pseudophalacroma*

Family of *Sinophysis*: *Sinophysis*

Order Blastodiniales

Blastodiniaceae: *Blastodinium*

Order Gonyaulacales / Pyrocystales

Thecadiniaceae: *Thecadinium*

Protoceratidaceae: *Ceratocorys*, Protoceratium, *Schuettiella*

Ceratiaceae: Ceratium, Toripos

Goniodomataceae

Subfamily of *Goniodoma*: Fukuyoa, Gambierdiscus, *Goniodoma*

Subfamily of *Ostreopsis*: Alexandrium, *Centrodinium*, Coolia, Ostreopsis, *Pachydinium*, Pyrodinium

Gonyaulacaceae: Gonyaulax, *Spiraulax*

Pyrocystaceae: Fragilidium, *Pyrocystis*, Pyrophacus

Family of *Amylax*: *Amylax*, Lingulodinium

Order Gonyaulacales incertae sedis: *Amphidiniella, Halostylodinium, Pileidinium*

Dinoflagellata incertae sedis: *Berghiella, Ceratoperidinium, Pyramidodinium, Pseudoactiniscus, Thaumatodinium*

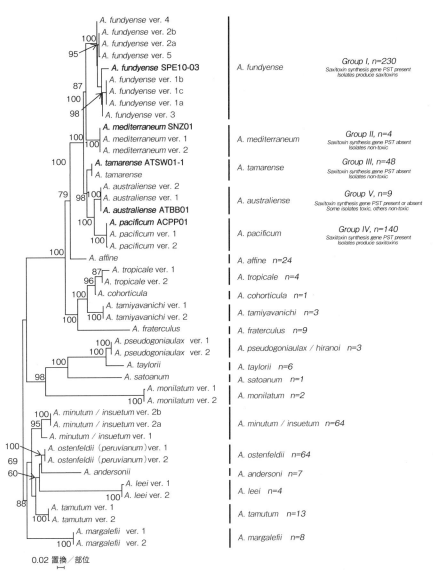

図5 John et al.（2014a）に示された *Alexandrium* 属の分子系統樹
　　　A. fundyense，*A. mediterraneum*，*A. tamarense*，*A. australiense*，*A. pacificum* が *A. tamarense* 種群を構成する種である．

とはなり得ないことを挙げている（John et al. 2014b）．これまで，日本でも腹孔の有無や連鎖群体形成能が *A. tamarense* と *A. catenella* を識別する際の重要な形態形質とされてきたが，その形態的特徴は *A. tamarense* と *A. catenella* を識別する形質とはならず，また分子系統解析結果によると日本で有毒性 *A. tamarense* とされてきた種は模式地の *A. tamarense* とは異なり，新たに提唱された *A. fundyense* に同定されている．しかし，厳密には顕微鏡下で *A. tamarense*，*A. fundyense*，*A. pacificum* を形態に基づいて識別することは困難であるとされ（John et al. 2014b），実際に現場ではその対応に苦慮することが予想される．その一方で，例えばこれまでも形態学的にきわめて類似する "*A. tamarense*" と "*A. catenella*" のシストの識別には分子系統解析学的手法が用いられてきたこともあること（Nagai et al. 2007）から，今後の *Alexandrium* 属有毒種の同定には遺伝子情報が必須になる（2-2章も参照）．

　Peridinioid の分類にも大きな変更が加えられつつある．有殻渦鞭毛藻の主要属である *Protoperidinium* 属は分子系統解析の結果，多系統であることが判明し，狭義の *Protoperidinium* 類（*Protoperidinium bipes*, *Protoperidinium conicum* など）とそれから切り離された *Monovela* 類（*Archaeperidinium minutum*, *Protoperidinium tricingulatum*, *Protoperidinium monovelum* など）に大別されることが明らかになった（Yamaguchi et al. 2011, Matsuoka & Kawami 2013, Mertens et al. 2012）．したがって従来の *Protoperidinium* 属は整理されなければならず，*Monovela* 類には既存の *Archaeperidinium* 属を含む複数の新たな属名が必要になるが，十分なデータの蓄積がないことから現在は未整理のままで残されている（Matsuoka & Head 2013）．

（2）無殻類の事例
ａ．上錐溝－無殻渦鞭毛藻の分類の重要な形態形質

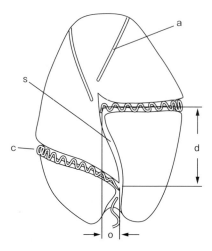

図 6　無殻渦鞭毛藻の模式図
　a：上錐溝，c：横溝，d：横溝両端の段差，
　o：交差，s：縦溝.

　無殻渦鞭毛藻の縦溝は細胞の長軸に沿って伸びる溝構造で，ほぼ真っ直ぐ細胞後端に向かって下降するものと，反時計回りに傾斜しながら下降して，細胞に捻れを生じる場合がある．横溝は細胞の周囲を周回する溝構造で，始端と後端は縦溝と連絡する．横溝は細胞を周回する際，元の位置に戻ることはまれで，ほとんどの場合，終端は始端の下方にあり，ズレ（段差）を生じる（図 6）．また，縦溝が傾斜している場合は左右のズレ（交差）が生じる（図 6）．従来，無殻渦鞭毛藻の主要な属は，この横溝の位置，横溝両端の段差および交差の大きさを基準として分類が行われてきた．すなわち，細胞の上方に横溝があるものを *Amphidinium* 属，下方にあるものを *Katodinium* 属とした．縦溝が細胞中央付近にあるものについては，横溝両端の段差が細胞長の 1/5 以下のものを *Gymnodinium* 属とした．段差が細胞長の 1/5 を越えるものについては，交差が細胞横

断面の 1/2 周以下のものを *Gyrodinium* 属とし，それを越えるものを *Cochlodinium* 属とした（表 2）．この分類方法は Kofoid & Swezy（1921）によって確立され，無殻渦鞭毛藻の分類の基盤を担ってきた．ただ，横溝両端の段差や交差の大きさはそれぞれの種の形態的特徴としては認められるものの，系統学的には意味を持たない．しかもこれらの基準のうち，横溝の位置については漠然とした目安があるだけで，区分の境界を示す明確な基準はない．また，横溝両端の段差や交差の大きさについてもこれらの基準の境界付近にある種は多く，しかも同じ種でありながら属の境界を越えて変異し，二つの属

表 2　従来のギムノディニウム科主要 5 属の分類基準

	横溝の位置	段差の大きさ	交差の大きさ
Amphidinium 属	細胞の上方		
Katodinium 属	細胞の下方		
Gymnodinium 属	細胞中央	細胞長の 1/5 以下	
Gyrodinium 属	細胞中央	細胞長の 1/5 以上	細胞周囲の 1/2 以下
Cochlodinium 属	細胞中央	細胞長の 1/5 以上	細胞周囲の 1/2 以上

どちらにも該当するともいえる種もある．このため，横溝の位置や，段差および交差の大きさを分類基準として採用することに対し多くの研究者が異論を唱えてきた（Kimball & Wood 1965, Steidinger & Williams 1970, Dodge 1984）．ただ，これらの議論も分類体系を再構築するまでにはいたらず，約80年にもわたってこの基準に従って分類が行われてきた．無殻類の分類体系再構築のきっかけとなったのは Daugbjerg et al.（2000）の研究である．Daugbjerg et al.（2000）が提唱した分類法は，微細構造や光合成色素などの生化学的な形質も考慮したものとなっているが，遺伝子情報に基づいた系統分類が根幹をなしている．Daugbjerg et al.（2000）で興味が持たれるのは，これまで分類形質としてはそれほど注目されなかった上錐溝が分子系統を反映している，と述べている点である．

上錐溝は，無殻類の上錐に存在する細溝であるが，微細なことから見落とされたり，縦溝と混同されることも少なくなかった．ただ，複数の研究者により，無殻類が縦溝および横溝以外の溝構造を有することが観察されている．

Schütt（1895）は，*Gymnodinium spirale* var. *pepo*（= *Gyrodinium pepo*）の上頂に小円を図示している．これについて Schütt（1895）は何も解説を加えていないが，走査型電子顕微鏡（SEM）などの観察で *G. pepo* の上頂にこの図と一致する円形を描く細溝が存在することが認められている（Takayama 1985）．

Kofoid & Swezy（1921）は *Erythopsis*（*Erythropsidinium*）に伴横溝溝（paracingular groove），または伴横溝線（paracingular line）が存在すると報告した．伴横溝線（または溝）は横溝を縁取るもので，横溝の上方だけにある種と横溝の両側にある種とがあると述べ，横溝の上方に存在するものを前方伴横溝線（precingular groove），下方にあるものを後方伴横溝線（postcingular groove）と呼んでいる．

一方，Biecheler（1934, 1952）は，無殻渦鞭毛藻の細胞を頂体部（acromere），前体部（prosomere），中体部（mesomere）および後体部（opisthomere）の4つの部分に分割し，それらを分ける境界をそれぞれ頂体部基線（acrobase），前体部基線（prosobase）および中体部基線（mesobase）と呼んだ．前体部基線は横溝の上縁，中体部基線は横溝の下縁をそれぞれ指しており，中体部は横溝そのものを示し，また，後体部は下錐と一致する．上錐には頂体部と前体部とに分割する細い溝があり，その境界を頂体部基線（acrobase）と名付けた．頂体部基線は，縦溝や横溝とは明らかに異なるもので，細胞上頂部を周回するものと直線状のものがあると報告した．Chatton & Hovasse（1934）も，*Polykrikos schwartzii* に上頂部を周回する同様の構造があることを報告している．

また，Steidinger（1979, 1983）は，*Ptychodiscus brevis*（= *Gymnodinium breve*）の上頂に細溝が存在することを認め，この溝がコブ状の突起（龍骨 carina）を縦走するところから，これを龍骨溝（carinal groove）と呼んだ．

このように複数の研究者によって線状構造または細溝が観察されているが，これらはそれぞれ特定の種に限られた記載にとどまっている．このような細溝が無殻類に普遍的に存在することが明らかになったのは SEM 観察の結果によるものであり，これらの構造は線状構造ではなく，縦溝や横溝に比べると細いものの溝構造であるとし，これを上錐溝と名付けた（Takayama 1985）．

Moestrup et al.（2014）は，微細構造の解析を行い，上錐溝が小胞の列で構成されていると述べ，種類によってはその配列が異なるものもあると述べている．今後は形状だけでなくその構造についても精査され，その観点からも分類形質としての提言が行われるものと思われる．ここでは，これまでに観察された上錐溝について，その形状から下記の通り類別した．

ｂ．上錐溝の形態

直線型：細胞の腹側から生じて上方に向かって直進し，頂点またはその付近を越えて背中側まで達する．

Karenia 属：*K. mikimotoi*（図7A）ほか本属のすべての種がこのタイプの上錐溝を有す．本属は *Gymnodinium* 属と形態が類似した種が多いが，上錐溝の形状を観察することによりある程度の見当をつけることができる．

Karlodinium 属：直線型の上錐溝を有するとともに，併せて腹孔（図7C 矢頭）を有するのが特徴となっている．

Asterodinium 属：細長い中央の伸長部の先端に直線型の上錐溝が SEM で観察された（Gómez et al. 2005，図7B）．Henrichs et al.（2011）は *Asterodinium* の近縁種である *Brachidinium capitatum* が遺伝的に *Karenia* 属に近い位置にあることを示している．

逆S字型：横溝の始点から発すると，やや左上方に向かい，その後右に旋回して上頂部を湾曲するように蛇行して背中側に達する．蛇行の大きさは種によって異なる．

Takayama 属：De Salas et al.（2003）によって創設された属で，現時点では本属だけがこのタイプの上錐溝を有する（図7D）．

半円型：細胞上頂部腹面から始まり，反円弧を描いて背側で終わる．

Gymnodinium sp.（図7F）：本種だけにこのタイプの上錐溝が観察されている．

馬蹄型：細胞上頂部を周回するが，1周に満たないことが多い．

Gymnodinium 属：本属は馬蹄形の上錐溝を有し，細胞表面には条線を欠く．*G. catenatum*（図7G）や *G. impudicum*（図7H）などのように連鎖群体を形成する種では先頭細胞では円形または楕円形を描くが，後方の細胞では連結点を迂回するように変形する（白矢印）．

Katodinium glaucum（図7I）：本種では上錐溝の開口部が比較的大きく，その中に体表の条線が3〜4本侵入する．

Togula 属：Jørgensen et al.（2004）によって *Amphidinium* 属から分離された新属．タイプ種の *Togula britannica* の上錐溝は馬蹄型と認められる（図7E）．

Gyrodinium 属：本属は馬蹄形の上錐溝と，細胞表面に条線を有することが特徴となっている．*G. aureum* などでは上錐溝で囲まれた楕円形の区域の中に1本の条線があり，上頂部を腹面から観察すると中央の条線とその両側を周回する上錐溝が角張って観察される（図7J）．Kofoid & Swezy（1921）には，本種の上頂部に，中央とその両側に尖った隆起があるとの記述がある．*G. spirale* などでは，尖端部の基部を周回する（図7K）．

閉鎖円型：上頂部を円形または楕円形を描いて1周し，終点は始点と一致する．

Cochlodinium 属の一部：*Cochlodinium* 属の中では *C. convolutum*（図7L）と *C. strangulatum* が閉鎖円型と認められた．

Balechina 属：*Balechina coerulea* および *B. lira* ではほぼ閉鎖した楕円形の上錐溝が観察された．

Ceratoperidinium falcatum：本種の上錐溝はほぼ完全な閉鎖円状を示す．

外巻型：上頂部を比較的大きく周回し，終点が始点の外側に位置する．

Akashiwo 属：細胞の上頂部を幅広く1周以上周回する（図7Q）．終点が始点の外側にあり，明らかな外巻型と認められる．Daugbjerg et al.（2000）は，本属の上錐溝が時計回りに旋回すると述べているが，他の多くの無殻渦鞭毛藻と照合して，上錐溝は反時計回りで，外巻型であるとするのが

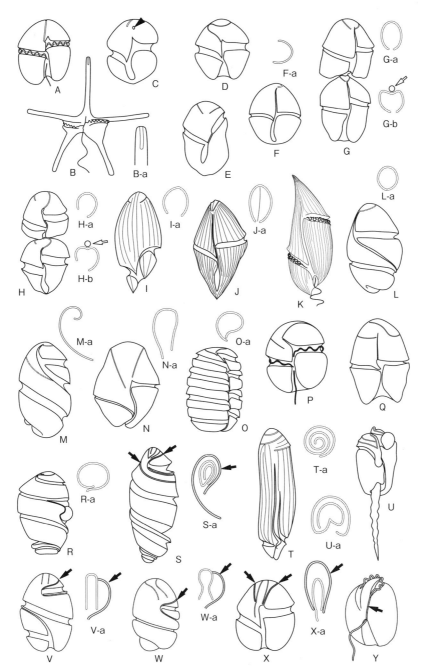

図7　各種上錐溝
A-C：直線型（A：*Karenia mikimotoi*，B：*Asterodinium gracile*（B-a：細胞の先端部），C：*Karlodinium micrum*），D：逆S字型（*Takayama tasmanica*），F：半円型（*Gymnodinium* sp.，F-a：上錐溝頂観図），E, G-K：馬蹄型（E：*Togula britannica*，G：*Gymnodinium catenatum*（G-a：先頭細胞の上錐溝頂観図，G-b：後続細胞の上錐溝頂観図），H：*Gymnodinium impudicum*（H-a：先頭細胞の上錐溝頂観図，H-b：後続細胞の上錐溝頂観図），I：*Katodinium glaucum*（I-a：上錐溝頂観図），J：*Gyrodinium aureum*（J-a：上錐溝頂観図），K：*Gyrodinium spirale*），L：閉鎖円型（L：*Cochlodinium convolutum*（L-a：上錐溝頂観図）），M-Q：外巻型（M：*Cochlodinium* sp.（M-a：上錐溝頂観図），N：*Levanderina fissa*（N-a：上錐溝頂観図），O：*Polykrikos kofoidii*（O-a：上錐溝頂観図），P：*Barrufeta bravensis*，Q：*Akashiwo sanguinea*），R-U：内巻型（R：*Warnowia* sp.（R-a：上錐溝頂観図），S：*Warnowia polyphemus*（S-a：上錐溝と縦溝の伸長部），T：*Torodinium teredo*（T-a：上錐溝頂観図），U：*Erythropsidinium agile*（U-a：上錐溝頂観図）），V-X：U字型（V：*Cochlodinium polykrikoides*（V-a：上錐溝と縦溝の伸長部），W：*Cochlodinium fulvescens*（W-a：上錐溝と縦溝の伸長部），X：*Gymnodinium* sp.（X-a：上錐溝と縦溝の伸長部）），Y：*Amphidinium carterae* の腹観図．矢頭：腹孔，白矢印：前細胞との連結孔，黒矢印：縦溝の伸長部．

妥当である.

Barrufeta 属：Sampedro et al.（2011）が *Gyrodinium* 属から分離させた新属で，*Barrufeta bravensis* をタイプ種とする．上錐溝の終端は始端の外側（下方）にあり，外巻型と認められる（図 7P）.

Levanderina 属：Moestrup et al.（2014）は，従来 *Gymnodinium fissum*，*Gyrodinium instriatum* および *Gyrodinium uncatenum* と呼ばれていた生物に対し，これらが同一種であると認めるとともに，*Levanderina* 属を創設し *L. fissa* と新結合を行った．本種の上錐溝は上頂部を短冊状に大きく周回するもので，終点が始点のやや下方にあることから外巻型と認められる（図 7N）.

Polykrikos 属および *Pheopolykrikos* 属：流涙状で，上錐溝の終点は始点のやや下方にあることから，外巻型とした．*P. schwartzii*，*P. kofoidii*（図 7O），*P. hartmannii* および *Pheopolykrikos beauchampii* はほぼ同形の上錐溝を有す.

Cochlodinium sp.：*Cochlodinium* 属の中にも明らかな外巻型上錐溝を有するものがある（図 7M）.

Nematopsides 属，*Nematodinium* 属および *Warnowia* 属の一部：*Nematodinium armatum*，*Nematopsides vigilans* の上錐溝は外巻型と認められる．また，*Warnowia* 属の中には後述する内巻型のほか，外巻型の種が存在する.

内巻型：上頂部を周回し，終点が始点の内側にあり，2 周以上するものもある.

Warnowia 属の一部：*Warnowia* 属の中には明らかな内巻型を示すものが少なくない（図 7R）.

Takayama（1985）および高山（1996）は，*Warnowia polyphemus* が外巻型と内巻型の 2 本の上錐溝を有すると述べたが，*C. polykrikoides* や *C. fulvescens* と対照すると，外巻型の上錐溝とした細溝は横溝の伸長と見なすのが妥当なように思われる（図 7S）.

Torodinium 属：本属には *Torodinium teredo* および *T. robustum* の 2 種が存在するが，両種とも約 2.5 周する渦巻き状の上錐溝を有する（図 7T）.

Erythropsidinium 属：*Erythropsidinium agile* の上錐溝は，3 ヵ所で屈曲するが変則ながら内巻型と認められる（図 7U）.

U字型：U 字型または壺状をなし，終端と始端が開いた形をしている.

Cochlodinium fulvescens：壺状をなす（図 7W）．横溝にほぼ平行に，上錐を約半周する細溝があり，その末端が上錐溝に接する（図 7W，黒矢印）．Iwataki et al.（2010）はこれを横溝の伸長とした.

Cochlodinium polykrikoides も横溝の伸長部が左方向に旋回しており（図 7V，黒矢印），上錐溝は U 字型をなしている（図 7V）と考えられる.

Gymnodinium sp.：上頂部を長楕円形に周回する 2 本の細溝があり（図 7X），Takayama（1985）はこれらを上錐溝と見なしたが，*C. polykrikoides* や *C. fulvescens* と比較すると外側の細溝は横溝の伸長である可能性がある.

Amphidinium 属：横溝の始点と縦溝の始点を結ぶ直線状の細溝があり（図 7Y），上錐溝の相同の構造ではないかと推定された（高山 1996）が，この構造は縦溝または横溝の伸長の可能性もあり，今後検討が必要である.

4. 今後の分類研究に向けての一例－*Cochlodinium* 属は多系統

　Cochlodinium 属は従来の外部形態に基づき縦溝が細胞を 1.5 周している無殻渦鞭毛藻で，*Cochlodinium strangulatum* を模式種としてこれまでに約 40 種が記載されている．*Cochlodinium* 属には魚毒性を示す種（*C. polykrikoides*，*C. furvescens* など）も含まれており，またその分布は汎世界的であることから，分類，生理，生態，毒性，生活史などについてこれまでに数多くの研究がなされてきた．しかし，*Cochlodinium* 属の上錐溝は閉鎖円型（*C. strangulatum*, *C. convolutum*），外巻型（*Cochlodinium* sp.），U 字型（*C. polykrikoides*, *C. fulvescens*），内巻型（*Cochlodinium* sp.）など多岐にわたる．*Cochlodinium* 属の模式種である *C. strangulatum* の上錐孔は閉鎖円型であり，*C. polykrikoides* や *C. fulvescens* の U 字型とは明らかに異なる．しかも，*C. polykrikoides*，*C. fulvescens* が分子系統上，独立した分岐群を形成している．*Akashiwo* 属や *Karenia* 属が提案された時（Daugbjerg et al. 2000），これらの属を特徴づける形質として上錐溝の形態が重視されたことを踏まえると，*Cochlodinium* とされているこの 2 種は系統上，*C. strangulatum* と異なると考えられる．また，漁業被害を伴う *Cochlodinium* 属の種で *C. geminatum* と同定（Shen et al. 2012）され，次いで *Polykrikos* 属に再配置された *P. geminatum*（Ou et al. 2010, Qiu et al. 2013）の上錐溝の形態と分子系統上の位置を踏まえると，*C. geminatum* を *Polykrikos* 属に再配置することには無理がある．この問題を解決するにはこれまでの *Cochlodinium* 属を分割し，複数のグループ（おそらくは属）の創設が必要になる．

文　献

Biecheler B（1934）Sur le réseau argentophile et la morphologie de quelques Péridiniens nus. C R Soc Biol 115: 1039-1042.

Biecheler B（1952）Recherches sur les Péridiniens. Bull Biol Fr Belg Suppl 36: 1-149.

Chatton E, Hovasse R（1934）L'existence d'un béseau ectoplasmique chez les *Polykrikos* et les préxisions qu'il fournie a la morphologie Péridiniennen. C. R. Seanes Soc Biol 115: 1036-1039.

中国沿海赤潮編集委員会（2003）中国沿海赤潮. iv +348, 科学出版社, 北京.

Daugbjerg N, Hansen G, Larsen J, Moestrup Ø（2000）Phylogeny of some of the major genera of dinoflagellates based on ultrastructure and partial LSU rDNA sequence data, including the erection of three new genera of unarmoured dinoflagellates. Phycologia 39: 302-317.

de Salas MF, Bolch CJS, Botes L, Nash, G. Wright SW, Hallegraef GM（2003）*Takayama* gen. nov.（gymnodiniakes, Dinophyceae）, a new genus of unarmored dinoflagellates with sigmoid apical grooves, including the description of two new species. J Phycol 39: 1233-1246.

Dodge JD.（1984）Dinoglagellate taxonomy. In: Dinoflagellates（Spector DL ed）, pp.17-42, Academic Press, Orland.

福代康夫・千原光雄・高野秀明・松岡數充（1900）日本の赤潮生物－写真と解説－. 407pp. 内田老鶴圃, 東京.

Gómez F（2012）A checklist and classification of living dinoflagellates（Dinoflagellata, Alveolata）. CICIMar Oceánides 27: 65-140.

Gómez F, Nagahama Y, Takayama H, Furuya K（2005）Is *Karenia* a synonym of *Asterodinium-Brachidiniyum*（Gymnodiniales, Dinophyceae）? Acta Bot Croat 64: 263-274.

羽田良禾（1975）渦鞭毛虫に属する Genus *Prorocentrum* の 2 種類について. 広島修道大論集. 16: 31-31.

Henrichs DW, Sosic HM, Olson RJ, Compbell L（2011）Phylogenetic analysis of *Brachidinium capitatum*（Dinophyceae）from the Gulf of Mexico indicates membership in the Kareniaceae. J Phycol 47: 366-37

Hoppenrath M, Leander BS（2010）Dinoflagellate Phylogeny as Inferred from Heat Shock Protein 90 and Ribosomal Gene Sequences. PLoS ONE 5: e13220. doi: 10.1371/journal.pone.0013220

Iwataki M, Hansen G, Moestrup Ø, Matsuoka K（2010）Ultrastructure of the harmful unarmored dinoflagellate *Cochlodinium polykrikoides*（Dinophyceae）with reference to the apical groove and flagellar apparatus. J Eukaryot Microbiol 57: 308-321.

Jørgensen M, Murray S, Daugbjerg N（2004）A new genus of athecate interstitial dinoflagellates, *Togula* gen. nov., previously encompassed within *Amphidinium sensu* lato: Inferred from light and electron microscopy and phylogenetic analyses of partial large subunit ribosomal DNA sequences. Phycol Res 52: 284-299.

John U, Fensome RA, Medlin LK（2003）The application of a molecular clock based on molecular sequences and the fossil record to explain biogeographic distributions within the *Alexandrium tamarense* "species complex"（Dinophyceae）. Mol Biol Evol 20: 1015-1027

John U, Litaker W, Montresor M, Murray S, Brosnahan ML, Anderson DM（2014a）Formal revision of the *Alexandrium tamarense* species complex（Dinophyceae）taxonomy: the introduction of five species with emphasis on molecular-based（rDNA）classification. Protist 165: 779-804.

John U, Litaker W, Montresor M, Murray S, Brosnahan ML, Anderson DM (2014b) Proposal to reject the name *Gonyaulax catenella* (*Alexandrium catenella*) (Dinophyceae). Taxon 63: 932-933.

Kim HG (2005) Harmful Algal Blooms in the Sea. xii + 467pp., Dasome Pbul. Busan, Korea (in Korean).

Kimball JF, Wood EJF (1965) A dinoflagellate with characters of *Gymnodinium* and *Gyrodinium*. J Protozool 12: 577-580.

Kofoid CA, Swezy O (1921) The free-living unarmored dinoflagellata. Mem Univ Calif 5: 1-564.

Lilly EL, Halanych KM, Anderson DM (2007) Species boundaries and global biogeography of the *Alexandrium tamarense* complex (Dinophyceae). J Phycol 43: 1329-1338.

Lu D, Goebel J (2001) Five red tide species in genus *Prorocentrum* including the description of *Prorocentrum donghaiense* Lu sp. nov. from the East China Sea. Chin J Oceanol Limnol 19: 337-344.

McNeill J, Barrie FR, Buck WR, Demoulin V, Greuter W, Haekssssworth DL, Herendeen PS, Knapp S, Marhold K, Prado J, Prud'homme van Reine WF,Smith GF Wiersema JH, Turland NJ, Secretary of the Editorial Committee (2012) International code of nomencleature for algae, fungi, and plants (Melbourne Code), pp. xxx+ 240, Koeltz Sceintific Books, Königstein, Germany. (日本植物分類学会国際命名規約邦訳委員会 (2014) 国際藻類・菌類・植物命名規約 (メルボルン規約) 2012 日本語版, pp.xxx+233, 北隆館, 東京.)

Matsuoka K, Head JM (2013) Clarifying cyst-motile stage relationships in dinoflagellates. In: Biological and Geological Perspectives of Dinoflagellates (Lewis J, Marret F, Bradley L eds), pp.317-342, Micropalaeontol Soc, Spec Publ Geol Soc, London.

Matsuoka K, Kawami H (2013) Phylogenetic subdivision of the genus *Protoperidinium* (Peridiniales, Dinophyceae) with emphasis on the Monovela Group. In: Biological and Geological Perspectives of Dinoflagellates (Lewis J, Marret F, Bradley L eds), pp.267-276, Micropalaeontol Soc, Spec Publ Geol Soc, London.

Mertens KN, Yamaguchi A, Kawami H, Ribeiro S, Leander BS, Price AM, Pospelova, V, Ellegaard M, Matsuoka K (2012) *Archaeperidinium saanichi* sp nov.: a new species based on morphological variation of cyst and theca within the *Archaeperidinium minutum* Jorgensen 1912 species complex. Mar Micropaleontol 96-97: 48-62

Mertens KN, Wolny J, Bogus K, Ellegaard M, Limoges A, de Vernal A, Gurdebeke P, Omura T, Abdlrahman Mohd A, Matsuoka K (2014) Taxonomic re-examination of the toxic armoured dinoflagellate *Pyrodinium bahamense* Plate 1906: can morphology or LSU sequencing separate *P. bahamense* var. *compressum* from var. *bahamense*? Harmful Algae 41: 1-24.

Moestrup Ø, Hakanen P, Hansen G, Daugejerg N, Ellegaard M (2014) On *Levanderina fissa* gen. & comb. Nov (Dinophyceae) (syn. *Gymnodinium fissum, Gyrodinium instriatum, Gyr. uncatenum*), a dinoflagellate with a very unusual sulcus. Phycologia 53: 265-292.

Morrill LC, Loeblich AR (1984) Cell division and reformation of the amphiesma in the pelliculate dinoflagellate, *Heterocapsa niei*. J Mar Biol Assoc UK 64: 939-953.

Orr RJS, Murray SA, Stüken A, Rhodes L, Jakobsen KS (2012) When naked became armored: an eight-gene phylogeny reveals monophyletic origin of theca in dinoflagellates. PLoS ONE 7: e50004. doi: 10.1371/journal.pone.0050004.

Ou LJ, Zhang YY, Li Y, Wang HJ, Xie XD (2010) The outbreak of *Cochlodinium geminatum* bloom in Zhuhai, Guangdong. J Trop Oceanogra 29: 57-61. (In Chinese with English Abstract).

Qiu D, Huang L, Liu S, Zhang H, Lin S (2013) Apical groove type and molecular phylogeny suggests reclassification of *Cochlodinium geminatum* as *Polykrikos geminatum*. PLoS ONE 8: e71346. doi:10.1371/journal.pone.0071346.

Sarai C, Yamaguchi A, Kawami H, Matsuoka K (2013) Two new species formally attributed to *Protoperidinium oblongum* (Aurivillius) Park et Dodge (Peridiniales, Dinophyceae): Evidence from cyst incubation experiments. Rev Palaeobot Palynol 192: 103-118.

Saldarriaga JF, Taylor FJR, Cavalier-Smith T, Menden-Deuer S Keeling PJ (2004) Molecular data and the evolutionary history of dinoflagellates. Eur J Protistol 40: 85-111.

Sampedro N, Fraga S, Penna A, Casabianca S, Zapata M, Grunewald CF, Riobo P, Camp J (2011) *Barrufeta bravensis* gen. nov. sp. nov. (Dinophyceae): a new bloom-forming species from the Northern Mediterranean Sea. J Phycol 47: 375-392

Shen P, Li Y, Qi Y, Zhang L, Tan Y (2012) Morphology and bloom dynamics of *Cochlodinium geminatum* (Schütt) Schütt in the Pearl River Estuary, South China Sea. Harmful Algae 13: 10-19.

Schütt F (1895) Die Peridineen der Plankton-Expedition. Ergerb Plankton-Expedition der Humbolt-Stiftung 4: 1-170.

Steidinger KA (1979) Collection enumeration and identication of free-living marine dinoflagellates. In: Toxic Dinoflagellate Blooms (Taylor DL, Seliger HH eds), pp.435-442, Elsevier, North Holland, New York.

Steidinger KA (1983) A re evaluation of toxic dinoflgellate biology and ecology. In: Progress in Phycological Research, Vol 2 (Round FE, Chapman DJ eds), pp.147-188, Elsevier Science Publishers BV, Amsterdam.

Steidinger KA, Williams J (1970) Dinoflagellates. Mem Hourglass Cruses, Mar Res Lab, Flo Dep Nat Res St. Petersburg 2: 1-251.

Steidinger, K, Tester LS, Taulor FJR (1980) A reconsideration of *Pyrodinium bahamense* var. *compressa* (Böhm) stat. nov. from Pacific red tides. Phycologia 19: 329-334.

Takano Y, Matsuoka K (2011) A comparative study between *Prorocentrum shikokuense* and *P. donghaiense* (Prorocentrales, Dinophyceae) based on morphology and DNA sequence. Plankton Benthos Res 6: 179-186.

Takayama H (1985) Apical grooves of unarmored dinoflagellates. Bull Plank Soc Japan 32: 129-140.

高山晴義 (1996) 瀬戸内海およびその近海に出現する無殻渦鞭毛藻の分類学的および分類学的研究. 211p, 東京大学海洋研究所博士論文.

Whedon WF, Kofoid CA (1936) Dinoflagellata of the San Francisco Region. I. On the skeletal morphology of two new species, *Gonyaulax catenella* and *G. acatenella*. Univ Calif Publ Zool 41: 25-34.

Yamaguchi A, Hoppenrath M, Pospelova V, Horiguchi T, Leander BS (2011) Molecular phylogeny of the marine sand-dwelling dinoflagellate *Herdmania litoralis* and an emended description of the closely related planktonic genus *Archaeperidinium* Jörgensen. Eur J Phycol 46: 98-112.

1-2 ラフィド藻類の分類と分布[*1]

今井一郎[*2]

1. はじめに

　わが国沿岸域では魚介類の養殖が盛んであるが，それらの大量斃死や毒化などの漁業被害が有害有毒プランクトンによって引き起こされており，養殖漁業の存立を脅かす重大な問題となっている（岡市 1997）．原因生物としては，渦鞭毛藻やラフィド藻に属する鞭毛藻類が多く，ともに高頻度で特に養殖魚類を中心に斃死被害を与えているが，被害額は *Chattonella* 属が最も大きい．ラフィド藻による赤潮は，西日本の富栄養化した沿岸内湾域を中心に高頻度で発生する（今井 2000a）．

　ラフィド藻類（ラフィド藻綱：Raphidophyceae）は，不等毛植物門（Heterokontophyta）に属する（ほかに黄色植物門 Chromophyta，あるいはオクロ植物門 Ochrophyta とも称される）種数の少ない比較的小さな分類群の生物である．淡水，汽水，海水のいずれにも生息するが，上述のように海産種には大量増殖して赤潮を形成し養殖魚類を大量斃死させるなど，漁業被害を与えるものが多い（今井 2000a, Imai & Yamaguchi 2012）．

2. 分子分類

　ラフィド藻綱はラフィドモナス目（Raphidomonadales）のみからなるとされていた．現在は，分子系統解析の結果，表1のような分類体系が提案され，1目（シャットネラ目，Chattonellales），1科（ヴァキュオラリア科，Vacuolariaceae），8属からなるとされている（Yamaguchi et al. 2010）．この中で *Fibrocapsa* 属が最も根元で分岐しており，祖先に最も近いものと考えられている．淡水産の3属（*Vacuolaria, Gonyostomum, Merotrichia*）は単系統をなし，海産のものから派生したと想定されている．他は海産であるが，*Haramonas, Chlorinimonas* 属は底生性であり，遊泳性の3属（*Fibrocapsa, Heterosigma, Chattonella*）は赤潮生物として猛威を振るっているものばかりである．

　Olisthodiscus 属はラフィド藻から除外されている．形態学的分類においてはラフィド藻に属すると考えられていたが（Hara et al. 1994），分子系統解析の結果である表1の中には認められず，ペラゴ藻綱（Pelagophyceae）へ移すことが適当であるとされた（中山ほか 2010）．後に詳述するように，*Chattonella* 属の種は，これまで着目されてきた形態学的特徴からでは種としての識別が困難と報告されているが，分子系統解析によっても分化していない（Demura et al. 2009, Yamaguchi et al. 2010）．

[*1] Taxonomy and distribution of raphidophytes in marine coastal environments
[*2] Ichiro Imai（imai1ro@fish.hokudai.ac.jp）

表1 SSU rDNA 解析により提唱されたラフィド藻の新しい分類
属以上で表した．Yamaguchi et al.(2010)を参考に作成．SW：海産，
FW：淡水産，PL：プランクトン性，SD：潜砂性．

ラフィド藻綱（Raphidophyceae）
　　シャットネラ目（Chattonellales）
　　　　ヴァキュオラリア科（Vacuolariaceae）
　　　　　　フィブロカプサ属（*Fibrocapsa*）SW, PL
　　　　　　ハラモナス属（*Haramonas*）SW, SD
　　　　　　ヴァキュオラリア属（*Vacuolaria*）FW, PL
　　　　　　ゴニオストムム属（*Gonyostomum*）FW, PL
　　　　　　メロトリキア属（*Merotrichia*）FW, PL
　　　　　　クロリニモナス属（*Chlorinimomas*）SW, SD
　　　　　　ヘテロシグマ属（*Heterosigma*）SW, PL
　　　　　　シャットネラ属（*Chattonella*）SW, PL

3. ラフィド藻の形態

　遊泳性単細胞のラフィド藻は，細胞の前端部付近に溝状の凹部が認められ，そこから2本の鞭毛が伸び出ている．前方に伸びる遊泳鞭毛には羽毛型の管状マスチゴネマがある．曳航鞭毛は鞭型で，後方に伸びる．細胞は多数の葉緑体を持つ．海産種はフコキサンチンを有することから褐色～黄褐色を呈しており，淡水産種はフコキサンチンを欠き緑色である（原・千原 1987）．主要な光合成色素はクロロフィル *a, c*，β-カロテン，および前述のフコキサンチンである．細胞壁のような外皮構造を持たないので細胞は壊れやすく，壊れた時にトリコシストが粘液物質とともに細胞外に射出される．細胞の表面は多糖類のグリコカリックスで覆われている（Yokote & Honjo 1985）．生殖は無性的な縦2分裂による．

　海産ラフィド藻の属を特徴づける形態形質は，1）細胞の形態，2）鞭毛が伸び出す場所（細胞前端付近の凹部か，細胞の側部か），3）葉緑体の形，4）粘液胞の有無などである．海産のシャットネラ科のうち有害赤潮生物として重要なのは，シャットネラ（*Chattonella*）属，フィブロカプサ（*Fibrocapsa*）属，およびヘテロシグマ（*Heterosigma*）属である．主要な属の検索は以下のように行われる．

1	a. 鞭毛は細胞前端部付近の咽喉部から出る	2
	b. 鞭毛は細胞側部の浅い溝から出る	3
2	a. 多数の葉緑体は網目状を呈する	*Fibrocapsa* 属
	b. 多数の葉緑体は独立して存在する	*Chattonella* 属
3	細胞は巻貝型，溝は螺旋状で回転しつつ泳ぐ	*Heterosigma* 属

　図1に海産ラフィド藻の主なもののスケッチ（原・千原 1987, Hallegraeff & Hara, 1995）を，図2と3に写真を示した．*Fibrocapsa* 属には *F. japonica* 1種，*Heterosigma* 属には *H. akashiwo* 1種のみが知られる．*Chattonella* 属には，*C. antiqua*, *C. globosa*, *C. marina*, *C. minima*, *C. ovata*, *C. subsalsa*, *C. verruculosa* の7種が属するとされたが（Hara et al. 1994, Hallegraeff & Hara 1995），*C. globosa* と *C. verruculosa* は分子系統解析の結果，ディクティオカ藻綱（Dictyochophyceae）に属することが近年判明している（後述）．また *C. subsalsa* については，わが国沿岸での生息が認められたという報告はない．

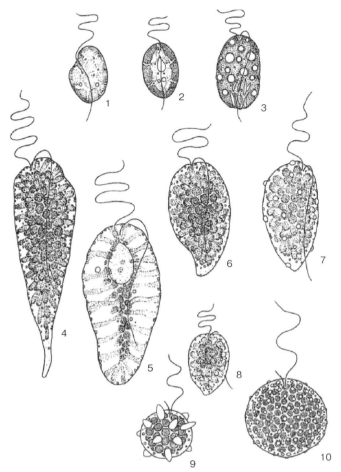

図1 海産のラフィド藻類（1, 3-8），およびペラゴ藻（2）とディクティオカ藻類（以前はラフィド藻とされていたもの：9, 10）（原・千原 1987）

Heterosigma akashiwo（1），*Olisthodiscus luteus*（2），*Fibrocapsa japonica*（3），*Chattonella antiqua*（4），*C. ovata*（5），*C. marina*（6），*C. subsalsa*（7），*C. minima*（8），*Pseudochattonella verruculosa*（9），*Vicicitus globosus*（以前は *C. globosa*）（10）.

4. *Chattonella* 属の形態に基づく分類と同定

　Chattonella 属の種は，細胞の形態，遊泳の様式，鞭毛が伸び出る位置，葉緑体の形と配列などを基準として識別されている．葉緑体やピレノイド，粘液胞の微細構造，細胞質の液胞化の程度および位置などを，電子顕微鏡などを用いて確認すればさらに詳しく識別可能である.

　日本の沿岸域においては，*Chattonella* 属の基準種である *C. subsalsa*（図3）を除いた6種（ディクティオカ藻綱の2種を含む）が出現するとされている（Hara et al. 1994）．形態に基づく *Chattonella* 属の5種の検索は以下のように行われる.

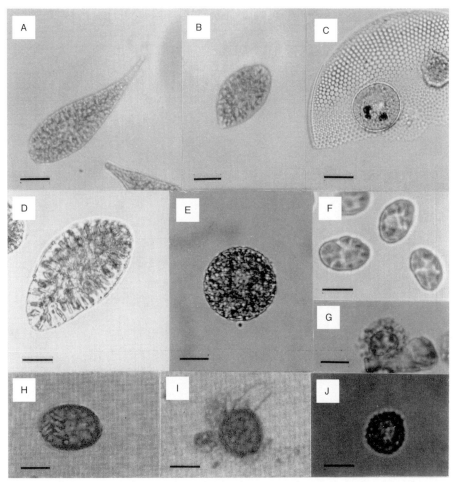

図2 海産のラフィド藻類とシスト，およびディクティオカ藻類の写真（今井 2012）
Chattonella antiqua（A），*C. marina*（B），*Chattonella* のシスト（C），*C. ovata*（D），*Vicicitus globosus*（以前は *C. globosa*）（E），*Heterosigma akashiwo*（F），*H. akashiwo* のシスト（G），*Fibrocapsa japonica*（H），*F. japonica* のシスト（I），*Pseudochattonella verruculosa*（J）．*F. japonica* は吉松（1987）によった．スケールは，A-E が 20 µm，F-J が 10 µm．

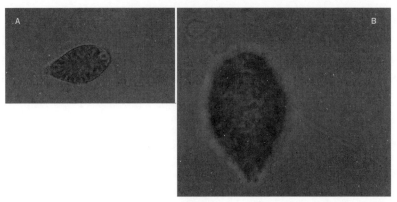

図3 *Chattonella subsalsa*
A，B ともに長い遊泳鞭毛と曳航鞭毛が認められる．細胞長約 35 〜 40 µm．タイ国チュラロンコン大学 Thaithaworn Lirdwitayaprasit 博士がタイ国沿岸で分離培養し，香川県赤潮研究所の吉松定昭博士が維持培養し，瀬戸内海区水産研究所での有害有毒藻類研修会にて撮影した．

1	a. 粘液胞を持つ	2
	b. 粘液胞を持たない	3
2	細胞は長く後端が尖る	*C. subsalsa*
3	a. 細胞は楕円形	*C. ovata*
	b. 細胞の後端が尖る	4
4	a. 細胞長は 20 〜 50 μm	*C. minima*
	b. 細胞長は 35 〜 70 μm	*C. marina*
	c. 細胞長は 50 〜 130 μm で細長い尾部を持つ	*C. antiqua*

　C. marina と *C. minima* をみると，後者はサイズが前者よりやや小さく，染色体数が前者の約 2 倍（*C. marina* で 50，*C. minima* で 90 以上，ちなみに *C. antiqua* は 29）という点によって別種とされているが（Hara et al. 1994），サイズ範囲の重なりが大きく，形態学的に両者の区別はほぼ不可能である．実用的な観点からは以下に述べるように，*C. marina* と認識すれば十分と思われる．*C. antiqua* と *C. marina* の間でも，現場試料を対象に同定と計数を行う場合に同様の問題が生じる．明瞭な尾部があれば *C. antiqua* であるが，尾部が消失欠損している細胞の場合は *C. marina* と区別が不可能になる．実際に *C. antiqua* の培養細胞を観察すると，*C. marina* と判断されてしまう形態の細胞がしばしば認められる．以上のような背景から，現場調査を実施する際，*C. antiqua* と *C. marina* の 2 種を一括して *Chattonella* として処理する場合が多い．*C. minima* と *C. marina* のケースを考慮するならば，以上の種をあわせて *Chattonella* とすべきなのかもしれない（今井 2000b）．

5．*Chattonella* の分類をめぐる新しい動向

　Demura et al.（2009）は，わが国沿岸に生息する *Chattonella* 属の主要 3 種（*C. antiqua*，*C. marina*，*C. ovata*）について，形態観察と分子的解析の両面から分類学的検討を行った．形態学的にみると，これら 3 種は良好に増殖している培養株に関しては，発達した液胞（*C. ovata*），サイズ（細胞長の小さい方が *C. marina*），および細長い尾部（*C. antiqua*）などを基準として識別がそれなりに可能である．また前述のように核の染色体数においては，*C. antiqua* で 29（22 〜 24 という報告もある）（小野 1988），*C. marina* では 50，*C. minima* は 90 以上で相違があり（Hara et al. 1994），倍数性を暗示するのかもしれないが内容は不明である．しかし一方で，*C. antiqua* を冷暗所に置くと *C. ovata* のように液胞の発達した細胞がしばしば観察され，また *C. antiqua* と *C. marina* の古い培養においても，やはり *C. ovata* 様の細胞が観察されるという．次いで *C. antiqua* が尾部を失った場合は *C. marina* との区別は不可能である．さらには，越冬に必要なシストの形態的特徴はこれら 3 種でまったく同じであり，識別は不能である（Imai & Itoh 1988, Yamaguchi et al. 2008, Imai & Yamaguchi 2012）．このように形態学的な特徴は，これら 3 種については連続的であることから，各々独立したグループと認識することは現時点で困難である．

　また，核の rDNA の ITS 領域，葉緑体の rbcL 遺伝子，ミトコンドリアの COI 遺伝子，ならびにマイクロサテライト・マーカーについて比較が行われたが，それぞれの解析において同じ分岐群内に複数の形態種が属してしまう場合が多く，これら 3 種は各々独立したグループに分かれることはなかっ

たという結果が得られている（Demura et al. 2009）.

以上の形態学的および分子生物学的な検討の結果，*Chattonella* 属の主要 3 形態種は独立した種として扱うのではなく，*C. marina* の variety（変種）として分類すべきことが提案された（Demura et al. 2009）. すなわち，*Chattonella marina*（Subrahmanyan）Hara et Chihara var. *marina*, *Chattonella marina* var. *antiqua*（Hada）Demura et Kawachi, *Chattonella marina* var. *ovata*（Hara et Chihara）Demura et Kawachi である. 現場海域で赤潮監視調査を行う水産関係者としての立場から見れば，これまでの主要 3 形態の区別が撤廃されているわけではないことから，実質的には混乱は生じないと思われる.

Chattonella の分類に関して将来的検討課題を 3 つ挙げておきたい. まず基準となる *C. marina* について，模式地（type locality）であるインドのマラバール海岸から複数の培養株を作成して，形態学と分子生物学の両面から分類学的検討を加え，わが国沿岸に生息するものと十分な比較検討を行う必要がある. 高水温の模式地では越冬のためのシストは不要と想定されるので，次にシストに関しても，栄養細胞と同様に生理学（休眠解除に低温が必要か？等）を中心に試験研究が不可欠であろう. 第 3 の点として *C. minima* の位置づけがあいまいであるので，明確にする必要がある. 形態に関しては，*C. marina* の小型の株と区別ができない. 幸い，染色体数が 90 以上と *C. marina* の 50 の約 2 倍であるとされているので（Hara et al. 1994），この点から現存の *C. minima* の培養株を，前述のように形態と分子の両面から分類学的に検討して，*C. marina* と十分な比較を行う必要性が挙げられる.

6. ラフィド藻の分類における変遷の歴史

わが国沿岸に発生するラフィド藻類とその関連生物は，もともと情報が少なかったことから分類と同定に関して複雑な歴史を辿ってきた（表 2）.

表 2　わが国沿岸に生息する主要なラフィド藻の分類における歴史的な変遷
当初ラフィド藻として分類され，現在はディクティオカ藻に移された種も含む. 今井（2007）の一部を改訂.

種　名	呼称あるいは種名の変遷
ラフィド藻（Raphidophyceae）	
Chattonella antiqua（Hada）Ono	ミドリムシ藻 *Hemieutreptia antiqua* → *Hornellia marina* 類似種 → *Chattonella antiqua* → *Chattonella marina* var. *antiqua*
Fibrocapsa japonica Toriumi et Takano	*Botryococcus* sp., *Exuviaella* sp. → *Fibrocapsa japonica* → *Chattonella japonica* が提案される → *F. japonica*
Heterosigma akashiwo（Hada）Hada ex Hara et Chihara	渦鞭毛藻 *Entomosigma akashiwo* → *Heterosigma akashiwo* → *Heterosigma carterae* → *Heterosigma akashiwo*　*Heterosigma inlandica* → *Heterosigma akashiwo*
ディクティオカ藻（Dictyochophyceae）	
Vicicitus globosus（Hara et Chihara）Chang	球形ホルネリア → ラフィド藻 *Chattonella globosa* → *Dictyocha fibula* var. *stapedia* の骨格のない細胞 → *Vicicitus globosus*
Pseudochattonella verruculosa（Hara et Chihara）Hosoi-Tanabe et al.	ラフィド藻 *Chattonella verruculosa* → *Pseudochattonella verruculosa*

わが国における最初の *Chattonella* 赤潮は 1969 年に広島湾で発生したものであり，その原因藻はミドリムシの新属新種として *Hemieutreptia antiqua* Hada と命名された（Hada 1974）. その

後，本種はインド西岸マラバール海岸で天然魚の大量斃死を伴う赤潮を発生させた緑色鞭毛藻（Chloromonadophyceae）の *Hornellia marina* Subrahmanyan（Subrahmanyan 1954）と同一か近縁の種と考えられ，しばらくホルネリアと呼ばれることになった．ところが文献調査の進展の結果，*H. marina* は *C. subsalsa* と同一種とする報告（Hollande & Enjumet 1957）が見つかり，わが国沿岸に発生するものも *Chattonella* 属に属するのが妥当と結論された（Ono & Takano 1980, 原・千原 1982）．そのうち大型のものは *C. subsalsa* や *H. marina* とサイズが異なっており，*C. antiqua* と新称することが提案された（Ono & Takano, 1980）．一方，やや小型のものについては，*C. subsalsa* が粘液胞を持つことから（Biecheler 1936），粘液胞を欠く *H. marina* と *C. subsalsa* は別種とされ，*H. marina* に相当するのではないかという提案がなされ，現在 *C. marina* と呼ばれるようになっている（原・千原 1982, 1987）．

Fibrocapsa japonica には溶血性の毒があると報じられており，注意が必要である（De Boer 2006）．本種も正式な種名の記載報告（Toriumi & Takano 1973）がなされる前は，瀬戸内海で赤潮を引き起こした際に *Exuviaella* sp.（岩崎 1971）あるいは *Botryococcus* sp.（岡市 1972）と仮称された．その後，*Fibrocapsa* 属を *Chattonella* 属に包含すべきであるという主張もみられたが（Loeblich III & Fine 1977），承認が得られることなく現在にいたっている．

Heterosigma akashiwo による赤潮は1966年に広島県福山市沖で初めて認められ，渦鞭毛藻の1種として *Entomosigma akashiwo* と命名された（Hada 1967）．次に，三重県五ヶ所湾で発生した赤潮の原因生物を羽田は新属新種の *Heterosigma inlandica* と記載報告し，*E. akashiwo* もこの新属に移して *H. akashiwo* と種名を組み替えた（Hada 1968）．その後，培養株を用いた詳しい形態学的な検討が加えられ，これら *Heterosigma* 属の2種については形態学的な差がほとんどないとされ，両者をあわせて *Heterosigma akashiwo* とするのが妥当と結論された（Hara & Chihara 1987）．これに対し Taylor は，米国ウッズホール沿岸において観察された鞭毛藻類に関するスケッチによる報告（Hulburt 1965）を根拠として，本種の種名を *Heterosigma carterae* (Hulburt) Taylor とすることを主張した（Taylor 1992）．しかしながら Throndsen は，培養株を詳しく精査して分類された *H. akashiwo* の呼称が妥当と反論し（Throndsen 1996），それが広く受け入れられ現在にいたっている．以上のように，*H. akashiwo* の分類も混迷の歴史を辿った．

さらに本種は過去に *Olisthodiscus luteus* Carter か，あるいはその近縁種として扱われることが多かった．Hara et al.（1985）によって詳しい検討がなされた結果，*O. luteus* は *H. akashiwo* とはまったく異なる底生性の別種のラフィド藻（現在はペラゴ藻）であることが判明した．以上から，これまで日本各地で赤潮を形成してきた種，ケンブリッジ・カルチャー・センター（CCAP）ならびにテキサス大学カルチャーコレクション（UTEX）に *O. luteus* という名称で維持されていた藻種は，すべて *H. akashiwo* であると結論づけられ（Hara & Chihara 1987），長年続いた混乱がようやく整理収拾された．

7. ディクティオカ藻とラフィド藻

近年，遺伝子を用いた分子系統学的手法が発展し，微細藻類の分類と同定に威力を発揮するようになっている．そして *C. globosa* が実は別の綱であるディクティオカ藻の1種 *Vicicitus globosus* (Hara et Chihara) Chang という種として新たに報告された（Chang et al. 2012）．また，*C. verruculosa* においても18S rDNA の解析と微細構造の観察の結果，ディクティオカ藻綱に属することが判明し，

Pseudochattonella verruculosa という学名が新たに提案された（Hosoi-Tanabe et al. 2007）．ほぼ同じ時期に，ノルウェーに生息するものについて *Verrcophora* の属名で記載がなされるという偶然の経緯（Edvardsen et al. 2007）を経た後，現在は種名の先取権に従って *Pseudochattonella* 属として統一することが合意されている（Eikrem et al. 2009）．

　ディクティオカ藻に属する他の種では，*Dictyocha speculum* において骨格を持たない球形の細胞形態を示す場合があり，赤潮を形成して魚類を斃死させることが報告されている（Jochem & Babenerd 1989, Moestrup & Thomsen 1990）．以上述べたように，ディクティオカ藻類の中で骨格を持たない細胞はラフィド藻と形態が酷似しているため，混同される場合が多く分類に混乱が生じていたが，近年おおむね一段落したように思われる．

8．ラフィド藻による赤潮の発生

　有害赤潮の原因となる遊泳性のラフィド藻 *Chattonella* 属，*Fibrocapsa* 属，ならびに *Heterosigma* 属の生息が確認されている場所を図4に示した．*Chattonella* 赤潮による天然魚類の大量斃死被害は，インドのマラバール海岸で最初に観察報告され（Subrahmanyan 1954），その後もケララ州の海岸などで継続している（Jugnu & Kripa 2009）．*Chattonella* 赤潮による魚類の大量斃死被害は，日本，中国，米国，メキシコ，ブラジル，およびオーストラリア等で，養殖や蓄養のものを中心に発生している．特に南オーストラリアにおいては，蓄養中のミナミマグロで約4,000万ドルにものぼる斃死被害がもたらされている（Hallegraeff et al. 1998）．その他に *Chattonella* 属の生息が確認されているのは，東南アジア，ロシアのウラジオストック沿岸，ニュージーランド，ブラジル，ウルグアイ，カナダのバンクーバー島沿岸，地中海のエジプト沿岸，ヨーロッパの北海沿岸などである（Edvardsen & Imai 2006, 今井 2012, Imai & Yamaguchi 2012, N. Haigh 私信）．

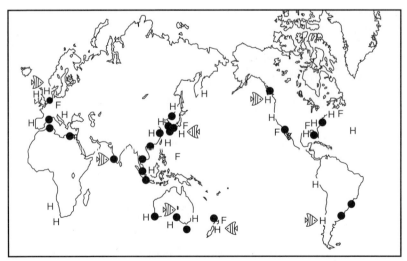

図4　世界の沿岸域におけるラフィド藻シャットネラ（●：*Chattonella antiqua, C. marina, C. ovata*），ヘテロシグマ（H：*Heterosigma akashiwo*），フィブロカプサ（F：*Fibrocapsa japonica*）の分布
　　　Edvardsen & Imai（2006）および今井（2012）を最新の情報でバージョンアップ改訂．魚のアイコンは養殖魚の斃死が報告された場所を指すが，インド沿岸は天然魚の斃死を示す．

　養殖魚類の斃死を伴う *Heterosigma* 赤潮が発生しているのは，日本，カナダのブリティッシュコロンビア，ニュージーランド，チリ，ノルウェー，英国北部のスコットランドなどであり，分布域は *Chattonella* に比べて広く，熱帯域から冷温帯の沿岸域に及んでいる．特にわが国で被害が深刻なのは鹿児島湾や高知県野見湾など限定的であるが，北海道噴火湾でも赤潮を形成するまでにいたらないが普通に生息していることが見出された（夏池ほか 2015）．また米国西海岸のピュージェット湾では，紅鮭を中心に被害は深刻である（Trainer 2002, Rensel 2007）．天然の紅鮭資源に対して，降海時のヘテロシグマ赤潮が幼魚に斃死被害を与えることから，赤潮の規模によって 2 年後に回帰する成魚の資源量が影響を受け，赤潮と負の相関のあることが報告されている（Rensel et al. 2010）．

　Fibrocapsa 属の発生については，日本，北海，ニュージーランド，米国の沿岸で確認されている．赤潮として出現する際の最大細胞密度は，*Chattonella* 属と *Fibrocapsa* 属でおおよそ 10^4 cells mL^{-1}，*Heterosigma* 属で 10^5 cells mL^{-1} である．米国の東部沿岸にある水深の浅いラグーンでは，ラフィド藻のブルームの発生時に，*H. akashiwo*, *F. japonica*, *C. subsalsa* 等が同時に共存して出現することが報じられている（Smayda 1998）．日本の沿岸域においては，これらの種が同様に同時出現した例はあまりなく興味深い．

9．分布の拡大

　魚介類を斃死させる有害なラフィド藻は，一般的に亜熱帯〜温帯域の沿岸内湾に発生する傾向がある．これらのラフィド藻は生活環の中でシストを形成し（今井・伊藤 1986，吉松 1987，Imai et al 1993），シストの生理学的特性が，栄養細胞では生き残れない低温の時期を乗り切ることを可能にしている．シストの生理生態に関しては，3-5 章に詳述されているので，参照されたい．近年，北海などのヨーロッパ北部の海で，本来「好温性（thermophilic）」のラフィド藻の定着が観察され，報じられている（Nehring 1998）．多くのラフィド藻は越冬シストの時期を生活環に有しており，海域に一度定着するとなかなか消滅せず，そのまま本格的に定着してしまう可能性が大きい．人間は，水産物や海洋生物の輸送や移送などを頻繁に行っているが，ラフィド藻の分布拡大に関してはシストのことを考慮し，より注意深い配慮が必要である．当面の課題としては，様々な水域から有害ラフィド藻を分離培養し，生理生態学的特性を比較することが挙げられる．またシストについても，休眠と温度の関係などの生理生態学的な特性を比較することにより，冷水域への適応を実証することができると考えられる．さらに，これまで発生の知られていなかった海域の沿岸域から海底泥を採取し，終点希釈法等を用いてシストの存在の有無を知り，場合によっては計数を行うことにより，有害な赤潮ラフィド藻の発生の有無を検討し，将来の危険性についての評価を行うのは重要な課題であろう．

文　献

Biecheler B（1936）Sur une Chloromonadine nouvelle d'eau saumatre *Chattonella subsalsa* n. gen., n. sp. Arch Zool Exp Gén 78: 79-83.

Chang FH, McNeagh M, Gall M, Smith P（2012）*Chattonella globosa* is a member of Dictyochophyceae: reassignment to *Vicicitus* gen. nov., based on molecular phylogeny, pigment composition, morphology and life history. Phycologia 51: 403-420.

De Boer M.K（2006）Maze of Toxicity: *Fibrocapsa japonica*（Raphidophyceae）in Dutch coastal waters. Van Denderen b.v., 205p, Groningen, Netherland.

Demura M, Noel MH, Kasai F, Watanabe MM, Kawachi M（2009）Taxonomic revision of *Chattonella antiqua*, *C. marina* and *C. ovata*

（Raphidophyceae）based on their morphological characteristics and genetic diversity. Phycologia 48: 518-535.

Edvardsen B, Imai I（2006）The ecology of harmful flagellates within Prymnesiophyceae and Raphidophyceae. In: Ecology of Harmful Algae（Edna G, Turner J eds）, pp.67-79, Springer-Verlag, Berlin.

Edvardsen B, Eikrem W, Shalchian-Tabrizi K, Riisberg I, Johnsen G, Naustvo L, Throndsen J（2007）*Verrucophora farcimen* gen. et sp. nov.（Dictyochophyceae, Heterokonta）– a bloom-forming ichthyotoxic flagellate from the Skagerrak, Norway. J Phycol 43: 1054-1070.

Eikrem W, Edvardsen B, Throndsen J（2009）Renaming *Verrucophora farcimen* Eikrem, Edwardsen et Throndsen. Phycol Res 57: 170.

Hada Y（1967）Protozoan plankton of the Inland Sea, Setonaikai I. The Mastigophora. Bull Suzugamine Women's Coll Nat Sci 13: 1-26.

Hada Y（1968）Protozoan plankton of the Inland Sea, Setonaikai II. The Mastigophora and Sarcodina. Bull Suzugamine Women's Coll Nat Sci 14: 1-28.

Hada Y（1974）The flagellata examined from polluted waters of the Inland Sea, Setonaikai. Bull Plankton Soc Jpn, 20: 112-125.

Hallegraeff GM, Hara Y（1995）Taxonomy of harmful marine raphidophytes. In: Manual on Harmful Marine Microalgae（Hallegraeff GM, Anderson DM, Cembella AD eds）, pp.365-371, IOC-UNESCO, Paris.

Hallegraeff GM, Munday B, Baden D, Whitney PL（1998）*Chattonella marina*（Raphidophyte）bloom associated with mortality of cultured bluefin tuna（*Thunnus maccoyii*）in south Australia. In: Harmful Algae（Reguera B, Blanco J, Fernandez ML, Wyatt T eds）, pp.93-96, Xunta de Galicia and IOC-UNESCO, Vigo.

原 慶明・千原光男（1982）日本産ラフィド藻シャットネラ（*Chattonella*）の微細構造と分類. 藻類 30, 47-56.

原 慶明・千原光雄（1987）ラフィド藻. 赤潮生物研究指針（日本水産資源保護協会編）, pp.544-566, 秀和, 東京.

Hara Y, Chihara M（1987）Morphology, ultrastructure and taxonomy of the raphidophycean alga *Heterosigma akashiwo*. Bot Mag Tokyo 100: 151-163.

Hara Y, Doi K, Chihara M（1994）Four new species of *Chattonella*（Raphidophyceae, Chromophyta）from Japan. Jpn J Phycol, 42: 407-420.

Hara Y, Inouye I, Chihara M（1985）Morphology and ultrastructure of *Olisthodiscus luteus*（Raphidophyceae）with special reference to the taxonomy. Bot Mag Tokyo 98: 251-262.

Hollande A, Enjumet M（1957）Sur une invasion de eaux du port d'Alger par *Chattonella subsalsa*（*Hornellia marina* Sub.）Biecheler. Remarques sur la toxicité de cette Chloromonadine. Bull Trav Publ Stn Aquicult Peche Castiglione N. 8: 273-280.

Hosoi-Tanabe S, Honda D, Fukaya S, Otake I, Inagaki Y, Sako Y（2007）Proposal of *Pseudochattonella verruculosa* gen. nov., comb. Nov.（Dictyochophyceae）for a former raphidophycean alga *Chattonella verruculosa*, based on 18S rDNA phylogeny and ultrastructural characteristics. Phycol Res 55: 185-192.

Hulburt E（1965）Flagellates from brackish waters in the vicinity of Woods Hole, Massachusetts. J Phycol 1: 87-94.

今井一郎（2000a）ラフィド藻赤潮の発生機構と予知.有害・有毒赤潮の発生と予知・防除（石田祐三郎・本城凡夫・福代康夫・今井一郎編）, 水産研究叢書 48, pp.29-70, 日本水産資源保護協会, 東京.

今井一郎（2000b）ラフィド藻における分類と同定の問題点－生態研究の立場から. 日本プランクトン学会報 47: 55-64.

今井一郎（2007）有害有毒赤潮生物の出現と分類の歴史的経過. 海洋と生物 29: 454-464.

今井一郎（2012）シャットネラ赤潮の生物学. 184p, 生物研究社, 東京.

今井一郎・伊藤克彦（1986）周防灘海底泥から見出された *Chattonella* のシストについて（予報）. 日本プランクトン学会報 33: 61-63.

Imai I, Itoh K（1988）Cysts of *Chattonella antiqua* and *C. marina*（Raphidophyceae）in sediments of the Inland Sea of Japan. Bull Plankton Soc Jpn 35: 35-44.

Imai I & Yamaguchi M（2012）Life cycle, physiology, ecology and red tide occurrences of the fish-killing raphidophyte *Chattonella*. Harmful Algae 14: 46-70.

Imai I, Itakura S, Itoh K（1993）Cysts of the red tide flagellate *Heterosigma akashiwo*, Raphidophyceae, found in bottom sediments of northern Hiroshima Bay, Japan. Nippon Suisan Gakkaishi 59: 1669-1673.

岩崎英雄（1971）赤潮鞭毛藻に関する研究 -VI. 1970 年, 備後灘に出現した *Eutreptiella* sp. と *Exuviaella* sp. について. 日本海洋学会誌 27: 152-157, 1971.

Jochem F, Babenerd B（1989）Naked *Dictyocha speculum* - a new type of phytoplankton bloom in the Western Baltic. Mar Biol 103: 373-379.

Jugnu R, Kripa V（2009）Effect of *Chattonella marina*［（Subrahmanyan）Hara et Chihara 1982］bloom on the coastal fishery resources along Kerala coast, India. Indian J Mar Sci 38: 77-88.

Loeblich III AR, Fine K（1977）Marine chloromonads: More widely distributed in neritic environments than previously thought. Proc Biol Soc Wash 90: 388-399.

Moestrup Ø, Thomsen HA（1990）*Dictyocha speculum*（Silicoflagellata, Dictyochophyceae）, studies on armoured and unarmoured stages. K Danske Vidensk Selsk Biol Skr 37: 1-56.

中山 剛・山口晴代・甲斐 厚・井上 勲（2010）スベリコガネモ（*Olisthodiscus*）の系統的位置について: ラフィド藻綱からペラゴ藻綱へ. 藻類, 58: 34.

夏池真史・金森 誠・馬場勝寿・山口 篤・今井一郎（2015）北海道噴火湾における有害赤潮形成ラフィド藻 *Heterosigma akashiwo* の季節変動. 日本プランクトン学会報 62: 1-7.

Nehring S（1998）Establishment of thermophilic phytoplankton species in the North Sea: biological indicators of climate changes? ICES J Mar Sci 55: 818-823.

岡市友利（1972）浅海の汚染と赤潮の発生.内湾赤潮の発生機構, pp.58-76, 日本水産資源保護協会, 東京.

岡市友利（編）（1997）赤潮の科学 第二版. 337pp, 恒星社厚生閣, 東京.

小野知足（1988）播磨灘における赤潮生物の細胞周期と群生長速度. 香川赤潮研報 3: 1-68.

Ono C, Takano H（1980）*Chattonella antiqua*（Hada）comb. nov., and its occurrences on the Japanese coast. Bull Tokai Reg Fish Res Lab 102: 93-100.

Rensel JEJ（2007）Fish kills from the harmful alga *Heterosigma akashiwo* in Puget Sound: Recent blooms and review. Rensel Associates Aquatic Sciences, 58p, Arlington, Washington, USA..

Rensel JEJ, Haigh N, Tynan TJ（2010）Fraser River sockeye salmon marine survival decline and harmful algae blooms of *Heterosigma akashiwo*. Harmful Algae 10: 98-115.

Smayda TJ（1998）Ecophysiology and bloom dynamics of the red tide flagellate *Heterosigma akashiwo*（Raphidophyceae）. In: Physiological Ecology of Harmful Algal Blooms（Anderson DM, Cembella AD, Hallegraeff GM eds）, pp.113-131, Springer-Verlag, Berlin.

Subrahmanyan R（1954）On the life-history and ecology of *Hornellia marina* gen. et sp. nov.,（Chloromonadineae）, causing green discoloration of the sea and mortality among marine organisms off the Malabar Coast. Indian J Fish 1: 182-203.

Taylor FJR（1992）The taxonomy of harmful marine phytoplankton. Gior Bot Ital 126: 209-219.

Throndsen J（1996）Note on the taxonomy of *Heterosigma akashiwo*（Raphidophyceae）. Phycologia 35: 367.

Toriumi S, Takano H（1973）*Fibrocapsa*, a new genus in Chloromonadophyceae from Atsumi Bay, Japan. Bull Tokai Reg Fish Res Lab 76: 25-35.

Trainer VL（2002）Harmful algal blooms on the US coast. In: Harmful Algal Blooms in the PICES Region of the North Pacific（Taylor FJR, Trainer VL eds）, pp.89-103, PICES, Sidney, Canada.

Yamaguchi H, Nakayama T, Murakamai A, Inouye I（2010）Phylogeny and taxonomy of the Raphidophyceae（Heterokontophyta）and *Chlorinimonas sublosa* gen. et sp. nov., a new sand dwelling raphidophyte. J Plant Res, 123: 333-342.

Yamaguchi M, Yamaguchi H, Nishitani G, Sakamoto S, Itakura S（2008）Morphology and germination characteristics of the cysts of *Chattonella ovata*（Raphidophyceae）, a novel red tide flagellate in the Seto Inland Sea, Japan. Harmful Algae 7: 459-463.

Yokote M, Honjo T（1985）Morphological and histochemical demonstration of a glycocalyx on the cell surface of *Chattonella antiqua*, a 'naked flagellate'. Experientia 41: 1143-1145.

吉松定昭（1987）瀬戸内海播磨灘より見出された *Fibrocapsa japonica*（Raphidophyceae）のシスト. 日本プランクトン学会報 34: 25-31.

1-3　珪藻類の分類[*1]

板倉 茂[*2]

1. はじめに

　珪藻類は，海水，汽水，淡水のいずれの環境においても普遍的に観察される微細藻類であり，その種類数は，1万種から10万種にもなると考えられている（Hendey 1964, Guillard & Kilham 1977, Werner 1977, Round et al. 1990）．このことは，珪藻類が地球上できわめて広範囲に存在する藻類であることを示すと同時に，地球上の炭素や珪素の循環においても，珪藻類が大きな役割を果たしていることを示している（Round et al. 1990）．

　海洋環境においては，珪藻類は古くから「海の牧草」と認識され（Cupp 1943），海域の基礎生産者として，あるいは水産増養殖における初期餌料生物として，非常に重要な役割を持つことで知られてきた．また珪藻類は，水質（汚染度等）についての指標生物としても早くから用いられてきた生物であり（例えば Guillard & Ryther 1962, Werner 1977），化石として残された珪藻類の被殻を調べ，ある地層における珪藻類の優占種を分析することで，過去の気候や環境の変動を推測する試みも活発に行われている（Round et al. 1990, van Dam 1993, Stoermer & Smol 1999）．

　以上のことは，珪藻類が多様な環境条件下で生息する種を含む生物群であるという生態学的な特性を顕著に示している．そして，広範な環境下で生息するこれらの珪藻類は，それぞれの環境下で生息していくうえで様々な生活や分布の様式を有していることが，これまでに明らかにされている（Werner 1977, Round et al. 1990）．

　本稿で主に取り上げる沿岸域に出現する浮遊珪藻類は，基礎生産者として重要であると同時に，ノリの色落ちを引き起こす珪藻赤潮（Manabe & Ishio 1991，長井ほか 1995，西川 2011）やヌタ現象（Miyahara et al. 1996）の原因種となっている．さらに海外においては貝毒原因種（Bates et al. 1989）として認識されるようになるなど，近年では有害有毒藻類（Harmful Algae）としても取り上げられるようになった．その一方で，有害な鞭毛藻類の競合生物としての重要性について論じられることも多い（例えば板倉 2002）．

　いずれにしても，海洋環境中に出現する浮遊珪藻類は，沿岸の漁場環境に対して多大な影響を与える生物群のひとつであると考えて良いであろう．ここでは，まず珪藻類の分類とその歴史に関して参考文献を例示して概説するとともに，有害藻類としての珪藻類について，その生態学的な特徴を特に休眠期細胞の有無の観点から考察する．

[*1] Classification of the diatoms

[*2] Shigeru Itakura（itakura@affrc.go.jp）

2．珪藻類の分類とその歴史

　珪藻類は珪酸質の殻（被殻：valve）を有することが顕著な特徴の一つである．このため，比較的古くから光学顕微鏡を利用して，あるいは電子顕微鏡を利用して，これらの被殻の有する形態学的特徴（外形や各種の微細構造）を観察することにより分類が行われてきた．

　珪藻の被殻は，上下2つの殻とその間にある（数枚の）殻帯板から構成されており，これら殻と殻帯板には，突起（process），条線（stria），隆起（elevation），剛毛（seta）などと呼ばれる，様々な微細構造が観察される．これらの被殻の外形的特徴も多様であるが，Simonsen（1979）は，主として光学顕微鏡観察に基づいて，被殻の幾何学的な構造中心が点であるか線であるか，という観点等から珪藻綱を中心目と羽状目に大別した．

　その後，電子顕微鏡によるさらに詳細な被殻の観察，ならびに細胞内容物（葉緑体の数や形等）の情報，さらに分子系統解析等の情報をもとに，新たな分類体系が提唱されている（Cox 1987, Mann 1989, Round et al. 1990, Medlin & Kaczmarska 2004, Adl et al. 2005, Sims et al. 2006, Kooistra et al. 2007）．新たな分類体系では，従来の中心珪藻（centric diatom）と羽状珪藻（pennate diatom）の二大別から，珪藻植物門 Bacillariophyta の下に，コアミケイソウ亜門 Coscinodiscophytina およびクサリケイソウ亜門 Bacillariophytina の新亜門を設立し，さらにその下にコアミケイソウ綱 Coscinodiscophyceae およびクサリケイソウ綱 Bacillariophyceae，ならびに中間ケイソウ綱 Mediophyceae を設立することで，三大別（放射状中心珪藻，2極あるいは多極中心珪藻，羽状珪藻）することを提唱している．以上に述べた体系等について紹介している邦文としては，例えば，出井・真山（1997），高野（1997），小林ほか（2006），鈴木（2012）などが挙げられる．表1に珪藻類分類体系の変遷について概略をまとめた．

表1　珪藻分類体系の変遷

グループ分け	主な分類基準	文献
中心目および羽状目の2グループ	・光学顕微鏡観察に基づいた殻の構造（中心が点か線か） ・有性生殖が卵生殖か否か	Simonsen（1979）
コアミケイソウ綱，オビケイソウ綱，クサリケイソウ綱の3グループ（Simonsen の体系における，中心目，羽状目無縦溝亜目，羽状目有縦溝亜目に相当）	・電子顕微鏡観察に基づいた殻の構造 ・葉緑体の形や数	Round et al.（1990）
コアミケイソウ亜門の下にコアミケイソウ綱，クサリケイソウ亜門の下にクサリケイソウ綱，中間ケイソウ綱の3グループ（放射状中心珪藻，2極あるいは多極中心珪藻，羽状珪藻の3グループ）	・電子顕微鏡観察に基づいた殻の構造 ・分子系統解析 ・増大胞子，ピレノイド，精子の構造等	Adl et al.（2005）

3．有害珪藻類とその生態学的な特徴

　有害珪藻として認識される浮遊珪藻類が出現する内湾や沿岸域は，沖合や遠洋域と比較すると，陸域からの様々な影響，あるいは潮汐や風による海水の流動・混合等のために，環境の時空間的変動が著しく激しい海域である．このような内湾・沿岸域で生息している浮遊珪藻類は，その生活史において，変化しやすい環境に適応した何らかの特徴を有していると考えるのは当然の理である．

　その特徴としてまず挙げられるのは，浮遊珪藻類が生活史の一時期に形成する「休眠期細胞（resting

stage cells)」(Hargraves & French 1983, Garrison 1984) と呼ばれる細胞である (3-10 章も参照). 休眠期細胞は，古くから，外囲の環境変化と珪藻類栄養細胞の出現・消失とを結びつける重要な働きを担っている細胞であると推察されてきた (Gran 1912, Hargraves & French 1983, Garrison 1984, Itakura et al. 1997, 板倉 2000). しかしながら，現場水域における珪藻類休眠期細胞の分布や動態・生態に関しては，未だ不明な点が多い (Round et al. 1990).

板倉 (2000) は，珪藻類休眠期細胞の有する生態学的な特徴について，現場調査および室内実験の結果から，以下のようにまとめた.

A.　鞭毛藻類など，他の植物プランクトンの休眠期細胞（シスト等）と比較して底泥中の存在密度が高い.

B.　鞭毛藻類のシスト（休眠期細胞）と比較して内因性休眠期間が短く，光の照射を引き金として速やかに発芽し増殖を開始する.

C.　比較的広い温度範囲での発芽が可能である.

珪藻類休眠期細胞の持つこれらの特徴は，現場水域になんらかの攪乱が起こった直後に，素早くその場を占有するのに有利な性質であると考えられる (板倉 2000). すなわち，潮汐，吹送流，河川からの大量な淡水の流入等によって海水の攪乱が起こった際には，海底泥中に存在していた休眠期細胞が巻き上げられて，比較的強い光の照射を受ける可能性が高くなる. 珪藻類の休眠期細胞は，鞭毛藻のシストなど他のプランクトンの休眠期細胞よりも高密度で海底泥中に存在するため (Itakura et al. 1997)，光の照射を受ける細胞の絶対数も，他のプランクトンよりも多くなると考えられる. さらに，光の照射を受けた珪藻類休眠期細胞は，広い温度範囲で速やかに（概ね 1 日以内）発芽を完了することから，攪乱後間もなく初期個体群となる原地性の (autochthonous) 栄養細胞が海水中に供給されるものと考えられる. また，攪乱後の海水中には，底層に存在していた栄養塩が表層にもたらされるなど，比較的多量の栄養塩が存在する場合が多く，その後の珪藻類栄養細胞の増殖にとっても好適な環境であると考えられる.

すなわち，休眠期細胞を形成する沿岸性の珪藻類は，間欠的に起こる沿岸域の攪乱とそれに伴う栄養塩類の表層への供給に対応し，他の植物プランクトンに先駆けて素早く栄養細胞を増やすことが可能な生態学的特徴を有していると考えられる. このような考え方は，珪藻類の出現が海水の攪乱と密接に関係しているというこれまでの一般的な知見（例えば，Margalef 1978）とも矛盾しない. また，珪藻類の休眠期細胞は栄養塩の欠乏によって形成されるため（板倉ほか 1993），栄養細胞が濃密に繁茂した海域の近傍に再び休眠期細胞として沈降し，次の攪乱が起こる機会を待つことができる.

一方で，休眠期細胞を形成しないと考えられている珪藻類（例えば *Eucampia zodiacus* や *Rhizosolenia imbricata*）は，常に海水中，あるいは海底近傍に存在するため，時として栄養塩濃度の低い環境下におかれることも多いと考えられる. 西川 (2011) は，*E. zodiacus* の生理・生態に関する研究結果から，本種が比較的高い増殖速度を有する一方で，（最小細胞内栄養塩含量が低いため）栄養塩濃度が低下した海域においても栄養細胞のまま長期間生残できる能力を有していることを明らかにしている. その結果，*E. zodiacus* の大量発生は長期に及び，その間，海域の栄養塩もほぼ枯渇した状態が継続すると考察している（西川 2011, 3-8 章）.

ノリの色落ち現象の原因種とされる珪藻類には，休眠期細胞を形成する (Mero-planktonic) 珪藻類と，休眠期細胞を形成せず終生浮遊生活を送る (Holo-planktonic) と考えられている珪藻類の両方が含ま

れている（図1）．ノリの色落ちは海域の栄養塩（特に無機態窒素）低下によって引き起こされるが，一般的には，まず休眠期細胞を形成する珪藻類が海水中に繁茂し栄養塩レベルを低下させ，その後，終生浮遊生活を送ると考えられている珪藻類が優占し，さらに栄養塩濃度を低下させているものと想定される．

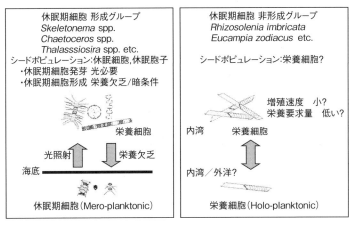

図1　休眠期細胞の有無による浮遊珪藻類のグループ分け

　一方，いわゆるヌタ現象の原因となる珪藻類（*Thalassiosira* 属ほか）ならびに貝毒原因種となる珪藻類（*Pseudo-nitzschia* 属）については，いずれも休眠期細胞を形成せず終生浮遊生活を送る（Holo-planktonic）種が主体になっているものと推察されるが，それぞれの原因種に関する（現場海域における）生態学的特徴についての情報は少ないのが現状である．

　冒頭で述べたように，珪藻類には生息する環境に対応して様々な生理・生態学的特徴を有する種が含まれているため，沿岸・内湾域に出現する浮遊珪藻類に関しても，引き続きそれぞれの種の特徴を明らかにしていく地道な努力が必要な状況にある．そのような努力は，有害藻類としての珪藻類に関する科学的知見を蓄積することで漁業被害軽減に資するのみならず，沿岸・内湾における漁場環境を正しく理解して利用していくうえでも不可欠であると考えられる．

文　献

Adl SM, Simpson AG, Farmer MA, Andersen RA, Anderson OR, Barta JR, Bowser SS, Brugerolle G, Fensome RA, Fredericq S, James TY, Karpov S, Kugrens P, Krug J, Lane CE, Lewis LA, Lodge J, Lynn DH, Mann DG, McCourt RM, Mendoza L, Moestrup Ø, Mozley-Standridge SE, Nerad TA, Shearer CA, Smirnov AV, Spiegel FW, Taylor MFJR（2005）The new higher level classification of eukaryotes with emphasis on the taxonomy of protists. J Eukaryot Microbiol 52: 399-451.

Bates SS, Bird CJ, de Freitas ASW, Foxall R, Gilgan M, Hanic LA, Johnson GR, McCulloch AW, Odense P, Pocklington R, Quilliam MA, Sim PG, Smith JC, Subba Rao DV, Todd ECD, Walter JA, Wright JLC（1989）Pennate diatom *Nitzschia pungens* as the primary source of domoic acid, a toxin in shellfish from eastern Prince Edward Island, Canada. Can. J Fish Aquat Sci 46: 1203-1215.

Cox EJ（1987）Placoneis mereschkowsky: the re-evaluation of a diatom genus originally characterized by its chloropoast type. Diatom Res 2: 145-157.

Cupp EE（1943）Marine planktonic diatoms of the west coast of North America. Bull Scripps Inst Oceanogr 5, 238p.

Garrison DL（1984）Plankton diatoms. In: Marine Plankton Life Cycle Strategies（Steidinger KA, Walker LM eds），pp.1-14, CBC Press, Florida.

Gran HH（1912）Pelagic plant life. In: The Depths of the Ocean（Murray J, Hjort J eds），pp.307-386, Macmillan, London.

Guillard RRL, Kilham P（1977）The ecology of marine planktonic diatoms. In: The Biology of Diatoms（Werner D ed），pp.372-469, Blackwell

Scientific Publication, Oxford.

Guillard RRL, Ryther JH（1962）Studies of marine planktonic diatoms. I. *Cyclotella nana* Hustedt, and *Detonula confervacea*（Cleve）Gran. Can J Microbiol 8:229-239.

Hargraves PE, French FW（1983）Diatom resting spores: significance and strategies. In: Survival Strategies of the Algae（Fryxell GA ed）, pp.49-68, Cambridge University Press, New York.

Hendey NI（1964）An introductory account of the small algae of British costal water. Part V. Bacillariophyceae（Diatoms）. Fisheries Investigation ser IV. 317p, Her Majesty's stationery office, London.

出井雅彦・真山茂樹（1997）珪藻綱 Bacillariophyceae. 藻類多様性の生物学（千原光雄編）, pp.151-179, 内田老鶴圃, 東京

Itakura S, Imai I, Itoh K（1997）"Seed bank" of coastal planktonic diatoms in bottom sediments of Hiroshima Bay, Seto Inland Sea, Japan. Mar Biol 128: 497-508.

板倉 茂（2000）沿岸性浮遊珪藻類の休眠期細胞に関する生理生態学的研究. 瀬戸内水研報 2: 67-130.

板倉 茂（2002）珪藻を用いた有害赤潮の予防. 水産シリーズ 134, 有害・有毒藻類ブルームの予防と駆除（広石伸互・今井一郎編, 日本水産学会監修）, pp.9-18, 恒星社厚生閣, 東京.

板倉 茂・山口峰生・今井一郎（1993）培養条件下における浮遊性珪藻 *Chaetoceros didymus* var. *protuberans* の休眠胞子形成と発芽. 日本水産学会誌 59: 807-813.

小林 弘・出井雅彦・真山茂樹・南雲 保・長田敬五（2006）小林弘珪藻図鑑 第 1 巻. 531pp, 内田老鶴圃, 東京.

Kooistra W, Gersonde R, Medlin LK, Mann DG（2007）The origin and evolution of diatoms: Their adaptation to a planktonic existence. In: Evolution of Primary Producers in the Sea（Falkowski PG, Knoll AH eds）, pp.207-249, Elsevier, Boston.

Manabe T, Ishio S（1991）Bloom of *Coscinodiscus wailesii* and DO deficit of bloom water in Seto Inland Sea. Mar Pollut Bull 23: 181-184.

Mann DG（1989）The diatom genus *Sellaphora*: separation from *Navicula*. Br Phycol J 24: 1-20.

Margalef R（1978）Life-forms of phytoplankton as survival alternatives in an unstable environment. Oceanol Acta 1: 493-509.

Medlin LK, Kaczmarska I（2004）Evolution of the diatoms: V. Morphological and cytological support for the major clades and a taxonomic revision. Phycologia 43: 245-270.

Miyahara K, Nagai S, Itakura S, Yamamoto K, Fujisawa K, Iwamoto T, Yoshimatsu S, Matsuoka S, Yuasa A, Makino K, Hori Y, Nagata S, Nagasaki K, Yamaguchi M, Honjo T（1996）First record of a bloom *Thalassiosira diporocyclus* in the eastern Seto Inland Sea. Fish Sci 62: 878-882.

長井 敏・堀 豊・真鍋武彦・今井一郎（1995）海底泥中から見いだされた大型珪藻 *Coscinodiscus wailesii* Gran 休眠細胞の形態と復活. 日本水産学会誌 61: 179-185.

西川哲也（2011）養殖ノリ色落ち原因珪藻 *Eucampia zodiacus* の大量発生機構に関する生理生態学的研究. 兵庫県立農林水産技術総合センター研報（水産編）42: 1-82.

Round FE, Crawford RM, Mann DG（1990）The Diatoms. 747p, Cambridge University Press, Cambridge.

Simonsen R（1979）The diatom system: Ideas on phylogeny. Bacillaria 2: 9-71.

Sims PA, Mann DG, Medlin LK（2006）Evolution of the diatoms: insights from fossil, biological and molecular data. Phycologia 45: 361-402.

Stoermer EF, Smol JP（1999）Applications and uses of diatoms : prologue. In: The Diatoms: Applications for the Environmental and Earth Sciences（Stoermer EF, Smol JP eds）, pp.3-10, Cambridge University Press, Cambridge.

鈴木秀和（2012）珪藻類. 藻類ハンドブック（渡邉 信監修）, pp.56-59, エヌ・ティー・エス, 東京.

高野秀明（1997）Class Bacillariophyceae 珪藻綱. 日本産海洋プランクトン検索図説（千原光雄・村野正昭編）, pp.169-260, 東海大学出版会, 東京.

van Dam H（1993）Twelfth International Diatom Symposium. 540p, Kluwer Academic Publishers, Dordrecht.

Werner D（1977）Introduction with a note on taxonomy. In: The Biology of Diatoms（Werner D ed）, pp.1-17, Blackwell Scientific Publication, Oxford.

第2部
有害有毒プランクトン研究の新たな展開
－Part 2 Recent development in harmful algal bloom research－

赤潮に関する研究成果を網羅的にとりまとめた成書としては，1997年に出版された「赤潮の科学第二版（岡市友利編）」が挙げられる．その後20年近くが経過し，その間に世界的には分子生物学的な手法の発展があり，わが国においても新しい分子同定技術の開発やそれを応用した研究成果があげられている．また，有害プランクトンのシスト，栄養塩と増殖，光環境と光合成，増殖に必須なポリアミンの発見，人工合成培地を用いた鉄利用の検討，アレロパシー，魚類の斃死機構などについては，新たな研究の展開・進展が認められている．さらに現場では，貝リンガルの開発，モデリングによる有害赤潮の予測，あるいは二枚貝の着色現象の原因解明がさらに深化している．一方，急速なマグロ養殖の発展に伴う新たな赤潮による斃死被害の発生や八代海等における *Chattonella* 赤潮による大規模な被害の発生など，従来とは異なる新たな赤潮発生パターンが認められる．第2部では，新たな展開が認められる研究成果の紹介と解説を行い，将来のさらなる研究の発展を展望する．

2-1　有害有毒渦鞭毛藻とシスト[*1]

松 岡 數 充[*2]

1．はじめに

　渦鞭毛藻は系統上マラリア原虫類や繊毛虫類とともにアルベオラータ類に属し，特別な外皮（アルベオール（泡室），渦鞭毛藻の場合にはアンフィエスマ（小包）とも呼ぶ）を共有することで特徴づけられる．現生渦鞭毛藻にはこれまでに238属2,294種が記載されており（Gómez 2012），生態的には海域，汽水域，淡水域に生息し，浮遊性，底生性，付着性，寄生性などの生活様式をとり，独立栄養性，従属栄養性，混合栄養性の栄養摂取法を持つなど，きわめて多様である．また，HAB（Harmful Algal Bloom）原因種を多く含み，公衆衛生，水産資源，環境学分野からもそれらの動態について注視されている．現生種の中では約200種が堆積物中に保存され得るシストを形成するといわれている（Matsuoka & Fukuyo 2000）．

　化石渦鞭毛藻はその大多数がシストで，これまでに627属4,070種が記載されてきた（Fensome & Williams 2004）．中生代後期三畳紀に出現し，ジュラ紀から白亜紀にかけて種が多様化し，新生代を通して安定して生存し，現在にいたっている．しかし，分子系統解析の結果ではアピコンプレッサ類は前期原生代（約10億年前）に紅藻類や緑藻類とともに出現し（Knoll 1996），次いで渦鞭毛藻はそれらから後期原生代（約6億年前）に分岐したとされ（Costas & Lopez-Rodas 1995），化石記録と相容れない結果になっている．多様な形態や生態を持つ渦鞭毛藻類の進化の解明は，今後に残された興味深い一つの課題である．

2．シストの定義

　渦鞭毛藻の耐久細胞には以下の種類が知られている．脱皮細胞（ecdysal cell），薄膜細胞（pellicle cell），一時休眠細胞（temporary resting cell）．これらは無性的に増殖する時に本来とは異なった球形や楕円形で表面装飾を欠いた細胞であり，基本的に休眠期間は短く，比較的耐性に乏しい．

　休眠胞子（resting spore：resting cyst）は有性生殖によって形成される休眠状態の細胞でシストとも呼ばれる．外形は球形，楕円形，紡錘形，ペリディニオイド形などきわめて多様で，遊泳細胞と形態的に著しく異なっていることが多い．またシスト壁は多糖類を主とするバイオポリマーで形成されて

[*1]　Dinoflagellate cysts in studies of harmful algal blooms

[*2]　Kazumi Matsuoka（kazu-mtk@nagasaki-u.ac.jp）

おり（Bogus et al. 2014），物理・化学的な破壊や分解に強い耐性がある．シスト表面は多種多様な装飾物で覆われており，それらは種同定の際に形態学的基準として使われる（図1〜3）．

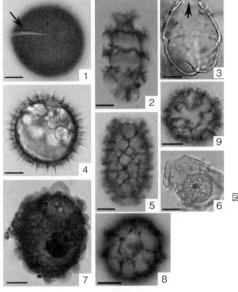

図1　Gymnodinioid のシスト
　　　発芽孔（矢印）は有殻種のような鎧板構造を反映していない．
　　　1：*Gymnodinium catenatum*, 2：*Polykrikos schwartzii*, 3：*Levanderina fissa*, 4：*Polykrikos hartmannii*, 5：*Polykrikos kofoidii*, 6：*Gymnodinium impudicum*, 7：*Cochlodinium* sp.1 of Matsuoka & Fukuyo, 8：*Cochlodinium polykrikoides*. 9：*Cochlodinium* sp.2 of Matsuoka et Fukuyo．スケール：20 μm.

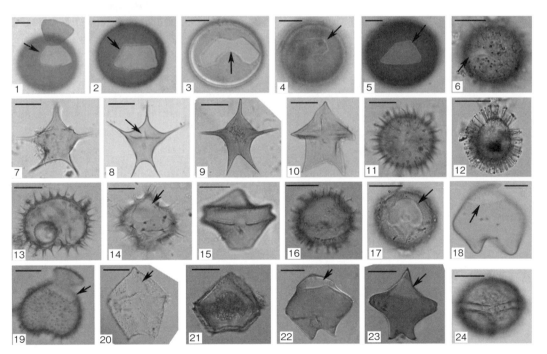

図2　Peridinioid のシスト
　　　発芽孔（矢印）は基本的に鎧板を反映しているが，それが不明瞭なシスト（*Protoperidinium tricingulatum*）もある．
　　　1, 5：*Brigantedinium majusclum**, 2：*Brigantedinium cariacoense**, 3, 4：*Brigantedinium irregulare**, 6：*Protoperidinium tricingulatum*, 7：*Stelladinium stellatum**, 8：*Stelladinium reidii**, 9：*Stelladinium robustus**, 10：*Stelladinium abei**, 11：*Oblea acanthocysta*, 12：*Scrippsiella* sp., 13：*Protoperidinium conicum*, 14：*Prodoperidinium nudum*, 15：*Protoperidinium* sp., 16：*Protoperidinium divaricatum*, 17：*Protoperidinium americanum*, 18：*Protoperidinium latidorsale*, 19：*Protoperidinium claudicans*, 20：*Protoperidinium shanghaiense*, 21：*Trinovantedinium pallidifulvum**, 22：*Quinquecuspis concreta**, 23：*Protoperidinium lassinum*, 24：*Dubridinium cavatum**．スケール：20 μm．＊シストとしての学名．

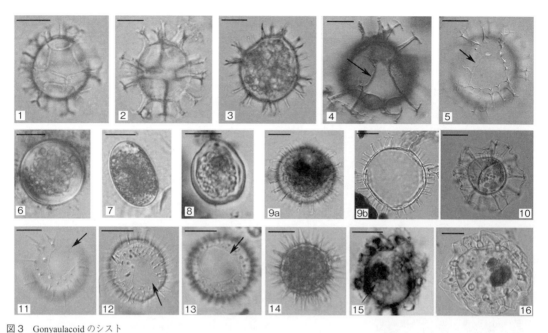

図3 Gonyaulacoid のシスト
発芽孔（矢印）は基本的に鎧板を反映しているが, *Alexandrium* 属シストや *Gonyaulax varior* のシストは鎧板を反映していない. 1：*Spiniferites bulloideus*[*], 2：*Spiniferites* cf. *delicatus*[*], 3：*Spiniferites bentori*[*], 4：*Spiniferites ramosus*[*], 5：*Spiniferites hyperacanthus*[*], 6：*Alexandrium hiranoi*, 7：*Alexandrium tamarense* complex, 8：*Alexandrium minutum*, 9a：*Pyrodinium bahamense*（生シスト）, 9b：*Pyrodinium bahamense*（空シスト）, 10：*Nematosphaeropsis labrynthus*[*], 11：*Lingulodinium polyedrum*, 12：*Protoceratium reticulatum*, 13：*Operculodinium islaerianum*[*], 14：*Dapsilidinium pastiersii*[*], 15：*Gonyaulax verior*, 16：*Pyrophacus steinii*. スケール：20 µm. [*]シストとしての学名.

　沿岸海域での基礎生産を担う珪藻類や渦鞭毛藻類, ラフィド藻類, ディクティオカ藻類などの植物プランクトンは時に異常に増殖し, それによって海水や湖水の色を変える. いわゆる赤潮である. 赤潮の継続期間は種によって, またその時々の環境によって異なっているが, 例えば温帯域では単一原因種による赤潮が季節を越えた数ヵ月にわたって継続することはほとんどない. ある海域でこれらの微小藻類の出現カレンダーを作成してみると, それらの出現期間は限定的である. すなわち, 特定種のプランクトンとしての出現期間はほぼ決まっているが, 量の多少は問わないにしても, 出現時期と期間は毎年ほぼ同じである. では, プランクトンとしての非出現期間にはそれらの藻類はどのような生活様態を取っているのであろうか. 無性分裂などによる増殖が不能になった細胞はその場で死滅するであろうし, 流れに委ねて他海域に移動していくであろうし, 種によってはシストとなって増殖不適環境を克服していくであろう. 生物としては種を存続させなければならないがゆえに, その生存戦略の一つとしてシストの形成があるといえる. 休眠にはシストが形成されて後, 発芽するまでに成熟するための時間を必要とする内在（自発）的休眠（endogenous dormancy）と, 遊泳細胞にとってその生息環境が急激に悪化した場合に休眠状態になる外因（強制）的休眠（exogenous dormancy）がある.

3. シスト研究（シードベッドと環境変動プロキシー）

　生物としての観点からすれば, シスト形成は本来的には種が存続していくための戦略の一つである（表1）. それは, 増殖不適環境を休眠状態で過ごすための対策としての機能や, シスト形成が有性生

表1　シスト形成を行う海産有害有毒渦鞭毛藻

Alexandrium acatenella（Whedon & Kofoid 1936）Balech 1985	*Gymnodinium impudicum*（Fraga & Bravo 1995）G. Hansen et Moestrup 2000
Alexandrium affine（Inoue et Fukuyo 1985）Balech 1985	*Gymnodinium microreticulatum* Bolch, Negri et Hallegraeff 1999
Alexandrium andersoni Balech 1990	*Gymnodinium nolleri* Ellegaard & Moestrup 1999
Alexandrium catenella（Whedon & Kofoid 1936）Balech 1985	*Gymnodinium trapeziforme* Attaran-Fariman & Bolch 2007
Alexandrium cohorticula（Balech 1967）Balech 1985	*Gymnodinium uncatenatum*（Hulburt 1957）Hallegraeff 2002
Alexandrium compressum（Fukuyo, Yoshida & Inoue 1985）Balech 1995	*Gyrodinium resplendens* Hulburt 1957
Alexandrium fundyense Balech 1985	*Heterocapsa triquetra*（Ehrenberg 1840）Stein 1883
Alexandrium hiranoi Kita & Fukuyo 1988	*Levanderina fissa*（Levander 1894）Moestrup, Hakanen, Hansen, Daugbjerg & Ellegaard
Alexandrium leei Balech 1985	*Karenia brevis*（Davis 1948）Hansen & Moestrup 2000
Alexandrium margalefii Balech 1994	*Kryptoperidinium foliaceum*（Stein 1883）Lindemann 1924
Alexandrium minutum Halim 1960	*Pentapharsodinium dalei* Indelicato & Loeblich 1986
Alexandrium monilatum（Howell 1953）Balech 1995	*Peridiniella catenata*（Levander 1894）Balech 1977
Alexandrium ostenfeldii（Paulsen 1904）Balech & Tangen 1985	*Peridinium quinquecorne* Abé 1927
Alexandrium peruvianum（Balech & Mendiola 1977）Balech & Tangen 1985	*Polykrikos hartmannii* Zimmermann 1930
	Polykrikos kofoidii Chatton 1914
Alexandrium pseudogonyaulax（Biecheler 1952）Horiguchi ex Kita & Fukuyo, 1992	*Polykrikos schwartzii* Bütschli 1873
	Prorocentrum gracile Schütt 1895
Alexandrium tamarense（Lebour 1925）Balech 1985	*Prorocentrum lima*（Ehrenberg）Dodge 1975
Alexandrium tamiyavanichii Balech 1994	*Prorocentrum micans* Ehrenberg 1833
Alexandrium taylorii Balech 1994	*Prorocentrum triestinum* Schiller 1918
Barrufeta bravensis Sampedro, Fraga, Penna, Casablanca, Zapata, Fuentes-Grunewald, Riobo & Camp 2011	*Scrippsiella hangoei*（Schiller 1935）J. Larsen 1995
	Scrippsiella trochoidea（von Stein 1883）Loeblich III 1976**
Barrufeta resplendens（Hulburt）H. Gu, Z. Luo & K. N. Martens	*Scrippsiella trifeda* Lewis 1991**
Biecheleria baltica Moestrup, Lindberg & Daugbjerg 2009	*Scrippsiella rotunda* Lewis 1991**
Cochlodinium sp. Fukuyo 1982 = *Cochlodinium* cf. *geminatum*（Schütt 1878）Schütt 1896	*Scrippsiella precaria* Lewis 1991**
	Scrippsiella donghaiensis H. Gu 2008**
Cochlodinium polykrikoides Margalef 1961（East Asia type）	*Warnowia* cf. *rosea*（Pouchet 1879）Kofoid & Swezy 1921
Cochlodinium polykrikoides Margalef 1961（Malaysia-American type）	*Lingulodinium machaerophorum*（Deflandre & Cookson 1955）Wall 1967*
Coolia monotis Meunier 1919	= Cyst of *Lingulodinium polyedrum* Dodge 1989
Fragilidium subglobosum（Stosch 1969）Loeblich III 1980	*Operculodinium centrocarpum*（Deflandre & Cookson 1955）Wall 1967 sensu Wall & Dale 1968*
Gonyaulax baltica Ellegaard, Lewis & Harding 2002	
Gonyaulax verior Sournia 1973	= Cyst of *Protoceratium reticulatum*（Claparéde & Lachmann 1859）Bütschlii 1885
Gymnodinium aureolum（Hulburt 1957）G. Hansen 2000	
Gymnodinium catenatum Graham 1943	

Alexandrium 属のほとんどのシストは薄いシスト壁を持ち，楕円形，球形，亜球形で，装飾物はなく，発芽孔も明瞭でないことから，シストの形態情報のみでは正確な種同定が困難である．なお，*A. tamarense* 種群の取り扱いについては本書 1-1 章を参照.
* はシストに付けられた学名
** は石灰質のシスト壁を形成

殖によることから，何らかの要因で欠損した遺伝子を修復する手段としての機能を持つと考えられる．このようなシストの種を存続させる機能がシードベッド調査研究につながる．一方，シストは水中で形成された後，堆積物粒子としての側面も持つ．しかも粒子であるシストの形態は，生物として水温や塩分，栄養塩などの環境要因の影響も受ける．この特質を利用して，渦鞭毛藻シストは時間とともに変化する環境因子のプロキシーとしても注目されている．

（1）シードベッド研究

　シストの発芽能力は堆積物中でどの程度保持されるかは重要な研究課題である．渦鞭毛藻は沿岸から外洋域にかけて生息する．しかし，化石として保存され得るシストは沿岸種に多い．理由の一つは，シストが"種（タネ）"としての機能を備えているがゆえに，生活史におけるシスト形成が環境変化

の著しい沿岸域に生息する種にとっての次世代継続戦略であると考えられるからである．赤潮研究の観点からすると，シストは水中で有性生殖によって形成されるが，海（湖）底に沈積後に堆積物粒子として振る舞う．そのために通常，赤潮発生場とシスト濃縮場（"種（タネ）"場）とは異なる．したがって，調査海域のシストの存否や濃縮場の確認は将来の赤潮を予測するための重要な情報の一つになる．日本をはじめ，沿岸養殖業の盛んな地域では水産資源の保護・保全の立場から，これに関連した研究が進んでいる（例えば Yamaguchi et al. 2002）．

　広島県呉湾では *Alexandrium tamarense* や *A. catenella* シストが発芽実験に基づき 10 年程度の発芽能力を備えていることが報告されている（Mizushima & Matsuoka 2004）．噴火湾では平均堆積速度から得られた堆積年代に基づき，*A. tamarense* は 100 年程度発芽能力を保持していると推定されている（Miyazono et al. 2012）．Ribeiro et al.（2011）によると，スウェーデン・コリョーフィヨルド（Koljö Fjord）から採取された柱状堆積物では，発芽実験によって 100 年以上前に沈積した *Pentapharsodinium dalei* シストが発芽能力を備えていることが確認されている．

　シストの発芽能力がどの程度保持されるのかについては，シスト壁の耐久性や沈積環境に影響を受けることが推察される．したがって，長期間にわたってリクルートしているシスト形成赤潮原因種については，どのような堆積環境でどの程度発芽能力を保持することができるのかを把握するために，現場での調査研究が必要である．

(2) 富栄養化

　堆積物中に長期間にわたって保存されている渦鞭毛藻シスト群集の変化は，他の微化石と同様に環境変化を反映していると考えられる．渦鞭毛藻シストを用いた環境変動研究では，渦鞭毛藻が光合成種と従属栄養性種を含んでいる特質を活用した研究が他の微化石を用いた研究と比較して有利な点である．渦鞭毛藻で光合成色素を保有している種（光合成種）は独立栄養摂取法を営み，生態系での基礎生産者の位置を占める．それらの増殖は水温，塩分，光あるいは窒素やリンなどの栄養塩に支配されている．その一方で，渦鞭毛藻には光合成色素を欠く種（従属栄養種）も含まれており，それらは珪藻や独立栄養性渦鞭毛藻，バクテリアを含む他の微小生物を捕食することから一次消費者と位置づけられる．さらには光合成と捕食の能力を合わせ持った混合栄養性種も存在する．このような生態的特性を踏まえ，堆積物に残された渦鞭毛藻シストの群集変化から水質環境の変化を読み取ろうとする研究が進められてきた．その成果として堆積物中でのシスト数の増加はシスト形成種遊泳細胞の増加を反映していると考えられ，それは栄養塩の増加（富栄養化）シグナルと捉えられた（Dale et al. 1999）．また，栄養塩類の増加は渦鞭毛藻のみならず，他の植物プランクトン，特に珪藻類の増殖にも寄与し，それは結果として珪藻類などを捕食する一次消費者としての従属栄養性渦鞭毛藻の増加につながると考えられている（Matsuoka 1999）．東京湾奥部のような富栄養化した海域では従属栄養性渦鞭毛藻シスト数が増加するとともに，その割合が渦鞭毛藻シスト群集全体で独立栄養性種シストを上回るような状況が確認でき（Matsuoka et al. 2003），従属栄養性種シストの増加も富栄養化シグナルとして有効であると考えられている（Dale 2009, 松岡 2011）（図 4）．

(3) 環境変動プロキシー研究

　1990−2000 年代の渦鞭毛藻を用いた環境変動研究は，シストの密度変化に基づく基礎生産量変動

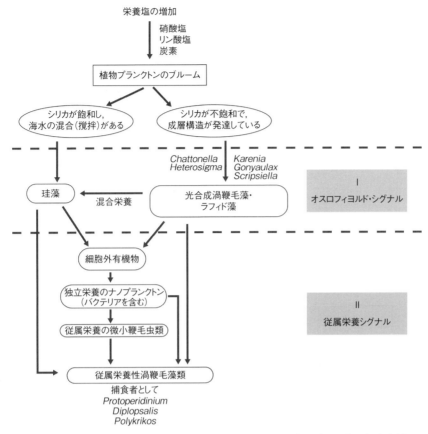

図4 渦鞭毛藻シスト群集が富栄養化を反映することを示した概念図（松岡（2011）を改変）

や光合成種と従属栄養種のシスト数変化，産出シスト数相対比変化から富栄養化を推察する課題が主であったが，最近ではシスト形態の詳細な計測データに基づき，それらと水温や塩分の相関関係を明らかにする研究も進展しつつある．

a．塩分

環境での塩分変化に関して Ribeiro et al.（2013）はスウェーデンのコリョーフィヨルドの柱状試料中に含まれている *Pentapharsodinium dalei* シストの発芽環境を，室内実験を通して推定した．それによると *P. dalei* シストはその沈積年代の差に関わらず塩分 15 ～ 30 でよく発芽したが，クローン間によって発芽能力に差があることが認められた．

Mertens et al.（2009）は光合成種である *Lingulodinium polyedrum* シストの突起物の長さ（process length）と夏季の水温（T）と塩分（S）の間に以下の関係を見出した．

$$（S30 \, m \, / \, T30 \, m）=（0.078 \times \text{average process length} + 0.534）（R^2 = 0.69）$$

すなわち突起物の長さは塩分や水温と相関があることを明らかにした（図5）．この関係をもとに，*L. polyedrum* や類似した形態を備えた種，例えば *Protoceratium reticulatum* シストを用いて古水温や古塩分の変遷を明らかにする調査・研究も積極的に進められている（Mertens et al. 2012）．

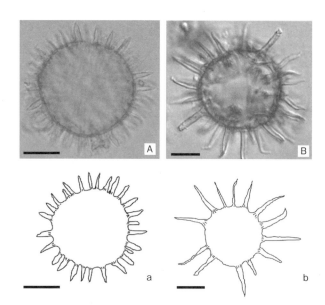

図5　*Lingulodinium polyedrum* シストの多型が示す水温や塩分環境（Mertens et al.（2009）に加筆修正）
　　A，a：低水温・低塩分で形成されるシスト（シスト径がやや小さく，突起物が短い），B，b：高水温・高塩分で形成される
　　シスト（やや大きく，長い突起物を備える）．スケールは 20 µm.

b．海底環境の酸性化

　Scrippsiella trochoidea 複合種群には有機質のシスト壁の外側に石灰質の突起物と外皮を持つシスト
と，それらを欠いた有機質の外皮を持つシストがある．*S. trochoidea* のシスト形成は水中で行われ，
石灰質外皮と突起物形成後に海底に沈積し，表層堆積物の構成粒子の一つとなる．最近，石灰質外皮
を欠く *S. trochoidea* シスト（nude cyst）が閉鎖性の強い内湾域で出現することが知られ，それは沈積
後の変化によると考えられ，シストが保存されている堆積物の間隙水の酸性化指標になるとともに，
それによって形成された突起物が欠損したシストが次世代の種としての機能を有しないこととして注
目されている（Shin et al. 2013）．

4．生活史解明の重要性

（1）シスト形態と生活史－*Cochlodinium polykrikoides* を例として

　無殻渦鞭毛藻 *Cochlodinium polykrikoides* は暖温帯から熱帯海域を中心に汎世界的に分布し
（Matsuoka et al. 2008），魚介類をはじめ多くの海洋生物に斃死被害を与える有害種として知られてい
る（例えば3-1章，Matsuoka et al. 2010b）．そのため，最近では本種の分類学的，増殖生理・生態学的，
分布生態学的，毒生理学的研究が急速に進展している．しかし，本種の初期増殖や分布拡大特性を把
握するうえでその生活史を把握することは重要であるにも関わらず，シストの存否も含め生活史の全
容は未だ解明されていない．

　本種のシストについては次のような研究の経緯がある（図6）．福代（1982）は表層堆積物から褐
色で亜球形から楕円形のシストを抽出し，発芽培養実験を行い，それから無殻渦鞭毛藻の発芽を確
認した．その遊泳細胞は縦溝が細胞を約 1.8 周していることから *Cochlodinium* に属するものとした．
Matsuoka & Fukuyo（2000）は，中米グアテマラ太平洋沿岸で *C. polykrikoides* の赤潮を調査した際，

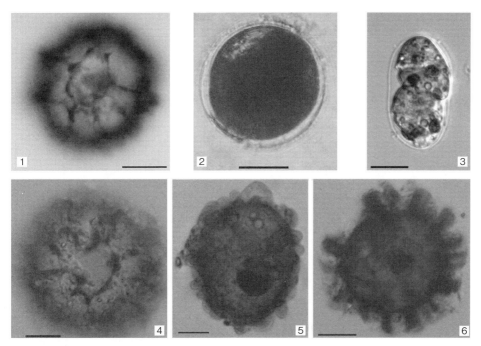

図6　これまでに *Cochlodinium polykrikoides* と報告されたシスト
　　1：堆積物から検出（Li et al. 2015），2：培養中に形成（Tang & Gobler 2012）．写真提供は著者のご厚意による，3：培養中に形成された hyaline cyst（Kim et al. 2002），4：堆積物から検出，type 2（Matsuoka & Fukuyo 2000），5：堆積物から検出，type 1（Matsuoka & Fukuyo 2000），6：堆積物から検出．スケール：20 µm．

　本種の赤潮発生現場の表層堆積物から福代（1982）が報告した形態を備えたシストを検出したが，発芽実験を経ることなくそれらを *Cochlodinium* cf. *polykrikoides* のシストとして紹介した．その際，突起物の特徴が異なる2型を認め，ひれ状突起物を備えたシスト（図6-5）を *Cochlodinium* sp. 1（cf. *polykrikoides*），棒状突起物を備えたシスト（図6-4）を *Cochlodinium* sp. 2 と仮称した．その後，世界各地の表層堆積物から検出されるひれ状突起物や棒状突起物を備えたシストは *C. polykrikoides* として報告されるようになった（Kim et al. 2002, 2007, Orlova et al. 2004, Pospelova & Kim 2010）．

　一方，室内での培養を行っていた Kim et al.（2002）は透明薄膜で包まれた4連鎖群体の *C. polykrikoides* 細胞を観察し，それらは通常の遊泳細胞とは異なった透明皮膜シスト（hyaline cyst）として記載するとともに，本種の休眠細胞である可能性を指摘した．それは福代（1982）や Matsuoka & Fukuyo（2000）が記載したシストとは形態が著しく異なっていた．しかし，そのような hyaline cyst はこれまでに表層堆積物から検出された例はない．次いで Park & Park（2010）は表層堆積物から *C. polykrikoides* に一致する DNA 断片を検出し，本種がシストを形成して堆積物中に保存されるとした．しかし，この結論には疑問が残る．この研究では DNA 抽出に *C. polykrikoides* の赤潮発生海域において夏から秋に採取された表層堆積物が用いられている．とすれば抽出された DNA 断片は栄養細胞に由来する可能性が否定できず，これをもって堆積物中に本種シストが保存されていたとは確実に結論できない．Kim et al.（2007）は *C. polykrikoides* を含む現場試料を数ヵ月にわたり観察し，通常の栄養細胞とは異なった細胞の形成を認め，本種の生活史を推定できたと報告した．そこには有殻細胞と無殻細胞が示されており，球形で無装飾のシストの存在が示唆されていた．多くの長い休眠期を持つシスト形成渦鞭毛藻では，無殻種はいうまでもなく，有殻種 *Alexandrium* などのシストから発

芽した直後は gymnodinioid 型の無殻状態で，その後に鎧板を形成して本来の形態を獲得する．したがって，Kim et al.（2007）が報告した生活史はこれまでの渦鞭毛藻では確認されていない特異な事例といわざるを得ない．残念なことに，無殻期から有殻期にいたる経過は詳細に観察されておらず鎧板形成過程が不明であり，さらに両者が同一種であることを確定する方法の一つである分子同定も行われていない．加えて，シストとされた球形・無装飾細胞も堆積物から検出されていない．このように，Kim et al.（2007）が示した C. polykrikoides の生活史は多くの疑念を残す結果となった．その後，詳細な培養経過観察を通して C. polykrikoides マレーシア・北米型リボタイプの生活史を明らかにしたのは Tang & Gobler（2012）である．その研究では北米産の C. polykrikoides 株を培養し，配偶子形成から運動性接合子形成を経て休眠性接合子形成にいたる過程を観察・記述している．休眠性接合子はやはり無色・球形・無装飾の単純なシストであり，福代（1982）や Matsuoka & Fukuyo（2000）が示した褐色・亜球形から楕円形・ひれ状もしくは棒状突起物シストとは明瞭に異なっていた．Li et al.（2015）は C. polykrikoides 赤潮が頻発する朝鮮半島南部海域の表層堆積物から Matsuoka & Fukuyo（2000）の C. polykrikoides シストに類似したシスト（図6-1）を見出し，発芽実験を行った．その結果，この褐色・球形シストから C. polykrikoides の特徴を備えた遊泳細胞が発芽し，4細胞からなる連鎖群体を形成したことを確認した．加えて，単細胞 PCR 法を用いてシストと発芽遊泳細胞の分子同定を試み，それらはいずれも C. polykrikoides 日韓型（East Asia）リボタイプに属することを明らかにした．しかし Li et al.（2015）が発芽培養実験に用いたシストは褐色・球形であるものの，そのシスト表面が粗い網目状装飾を持っていることで Matsuoka & Fukuyo（2000）が図示した Cocholodinium sp. type 1 や type 2 とも異なっている．

　これまで紹介してきたように C. polykrikoides には形態の異なった複数のシストが記載されてきたが，信頼性の高い事例は Tang & Gobler（2012）と Li et al.（2014）である．しかしながら両者のシストは無色・球形・無装飾（Tang & Gobler 2012）と褐色・亜球形－楕円形・粗い網目状装飾（Li et al. 2015）と形態が大きく異なっている．これらの相違が何を意味するのかは現時点では不明であるが，可能性として以下のことが考えられる．

　1）生活史における異なった2型，すなわち，シスト形成にいたる過程での環境条件の違いにより異なった型のシストが形成される可能性．Tang & Gobler（2012）では室内培養により有性生殖を経て無色・球形・無装飾シストが形成されたのに対して，Li et al.（2015）では本種赤潮発生海域の堆積物中に保存されていたシストの発芽実験を通して本種の褐色・亜球形－楕円形・粗い網目状装飾シストを確認していることである．すなわち，異なったシスト形態は培養と天然という条件の違いに起因する可能性がある．

　2）これら形態の異なったシストは別種である可能性．Iwataki et al.（2008）が C. polykrikoides に East Asia（日韓）型，Philippine 型，Malaysia-America 型のリボタイプを識別して以降，Reñé et al.（2013）は新たに Mediterranean 型の存在を認めた．これらのリボタイプは遊泳細胞の形態に違いがあることも考えられる．さらに，リボタイプは明らかにされていないものの，2細胞までしか連鎖群体を形成しないことや横揺れ遊泳特性を持つことから C. polykrikoides とは異なった分類群の可能性が指摘されている Cochlodinium sp. 笠沙型も報告されている（山砥ほか 2010）．このような C. polykrikoides の分類学的状況は，分子系統学的に識別できるリボタイプは種の違いを示している可能性もある．とすると，Tang & Gobler（2012）が用いたリボタイプは Malaysia-America 型で，Li et al.（2015）は East Asia 型であることから，両者は別種である可能性も考えられる．同属異種間でシストの形態が異なる事例は多々ある．例えば有殻種 *Pyrophacus* 属には *P. steinii* と *P. holorogium* が存在するが，前者は無色・とっくり状突起物を備え，堆積物中に保存されるシストを，後者は無色・長楕円形で堆積物中からの報告はないシストを形成する．しかし，それらは同属であるが種ごとにシストの形態が異なっているのである．

　C. polykrikoides（East Asia 型）では耐久性のあるシストの存在が確認されたものの，増殖に関連した生活史は十分に明らかになっていない．Tang & Gobler（2012）は室内での培養環境を変えることで有性生殖を惹起させ，配偶子形成と接合の後，運動性接合子から休眠性接合子（シスト）形成を観察するとともに，シストからの発芽も確認して *C. polykrikoides*（Malaysia-America 型）の生活史を明らかにした．最近，このリボタイプのシストが北米ロングアイランド沿岸堆積物中に分布していることが明らかになった（Hattenrath-Lehmann et al. 2015）．一方，*C. polykrikoides*（East Asia 型）はシストから発芽し，栄養細胞にいたる過程は発芽培養実験によって観察されたが（Li et al. 2015），シスト形成にいたる有性生殖過程は不明のままである．この過程は野外での観察から確認できる可能性が高い．一般に赤潮状態にまで増殖した個体群には細胞サイズや形態が異なる遊泳細胞が含まれていることが多い．これは増殖末期に種を保存する戦略の一つとして有性生殖を行うことが原因である．*Alexandrium catenella* の生活史を見ると遊泳細胞には異なった 3 形態が示されている（Fukuyo 1985）．通常の栄養細胞，やや小型の配偶子，大型で黒い色調の運動性接合子である．また，異株・異型接合を行う *Pyrophacus steinii* では雌性配偶子は通常の扁平な栄養細胞，雄性配偶子は縦長で小型の有殻細胞，運動性接合子は大型の扁平な有殻細胞が一連の有性生殖過程で出現する（Pholpunthin et al. 1999）．これらの形態が異なった細胞は同時期の同一個体群に出現するので，それらから有性生殖が同型接合あるいは異種接合であるのかを追求する場合に重要な情報を得ることができる．*C. polykrikoides* の生活史も増殖期の個体群の詳細な観察により把握できる可能性がある．

　表2に遺伝子情報も加味したシストと遊泳細胞の対応関係解明についての最近の研究事例をまとめておく．

(2) シストと「種」個体群

　シストが確認されたとして，それが HAB 研究にどのような意義があるのであろうか．シストの機能を紹介した際に，シストは次期出現に備えて「種（タネ）」としての役割も持つとした．シスト形成の一つの意義が個体群維持に不適切な環境を乗り切ることにあるので，適切な増殖環境になれば発芽することは「種＝休眠状態」としての機能であると理解できる．しかし，それが赤潮に結びつくかどうかは，例えば越冬細胞の場合も同様に，慎重に考察しなければならない．堆積物表層に多量のシストが存在することは，環境が回復した時に多量の遊泳細胞が出現することの素地となる．この観点で多量のシストの存在は次期赤潮発生を引き起こす可能性が高いことから「“種”」場の把握を目的とした調査は必要である．その一方で，シストが少量の場合，考えられる経過は 2 通りになる．発芽細胞が少ないので多量の増殖にいたらない場合，あるいは発芽細胞は少量であっても発芽後の環境が適切であることにより赤潮規模にまで増殖する場合，である．ラフィド藻シャットネラでは広島湾でこのような事例が実際に観察され，報告されている（今井ほか 1993）．いずれの場合もシストからの発芽を起点にして赤潮状態にまで増殖することになる．重要なことは，堆積物中のシスト密度の高低が

表2　遺伝子情報も加味したシストと遊泳細胞の対応の研究例（Matsuoka & Head（2013）に加筆）

著者	種	試料	使用された塩基配列領域
Bolch（2001）	*Alexandrium catenella, A. minutum, A. tamarense, Gymnodinium catenatum, G. microreticulatum, Gymnodinium* sp. 2, *Nematodinium armatum, Polykrikos kofoidii, P. schwartzii*	単一の細胞，もしくは集められたシスト	LSU
Ellegaard et al.（2003）	*Gonyaulax spinifera - Spiniferites* group（*Gonyaulax baltica, G. digitalis, G. elongata, G. membranacea, Gonyaulax* cf. *spinifera*）	シストから発芽した遊泳細胞	LSU
Montresor et al.（2003）	*Scrippsiella trochoidea S. trocoidea* var. *aciculifera*	シスト	ITS
松岡ほか（2006a）	*Pyrophacus steinii, Alexandrium hiranoi*	単一のシスト	SSU
Matsuoka et al.（2006b）	*Protoperidinium thulesense*	シストから発芽した遊泳細胞と単一のシスト	SSU
Kawami et al.（2006）	*Oblea acanthocysta*	シストから発芽した遊泳細胞と天然の遊泳細胞	SSU
Attaran-Fariman et al.（2007）	*Gymnodinium trapeziforme*	シストから発芽した遊泳細胞	LSU
Kamikawa et al.（2005）	*Alexandrium tamarense*	単一のシスト	
Matsuoka et al.（2009）	*Polykrikos kofoidii, P. schwartzii*	単一のシストと天然の遊泳細胞	LSU, SSU
Kawami et al.（2009）	*Protoperidinium tricingulatum*	単一のシストと天然の遊泳細胞	ITS
Ribeiro et al.（2010）	*Protoperidinium minutum*	シストから発芽した遊泳細胞	LSU, SSU
Mertens et al.（2012）	*Archaeperidinium saanichi*	シストから発芽した遊泳細胞，単一のシスト	LSU, SSU
Nagai et al.（2007）	*Alexandrium tamarense, A. catenella*	単一のシスト	LSU
Sarai et al.（2013）	*Protoperidinium latidosale P. paraoblongum P. quadrioblongum*	シストから発芽した遊泳細胞，単一のシスト	LSU, SSU
Gu et al.（2013）	*Pentapharsodinium dalei* var. *aciculigerum*	シストから発芽した後に培養した遊泳細胞	ITS
Mertens et al.（2013）	*Protoperidinium fukuyoi*	シストから発芽した遊泳細胞	LSU, SSU
Liu et al.（2014）	*Protoperidinium haizhouense*	シストから発芽した遊泳細胞	LSU
Mertens et al.（2014）	*Dapsilidinium pastielsi*	シストから発芽した遊泳細胞，単一のシスト	LSU
Li et al.（2015）	*Cochlodinium polykrikoides*	天然の遊泳細胞と単一のシスト	LSU
Mertens et al.（2015a）	*Protoperidinium lewisiae*	シストから発芽した遊泳細胞	LSU, SSU
Mertens et al.（2015b）	*Goonyaulax ellegaadidae = Spiniferites pachydermus*	シストから発芽した遊泳細胞	LSU, SSU
Liu et al.（2015a）	*Archeperidinium bailongense, A. constricutum, Protoperidinium fushouense, P. abei* var. *rotunda, P. avellana, P. excentricum*	シストから発芽した遊泳細胞	LSU
	P. stellatum	単一のシスト	LSU
Liu et al.（2015b）	*Diplopsalis lenticula* type A, *D. lenticula* type B, *Lebouraia pusilla, Oblea rotunda, Boreadinuim breve, Preperidinium* cf. *meunieri, Niea torta, N. chinensis, N. acanthocysta, Qia lebouriae, Diplopelta globula, Diplopsalis ovata*	シストから発芽した遊泳細胞	LSU
Gu et al.（2015）	*Protoperidinium shanghaiense, P. biconicum, P. divaricatum, P. conicum, P. humile, P. latissinum, P. pentagonum*	シストから発芽した遊泳細胞	LSU

太字は HAB 原因種

次期赤潮形成を左右するのではないことに留意しておかなければならない．この視点からすると，潜在的赤潮発生リスクを評価するには，当該海域にどのような赤潮原因種のシストがどの程度の量で存在しているのか適切に把握しておくこと，しかもその作業が定期的に更新されることが重要である．

文　献

Attaran-Fariman G, de Salas MF, Negri AP, Bolch CJS（2007）Morphology and phylogeny of *Gymnodinium trapeziforme* sp. nov.（Dinophyceae）: a new dinoflagellate from the southeast coast of Iran that forms microreticulate resting cysts. Phycologia 46:644-656.

Bolch C（2001）PCR protocols for genetic identification of dinoflagellates directly from single cysts and plankton cells. Phycologia 40: 162-167.

Costas E, Lopez-Rodes V（1995）Did the majority of dinoflagellates perish in the great Permian extinction? Harmful Algae News 10/11: 8-9.

Dale B, Thorsen TA, Fjellsa A（1999）Dinoflagellate cysts as indicators of cultural eutrophication in the Oslofjord, Norway. Estuar Coast Shelf Sci 48: 371-382.

Dale B（2009）Eutrophication signals in the sedimentary record of dinoflagellate cysts in coastal waters. J Sea Res 67: 103-113.

Ellegaard M, Daugbjerg N, Rochon A, Lewis J, Harding I（2003）Morphological and LSU rDNA sequence variation within the *Gonyaulax spinifera-Speniferites* group（Dinophyceae）and proposal of *G. elongata* comb. Nov. and *G. membranacea* comb. Nov. Phycologia 42: 151-164.

Fensome R, Williams GL（2004）The Lentin and Williams index of fossil dinoflagellates 2004 edition. AASP Contribution Series, No. 42, 909 pp., American Stratigraphic Palynologists Foundation.

福代康夫（1982）無殻渦鞭毛藻のシストに関する研究. 文部省特別研究・環境科学「海洋環境特性と赤潮発生」1980-1981: 205-214.

Fukuyo Y（1985）Morphology of *Protogonyaulax tamarensis*（Lebour）Taylor and *Protogonyaulax catenella*（Wheden and Kofoid）Taylor from Japanese coastal waters. Bull Mar Res 37: 529-537.

Gómez F（2012）A checklist and classification of living dinoflagellates（Dinoflagellata, Alveolata）. CICIMar Oceánides 21: 65-140.

Gu HF, Luo ZH, Zeng N, Lan BB, Lan DZ（2013）First record of *Pentapharsodinium*（Peridiniales, Dinophyceae）in the China Sea, with description of *Pentapharsodinium dalei* var. *aciculiferum*. Phycol Res 61: 256-267.

Gu HF, Liu TT, Mertens KN（2015）Cyst-theca relationship and phylogenetic positions of *Protoperidinium*（Peridiniales, Dinophyceae）speceis of the sections Conica and Tabulata, with description of *Protoperidinium shanghaiense* sp. nov. Phycologia 54: 49-66.

Hattenrath-Lehmann TK, Zhen Y, Wallace RB, Tang YZ, Gobler CJ（2015）Mapping the distribution of cysts from the toxic dinoflagellate, *Cochlodinium polykrikoides*, in bloom-prone estuaries using a novel fluorescence in situ hybridization Appl Environ Microbiol. Doi: 10.1128/AEM.03457-15.

今井一郎・板倉 茂・大内 晟（1993）北部広島湾における *Chattonella* 赤潮の発生と海底泥中のシストの挙動. 日本水産学会誌 59: 1-6.

Iwataki M, Kawami H, Matsuoka K（2008）*Cochlodinium fulvescens* sp. nov.（Gymnodiniales, Dinophyceae）, a new chain-forming unarmored dinoflagellate from Asian coasts. Phycol Res 55: 231-239.

Kamikawa R, Hosoi-Tanabe S, Nagai S, Itakura S, Sako Y（2005）Development of a quantification assay for the cysts of the toxic dinoflagellate *Alexandrium tamarense* using real-time polymerase chain reaction. Fish Sci 71: 985-989.

Kawami H, Iwataki M, Matsuoka K（2006）A new diplopsalid species *Oblea acanthocysta* sp. nov.（Peridiniales, Dinophyceae）. Plankton Benthos Research 1: 183-190.

Kawami H, van Wezel R, Koeman R P T, Matsuoka K（2009）*Protoperidinium tricingulatum* sp. nov.（Dinophyceae）, a new motile form of a round, brown, and spiny dinoflagellate cyst. Phycol Res 57: 259-267.

Kim CJ, Kim HG, Kim CH, Oh HM（2007）Life cycle of the ichthyotoxic dinoflagellate *Cochlodinium polykrikoides* in Korean coastal waters. Harmful Algae 6: 104-111.

Kim CH, Cho HJ, Shin JB, Moon CH, Matsuoka K（2002）Regeneration from hyaline cysts of *Cochlodinium polykrikoides*（Gymnodiniales, Dinophyceae）, a red tide organism along the Korean coast. Phycologia 41: 667-669.

Knoll AH（1996）Archean and Proterozoic palynology. In: Palynology: Principles and Applications, 3（Jansonius J, McCregor DC eds.）, pp. 51-80, American Association of Stratigraphic Palynologysts Foundation. Dallas Texas.

Li Z, Han MS, Matsuoka K, Shin HH（2015）Identification of the resting cyst of *Cochlodinium polykrikoides* Margalef（Gymnodiniales, Dinophyceae）in Korean coastal sediments. J Phycol 51: 204-210.

Liu T, Mertens KN, Ribeiro S, Ellegaard M, Matsuoka K, Gu H（2014）Cyst-theca relationships and phylogenetic positions of Peridiniales（Dinophyceae）with two anterior intercalary plates, with description of *Archaeperidinium bailongense* sp. nov. and *Protoperidinium fuzhouense* sp. nov. Phycol Res 63: 110-124.

Liu T, Gu H, Mertens KN, Lan D（2015a）New dinoflagellate species *Protoperidinium haizhouense* sp. nov.（Peridiniales, Dinophyceae）, its cyst-theca relationship and phylogenetic position within the Monovela group. Phycol Res 62: 109-124.

Liu T, Mertens KN, Gu H（2015b）Cyst-theca relationship and phylogenetic positions of the diplopsaloideans（Peridiniales, Dinophyceae）, with description of *Niea* and *Qia* gen nov. Phycologia 54: 310-232.

Matsuoka K（1999）Eutrophication process recorded in dinoflagellate cyst assemblages of Yokohama Port, Tokyo Bay, Japan. Sci Total Environ

231: 17-35.

松岡數充（2011）渦鞭毛藻シストは富栄養化指標として有効か？　日本プランクトン学会報 58: 55-59.

Matsuoka K, Fukuyo Y（2000）Technical guide for modern dinoflagellate cyst study. v + 29pp., Westpac-HAB /Westpac /IOC.

松岡數充・野上規子・川見寿枝・岩滝光儀（2006）渦鞭毛藻シスト栄養細胞対応関係確立への新方法. 化石 80: 33-40.

Matsuoka K, Head JM（2013）Clarifying cyst–motile stage relationships in dinoflagellates. In: Biological and Geological Perspectives of Dinoflagellatates（Lewis J, Marret F, Bradley L eds）, pp.317-342, Micropalaeontol Soc, Spec Publ Geol Soc, London.

Matsuoka K, Joyce BL, Kotani Y, Matsuyama Y（2003）Modern dinoflagellate cysts in hypertrophic coastal waters of Tokyo, Bay, Japan. J Plank Res 25: 1461-1470.

Matsuoka K, Iwataki M, Kawami H（2008）Morphology and taxonomy of chain-forming species of the genus *Cochlodinium*（Dinophyceae）. Harmful Algae 7: 261-270.

Matsuoka K, Kawami H, Fujii R, Iwataki M（2006）Further examination of the cyst-theca relationship of *Protoperidinium thulesense*（Peridiniales, Dinophyceae）and the phylogenetic significance in round brown cysts. Phycologia 45: 632-641.

Matsuoka K, Kawami H, Nagai S, Iwataki M, Takayama H（2009）Re-examination of cyst-motile relationships of *Polykrikos kofoidii* Chatton and *Polykrikos schwartzii* Butschli（Gymnodiniales, Dinophyceae）. Rev Palaeobot Palynol 154: 79-90.

Matsuoka K, Takano Y, Kamrani E, Rezai H, Sajeevan TP, Gheilani HM（2010）Study on *Cochlodinium polykrikoides* Margalef（Gymnodiniales, Dinophyceae）occurring in the Oman Sea and the Persian Gulf from August of 2008 to August of 2009. Current Develop Oceanogr 1: 153-171.

Mertens KN, Ribeiro S, Bouimetarhan I, Caner H, Nebout NC, Dale B, de Vernal A, Ellegaard M, Filipova M, Godhe A, Goubert E, Grosfjeld K, Holzwarth U, Kotthoff U, Leroy SG, Londeix L, Marret F, Matsuoka K, Mudie PJ, Naudts L, Pena-Manjarrez JL, Persson A, Popescu SM, Pospelova V, Sangiorgi F, Van Der Meer MTJ, Vink A, Zonneveld KF, Vercauteren D, Vlassenbroeck J, Louwye S（2009）Process length variation in cysts of a dinoflagellate, *Lingulodinium machaerophorum*, in surface sediments: Investigating its potential as salinity proxy. Mar Micropaleontol 70: 54-69.

Mertens KN, Yamaguchi A, Kawami H, Ribeiro S, Leander BS, Price AM, Pospelova V, Ellegaard M, Matsuoka K（2012）*Archaeperidinium saanichi* sp. nov. : a new species based on morphological variation of cyst and theca within the *Archaeperidinium minutum* Jörgensen 1912 species complex. Mar Micropaleontol 96-97: 48-62.

Mertens KN, Bringué M, Van Nieuwenhove N, Takano Y, Pospelova V, Rochon A, de Vernal A, Radi T, Dale B, Patterson RT, Weckström K, Andrén E, Louwye S, Matsuoka K（2012）Process length variation of the cyst of the dinoflagellate *Protoceratium reticulatum* in the North Pacific and Baltic-Skagerrak region: calibration as annual density proxy and first evidence of pseudo-cryptic speciation. J Quaternary Sci 27: 734-744.

Mertens KN, Yamaguchi A, Takano Y, Pospelovae V, Head MJ, Radig T, Anna J, Pieńkowski AJ, de Vernal A, Kawami H, Matsuoka K（2013）A new heterotrophic dinoflagellate from the north-eastern Pacific, *Protoperidinium fukuyoi*: cyst-theca relationship, phylogeny, distribution and ecology. J Eukaryot Microbiol 60: 545-563.

Mertens, KN, Takano Y, Head MJ, Matsuoka, K（2014）Living fossils in the Indo-Pacific warm pool: A refuge for thermophilic dinoflagellates during glaciations. Geology doi: 10.1130/G35456.1

Mertens KN, Takano, Y Gu H, Yamaguchi A, Pospelova V, Ellegaard M, Matsuoka K（2015a）The cyst-theca relationship of a new dinoflagellate with a spiny round brown cyst, *Protoperidinium lewisiae*, and its comparison to the cyst of *Oblea acanthocysta*. Phycol Res 63: 110-124.

Mertens KN, Aydin H, Uzar S, Takano Y, Yamaguchi A, Matsuoka K（2015b）Relationship between the dinoflagellate cyst *Spiniferites pachydermus* and *Gonyaulax ellegaadiae* sp. nov. from Izmir Bay, Turkey, and molecular characterization. J Phycol 51: 560-573.

Mizushima K, Matsuoka K（2004）Vertical distribution and germination ability of *Alexandrium* spp. Cysts（Dinophyceae）in the sediments collected from Kure Bay of the Seto Inland Sea, Japan. Phycol Res 52: 408-413.

Miyazono A, Nagai S, Kudo I, Tanizawa K（2012）Viability of *Alexandrium tamarense* cysts in the sediment of Funka Bay, Hokkaido, Japan: Over a hundred year survival times for cysts. Harmful Algae 16: 81-86.

Moestrup Ø, Hakanen P, Hansen G, Daugbjerg N, Ellegaard M（2014）On *Levanderina fissa* gen. & comb. nov.（Dinophyceae）（syn. *Gymnodinium fissum, Gyrodinium instriatum, Gyr. uncatenum*）, a dinoflagellate with a very unusual sulcus. Phycologia 53: 265-292

Montresor M, Sgrosso S, Procaccini G, Kooistra WHCF（2003）Intraspecific diversity in *Scrippsiella trochoidea*（Dinophyceae）: evidence for cryptic species. Phycologia 42: 56-70.

Orlova TY, Morozova TV, Gribble KE, Kulis DM, Anderson DM（2004）Dinoflagellate cysts in recent marine sediments from the east coast of Russia. Bot Mar 47: 184-201.

Park TG, Park YT（2010）Detection of *Cochlodinium polykrikoides* and *Gymnodinium impudicum*（Dinophyceae）in sediment samples from Korea using real-time PCR. Harmful Algae 9: 59-65.

Pholpunthin P, Matsuoka K, Fukuyo Y（1999）Life history of a marine dinoflagellate *Pyrophacus steinii*（Schiller）Wall et Dale. Bot Mar 42: 189-197.

Pospelova V, Kim SJ（2010）Dinoflagellate cysts in recent estuarine sediments from aquaculture sites of southern South Korea. Mar Micropaleontol 76: 37-51.

Reñé A, Garcés E, Camp J（2013）Phylogenetic relationships of *Cochlodinium polykrikoides* Margalef（Gymnodiniales, Dinophyceae）from the Mediterranean Sea and the implications of its global biogeography. Harmful Algae 25: 39-46.

Ribeiro S, Lundholm N, Amorim A, Ellegaard M（2010）*Protoperidinium minutum*（Dinophyceae）from Portugal: cyst–theca relationship and phylogenetic position on the basis of single-cell SSU and LSU rDNA sequencing. Phycologia 49:48-63.

Ribeiro S, Berg T, Lundholm N, Anderson TJ, Abrantes F, Ellegaard M（2011）Phytoplankton growth after a century of dormancy illuminates past resilience to catastrophic darkness. Nat Commun 2: 311 doi: 10.1038/ncomms1314.

Ribeiro R, Berge T, Lundholm N, Ellegaard M（2013）Hundred years of environmental change and phytoplankton ecophysiological variability archived in coastal sediments. PLoS ONE, DOI: 10.1371/journal.pone.0061184.

Sarai C, Yamaguchi A, Kawami H, Matsuoka K（2013）Two new species formally attributed to *Protoperidinium oblongum*（Aurivillius）Park et Dodge（Peridiniales, Dinophyceae）: Evidence from cyst incubation experiments. Rev Palaeobot Palynol 192:103-18.

Shin HH, Jung SW, Jang MC, Kim YO（2013）Effect of pH on the morphology and viability of *Scrippsiella trochoidea* cysts in the hypoxic zone of a eutrophied area. Harmful Algae 28:37-45.

Takano Y, Horiguchi T（2006）Acquiring scanning electron microscopical, light microscopical and multiple gene sequence data from a single dinoflagellate cell. J Phycol 42: 251-256.

Tang YZ, Gobler CJ（2012）The toxic dinoflagellate *Cochlodinium polykrikoides*（Dinophyceae）produces resting cysts. Harmful Algae 20: 71-80.

Yamaguchi M, Itakura S, Nagasaki K, Kotani Y（2002）Distribution and abundance of resting cysts of the toxic *Alexandrium* spp.（Dinophyceae）in sediments of the western Seto Island Sea, Japan. Fish Sci 68: 1012-1019.

山砥稔文・坂本節子・山口峰生・村田圭助・櫻田清成・高野義人・岩滝光儀・松岡數充（2010）西九州沿岸における有害無殻渦鞭毛藻 *Cochlodinium* sp. type-Kasasa の分布と増殖特性. 藻類 58: 167-172.

2-2 分子生物学的研究手法の進展[*1]

長井 敏[*2]

1. はじめに

　地球温暖化による水温上昇によって生じる沖合・沿岸の物理・化学的な海洋環境の変化が生物生態系に及ぼす悪影響が懸念されている．すでに，瀬戸内海や九州沿岸域において，麻痺性貝毒原因種の *Alexandrium tamiyavanichii* やシガテラ毒原因種の *Gambierdiscus toxicus* などの熱帯性有毒プランクトンの新奇出現が報告されている（Nagai et al. 2003, 2011）．今後さらに，熱帯・亜熱帯に主要な分布域を持つ有害有毒プランクトンの顕在化や分布域の拡大あるいは他海域からの移入による食用魚介類の高毒化による人体への健康被害の拡大が懸念されており，水産食品の安全性確保の面からも，それへの対策を早急に進める必要がある．麻痺性貝毒原因種である *Alexandrium* 属数種や *Gymnodinium catenatum*，二枚貝を特異的に殺滅する *Heterocapsa circularisquama*，有害赤潮生物である *Cochlodinium polykrikoides* などの分類において，種間でその形態が酷似しているため，1) 形態的特徴が僅差で必ずしも種の違いを把握できない，2) 形態的特徴に基づく分類基準が十分統一されていない，3) 形態形質が環境条件などによって変化しやすい，4) 重視する形態形質が同定者により異なるため主観的になりやすいなど，従来の顕微鏡観察による形態形質に依拠した分類同定法では客観的な分類基準が設定し難い点が指摘されてきた．また，実際の海水サンプル中には複数の種が同時に出現する場合も多いことから，顕微鏡下での形態形質に頼る従来の方法では，正確な種同定や細胞密度の算出が難しく，現場モニタリングでの大きな障害となってきた．

　日本沿岸域において，貝毒原因プランクトンのモニタリング，あるいは有害赤潮種のモニタリングは，主に都道府県，市，漁協等の担当者により実施されてきた．分子同定技術を導入するためには，高額の分析機器の購入が必要となるが，わが国の現状としては，モニタリングのための予算は全体的に縮小傾向にあり，このため，各モニタリング機関が，高額の分析機器を購入するのは困難な状況にある．加えて人事異動が2，3年ごとに行われ，形態分類の専門家の育成と確保や経験・専門的知識の蓄積ができない状況にある．このため，これらの研究機関の担当者から，有害有毒プランクトンを迅速，簡単，正確，安価にできる分子同定技術の開発に対する大きな期待が寄せられてきた．

　このような技術をモニタリング現場に提供するため，PCR－制限酵素断片長多型（RFLP：Restricted Fragment Length Polymorphism）法（Scholin & Anderson 1994），RNA をターゲットとした蛍

---

*1 Development of molecular biological methods

*2 Satoshi Nagai（snagai@affrc.go.jp）

光 *in situ* ハイブリダイゼーション法（FISH：Fluorescence In Situ Hybridization）（Hosoi-Tanabe & Sako 2005），DNA プローブを用いた検出（Anderson et al. 2005, Ki & Han 2006），DNA マイクロアレイ法（Ahn et al. 2006, Gescher et al. 2008, 長井ほか 2011），リアルタイム PCR 法（Hosoi-Tanabe et al. 2004, Kamikawa et al. 2005, 2007），LAMP（Loop-Mediated Isothermal Amplification）法（Nagai & Itakura 2012, 長井ほか 2010, Nagai et al. 2012, Nagai 2013），マルチプレックス PCR 法（Nagai 2011）などの手法開発の試みが盛んに行われてきた．これ以外にも，多くの類似した分子生物学的手法が開発されてきた．また，カキなどの食用貝類の種苗の移植に伴う有毒有害種の海域間移送の問題も，早くから指摘されており，このため，個体間で高度多型性を示すことで知られるマイクロサテライトマーカーの開発を行い，集団遺伝学的手法を導入することで，有害有毒種の分布拡大要因の解明が行われてきた（例えば，Nagai et al. 2004, 2007a, 2009a）．以上，近年の分子生物学的手法の目覚ましい発展とともに，遺伝子診断の技術開発も盛んに行われてきた．

　麻痺性貝毒原因渦鞭毛藻である *Alexandrium* 属において，核のリボソーマル RNA 遺伝子を用いて，世界沿岸各地から分離した *Alexandrium* 属の分子系統解析が行われ，その結果，*A. tamarense/ catenella/ fundyense* は非常に近縁であり，分子レベルでは区別ができないことから，この3種は species-complex と名付けられた（Scholin 1995）．これは，形態的特徴と遺伝子情報が矛盾する個体群が存在するためである．一方，ごく最近の研究で，これらを5個のグループに分けて，グループ1：*A. fundyense*，グループ2：*A. mediterraneum*，グループ3：*A. tamarense*，グループ4：*A. pacificum*，グループ5：*A. australiense* とすることが提案された（John et al. 2014, 1-1 章参照）．ただし，日本沿岸域の場合，そういう矛盾はほとんど見られず，また，*A. fundyense* と呼ばれる個体群の出現記録もないので，*A. tamarense* と *A. catenella* を別種として同定することが可能である．

　筆者はこれまで複数の分子生物学的方法を用いて，分子同定・遺伝子診断技術の開発を行い，モニタリング現場への導入・普及を行ってきた．そこで本稿では，とりわけ，麻痺性貝毒原因渦鞭毛藻である *Alexandrium* 属の遺伝子診断技術を中心にこれまでの研究成果を紹介したい．

2．LAMP 法の原理

　LAMP 法は，近年わが国で開発された等温遺伝子増幅法の1種であり，以下のような特徴を持つ．1) 増幅反応は等温で連続的に速やかに進行し，増幅効率が高く，微量の核酸を短時間で検出できる．2) 6つのプライマーを使用して8つの領域を認識させることから，きわめて高い特異性を有し，増幅産物はすべて標的遺伝子となる．そのため，増幅の有無により標的遺伝子の検出が可能となる．3) その高い特異性と増幅産物が桁外れに大量に産生される特徴により，標的遺伝子配列の増幅を目視でも確認できる．すなわち1ステップの簡易検出が可能となる．4) RNA からの増幅も逆転写酵素を添加することにより1ステップで行うことができる．5) 増幅産物は標的遺伝子配列に由来する配列が相互に繰り返す構造である．LAMP 法による反応は等温で進行するため，サーマルサイクラー等の高額な機器を必要とせず，「簡単，迅速，正確，安価」な遺伝子検査法として各分野で採用されている．LAMP 法はきわめて多量の核酸が合成され，副産物であるピロリン酸イオンも多量に生成するという特徴を有する遺伝子増幅法である．試薬中に含まれているカルセインは，はじめマンガンイオンと結合して消光しているが，LAMP 反応が進行すると生成するピロリン酸イオンにマンガンイオンを奪

われ蛍光を発し，さらに反応液中のマグネシウムイオンと結合することで蛍光が増強される．この原理により LAMP 反応の有無を容易に蛍光目視検出することが可能となっている（Notomi et al. 2000, Mori et al. 2001, Nagamine et al. 2002）.

3．LAMP 法による *Alexandrium* 属の検出

本稿では，LAMP 法による有害有毒プランクトン検査法の確立を目的として，有毒渦鞭毛藻 *Alexandrium tamarense*, *A. catenella*, *A. tamiyavanichii*, *A. ostenfeldii*，無 毒 種 と し て 知 ら れ る *A. affine*, *A. fraterculus* を特異的にかつ短時間で検出する LAMP 法用プライマーを PrimerExplorler Ver.3（FUJIITSU Solutions）を用いて設計し，設計したプライマーの増幅特異性等を検討した．次いで，LAMP 法の精度向上，安定した使用に向けた条件検討を行った．表 1 に示すように種ごとに複数のプライマーセットを設計し，種特異的検出，反応速度等について検討した結果，種ごとに最適なプラ

表 1　*Alexandrium* 属 6 種の LAMP 検出用プライマーの配列
標的遺伝子として，リボソーマル RNA 遺伝子領域（D1/D2 of 28S-rDNA, 5.8S-rDNA とその ITS）を使用.

種名	標的領域	プライマー名	配列	塩基長
A. affine	5.8S-rDNA	AffITS03-F3	TTGTGGGCTGTGGCTTGCTG	20
	+ ITS regions	AffITS01-B3	GTCAATGTTCAACATTTCACC	21
		AffITS03-FIP	GCAATGCCACGTTATGCCTTGGTCTTGCTTCAAGCTGGTATG	42
		AffITS01-BIP	CTCTTCCAAGTGTATCTGTGCGTTCAGGTTGCAACACATC	40
		AffITS03-LF	GATTGCAAGCCATGCAGC	18
		AffITS01-LB	CTCAGCATTGCTGTGAGCTG	20
A. catenella	28S-rDNA	Acat406-F3-2	GAGATTGTAGTGCTTGCTTA	20
	（D1/D2）	Acat406-B3	AAGCAACCTCAAGGACAAG	19
		Acat406-FIP	TGTCCACATAAAAACTGGCACAACAATGGGTTTTGGCTGCAA	42
		Acat406-BIP	GGTAATTTTCCTGCGGGGTGTGGGACACAAACAAATACACCAG	43
		Acat406-LF2	GCAAGAATTATTGCAC	16
		Acat406-LB2	GCATGTAATGATTTGCATGTT	21
A. fraterculus	28S-rDNA	AF911-F3	GTAAACAGATTTGATTATACTGC	23
	（D1/D2）	AF911-B3	CTTGTGGGCCCATACAGCGA	20
		AF911-LF	GCAACAAACATTGCATTTGC	20
		AF911-LB2	CATGCATGCATGTGTGCTCAG	21
		AF911-FIP	CAGCACATGCACAAATAACTAGCGTGTTTGCTTTGCATGTCGA	43
		AF911-BIP	GAATGGTAATATCTCTGCGGGGCAACACCCAGCACAGAAC	40
A. ostenfeldii	28S-rDNA	Aosten01-F3	TGGTGAGATTGTTGCGTCCA	20
	（D1/D2）	Aosten02-B3	GCAGAAACATTTTGCCAGCAACAC	24
		Aosten01-FIP	ATGTGCAAGGGTAATAATTTGCATGGGCGTAATGGTTCTTGCCT	44
		Aosten02-BIP	TGCCTGTGGGTATTGGAATGAGTGCCCAGGGAGGAGA	37
		Aosten02-LF1	GCAGAAATAGACGCTGGCATTC	22
		Aosten02-LB2	GTTCTTGTGTGTGTGCCCTCTTG	21
A. tamarense	28S-rDNA	AT282-F3	TGGTGGGAGTGTTGC	15
	（D1/D2）	AT282-B3	AAGTCCAAGGAAGGAAGC	18
		AT282-FIP	AGAAACTGGCATGCAAAGAAAGACTTGCTTGACAAGAGCT	40
		AT282-BIP	GTCTCCTGTGGGGGGGTGGATTGATCCCCAAGCACAGGAAC	40
		AT282-LF	AATCATTACACCCACAGCCC	20
		AT282-LB	AATGTGTCTGGTGTATGTGTG	21
A. tamiyavanichii	28S-rDNA	Atamin04-F3	AACAGATTTGATTTTGATGG	20
	（D1/D2）	Atamin04-B3	GGCTTGTTGACACAGGAAGA	20
		Atamin04-FIP	AGCTGGCACACAAAGCAAGAATTGGTGCTTGCTTGACACT	40
		Atamin04-BIP	TACACATTTGAACATGCATGCGTGTGCACACACCAACATC	40
		Atamin04-LF1	TTGTACTTAGACCACACCAT	20
		Atamin04-LB1	TGGTATTATTCCTGTGGGGGGTTG	24

イマーセットを得ることができた．また，各種 1 株の 16 - 30 細胞を別々に DNA 抽出し，LAMP 濁度計（LA-200：栄研化学）を用いて反応時間，そのばらつき等を調べたところ，6 種のうち 4 種では LAMP 反応開始後 20 分前後で検出が可能となり，*A. tamiyavanichii* で 25 分前後，*A. fraterculus* ではさらに遅く，34 分前後で検出が可能であった（図 1，表 2）．反応時間の遅さは，プライマーペア間の距離が大きいことに起因する（Nagai 2013）．*A. tamarense* 1 細胞からの検出も十分可能であり，蛍光試薬の添加により，肉眼での判定も容易となっている（図 2）．*A. tamarense* における 1 細胞当たりのリボソーマル RNA 遺伝子のコピー数は，20,000 程度と見積もられており，実際に，1 細胞を 10 mL のバッファーで DNA 抽出し，その 2 µL を鋳型 DNA として用いても，正確な検出が可能であった（Nagai & Itakura 2012）．LAMP 反応温度は，63℃で最適かつ最短時間での検出ができた．通常，LAMP 反応液の総量は 25 µL であるが，その半量でも検出・同定に影響は見られず，試薬代の節約も可能と考えられる（Nagai & Itakura 2012）．

　天然の栄養細胞の検出について，*A. catenella* では，検出時間のばらつきが認められたものの 100％の検出・判定が可能であったが，*A. tamarense* では，100％検出できない場合が頻繁にあった（Nagai & Itakura 2012）．両種の細胞ともに，TE（Triss / EDTA）バッファーによる煮沸抽出を採用しており，種間で DNA 抽出効率，あるいは遺伝子増幅効率に違いが認められた．

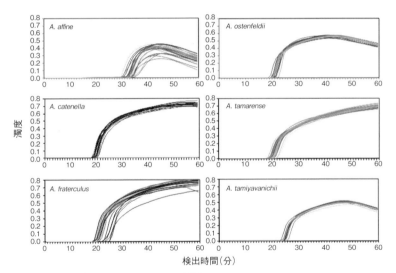

図 1　*Alexandrium* 属 6 種の単細胞からの LAMP 増幅
　　　短時間検出と安定した増幅の様子を示す．濁度は専用の濁度計により測定（LA-200：栄研化学）．

表 2　LAMP 法による *Alexandrium* 属 6 種の単細胞からの検出
　　　各種 1 株のクローン培養株を使用．検出時間は LAMP 濁度計において濁度が 0.05 を超えた時点で判定．

種類	*A. affine*	*A. catenella*	*A. fraterculus*	*A. ostenfeldii*	*A. tamarense*	*A. tamiyavanichii*
株名	Aaffi37	AC0206MIE20	Afra0703MIE01	AostenTVC4	AT0104H15	Atami0112T06
使用細胞数	24	30	31	16	30	16
平均検出時間（分）	33.8	20.0	21.3	20.7	20.5	24.7
標準偏差	1.7	0.6	1.8	0.9	0.9	0.7

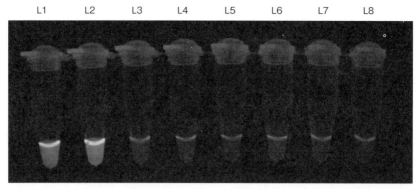

図2　*Alexandrium tamarense* LAMP 増幅産物の紫外線下における検出．肉眼で判定可能な様子を示す（Nagai & Itakura 2012）
　　　L1：*A. tamarense*（5 ng of DNA），L2：*A. tamarense*（単細胞），L3：*A. catenella*（> 10 ng），L4：*A. tamiyavanichii*（> 10 ng），L5：*A. fraterculus*（> 10 ng），L6：*A. affine*（> 10 ng），L7：*A. pseudogonyaulax*（> 10 ng），L8：*A. ostenfeldii*（> 10 ng）．Lanes 3-8 蛍光を発していない非増幅産物．

4．DNA 抽出方法の検討

　日本沿岸域において，*A. tamarense* は春季の低水温期（Nagai et al. 2007a），*A. catenella* はそれより は高水温期に出現が認められる（Yoshimatsu & Ono 1986）．*A. tamarense* は低水温期（2−20℃）に出 現するため，*A. catenella*（> 15℃）の細胞よりも分裂速度が低く，分裂するまでに時間がかかるた め，細胞壁が硬くなる傾向にあると考えた．したがって，*A. catenella* および *A. tamarense* の天然細 胞を用いた検出成功率の違いは，細胞壁の硬さの違いによる DNA 抽出効率の差に由来すると推定 し，DNA 抽出法の検討を行った．実際には，栄養細胞よりさらに頑強な細胞壁を持つと考えられる 天然のシストを用いて，DNA 抽出方法の検討を行った．DNA 抽出用のバッファーとして，TE バッ ファー，CTAB（臭化ヘキサデシルトリメチルアンモニウム Cetyl trimethyl ammonium bromide）バッ ファー（Lian et al. 2001, Nagai et al. 2007a），0.5％キレックスバッファー（Chelex® 100 キレート樹 脂，バイオラッド），5％キレックスバッファーの4つの抽出バッファーを用意した．次に，天然の *A. catenella* と *A. tamarense* のシストを密度勾配遠心により濃縮した．キャピラリーピペットを用いて 1シストずつ 1.5 mL のチューブに分取し，DNA 抽出用のバッファーを添加し，15−30 分間煮沸して も，まったく LAMP による遺伝子増幅が見られなかったことから，1シストずつ 1.5 mL のチューブ に分取した後，ペレットペッスルモーター（Kontes, USA）を用いて約 30 秒間ホモジナイズを行い， 完全にシストを破壊した後に DNA 抽出することで，4つのバッファーによる DNA 抽出効率を比較 した（表3）．その結果，TE バッファー，CTAB バッファー，0.5％キレックスバッファーを用いた場 合は，抽出効率は良くなく，また，LAMP による検出時間も大きくばらついた．これに対して，5％ キレックスバッファーを用いて DNA 抽出したサンプルでは，増幅効率とその安定性も抜群であり， 本法が，*Alexandrium* 属の DNA 抽出に最適であることが判明した（Nagai et al. 2012）．この成果により， 現在は，天然の *A. tamarense* の栄養細胞も 100％の確率で検出・同定が可能となっている．

表3 *Alexandrium tamarense* および *A. catenella* の1シストからの LAMP 増幅による4つの異なる DNA 抽出方法の検討 シストは大阪湾，広島湾，英虞湾の泥から拾い上げて実験に使用.

DNA 抽出方法	平均検出時間（分）*	標準偏差	検出シスト数	総シスト数	検出成功率（%）
TE バッファー	26.5	5.2	56	67	83.6
CTAB バッファー	28.5	7.0	65	87	74.7
0.5% キレックスバッファー	28.0	5.7	65	66	98.5
5% キレックスバッファー	21.9	2.7	65	65	100.0

* 検出時間は，LAMP 反応開始後，LAMP 濁度計で濁度が 0.05 を超えた時点で判定.

5. マルチプレックス PCR 法による *Alexandrium* 属の分子同定

LAMP 法は，簡単・正確・迅速・安価であり，高額な分析機器の購入の必要がなく，初心者でも簡単に検出することができる技術である．しかし，短所は1本の PCR チューブで複数種を同時に検出できない点にある．この点を克服するために考案したのが，マルチプレックス PCR 法である（Nagai 2011）．本法は，リボソーマル RNA 遺伝子の 28S-rRNA と 5.8S-rRNA およびその ITS 領域をターゲット領域とし，種特異的なプライマーペアを作成し（表4），それを単に混合して PCR 増幅するのではなく，PCR 増幅産物の長さについて種間で 100 bp 程度異なるようにプライマーをデザインすることを通じて，アガロースゲル上で複数種の同時検出ができるという点に大きな特徴がある（Nagai

表4 マルチプレックス PCR 法における *Alexandrium* 属6種を特異的に検出可能なプライマーのリスト リボソーマル RNA 遺伝子 LSU の D1/D2 領域，5.8S と ITS 領域を使用.

種類 株名（アクセッション番号）	プライマー	配列	領域	位置*	最適 プライマー
A. tamarense AT0104H15（AB565483）	Atama-F1	GATTTGCTTGGTGGGAGTGTTGC	D1D2	408-430	
	Atama-F2	CTTGCTTGACAAGAGCTTTGG	D1D2	432-452	
	Atama-F3	ACCTTTGCACATGAATGATAAGTC	D1D2	508-531	○
	Atama-R1	CATCCCCAAGCACAGGAAC	D1D2	622-640	○
	Atama-R2	AAGCATCCCCAAGCACAGG	D1D2	625-643	
A. catenella AC0206MIE20（AB565484）	Acat-F1	TAAACCAACTGGGATCTCTTC	D1D2	39-59	
	Acat-F2	CTTCAGTAATTGCGCATGAACC	D1D2	56-77	
	Acat-F3	CAAAGTAAACAGACTTGATTTCCTC	D1D2	416-440	○
	Acat-R1	CCAGACACATTTAACAAACATGC	D1D2	593-615	
	Acat-R2	GAAAGCAACCTCAAGGACAAG	D1D2	630-650	○
A. tamiyavanichii AT0112T06（AB436948）	Atami-F1	AAGCTTGCTGTGGGTACAGA	ITS	90-109	○
	Atami-F2	GGGTACAGATTGCATGCGTTG	ITS	101-121	
	Atami-R1	TACAGCTCACAGCAATGCAG	ITS	415-434	○
	Atami-R2	GTTAACAAGCAACACACACCAATG	ITS	537-560	
A. fraterculus AF0703MIE01（AB436941）	Afra-F1	GCTTTGAATTGTGTTTGTGAAC	D1D2	111-132	○
	Afra-F2	AAGAGAGTTAAATGAGTTTGCAC	D1D2	360-382	
	Afra-R1	GCTAGTTATTTGTGCATGTGCTG	D1D2	496-518	
	Afra-R2	TCACCAAACACATGCCTGAG	D1D2	592-611	
	Afra-R3	GTCAGTGTTAAAGCTTGTGGG	D1D2	668-688	○
A. affine KAGAWA-37（AB565485）	Affin-F1	CTTGCTTCAAGCTGGTATGTC	ITS	98-118	○
	Affin-F2	CATGGCTTGCAATCGCAACC	ITS	133-152	
	Affin-R1	GCACAGATACACTTGGAAGAG	ITS	397-417	
	Affin-R2	GTCAATGTTCACCATTTCACCA	ITS	564-585	○
A. pseudogonyaulax KAGAWA-39（AB565486）	Apseu-F1	ACCAGCGGAGGTACAGTTGC	D1D2	141-160	
	Apseu-F2	GGGTGGTAAATTTCACGCAAG	D1D2	274-294	○
	Apseu-R1	ACACAGTAAACCCATGCGCAG	D1D2	450-470	
	Apseu-R2	TGGCAACAGCTGACAATCGCA	D1D2	650-670	○

* 5' 末端からの位置を表示.

2011）．*A. affine*, *A. catenella*, *A. fraterculus*, *A. pseudogonyaulax*, *A. tamarense*, *A. tamiyavanichii* の
合計 6 種の同時検出の PCR システムを構築し，種特異性を検討したところ，全種で特異的な検出が
可能であった（表 5）．また，1 細胞から抽出した DNA からでも問題なく検出でき，これらを等量混
合した DNA を鋳型に用いた場合でも複数種の検出が可能であった（図 3）．細胞をキャピラリーピ
ペットで拾って DNA を抽出するだけでなく，500 mL の天然海水中に出現したプランクトンを 8 μm
のポアサイズのフィルター上に濾過捕集し，捕集物から直接，DNA 抽出したものを鋳型に用いた場
合の *Alexandrium* 属 6 種について検出精度の比較も行った．例えば，ユニバーサルプライマーを用い
た PCR 増幅産物を次世代シーケンサー（Roche 454 GS Titanium FLX）で配列取得し，メタゲノム解
析を行った場合と，本マルチプレックス PCR システムで解析した場合とで検出された *Alexandrium* 種
を比較すると，両者の結果は高い一致を示すことが判明した（Nagai et al. 2016）．

表 5　*Alexandrium* 属 6 種を同時検出可能なマルチプレックス PCR 法による種特異検出の精度について

種類	緯度経度	文献	株数	天然細胞	陽性	陰性	失敗例
Alexandrium affine（Harima Nada, Kagawa Pref., Japan）	34° 17' N, 134° 28' E	Nagai 2013	2		2	0	0
A. catenella（Kitanada, Tokushima Pref., Japan）	34° 12' N, 134° 27' E	Nagai et al. 2006a	6		6	0	0
A. catenella（Ago Bay, Mie Pref., Japan）	34° 17' N, 136° 49' E	Nagai et al. 2006a	6		6	0	0
A. catenella（Inokushi Bay, Oita Pref., Japan）	32° 47' N, 131° 53' E	Nishitani et al. 2007b	12		12	0	0
A. catenella（Kakuriki-Nada, Nagasaki Pref. Japan）*	32° 48' N, 129° 46' E	Nagai 2013		12	12	0	0
A. fraterculus（Ago Bay, Mie Pref., Japan）	34° 17' N, 136° 49' E	Nagai et al. 2009b	3		3	0	0
A. pseudogonyaulax（Harima Nada, Kagawa Pref., Japan）	34° 16' N, 134° 28' E	Nagai 2013	2		2	0	0
A. pseudogonyaulax（Hiroshima Bay, Hiroshima Pref., Japan）*	34° 16' N, 132° 16' E	Nagai 2013		12	12	0	0
A. tamarense（Okhotsk Sea, Hokkaido, Japan）	45° 10' N, 143° 42' E	Nagai et al. 2007a	12		12	0	0
A. tamarense（Jinhae Bay, Korea）	35° 03' N, 128° 43' E	Nagai et al. 2007a	12		12	0	0
A. tamarense（Hiroshima Bay, Hiroshima Pref., Japan）*	34° 16' N, 132° 16' E	Nagai 2013		12	12	0	0
A. tamiyavanichii（Fukuyama Bay, Hiroshima Pref., Japan）	34° 26' N, 133° 26' E	Nagai et al. 2003	10		10	0	0
A. ostenfeldii（Funka Bay, Hokkaido, Japan）	42° 16' N, 140° 33' E	Nagai et al. 2014	5		0	5	0
A. taylori（Shioya Bay, Okinawa Pref., Japan）	26° 40' N, 128° 06' E	Nagai 2013	5		0	5	0
Flagilidium mexicanum（Hiroshima Bay, Hiroshima Pref., Japan）	34° 16' N, 132° 16' E	Nagai 2013	1		0	1	0
Cochlodinium polykrikoides（Harima-Nada, Hyogo Pref., Japan）	34° 41' N, 134° 52' E	Nagai et al. 2009a	2		0	2	0
Chattonella ovata（Fukuyama Bay, Hiroshima Pref., Japan）	34° 26' N, 133° 26' E	Nishitani et al. 2007a	2		0	2	0
Gymnodinium catenatum（Inokushi Bay, Oita Pref., Japan）	32° 47' N, 131° 53' E	Nagai 2013	2		0	2	0
Heterocapsa circularisquama（Ago Bay, Mie Pref., Japan）	34° 17' N, 136° 49' E	Nagai et al. 2007b	2		0	2	0
Heterosigma akashiwo（Hiroshima Bay, Hiroshima Pref., Japan）	34° 16' N, 132° 16' E	Nagai et al. 2006b	2		0	2	0
Karenia brevis（Florida, USA）	27° 70' N, 82° 80' W	CCMP718	1		0	1	0
Karenia brevis（Florida, USA）	27° 37' N, 82° 58' W	CCMP2228	1		0	1	0
Karenia degitata（Fukuyama Bay, Hiroshima Pref., Japan）	34° 26' N, 133° 26' E	Nagai 2013	2		0	2	0
Karenia mikimotoi（Inokushi Bay, Oita Pref., Japan）	32° 47' N, 131° 53' E	Nishitani et al. 2009	2		0	2	0
Total			92		101	27	0

＊細胞は 1 細胞を用いて検出された．

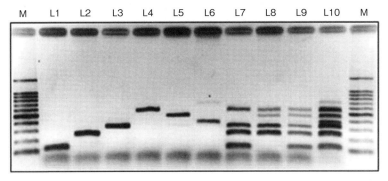

図3　*Alexandrium* 属6種の単細胞からのマルチプレックス PCR 法による検出
　　L1：*A. tamarense*, L2：*A. catenella*, L3：*A. tamiyavanichii*, L4：*A. fraterculus*, L5：*A. affine*, L6：*A. pseudogonyaulax*, 4種混合（L7［*A. tamarense, A. catenella, A. tamiyavanichii*, および *A. fraterculus*]）, 4種混合（L8［*A. catenella, A. tamiyavanichii, A. fraterculus*, および *A. affine*]）, 5種混合（L9：*A. pseudogonyaulax* を除く）, 6種混合（L10）, M：100 bp DNA ladder（東洋紡）.

6．問題点と今後の展望

　日本沿岸域のモニタリング現場を担う研究者が実際のモニタリング現場で使えるような分子同定技術は，やはり「簡単・迅速・正確・安価で高価な分析機器購入が不要」という制約がある．その中で，リアルタイム PCR 法は正確で定量も可能であるが，比較的高額な機器の購入が必要であり，操作も若干，煩雑である．また，FISH 法は，蛍光顕微鏡下で直接，細胞を観察しながら計数もできるため，現場向きの技術である．しかし，天然海域に出現する標的種の細胞間において RNA の発現量の差が大きく，十分な発色が得られない場合も多いので，検出精度に難点がある（表6）．このような状況の中，LAMP 法やマルチプレックス PCR は，定量はできないものの，比較的操作が簡単であるため，モニタリング現場では，ユーザーフレンドリーな手法として活用が始まっている．LAMP 法の弱点といえば，1本の PCR チューブで複数種を同時に検出することができない点であった．これに対して，マルチプレックス PCR は複数種の同時検出を可能にした．現在，民間企業と共同で核酸クロマトチップという技術を用いて，有害有毒プランクトンを迅速・簡単・正確・安価で検出できる手法を共同開発し実用化を目指している（表6）．本法は，タグ化した白金コロイドと種特異的に検出できるプローブをクロマト紙に固相化し，白金コロイドを補足するプローブと固相化した種特異的なプローブと結合する相補的なタグを付加した特殊なプライマーを用いて種特異的に PCR 増幅し，その後，ク

表6　分子同定技術の長所と短所について

	multiplex qPCR	DNA microarray	FISH	LAMP	multiplex PCR	NAC-HAB*
必要機器	リアルタイム PCR 機	DNA	蛍光顕微鏡	サーマルサイクラー	サーマルサイクラー	サーマルサイクラー
備品の購入金額（万円）	150-400	1,000	200	20	50	50
ランニングコスト	中	高価	安価	安価	安価	安価
操作性	△	△	○	○	○	◎
精度	○	△	△	○	○	○
検出までの時間（分）	60	120	60	60	120	60
複数種同時検出	○	○	×	×	○	○

* Nucleic Acid Chromatography Chip of HAB（有害有毒種検出用）（核酸クロマトチップ）

ロマト紙に，ごく少量の PCR 産物と展開バッファーを添加するだけで，数分後には標的種の有無を判定できるという優れた手法である．現在，すでに開発が終了し，1 個のチップ上に 5 種類のプローブの固相化が可能となっている（Nagai et al. 2015）．PCR 増幅についても，各社から高速 PCR に対応した試薬が開発されており，10 年前には，このようにリトマス試験紙感覚で遺伝子診断できる技術が開発されるとは予想していなかったが，バイオ産業の目覚ましい進展によりその日が刻々と近づいていることを実感する．

文　献

Anderson DM, Kulis DM, Keafer BA, Gribble KE, Marin R, Scholin CA（2005）Identification and enumeration of *Alexandrium* spp. From the gulf of Maine using molecular probes. Deep-Sea Res II 52: 2467-2490.

Ahn S, Kulis DM, Erdner DL, Anderson DM, Walt DR（2006）Fiber-optic microarray for simultaneous detection of multiple harmful algal bloom species. Appl Enviro. Microbiol 72: 5742-5749.

Enosawa M, Kageyama S, Sawai K, Watanabe K, Notomi T, Onoe S, Mori Y, Yokomizo Y（2003）Use of loop-mediated isothermal amplification of the IS900 sequence for rapid detection of cultured *Mycobacterium avium* subsp. paratuberculosis. J Clin Microbiol 41: 4359-4365.

Gescher C, Metfies K, Medlin LK（2008）The ALEX chip-Development of a DNA chip for identification and monitoring of *Alexandrium*. Harmful Algae 7:485-494

Hosoi-Tanabe S, Nagai S, Sako Y（2004）Species-specific detection and quantification of the toxic dinoflagellate *Alexandrium tamarense* by TaqMan PCR using 5′-3′ exonuclease activity. Mar Biotechnol 6: 30-34.

Hosoi-Tanabe S, Sako Y（2005）Rapid detection of natural cells of *Alexandrium tamarense* and *A. catenella*（Dinophyceae）by fluorescence in situ hybridization. Harmful Algae 4: 319-328.

John W, Litaker RW, Montresor M, Murray S, Brosnahan ML, Anderson DM（2014）. Formal revision of the *Alexandrium tamarense* species complex（Dinophyceae）Taxonomy: The Introduction of Five Species with Emphasis on Molecular-based（rDNA）Classification. Protist 165: 779-804.

Kamikawa R, Hosoi-Tanabe S, Nagai S, Itakura S, Sako Y（2005）Development of a quantification assay for the cysts of the toxic dinoflagellate *Alexandrium tamarense* using real-time polymerase chain reaction. Fish Sci 71: 985-989.

Kamikawa R, Nagai S, Hosoi-Tanabe S, Itakura S, Yamaguchi M, Uchida Y, Baba T, Sako Y（2007）Application of real-time PCR assay for detection and quantification of *Alexandrium tamarense* and *A. catenella* cysts from marine sediments. Harmful Algae 6: 413-420.

Ki JS, Han MS（2006）A low-density oligonucleotide array study for parallel detection of harmful algal species using hybridization of consensus PCR products of LSU rDNA domain. Biosens Bioelectron 21: 1812-1821.

Lian CL, Miwa M, Hogetsu T（2001）Outcrossing and paternity analysis of *Pinus densiflora*（Japanese red pine）by microsatellite polymorphism. Heredity 87: 88-98.

Mori Y, Nagamine K, Tomita N, Notomi T（2001）Detection of loop-mediated isothermal amplification reaction by turbidity derived from magnesium pyrophosphate formation. Biochem Biophys Res Commun 289: 150-154.

Nagai S（2011）Development of a multiplex PCR assay for simultaneous detection of 6 *Alexandrium* species（Dinophyceae）. J Phycol 47: 703-708.

Nagai S（2013）Species-specific detection of six *Alexandrium* species from single vegetative cells by a loop-mediated isothermal amplification method. DNA Testing 5: 33-46.

Nagai S, Itakura S（2012）Sensitive and specific detection of the toxic dinoflagellates *Alexandrium tamarense* and *Alexandrium catenella* from single vegetative cells by a loop-mediated isothermal amplification method. Mar Genomics 7: 43-49.

Nagai S, Itakura S, Matsuyama Y, Kotani Y（2003）Encystment under laboratory conditions of the toxic dinoflagellate *Alexandrium tamiyavanichii*（Dinophyceae）isolated from the Seto Inland Sea, Japan. Phycologia 42: 646-653.

長井 敏・神山孝史・及川 寛・日下孝司・外川直之・野澤あい（2011）分子生物学的手法を用いた有害・有毒プランクトンの迅速・簡便モニタリング手法の開発. 平成 22 年度地球温暖化対策推進委託事業報告書, p22.

Nagai S, Lian CL, Hamaguchi M, Matsuyama Y, Itakura S, Hogetsu T（2004）Development of microsatellite marker in the toxic dinoflagellate *Alexandrium tamarense*（Dinophyceae）. Mol Ecol Notes 4: 83-85.

Nagai S, Lian CL, Yamaguchi S, Hamaguchi M, Matsuyama Y, Itakura S, Shimada H, Kaga S, Yamauchi H, Sonda Y, Nishikawa T, Kim CH, Hogetsu T（2007a）Microsatellite markers reveal population genetic structure of the toxic dinoflagellate *Alexandrium tamarense*（Dinophyceae）in Japanese coastal waters. J Phycol 43: 43-54.

長井 敏・Maenpaa P・Kremp A・馬場勝寿・宮園 章・Godhe A・Mackenzie L・Anderson DM（2010）. 有毒渦鞭毛藻 *Alexandrium ostenfeldii* の核リボソーマル RNA 遺伝子領域に見られる多型と LAMP 法を用いた 1 細胞からの検出. DNA多型 18: 122-126.

Nagai S, Miyamoto S, Ino K, Tajimi S, Nishi H, Tomono J（2016）Easy detection of multiple *Alexandrium* species using DNA chromatography chip. Harmful Algae 51: 97-106.

Nagai S, Nishitani G, Sakamoto S, Sugaya T, Lee CK, Kim CH, Itakura S, Yamaguchi M（2009a）Genetic structuring and transfer of marine dinoflagellate *Cochlodinium polykrikoides* in Japanese and Korean coastal waters revealed by microsatellites. Mol Ecol 18: 2337-2352.

Nagai S, Nishitani G, Takano Y, Yoshida M, Takayama H（2009b）Encystment and excystment under laboratory conditions of the non-toxic dinoflagellate *Alexandrium fraterculus*（Dinophyceae）isolated from the Seto Inland Sea, Japan. Phycologia 48: 177-185.

Nagai S, Sekino M, Matsuyama M, Itakura S（2006a）. Development of microsatellite markers in the toxic dinoflagellate *Alexandrium catenella*（Dinophyceae）. Molecular Ecology Notes 6: 120-122.

Nagai S, Yamaguchi S, Lian CL, Nishitani G, Itakura S, Yamaguchi M（2007b）Development of microsatellite markers in the noxious red tide-causing algae *Heterocapsa circularisquama*. Molecular Ecology Notes 7: 993-995.

Nagai S, Yamaguchi S, Matsuyama Y, Itakura S（2006b）Development of microsatellite markers in the noxious red tide-causing algae *Heterosigma akashiwo*（Raphidophyceae）. Molecular Ecology Notes 6: 477-479.

Nagai S, Yamamoto K, Hata N, Itakura S（2012）Study of DNA extraction methods for use in loop-mediated isothermal amplification detection of single resting cysts in the toxic dinoflagellates *Alexandrium tamarense* and *A. catenella*. Mar Genomics 7: 51-56.

Nagai S, Yasuike M, Nakamura Y, Tahvanainen P, Kremp A（2014）Development of ten microsatellite markers for Alexandrium ostenfeldii, a bloom-forming dinoflagellate producing diverse phycotoxins. J. Applied of Phycology, DOI 10.1007/s10811-014-0500-6.

Nagai S, Yoshida G, Tarutani K（2011）Changes of species composition and distribution of algae in coastal waters of western Japan. In: Global Warming Impacts - Case Studies on the Economy, Human Health, and on Urban and Natural Environments（Casalegno S ed）, pp.209-235, InTech - Open Access Publisher, Croatia.

Nagamine K, Hase T, Notomi T（2002）Accelerated reaction by loop-mediated isothermal amplification using loop primers. Mol Cell Probes 16: 223-229.

Nishitani G, Nagai S, Lian CL, Sakiyama S, Oohashi A, Miyamura K（2009）Development of microsatellite markers in the marine phytoplankton *Karenia mikimotoi*（Dinophyceae）. Conservation Genetics 10: 713-715.

Nishitani G, Nagai S, Lian CL, Yamaguchi H, Sakamoto S, Yoshimatsu S, Oyama K, Itakura S Yamaguchi M（2007a）Development of compound microsatellite markers in the harmful red tide species *Chattonella ovata*（Raphidophyceae）. Molecular Ecology Notes 7: 1251-1253.

Nishitani G, Nagai S, Masseret E, Lian CL, Yamaguchi S, Yasuda N, Itakura S, Grzebyk D, Berrebi P, Sekino M（2007b）Development of compound microsatellite markers in the toxic dinoflagellate *Alexandrium catenella*（Dinophyceae）. Plankton Benthos Research 2: 128-133.

Notomi T, Okayama H, Masubuchi H, Yonezawa T, Watanabe K, Amino N, Hase T（2000）Loop-mediated isothermal amplification of DNA. Nucleic Acids Res 28: 63.

Scholin CA, Anderson DM（1994）Identification of species and strain-specific genetic markers for globally distributed *Alexandrium*（Dinophyceae）. I. RFLP analysis of SSU rRNA genes. J Phycol 30: 744-754.

Scholin CA, Hallegraeff GM, Anderson DM（1995）Molecular evolution of the *Alexandrium tamarense* "species complex"（Dinophyceae）: dispersal in the North American and West Pacific regions. Phycologia 34: 472-485.

Yoshimatsu Y, Ono C（1986）The seasonal appearance of red tide organisms and flagellates in the southern Harina-Nada, Inland Sea of Seto. Bull Akashiwo Res Inst Kagawa Pref 2: 1-42.

2-3　有機態窒素・リンと増殖[*1]

山口晴生[*2]

1．はじめに

　有害有毒プランクトンは細胞構成元素として窒素とリンを要求する．それらの窒素・リン源として
は，硝酸塩（NO_3^-）やリン酸塩（PO_4^{3-}）が好まれると考えられてきた．しかし一方で，沿岸海水中
には有機形態の窒素・リンが広く溶存することが知られている．また近年，有害有毒プランクトンの
中には，尿素や糖リン酸等の有機態窒素・リンを利用する種も存在することがわかってきた．これら
を考え合わせると，有害有毒プランクトンの発生・増殖において有機態窒素・リンが果たす役割を考
えることはきわめて重要である．

2．海水中の窒素・リン

　海水に溶存する窒素およびリンの化学形態をみると，まずアンモニウム（NH_4^+）やリン酸塩を主
体とする溶存無機態，そして溶存有機態とに大別される．わが国のような温帯域では晩秋から初春に
かけて，沿岸域における海水が鉛直的に混合しやすい．このような水柱では有機物の無機化が進行
し，無機態の窒素およびリンが生成され，溶存態のそれらの大部分を占める（Sharp 1983, Tada et al.
1998, Patel et al. 2000, 山本ほか 2002, 山口ほか 2004b, 深尾ほか 2006）．一方，高水温期には海水が密
度的に成層化することが多く，水塊の鉛直混合が起こり難い．このような海域の表層～有光層では，
栄養塩を豊富に含む底層からの無機態窒素・リンの供給が滞る．その結果，とりわけ表層においては
植物プランクトン群集による無機態窒素およびリンの消費が進み，それらの濃度は低い値を示すこと
が多い（Tada et al. 1998, Itakura et al. 2002, 山口ほか 2004b）．有害プランクトンの多発海域として知
られる広島湾や高知県浦ノ内湾では，溶存無機態窒素が数 μM 以下にまで低下することが多い（Patel
et al. 2000, Itakura et al. 2002, 山口ほか 2004b, 深尾ほか 2006）．また，無機態リンの場合は検出限界
以下にまで低下することも多々ある（Itakura et al. 2002, 山口ほか 2004b）．このような環境下では，
有機態窒素・リンが溶存態のそれらの大きな割合を占める．

　これら有機窒素・リン化合物はあらゆる生物の生体内で重要な役割を果たしており，その死滅や排
泄過程において環境水中に溶出する．有害有毒プランクトンが発生しやすい沿岸海域は生物量が豊富

[*1]　Roles of organic nitrogen and organic phosphorus in bloom dynamics of harmful algae

[*2]　Haruo Yamaguchi（yharuo@kochi-u.ac.jp）

なことから，有機態の窒素・リンが多量に生成されると考えられる．また，沿岸の閉鎖性海域では生活・産業排水の流入，あるいは養殖業といった人為的な活動を通じて，様々な有機態窒素・リン化合物が負荷されると考えられている．一例を挙げると，地球規模で進む農業用肥料の消費増大により，肥料中に含まれる尿素が世界各地の沿岸域に大量に負荷されているという指摘もある（Glibert et al. 2006, 2008）．したがって，沿岸海域における有害有毒プランクトンの増殖を考えるうえで，海水中の有機態窒素・リンの濃度・組成を考えることはきわめて重要である．

3．有機態窒素

海水中における溶存有機態窒素（Dissolved Organic Nitrogen：DON）の濃度は，海域や時期によってまちまちであるが，沿岸域では 3 〜 10 μM 程度，河口域では 5 〜 150 μM 程度と考えられている（Sharp 1983）．水塊が停滞しやすい高水温期には，沿岸表層〜有光層水中の溶存窒素の 80% 以上を DON が占め，無機態窒素の数倍から数十倍もの濃度に達する場合もある（Flynn & Bulter 1986, Tupas & Koike 1990, 山本ほか 2002, Berman & Bronk 2003, Glibert et al. 2004）．具体例を挙げると，大西洋チェサピーク湾では，DON 濃度が 30 μM を超えることが報告されている（Glibert et al. 2005）．赤潮多発海域として知られる高知県浦ノ内湾では，表層水中の DON 濃度が，概して 20 μM 未満の範囲で変動し，溶存窒素の 85% を占めるという（Patel et al. 2000, 深尾ほか 2006）．

DON を構成するのは，アミノ酸，尿素，タンパク質，アミン，核酸，ヌクレオシドなどであり，いずれもアンモニア（NH_3）の水素原子が炭素原子で置換された N−C 結合をとる．その N−C 結合の様式・数は化合物によって様々であるため，DON は多種多様な化合物で構成されている．これらの中でも，比較的形態が単純といわれる尿素やアミノ酸は沿岸海水中に広く分布していることが知られている．

（1）尿素

尿素の濃度を概観すると，外洋に比べて沿岸域，特に陸水や人為的負荷の大きいと思われる海域で高い傾向がうかがえる（山本ほか 1994）．近年の肥料消費の拡大は水圏への尿素の負荷量を地球規模で増大させ，その結果，有害有毒プランクトンの発生頻度が高まっているという指摘もある（Glibert et al. 2006, 2008）．海水中の尿素は，明瞭な季節的変動を示さず，海域における分布も非常に不均一である（Antia et al. 1991, Berman & Bronk 2003）．瀬戸内海での広域調査結果（Tada et al. 1998）によると，海水中の尿素濃度は窒素量として 4.22 μM 以下であり，温暖な時期には，無機態窒素濃度とほぼ同等になることもある．山本ほか（1994）によると，広島湾，江田内（江田島湾）および周防灘の海水中の尿素は溶存無機態窒素（Dissolved Inorganic Nitrogen：DIN）の 30 〜 40% に相当するという．深尾ほか（2006）は，浦ノ内湾における尿素の変動を調査することで，表層水中には，DIN 濃度に相当する平均 2.87 μM の尿素が溶存しており，時に 48.6 μM という高濃度に達したことを報告している．このように尿素は量的に重要な窒素化合物であることがうかがえる．

（2）遊離アミノ酸

海水中に負荷された窒素は植物プランクトンなどによって同化され，その生体内でタンパク質や

核酸といったポリマー状の有機態窒素となる．その一部は排出され，ペプチド・タンパク質（溶存結合性アミノ酸 Dissolved Combined Amino Acids：DCAA）として溶存するとともに，微生物による分解作用を受けることで，溶存遊離性アミノ酸（Dissolved Free Amino Acids：DFAA）として溶存する（図1）．Sharp（1983）によると，沿岸海水中の DFAA 濃度は窒素量として 0.04 ～ 2.2 μM 程度と考えられている．これは瀬戸内海（最大 1.87 μM, Tada et al. 1998）あるいは英国沿岸（2 ～ 4 μM, Flynn & Butler 1986）にて周年検出される DFAA 濃度と概ね一致しており，春季から夏季にかけては，尿素とならんで DFAA の濃度が溶存無機態の窒素濃度に匹敵する場合がある．一方，ペプチドに代表される DCAA は，DFAA よりも高濃度で溶存する場合が多いようである（Coffin 1989, Dawson & Pritchard 1978）．富栄養化の進行した米国デラウェア河口域では，DFAA の濃度が 0.05 ～ 1.4 μM であるのに対し，DCAA の濃度は 0.10 ～ 8.0 μM とやや高い傾向にある（Coffin 1989）．バルト海の海水中にも DCAA が最大で 6.88 μM 溶存していることが報告されている（Dawson & Pritchard 1978）．なお，ここで述べた DCAA は窒素量として表されていない．仮に，DCAA を構成するアミノ酸に窒素原子が平均で 1.5 含まれているのであれば，窒素量としては最大十数 μM に上がる可能性がある．

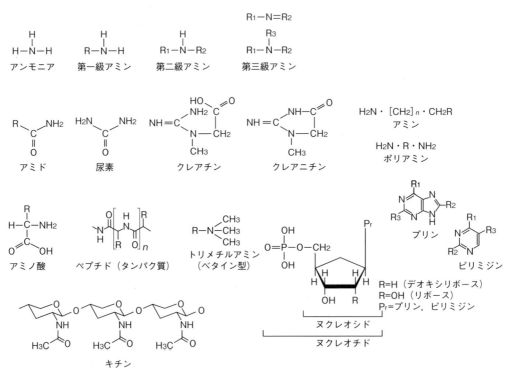

図1　水中に溶存すると考えられる主要な有機窒素化合物
R_n はアルコール（有機物）あるいは無機物を示す．

(3) 核酸関連化合物

　あらゆる生物態を起源として海水中には核酸ならびにその関連物質が溶存している．DNA・RNA の高分子核酸をはじめ，ヌクレオチド，ヌクレオシドおよび塩基といった核酸関連物質は，いずれも窒素原子を有していることから，有機窒素化合物と見なすことができる（図1）．これらのうち，塩基類のアデニンおよびウラシルに関しては，それぞれ 3.70 ～ 62.95 μM および 3.56 ～ 12.5 μM という

濃度（窒素量として）で検出された例がある（Litchfield & Hood 1966）．一方で，アドリア海で検出されたチミンの濃度は 10^{-3} nM 程度である（Breter et al. 1977）．このように塩基の濃度は，化合物あるいは海域間で大きな隔たりがみられる．また，溶存態 DNA および RNA 濃度は，海域によって異なるものの，それぞれ $0.05 \sim 80.6$ µg L^{-1} および $6.67 \sim 51.1$ µg L^{-1} 程度であることが報告されている（Karl & Bailiff 1989, Berman & Bronk 2003）．

（4）アミノ糖類など

上述した各種化合物に対して，アミノ糖類の濃度は窒素量として最大でも 10^{-2} µM 程度であり，かなり低いことがうかがえる（Antia et al. 1991）．一方，核磁気共鳴スペクトルの解析によって，海水中からキチンあるいはペプチドグリカン様の化合物が検出されており，海洋窒素組成の重要な成分になり得ることから，海洋窒素循環における位置づけが検討されはじめている（Aluwihare et al. 2005）．有害有毒プランクトンの頻発する沿岸海域においても当該化合物が分布している可能性は十分考えられるため，今後の解析に期待がよせられる．

4. 有機態リン

沿岸海水中の溶存有機態リン（Dissolved Organic Phosphorus：DOP）は $0.1 \sim 1$ µM 程度であり，春季から秋季の高水温期には，全溶存態リンの90％以上を占めることもある．溶存有機態窒素と比べると，DOP の構成要素は単純に分類される．すなわち，リン酸基（PO$_4$）のリン原子とアルコール（R）の炭素原子が，酸素原子を介して結合（C–O–P）したリン酸エステル類，ならびにリン原子と炭素原子が直接共有結合（C–P）したホスホネート類の2つに大別される（図2）．さらに，前者については，糖リン酸やヌクレオチドに代表されるリン酸モノエステル化合物，核酸態リン（DNA や RNA）やリン脂質に代表されるリン酸ジエステル化合物，ならびにリン酸トリエステル化合物に分類される（図2）．

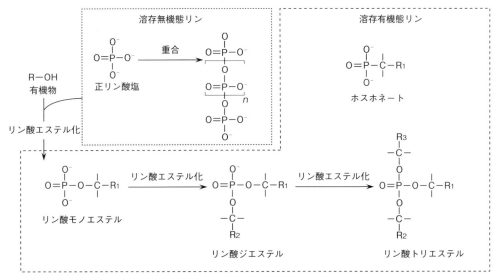

図2　水中に溶存すると考えられるリン化合物
R$_n$ はアルコール（有機物）を示す．

（1）リン酸モノエステル

　水中に溶存するリン酸モノエステル化合物は，各種ヌクレオチドや糖リン酸から構成されているものと考えられる．沿岸海水中における当該化合物濃度は最大 0.36 μM 程度であることが報告されている（Suzumura et al. 1998, 2012, Hernández et al. 2000, Monbet et al. 2009）．山口ほか（2004b）による西日本沿岸域の調査結果も，0.03 〜 0.29 μM の範囲に収まることから，沿岸・河口域においてリン酸モノエステル化合物の濃度は，概ね 10^{-2} 〜 10^{-1} μM 程度と見なせる．また，これらリン酸モノエステル化合物の濃度は，有機態リンの数％から 80％程度の範囲で大きく変動することが報告されている（Taga & Kobori 1978, Kobori & Taga 1979, Hernández et al. 2000, 山口ほか 2004b, Suzumura et al. 2012）．高水温期の沿岸表層水中には，これらが有機態リンの中で数％から 80％程度を占め，リン酸塩に匹敵する濃度で溶存することが多い（山口ほか 2004b, Monbet et al. 2009, 山口・足立 2010, Suzumura et al. 2012）．

（2）リン酸ジエステル

　一般に，リン酸ジエステル化合物の主要な構成化合物としては，DNA や RNA 等の高分子な核酸態リンならびにリン脂質が考えられる．前者の核酸態リンは，あらゆる生物の構成成分であり，その溶存有機態リンに占める割合は，大きいことが明らかになってきている（Hicks & Riley 1980, Miyata & Hattori 1986, Sakano & Kamatani 1992, 奥・鎌谷 1995）．前述したように，DNA・RNA のような高分子核酸の濃度は数十 μg L^{-1} 程度であり，Sakano & Kamatani（1992）は，東京湾と相模湾における海水中の溶存態 DNA および RNA の総量が DOP の 12.9％を占めることを報告している．Monbet et al.（2009）によると，英国テイマー川の河口域におけるリン酸エステル類（リン酸トリエステル除く）は，DOP の約 50％以上を占めており，リン酸ジエステルがリン酸モノエステルよりも高い濃度で溶存している場合があるという．Suzumura et al.（1998）は，東京湾海水試料の高分子画分（＞ 50 kDa）には，リン酸モノエステル化合物よりも高い濃度（20 〜 60 nM）でリン酸ジエステル化合物が溶存していると推算している．また，リン酸ジエステル化合物の一種であるリン脂質は，細胞膜やオルガネラの膜構造の構成成分として，植物プランクトンや細菌等，すべての生物に含まれている（Cembella et al. 1984a, b, 奥・鎌谷 1995, Van Mooy et al. 2009）．それらを起源として，海水中にもリン脂質が分布しているものと考えられる．一方で，Sannigrahi et al.（2006）は，1 kDa 以上の溶存有機態リン濃度が，海水より抽出した脂質の濃度と相関関係を示さないことから，海水中にはリン脂質としてのリンが含まれていないことを報告している．

（3）リン酸トリエステル

　リン酸トリエステル化合物（図 2）は，人工有機リン化合物であり，主にプラスチック製品の難燃性可塑剤あるいは殺虫剤成分として，古くから使用されている（Fukushima et al. 1992, 福島 1996, Bollmann et al. 2012）．これらの使用により，本来自然界には存在し得ないはずの本化合物が，河川水，海水，海底泥および魚介類等から広く検出されている（山田 1987）．大阪湾や北海のドイツ沿岸海水中からは，リン酸トリエステル化合物群が，最大 0.58 μg L^{-1} 程度検出されている（山田 1987, Fukushima et al. 1992, Bollmann et al. 2012）．この濃度は，他のリン化合物のそれと比較すると相当小さい．

（4）ホスホネート

　太平洋，大西洋および北海には，C－P結合型の有機態リン，ホスホネート類が分布しており，海洋に広く分布する有機リン化合物であることが示唆されている（Clark et al. 1998, 1999, Kolowith et al. 2001, Sannigrahi et al. 2006）．しかも，それが溶存態の高分子有機リン化合物（＞1 kDa）の約25%を占めることも報告され（Clark et al. 1998, Kolowith et al. 2001, Sannigrahi et al. 2006），リン酸モノエステルあるいはリン酸ジエステル化合物とならんで海洋の溶存有機態リンを構成する重要な化合物として位置づけられる．ただし，本化合物に関する知見は，外洋の調査で得られたものが多く，沿岸域における濃度や挙動についてはほとんど知られていない．

5．有害有毒プランクトンによる利用

（1）有機態窒素の利用

　有害有毒プランクトンの中には，ある種の有機窒素化合物を窒素源として利用可能なものが存在する．これらの尿素やDFAAの利用に関する知見は蓄積されつつあり，それらの利用機構が考察されている（図3, Glibert & Legrand 2006, Berg et al. 2008, Dagenais-Bellefeuille & Morse 2013）．

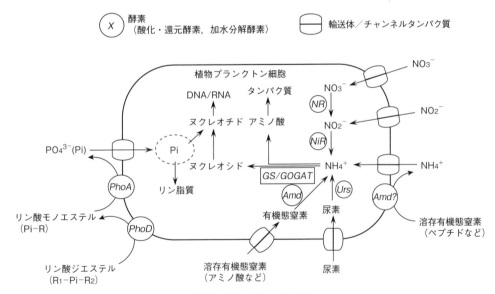

図3　真核性の植物プランクトンによる窒素・リン各種化合物の分解・利用経路
　　Glibert & Legrand（2006），Berg et al.（2008），Dagenais-Bellefeuille & Morse（2013）を改変して総合．R$_n$：有機物（アルコール），*PhoA*：アルカリフォスファターゼ，*PhoD*：フォスフォジエステラーゼ，*NR*：硝酸レダクターゼ，*NiR*：亜硝酸レダクターゼ，*Amd*：アミダーゼ様酵素，*Urs*：ウレアーゼ，*GS*：グルタミンシンテターゼ，*GOGAT*：グルタミン酸合成酵素（グルタミン2－オキソグルタミン酸アミドトランスフェラーゼ）．

a．尿素の利用

　渦鞭毛藻 *Alexandirum catenella*（Dyhrman & Anderson 2003, Collos et al. 2004），*Alexandrium fundyense*（Dyhrman & Anderson 2003），*Karenia mikimotoi*（Yamaguchi & Itakura 1999, 深尾ほか 2007），*Prorocentrum minimum*（Fan et al. 2003）およびラフィド藻 *Heterosigma akashiwo*（Watanabe et al. 1982, 深尾ほか 2007）をはじめ，多くの有害有毒プランクトン種は，尿素を窒素源として利用可能である．

一例を挙げると，有害種 *K. mikimotoi* および *H. akashiwo*（NIES-6 株）は，尿素を唯一の窒素源として利用した際も，アンモニウム・硝酸塩を窒素源とした場合と遜色なく増殖可能なことが報告されている（深尾ほか 2007）．Herndon & Cochlan（2007）によると，*H. akashiwo*（CCMP1912 株）の増殖速度は，尿素を窒素源とした条件下では 0.82 d^{-1} であり，これはアンモニウム・硝酸塩を窒素源として得られる 0.82 〜 0.89 d^{-1} とほぼ同等である．一方で，有害渦鞭毛藻 *Heterocapsa circularisquama*（Yamaguchi et al. 2001），有害ラフィド藻 *Chattonella antiqua*（深尾ほか 2007），*Chattonella ovata*（Yamaguchi et al. 2008）および *Fibrocapsa japonica*（深尾ほか 2007），ノリの色落ち原因珪藻 *Eucampia zodiacus*（西川・堀 2004，西川 2010）などは尿素を窒素源としてほとんど利用できないことが報告されている．多様な植物プランクトンが混在し，尿素の負荷が大きい沿岸海域では，尿素利用可能な有害有毒プランクトンが，利用できない種よりも，より多くの窒素源を獲得できると予想される．

　ここで，尿素が高濃度に存在する場合，植物プランクトンの増殖が阻害される可能性にも留意すべきである．前述したように，沿岸海水中の尿素濃度は高くても数十 µM 程度であり，この程度の濃度であれば増殖が阻害されることはほとんどない．しかしながら，培養試験で用いられる数百 µM 程度の高濃度であれば，例えば *K. mikimotoi* の増殖は著しく阻害される（Yamaguchi & Itakura 1999，深尾ほか 2007）．おそらく，尿素の分解産物であるアンモニウムが増殖阻害作用を引き起こすものと考えられる．したがって，尿素利用能を正当に評価するには，その濃度条件を最適化することが重要である．

　尿素利用能を有する植物プランクトンは，環境水中の尿素を細胞内に取り込み，アンモニウムに分解したうえで，グルタミン合成に利用すると考えられている（図3）．ここで，尿素は能動輸送により，数ある窒素化合物の中から選択的に取り込まれる（Antia et al. 1991）．深尾（2007）の実験結果によると，有害渦鞭毛藻 *K. mikimotoi*, *P. minimum* ならびにラフィド藻 *H. akashiwo* は，アンモニウム，硝酸塩および尿素が窒素源として混在する条件下にて，まずアンモニウムを選択的・優先的に利用する．次いで，*H. akashiwo* は硝酸塩を優先的に利用し，それを利用し尽くしたのちに尿素を利用する．これとは対照的に，*P. minimum* は尿素を優先的に利用し，*K. mikimotoi* は尿素と硝酸塩をほとんど同時に利用する．このことは，有害有毒プランクトンによる各態窒素の利用優先性に対して，海水中の窒素化合物の組成が密接に関わっていることを意味する．植物プランクトンによる各態窒素の取り込みには，アンモニウム，硝酸塩あるいは尿素を細胞内に輸送する各種輸送体（Solomon et al. 2010）が関わっていると考えられることから，今後，各輸送体の発現と各態窒素の利用優先性との関連を明らかにすることが重要であろう．

　尿素利用能を有する有害有毒プランクトンは，尿素をアンモニウムに分解する酵素を有している．その代表酵素であるウレアーゼ（EC. 3.5.1.5）は，以下の反応で尿素の加水分解反応を触媒する．

$$CO(NH_2)_2 + 2H_2O \rightarrow 2NH_3 + H_2CO_3 \cdots\cdots\cdots (1)$$

　また，尿素分解酵素として，以下の反応を触媒する，ウレアアミドリアーゼ（EC. 3.5.1.45）が挙げられる．

$$CO(NH_2)_2 + HCO_3^- + ATP + H_2O + 3H^+ \rightarrow 2NH_3 + 2CO_2 + ADP + P_i \cdots\cdots\cdots (2)$$

ここで P_i はリン酸塩を指す．本酵素活性は緑藻の一部で検出されるものの（Leftley & Syrett 1973），渦鞭毛藻 *A. fundyense* および *K. mikimotoi*，ラフィド藻 *H. akashiwo* からはウレアーゼ活性のみしか見出せない（Dyhrman & Anderson 2003, 深尾 2007）．以上を踏まえると，有害有毒プランクトンはウレアーゼによって尿素を分解するものと考えられる．

　ウレアーゼは活性中心にニッケルを持つことから，有害有毒プランクトンの尿素の利用にはニッケルが要求される．事実，ニッケルを含まない培地では，渦鞭毛藻 *A. fundyense* は尿素を単一窒素源として十分利用できないことが報告されている（Dyhrman & Anderson 2003）．一方で，彼らの報告によると，沿岸水中の *A. fundyense* 現場個体群のウレアーゼ活性は，ニッケルを含む培養環境下で得られたそれと同程度であり，ニッケルがウレアーゼ活性を律速しているようにはみえないという（Dyhrman & Anderson 2003）．

　ウレアーゼ活性の変動には，ニッケルよりもむしろ環境水中の各態窒素が関与しているようである．*A. fundyense*（Dyhrman & Anderson 2003）あるいは *K. mikimotoi*（深尾 2007）のウレアーゼ活性は，少なくともアンモニウム・硝酸塩によって抑制され，それらの欠乏下ではきわめて高くなる．一方で，*P. minimum* のウレアーゼ活性は，それら無機態窒素によって抑制されることがない（Fan et al. 2003, 深尾 2007）．このように，有害有毒プランクトンによる尿素の分解・利用に対しては，海水中の窒素化合物の組成が深く関与していると示唆される．

b．アミノ酸の利用

　植物プランクトンによる各種アミノ酸の利用は以前より検討されている．アミノ酸を窒素源とした場合，有害有毒プランクトンの細胞収量は，アンモニウムや硝酸塩と比して全般に低い傾向にある．有害種 *K. mikimotoi* は，アミノ酸20種のうちグルタミンのみを利用可能であるものの，それにより得られる収量および増殖速度は硝酸塩のそれぞれ 26% および約 50% 程度である（Yamaguchi & Itakura 1999）．一方，ノリの色落ち原因珪藻 *E. zodiacus* および *Coscinodiscus wailesii* は，グルタミンのみならずアスパラギンなども利用可能であり，前者で得られる増殖収量は硝酸塩で得られるものよりも著しく大きい（西川 2010）．このような収量の差異が何に起因するのかは現時点では不明である．

　海水中に遊離するアミノ酸は，タンパク質・ペプチドの分解によって生ずる．近年，いくつかの有害有毒プランクトンが，これら結合型アミノ酸を分解可能なことがわかってきた．Brown tide で有名なペラゴ藻 *Aureococcus anophagefferens* は，アミノペプチダーゼ活性を有しており（Berg et al. 2002），ペプチドを分解することができる．これにより遊離したアミノ酸を利用するのではないかと考えられている（Berg et al. 2008）．有害種を含めた渦鞭毛藻のうち，*A. tamarense* および *P. minimum* からもアミノペプチダーゼ活性が検出されている（Stoecker & Gustafson 2003）．これらに関連して，沿岸海水の植物プランクトン画分からもペプチダーゼ活性が検出されている（Obayashi & Suzuki 2008）ことを考え合わせると，高分子であるペプチド・タンパク質は，有害有毒プランクトンの窒素源として重要な位置を占めると推察される．

　植物プランクトンによるアミノ酸の利用には，その分解に関わる酵素が関与していると指摘されている（Palenik & Morel 1990, 1991, Palenik & Henson 1997）．ある種のプランクトンは，増殖が窒素で制限されると，アミノ酸酸化酵素（例：L－アスパラギナーゼ）を細胞表面に発現し，アミノ酸から NH_4 基を"切り出す"ことができるという（Palenik & Morel 1990, 1991, Landry et al. 2009）．それらの中でハプト藻 *Emiliania huxleyi* からは，当該酵素と思われるタンパク質が同定されており，そのアミ

ノ酸配列が決定されている（Landry et al. 2009）. 一方で，遊離アミノ酸を細胞内に直接取り込む可能性についても指摘されている（Armbrust et al. 2004）. ペラゴ藻 *A. anophagefferens* をはじめとするプランクトン種は，アミノ酸輸送タンパク質の遺伝子配列を有しており，当該タンパク質により，アミノ酸を直接細胞内に取り込むことが可能と考えられている（Armbrust et al. 2004, Berg et al. 2008）. いずれにせよ，いくつかの有害有毒プランクトンは直接ペプチド・タンパク質を分解し，遊離したアミノ酸の一部を窒素源として利用できる可能性がある.

c. 核酸関連物質の利用

有害有毒種に限らず，植物プランクトンが DNA や RNA のような高分子化合物を利用するためには，まず当該化合物のリン酸エステル結合を分解し，低分子態のヌクレオシドもしくは塩基を生成したうえで，アンモニウム基を遊離させる必要があると考えられる. 後述するように，いくつかのプランクトン種は，脱リン化により，高分子核酸をリン源として利用するとともに，ヌクレオシドにまで分解可能なことが明らかにされつつある. いくつかの植物プランクトンは高等植物と同様，ヌクレオシドを糖・塩基に分解し，このうち塩基（プリン・ピリミジン）の環状構造を壊し，アンモニウムを遊離させることが可能と考えられている（Antia et al. 1991）. ただし，筆者の知る限り，ヌクレオシドに含まれる塩基類が，有害有毒プランクトンの増殖に利用されることを示した報告はない.

近年，ペラゴ藻 *A. anophagefferens* の遺伝子転写産物から，塩基（プリン・ピリミジン）輸送タンパク質の配列が見出され，本藻が塩基を細胞内に取り込む可能性が考えられている（Berg et al. 2008, Wurch et al. 2011）. 環境水中には核酸とその関連化合物（ヌクレオシド，塩基類）が分布していると考えられることから，有害有毒プランクトンによるそれらの分解ならびに窒素源としての利用可能性を検討することは重要であろう.

(2) 有機態リンの利用について

有害有毒プランクトンの多くが有機リン化合物を利用可能である. その利用にあたっては，当該化合物からリン酸塩を"切り出す"必要がある. この切り出しを担うのがリン酸エステル結合（C−O−P）を分解する種々の酵素であり，有害有毒プランクトンによる有機態リンの利用において重要な役割を果たす.

a. リン酸モノエステルの利用

渦鞭毛藻 *K. mikimotoi*（Yamaguchi & Itakura 1999, 山口ほか 2004a），*H. circularisquama*（Yamaguchi et al. 2001, Yamaguchi et al. 2005a）および *Gymnodinium catenatum*（Oh et al. 2002）ならびにノリの色落ち原因珪藻 *E. zodiacus*（西川・堀 2004, 西川 2010）は，培養条件下で，ヌクレオチド，糖リン酸，グリセロリン酸といった様々なリン酸モノエステル化合物をリン源として利用し，リン酸塩をリン源とした場合とほぼ遜色なく増殖することができる. 例えば，*K. mikimotoi* は，リン源がリン酸塩あるいはリン酸モノエステル化合物に関わらず，$0.68 \sim 0.76$ divisions d^{-1} の速度で増殖可能である（Yamaguchi & Itakura 1999）. 有毒藻 *A. tamarense*（Oh et al. 2002）のように，一部の糖リン酸を有効に利用できない種もごくまれに存在するが，ほとんど例外的と見なされる.

これらプランクトン種に対して，ラフィド藻 *C. ovata* はリン酸モノエステルの利用能を有していない（Yamaguchi et al. 2008）. また，同じ種の異なる株間において，利用能が異なる例も報告されている. 例えば，ラフィド藻 *F. japonica* NIES-605 株は，先に挙げた各種のリン酸モノエステル化合物を利用

できない（Yamaguchi et al. 2005a）．その一方で，同種の FJAP0401 株は，その利用能を有することが報告されている（Cucchiari et al. 2008）．このような，株間におけるリン酸モノエステル利用能の差異は，*H. akashiwo* においても認められている（Watanabe et al. 1982）．したがって，多様な海洋真核植物プランクトンの個体群が混在すると考えられる現場海域では，これらリン酸モノエステル化合物を利用できるプランクトン個体群が，利用できない個体群よりも，より多くのリン源を獲得できると予想される．そのため，個々の海洋真核植物プランクトンについて，リン酸モノエステルの利用能を明らかにすることは，それらの増殖・生存戦略を考えるうえで，きわめて重要といえる．

なお，リン酸モノエステル化合物のうち，人工化合物 p-ニトロフェニルリン酸は分解性が高く，筆者の経験上，保存が長期にわたると，本化合物からリン酸塩が遊離するケースがある．その遊離したリン酸塩が供試プランクトンに利用される場合，本化合物の利用性は過大評価され得る．その結果，リン酸モノエステルの利用能を適切に評価できない可能性がある．この可能性を排除するためには，新鮮な（リン酸塩が遊離していない状態の）p-ニトロフェニルリン酸を供試することが重要であると考える．

リン酸モノエステルを利用可能なプランクトン種は，例外なくアルカリフォスファターゼ（EC.3.1.3.1，ここでは *PhoA* とする）と呼ばれる酵素を有している（Kuenzler & Perras 1965, Rivkin & Swift 1980, Cembella et al. 1984a, Uchida 1992, 山口・足立 2010）．*PhoA* は最も代表的なフォスフォモノエステラーゼの一つであり，アルカリ側を活性至適 pH に持つ，リン酸モノエステル結合の加水分解を触媒する酵素である．一部の種を除いて，*PhoA* を有する植物プランクトンは，培地中に含まれるリン酸塩濃度が概ね $0.2 \sim 0.3$ μM 以下（山口ほか 2004a, Yamaguchi et al. 2005a, 2006, 山口・足立 2010）になった場合に，細胞表面に本酵素を発現し，その加水分解作用によってリン酸モノエステル化合物からリン酸基を遊離させ，生じたリン酸塩を細胞に取り込み利用することができる（図3）．したがって，多くの植物プランクトンの *PhoA* の発現は，環境水中のリン酸塩濃度によって制御されていると考えられる．先に述べたように，海洋ではリン酸塩濃度が $0.2 \sim 0.3$ μM を下回ることがあることから，植物プランクトン現場個体群は，リン酸塩の枯渇あるいはそれによる増殖制限に応じて，*PhoA* を発現誘導している可能性が高いと考えられている（山口・足立 2010）．

Dyhrman & Palenik（1997, 1999）は，米国東海岸ナラガンセット湾より採取した試料に，酵素標識蛍光基質 ELF（Enzyme-Labeled Fluorescence）を応用することで，*PhoA* を発現している *P. minimum* 現場個体群を検出することに成功している．また，有害藻 *K. mikimotoi*（Huang et al. 2007）および *Prorocentrum micans*（Rees et al. 2009）などの ELF 標識細胞も報告されており，有害有毒プランクトンが実際の現場海域において *PhoA* 活性を有していることは間違いない．しかしその一方で，同一環境下に存在する種間あるいは同種の異なる個体群の間で，*PhoA* 活性を有するものと有さないものがあることが明らかとなってきた．しかも，その個体群に占める *PhoA* 活性発現細胞の割合は，0 ～ 100％の範囲で，時間的・空間的に大きく変動することもわかってきた（Dyhrman & Palenik 2001, Huang et al. 2007）．同一の環境下に存在する同種の細胞であるにも関わらず，ある細胞が *PhoA* 活性を有しており，別の細胞は有していない原因の1つには，個々の細胞における *PhoA* の産生能が異なるということで説明可能であろう．また，別の原因として，植物プランクトンの *PhoA* 活性が細胞内リン含量に依存して変動するということでも説明可能ではないかと考えられる．つまり，*PhoA* 産生能を有する種の細胞が，いずれも同一環境下に存在していたとしても，それらの「リン源の獲得履歴」

は様々であり（Dyhrman et al. 2006），その「獲得履歴」によって，細胞内のリンの含量はそれぞれ異なることが予想される．これに関連して，Jauzein et al.（2010）は，有毒渦鞭毛藻 *A. catenella* の *PhoA* 活性は細胞内リン含量によって変動することを指摘している．このような細胞内リン含量に応じて当該プランクトンの個々の細胞の *PhoA* 活性が変動すると考えると，本活性を有する細胞と有さない細胞が個体群中に混在していることは不自然でなく，このことは有機態リンの利用が細胞間で大きく異なることを意味している．

　ここで，リン酸モノエステルとは区別して扱われる ADP と ATP（Turner et al. 2005）については，これまで試験されたプランクトン全種がリン源として利用可能なようである（山口・足立 2010）．多くのプランクトン種について，これらの化合物をリン源として得られる増殖速度あるいは細胞収量は，リン酸塩をリン源として得られたそれらと比べて，ほとんど大差のないことが報告されている（Yamaguchi & Itakura 1999，山口ほか 2004a，Huang et al. 2005，Yamaguchi et al. 2005a，2008）．おそらくこれらの利用には ATP アーゼ（EC.3.6.1.3）あるいは ADP アーゼ（＝アピラーゼ，EC.3.6.1.5）に相当する酵素が関わっており，それぞれ ATP あるいは ADP の γ 末端リン酸基を遊離させているものと考えられる．

ｂ．リン酸ジエステルの利用

　近年は，いくつかの植物プランクトン種が *PhoA* のみならずフォスフォジエステラーゼ（EC.3.1.4 群．ここでは *PhoD* とする）を持つことが報告されている（Yamaguchi et al. 2005b，2014）．この *PhoD* を持つ植物プランクトンは，2 つのリン酸エステル結合のうち一方の結合を分解することができる．次いで，生成されたリン酸モノエステルを *PhoA* によって分解し，遊離したリン酸塩を利用することが示唆されている（Yamaguchi et al. 2005b，2014）．海産珪藻 *Chaetoceros* spp. や *Ditylum brightwellii* などは環境水中のリン酸塩が欠乏すると，*PhoA* のみならず *PhoD* 活性も誘導し（Yamaguchi et al. 2005b，2014），リン脂質や高分子核酸をリン源として利用可能なことが報告されている（Yamaguchi et al. 2014）．一方，有害有毒プランクトンにおける *PhoD* 活性については，これまで一部の種について試験されているに過ぎず，今後さらなる検討が必要である．

ｃ．リン酸トリエステルおよびホスホネートの利用

　海洋細菌（Gilbert et al. 2009）や原核ラン藻（Dyhrman et al. 2006）によるホスホネートの利用の可能性が最近報告されている．また，いくつかの水域において，リン酸トリエステルの分解・利用能を有する細菌も検出されている（川合 1992）．しかし現在まで，真核植物プランクトンによるホスホネートおよびリン酸トリエステルの利用は知られていない（山口・足立 2010）．これらの化合物の中でも，前者は溶存有機態リンの重要な構成要素であると考えられることから，藻類によるその利用可能性を評価することは，今後の重要な課題である．

6．まとめ

　温暖な沿岸海域において水塊の成層構造が発達した夏季には，表層水中の無機態窒素・リンがほとんど枯渇する．有害有毒プランクトンの中で，尿素やリン酸モノエステル利用能を有する個体群は，無機態窒素・リンが乏しい環境下においても増殖可能であり，利用能を有さない個体群を卓越凌駕できると考えられる．したがって，海水中に溶存する有機態窒素・リンは，有害有毒プランクトンの生

存・増殖，ひいては「特定個体群の選択的卓越現象」に深く関与しているものと考えられる．近年は，有害有毒プランクトン各種のゲノムより尿素輸送体（Solomon et al. 2010）や *PhoA*（Lin et al. 2011）と推定される遺伝子群が見出されており，それらの構造や発現機作の解析が進みつつある．今後，有害有毒プランクトンの消長を明らかにしていくうえで，それらの有機態窒素・リン利用機構の全容を解明することはきわめて重要である．

文　献

Aluwihare LI, Repeta DJ, Pantoja S, Johnson CG（2005）Two chemically distinct pools of organic nitrogen accumulated in the ocean. Science 308: 1007-1010.

Antia NJ, Harrison PJ, Oliveira L（1991）The role of dissolved organic nitrogen in phytoplankton nutrition, cell biology and ecology. Phycologia 30: 1-89.

Armbrust EV, Berges JA, Bowler C, Green BR, Martinez D, Putnam NH, Zhou S, Allen AE, Apt KE, Bechner M, Brzezinski MA, Chaal BK, Chiovitti A, Davis AK, Demarest MS, Detter JC, Glavina T, Goodstein D, Hadi MZ, Hellsten U, Hildebrand M, Jenkins BD, Jurka J, Kapitonov VV, Kröger N, Lau WWY, Lane TW, Larimer FW, Lippmeier JC, Lucas S, Medina M, Montsant A, Obornik M, Parker MS, Palenik B, Pazour GJ, Richardson PM, Rynearson TA, Saito MA, Schwartz DC, Thamatrakoln K, Valentin K, Vardi A, Wilkerson FP and Rokhsar DS（2004）The genome of the diatom *Thalassiosira pseudonana*: ecology, evolution, and metabolism. Science 306: 79-86.

Berg GM, Repeta DJ, Laroche J（2002）Dissolved organic nitrogen hydrolysis rates in axenic cultures of *Aureococcus anophagefferens*（Pelagophyceae）: comparison with heterotrophic bacteria. Appl Environ Microbiol 68: 401-404.

Berg GM, Shrager J, Glöckner G, Arrigo KR, Grossman AR（2008）Understanding nirogen limitation in *Aureococcus anophagefferens*（Pelagophyceae）throuhg cDNA and qRT-PCR analysis. J Phycol 44: 1235-1249.

Berman T, Bronk DA（2003）Dissolved organic nitrogen: a dynamic participant in aquatic ecosystems. Aquat Microb Ecol 31: 279-305.

Bollmann UE, Möller A, Xie Z, Ebinghaus R, Einax JW（2012）Occurrence and fate of organophosphorus flame retardants and plasticizers in coastal and marine surface waters. Water Res 46: 531-538.

Breter HJ, Kurelec B, Müller WEG, Zahn RK（1977）Thymine content of sea water as a measure of biosynthetic potential. Mar Biol 40: 1-8.

Cembella AD, Antia NJ, Harrison PJ（1984a）The utilization of inorganic and organic phosphorus compounds as nutrients by eukaryotic microalgae: a multidisciplinary perspective: Part I. CRC Crit Rev Microbiol 10: 317-391.

Cembella AD, Antia NJ, Harrison PJ（1984b）The utilization of inorganic and organic phosphorus compounds as nutrients by eukaryotic microalgae: a multidisciplinary perspective: Part II. CRC Crit Rev Microbiol 11: 13-81.

Clark LL, Ingall ED, Benner R（1998）Marine phosphorus is selectively remineralized. Nature 393: 426.

Clark LL, Ingall ED, Benner R（1999）Marine organic phosphorus cycling: Novel insights from nuclear magnetic resonance. Am J Sci 2999: 724-737.

Coffin RB（1989）Bacterial uptake dissolved free and combined amino acids in estuarine waters. Limnol Oceanogr 34: 531-542.

Collos Y, Gagne C, Laabir M, Vaquer A, Cecchi P, Souchu P（2004）Nitrogenous nutrition of *Alexandrium catenella*（Dinophyceae）in cultures and in Thau lagoon, southern France. J Phycol 40: 96-103.

Cucchiari E, Guerrini F, Penna A, Totti C, Pistocchi R（2008）Effect of salinity, temperature, organic and inorganic nutrients on growth of cultured *Fibrocapsa japonica*（Raphidophyceae）from the northern Adriatic Sea. Harmful Algae 7: 405-414.

Dagenais-Bellefeuille S, Morse D（2013）Putting the N in dinoflagellates. Frontiers Microbiol 4（369）: 1-13.

Dawson R, Pritchard RG（1978）The determination of α-amino acids in seawater using a fluorimetric analyser. Mar Chem 6: 27-40.

Dyhrman ST, Anderson DM（2003）Urease activity in cultures and field populations of the toxic dinoflagellate *Alexandrium*. Limnol Oceanogr 48: 647-655.

Dyhrman ST, Palenik B（1997）The identification and purification of a cell-surface alkaline phosphatase from the dinoflagellate *Prorocentrum minimum*（Dinophyceae）. J Phycol 33: 602-612.

Dyhrman ST, Palenik B（1999）Phosphate stress in cultures and field populations of the dinoflagellate *Prorocentrum minimum* detected by a single-cell alkaline phosphatase assay. Appl Environ Microbiol 65: 3205-3212.

Dyhrman ST, Palenik B（2001）A single-cell immunoassay for phosphate stress in the dinoflagellate *Prorocentrum minimum*（Dinophyceae）. J Phycol 37: 400-410.

Dyhrman ST, Chappell PD, Haley ST, Moffett JW, Orchard ED, Waterbury JB, Webb EA（2006）Phosphonate utilization by the globally important marine diazotroph *Trichodesmium*. Nature 439: 68-71.

Fan C, Glibert PM, Alexander J, Lomas MW（2003）Characterization of urease activity in three marine phytoplankton species, *Aureococcus anophagefferens*, *Prorocentrum minimum*, and *Thalassiosira weissflogii*. Mar Biol 142: 949-958.

Flynn KJ, Butler I（1986）Nitrogen sources for the growth of marine microalgae: role of dissolved free amino acids. Mar Ecol Prog Ser 34: 281-

304.

深尾剛志（2007）海産赤潮藻の選択的増殖に対する尿素の寄与に関する生理生態学的研究. 愛媛大学大学院連合農学研究科平成18年度博士学位論文, 88pp.

深尾剛志・^故西島敏隆・深見公雄・足立真佐雄（2006）汚濁海域浦ノ内湾における植物プランクトンの発生に対する尿素の寄与. 日本プランクトン学会報 53: 77-86.

深尾剛志・^故西島敏隆・山口晴生・足立真佐雄（2007）赤潮プランクトン6種の尿素利用能. 日本プランクトン学会報 54: 1-8.

福島 実（1996）有機リン酸トリエステル類の水環境中での動態（〔特集〕有機リン酸トリエステル類による水環境汚染）. 水環境学会誌 19: 692-699.

Fukushima M, Kawai S, Yamaguchi Y（1992）Behavior of organophosphoric acid triesters in Japanese riverine and coastal environment. Water Sci Technol 26: 271-278.

Gilbert JA, Thomas S, Cooley NA, Kulakova A, Field D, Booth T, McGrath JW, Quinn JP, Joint I（2009）Potential for phosphonoacetate utilization by marine bacteria in temperate coastal waters. Environ Microbiol 11: 111-125.

Glibert PM, Azanza R, Burford M, Furuya K, Abal E, Al-Azri A, Al-Yamani F, Andersen P, Anderson DM, Beardall J, Berg GM, Brand L, Bronk D, Brookes J, Burkholder JM, Cembella A, Cochlan WP, Collier JL, Collos Y, Diaz R, Doblin M, Drennen T, Dyhrman S, Fukuyo Y, Furnas M, Galloway J, Granéli E, Ha DV, Hallegraeff G, Harrison J, Harrison PJ, Heil CA, Heimann K, Howarth R, Jauzein C, Kana AA, Kana TM, Kim H, Kudela R, Legrand C, Mallin M, Mulholland M, Murray S, O'Neil J, Pitcher G, Qi Y, Rabalais N, Raine R, Seitzinger S, Salomon PS, Solomon C, Stoecker DK, Usup G, Wilson J, Yin K, Zhou M, Zhu M（2008）Ocean urea fertilization for carbon credits poses high ecological risks. Mar Pollut Bull 56: 1049-1056.

Glibert PM, Harrison J, Heil C, Seitzinger S（2006）Escalating worldwide use of urea – a global change contributing to coastal eutrophication. Biogeochemistry 77: 441-463.

Glibert PM, Heil CA, Hollander D, Revilla M, Hoare A, Alexander J, Murasko S（2004）Evidence for dissolved organic nitrogen and phosphorus uptake during a cyanobacterial bloom in Florida Bay. Mar Ecol Prog Ser 280: 73-83.

Glibert PM, Legrand C（2006）The diverse nutrient strategies of harmful algae: focus on osmotrophy. In: Ecology of Harmful Algae（Granéli E, Turner JT eds）, pp.163-175, Springer, Berlin.

Glibert PM, Trice TM, Michael B, Lane L（2005）Urea in the tributaries of the Chesapeake and coastal Bays of Maryland. Water Air Soil Pollut 160: 229-243.

Hernández I, Pérez-Pastor A, Pérez-Lloréns JL（2000）Ecological significance of phosphomonoesters and phosphomonoesterase activity in a small Mediterranean river and its estuary. Aquat Ecol 34: 107-117.

Herndon J, Cochlan WP（2007）Nitrogen utilization by the raphidophyte Heterosigma akashiwo: growth and uptake kinetics in laboratory cultures. Harmful Algae 6: 260-270.

Hicks E, Riley JP（1980）The determination of dissolved total nucleic acids in natural waters including sea water. Anal Chim Acta 116: 137-144.

Huang B, Ou L, Hong H, Luo H, Wang D（2005）Bioavailability of dissolved organic phosphorus compounds to typical harmful dinoflagellate Prorocentrum donghaiense Lu. Mar Pollut Bull 51: 838-844.

Huang B, Ou L, Wang X, Huo W, Li R, Hong H, Zhu M（2007）Alkaline phosphatase activity of phytoplankton in East China Sea coastal waters with frequent harmful algal bloom occurrences. Aquat Microb Ecol 49: 195-206.

Itakura S, Yamaguchi M, Yoshida M, Fukuyo Y（2002）The seasonal occurrence of Alexandrium tamarense（Dinophyceae）vegetative cells in Hiroshima Bay, Japan. Fish Sci 68: 77-86.

Jauzein C, Labry C, Youenou A, Quéré J, Delmas D, Collos Y（2010）Growth and phosphorus uptake by the toxic dinoflagellate Alexandrium catenella（Dinophyceae）in response to phosphate limitation. J Phycol 46: 926-936.

Karl DM, Bailiff MD（1989）The measurement and distribution of dissolved nucleic acids in aquatic environments. Limnol Oceanogr 34: 543-558.

川合真一郎（1992）河川水中の細菌による有機リン化合物の分解. 環境技術 21: 198-206.

Kobori H, Taga N（1979）Phosphatase activity and its role in the mineralization of organic phosphorus in coastal sea water. J Exp Mar Biol Ecol 36: 23-39.

Kolowith CL, Ingall ED, Benner R（2001）Composition and cycling of organic phosphorus. Limnol Oceanogr 46: 309-320.

Kuenzler EJ, Perras JP（1965）Phosphatases of marine algae. Biol Bull 128: 271-284.

Landry DM, Kristiansen S, Palenik BP（2009）Molecular characterization and antibody detection of a nitrogen-regulated cell-surface protein of the Coccolithophore Emiliania huxleyi（Prymnesiophyceae）. J Phycol 45: 650-659.

Leftley JW, Syrett PJ（1973）Urease and ATP:urea amidolyase activity in unicellular algae. J Gen Microbiol 77: 109-115.

Lin X, Zhang H, Huang B and Lin S（2011）Alkaline phosphatase gene sequence and transcriptional regulation by phosphate limitation in Amphidinium carterae（Dinophyceae）. J Phycol 47: 1110-1120.

Litchfield CD, Hood DW（1966）Microbiological assay for organic compounds in seawater. II. Distribution of adenine, uracil, and threonine. Appl Microbiol 14: 145-151.

Miyata K, Hattori A（1986）Distribution and seasonal variation of phosphorus in Tokyo Bay. J Oceanogr Soc Japan 42: 241-254.

Monbet P, McKelvie ID, Worsfold PJ（2009）Dissolved organic phosphorus speciation in the waters of the Tamar estuary（SW England）. Geochim Cosmochim Acta 73: 1027-1038.

西川哲也（2010）養殖ノリ色落ち原因珪藻 Eucampia zodiacus の大量発生機構に関する生理生態学的研究. 兵庫県立農林水産技術総合センター研究報 水産編 42: 1-82.

西川 哲也・堀 豊（2004）ノリの色落ち原因藻 Eucampia zodiacus の増殖に及ぼす窒素，リンおよび珪素の影響. 日本水産学会誌 70: 31-38.

Obayashi Y, Suzuki S（2008）Occurrence of exo- and endopeptidases in dissolved and particulate fractions of coastal seawater. Aquat Microb Ecol 50: 231-237.

Oh SJ, Yamamoto T, Kataoka Y, Matsuda O, Matsuyama Y, Kotani Y（2002）Utilization of dissolved organic phosphorus by the two toxic dinoflagellates, Alexandrium tamarense and Gymnodinium catenatum（Dinophyceae）. Fish Sci 68: 416-424.

奥 修・鎌谷明善（1995）東京湾および相模湾で採集したプランクトン中のリン脂質リンに関する研究. 日本水産学会誌 61: 588-595.

Palenik B, Henson SE（1997）The use of amides and other organic nitrogen sources by the phytoplankton Emiliana huxleyi. Limnol Oceanogr 42: 1544-1551.

Palenik B, Morel FMM（1990）Amino acid utilization by marine phytoplankton: a novel mechanism. Limnol Oceanogr 35: 260-269.

Palenik B, Morel FMM（1991）Amine oxidases of marine phytoplankton. Appl Environ Microbiol 57: 2440-2443.

Patel AB, Fukami K, Nishijima T（2000）Regulation of seasonal variability of aminopeptidase activities in surface and bottom waters of Uranouchi Inlet, Japan. Aquat Microb Ecol 21:139-149.

Rees AP, Hope SB, Widdicombe CE, Dixon JL, Woodward EMS, Fitzsimons MF（2009）Alkaline phosphatase activity in the western English Channel: elevations induced by high summertime ainfall. Estuar Coast Shelf Sci 81: 569-574.

Rivkin RB, Swift E（1980）Characterization of alkaline phosphatase and organic phosphorus utilization in the oceanic dinoflagellate Pyrocystis noctiluca. Mar Biol 61: 1-8.

Sakano S, Kamatani A（1992）Determination of dissolved nucleic acids in seawater by the fluorescence dye, ethidium bromide. Mar Chem 37: 239-255.

Sannigrahi P, Ingall ED, Benner R（2006）Nature and dynamics of phosphorus-containing components of marine dissolved and particulate organic matter. Geochim Cosmochim Acta 70: 5868-5882.

Sharp JH（1983）The distributions of inorganic nitrogen and dissolved and particulate organic nitrogen in the sea. In: Nitrogen in the Marine Environment（Carpenter EJ, Capone DG eds）, p.1-35, Academic Press, Tokyo.

Solomon CM, Collier JL, Berg GM, Glibert PM（2010）Role of urea in microbial metabolism in aquatic systems: a biochemical and molecular review. Aquat Microb Ecol 59: 67-88.

Stoecker DK, Gustafson DE Jr（2003）Cell-surface proteolytic activity of photosynthetic dinoflagellates. Aquat Microb Ecol 30: 175-183.

Suzumura M, Hashihama F, Yamada N, Kinouchi S（2012）Dissolved phosphorus pools and alkaline phosphatase activity in the euphotic zone of the western North Pacific Ocean. Frontiers Microbiol 3（99）: 1-13.

Suzumura M, Ishikawa K, Ogawa H（1998）Characterization of dissolved organic phosphorus in coastal seawater using ultrafiltration and phosphohydrolytic enzymes. Limnol Oceanogr 43: 1553-1564.

Tada K, Tada M, Maita Y（1998）Dissolved free amino acids in coastal seawater using a modified fluorometric method. J Oceanogr 54: 313-321.

Taga N, Kobori H（1978）Phosphatase activity in eutrophic Tokyo Bay. Mar Biol 49: 223-229.

Tuner BL, Frossard E, Baldwin DS（2005）Appendix: organic phosphorus compounds in the environments. In: Organic Phosphorus in the Environments（Turner BL, Frossard E, Baldwin DS eds）, pp.381-389, CAB International, Wallingford.

Tupas L, Koike I（1990）Amino acid and ammonium utilization by heterotrophic marine bacteria grown in enriched seawater. Limnol Oceanogr 35: 1145-1155.

Uchida T（1992）Alkaline phosphatase and nitrate reductase activities in Prorocentrum micans EHRENBERG. Bull Plankton Soc Japan 38: 85-92.

Van Mooy BAS, Fredricks HF, Pedler BE, Dyhrman ST, Karl DM, Koblížek M, Lomas MW, Mincer TJ, Moore LR, Moutin T, Rappé MS, Webb EA（2009）Phytoplankton in the ocean use non-phosphorus lipids in response to phosphorus scarcity. Nature 458: 69-72.

Watanabe MM, Nakamura Y, Mori S, Yamochi S（1982）Effects of physico-chemical factors and nutrients on the growth of Heterosigma akashiwo HADA from Osaka Bay, Japan. Jap J Phycol 30: 279-288.

Wurch LL, Haley ST, Orchard ED, Gobler CJ, Dyhrman ST（2011）Nutrient-regulated transcriptional responses in the brown tide-forming alga Aureococcus anophagefferens. Environ Microbiol 13: 468-481.

山田 久（1987）有機リン酸トリエステル類による水質汚濁と水生生物への影響－総説－. 東海水研報 123: 15-30.

山口晴生・足立真佐雄（2010）海洋真核植物プランクトンによる有機態リンの利用. 日本プランクトン学会報 57: 1-12.

Yamaguchi H, Arisaka H, Otsuka N, Tomaru Y（2014）Utilization of phosphate diesters by phosphodiesterase-producing marine diatoms. J Plankton Res 36: 281-285.

山口晴生・西島敏隆・西谷博和・深見公雄・足立真佐雄（2004a）赤潮プランクトン 3 種の有機態リン利用特性とアルカリフォスファターゼ産生能. 日本水産学会誌 70: 123-130.

山口晴生・西島敏隆・小田綾子・深見公雄・足立真佐雄（2004b）沿岸海水中におけるアルカリフォスファターゼ活性およびフォスファターゼ加水分解性リンの分布と消長. 日本水産学会誌 70: 330-342.

Yamaguchi H, Sakamoto S, Yamaguchi M（2008）Nutrition and growth kinetics in nitrogen- and phosphorus-limited cultures of the novel red tide flagellate *Chattonella ovata*（Raphidophyceae）. Harmful Algae 7: 26-32.

Yamaguchi H, Sakou H, Fukami K, Adachi M, Yamaguchi M, Nishijima T（2005a）Utilization of organic phosphorus and production of alkaline phosphatase by the marine phytoplankton, *Heterocapsa circularisquama*, *Fibrocapsa japonica* and *Chaetoceros ceratosporum*. Plankton Biol Ecol 52: 67-75.

Yamaguchi H, Yamaguchi M, Adachi M（2006）Specific-detection of alkaline phosphatase activity in individual species of marine phytoplankton. Plankton Benthos Res 1: 214-217.

Yamaguchi H, Yamaguchi M, Fukami K, Adachi M, Nishijima T（2005b）Utilization of phosphate diester by the marine diatom *Chaetoceros ceratosporus*. J Plankton Res 27: 603-606.

Yamaguchi M, Itakura S（1999）Nutrition and growth kinetics in nitrogen- or phosphorus-limited cultures of the noxious red tide dinoflagellate *Gymnodinium mikimotoi*. Fish Sci 65: 367–373.

Yamaguchi M, Itakura S, Uchida T（2001）Nutrition and growth kinetics in nitrogen- or phosphorus-limited cultures of the 'novel red tide' dinoflagellate *Heterocapsa circularisquama*（Dinophyceae）. Phycologia 40: 313-318.

山本民次・橋本俊也・辻 けい子・松田 治・樽谷賢治（2002）1991 〜 2000 年の広島湾海水中における親生物元素の時空間的変動,特に植物プランクトン態 C: N: P 比のレッドフィールド比からの乖離. 沿岸海洋研究 39: 163-169.

山本民次・山﨑 徹・藤森 聡・松田 治（1994）広島湾，江田内湾，周防灘北部海域および太田川における尿素の濃度について. 広島大学生物生産学部紀要 33: 51-58.

2-4　有害赤潮プランクトンによる鉄の利用特性[*1]

内藤佳奈子[*2]

1.　はじめに

　鉄（Fe）は，植物プランクトンの増殖や生存にとって必須な微量金属元素である（Weinberg 1989, Hutchins 1995）．地殻中には酸素，珪素，アルミニウムに次いで4番目に多く存在する元素であるが（Wedepohl 1995），pH 8付近の海水中では難溶性の水酸化物を形成するため，溶存態のFe濃度はきわめて低くなる（Bruland et al. 1991, Liu & Millero 2002）．また，海水に溶存しているFeの99%以上が有機配位子と結合した有機錯体であることが明らかにされている（Gledhill & van den Berg 1994, Rue & Bruland 1995）．そのため，植物プランクトンが利用可能な溶存態の無機Fe濃度はきわめて低く，外洋域のみならず沿岸域においても一次生産の制限因子と考えられている（Sunda & Huntsman 1995, Hutchins & Bruland 1998, Firme et al. 2003）．近年のFe測定技術の確立により，海水中の精確なFe濃度の測定が可能になってきたこと（小畑 2003, Worsfold et al. 2014），高栄養塩低クロロフィル（High Nutrient Low Chlorophyll：HNLC）海域における鉄撒布実験（Martin & Fitzwater 1988, Boyd et al. 2007）などから，実際に海水中の溶存態無機Feは極微量にしか存在しておらず，その濃度では植物プランクトンの増殖を支えるには不十分であることが実証されている．

　一方で，このようなFe不足と想定される環境下においても，各地の沿岸域では膨大な量の植物プランクトンが発生し，頻繁に赤潮被害が起こっている（Hallegraeff 1993, 今井 2012）．海水中のFeの存在形態は，サイズにより溶存態，コロイド態，粒子態と大きく3つに分けることができる（図1）．赤潮を形成する植物プランクトン種の大量増殖を支えるためには，海水中の溶存態の無機Fe濃度を補うためのFe取り込み手段として，粒子態Fe，溶存態の有機Feおよびコロイド態Feの利用も視野に入れる必要がある．Gobler et al.（2002）は，ブルーム（植物プランクトンの大量発生）期のFeスペシエーション（化学

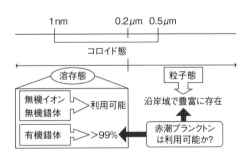

図1　海水中のFeのサイズ分画
　近年の分析技術の進歩により，コロイド態の定義は，限外濾過膜の分画分子量（その膜で90%以上阻止できる低濃度の球状溶質の概略の分子量（kDa））での0.2-200 kDa，0.2-10 kDaとされる場合もある．

*1　Iron utilization and growth of harmful algae

*2　Kanako Naito（naito@pu-hiroshima.ac.jp）

形態別定量）をサイズ別に測定することにより，各 Fe 濃度とブルームとの関係を示している．また，沿岸域や外洋域におけるコロイド態 Fe の分布や，植物プランクトンによる利用能についても検討できるようになってきた（西岡 2006, Okumura et al. 2013）．しかしながら，天然海水中の植物プランクトンが利用する Fe のみを分けて測定することは不可能であり，利用可能な Fe 種をどのような形態で植物プランクトンが細胞内に取り込んでいるかは判明していない．そこで，種々の植物プランクトンの Fe 利用能を解明するためには，水溶液中の Fe 化学形態を把握できる化学組成が明らかな人工海水をベースとした合成培地での無菌培養実験による検討が必須となる．無菌条件下において，微量の Fe 濃度を制御しながら植物プランクトンを扱う難しさ，人工合成培地による培養の困難さから，現在，真核植物プランクトンによる Fe 取り込み機構に関しては，一端が明らかにされているに過ぎない．本章では，これまでの成果を整理し，完全人工合成培地を用いた有害赤潮プランクトンの増殖に対する粒子態 Fe および有機 Fe の利用特性と，Fe を通した赤潮発生メカニズムについて述べる．

2. 微量 Fe を扱う培養実験

　赤潮は原因プランクトンが著しく高い密度まで増殖した状態にあるので，その増殖を支える栄養環境が第一に必要な条件といえる．したがって，赤潮プランクトンの栄養要求や増殖の動力学的特性等の栄養生理を理解することは，発生機構を解明するうえで根本的な課題である（山口 2000）．赤潮などの植物プランクトンが大量発生する海域では，多量栄養素である N や P（珪藻の場合は Si も）に対して相対的に Fe が不足しやすくなっている．その Fe 不足は，植物プランクトンによる栄養塩の利用を制限する（Takeda 1998）．したがって，赤潮発生において制限要因となり得る Fe について植物プランクトンによる利用特性を明らかにすることは，とりわけ重要な研究課題である．植物プランクトンの Fe 利用能に関する研究では，上述のように水溶液中の組成と濃度を完全に把握できる化学合成培地が必須である．近年まで，創案されてきた人工海水ベースの合成培地では，赤潮プランクトンの多くは増殖不可能であったが，Imai et al.（2004）は，合成培地での培養が困難であったラフィド藻をはじめとする 20 種以上の海産赤潮プランクトンに対して良好な増殖を与える人工合成培地（IHN培地）を開発した（表 1）．多種の赤潮プランクトンの無菌培養を可能にした IHN 培地の登場により，Fe をはじめとする微量元素に対する赤潮プランクトンの増殖特性に関する知見が蓄積されはじめたことから，赤潮の発生機構の解明と予知につながることが期待できる．また，バクテリアやカビ，Fe

表 1 　改変 IHN 培地の組成（Imai et al. 2004, Naito et al. 2005a）

			S3 Vitamin mix		PI metals	
NaCl	0.43	M				
KCl	9.4	mM	Vitamin B_{12}	0.74 nM	H_3BO_3	1.0 mM
$MgSO_4 \cdot 7H_2O$	37	mM	Biotin	4.1 nM	$Na_2EDTA \cdot 2H_2O$	30 μM
$CaCl_2 \cdot 2H_2O$	7.5	mM	Thiamine HCl	1.5 μM	Fe-Na-EDTA	2.0 μM
$NaNO_3$	2	mM	Nicotinic acid	0.81 μM	$MnCl_2 \cdot 4H_2O$	35 μM
$NaH_2PO_4 \cdot 2H_2O$	0.1	mM	Calcium pantothenate	0.21 μM	$ZnCl_2$	4.0 μM
$Na_2SiO_3 \cdot 9H_2O$	0.33	mM	p-Aminobenzoic acid	73 nM	$CoCl_2 \cdot 6H_2O$	0.1 μM
Na_2SeO_3	2	nM	Inositol	28 μM	$CuCl_2 \cdot 2H_2O$	1.0 nM
KI	0.47	μM	Folic acid	4.5 nM		
$Na_2MoO_4 \cdot 2H_2O$	0.1	μM	Thymine	24 μM		
HEPES	5	mM				
NTA	0.37	mM				

は実験環境（周囲の空気，塵埃）や試薬，器具，人間自身などからも容易に培養液へと混入する（小畑 2005）．したがって，厳密な器具洗浄法やクリーン技術を駆使し，厳選した高純度の試薬を用いて溶液の調製を行わなければならない．さらに，Fe については容器からの溶出や吸着も問題になるため，培養する器具などの材質はプラスチック製のものを選択する必要がある．光の透過性を考慮したプラスチックチューブを用いた培養と，安定性に優れたクロロフィル測定装置による *in vivo* 蛍光測定法を組み合わせることにより，コンタミネーションを最小限にとどめた Fe 利用能に関する培養実験の多検体同時分析が可能となってきた（Naito et al. 2005a）．

3．粒子態 Fe の利用特性

　赤潮が頻繁に発生している沿岸域では，全可溶性 Fe および懸濁態（コロイド態＋粒子態）Fe の濃度が高く，赤潮形成に懸濁態 Fe が関与している可能性がある．赤潮鞭毛藻の *Chattonella antiqua* と *Heterosigma akashiwo* は，細胞膜の外側にグリコカリックス層を有しており，その場への吸着によって懸濁態 Fe を利用しているのではないかとの指摘がある（Okaichi & Honjo 2003）．

　そこで，改変 IHN 培地を用いて粒子状 Fe である FeO(OH)，α-Fe_2O_3，$FePO_4 \cdot 4H_2O$，FeS の添加培養実験を行った．これらは，水への溶解度が $0.1\,gL^{-1}$（20 ± 5℃）より小さい難溶性 Fe であり，粒子サイズは 2.5 ～ 50 μm になるよう粉砕し調製した．わが国沿岸域における代表的な有害赤潮プランクトンであるラフィド藻の *C. antiqua*，*C. marina*，*C. ovata*，*H. akashiwo*，ディクティオカ藻の *Pseudochattonella verruculosa*，渦鞭毛藻の *Heterocapsa circularisquama*，ならびに *Karenia mikimotoi* について，難溶性 Fe の利用特性の実験結果を図2に示す．*Chattonella* 属3種および *P. verruculosa* の増殖に対する難溶性 Fe の利用は確認できなかった．しかしながら，*H. akashiwo*，*H. circularisquama*，*K. mikimotoi* による $FePO_4$ の利用が確認でき，さらに驚くべきことには，渦鞭毛藻の2種は FeS をも増殖に利用できた．*H. akashiwo* と *K. mikimotoi* は日周鉛直移動できる生態戦略を有することから（Yamochi & Abe 1984, Koizumi et al. 1996），夜間に海底付近で粒子状の $FePO_4$ もしくは FeS に接近できる機会を持つといえる．また，*H. circularisquama* は海水中で起こる鉛直混合後に赤潮を形成する傾向があることから，台風などの激しい海水の上下混合により，底層から供給される粒子状の $FePO_4$ や FeS を利用できる特性を持つならば，増殖に大変有利であると考えられる．以上より，底層水中もしくは海底堆積物表面に存在する難溶性 Fe が，有害赤潮プランクトンの大量増殖に重大な役割を果たしていると推察できる．

4．有機 Fe の利用特性

　海水中には遊離配位子（フリーリガンド）が過剰に存在し，これらの有機配位子は Fe の物理化学的な性状を劇的に変化させる．したがって，有機配位子は海水中の溶存態 Fe をコントロールしており，植物プランクトンによる Fe 利用能に係る重要な因子となっている．現在，海水中に存在する有機配位子の回収および検出が可能となっており（Rue & Bruland 2001, 丸尾 2014），その有機配位子の一部にシデロホアの構造を含んでいることが報告されている（Macrellis et al. 2001）．シデロホアとは，3価の Fe との高い錯生成能を持つ有機配位子であり（図3），多くの原核生物（従属栄養細菌類や光

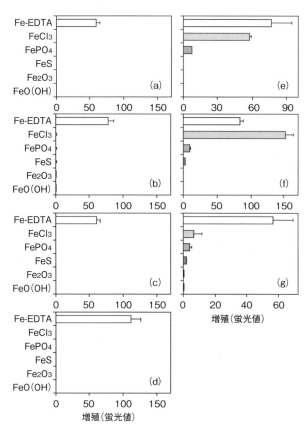

図2　4種類の難溶性鉄（FeO（OH），Fe₂O₃，FeS，FePO₄・4H₂O）と FeCl₃・6H₂O および Fe-EDTA を添加した培地における有害赤潮プランクトンの最大増殖量（Naito et al.（2005a）に一部加筆）
（a）*Chattonella antiqua*，（b）*C. marina*，（c）*C. ovata*，（d）*Pseudochattonella verruculosa*，（e）*Heterosigma akashiwo*，（f）*Heterocapsa circularisquama*，（g）*Karenia mikimotoi*.

合成を行うシアノバクテリア）や真菌類および高等植物が，細胞内に Fe を取り込むために Fe 輸送配位子として大量に生産することが知られている（Guerinot 1994, Wilhelm 1996）．

　Naito et al.（2005b, 2008）は，有機配位子であるサリチル酸（SA），クエン酸（CA），EDTA，カテコール（Cat），デスフェリオギザミン（DFO，細菌シデロホア），デスフェリクロム（DFC，菌類シデロホア）を用いて，有機 Fe 錯体の増殖に対する影響を検討した（表2）．図4に有害赤潮プランクトンによる有機 Fe 錯体の利用特性の実験結果を示す．*C. antiqua* と *K. mikimotoi* は，Fe-EDTA 以外の有機 Fe を増殖に利用しない．ここでデータには示していないが，*C. marina*，*C. ovata* および *P. verruculosa* についても同様の結果が得られている（Naito et al. 2005b, 2008）．*K. mikimotoi* については，無機 Fe よりも Fe-EDTA の利用性が高いので，有機 Fe を好んで増殖に利用すると考えられる．一方で，*Chattonella* と *P. verruculosa* に関しては，無機 Fe をも利用しない．大量に発生し有害赤潮を引き起こす *Chattonella* 属による低い Fe 利用能は謎であるが，過去の報告に Fe と EDTA の添加によって *C. antiqua* の増殖が著しく促進されることが示されている（Nakamura & Watanabe 1983）．また，福崎ほか（2011）は *C. antiqua* の増殖に与える腐植物質の影響について検討し，フミン酸によって増殖が促進されるという興味深い結果を得ている．甚大な被害を及ぼす *Chattonella* 赤潮の発生において，海水中の有機物の存在は重要な役割を果たしているといえ，今後の溶存有機物の分析および解析の進

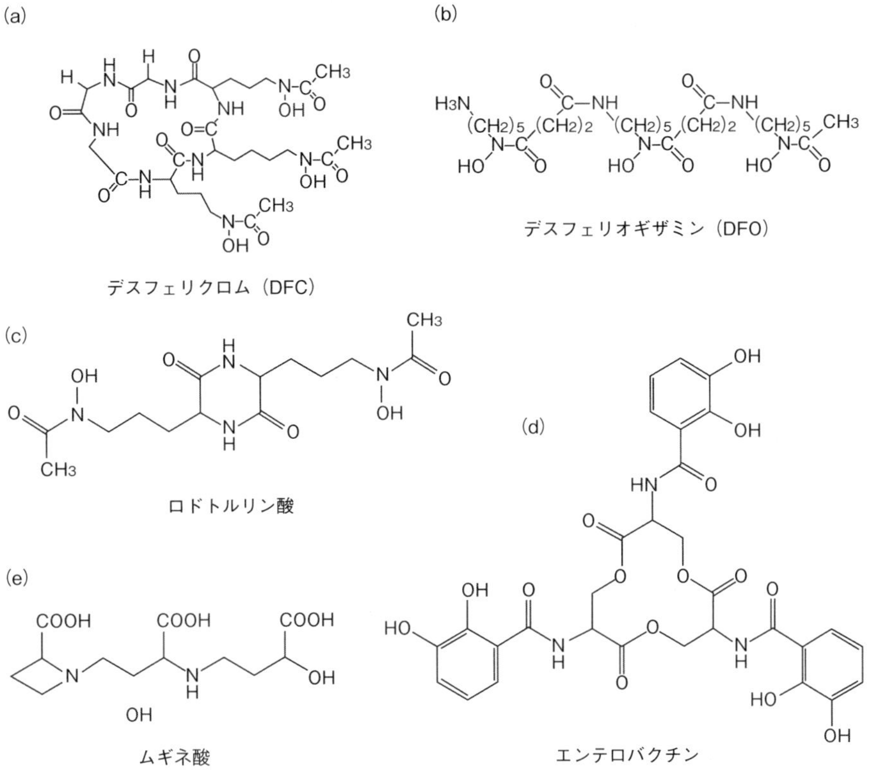

(a)

H₃C

デスフェリクロム（DFC）

(b)

デスフェリオギザミン（DFO）

(c)

ロドトルリン酸

(d)

(e)

ムギネ酸

エンテロバクチン

図3　代表的なシデロホアの構造式
　　(a) デスフェリクロム（DFC）（菌類シデロホア，ヒドロキサメート型），(b) デスフェリオギザミン（DFO）（細菌シデロホア，
　　ヒドロキサメート型），(c) ロドトルリン酸（菌類シデロホア，ヒドロキサメート型），(d) エンテロバクチン（大腸菌シデロ
　　ホア，カテコール型），(e) ムギネ酸（イネ科植物シデロホア）．

表2　Fe（III）錯体の相対安定度定数

配位子のタイプ	リガンド	$\log \beta^a$	引用文献
シデロホア	デスフェリオギザミン	31.0	Albrecht-Gary & Crumbliss（1998）
（ヒドロキサメート型）	デスフェリクロム	29.1	Albrecht-Gary & Crumbliss（1998）
二座配位子	カテコール	20.4	Albrecht-Gary & Crumbliss（1998）
	サリチル酸	17.2[b]	Morel & Hering（1993）
三座配位子	クエン酸	11.7[b]	Morel & Hering（1993）
六座配位子	EDTA	25.9[b]	Morel & Hering（1993）
単座配位子	Cl	1.4[b]	Morel & Hering（1993）

[a] 全錯生成定数 β の対数値（$I = 0.1$ M, 25 ℃）．

[b] Morel & Hering（1993）の活量係数を用いたイオン強度 0 〜 0.1 M における外挿値．

展が期待される（廣瀬 2006，Fukuzaki et al. 2014，杉山 2014）．

　H. akashiwo と *H. circularisquama* は，Fe-SA，Fe-CA，Fe-EDTA を利用し，その利用能は Fe-SA ≥ Fe-EDTA ≥ Fe-CA の順であった．有機 Fe 添加培地（Fe：L = 1：10）における主要な溶存 Fe 種の $\log \beta$ 値は，$Fe_2(OH)_2(CA)_2^{2-}$（$\log \beta = 56.3$）＞ $FeOHEDTA^{2-}$（$\log \beta = 33.8$）＞ $Fe(SA)_2^-$（$\log \beta = 28.6$）の順である．したがって，サリチル酸（培地中で $Fe(SA)_2^-$ として溶存），クエン酸（$Fe_2(OH)_2(CA)_2^{2-}$），EDTA（主に $FeOHEDTA^{2-}$）の存在下において，これら2種の有害赤潮プランクトンによる有機 Fe の利用能は，有機配位子の Fe（III）に対する安定度定数に依存することが示唆された．*H. circularisquama* については，$FeCl_3$ 添加（$Fe(OH)_2^+$，$Fe(OH)_3$，$Fe(OH)_4^-$ として溶存）と比較した場

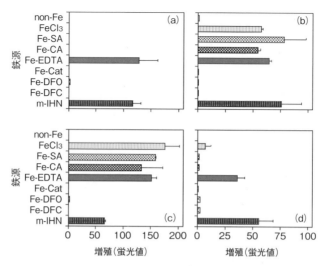

図4　有害赤潮プランクトンによる有機 Fe 錯体の利用特性（Naito et al. 2005b, 2008）
(a) *Chattonella antiqua*，(b) *Heterosigma akashiwo*，(c) *Heterocapsa circularisquama*，(d) *Karenia mikimotoi*.

合，有機 Fe 利用性は低く，有機 Fe よりも無機 Fe を好んで利用する傾向がある．さらに，各キレート培地中で Fe 濃度に対して有機配位子濃度の割合を変化させた場合（Fe 錯体および他の金属錯体の占有率が変化），赤潮プランクトンの最大増殖量だけでなく増殖速度の変化が認められた（Naito et al. 2005b, 2008）．これらの結果から，赤潮プランクトンの増殖は，海水中に存在する有機配位子の種類だけではなく，配位子濃度による金属スペシエーションの変化からも影響を受けることが明らかである．これらはいずれも，沿岸海水中で Fe と錯生成する有機物の存在が，赤潮発生と大きく関与していることを示唆している．

　有害赤潮プランクトンは，Fe-Cat，Fe-DFO，Fe-DFC を利用しなかった（図4）．この結果は，Fe と高い錯生成能を持つ有機配位子により海水中の Fe の有用性を調節できるのではないかとの説（Hutchins et al. 1999a, Kuma et al. 2000, Wells & Trick 2004）を支持するものと考えられる．しかしながら，種類によっては植物プランクトンが DFO と結合した Fe を利用できるとの報告もあり（Soria-Dengg & Horstmann 1995, Maldonado & Price 1999），これらの有機配位子が実際の海域に存在しているのか，植物プランクトンによる利用が可能であるのかについて，データの蓄積が必要である．

5．有害赤潮プランクトンの Fe 取り込みメカニズム

　植物プランクトンにとっての Fe の有用性は，水域による供給形態，濃度の違い，熱および光化学的変化，水中における様々な化学種との化学反応による変化，バクテリアなどによる摂取作用を受けての変化，そして，生物の種類による多様な取り込み機構によりきわめて複雑なものになっている．

　Hutchins et al.（1999b）によると，真核生物は四座配位子であるポルフィリンと結合した Fe を優先的に利用する Fe 還元酵素システム（高等植物の Fe 取り込み戦略 I と類似）に依拠しており，原核生物は六座配位子であるシデロホアを介して，細胞表面に存在するシデロホアレセプターにより Fe シデロホア錯体を取り込む（高等植物の Fe 取り込み戦略 II と類似）のではないかと指摘されている．一方で，真核植物プランクトンによる Fe（III）リガンドの生産が報告されている（Trick et al. 1983,

Hasegawa et al. 2001, Naito et al. 2004). Fe（III）リガンドについては，構造および Fe 取り込みに対する機能はまだ明らかでないが，増殖とリガンド濃度との関係は示されており，シデロホアである可能性も考えられる．有害赤潮プランクトンについて，クロムアズロール S（Chrome azurol S）分析法を実施したところ，Fe（III）リガンドの生産が確認できた（Hasegawa et al. 2001, Naito et al. 2004）．このことから，有害赤潮プランクトンによる難溶性 Fe および有機 Fe のシデロホアを介した取り込み機構が考察できる．現在までの研究結果と海水中の Fe の化学形態から，Fe を通した赤潮発生メカニズムの概略を図 5 に要約して提示することができる．沿岸海水中に Fe が十分量溶けている場合は，鉄還元酵素システムにより Fe を取り込んで増殖し，他の起因（光や水温などの物理的要因，窒素やリンなどの化学的要因）から，特定の赤潮プランクトンが大量発生し得る．溶存態 Fe が不足している場合には，シデロホアを介した配位子交換反応や鉛直移動などによる細胞表面吸着によって，有機 Fe や粒子態 Fe を増殖に利用でき，その能力を有するプランクトン種が優占し，大量増殖へとつながっているのではないだろうか．植物プランクトンによる Fe 取り込み機構に関しては，種，属レベルあるいは株レベルで異なる可能性がある．海水中の Fe スペシエーションに影響を及ぼす，これら Fe（III）リガンドの構造解析および特性の解明が将来の重要課題である．

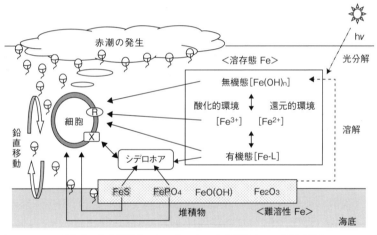

図 5　植物プランクトンによる Fe 取り込みと赤潮発生メカニズム（L：有機配位子，R：鉄還元酵素，X：シデロホアレセプター）（内藤 2006）

文　献

Albrecht-Gary A-M, Crumbliss AL（1998）Thermodynamics and kinetics of iron chelation and release. In: Iron Transport and Storage in Microorganisms, Plants, and Animals（Sigel A, Sigel H eds）, pp.239-327, Marcel Dekker, New York.

Boyd PW, Jickells T, Law CS, Blain S, Boyle EA, Buesseler KO, Coale KH, Cullen JJ, de Baar HJW, Follows M, Harvey M, Lancelot C, Levasseur M, Owens NPJ, Pollard R, Rivkin RB, Sarmiento J, Schoemann V, Smetacek V, Takeda S, Tsuda A, Turner S, Watson AJ（2007）Mesoscale iron enrichment experiments 1993-2005: Synthesis and future directions. Science 315: 612-617.

Bruland KW, Donat JR, Hutchins DA（1991）Interactive influences of bioactive trace metals on biological production in oceanic waters. Limnol Oceanogr 36: 1555-1577.

Firme GF, Rue EL, Weeks DA, Bruland KW, Hutchins DA（2003）Spatial and temporal variability in phytoplankton iron limitation along the California coast and consequences for Si, N, and C biogeochemistry. Glob Biogeochem Cycles 17: 1016.

福崎康司・内藤佳奈子・吉岡崇仁・澤山茂樹・今井一郎（2011）腐植物質が有害ラフィド藻 Chattonella antiqua の増殖に与える影響．北海道大学水産科学研究彙報 61: 23-28.

Fukuzaki K, Imai I, Fukushima K, Ishii K, Sawayama S, Yoshioka T（2014）Fluorescent characteristics of dissolved organic matter produced by bloom-forming coastal phytoplankton. J Plankton Res 36: 685-694.

Gledhill M, van den Berg CMG（1994）Determination of complexation of iron（III）with natural organic complexing ligands in seawater using cathodic stripping voltammetry. Mar Chem 47: 41-54.

Gobler CJ, Donat JR, Consolvo III JA, Sañudo-Wilhelmy SA（2002）Physicochemical speciation of iron during coastal algal blooms. Mar Chem 77: 71-89.

Guerinot ML（1994）Microbial iron transport. Annu Rev Microbiol 48: 743-772.

Hallegraeff GM（1993）A review of harmful algal blooms and their apparent global increase. Phycologia 32: 79-99.

Hasegawa H, Matsui M, Suzuki M, Naito K, Ueda K, Sohrin Y（2001）The possibility of regulating the species composition of marine phytoplankton using organically complexed iron. Anal Sci 17: 209-211.

廣瀬勝己（2006）海水中の有機配位子のスペシエーション. 海洋化学研究 19: 65-80.

Hutchins DA（1995）Iron and the marine phytoplankton community. In: Progress in Phycological Research（Round FE, Chapman DJ eds）, pp. 1-49, Biopress, Bristol.

Hutchins DA, Bruland KW（1998）Iron-limited diatom growth and Si:N uptake ratios in a coastal upwelling regime. Nature 393: 561-564.

Hutchins DA., Franck VM, Brzezinski MA, Bruland KW（1999a）Inducing phytoplankton iron limitation in iron-replete coastal waters with a strong chelating ligand. Limnol Oceanogr 44: 1009-1018.

Hutchins DA, Witter AE, Butler A, Luther III GW（1999b）Competition among marine phytoplankton for different chelated iron species. Nature 400: 858-861.

今井一郎（2012）シャットネラ赤潮の生物学. 171pp, 生物研究社, 東京.

Imai I, Hatano M, Naito K（2004）Development of a chemically defined artificial medium for marine red tide-causing raphidophycean flagellates. Plankton Biol Ecol 51: 95-102.

Koizumi Y, Uchida T, Honjo T（1996）Diurnal vertical migration of *Gymnodinium mikimotoi* during a red tide in Hoketsu Bay, Japan. J Plankton Res 18: 289-294.

Kuma K, Tanaka J, Matsunaga K, Matsunaga K（2000）Effect of hydroxamate ferrisiderophore complex（ferrichrome）on iron uptake and growth of a coastal marine diatom, *Chaetoceros sociale*. Limnol Oceanogr 45: 1235-1244.

Liu X, Millero FJ（2002）The solubility of iron in seawater. Mar Chem 77: 43-54.

Macrellis HM, Trick CG, Rue EL, Smith G, Bruland KW（2001）Collection and detection of natural iron-binding ligands from seawater. Mar Chem 76: 175-187.

Maldonado MT, Price NM（1999）Utilization of iron bound to strong organic ligands by plankton communities in the subarctic Pacific Ocean. Deep-Sea Res II 46: 2447-2473.

Martin JH, Fitzwater SE（1988）Iron deficiency limits phytoplankton growth in the north-east Pacific subarctic. Nature 331: 341-343.

丸尾雅啓（2014）天然水中の金属配位子の分析. ぶんせき 2: 71-73.

Morel FMM, Hering JG（1993）Principles and Applications of Aquatic Chemistry. 588pp, Wiley-Interscience, New York.

内藤佳奈子（2006）海洋微細藻類に果たす微量鉄の役割－赤潮発生から地球環境問題まで－. 藻類 54: 177-180.

Naito K, Matsui M, Imai I（2004）Effects of organic iron complexes on the growth of red tide causative phytoplankton. OCEANS'04 MTS/IEEE TECHNO-OCEAN'04 Conference Proceedings 3: 1774-1780.

Naito K, Matsui M, Imai I（2005a）Ability of marine eukaryotic red tide microalgae to utilize insoluble iron. Harmful Algae 4: 1021-1032.

Naito K, Matsui M, Imai I（2005b）Influence of iron chelation with organic ligands on the growth of red tide phytoplankton. Plankton Biol Ecol 52: 14-26.

Naito K, Imai I, Nakahara H（2008）Complexation of iron by microbial siderophores and effects of iron chelates on the growth of marine microalgae causing red tides. Phycol Res 56: 58-67.

Nakamura Y, Watanabe MM（1983）Growth characteristics of *Chattonella antiqua*. Part 2. Effects of nutrients on growth. Journal of the Oceanographical Society of Japan 39: 151-155.

西岡 純（2006）北太平洋における鉄の存在状態と鉄が生物生産におよぼす影響に関する研究. 海の研究 15: 19-36.

小畑 元（2003）海水中の微量金属（とくに鉄）に関する海洋分析化学的研究. 海の研究 12: 449-460.

小畑 元（2005）クリーン技術. 海と湖の化学－微量元素で探る－（藤永太一郎監, 宗林由樹・一色健司編）, pp.475-481, 京都大学学術出版会. 京都.

Okaichi T, Honjo T（2003）Red-Tide Species and the Environmental Conditions. In: Red Tides（Okaichi T ed）, pp.323-345, Terra Scientific Publishing Company, Tokyo.

Okumura C, Rahman MA, Takimoto A, Hasegawa H（2013）Effect of nitrate on the determination of iron concentration in phytoplankton culture medium by liquid scintillation counting（LSC）method using ^{55}Fe as radioisotope tracer. J Radioanal Nucl Chem. 296: 1295-1302.

Rue EL, Bruland KW（1995）Complexation of iron（III）by natural organic ligands in the Central North Pacific as determined by a new competitive ligand equilibration/adsorptive cathodic stripping voltammetric method. Mar Chem 50: 117-138.

Rue EL, Bruland KW（2001）Domoic acid binds iron and copper: a possible role for the toxin produced by the marine diatom *Pseudo-nitzschia*.

Mar Chem 76: 127-134.

杉山裕子（2014）溶存有機物の高分解能質量分析と解析. ぶんせき 3: 107-112.

Sunda WG, Huntsman SA（1995）Iron uptake and growth limitation in oceanic and coastal phytoplankton. Mar Chem 50: 189-206.

Soria-Dengg S, Horstmann U（1995）Ferrioxamines B and E as iron sources for the marine diatom *Phaeodactylum tricornutum*. Mar Ecol Prog Ser 127: 269-277.

Takeda S（1998）Influence of iron availability on nutrient consumption ratio of diatoms in oceanic water. Nature 393: 774-777.

Trick CG, Andersen RJ, Price NM, Gillam A, Harrison PJ（1983）Prorocentrin: An extracellular siderophore produced by the marine dinoflagellate *Prorocentrum minimum*. Science 219: 306-308.

Wedepohl KH（1995）The composition of the continental crust. Geochim Cosmochim Acta 59: 1217-1232.

Weinberg ED（1989）Cellular regulation of iron assimilation. The Quarterly Review of Biology 64: 261-290.

Wells ML, Trick CG（2004）Controlling iron availability to phytoplankton in iron-replete coastal waters. Mar Chem 86: 1-13.

Wilhelm SW, Maxwell DP, Trick CG（1996）Growth, iron requirements, and siderophore production in iron-limited *Synechococcus* PCC 7002. Limnol Oceanogr 41: 89-97.

Worsfold PJ, Lohan MC, Ussher SJ, Bowie AR（2014）Determination of dissolved iron in seawater: A historical review. Mar Chem 166: 25-35.

山口峰生（2000）赤潮原因プランクトンの増殖生理. 月刊海洋 号外 21: 107-115.

Yamochi S, Abe T（1984）Mechanisms to initiate a *Heterosigma akashiwo* red tide in Osaka Bay. Mar Biol 83: 255-261.

2-5　有害有毒プランクトンの増殖における
ポリアミンの役割[*1]

西堀尚良[*2]

1.　はじめに

　ポリアミンは低分子の塩基性生理活性物質として知られ，2分子のアミンを含むプトレシン，3分子のアミンを含むスペルミジン，4分子のアミンを含むスペルミンなどの総称である．通常，分子中に3つ以上のアミノ基を含むものをポリアミンと呼ぶが，2つのアミノ基を含むプトレシンは，スペルミジンとスペルミン合成の基質であること，その働きがスペルミジンやスペルミンに類似していることなどから，これもポリアミンとして扱われている．一般的に原核細胞ではプトレシンとスペルミジンが，真核細胞ではスペルミジンとスペルミンが主要なポリアミンである．しかし，これらポリアミンのほか，表1に示したような，アミノ基の数や炭素鎖の長さだけでなく，配列の異なる種々のポリアミンが，動物，植物，古細菌，真正細菌，真菌等種々の生物群から検出されており，ポリアミンは様々な生物中に普遍的に存在することが知られている（Cohen 1998）．

　ポリアミン合成は，オルニチン脱炭酸酵素（Ornithine decarboxylase：ODC），およびアルギニン脱炭酸酵素（Arginine decarboxylase：ADC）などの酵素によるプトレシンの合成から開始される（図1）．ポリアミン合成酵素を欠損した大腸菌，酵母および動物細胞の増殖は抑制されるものの，ポリアミン添加によりこれら細胞の増殖が回復することが報告され（Hirshfield et al. 1970, Cohn et al. 1980, Steglich & Scheffler 1982），ポリアミンが細胞の増殖促進，あるいは増殖必須の因子であることが明らかにされた．また，増殖因子，ホルモン，細胞分化の促進刺激やストレス等に応答して，ポリアミン合成酵素活性が上昇し細胞内のポリアミン濃度が増大する．さらには細胞周期とポリアミン合成酵素の活性化，およびポリアミン濃度変化との関係が多くの動植物細胞について報告され，成長や組織分化におけるポリアミンの重要性が明らかにされている（Tabor & Tabor 1984, Smith 1985, 五十嵐 1993, Cohen 1998）．

　微細藻類においては，ユーグレナ藻 Euglena gracilis および緑藻 Chlorella vulgaris からポリアミンが検出されるとともに，ODC活性またはADC活性が検出されている（Aleksijevic et al. 1979, Cohen et al. 1983）．またその他に，紅藻，褐藻，クリプト藻，および珪藻類などからも種々のポリアミンが検出されており（Hamana & Matsuzaki 1982, 1985, Hamana et al. 1998），ポリアミンは藻類にも広く分布している．さらに，E. gracilis（Villanueva et al. 1980），C. vulgaris（Cohen et al. 1984）において，

[*1]　The role of polyamines in the growth of harmful algae

[*2]　Naoyoshi Nishibori（n-nishibori@shikoku-u.ac.jp）

表1　自然界に見出される各種ポリアミン

化学式	名称
$H_2N(CH_2)_4NH_2$	Putrescine（プトレシン）
$H_2N(CH_2)_5NH_2$	Cadaverine（カダベリン）
$H_2N(CH_2)_3NH_2$	Diaminopropane（ジアミノプロパン）
$H_2N(CH_2)_3NH(CH_2)_3NH_2$	Norspermidine（ノルスペルミジン）
$H_2N(CH_2)_3NH(CH_2)_4NH_2$	Spermidine（スペルミジン）
$H_2N(CH_2)_4NH(CH_2)_4NH_2$	Homospermidine（ホモスペルミジン）
$H_2N(CH_2)_3NH(CH_2)_5NH_2$	Aminopropylcadaverine（アミノプロピルカダベリン）
$H_2N(CH_2)_3NH(CH_2)_3NH(CH_2)_3NH_2$	Norspermine（ノルスペルミン）
$H_2N(CH_2)_3NH(CH_2)_4NH(CH_2)_3NH_2$	Spermine（スペルミン）
$H_2N(CH_2)_3NH(CH_2)_3NH(CH_2)_4NH_2$	Thermospermine（サーモスペルミン）
$H_2N(CH_2)_4NH(CH_2)_3NH(CH_2)_4NH_2$	Canavalmine（カナバルミン）
$H_2N(CH_2)_3NH(CH_2)_4NH(CH_2)_4NH_2$	Aminopropylhomospermidine（アミノプロピルホモスペルミジン）
$H_2N(CH_2)_3NH(CH_2)_5NH(CH_2)_3NH_2$	Bis（aminopropyl）cadaverine（ビス（アミノプロピル）カダベリン）
$H_2N(CH_2)_5NH(CH_2)_3NH(CH_2)_3NH_2$	Aminopentylnorspermidine（アミノペンチルノルスペルミジン）
$H_2N(CH_2)_4NH(CH_2)_4NH(CH_2)_4NH_2$	Homospermine（ホモスペルミン）
$H_2N(CH_2)_3NH(CH_2)_3NH(CH_2)_3NH(CH_2)_3NH_2$	Caldopentamine（カルドペンタミン）
$H_2N(CH_2)_3NH(CH_2)_3NH(CH_2)_3NH(CH_2)_4NH_2$	Homocaldopentamine（ホモカルドペンタミン）
$H_2N(CH_2)_3NH(CH_2)_3NH(CH_2)_4NH(CH_2)_3NH_2$	Thermopentamine（サーモスペルミン）
$H_2N(CH_2)_3NH(CH_2)_4NH(CH_2)_3NH(CH_2)_4NH_2$	Aminopropylcanavalmine（アミノプロピルカナバルミン）
$H_2N(CH_2)_3NH(CH_2)_4NH(CH_2)_4NH(CH_2)_3NH_2$	Bis（aminopropyl）homospermidine（ビス（アミノプロピル）ホモスペルミジン）
$H_2N(CH_2)_4NH(CH_2)_3NH(CH_2)_3NH(CH_2)_4NH_2$	Bis（aminobutyl）norspermidine（ビス（アミノブチル）ノルスペルミジン）
$H_2N(CH_2)_4NH(CH_2)_4NH(CH_2)_3NH(CH_2)_4NH_2$	Aminobutylcanavalmine（アミノブチルカナバルミン）
$H_2N(CH_2)_3NH(CH_2)_4NH(CH_2)_4NH(CH_2)_4NH_2$	Aminopropylhomospermine（アミノプロピルホモスペルミン）

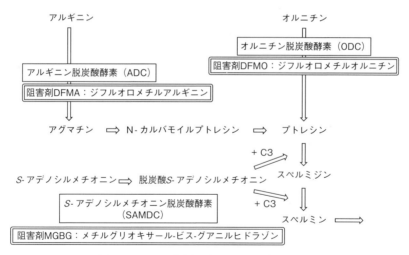

図1　ポリアミン合成経路とポリアミン合成阻害剤

細胞周期の進行に伴うポリアミン含量の変動が報告されている．そして緑藻の *Scenedesmus oblique*（Kotzabasis & Senger 1994）や *Chlamydomonas reinhardtii*（Theiss et al. 2002）では，細胞分裂時のODC活性の上昇とそれに伴うポリアミン含量の上昇が見出され，藻類の細胞周期の進行や増殖にポリアミンが深く関与することが示されている．

　赤潮原因藻類の増殖は，温度，光，塩分などの物理的条件，窒素やリンなどの無機栄養塩類や微量

金属により左右される．また，ビタミンや核酸などに加え腐植物質や溶存有機物，アミノ酸や植物ホルモンなどの微量有機物が藻類増殖に重要であることが指摘されている（岩崎 1973, 1976, Iwasaki 1984, Bradley 1991, Carlsson & Granéli 1998, 福﨑ほか 2011）．このように，藻類の増殖はこれまで環境要因との関連で解析されてきたものの，増殖にいたる細胞内物質の変化についての情報はきわめて乏しい．ポリアミンは細胞の増殖に影響を及ぼす重要な細胞内因子であるが，有害有毒赤潮藻類を対象とした知見はほとんどないことから，細胞内のポリアミンの動態と赤潮原因藻類の増殖との関連を解析することは，赤潮原因藻類の増殖機構に関する研究に新たな視点からの知見を加え，赤潮発生機構の解明に貢献するものと期待できる．

2．有害有毒赤潮藻に含まれるポリアミン

　赤潮ラフィド藻 *Chattonella antiqua* および *Heterosigma akashiwo* のポリアミンをベンゾイル化し，高速液体クロマトグラフィー（HPLC）および液体クロマトグラフ質量分析（LC-MS）を行った（Nishibori et al. 2009）．HPLC 分析の結果，両種からスペルミジンが主要なポリアミンとして検出され，スペルミンの保持時間後に溶出される未知ポリアミンのピークが検出された（図2）．LC-MS 分析の結果，ナトリウム付加スペルミジン（m/z 480）に加え，ジアミノプロパン（m/z 305），プトレシン（m/z 319）およびノルスペルミン（m/z 627）が両種の共通のポリアミンとして検出されたが，スペルミン（m/z 627）は *C. antiqua* のみから検出され，*H. akashiwo* からは検出されなかった．さらに，*C. antiqua* のスペルミン溶出後に検出された未知ピークの分子イオンは m/z 766 を示し，合成したカルドペンタミンと同じであった（図3，表1）．そこで，液体クロマトグラフ-タンデム型質量分析（LC-MS/MS）を行ったところ，図4のように，合成したカルドペンタミンと一致するフラグメントイオンを生じた．これらのことから，*C. antiqua* の未知ピークをカルドペンタミンと同定した（Nishibori et al. 2009）．また，*H. akashiwo* の未知ピークの分子イオンは m/z 780 を示したことから，ホモカルドペンタミンあるいはサーモペンタミンと考えられた（図5，表1）．ガスクロマトグラフ質量分析（GC-MS）でアミノブチル末端を示すフラグメントが得られたこと，LC-MS/MS 分析でカルドペンタミンと同じ m/z 484 を示すフラグメントイオンが得られ，合成したホモカルドペンタミンと一致するフラグメントイオンを生じたこと（図6）から，*H. akashiwo* の未知ポリアミンをホモカルドペンタミンと同定した（Nishibori et al. 2009）．微量の長鎖ポリアミンは天然のウキクサ属植物（Hamana et al. 1994）や乾燥耐性を持つアルファルファおよび熱耐性を持つコットンから検出されている（Kuehn et al.1990a, b）．一方で，カルドペンタミンおよびホモカルドペンタミンなどの長鎖ポリアミンは好熱菌の特徴的なポリアミンである．長鎖ポ

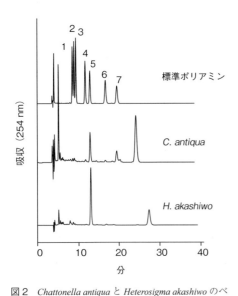

図2　*Chattonella antiqua* と *Heterosigma akashiwo* のベンゾイル化ポリアミンの分析
1：diaminopropane，2：putrescine，3：cadaverine，4：norspermidine，5：spermidine，6：norspermine，7：spermine.

リアミンが無菌の微細藻類から検出されたことは，こ
れら長鎖ポリアミンが好熱菌だけでなく広く生物界に
分布する可能性を示している.

　赤潮原因藻類に含まれる遊離ポリアミンを，イオン
交換樹脂を用いた HPLC により分析し，得られたク
ロマトグラムを図7に示した．ラフィド藻では，分
析した7株すべてからスペルミジンが主要なポリア
ミンとして検出された（図7）．また，分析に用いた
Chattonella 属3種5株からはスペルミジンのほか，ス
ペルミンとカルドペンタミンが，また，*H. akashiwo*
からはスペルミジンに加えホモカルドペンタミンが検
出された．このように，*Chattonella* 属と *Heterosigma*
属のポリアミン構成は異なった．また，有毒渦鞭毛藻
Alexandrium tamarense からプトレシン，カダベリン，

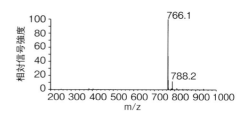

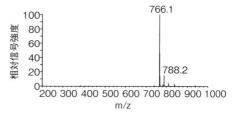

図3　*Chattonella antiqua* 未知ポリアミン（上）および合
　　成したカルドペンタミン（下）の MS スペクトル
　　（Nishibori et al. 2009）

ノルスペルミジン，スペルミジン，ならびにノルスペルミンが検出されたことに加え（Nishibori &

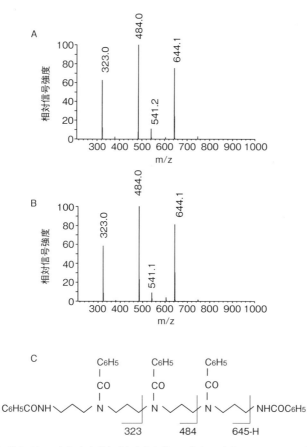

図4　*Chattonella antiqua* 未知ポリアミン（A）および合成したカルドペンタミン（B）の MS-MS スペクトルおよび推定されるフラ
　　グメンテーション（C）（Nishibori et al. 2009）

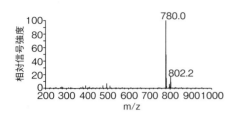

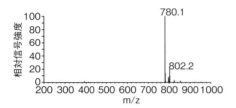

図5 *Heterosigma akashiwo* 未知ポリアミン（上）および合成したホモカルドペンタミン（下）のMSスペクトル（Nishibori et al. 2009）

Nishio 1997），4 種の渦鞭毛藻 *Prorocentrum micans*（NIES 12），*Amphidinium carterae*（NIES 331），*Peridinium wellei*（NIES 304），*Glenodoniopsis uliginosa*（NIES 463）からはノルスペルミンおよびノルスペルミジンが共通の主要なポリアミンとして検出されており（Hamana et al. 2004），渦鞭毛藻類はノルスペルミンとノルスペルミジンを主要なポリアミンとして共通に含むことが明らかである．さらに，珪藻 *Skeletonema costatum* からはプトレシン，ノルスペルミジンおよびスペルミジンが検出され，スペルミンはほとんど含まれないことが報告されている（Scoccianiti et al. 1995）．

このように有害有毒赤潮藻類に含まれるポリアミン

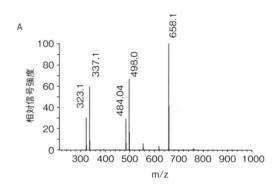

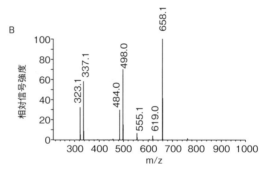

図6 *Heterosigma akashiwo* 未知ポリアミン（A）および合成したホモカルドペンタミン（B）のMS-MSスペクトルおよび推定されるフラグメンテーション（C）（Nishibori et al. 2009）

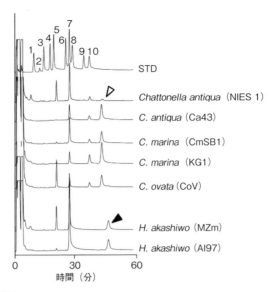

図7 ラフィド藻のポリアミン分析
1：acetylspermidine, 2：diaminopropane, 3：putrescine, 4：histamine, 5：cadaverine, 6：norspermidine, 7：spermidine, 8：agmatine, 9：norspermine, 10：spermine, ▽：Caldopentamine, ▼：Homocaldopentamine.

は，分類群ごとに特徴的な構成を示した．Hamana & Matsuzaki（1992）と浜名（2002）は，ポリアミン構成が細菌の化学分類マーカーとして有用であると述べている．また，真核単細胞藻類5門7綱12種のポリアミン組成が検討された結果，4タイプに分類されることが見出され，化学分類マーカーとしてポリアミンを活用することの有用性が指摘されている（Hamana & Matsuzaki 1985）．しかし，これまでポリアミンの分析に供された微細藻類は100種程度であり，ポリアミンを微細藻類の化学分類指標とするには，今後さらに多くの微細藻類種についての詳細なポリアミン分析と一層のデータの充実が必要であろう．

3．有害赤潮藻類の増殖と細胞内ポリアミンの挙動

　有害有毒赤潮藻類の細胞内のポリアミンは，藻類の増殖において重要な役割を果たしていると考えられる．しかし先にも述べたように，藻類の増殖とポリアミンの関係を解析した例はきわめて少ない．ここではラフィド藻 *C. antiqua* と *H. akashiwo* を用い，両種の増殖相と主要な細胞内ポリアミン含量の関係を調べた結果について述べる．一般的に植物に含まれるポリアミンは，遊離型（Free），接合型（Comjugate）および結合型（Bound）として存在することが知られていることから，増殖に伴うこれら3タイプのポリアミンの含量を測定した．なお，用いた培養株は無菌・クローン株であり，細胞密度は光学顕微鏡下で細胞数を直接計数して求め，増殖量の変化を調べた．

　C. antiqua および *H. akashiwo* では，指数増殖期に特に遊離型スペルミジン含量が顕著に増加することがわかった（図8, 9）．*C. antiqua* と *H. akashiwo* で最も多く検出されたポリアミンは遊離型スペルミジンであった．その細胞当たりの含量は両種の指数増殖期初期に顕著に増加し，*C. antiqua* では初期レベル 0.5 から 2.9 f mol cell^{-1} に（図8），*H. akashiwo* では同様に 0.1 から 0.5 f mol cell^{-1} に増大し（図9），その後初期のレベルにまで低下した（Nishibori & Nishijima 2003, Nishibori et al. 2006）．遊離型ポ

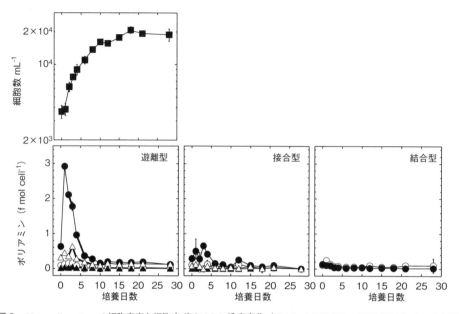

図8 *Chattonella antiqua* の細胞密度と細胞内ポリアミン濃度変化（Nishibori & Nishijima 2003, Nishibori et al. 2009）
○：putrescine, ●：spermidine, ▲：norspermine, △：spermine.

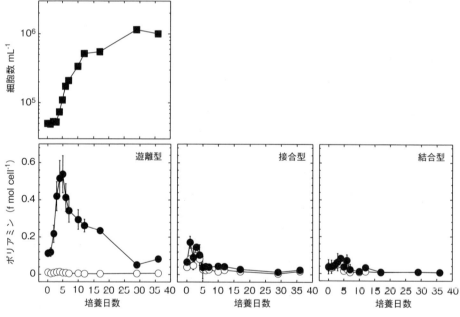

図9 *Heterosigma akashiwo* の細胞密度と細胞内ポリアミン濃度変化（Nishibori et al. 2006）
○：putrescine, ●：spermidine.

リアミン画分から検出された他のポリアミン，および接合型あるいは結合型ポリアミン含量も同様に指数増殖期に増加したが，その含量の変化は遊離型スペルミジンに比べてわずかであった（図8, 9）．活発に分裂する細胞においては，高いポリアミン合成活性とその結果である高ポリアミン濃度を示すことが，多くの生物の細胞で報告されている（Chatterjee et al. 1983, Tabor & Tabor 1984, Smith 1985, Yao et al. 1985）．*C. antiqua* と *H. akashiwo* において，ともに指数増殖期に遊離型スペルミジン含量が

著しく増加したことは，両種の指数増殖期における活発なポリアミン合成を示している．この時の細胞密度の変化から求めた増殖速度と細胞内ポリアミン含量との関係を図10と11に示し，両者の間に有意な相関関係（$p < 0.05$）が見られた場合には，その関係を直線で表し相関係数を示した．*C. antiqua* の場合には（図10），検出されたすべての遊離型ポリアミンと増殖速度の間，接合型スペルミジンおよびスペルミンと増殖速度の間，および結合型プトレシンと増殖速度との間に有意な相関が見られた．特に遊離型スペルミジン含量は増殖速度との間にきわめて高い相関関係を示し（$r = 0.92$, $p = 5.3 \times 10^{-5}$），増殖速度の変化に伴って最も大きく変動した．また，*H. akashiwo* の場合には（図11），検出されたポリアミンのうち遊離型スペルミジン含量のみが増殖速度と有意な相関関係を示し（$r = 0.91$, $p = 5.0 \times 10^{-5}$），増殖速度の変化に伴う変化が最も著しかった．これらのことから，2種ラフィド藻の増殖には，特に遊離型スペルミジンが密接に関係していることが明らかである．

これまでにポリアミン含量と増殖速度との相関関係は陸上植物でも報告されており（Sarjara 1996, Sarjara et al. 1997），これら藻類においても増殖速度とポリアミン含量との間に正の相関関係が確認されたことから，細胞内ポリアミン含量は藻類の増殖速度推定の指標として有用な可能性がある．

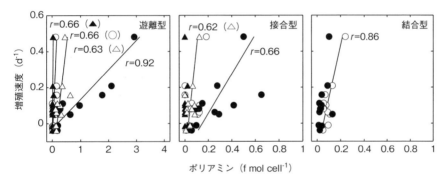

図10 *Chattonella antiqua* の増殖速度と細胞内ポリアミン濃度の関係（Nishibori & Nishijima（2003）より改変）
○：putrescine, ●：spermidine, ▲：norspermine, △：spermine.

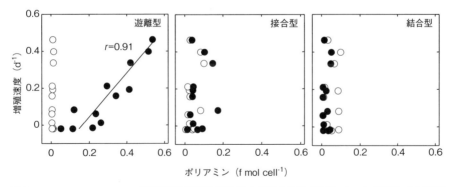

図11 *Heterosigma akashiwo* の増殖速度と細胞内ポリアミン濃度の関係（Nishibori et al.（2006）より改変）
○：putrescine, ●：spermidine.

2-5　有害有毒プランクトンの増殖におけるポリアミンの役割

4．増殖に及ぼすポリアミン合成阻害剤の影響

　ポリアミン合成は，アルギニン脱炭酸酵素（ADC）を中心とした酵素群，あるいはオルニチン脱炭酸酵素（ODC）によるプトレシンの合成から開始される（図1：83ページ）．これら細胞内のポリアミン合成酵素の活性は，培養液中のポリアミン合成阻害剤により抑制されることが知られている（Torrigiani & Scoccianti 1990, Villanueva & Huang 1993）．そこで，ADCとODCそれぞれの特異的な阻害剤である α-ジフルオロメチルアルギニン（DL-α-Difluoromethyl arginine：DFMA）と α-ジフルオロメチルオルニチン（DL-α-Difluoromethyl ornithine：DFMO）を用いて，これらポリアミン合成阻害剤が赤潮原因藻類の増殖に与える影響を検討するとともに，赤潮原因藻類のプトレシン合成経路を推定した．また，メチルグリオキサール-ビス-グアニルヒドラゾン（Methylglyoxal bis-guanylhydrazone：MGBG）は，S-アデノシルメチオニン脱炭酸酵素（S-Adenosylmethionine decarboxylase：SAMDC）の阻害剤であり（Minosha et al. 1991, Villanueva & Huang 1993, Villanueva & Linares 1995），プトレシンからのスペルミジン合成，ならびにスペルミジンからのスペルミン合成を抑制することが知られている．

　ポリアミン合成阻害剤を培地中に溶解し濾過滅菌した後，あらかじめ試験管に分注した培地 10 mL に 1 mL 加えて *C. antiqua* と *H. akashiwo* の培養を行い，経時的に *in vitro* 蛍光強度を測定して増殖量の変化を測定し，最大増殖量を求めた．蛍光強度の測定には蛍光光度計（TD-700 Turner Designs, California, USA）を用いた．なお，阻害剤無添加の場合の増殖量を100％とし，それに対する相対的な増殖量（％）で表した．*C. antiqua* においては，DFMA あるいは DFMO のどちらを添加した場合でも 4 mM で最大増殖量が有意に抑制されたが，DFMO を加えた場合の抑制程度が強かった（図12上段）．また，*H. akashiwo* の最大増殖量は 0～4 mM の DFMA の添加によってはまったく抑制されず，DFMO を 4 mM に添加した場合にのみ，阻害剤を含まない場合のおよそ70％に抑制された（図12下段）．これらの結果から，*C. antiqua* と *H. akashiwo* の増殖過程におけるポリアミン合成には ADC よりも ODC の寄与が大きいと考えられる（Nishibori & Nishijima 2003, Nishibori et al. 2006）．

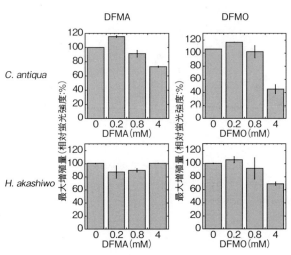

図12　ポリアミン合成阻害剤の DFMA または DFMO を加えた培地における *C. antiqua*（上）および *H. akashiwo*（下）の最大増殖量阻害剤無添加のコントロールの増殖に対する相対値（％）で表した．

90

ユーグレナ藻 *Euglena gracilis* からは ODC 活性のみが検出されており（Aleksijevic et al. 1979），緑藻 *Chlorella vulgaris* では ODC および ADC 活性が検出されるものの，増殖に伴って活性が上昇するのは ODC のみであるという（Cohen et al. 1983）．さらに緑藻 *Chlamydomonas reinhardtii* では，細胞周期の G1/S 期に ODC 活性が上昇することが報告されている（Theiss et al. 2002）．一方，陸上植物のコメ（Cohen & Kende 1986, Bonneau et al. 1994）やニンジンでは ADC 活性が高く（Feirer et al. 1984），トマト（Heimer et al. 1979）やタバコ（Slocum & Galston 1985）では主要なポリアミン合成酵素は ODC であることが報告されている．有害赤潮藻類のポリアミン合成経路に関する報告はまだ見られず，ADC と ODC の存在あるいはそれらの増殖に及ぼす機能については，今後さらに検討を要する．

MGBG は SAMDC の阻害剤であり，プトレシンからのスペルミジン合成ならびにスペルミジンからのスペルミン合成を抑制する（Minosha et al. 1991, Rajam & Rajam 1996, Santana et al. 1997）．ラフィド藻の増殖と細胞内遊離スペルミジン含量との間に高い相関が見られ，両者は密接に関連していると考えられたことから，ラフィド藻類の増殖に与える MGBG の影響を検討した（Nishibori & Nishijima 2003, Nishibori et al. 2006）．

MGBG を 0～0.8 mM の濃度に含む培地で求めた *C. antiqua* と *H. akashiwo* の最大増殖量の相対値を図 13 に示した．両種の最大増殖量は MGBG の濃度に依存してともに抑制されたが，*C. antiqua* の増殖抑制に要する MGBG 濃度（図 13 上段）は *H. akashiwo* の増殖抑制に要する濃度（図 13 下段）よりも 1/10 程度と明らかに低かった．MGBG による増殖阻害はニンジンの培養細胞（Minosha et al. 1991），真菌（Rajam & Rajam 1996），および哺乳類細胞（Santana et al. 1997）などで報告されている．一方，タバコ培養細胞では MGBG 処理による SAMDC 活性の上昇が報告されており（Hiatt et al. 1986, Scaramagli et al. 1999），MGBG の効果についてはあいまいな部分が残る（DeScenzo & Minocha 1993）．しかしながら，実験に用いた 2 種のラフィド藻では MGBG とスペルミジンを二重添加した

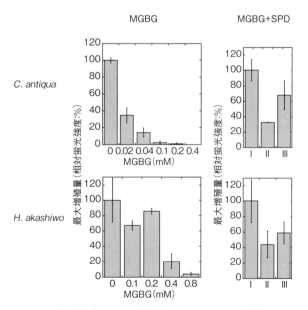

図 13　プトレシンからスペルミジンへの合成阻害剤 MGBG 添加培地での *C. antiqua*（左上）および *H. akashiwo* の最大増殖量（左下）と MGBG およびスペルミジン（SPD）添加培地での *C. antiqua*（右上：I Control, II 40 μM MGBG, III 40 μM MGBG + 1 μM SPD）および *H. akashiwo* の最大増殖量（右下：I Control, II 400 μM MGBG, III 40 μM MGBG + 0.1 μM SPD）（Nishibori & Nishijima（2003），Nishibori et al.（2006）より改変）

培養実験で，最大増殖量の部分的な回復が確認されたことから（図 13 右），MGBG 添加による増殖阻害は SAMDC の酵素反応阻害によるスペルミジン合成阻害の結果であり，培養に添加されたスペルミジンが，細胞内に取り込まれて機能したことにより増殖が回復したと推定された．以上のことから，*C. antiqua* および *H. akashiwo* の増殖には遊離スペルミジンが重要な役割を果たしていると考えられた．

5. まとめ

　以上のように，①有害有毒赤潮原因藻類の細胞内ポリアミンは分類群ごとに特有の構成を示すこと，②ラフィド藻類の増殖には分類群に特有の細胞内ポリアミン濃度が増殖に伴って大きく変動すること，③ラフィド藻類のポリアミンは主に ODC の経路により合成され，ポリアミン合成阻害により増殖が抑制されることが明らかになった．藻類の増殖は基本的に環境要因によって左右されるため，細胞内ポリアミンに関するこれらの結果は，環境要因の変化に伴う細胞内環境変化のひとつであると考えられる．環境要因によって引き起こされる細胞内環境の変化を明らかにしていくことが，有害赤潮生物の増殖機構の理解に必要な研究課題のひとつであると考えられる．

文　献

Aleksijevic A, Grove J, Schuber F（1979）Studies on polyamine biosynthesis in *Euglena gracilis*. Biochim Biophys Acta 565: 199-207.

Bonneau L, Carre M, Dreumont C, Maryin TJ（1994）Polyamine metabolism during seedling development in rice. Plant Growth Regul 15: 83-92.

Bradley PM（1991）Plant hormones do have a role in controlling growth and development of algae. J Phycol 27: 317-321.

Carlsson P, Granéli E（1998）Utilization of dissolved organic matter（DOM）by phytoplankton, including harmful species. In: Physiological Ecology of Harmful Algal Blooms（Anderson DM, Cembella AD, Hallegraeff GM eds）, pp.509-524, Springer-Verlag, Berlin.

Chatterjee S, Choudhuri M, Ghosh B（1983）Changes in polyamine contents during root and nodule growth of *Phaseolus mungo*. Phytochemistry 22: 1553-1556.

Cohen E, Kende H（1986）The effect of submergence, ethylene and gibberellin on polyamines and their biosynthetic enzymes in deepwater-rice internodes. Planta 169: 498-504.

Cohen E, Arad S, Heimer YM, Mizrahi M（1983）Polyamine biosynthetic enzymes in Chlorella: Characterization of ornithine and arginine decarboxylase. Plant Cell Physiol 24: 1003-1010.

Cohen E, Shoshana A, Heimer Y H, Mizrahi Y（1984）Polyamine biosynthetic enzymes in the cell cycle of *Chlorella*. Correlation between ornithine decarboxylase and DNA synthesis at different light intensities. Plant Physiol 74: 385-388.

Cohen SS（1998）A guide to the polyamines. 543pp, Oxford university press, New York.

Cohn MS, Tabor CW, Tabor H（1980）Regulatory mutations affecting ornithine decarboxylase activity in *Saccharomyces cerevisiae*. J Bacteriol 142: 791-799.

DeScenzo RA, Minocha SC（1993）Modulation of cellular polyamines in tobacco by transfer and expression of mouse ornithine decarboxylase cDNA. Plant Mol Biol 22: 113-127.

Feirer RP, Mignon G, Litvay JD（1984）Arginine decarboxylase and polyamine required for embryogenesis in the wild carrot. Science 223: 1433-1435.

福﨑康司・内藤佳奈子・吉岡崇仁・澤山茂樹・今井一郎（2011）腐植物質が有害ラフィド藻 *Chattonella antiqua* の増殖に与える影響. 北大水産彙報 61: 23-28.

Heimer YH, Mizrahi Y, Bachrach U（1979）Ornithine decarboxylase activity in rapidly proliferating plant cells. FEBS Lett 104: 146-148.

浜名康栄（2002）細菌類のポリアミン構成と化学分類. Microbiol Cult Coll 18: 17-43.

Hamana K, Matsuzaki S（1982）Widespread occurrence of norspermidine and norspermine in eukaryotic algae. J Biochem 91: 1321-1328.

Hamana K, Matsuzaki S（1985）Further study on polyamines in primitive unicellular eukaryotic algae. J Biochem 97: 1311-1315.

Hamana K, Matsuzaki S（1992）Polyamines as a chemotaxonomic marker in bacterial systematics. Crit Rev Microbiol 18: 261-283.

Hamana K, Matsuzaki S, Niitsu M Samejima K（1994）Distributuion of unusual polyamines in aquatic plants and germineous seeds. Can J Bot 72: 1114-1120.

Hamana K, Niitsu M, Samejima K（1998）Unusual polyamines in aquatic plants: the occurrence of homospermidine, norspermidine, thermospermine, norspermine, aminopropylhomospermidine, bis（aminopropyl）ethanediamine, and methylspermidine. Can J Bot 76: 130-133.

Hamana K, Sakamoto A, Nishima M, Niitsu M（2004）Cellular polyamine profile of the phyla Dinophyta, Apicomplexa, Ciliophora, Euglenoyoa, Cercoyoa and Heterokonta. J Gen Appl Microbiol 50: 297-303.

Hiatt AC, McIndoo J, Malmberg RL（1986）Regulation of polyamine biosynthesis in tobacco. J Biol Chem 261: 1293-1298.

Hirshfield IN, Rosenfld HJ, Leifer Z, Mass WK（1970）Isolation and characterization of a mutant in *Escherichia coli* blocked in the synthesis of putrescine. J Bacteriol 103: 725-730.

五十嵐一衛（1993）細胞増殖・分化に果たすポリアミンの役割. 生化学 65: 86-104.

岩崎英雄（1973）赤潮鞭毛藻の生理特性からみた赤潮の発生機構. 日本プランクトン学会報 19: 104-114.

岩崎英雄（1976）赤潮－その発生に関する諸問題. 126pp, 海洋出版, 東京.

Iwasaki H（1984）Growth physiology of red-tide microorgamisms. Microbiol Sci 1: 179-182.

Kotzabasis K, Senger H（1994）Free, conjugated and bound polyamines during cell cycle in synchronized cultures of *Scenedesmus obliquus*. Z Naturforsch C 43: 181-185.

Kuehn GD, Bagga S, Rodriguez-Garay B, Phillips GC（1990a）Biosynthesis of uncommon polyamines in higher plants and their relation to abiotic stress responses. In: Polyamines and Ethylene: Biochemistry, Physiology, and Interactions（Flores HE, Arteca RN, Shannon JC, eds）, pp.190-202. , American Society of Plant Physiologist, Rockville, MDUSA.

Kuehn GD, Rodriguez-Garay B, Bagga S, Phillips GC（1990b）Novel occurrence of uncommon polyamines in higher plants. Plant Physiol 94: 855-857.

Minosha SC, Papa NS, Khan AJ, Asmuelsen AI（1991）Polyamines and somatic embryogenesis in carrot. Effects of methylglyoxal bis（guanilhydrazone）. Plant Cell Physiol 32: 395-402.

Nishibori N, Nishio S（1997）Occurrence of polyamines in bloom forming toxic dinoflagellate *Alexandrium tamarense*. Fish Sci 63: 319-320.

Nishibori N , Nishijima T（2003）Changes in polyamine levels during growth of a red-tide causing phytoplankton *Chattonella antiqua*（Raphidophyceae）. European Journal of Phycology 39: 51-55.

Nishibori N, Fujihara S, Nishijima T（2006）Changes in intracellular polyamine concentration during growth of *Heterosigma akashiwo*（Raphidophyceae）. Fish Sci 72: 350-355.

Nishibori N, Niitsu M, Fujihara S, Sagara T, Nishio S, Imai I（2009）Occurrence of the polyamines caldopentamine and homocaldopentamine in axenic cultures of the red tide flagellates *Chattonella antiqua* and *Heterosigma akashiwo*（Raphidophyceae）FEMS Microbiol Lett 298: 74-78.

Rajam B, Rajam MV（1996）Inhibition of polyamine biosynthesis and growth in plant pathogenic fungi *in vitro*. Mycopathologia 133: 95-103.

Santana MA, Rodringuez C, SanAnderes M, Sanz F, Ballesteros E（1997）In vitro cytotoxicity of guanylhydrazones（MGBG and PGBG）on cultured Chinese hamster ovary cells. Methods Find Exp Clin Pharmacol 19: 521-525.

Sarjara T（1996）Growth, potassium and polyamine concentrations of Scots pine seedlings in relation to potassium availability under controlled growth conditions. J Plant Physiol 147: 593-598.

Sarjara T, Haggman H, Aronen T（1997）Effect of exogenous polyamines and inhibitors of polyamine biosynthesis on growth and free polyamine contents of embryogenic Scots pine callus. J Plant Physiol 150: 597-602.

Scaramagli S, Biondi S, Torrigiani P（1999）Methylglyoxal（bisguanylhydrazone）inhibition of organogenesis is not due to S-adenosylmethinine decarboxylase inhibition / polyamine depletion in tobacco thin layers. Physiol Plant 107: 353-360.

Scoccianiti V, Penna A, Penna N. Magnani M（1995）Effect of heat stress on polyamine content and protein pattern in *Skeletonema costatum*. Mar Biol 121: 549-554.

Slocum RD, Galston AW（1985）Changes in polyamine biosynthesis associated with post fertilization growth and development in tobacco ovary tissues. Plant Physiol 79: 336-343.

Smith TA（1985）Polyamines. Annu Rev Plant Physiol 36: 117-143.

Steglich C, Scherffler IE（1982）An ornithine decarboxylase-deficient mutant of Chinese hamstar ovary cells. J Biol Chem 257: 4603-4609.

Tabor CW, Tabor H（1984）Polyamines. Annu Rev Biochem 53: 749-90.

Theiss C, Bohley P, Voigt J（2002）Regulation by polyamines of ornithine decarboxylase and cell division in the unicellular green alga *Chlamydomonas reinhardtii*. Plant Physiol 128: 1470-1479.

Torrigiani P, Scoccianti V（1990）Inhibition of putrescine synthesis during the cell cycle in *Helianthus tuberosus* tuber explants. Plant Physiol Biochem 28: 779-784.

Villanueva VR, Huang H（1993）Effect of polyamine inhibition on pea seed germination. J Plant Physiol 141: 336-340.

Villanueva VR, Linares PN（1995）Polyamine biosynthesis, a target to control seed germination? Studies with recalcitrant dipterocarp seeds. Biogenic Amines 4: 433-441.

Villanueva VR, Adlakha RC, Calvayrac R（1980）Cell cycle related changes in polyamine content in Euglena. Phytochemistry 19: 962-964.

Yao KM, Fong WF, Ng SF（1985）Changes in ornithine decarboxylase activity and polyamine levels during growth of *Tetrahymena thermophila* cultures. Comp Biochem Phys B 80: 827-829.

2-6 クロロフィル*a*蛍光を用いた赤潮藻類の光合成活性測定について[*1]

小池一彦[*2]・有元太朗[*3]

1. はじめに

　赤潮研究の黎明期からの課題は，赤潮藻類がいつ大増殖するかを予察することだろう．また，発生してしまった有害赤潮の対策として，養殖魚への餌止めの有効性が広く認識されるようになった現在，「この赤潮がいつまで続き，いつまで餌止めしなければならないのか？」，すなわち，赤潮の終焉の予察がより重要性を帯びてきている．

　現場において赤潮藻類の増殖・衰退の予察はきわめて難しい．赤潮藻類の多くは増殖を光合成に依存しており，光合成に好適な条件が整った時に爆発的な増殖を示す．光合成に好適な条件とは，温度・光・栄養状態の3つの柱からなる．このうち，光は時空間的にめまぐるしく変化し解釈が難しい．栄養，特に無機栄養塩類は多くの調査現場で測定されているが，まとめて後日分析し，その時の状況の後付け理由に使う例がほとんどだろう．加えて，鞭毛藻類の場合，鉛直移動により底層の豊富な栄養塩を吸収しており，水柱のみの栄養塩濃度ではその増殖を説明できないことが多々ある．ここに，これら三要素だけでは説明できないストレス要因（他種との競合，アレロパシー，増殖阻害物質の流入など）が加わってくるとすれば，赤潮藻類の増殖・衰退をつかさどるメカニズムはもはやブラックボックスである．ただしブラックボックスであっても，そこからのアウトプット（光合成活性や光合成速度）が測定できれば定量的な予測も可能だろう．

　光合成の測定には様々な方法がある．このうち，伝統的手法である^{13}C・^{14}Cトレーサー法や酸素発生法は長時間のボトルインキュベーションが必要となり，現場での赤潮予察には用いられない．唯一，現場で迅速に測定が可能であり，光合成の活性と速度を見積もることができる方法として，生体内クロロフィル*a*蛍光の測定がある．近年特に，「パルス変調クロロフィル蛍光測定」法に関して様々なタイプの機器が市販されるようになり，陸上植物分野での応用が盛んとなっている．植物プランクトン用の機器も市販されており，極言すれば，そのような機器を購入して，ボタンをひとつ押せば光合成の活性が測定可能になっている．しかし，何を測っているのか，何が測れるのか，赤潮予察へとのように応用することができるのかを理解するために，ここでは測定の原理とわれわれがこれまでに行ってきた調査研究への応用事例を述べていく．なお，生体内クロロフィル*a*蛍光の測定による光合成の測定には，パルス変調法以外にも，ポンプ＆プローブ法や，高速フラッシュ励起蛍光法（Fast

---

[*1] Chlorophyll *a* fluorescence as a tool to measure photosynthetic activity of red-tide algae

[*2] Kazuhiko Koike（kazkoike@hiroshima-u.ac.jp）

[*3] Taro Arimoto

repetition rate fluorometory：FRRF）があるが，後二者の原理を用いた機器は高価であり一般的とはいい難く，ここではその原理とともに割愛する．それぞれの違いについては Huot & Babin（2011）に詳しい．

2．生体内クロロフィル *a* 蛍光

　蛍光とは，色素が光を吸収して励起状態となり，元の状態である基底状態に戻る際に，そのエネルギーの差分を光の形で放出する現象である．光の波長 400〜700 nm の成分は光合成有効放射もしくは光合成光量子束密度と呼ばれ，光合成に使われる．この波長成分の光は植物体の光化学系 I と光化学系 II と呼ばれる二つの系に吸収される．光化学系 II のアンテナ色素タンパク質複合体が捕捉した光エネルギーは，P680 と呼ばれるクロロフィル *a* の反応中心へ受け渡される．励起された P680 はそのエネルギーを使って電子をフェオフィチン（Phe）からプラストキノン Q_A，Q_B の順に受け渡し，チトクロム *b*6*f* 複合体，プラストシアニン（PC）を経て光化学系 I の反応中心である P700 に伝達する．光化学系 II が吸収したエネルギーのうち，電子伝達に利用されない余剰分は熱や生体内クロロフィル *a* 蛍光として系外に放出される（図1）．各電子受容体は「電子を受け取った還元型（図中の Q_A^- など）」と「電子を放し，いつでも電子が受け取れる酸化型（図中の Q_A など）」の二つの形態を行き来する．還元型の再酸化（すなわち，電子が受け取れる酸化型への変換）が間に合わなかったり，流入エネルギーが過剰だったりすると，その余剰エネルギーは熱や蛍光としてより多く放出される．なお，生体内クロロフィル *a* 蛍光といった場合，この光化学系 II からの蛍光を指す（光化学系 I の蛍光は常温では非常に弱い）．

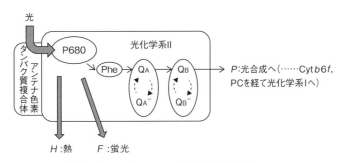

図1　光化学系 II のエネルギー・電子伝達の模式図
　　　実線は電子の流れ，ブロック矢印はエネルギーの流れを表す．

3．光合成活性の指標としての生体内クロロフィル *a* 蛍光

　ここで直感的な認識ではあるが，光化学系 II の電子伝達系が上手に電子をバケツリレーしている場合，P680 におけるエネルギー変換は滞ることなく，その結果，余剰として放出される蛍光は弱くなる．ここで，何らかの要因でバケツリレーがうまく働かなくなると，滞ったエネルギーはより強い蛍光として放出される．例えば，Q_A から Q_B への電子伝達を阻害する 3−（3，4−ジクロロフェニル）−1，1−ジメチル尿素（DCMU）を添加した時に強い蛍光が発せられる．最初の蛍光

を F，DCMU を添加した後の蛍光を F_{DCMU} とすると，$F_{DCMU} - F$ もしくは，最大値 1 の収率である $(F_{DCMU} - F)/F_{DCMU}$ は，光化学系 I への電子伝達収率の指標となる．この原理に基づく DCMU 添加法は赤潮藻類の増殖予測にも用いられてきた（Fukazawa et al. 1980, 飯塚 1986）．なお，ここで述べた，「電子伝達系が電子をうまく受け取れる状態（オープンと呼ばれる）と，受け取れない状態（クローズ）では，蛍光の強さが異なり，その差分は光化学系 I へと向かう電子伝達収率の指標となる」，という基本原理は，パルス変調蛍光測定の理論の基礎ともなる．

パルス変調蛍光法（Schreiber et al. 1986）では，クロロフィル *a* の蛍光を測定するのに，一定の周波数（一定間隔でオン−オフを繰り返す）を持ったパルス光を使う．その詳しい原理は園池（2005, 2009）や佐々木（2009）にわかりやすく詳しく書かれているのでこれらを参照されたいが，ここではその基本を述べる．まず植物を暗所にしばらく放置し，電子受容体がすべて酸化型になった状態で，パルス光（これを測定光あるいはプローブ光と呼ぶ）を照射する．測定光は弱く短い照射時間（〜10 マイクロ秒）なので，電子伝達系の状態を暗条件下から変化させないで（すなわち蛍光や熱としての放出を増加させず），見かけ上，暗条件下での蛍光が測定可能である．この時の蛍光は最小値となり，F_o と呼ばれる．次に 50 〜 800 ミリ秒程度の十分に強い数千 μmol photons m^{-2} s^{-1} 程度の飽和光を照射する．飽和光によって上述の Q_A はすべて還元型になりいったんクローズとなる．ここで蛍光（F_m）を測定する．この F_m は光合成に使われないエネルギーが上乗せされたものなので強い蛍光となる（図2）．飽和光によっても蛍光は発せられるが，測定光と同じパルス周期を持つ蛍光のみを検出するので，同じ強さの測定光から誘導される蛍光を，電子伝達系がオープンな状態（すなわち F_o）とクローズな状態（F_m）で比較することができる．飽和光の照射時間は短いので，余剰エネルギーを熱へと放散する経路はすぐに反応しない．よって，$F_m - F_o(F_v)$ は Q_A の下流に流れる電子伝達収率に相当し，これを最大値 1 で示した F_v/F_m は，光化学系 II の最大量子収率と考えることができる．パルス変調測定法の利点は，このように見かけ上暗条件下での蛍光（F_o）を測定できることと，他の照射光（ここでは飽和光）そのものによって誘導される蛍光や迷光を排除できるという点にある（園池 2009）．

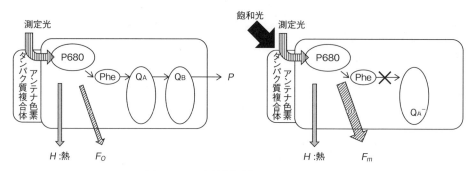

図2 パルス変調蛍光測定における F_o と F_m

F_v/F_m は光化学系 II の最大量子収率であり，植物が暗所に置かれ，電子伝達系がすべてオープンな状態での最大のポテンシャルである．しかし，実際には明条件下で様々な強さの光（励起光）が照射され光合成を駆動している．この励起光が強ければ，熱として放出される経路も働き，その結果として蛍光へのエネルギー割合が低下する．すなわち前述の F_o と F_m はそれぞれ F_o' と F_m' へと低下する

（図3）．これを非光化学消光という．非光化学消光が生じている時のオープンな光化学系 II の量子収率は，$F_v/F_m((F_m - F_o)/F_m)$ と同様に考え，$(F_m' - F_o'; F_v')/F_m'$ と計算される．さて，励起光が強ければ Q_A の還元型と酸化型の存在比も変化するだろう．すなわち，光が強く流入エネルギーが過剰であれば，Q_A の酸化が間に合わず還元型の割合が多くなるだろう．F_o' と F_m' はそれぞれ Q_A が完全に酸化型にある時と完全に還元型にある時の蛍光値なので，蛍光（F）は，Q_A の酸化・還元型の存在割合に応じて，最小値の F_o' と最大値の F_m' の中間の値をとるはずである．ここで $(F_m' - F)/(F_m' - F_o')$ という式を作ると，励起光が照射され Q_A が完全に還元型にある場合，$F = F_m'$ なので式の解は 0 となり，完全に酸化型の場合は $F = F_o'$ なので 1 となる．すなわち Q_A の還元型・酸化型の存在状態に応じて 0 から 1 の間をとることになる．これを qP と表し，光化学消光と呼ぶ（園池（2005）に詳しいので一読されたい）．

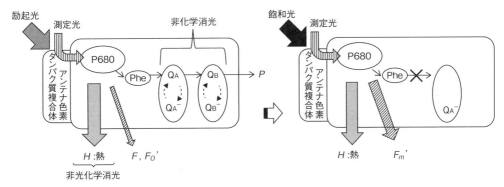

図3　励起光照射下での F_o' と F_m' および光化学消光，非光化学消光

　このように，暗条件下とは異なり，励起光が照射された場合は光化学消光と非光化学消光の程度によって光合成への量子収率がそれぞれ 0 から 1 へと変化する．よって，この両方をかけた式 qP・F_v'/F_m' は，ある励起光が照射された時の実効的な量子収率（実効量子収率）となる．qP・F_v'/F_m' は $(F_m' - F)/(F_m' - F_o')$・$((F_m' - F_o')/F_m')$ と展開でき，これを計算すると $(F_m' - F)/F_m'$ と簡単になる．このパラメータは Φ II と呼ばれる（Genty et al. 1989）．Φ II はある励起光下における最大値 1 の量子収率なので，これに植物体の光化学系 II に吸収される光量子束密度と係数をかければ，光合成に使われる電子伝達の速度が求まる．これを電子伝達速度（Electron Transport Rate：ETR）と呼び，実際の光合成による酸素発生や CO_2 吸収と良い相関がある（Beer et al. 2001, Ralph & Gademann 2005 など）．よって，ETR は F_v/F_m とは異なり速度論的な情報を与え，増殖速度の予測に有効である．パルス変調型蛍光光度計の多くの機器では，この ETR を様々な励起光を与えて測定でき，それぞれの光量子束密度条件下で光合成に使われる電子伝達速度を定量できる．ETR は光量子束密度と同じく μmol electrons m^{-2} s^{-1} で表される．ここで，光化学系 II において 4 mol の電子は 1 mol の O_2 発生とリンクされ，ETR の測定によって植物プランクトンの生産量の算出も可能である（例えば，Goto et al. 2008）．

　なお，F_v/F_m の測定時には暗所に置く時間（暗順応時間）が問題となる．本来暗所に長く置けば置くほど，Q_A は酸化状態となり F_o への収率は低下し，F_v は高くなるはずである．しかし，特に渦鞭毛藻類の場合，暗所に長く置くと逆に F_o が上昇し F_v が低下する現象が認められる．また，陸上植物

2-6 クロロフィル <i>a</i> 蛍光を用いた赤潮藻類の光合成活性測定について

において F_v/F_m は最大値 0.8 程度を示すようであるが,藻類の場合 0.8 に達することは滅多にない.これは葉緑体の電子伝達系を呼吸系と共用する「葉緑体呼吸」が存在するためだと思われる(園池 2009).よって完全に光合成のポテンシャルを測定していない懸念があるが,現場への応用には支障はないと思われる.

<h2 style="text-align:center">4.利用可能な機器</h2>

ドイツの Heinz Walz 社のウェブサイト(www.walz.com)を見れば,様々なタイプのパルス変調蛍光光度計が市販されていることがわかる.その中で Water-PAM や Phyto-PAM が植物プランクトン用として開発されたものであり,高価ではあるが非常に感度も良く信頼性も高い.潜水可能で,光ファイバープローブを固体表面に当てることにより,底生藻類(サンゴの褐虫藻なども)の活性も測ることができる Diving-PAM も市販されている.チェコの Photon Systems Instruments(PSI)社(www.psi.cz)からも多数の機器が市販されている.Water-PAM よりは感度は劣るが,PSI 社の AquaPen シリーズは安価で,片手で持てるほど小型であるので,現場への即時導入も可能だと思われる.現場垂下型としては米国 Turner Designs 社(www.turnerdesigns.com)の PhytoFlash がある.パルス変調法は,パルス状の測定光と飽和光,励起光の三種類の光を照射し,蛍光を何らかの方法で定量すれば良いので,市販の蛍光顕微鏡に適当な光源と制御ユニットを装着し,検出器をパルストリガーに同期して撮影可能なデジタルカメラに置き換えれば,光合成活性のイメージングが可能である.後に調査例として紹介するが,植物プランクトン群集自体の活性は低いのに,そこに少数混在する赤潮原因種の活性が高い(もしくはその逆),ということがある.これは赤潮の発生予察にとって見逃せない現象である.このようなケースには種ごとに活性を測定できる顕微鏡型の装置が必要となる.

いずれの機器を用いる場合でも,そのセッティングが重要になる.まず,2 節に示した原理をよく理解し,F_o を検出するために十分かつ最低限の測定光強度(およびパルス間隔・照射時間)を選択する.ここで F_o が上昇していく場合,その測定光は励起効果を持ってしまっている.F_o は微弱な蛍光なので検出器の感度も重要であるが,電気的にゲイン感度を上げ過ぎるとノイズの影響で F_o の値が信頼できなくなる.F_m のためにも十分かつ最低限の強さの飽和光を選ぶ必要がある.過剰な飽和光は熱放散系を誘導する.

<h2 style="text-align:center">5.赤潮予察への応用:培養による確認</h2>

では F_v/F_m や ETR は赤潮藻類のどのような増殖状態を表すのだろうか.図 4 は赤潮原因鞭毛藻の <i>Chattonella antiqua</i> を 23.1℃ でバッチ培養した結果である.ここでは増殖に伴う F_v/F_m の変化を示してある.F_v/F_m は新たな培地に植え継いだ初日に最も高く,培養開始から 7 日目の指数増殖期の終期にはおよそ 0.55 まで減少した.その後減衰期〜定常期にかけても緩やかな減少が続き,23 日目以降の死滅期には F_v/F_m が 0.3 を切るような低い値を示した.ここで,培養開始から定常期に入るまでの,F_v/F_m と日間細胞分裂速度の関係を見ると(図 5),両者の間には直線関係が見られた.このことは,F_v/F_m の測定が,<i>C. antiqua</i> の細胞分裂速度の見積もりに使えるということである.また,この例においては,F_v/F_m が 0.45 を切るようであればその細胞はもはや増殖しない(=赤潮の終焉)という

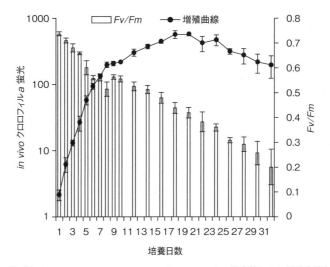

図4　23.1℃にて培養した *Chattonella antiqua* の *in vivo* クロロフィル *a* 蛍光値による増殖曲線と F_v/F_m の変化
　　　バーは標準偏差を表す．

判断を与えることにもなる．

　このように F_v/F_m は増殖段階の指標となるが，では増殖
生理状態の何が F_v/F_m の値を左右しているのであろうか．
図6は4つの温度で *C. antiqua* を培養して，定常期にいた
る間の F_v/F_m と，培地に残存している無機態リン（PO_4-P）
の濃度の関係を示したグラフである．いずれの温度におい
ても両者の関係は同一線上に乗り，リン濃度が 10 μM を
下回った頃から F_v/F_m が急減している．この急減は，指
数増殖期終期の目安である F_v/F_m = 0.55 を境にしている．
すなわち，この場合，F_v/F_m の急減はリンの枯渇による指
数増殖期の終わりを示している．なお，使用した培地は
f/2 であり，基質となった天然海水の栄養塩も合わせ，N：
P = 30：1 とリン制限がかかりやすい状態であった．もし
窒素制限がかかりやすい状態であれば，窒素と F_v/F_m の間
に関係が見られただろう．

　実際に，リンと窒素それぞれを 1/10 にした培地で培養
し，F_v/F_m の低下が見られた後に，窒素やリンを再添加す
ると，いずれにおいても増殖の回復とともに F_v/F_m の再上
昇が見られた（図7）．この時は窒素の制限区においてレ
スポンスが顕著であった．

　すなわち，*Chattonella* においては，F_v/F_m の測定は増殖
段階（および増殖速度）の見積もりに有効であり，さらに
窒素もしくはリンという増殖の制限となりやすい多量栄養
の利用可能状況を表すことになる．ただし，同じような実

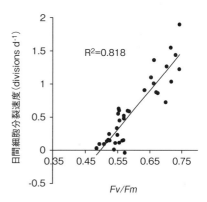

図5　23.1℃にて培養した *Chattonella antiqua* の
　　　日間細胞分裂速度と F_v/F_m の関係

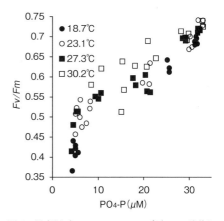

図6　温度別（18.7, 23.1, 27.3, 30.2℃）にて培養し
　　　た *Chattonella antiqua* の F_v/F_m と培地中に残
　　　存する PO_4-P 濃度の関係

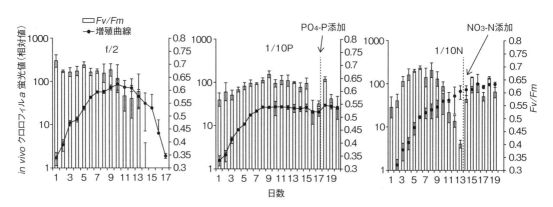

図7 f/2 培地，1/10 リン f/2 培地，1/10 窒素 f/2 培地における *Chattonella antiqua* の増殖曲線と F_v/F_m の推移
1/10 リン培地では 17 日目に，1/10 窒素培地では 14 日目にそれぞれの制限栄養を再添加した．

験を渦鞭毛藻の *Karenia mikimotoi* で行うと，おおよその傾向は同じだが，F_v/F_m の数値とそれに対応する増殖段階が *C. antiqua* とは異なる．また，増殖初期に，十分に増殖しているにも関わらず F_v/F_m が低いことがある．先に述べた葉緑体呼吸や，従属栄養の可能性も含め，原因は色々考えられるが詳細は不明である．現場応用する場合，対象種ごとの培養実験が必要だろう．

6．赤潮予察への応用：現場試験

ではこれらパルス変調蛍光法による測定は，複雑な要因が絡み合う現場での予察に有効なのだろうか．図8（口絵1）は 2012 年に広島県呉港で Walz 社の Water-PAM を用いて調査した結果である．この時 4 月中旬の調査開始時から 8 月下旬にかけ，珪藻→渦鞭毛藻の *Alexandrium catenella* →珪藻→ *Heterosigma akashiwo* と *Prorocentrum dentatum* の混合赤潮→珪藻の赤潮と遷移した．F_v/F_m は *H. akashiwo* + *P. dentatum* の混合赤潮時（6 月中～下旬）には 0.7 近い高い値を示した．一方，珪藻も鞭毛藻類も出現しなかった端境期の 6 月下旬～ 7 月中旬にかけては 0.55 を切るような低い値を示した．ただし，港内の高栄養塩環境を反映してか，F_v/F_m は比較的高い値のまま推移し，実際には光不足のため植物プランクトンがあまり増加しないが栄養塩が豊富な底層において高い傾向があり，栄養塩の状況の判断には良いが，どうも実際の増殖を表していないと思われた．一方，F_v/F_m で表される栄養塩の利用状況に加え，光のパラメータを考慮し，なおかつ速度論を与える ETR（ここでは相対的な最大値を示す）を見てみると，5 月 11 日の *Alexandrium catenella* のブルーム，*H. akashiwo* + *P. dentatum* の混合赤潮の開始期の 6 月 6 日，珪藻赤潮の開始期の 7 月 12 日に急上昇し，実際に，これら赤潮のブルームの予測に使うことができた．高い ETR を与える場合は，その植物は強い光を利用できることが多い．5 月と 6 月の鞭毛藻類のブルーム時には，高い ETR を示す群集が表層ではなく中層に見られる．一方，7 月の珪藻のブルーム時には表層で見られる．これは，鞭毛藻類の鉛直移動を示していると思われた．

このように，特に ETR の測定は赤潮の予察に有効だと思われるが，一方，例えば 6 月 6 日において珪藻と *H. akashiwo* がほぼ同程度の密度で出現し，この群集の ETR が高い場合，では珪藻と *H. akashiwo* のどちらが増えてくるのかの判断は難しい．別の調査の例になるが，有害赤潮原因の

Karenia mikimotoi の調査において，先に紹介した顕微鏡型のパルス変調蛍光測定器を用いてみた（PSI社，MicroFluorCam FC2000）．図 9 は珪藻と *K. mikimotoi* を同一視野で捉え（写真左），同時に F_v/F_m を測定したものである（写真右）．この場合，珪藻の F_v/F_m は 0.60 と高いが，*K. mikimotoi* は 0.37 とほぼ死滅状態であることがわかった．

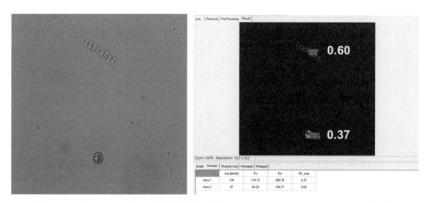

図 9　顕微鏡型パルス変調蛍光測定器（PSI 社，MicroFluorCam FC2000）による撮影画像
　　　左は光学像．右は F_v/F_m を示す蛍光像．
　　　写真の上側の連鎖細胞は珪藻 *Chaetoceros* sp., 下側は有害渦鞭毛藻 *Karenia mikimotoi*.

7．おわりに

　以上に示したように F_v/F_m は特に栄養塩類の利用状況を表し，ETR はそれに加え光の利用状況を表す．ここには示さなかったが，F_v/F_m は水温ストレスの良い指標ともなり，夏場に表層水温が 30℃を超えると，栄養塩が十分ありながら珪藻群の F_v/F_m が急減することもある．F_v/F_m の測定は暗順応さえ済ませておけば，分析はそれこそ一瞬であり，現場船上でも可能だ．ETR の場合は，何段階かの励起光を数十秒～数分当てる必要があり，それなりに時間がかかるが，光の利用に関しても情報が得られ，これによって光合成をつかさどる水温・光・栄養の三要素の把握が可能となる．増殖初期の予察には，種ごとに活性を見ることができる顕微鏡型が欲しいが，Water-PAM や AquaPen などのキュベット型でも，現場の水温・光・栄養に対する植物プランクトン群集の総合的な反応を見ているわけで，その時の出現種組成の観察結果と合わせ，今後のおおよその傾向はつかむことができる．キュベット型であっても，単一種で構成される赤潮の終焉の予測にはきわめて有効であることはいうまでもないだろう．

文　献

Beer S, Björk M, Gademann R, Ralph PJ（2001）Measurements of photosynthetic rate in seagrasses. In: Global Seagrass Research Methods（Short FT, Coles RG eds）, pp.183-198, Elsevier, Amsterdam, The Netherlands.

Genty B, Briantais JM, Baker NR（1989）The relationship between the quantum yield of photosynthetic electron transport and photochemical quenching of chlorophyll fluorescence. Biochim Biophys Acta 990: 87-92.

Fukazawa M, Ishimaru T, Takahashi M, Fujita T（1980）A mechanism of red-tide formation. I. Growth rate estimate by DCMU-induced fluorescence increase. Mar Ecol Prog Ser 3: 217-222.

Goto N, Miyazaki H, Nakamura N, Terai H, Ishida N, Mitamura O（2008）Relationships between electron transport rates determined by pulse amplitude modulated（PAM）chlorophyll fluorescence and photosynthetic rates by traditional and common methods in natural freshwater phytoplankton. Fund Appl Limnol 172:121-134.

Huot Y, Babin M（2011）Overview of fluorescence protocols: Theory, basic concepts, and practice. In: Chlorophyll *a* Fluorescence in Aquatic Sciences: Methods and Applications（Suggett DJ, Prášil O, Borowitzka MA eds）, pp.31-74, Springer, New York.

飯塚昭二（1986）"2.6. 活性の測定". 沿岸環境調査マニュアル（底質・生物篇）（日本海洋学会編）, pp.163-173, 恒星社厚生閣, 東京.

Ralph PJ, Gademann R（2005）Rapid light curves: A powerful tool to assess photosynthetic activity. Aquat Bot 82: 222-237.

佐々木治人（2009）クロロフィル蛍光を用いた光化学系の解析. 日本作物学会紀事 78: 284-288.

Schreiber U, Schliwa U, Biliger W（1986）Continuous recording of photochemical and non-photochemical fluorescence quenching with a new type of modulation fluorometer. Photosynth Res 10: 51-62.

園池公毅（2005）パルス変調クロロフィル蛍光測定におけるデータの解釈. 日本光合成研究会会報 42: 7-12.

園池公毅（2009）クロロフィル蛍光と吸収による光合成測定. 低温科学 67: 507-524.

2-7 赤潮藻類の生理生態に及ぼす光環境の影響[*1]

紫加田知幸[*2]

1. はじめに

　温帯域では，海面に降り注ぐ光の強さは季節あるいは天候によって大きく変化する．生物はこうした光環境の変化を敏感に捉えて，それに対応し，適応する能力を有する．特に光合成を行う生物にとって光は生存のためのエネルギー産生に必須であり，また，光環境の変化は生殖，発生，代謝の制御に重要なシグナルとして利用されることが知られている．ほとんどの赤潮藻類は独立栄養性あるいは混合栄養性で，光合成を営むことで生残・増殖する．また，細胞分裂，休眠期細胞の形成と発芽，遊泳など，赤潮形成に重要とされる生理現象の制御にも光が関与することがわかってきている．本章では，渦鞭毛藻，ラフィド藻，珪藻といった赤潮藻類の生理生態に及ぼす光環境の影響について概説する．なお，光合成への関与については一部触れるが，詳細は 2-6 章を参照されたい．

2. 増殖に及ぼす光の影響

　ほとんどの赤潮藻類は光合成生物であり，それらの増殖動態は光環境に多大な影響を受ける（Hitchcock & Smayda 1977, Shikata et al. 2008, 2009, Sommer et al. 2012）．主要な赤潮藻類における増殖速度と光強度との関係を表 1 にまとめた．Lederman & Tett（1981）の直角双曲線モデルに基づいて，I_0 は増殖するために最低限必要な補償光強度，K_s は最大増殖速度の半分を達成する光強度（半飽和定数）である．多くの種は，I_0 が 10 µmol photons m^{-2} s^{-1} 付近，K_s が 40 〜 50 µmol photons m^{-2} s^{-1} 付近にあるが，*Prorocentrum donghaiense* や *Heterosigma akashiwo* のように I_0 や K_s が極端に低い種あるいは高い種も存在し，光強度－増殖の関係は種間で差異が認められる．さらに，増殖のための光要求性は同じ種でも株間で大きく異なる場合があることも知られている（山本・樽谷 1997, Marshall & Hallegraeff 1999）．また，光量－増殖の関係は温度や塩分など他の環境条件からも影響を受ける（山口 1999, Nishikawa & Yamaguchi 2006, 2008）．

　光の強さだけでなく光の波長も赤潮藻類の増殖に大きな影響を及ぼす．増殖は光合成により産生されたエネルギーを利用して行われるため，光強度が一定であれば光合成色素の吸収量に依存することになる．ほとんどの赤潮藻類において，増殖速度は光合成色素の吸収が高い青色光下において最大と

[*1]　Effects of light on physiological ecology in the red-tide algae

[*2]　Tomoyuki Shikata（shikatat@affrc.go.jp）

表1　赤潮藻類の増殖に及ぼす光強度の影響

生物種名	I_0 (μmol photons m^{-2} s^{-1})	K_s (μmol photons m^{-2} s^{-1})	実験温度 (℃)	分離海域	文献
渦鞭毛藻					
Akashiwo sanguinea	14.4	92.5	25	博多湾	Matsubara et al.（2007）
Alexandrium tamarense	45	62	15	三河湾	山本ほか（1995）
Cochlodinium polykrikoides	10.4	45.1	25	古江湾	Kim et al.（2004）
Gyrodinium instriatum	10.6	46.8	25	博多湾	Nagasoe et al.（2005）
Heterocapsa circularisquama	15.5	24	25	大村湾	山砥ほか（2005）
Karenia mikimotoi	< 10	53.5	25	周防灘	山口・本城（1989）
Prorocentrum donghaiense	0.1	2.6	24	東シナ海	Xu et al.（2010）
ラフィド藻					
Chattonella antiqua	20.2	61.1	25	八代海	紫加田ほか（2010）
Heterosigma akashiwo	33.8	152.8	25	博多湾	Shikata et al.（2008）
珪藻					
Asterionellopsis gracialis	17.3	52.5	25	八代海	紫加田ほか（2010）
Chaetoceros debilis	10.4	47.1	25	八代海	紫加田ほか（2010）
Chaetoceros sp.	10.9	42.2	25	八代海	紫加田ほか（2010）
Coscinodiscus wailesii	6.8	84.1	20	播磨灘	Nishikawa & Yamaguchi（2008）
Eucampia zodiacus	7.5	66.6	25	播磨灘	Nishikawa & Yamaguchi（2006）
Skeletonema japonicum	8	34.6	25	八代海	紫加田ほか（2010）一部改変
Thalassiosira sp.	12.3	41.7	25	八代海	紫加田ほか（2010）
ディクティオカ藻					
Pseudochattonella verruculosa	5.4	64.1	20	広島湾	山口（1999）

なり，逆に吸収が低い黄色〜橙色領域で低くなる（Faust et al. 1982, Oh et al. 2008, Shikata et al. 2009）．また，他の植物と同様に赤潮藻類の細胞周期は体内時計によって調節されると考えられており，細胞分裂のタイミングなどは明暗周期や日長などに制御される（Nemoto & Furuya 1985, Nemoto et al. 1987）．赤潮藻類において，細胞周期や細胞分裂過程の光制御が細胞内でどのように行われているかについてはほとんどわかっていないが，渦鞭毛藻 *Karenia brevis* では，青色光の受光によってS期誘導が促進されることから，クリプトクロームなどの青色光受容体が細胞周期の制御に関与する可能性も指摘されている（Brunelle et al. 2007）．これまでの室内の研究成果から赤潮藻類の増殖に青色光が促進的な作用を果たすことは間違いなさそうであり，実際の現場環境中においても赤潮藻類の個体群動態は青色光の水中透過率の変動と同期することが観察されている（Shikata et al. 2009, 図1）．

　夏季の晴天時，表層には可視域だけで1,000〜2,000 μmol photons m^{-2} s^{-1} を超える強光が到達しており，赤潮藻類の動態と環境条件との関係を考えるうえで光合成や生残増殖に及ぼす強光の影響を無視することはできない．実際に，強光や紫外線が藻類に有害な影響を及ぼすことを示唆する研究成果は多数報告されており（Pessoa 2012），いくつかの赤潮藻類においても，強光下で光合成活性や増殖が低下する現象が観察されている（Gao et al. 2007, Warner & Madden 2007, Wu et al. 2011, Hennige et al. 2013）．一般に，光照射により光合成が阻害される現象を（強）光阻害と呼ぶ．シアノバクテリアや緑藻，高等植物といったモデル生物を用いた生理学的な研究により，光阻害の主たる標的は強光に対して高い感受性を有する光合成光化学系II（PSII）であると考えられている．強光下ではPSIIの光損傷とその修復が同時に進行しており，PSIIの活性は両者のバランスに依存している．したがって，光阻害は光損傷の速度が修復の速度を上回った時に起こる（西山 2013）．光損傷は，強いUVや青色光により，マンガンクラスターなどの酸素発生系（タンパク質）が破壊され，その後，強い可視光（青

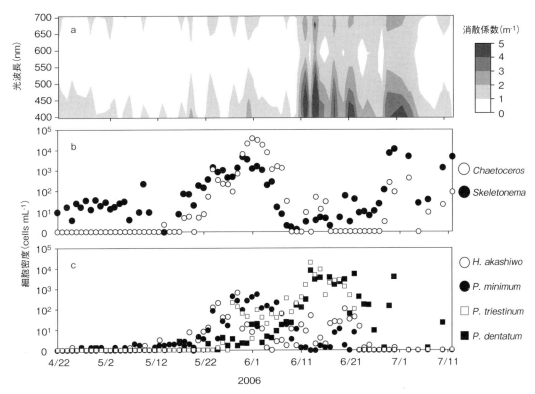

図1　博多湾箱崎港における光質と植物プランクトン動態の関係
　　　ａ：各波長域における光の消散係数，ｂ：珪藻類（*Chaetoceros* spp., *Skeletonema* spp.）およびｃ：鞭毛藻類の細胞密度の動態.

色と赤色領域）により，クロロフィルが壊れることで起こると考えられている（Ohnishi et al. 2005）．
一方，強光下において光合成がフルパワーで駆動した結果，多量に発生する活性酸素は修復過程で役
割を果たす D1 タンパク質の新規合成を阻害することも知られている（西山 2013）．一部の赤潮藻類
について，光阻害が観察できなかったと記された文献が複数存在するが，多くの場合，設定された光
強度が現場環境中の最高値よりもずいぶん低く，太陽光とは紫外線含量やスペクトルが異なる蛍光灯
などの光源が用いられていることを念頭に置く必要がある．最近，Yamaguchi et al.（2014）はスペク
トルがより太陽光に近い LED 光源を用いて高い光強度下で有毒渦鞭毛藻 *Ostreopsis* sp. を培養し，増
殖速度の低下が起こることを報告している．

3．休眠期細胞の発芽過程に及ぼす光の影響

　他の微細藻類でも観察されているように赤潮藻類においても，光環境はライフステージ変化の誘導
や抑止に関わっている．その関わり方は種ごとに異なり，それが固有の個体群動態を生み出す．赤潮
藻類の場合，有性生殖や休眠誘導への光の関与については知見が限られており（Imai 1989, McQuoid
& Hobson 1996, Itakura et al. 1996），詳細な解析例は少ない．その一方で，赤潮発生の初期過程として
重要な役割を果たすと考えられている休眠期細胞の発芽については研究が進展している．多くの赤
潮藻類は生活環の中に休眠期を有しており，休眠期細胞の発芽には光が正または負の影響を及ぼす
ことがある．ほとんどの珪藻は休眠胞子の発芽に光を要求するが（McQuoid & Hobson 1996），渦鞭

毛藻の場合，シスト発芽に及ぼす光の影響は種ごとに異なる．*Lingulodinium polyedrum* のように光が発芽に必要な種，*Alexandrium tamarense* のように光が発芽速度を大きくする（発芽を促進する）種，*Gonyaulax rugosum* のように光が発芽にほとんど影響しない種が存在する（Anderson et al. 1987）．ラフィド藻は発芽に光を必要とせず（今井ほか 1984, Shikata et al. 2007），*Chattonella* の場合はむしろ明条件下で発芽が阻害されるとの報告もある（Ichimi et al. 2003）．また，*Heterosigma akashiwo*（Shikata et al. 2007, 2008）や渦鞭毛藻 *Alexandrium fundyense*（Vahtera et al. 2014）で観察されているように，光が発芽直後の細胞生残を助長することもある．

　発芽に光を要する場合，発芽誘導に必要な光強度や照射時間は種ごとに異なる．渦鞭毛藻 *Scrippsiella trochoidea* の発芽は，0.12 µmol photons m^{-2} s^{-1} 以上の光をわずか 1 秒照射することで誘導されるが（Binder & Anderson 1986），珪藻 *Leptocylindrus danicus* の場合，十分な発芽率を得るためには 50 µmol photons m^{-2} s^{-1} 以上でも 8 時間以上の光照射が必要である（Shikata et al. 2011）．さらに，光波長も発芽誘導に影響する．*S. trochoidea* では緑色光（550 nm）が発芽誘導に最も有効である（Binder & Anderson 1986）のに対し，*Skeletonema* や *Chaetoceros* などの珪藻類においては青色光（430 nm）が最も有効である（Shikata et al. 2009）．また，*L. danicus* については大型スペクトログラフを用いた詳細な室内実験により，青色光と赤色光をピークとする反応スペクトルも得られている（Shikata et al. 2011, 図 2）.

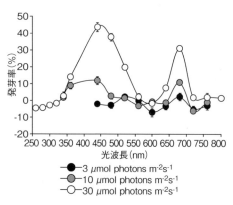

図2　珪藻 *Leptocylindrus danicus* の休眠胞子における発芽の反応スペクトル

　休眠期細胞の発芽から発芽細胞の生残までの過程（発芽過程）に光が影響する場合，赤潮発生の初期過程が光によって制御される．博多湾箱崎港では，発芽過程が光照射によって大きく促進される *H. akashiwo* および *Skeletonema* spp. は，それらの休眠期細胞が存在する海底まで強光が透過した直後に栄養細胞が頻繁に観察されるようになり，その後，栄養塩濃度などの環境が好適であれば赤潮状態にまで増殖する（Shikata et al. 2008）．また，Imai et al.（1996）は照射する光強度を変えた底泥培養試験を行い，発芽過程における光感受性の種間差異が優占種（赤潮形成種）の遷移に貢献し得ることを報告している．

4．游泳に及ぼす光の影響

　赤潮鞭毛藻のほとんどが昼間は表層に，夜間は底層に移動する日周鉛直移動を示す．この日周鉛直移動により，赤潮鞭毛藻は表層で光を獲得して光合成を行い，広範囲の深度層において栄養塩を取り込むことができるので，遊泳できない珪藻類などとの増殖競合に有利であると考えられている．多くの場合，赤潮鞭毛藻類の日周鉛直移動は体内時計の制御下にある走光性あるいは重力走性で説明されている（Wada et al. 1986, Roenneberg et al. 1989, Eggersdorfer & Häder 1991, Kamykowski et al. 1999）．昼間は光に向かって遊泳する（正の走光性）あるいは重力に逆らって遊泳し（負の重力走性），夜間はその逆となる．渦鞭毛藻 *Karenia mikimotoi* などは（青色）光に対して正の走性を示すが（Horiguchi et al. 1999)，昼間，光強度が強くなり過ぎると走光性の符号を逆転させて光から逃避し，中層に集積する種も存在する（Heaney & Eppley 1981, Ault 2000, Fauchot et al. 2005）．日周鉛直移動における上昇開始と下降開始時刻（走性の符号切り替え時刻）は体内時計で制御されていると考えられているが，その体内時計は光によって調節される（Roenneberg et al. 1989, Takahashi & Hara 1989, Shikata et al. 2013, 2015）．一般に，体内時計によって生み出される生物リズムは暗期に受光すると位相が前進，あるいは後退することが知られている（田澤 2009）．このような現象は光位相変化と呼ばれ，赤潮鞭毛藻類の日周鉛直移動リズムにおいてもこの現象が起こることがわかってきている．ラフィド藻 *Chattonella antiqua* は暗期の前半に受光すると，翌日の日周鉛直移動の上昇開始時刻が遅れるのに対して，暗期の後半に受光すると，翌日の日周鉛直移動の上昇開始時刻が早まる（Shikata et al. 2013）．また，このような日周鉛直移動リズムの位相変化に対して，0.1 μmol photons m^{-2} s^{-1} 程度の非常に微弱な UV〜青色領域の光が十分な効力を持つ（図3）．なお，*H. akashiwo*，*K. mikimotoi*，*Heterocapsa circularisquama* といった他の赤潮鞭毛藻類においても，青色光が鉛直移動リズムの位相変化に有効であることが明らかとなっている（Shikata et al. 2015）．

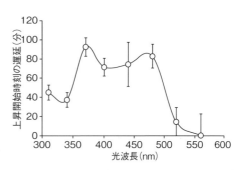

図3　ラフィド藻 *Chattonella antiqua* における日周鉛直移動リズムの光位相変化の反応スペクトル

5．今後の展望

　赤潮藻類を対象とした使用例は少ないが，基礎生物学研究所（愛知県岡崎市）には UV〜近赤外にわたる領域の単色光を生物に照射して生理現象を解析できる岡崎大型スペクトログラフという共同利用施設がある（内川ほか 2014）．また，現在，研究用 LED 光源や波長可変型光源が市販されており，生理現象に与える光質の影響解析を精密にかつ簡便に実施できる状況にある．さらに，次世代シーケンサーを用いた全ゲノムあるいは全 mRNA シーケンス解析に代表される分子生物学的技術の目覚ましい進展および普及により，海産微細藻類が有する光受容体タンパク質が次々に見出され始めている（例：Armbrust et al. 2004, Brunelle et al. 2007, Ishikawa et al. 2009）．しかしながら，赤潮藻類については，生理現象と光環境との関係が詳細に解析されていて，かつ遺伝子配列情報が充実している生物種は今のところ見当たらない．また，遺伝子情報が得られ，光受容タンパク質と相同性の高い遺伝子の塩基配列が見出されていてもその機能は不明であることが多い．今後，LED や岡崎大型スペクトログラフなどの光源や各種の生化学的・分子生物学的技術を駆使して，赤潮発生機構を考えるうえできわめて重要な細胞周期，生活環，遊泳などの生理現象と光環境との関係がより深く解析され，赤潮藻類がどのように光を感知し，どのように振る舞うのか，その機構の解明が期待される．

文　献

Anderson DM, Taylor CD, Armbrust EV（1987）The effects of darkness and anaerobiosis on dinoflagellate cyst germination. Limnol Oceangr 32: 340-351.

Armbrust EV, Berges JA, Bowler C, Green BR, Martinez D, Putnam NH, Zhou S, Allen AE, Apt KE, Bechner M, Brzezinski MA, Chaal BK,

Chiovitti A, Davis AK, Demarest MS, Detter JC, Glavina T, Goodstein D, Hadi MZ, Hellsten U, Hildebrand M, Jenkins BD, Jurka J, Kapitonov VV, Kröger N, Lau WW, Lane TW, Larimer FW, Lippmeier JC, Lucas S, Medina M, Montsant A, Obornik M, Parker MS, Palenik B, Pazour GJ, Richardson PM, Rynearson TA, Saito MA, Schwartz DC, Thamatrakoln K, Valentin K, Vardi A, Wilkerson FP, Rokhsar DS（2004）The genome of the diatom *Thalassiosira pseudonana*: ecology, evolution, and metabolism. Science 306: 79-86.

Ault TR（2000）Vertical migration by the marine dinoflagellate *Prorocentrum triestinum* maximises photosynthetic yield. Oecologia 125: 466-475.

Binder BJ, Anderson DM（1986）Green light-mediated photomorphogenesis in a dinoflagellate resting cyst. Nature 322: 659-661.

Brunelle SA, Hazard ES, Sotka EE, Van Dolah FM（2007）Characterization of a dinoflagellate cryptochrome blue-light receptor with a possible role in circadian control of the cell cycle. J Phycol 43: 509-518.

Eggersdorfer B, Häder D-P（1991）Phototaxis, gravitaxis and vertical migrations in the marine dinoflagellate *Prorocentrum micans*. FEMS let 35: 319-326.

Fauchot J, Levasseur M, Roy S（2005）Daytime and nighttime vertical migrations of *Alexandrium tamarense* in the St. Lawrence estuary（Canada）. Mar Ecol Prog Ser 296: 241-250.

Faust MA, Sager JC, Meeson BM（1982）Response of *Prorocentrum mariae-lebouriae*（Dinophyceae）to light of different spectral qualities and irradiances: growth and pigmentation. J Phycol 18: 349-356.

Gao K, Guan W, Helbling EW（2007）Effects of solar ultraviolet radiation on photosynthesis of the marine red tide alga *Heterosigma akashiwo*（Raphidophyceae）. J Photochem Photobiol 86: 140-148.

Heaney SI, Eppley RW（1981）Light, temperature and nitrogen as interacting factors affecting diel vertical migrations of dinoflagellates in culture. J Plankton Res 3: 331-344.

Hennige SJ, Coyne KJ, MacIntyre H, Warner ME（2013）The photobiology of *Heterosigma akashiwo*. Photoacclimation, diurnal periodicity, and its ability to rapidly exploit exposure to high light. J Phycol 49: 349-360.

Hitchcock GL, Smayda TJ（1977）The importance of light in the initiation of the 1972-1973 winter-spring diatom bloom in Narragansett Bay. Limnol Oceanogr 22: 126-131.

Horiguchi T, Kawai H, Kubota M, Takahashi T, Watanabe M（1999）Phototactic responses of four marine dinoflagellates with different types of eyespot and chloroplast. Phycol Res 47: 101-107.

Ichimi K, Meksumpun S, Montani S（2003）Effect of light intensity on the cyst germination of *Chattonella* spp.（Raphidophyceae）. Plankton Biol Ecol 50: 22-24.

Imai I（1989）Cyst formation of the noxious red tide flagellate *Chattonella marina*（Raphidophyceae）in culture. Mar Biol 103: 235-239.

Imai I, Itakura S, Yamaguchi M, Honjo T（1996）Selective germination of *Heterosigma akashiwo*（Raphidophyceae）cysts in bottom sediments under low light conditions: a possible mechanism of the red tide initiation. In: Harmful and Toxic Algal Blooms（Yasumoto T, Oshima Y, Fukuyo Y eds）, pp.197-200, IOC-UNESCO, Paris.

今井一郎・伊藤克彦・安楽正照（1984）播磨灘における *Chattonella* 耐久細胞の分布と発芽温度. 日本プランクトン学会報 31: 35-42.

Ishikawa M, Takahashi F, Nozaki H, Nagasato C, Motomura T, Kataoka H.（2009）Distribution and phylogeny of the blue light receptors aureochromes in eukaryotes. Planta 230: 543-552.

Itakura S, Nagasaki K, Yamaguchi M, Imai I（1996）Cyst formation in the red tide flagellate *Heterosigma akashiwo*（Raphidophyceae）. J Plankton Res 18: 1975-1979.

Kamykowski D, Milligan EJ, Reed RE, Liu W（1999）Geotaxis/phototaxis and biochemical patterns in *Heterocapsa*（=*Cachonina*）*illdefina*（Dinophyceae）during diel vertical migrations. J Phycol 35: 1397-1403.

Kim D-I, Matsuyama Y, Nagasoe S, Yamaguchi M, Yoon Y-H, Oshima Y, Imada N, Honjo T（2004）Effects of temperature, salinity and irradiance on the growth of the harmful red tide dinoflagellate *Cochlodinium polykrikoides* Margalef（Dinophyceae）. J Plankton Res 26: 61-66.

Lederman TC, Tett P（1981）Problems in modeling the photosynthesis-light relationship for phytoplankton. Bot Mar 24: 125-134.

McQuoid MR, Hobson LA（1996）Diatom resting stages. J Phycol 32: 889-902.

Marshall JA, Hallegraeff GM（1999）Comparative ecophysiology of the harmful alga *Chattonella marina*（Raphidophyceae）from South Australia and Japanese waters. J Plankton Res 21: 1809-1822.

Matsubara T, Nagasoe S, Yamasaki Y, Shikata T, Shimasaki Y, Oshima Y, Honjo T（2007）Effects of temperature, salinity, and irradiance on the growth of the dinoflagellate *Akashiwo sanguinea*. J Exp Mar Biol Ecol 342: 226-230.

Nagasoe S. Kim D-I, Shimasaki Y, Oshima Y, Yamaguchi M, Honjo T（2005）Effects of temperature, salinity and irradiance on the growth of the red tide dinoflagellate *Gyrodinium instriatum* Freudenthal et Lee. Harmful Algae 5: 20-25.

Nemoto Y, Furuya M（1985）Inductive and inhibitory effects of light on cell division in *Chattonella antiqua*. Plant Cell Physiol 26: 669-674.

Nemoto Y, Kuroiwa T, Furuya M（1987）Photocontrol of Nuclear DNA Replication in *Chattonella antiqua*（Raphidophyceae）. Plant Cell Physiol 28: 1043-1049.

Nishikawa T, Yamaguchi M（2006）Effect of temperature on light-limited growth of the harmful diatom *Eucampia zodiacus* Ehrenberg, a causative organism in the discoloration of *Porphyra* thalli. Harmful Algae 5: 141-147.

Nishikawa T, Yamaguchi M（2008）Effect of temperature on light-limited growth of the harmful diatom *Coscinodiscus wailesii*, a causative organism in the bleaching of aquacultured *Porphyra* thalli. Harmful Algae 7: 561-566.

西山佳孝（2013）光化学系IIの光阻害：光損傷と修復阻害のメカニズム. 光合成研究 23: 50-56.

Oh SJ, Kim D-I, Sajima T, Shimasaki Y, Matsuyama Y, Oshima Y, Honjo T, Yang H-S（2008）Effects of irradiance of various wavelengths from light-emitting diodes on the growth of the harmful dinoflagellate *Heterocapsa circularisquama* and the diatom *Skeletonema costatum*. Fish Sci 74: 137-145.

Ohnishi N, Allakhverdiev SI, Takahashi S, Higashi S, Watanabe M, Nishiyama Y, Murata N（2005）Two-Step mechanism of photodamage to photosystem II: step 1 occurs at the oxygen-evolving complex and Step 2 occurs at the photochemical reaction center. Biochemistry 44: 8494-8499.

Pessoa MF（2012）Harmful effects of UV radiation in algae and aquatic macrophytes - A review. Emir J Food Agric 24: 510-526.

Roenneberg T, Grant NC, Hastings JW（1989）A circadian rhythm of population behavior in *Gonyaulax polyedra*. J Biol Rhythms 4: 89-104.

Shikata T, Iseki M, Matsunaga S, Higashi S, Kamei Y, Watanabe M（2011）Blue and red light-induced germination of resting spores in the red-tide diatom *Leptocylindrus danicus*. Photochem Photobiol 87: 590-597.

Shikata T, Matsunaga S, Iseki M, Nishide H, Higashi S, Kamei Y, Yamaguchi M, Jenkinson IR, Watanabe M（2013）Blue light regulates the rhythm of diurnal vertical migration in the raphidophyte red-tide alga *Chattonella antiqua*. J Plankton Res 35: 542-552.

Shikata T, Matsunaga S, Nishide H, Sakamoto S, Onitsuka G, Yamaguchi M（2015）Diurnal vertical migration rhythms and their photoresponse in four phytoflagellates causing harmful algal blooms. Limnol Oceanogr 60: 1251-1261.

Shikata T, Nagasoe S, Matsubara T, Yamasaki Y, Shimasaki Y, Oshima Y, Honjo T（2007）Effects of temperature and light on cyst germination and germinated cell survival of the noxious raphidophyte *Heterosigma akashiwo*. Harmful Algae 6: 700-706.

Shikata T, Nagasoe S, Matsubara T, Yoshikawa S, Yamasaki Y, Shimasaki Y, Oshima Y, Honjo T（2008）Factors influencing the initiation of blooms of the raphidophyte *Heterosigma akashiwo* and the diatom *Skeletonema costatum* in a port in Japan. Limnol Oceanogr 53: 2503-2518.

Shikata T, Nukata A, Yoshikawa S, Matsubara T, Yamasaki Y, Shimasaki Y, Oshima Y, Honjo T（2009）Effects of light quality on initiation and development of meroplanktonic diatom blooms in a eutrophic shallow sea. Mar Biol 156: 875-889.

紫加田知幸・櫻田清成・城本祐助・生地 暢・吉田 誠・大和田紘一（2010）八代海における植物プランクトンの増殖に及ぼす水温, 塩分および光強度の影響. 日本水産学会誌 76: 34-45.

Sommer U, Lengfellner K, Lewandowska A（2012）Experimental induction of a coastal spring bloom early in the year by intermittent high-light episodes. Mar Ecol Prog Ser 446: 61-71.

Takahashi M, Hara Y（1989）Control of diel vertical migration and cell division rhythm of *Heterosigma akashiwo* by day and night cycles. In: Red Tides Biology, Environmental Science, and Toxicity（Okaichi T, Anderson DM, Nemoto T eds）, pp.265-268, New York, Elsevier.

田澤 仁（2009）マメから生まれた生物時計－エルヴィン・ビュニングの物語. 355pp, 学会出版センター, 東京.

内川珠樹・紫加田知幸・亀井保博（2014）大型分光照射装置「岡崎大型スペクトログラフ」の紹介とプランクトン研究への応用例. 日本プランクトン学会報 61: 95-98.

Vahtera E, Crespo BG, McGillicuddy Jr DJ, Olli K, Anderson DM（2014）*Alexandrium fundyense* cyst viability and germling survival in light vs. dark at a constant low temperature. Deep-Sea Res II 103: 112-119.

Wada M, Miyazaki A, Fujii T（1986）On the mechanisms of diurnal vertical migration behavior of *Heterosigma akashiwo*（Raphidophyceae）. Plant Cell Physiol 26: 431-436.

Warner ME, Madden ML（2007）The impact of shifts to elevated irradiance on the growth and photochemical activity of the harmful algae *Chattonella subsalsa* and *Prorocentrum minimum* from Delaware. Harmful Algae 6: 332-342.

Wu H, Cockshutt AM, McCarthy A, Campbell DA（2011）Distinctive photosystem II photoinactivation and protein dynamics in marine diatoms. Plant Physiol 156: 2184-2195.

Xu N, Duan S, Li A, Zhang C, Cai Z, Hu Z（2010）Effects of temperature, salinity and irradiance on the growth of the harmful dinoflagellate *Prorocentrum donghaiense* Lu. Harmful Algae 9: 13-17.

Yamaguchi H, Tomoria Y, Tanimoto Y, Oku O, Adachi M（2014）Evaluation of the effects of light intensity on growth of the benthic dinoflagellate *Ostreopsis* sp. 1 using a newly developed photoirradiation-culture system and a novel regression analytical method. Harmful Algae 39: 48-54.

山口峰生（1999）生理学的特性に基づく新型赤潮プランクトン優占化機構の解明. 渦鞭毛藻・ラフィド藻等による新型赤潮の発生機構と出現予測技術の開発に関する研究. 5ヶ年の報告書, pp.7-20.

山口峰生・本城凡夫（1989）有害赤潮鞭毛藻 *Gymnodinium nagasakiense* の増殖におよぼす水温, 塩分および光強度の影響. 日本水産学会誌 55: 2029-2036.

山本民次・樽谷賢治（1997）広島湾産有毒渦鞭毛藻 *Alexandrium tamarense* の増殖に及ぼす水温, 塩分及び光強度の影響. 藻類 45: 95-101.

山本民次・吉津祐子・樽谷賢治（1995）三河湾産有毒渦鞭毛藻 *Alexandrium tamarense* の増殖に及ぼす水温, 塩分及び光強度の影響. 藻類 43: 91-98.

山砥稔文・坂口昌生・松田正彦・岩永俊介・岩滝光儀・松岡數充（2005）大村湾産有害渦鞭毛藻 *Heterocapsa circularisquama* の二枚貝への影響と増殖特性. 日本水産学会誌 71: 746-754.

2-8　有害有毒プランクトンとアレロパシー[*1]

山﨑康裕[*2]・本城凡夫[*3]

1．アレロパシーとは？

　植物プランクトンの増殖に適した水界の生態系においては，珪藻や鞭毛藻などをはじめとする多種多様な生物群が互いに干渉しつつ，多様性に富んだ群集構造を形成している．しかし，渦鞭毛藻やラフィド藻の赤潮海水を顕微鏡で観察すると，単一種のみで構成されていることがほとんどである．このように，なぜ増殖速度の遅い鞭毛藻類が珪藻などの他種植物プランクトンを排除して単一種赤潮を形成できるのかについて，鞭毛藻類の持つ機能や環境要因だけで説明することは困難である．したがって，増殖に必要な栄養塩や光などの要因をめぐって起こる競合に加え，アレロパシーや細胞同士の接触で起こる増殖阻害効果（Uchida et al. 1995, 1999）による植物プランクトン種間の相互作用が，単一種赤潮の形成や種変遷に重要な役割を果たしていると考えられている（Cembella 2003, Gross 2003, Legrand et al. 2003, Granéli & Hansen 2006, Yamasaki et al. 2007a）．

　アレロパシーとは，微生物を含むすべての植物間の生化学的相互作用に言及するために Molisch によって考案された造語であり（Molisch 1937），日本語では他感作用と翻訳される．後に Rice（1974）は，微生物を含むある植物が環境中に放出した有機物が他の植物に直接または間接的に「有害な」影響を与える作用のみをアレロパシーと定義した．しかし，その 10 年後に自身の定義を訂正し，増殖抑制効果および促進効果の両方をアレロパシーと再定義した（Rice 1984）．そして現在，アレロパシーは「植物，微生物，動物などの生物によって同一個体外に放出される化学物質が，同種の生物を含む他生物個体の発生，生育，行動，栄養状態，健康状態，繁殖力，個体数，あるいはこれらの要因となる生理・生化学的機構に対して，何らかの作用や変化を引き起こす現象」であるという広義の定義が，国際アレロパシー会議で採用されている（藤井 2000）．このように，陸上植物のアレロパシーは広く認識されており，アレロパシー物質が影響を与える生物群，影響の範囲や生態学的役割も多岐にわたっていることが報告されている．一方，赤潮原因種をはじめとする植物プランクトンによるアレロパシーは，陸上植物のように多様な生物群に対する影響が十分に調べられていないことから，「ある植物プランクトンから放出される化学物質が，植物プランクトン，動物プランクトン，および微生物などの増殖に対して阻害的あるいは促進的に作用する現象」と限定的な定義にとどまる．殺藻細菌やウイルスをはじめとする海洋微生物と赤潮生物間の相互作用研究もなされているが（石田 1994，今井・

[*1]　Allelopathy in harmful algae
[*2]　Yasuhiro Yamasaki（yamasaky@fish-u.ac.jp）
[*3]　Tsuneo Honjo

吉永 2002, 長崎・外丸 2009), 本章では, 植物プランクトン種間のアレロパシーに注目して述べる.

2. 植物プランクトンにおけるアレロパシー研究の歴史と最近の成果

　著者らが知る限り, 植物プランクトンにおいてアレロパシー様の現象が初めて観察されたのは, 今から約 100 年前に報告された, ラン藻 *Nostoc punctiforme* による自己阻害効果に関する研究である (Harder 1917). それから現在にいたるまで, 海産および淡水植物プランクトンのアレロパシーについて数多くの研究が行われ, 総括されてきた (Cembella 2003, Gross 2003, Legrand et al. 2003, Granéli & Hansen 2006).

　アレロパシー研究は, 現象の確認, 物質の同定, および作用機序の解明, の 3 点に大別できる. しかし, 現場における植物プランクトンの動態観察, 二者混合培養や培養濾液を用いたアレロパシー現象の確認が進む一方, 原因物質の同定や作用機序の解明に関する研究はきわめて少ない. Granéli & Hansen (2006) によると, 麻痺性貝毒, 下痢性貝毒, 神経性貝毒, および記憶喪失性貝毒などの原因物質として細胞内から抽出, 同定された毒素, および溶血作用を有する低分子物質などが, これまでにアレロパシーの原因物質として推定されてきた. ところが, いずれの物質も高濃度の曝露で植物プランクトンの増殖がわずかに抑制される程度であるか, 実際の環境中に存在し得ないきわめて高濃度の曝露条件においてのみ増殖抑制効果が認められるといった報告が多数である. このため, これらの低分子物質は実際の環境中でアレロパシーを引き起こす物質本体ではなく, このような物質以外の未知物質の存在が指摘されている (Granéli & Hansen 2006).

　最近では, 現象の確認に加え, アレロパシー物質の同定や作用機序の解明について相次いで報告がなされた. 表 1 に Granéli & Hansen (2006) の総説以降に発表されたアレロパシーに関する研究成果をまとめた. 本節では, この中からアレロパシー物質の同定や作用機序の解明に言及した主要な研究に絞って, それらの概要を紹介する. これらの研究の詳細, および関連する先行研究の成果については, 各文献や総説 (Cembella 2003, Gross 2003, Legrand et al. 2003, Granéli & Hansen 2006) を参照されたい.

表1　近年における植物プランクトンのアレロパシーに関する研究成果

アレロパシー物質産生種	標的種	作用・作用機序	原因物質	文献
＜渦鞭毛藻類＞				
Akashiwo sanguinea	*Chattonella antiqua*	増殖抑制	未同定物質	Qiu et al.（2011a）
	Heterosigma akashiwo	増殖抑制	多糖・タンパク質複合体	Qiu et al.（2012）
Alexandrium fundyense	珪藻2種, クリプト藻1種, ペラゴ藻1種	増殖抑制	未同定物質	Hattenrath-Lehmann & Gobler（2011）
	Thalassiosira cf. *gravida*	増殖抑制	未同定物質	Lyczkowski & Karp-Boss（2014）
Alexandrium minutum	*Chaetoceros neogracile*	増殖抑制, 光合成阻害	未同定物質	Lelong et al.（2011）
Alexandrium tamarense	バクテリア, 微小鞭毛藻, 繊毛虫	無影響, 増殖促進, 増殖抑制, 細胞溶解	未同定物質	Weissbach et al.（2011）
	Rhodomonas salina	細胞溶解	7-15 kDa の化合物	Ma et al.（2011）
Biecheleria baltica	珪藻5種 クリプト藻1種	増殖抑制, 増殖促進	未同定物質	Suikkanen et al.（2011）
Gymnodinium corollarium	珪藻5種 クリプト藻1種	増殖抑制, 増殖促進	未同定物質	Suikkanen et al.（2011）

Karenia brevis	珪藻3種，渦鞭毛藻2種	増殖抑制・死滅，光合成効率低下，膜透過性上昇	未同定物質	Prince et al.（2008）
	珪藻3種，渦鞭毛藻2種	増殖抑制，増殖促進	未同定物質	Poulson et al.（2010）
	Asterionellopsis glacialis	増殖抑制	複数（500-1000 Da）の化合物	Prince et al.（2010）
	Thalassiosira pseudonana	増殖抑制，代謝阻害，浸透圧調節阻害，酸化ストレス増加等	未同定物質	Poulson-Ellestad et al.（2014）
Prorocentrum micans	*Skeletonema costatum, Karenia mikimotoi*	増殖抑制	未同定物質	Ji et al.（2011）
Prorocentrum minimum	*Skeletonema costatum*	増殖抑制	多糖	Tameishi et al.（2009）
	Heterosigma akashiwo, Skeletonema costatum	増殖抑制，中立	多糖	Yamasaki et al.（2010）
Prymnesium parvum	植物プランクトン，捕食者	細胞溶解	未同定物質	Granéli & Salomon（2010）
Scrippsiella hangoei	珪藻5種，クリプト藻1種	増殖抑制，増殖促進	未同定物質	Suikkanen et al.（2011）
＜ラフィド藻類＞				
Chattonella antiqua	*Akashiwo sanguinea*	増殖抑制	未同定物質	Qiu et al.（2011a）
	Heterosigma akashiwo	増殖抑制	未同定物質	Qiu et al.（2011b）
Heterosigma akashiwo	珪藻2種，渦鞭毛藻1種，ラフィド藻1種	増殖抑制，増殖促進	多糖・タンパク質複合体	Yamasaki et al.（2009）
	Prorocentrum minimum, Skeletonema costatum	増殖抑制，中立	多糖・タンパク質複合体	Yamasaki et al.（2010）
	Chattonella antiqua	増殖抑制	未同定物質	Qiu et al.（2011b）
	Akashiwo sanguinea	増殖抑制	多糖・タンパク質複合体	Qiu et al.（2012）
	Pavlova lutheri	増殖促進	未同定物質	山﨑・﨑田（2013）
＜珪藻類＞				
Chaetoceros danicus	*Cochlodinium polykrikoides*	増殖速度低下，遊泳速度低下	未同定物質	Lim et al.（2014）
Chaetoceros didymum	*Akashiwo sanguinea*	増殖抑制	未同定物質	松原ほか（2008）
Chaetoceros neogracile	*Pavlova lutheri*	増殖抑制	未同定物質	山﨑・﨑田（2013）
Cylindrotheca closterium	*Heterosigma akashiwo*	増殖抑制	*cis*-6, 9, 12, 15-octadecatetraenoic acid	内田ほか（2010）
Skeletonema costatum	*Akashiwo sanguinea*	増殖抑制	未同定物質	松原ほか（2008）
	珪藻4種，渦鞭毛藻3種，ラフィド藻1種	増殖抑制，増殖促進	未同定物質	Yamasaki et al.（2011）
	Heterosigma akashiwo	増殖抑制，増殖促進	低分子化合物	Yamasaki et al.（2012）
	Prorocentrum donghaiense, Skeletonema costatum	無影響，自己阻害	未同定物質	Wang et al.（2013）
	Pavlova lutheri	増殖抑制	未同定物質	山﨑・﨑田（2013）
	Cochlodinium polykrikoides	増殖速度低下，遊泳速度低下	未同定物質	Lim et al.（2014）
Thalassiosira decipiens	*Cochlodinium polykrikoides*	遊泳速度低下	未同定物質	Lim et al.（2014）
＜ラン藻類（淡水種）＞				
Microcystis aeruginosa	*Microcystis wesenbergii*	増殖抑制	Microcystin-LR，その他未同定物質	Yang et al.（2014）
Tychonema bourrellyi	*Microcystis aeruginosa*	増殖抑制	β-Ionone	Shao et al.（2013）

（1）渦鞭毛藻類

　Ma et al.（2011）は，有毒渦鞭毛藻 *Alexandrium tamarense* のアレロパシー物質を部分精製し，分子量7-15 kDa の成分がクリプト藻 *Rhodomonas salina* の細胞溶解作用に関与することを報告している．また，各種の分析を試みて，*A. tamarense* のアレロパシー物質はタンパク質や多糖ではないことも示唆している（Ma et al. 2011）．

　Poulson-Ellestad et al.（2014）は，神経貝毒の原因種 *Karenia brevis* によるアレロパシーの作用機序

解明のために，珪藻 *Thalassiosira pseudonana* 細胞のメタボローム解析とプロテオーム解析を実施した．その結果，*K. brevis* のアレロパシー物質は，*T. pseudonana* の解糖，光合成，細胞膜の維持，浸透圧調節，および酸化ストレスへの応答などに関する代謝経路に影響すると述べている．

(2) 珪藻類

Yamasaki et al.（2012）は，珪藻 *Skeletonema costatum* 培養濾液からラフィド藻 *Heterosigma akashiwo* の増殖に強い抑制作用を示すアレロパシー物質を部分精製し，エレクトロスプレーイオン化質量分析（ESI-MS）から，少なくとも質量電荷比 268 と 514 の 2 つのアレロパシー物質を確認した．また，*S. costatum* が産生するこれらのアレロパシー物質は，*S. costatum* 自身の増殖をも抑制した（Yamasaki et al. 2012）．

アレロパシー物質は天然に存在する有機化合物であり，かつ，種特異的に作用する．特に，陸上植物のアレロパシー物質は植物にしか作用せず，動物や昆虫に害がないことから，安全性の高い農薬の開発につながることが期待されている（藤井 2000）．近年，珪藻 *Cylindrotheca closterium* の産生するアレロパシー物質として同定された数種の脂肪酸類の持つ殺藻効果（中井ほか 2004, 内田ほか 2010）や殺藻機序に関する成果が報告されており（内田ほか 2013），天然物由来の脂質を利用した有害赤潮原因種の防除法も提案されるようになってきた（Sun et al. 2004）．今後，植物プランクトンが産生するアレロパシー物質の網羅的な同定や構造解明が，有害赤潮原因種の大増殖を特異的に防ぎ，漁業被害を縮小できる安全性の高い新規な「海の農薬」の開発に大きく寄与する可能性がある．

(3) ラン藻類

Yang et al.（2014）は，アオコの原因種として広く知られている有毒ラン藻 *Microcystis aeruginosa* が産生する Microcystin-LR は，高等動物に対して強い肝臓毒性を示す毒素という側面のほかに，増殖抑制効果を通して同属の *M. wesenbergii* に対するアレロパシー物質としても機能することを示唆している．また，彼らは *M. wesenbergii* に対する *M. aeruginosa* の増殖抑制効果には，Microcystin-LR 以外に複数の未知物質の関与も示唆している（Yang et al. 2014）．

3．アレロパシーの生態学的役割
－*H. akashiwo* と *S. costatum* の増殖相互作用を例に

本節では，著者らが近年行った，ラフィド藻 *H. akashiwo* が産生する高分子アレロパシー物質（多糖タンパク質複合体）の生態学的役割について紹介する．なお，実験手法の詳細や研究に用いたポリクローナル抗体の交差反応性などについては，Yamasaki et al.（2009）を参照されたい．

H. akashiwo の無菌培養の濾液から陰イオン交換クロマトグラフィー（図 1A, B）およびゲル濾過クロマトグラフィー（図 1C, D）を行うことにより，*S. costatum* に対して増殖抑制効果を示すアレロパシー物質を精製した．また，精製画分（F-A, 図 1C, D）を SDS－ポリアクリルアミドゲル電気泳動（SDS-PAGE）に供した後，ゲルを銀染色および過ヨウ素酸シッフ（PAS）染色した結果，精製物質は少なくとも分子量 1,000 kDa 以上であると推定されるとともに，糖およびタンパク質を含むことが明らかとなった．さらに，精製画分（F-A, 図 1C, D）のアミノ酸組成分析および中性糖組成分

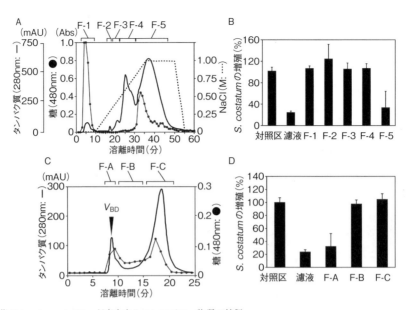

図1 ラフィド藻 Heterosigma akashiwo が産生するアレロパシー物質の精製
A：H. akashiwo 培養濾液から得た粗抽出画分の陰イオンクロマトグラフィーによる分画. B：陰イオンクロマトグラフィーから得た各画分が珪藻 Skeletonema costatum の増殖に与える影響. C：陰イオンクロマトグラフィーから得たF-5画分のゲル濾過クロマトグラフィーによる分画. V_{BD} は，Blue dextran（分子量：2,000 kDa）の溶離時間を示す. D：ゲル濾過クロマトグラフィーから得た各画分が S. costatum の増殖に与える影響.

析を行った結果，セリン，スレオニンなどをはじめとする16種類のアミノ酸，およびガラクトースやマンノースをはじめとする6種類の中性糖が検出された. 以上のことより，H. akashiwo は分子量1,000 kDa 以上の多糖・タンパク質複合体である高分子アレロパシー物質を産生していることが明らかとなった.

　現場における H. akashiwo の高分子アレロパシー物質の生態学的役割を明らかにするために，2007年の5月中旬から6月にかけて，福岡県北西部の博多湾箱崎漁港において現場調査を行った（図2A）. 調査開始時に優占していた珪藻 S. costatum が5月下旬に衰退した後，H. akashiwo が増殖を開始し，6月7日から9日の期間に 45×10^5 cells mL^{-1} に達する濃密な赤潮を形成した（図2A）. この H. akashiwo による濃密な赤潮形成期間，現場では S. costatum を含む珪藻類が非常に低密度で推移していた. 興味深いことに，この H. akashiwo が濃密な赤潮形成した3日間に採集した赤潮濾過海水に栄養塩を補充して室内培養実験を行ったところ，S. costatum の増殖が著しく抑制された（図2B）. さらに，抗アレロパシー抗体（ポリクローナル抗体）を用いた免疫学的手法であるドット・ブロット法を用いて，採水した現場海水に存在する H. akashiwo のアレロパシー物質の検出を試みた. その結果，H. akashiwo による赤潮の形成期間で S. costatum の増殖が著しく抑制された6月7日から9日の海水においてのみ，アレロパシー物質の強い陽性反応が認められた（図2C）. また，この期間の赤潮海水および室内無菌培養の濾液から調製した粗精製画分を用いて室内培養実験を行ったところ，ドット・ブロット法によって推定された赤潮海水中に存在するアレロパシー物質濃度で S. costatum の増殖は著しく抑制された（図2D）. 一方，H. akashiwo 赤潮の衰退期間に着目すると，ドット・ブロット法でアレロパシー物質が検出されなくなると同時に（図2C），現場において S. costatum の細胞密度が増加した（図2A）. 同様に，現場赤潮海水を用いた室内培養実験においても，S. costatum は対照区と

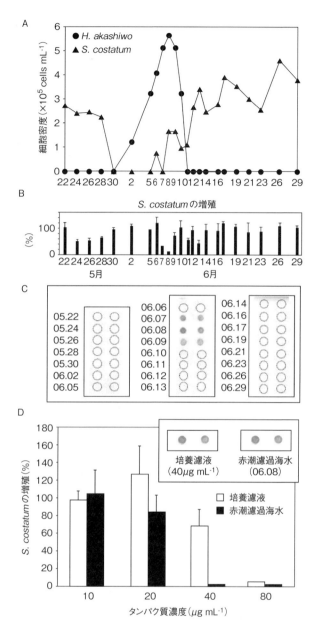

図2 博多湾箱崎漁港で発生した *Heterosigma akashiwo* 赤潮海水に存在する高分子アレロパシー物質の検出と *Skeletonema costatum* に対する増殖抑制効果
A：現場における *H. akashiwo* と *S. costatum* の細胞密度の動態，B：現場濾過海水を用いた室内培養実験による *S. costatum* の増殖，C：ドット・ブロット法を用いた現場濾過海水に含まれる *H. akashiwo* の高分子アレロパシー物質の検出，D：赤潮海水および室内無菌培養液から調製した粗精製画分を用いた室内培養実験による *S. costatum* の増殖.

同じレベルにまで増殖した（図2B）．

　次に，抗アレロパシー抗体を用いた間接蛍光抗体法により，アレロパシー物質の標的種への作用部位の特定を試みたところ，増殖を著しく抑制するアレロパシー物質は *S. costatum* の中間蓋殻に結合していることが確認された（図3（口絵2）A, B）．一方，*H. akashiwo* のアレロパシー物質によって増殖を抑制されない渦鞭毛藻 *Prorocentrum minimum* には細胞表面へのアレロパシー物質の結合は起

こらなかった（図3（口絵2）C，D）．

　以上，分子量1,000 kDa以上の高分子多糖・タンパク質複合体である*H. akashiwo*のアレロパシー物質は，種特異的に*S. costatum*などの増殖抑制を受ける種の細胞表面に結合して増殖を阻害することにより，単一種赤潮形成や個体群の維持に重要な役割を果たしていることが示唆された．現在のところ，アレロパシーによる増殖抑制の分子レベルでの作用機序は不明であるものの，少なくとも対象種の細胞表面へのアレロパシー物質の結合および結合量が増殖抑制の引き金になっているといえる．今後，さらに，アレロパシーによる増殖抑制や促進の分子レベルでの作用機序の解明に関する研究の深化が望まれる．

4．植物プランクトンにおけるアレロパシー研究の展望

　著者らは，博多湾箱崎漁港で同時期に発生する*H. akashiwo*，*S. costatum*，および*P. minimum*の増殖相互作用について研究を行い（表1，111ページ），三者の増殖相互作用およびアレロパシー物質の化学的性状について研究を行った．図4に示すように，三者の中で最も強い種は多糖類のアレロパシー物質を産生する*P. minimum*であるものの，その力関係はそれぞれの初期細胞密度などの状況に応じて大きく変わることが明らかとなった．このように，アレロパシーや細胞接触などの化学物質を介した植物プランクトン種間の相互作用は実に複雑であり，実際の環境中においては共存する多種間で化学的相互作用による生存競争が繰り広げられていると想像できる．したがって，同一海域で同時期に出現する植物プランクトン種間に存在する複雑な生物間相互作用ネットワークを解明し，化学的相互作用に関わるアレロパシー物質や作用機序を明らかにすることは，「なぜ海洋をはじめとする水圏には多様性に富んだ植物プランクトンの群集構造が形成されるのか」，そして「なぜ赤潮は単一種化するのか」という謎の解明に寄与するだけでなく，新たな赤潮防除や被害軽減策を創出できる可能性がある．

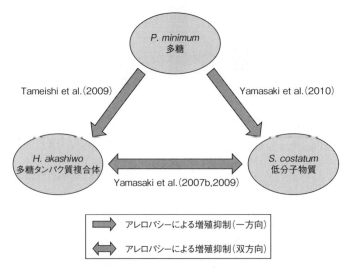

図4　*Heterosigma akashiwo*，*Skeletonema costatum*，および*Prorocentrum minimum*間の増殖相互作用とアレロパシー物質

いうまでもなく，現場における植物プランクトン種の変遷や増殖相互関係には，アレロパシーに加えて物理，化学，および生物学的因子が複雑に関与している．このため，これまで栄養塩競合とアレロパシーを明瞭に区別する目的で，室内培養実験を行う場合には十分な栄養塩存在下で多くの研究が進められてきた．一方，Johansson & Granéli（1999a, b）は，栄養制限条件下においてプリムネシウム藻 *Prymnesium parvum* の溶血活性を有するアレロパシー物質の産生量が高くなることを報告している．さらに，アレロパシーの影響を受ける標的種も栄養が十分な環境と比較して，栄養制限条件下において強く増殖が抑制されることを報告し，現場ではアレロパシーが強く植物プランクトンの動態に影響する可能性を示唆している（Granéli & Johansson 2003, Fistarol et al. 2003）．したがって，現場の水温，塩分，および栄養塩濃度の変動を反映してアレロパシー物質の生産量や効果を検証する必要がある．また，環境ストレスを引き金とした *Thalassiosira pseudonana* のメタカスパーゼ活性やプログラム細胞死の活性化（Bidle & Bender 2008）が近年報告されるようになったことから，増殖抑制機序のひとつとしてアレロパシーによるプログラム細胞死誘導の可能性を検証することは，今後の検討すべき課題といえる．

ところで近年，陸上植物の香気成分を介した植物−植食者−捕食者という3栄養段階に存在する実に複雑な生物間化学情報ネットワークが，多種共存に重要な役割を果たしていることが明らかになってきた（塩尻 2004, Shiojiri et al. 2006）．陸上植物と同様に，水圏の生態系における一次生産者である植物プランクトンは通常捕食される立場にあるが，近年，種々の植物プランクトンが動物プランクトンをはじめとする他種生物からの捕食圧に対抗するための多様な戦略を有することが報告されるようになった（Ianora et al. 2004, Turner 2006, Ianora & Miralto 2010）．また，海産クロレラとして知られる真正眼点類 *Nannochloropsis oculata* が *Roseobacter* クレードに属する細菌と共存することにより，魚病細菌 *Vibrio anguillarum* の増殖を強く抑制することが報告されている（Sharifah & Eguchi 2011）．このように，植物プランクトンが産生するアレロパシー物質や細胞接触による影響は，植物プランクトン種間だけでなく，同じ生態系に生息する生物間には絶えず複雑な化学的相互作用が生じていると推定される．以上から，植物プランクトンにおけるアレロパシー研究は，今後，細菌，ウイルス，動物プランクトンなどをはじめとする同一環境に生息する生物群にまで作用の対象を拡大して研究を進める必要がある．

文　献

Bidle KD, Bender SJ（2008）Iron starvation and culture age activate metacaspases and programmed cell death in the marine diatom *Thalassiosira pseudonana*. Eukaryot Cell 7: 223-236.

Cembella AD（2003）Chemical ecology of eukaryotic microalgae in marine ecosystems. Phycologia 42: 420-447.

Fistarol GO, Legrand C, Granéli E（2003）Allelopathic effect of *Prymnesium parvum* on a natural plankton community. Mar Ecol Prog Ser 255: 115-125.

藤井義晴（2000）アレロパシー. 230p, 農山漁村文化協会, 東京.

Gross EM（2003）. Allelopathy of aquatic autotrophs. Crit Rev Plant Sci 22: 313-339.

Granéli E, Johansson N（2003）Increase in the production of allelopathic substances by *Prymnesium parvum* cells grown under N- or P-deficient conditions. Harmful Algae 2: 135-145.

Granéli E, Hansen PJ（2006）Allelopathy in harmful algae: a mechanism to compete for resources? In: Ecology of Harmful Algae（Granéli E, Turner TJ eds）, pp.189-201, Springer-Verlag, Berlin.

Granéli E, Salomon PS（2010）Factors influencing allelopathy and toxicity in *Prymnesium parvum*. J Am Water Resour Assoc 46: 108-120.

Harder R（1917）Ernahrungsphysiologische untersuchungen au cyanophyceen, hauptsachlich dem endophytischen *Nostoc punctiforme*. Z Bot 9: 145-242.

Hattenrath-Lehmann TK, Gobler CJ（2011）Allelopathic inhibition of competing phytoplankton by North American strains of the toxic dinoflagellate, *Alexandrium fundyense*: Evidence from field experiments, laboratory experiments, and bloom events. Harmful Algae 11: 106-116.

Ianora A, Miralto A（2010）Toxigenic effects of diatoms on grazers, phytoplankton and other microbes: a review. Ecotoxicology 19: 493-511.

Ianora A, Miralto A, Poulet SA, Carotenuto Y, Buttino I, Romano G, Casotti R, Pohnert G, Wichard T, Colucci-D'Amato L, Tarrazzano G, Smetacek V（2004）Aldehyde suppression of copepod recruitment in blooms of a ubiquitous planktonic diatom. Nature 429: 403-407.

今井一郎・吉永都生（2002）赤潮の防除と駆除. 微生物利用の大展開（今中忠行・加藤千明・加藤暢夫・倉根隆一郎・西山 徹・矢木修身編）, pp.881-888, エヌ・ティー・エス, 東京.

石田祐三郎（1994）赤潮藻の微生物学的防除に関する現状と将来. 赤潮と微生物（石田祐三郎・菅原 庸編）, pp.9-21, 恒星社厚生閣, 東京.

Ji X, Han X, Zheng L, Yang B, Yu Z, Zou J（2011）Allelopathic interactions between *Prorocentrum micans* and *Skeletonema costatum* or *Karenia mikimotoi* in laboratory cultures. Chin J Oceanol Limnol 29: 840-848.

Johansson N, Granéli E（1999a）Influence of different nutrient conditions on cell density, chemical composition and toxicity of *Prymnesium parvum*（Haptophyta）in semi-continuous cultures. J Exp Mar Biol Ecol 239: 243-258.

Johansson N, Granéli E（1999b）Cell density, chemical composition and toxicity of *Chrysochromulina polylepis*（Haptophyta）in relation to different N: P supply ratios. Mar Biol 135: 209-217.

Legrand C, Rengefors K, Fistarol GO, Granéli E（2003）Allelopathy in phytoplankton-biochemical, ecological and evolutionary aspects. Phycologia 42: 406-419.

Lelong A, Haberkorn H, Goïc NL, Hégaret H, Soudant P（2011）A new insight into allelopathic effects of *Alexandrium minutum* on photosynthesis and respiration of the diatom *Chaetoceros neogracile* revealed by photosynthetic-performance analysis and flow cytometry. Microb Ecol 62: 919-930.

Lim AS, Jeong HJ, Jang TY, Jang SH, Franks PJS（2014）Inhibition of growth rate and swimming speed of the harmful dinoflagellate *Cochlodinium polykrikoides* by diatoms: Implications for red tide formation. Harmful Algae 37: 53-61.

Lyczkowski ER, Karp-Boss L（2014）Allelopathic effects of *Alexandrium fundyense*（Dinophyceae）on *Thalassiosira* cf. *gravida*（Bacillariophyceae）: a matter of size. J Phycol 50: 376-987.

Ma H, Krock B, Tillmann U, Muck A, Wielsch N, Svatoš A, Cembella AD（2011）. Isolation of activity and partial characterization of large non-proteinaceous lytic allelochemicals produced by the marine dinoflagellate *Alexandrium tamarense*. Harmful Algae 11: 65-72.

松原 賢・長副 聡・山崎康裕・紫加田知幸・島崎洋平・大嶋雄治・本城凡夫（2008）渦鞭毛藻 *Akashiwo sanguinea* に対する中心目珪藻類による増殖抑制作用. 日本水産学会誌 74: 598-606.

Molisch H（1937）Der Einfluss einer Pflanze auf die andere-Allelopathie. 116p, G. Fisher Verlag, Jena.

長崎慶三・外丸裕司（2009）近年の原生生物ウイルス研究がもたらした新しい知見－分子生態学・分類学から分子進化まで－. ウイルス 59: 31-36.

中井智司・山田信吾・細身正明（2004）ホザキノフサモが放出する脂肪酸のシアノバクテリアに対する増殖抑制効果. 水環境学会誌 27: 125-130.

Poulson KL, Sieg RD, Prince EK, Kubanek J（2010）Allelopathic compounds of a red tide dinoflagellate have species-specific and context-dependent impacts on phytoplankton. Mar Ecol Prog Ser 416: 69-78.

Poulson-Ellestad KL, Jones CM, Roy J, Viant MR, Fernández FM, Kubanek J, Nunn BL（2014）Metabolomics and proteomics reveal impacts of chemically mediated competition on marine plankton. Proc Natl Acad Sci USA 111: 9009-9014.

Prince EK, Myers TL, Kubanek J（2008）Effects of harmful algal blooms on competitors: Allelopathic mechanisms of the red tide dinoflagellate *Karenia brevis*. Limnol Oceanogr 53: 531-541.

Prince EK, Poulson KL, Myers TL, Sieg RD, Kubanek J（2010）Characterization of allelopathic compounds from the red tide dinoflagellate *Karenia brevis*. Harmful Algae 10: 39-48.

Qiu X, Yamasaki Y, Shimasaki Y, Gunjikake H, Matsubara T, Nagasoe S, Etoh T, Matsui S, Honjo T, Oshima Y（2011a）Growth interactions between the raphidophyte *Chattonella antiqua* and the dinoflagellate *Akashiwo sanguinea*. Harmful Algae 11: 81-87.

Qiu X, Yamasaki Y, Shimasaki Y, Gunjikake H, Shikata T, Matsubara T, Nagasoe S, Etoh T, Matsui S, Honjo T, Oshima Y（2011b）Growth interactions between the raphidophyte *Chattonella antiqua* and *Heterosigma akashiwo*. Thalassas 27: 33-45.

Qiu X, Yamasaki Y, Shimasaki Y, Gunjikake H, Honda M, Kawaguchi M, Matsubara T, Nagasoe S, Etoh T, Matsui S, Honjo T, Oshima Y（2012）Allelopathy of the raphidophyte *Heterosigma akashiwo* against the dinoflagellate *Akashiwo sanguinea* is mediated via allelochemicals and cell contact. Mar Ecol Prog Ser 446: 107-118.

Rice EL（1974）Allelopathy. 353p, Academic Press, New York.

Rice EL（1984）Allelopathy, 2nd ed. 422p, Academic Press, London.

Shao J, Peng L, Luo S, Yu G, Gu J-D, Lin S, Li R（2013）First report on the allelopathic effect of *Tychonema bourrellyi*（Cyanobacteria）against *Microcystis aeruginosa*（Cyanobacteria）. J Appl Phycol 25: 1567-1573.

Sharifah EN, Eguchi M（2011）The phytoplankton *Nannochloropsis oculata* enhances the ability of *Roseobacter* clade bacteria to inhibit the growth of fish pathogen *Vibrio anguillarum*. PLoS ONE 6: e26756.

塩尻かおり（2004）生態系における生物間化学情報ネットワーク. 日本応用動物昆虫学会誌 48: 169-176.

Shiojiri K, Kishimoto K, Ozawa R, Kugimiya S, Urashimo S, Arimura G, Horiuchi J, Nishioka T, Matsui K, Takabayashi J（2006）. Changing green leaf volatile biosynthesis in plants: an approach for improving plant resistance against both herbivores and pathogens. Proc Natl Acad Sci USA 103: 16672-16676.

Suikkanen S, Hakanen P, Spilling K, Kremp A（2011）Allelopathic effects of Baltic Sea spring bloom dinoflagellates on co-occurring phytoplankton. Mar Ecol Prog Ser 439: 45-55.

Sun XX, Lee YJ, Choi JK, Kim EK（2004）Synergistic effect of solphorolipid and loess combination in harmful algal bloom mitigation. Mar Pollut Bull 48: 863-872.

Tameishi M, Yamasaki Y, Nagasoe S, Shimasaki Y, Oshima Y, Honjo T（2009）Allelopathic effects of the raphidophyte *Prorocentrum minimum* on the growth of the bacillariophyte *Skeletonema costatum*. Harmful Algae 8: 421-429.

Turner JT（2006）Harmful algal interactions with marine planktonic grazers. In: Ecology of Harmful Algae（Granéli E, Turner TJ eds）, pp. 259-270, Springer-Verlag, Berlin.

Uchida T, Yamaguchi M, Matsuyama Y, Honjo T（1995）The red-tide dinoflagellate *Heterocapsa* sp. kills *Gyrodinium instriatum* by cell contact. Mar Ecol Prog Ser 118: 301-303.

Uchida T, Toda S, Matsuyama Y, Yamaguchi M, Kotani Y, Honjo T（1999）Interactions between the red tide dinoflagellates *Heterocapsa circularisquama* and *Gymnodinium mikimotoi* in laboratory culture. J Exp Mar Biol Ecol 241: 285-299.

内田直行・小島宗宏・中園金吾・片桐律子・荒 功一・広海十朗（2010）珪藻 *Cylindrotheca closterium* が産生する赤潮ラフィド藻 *Heterosigma akashiwo* に対するアレロパシー物質の同定. 日本プランクトン学会報 57: 21-29.

内田直行・小島宗宏・大野 悟・古矢篤志・武内真里子・藤原由美恵・荒 功一・竹永章生・広海十朗（2013）高度不飽和脂肪酸アラキドン酸による赤潮ラフィド藻 *Heterosigma akashiwo* の殺藻機構. 日本プランクトン学会報 60: 1-10.

Wang J, Zhang Y, Li H, Gao J（2013）Competitive interaction between diatom *Skeletonema costatum* and dinoflagellate *Prorocentrum donghaiense* in laboratory culture. J Plankton Res 35: 367-378.

Weissbach A, Rudström M, Olofsson M, Béchemin C, Icely J, Newton A, Tillmann U, Legrand C（2011）Phytoplankton allelochemical interactions change microbial food web dynamics. Limnol Oceanogr 56: 899-909.

山﨑康裕・疋田拓也（2013）珪藻類キートセロス *Chaetoceros neogracile* の培養液を用いた餌料用微細藻類パブロバ *Pavlova lutheri* の増殖改善. 日本水産学会誌 79: 875-877.

Yamasaki Y, Nagasoe S, Matsubara T, Shikata T, Shimasaki Y, Oshima Y, Honjo T（2007a）Growth inhibition and formation of morphologically abnormal cells of *Akashiwo sanguinea*（Hirasaka）G. Hansen et Moestrup by cell contact with *Cochlodinium polykrikoides* Margalef. Mar Biol 152: 157-163.

Yamasaki Y, Nagasoe S, Matsubara T, Shikata T, Shimasaki Y, Oshima Y, Honjo T（2007b）Allelopathic interactions between the bacillariophyte *Skeletonema costatum* and the raphidophyte *Heterosigma akashiwo*. Mar Ecol Prog Ser 339: 83-92.

Yamasaki Y, Shikata T, Nukata A, Ichiki S, Nagasoe S, Matsubara T, Shimasaki Y, Nakao M, Yamaguchi K, Oshima Y, Oda T, Ito M, Jenkinson IR, Asakawa M, Honjo T（2009）Extracellular polysaccharide-protein complexes of a harmful alga mediate the allelopathic control it exerts within the phytoplankton community. The ISME J 3: 808-817.

Yamasaki Y, Nagasoe S, Tameishi M, Shikata T, Zou Y, Jiang Z, Matsubara T, Shimasaki Y, Yamaguchi K, Oshima Y, Oda T, Honjo T（2010）The role of interactions between *Prorocentrum minimum* and *Heterosigma akashiwo* in bloom formation. Hydrobiologia 641: 33-44.

Yamasaki Y, Ohmichi Y, Shikata T, Hirose M, Shimasaki Y, Oshima Y, Honjo T（2011）Species specific allelopathic effects of the diatom *Skeletonema costatum*. Thalassas 27: 21-32.

Yamasaki Y, Ohmichi Y, Hirose M, Shikata T, Shimasaki Y, Oshima Y, Honjo T（2012）Low molecular weight allelochemicals produced by the diatom, *Skeletonema costatum*. Thalassas 28: 9-17.

Yang J, Deng X, Xian Q, Qian X, Li A（2014）Allelopathic effect of *Microcystis aeruginosa* on *Microcystis wesenbergii*: microcystin-LR as a potential allelochemical. Hydrobiologia 727: 65-73.

2-9 カキなど二枚貝の着色現象を引き起こすプランクトン[*1]

畑 直亜[*2]

1. 二枚貝の着色現象について

　マガキのむき身から赤い液が浸出する現象は，生産者の間で"血ガキ"などと呼ばれ，かなり古くから知られている．記録としては，1946年前後に新潟県佐渡島の加茂湖でピンクカキと呼ばれる同様の現象が報告されている（坂井1976）．その後，赤変カキ（広島県水産試験場1959，秦ほか1982，楠木1984），茶変カキ（加賀2011），黄変カキ（楠木1984，赤繁1986，秦ほか1987），ミドリガキ（門1951，田村1953，Fujiya 1960，生田1967，上村1979）など，マガキの様々な着色現象の発生が報告されている．さらに，いわゆる"血ガキ"に類似した着色現象は，ヤマトシジミ（畑 未発表），オオノガイ（David 1972），イガイ科（Carver et al. 1996）など，マガキ以外の二枚貝でも確認されている．これら二枚貝の着色原因については，未だ不明のものもあり，プランクトン以外のものも含まれるが，餌であるプランクトンが原因とされるものが多い．

　有害有毒藻類ブルーム（Harmful Algal Bloom：HAB）は，プランクトンの種類や，ヒトおよび海洋生物に与える影響などにより，1）高密度に増殖した場合に貧酸素などを引き起こして魚介類を斃死させる"大量増殖赤潮"，2）海水が着色しない低密度の場合でも二枚貝などを毒化させて食物連鎖を通じてヒトに健康被害を与える"有毒ブルーム"，3）養殖魚介類を中心に大量斃死を引き起こす"有害赤潮"，4）海水中の栄養塩を消費することでノリの色落ち被害を引き起こす"珪藻赤潮"，の4つのタイプに類型化されている（Hallegraeff 1993，今井2000）．二枚貝の着色現象が発生すると，生産された二枚貝の商品価値が低下し，生産者は出荷物の返品や出荷の自粛を余儀なくされるため，長期化した際の漁業被害は甚大である．このことから，プランクトンによる二枚貝の着色は，上記の類型化には該当しないが，二枚貝類の生産活動に悪影響を与えるHABによる新たな被害現象の一つといえよう．

　着色現象の発生は，突発的かつ一過性であることが多いため，原因生物の特定に関する研究は立ち遅れてきたが，最近になって情報が少しずつ蓄積されつつある．しかしながら，漁業者，行政関係者ならびに研究者を含め，まだ情報が十分に理解・周知されている状況にはない．また，各地域における発生事例が，着色の色調をもとに呼称されていることが多いため，実際には着色の特徴や原因生物の異なる事例が同じ呼称で報告されるなど，情報が混乱状況にあるといえよう．そこで本章では，筆

[*1] Discoloration of bivalves caused by phytoplankton blooms

[*2] Naotsugu Hata（hatan00@pref.mie.jp）

者が三重県沿岸で確認した二枚貝の着色事例について整理し紹介するとともに，過去に日本の各地から報告されている着色事例について情報を俯瞰しとりまとめ，海外の事例についても言及した.

2. 過去に発生した二枚貝の着色事例

これまでに国内外で確認された主要な二枚貝の着色事例について，着色の特徴や原因などからA〜Eの5つのタイプに類型化して表1に示した. なお，ここでは過去に発生した二枚貝の着色現象について総括するため，原因が不明のものやプランクトン以外の事例も含めて整理した.

(1) タイプA（中腸腺および周辺組織が赤色に着色し，体組織から赤色液が浸出するタイプ）

a. 呼称，二枚貝種，発生場所，発生年

マガキでは，赤変カキ（秦ほか 1982, 楠木 1984），赤変ガキ（片山・三宅 1979），着色ガキ（大橋・田中 1977），ピンクカキ（坂井 1976）），Red discoloration（David 1972, Kat 1984, Pastoureaud et al. 2003），Red-colored-digestive glands（Carver et al. 1996）などと呼ばれ，いわゆる"血ガキ"は本タイプに該当すると解される. 1946年前後に発生したとされる新潟県の佐渡島（加茂湖）の事例が最初の記録であり，加茂湖では1954〜1955年の冬期にも発生し，当時は数年に1回程度の発生があったと報告されている（坂井 1976）. 宮城県の気仙沼湾では1974年，1975年，1976年（秦ほか 1982），京都府の久美浜湾では1975〜1976年にかけて（大橋・田中 1977），岡山県の片上湾では1978〜1979年にかけて（片山・三宅 1979），同県の播磨灘北西部では1997年（難波 私信），広島県の広島湾では1981年（楠木 1984），三重県の的矢湾では2004年，同県の熊野灘沿岸（紀北町地先）では2004年（畑 未発表）にマガキでの発生事例がある. 国内ではマガキのほか，ヤマトシジミでの発生事例が三重県の伊勢湾北部（木曽三川河口域）で2004年と2005年に（畑 未発表），茨城県の涸沼産の冷凍シジミで2006年に確認されている（岡本 私信）. 海外では，アメリカのチェサピーク湾で1970〜1971年にかけてバージニアガキとオオノガイ（David 1972），オランダのグレーヴェリンゲン湖で1983年にヨーロッパヒラガキ（Kat 1984），カナダのノバスコシア州沿岸で1991年と1992年にイガイ科の一種（Carver et al. 1996），フランスのラ・ロシェル沿岸で1998年にカキ類（Pastoureaud et al. 2003）などで発生事例がある. このタイプの二枚貝の着色は，後述する他のタイプに比べて報告事例が多く，その発生頻度の高さがうかがえる.

b. 着色の特徴

中腸腺および周辺組織が赤色，赤橙色，ピンク色などに着色し，組織から赤色〜赤褐色の液が浸出するのが特徴である. 体組織の赤色化は，中腸腺周辺のほか，心臓，唇弁（坂井 1976），さらには体組織全体に及んだ事例もある（大橋・田中 1977, 片山・三宅 1979）. 赤色液の浸出は，むき身にして翌日〜数日後（坂井 1976, 大橋・田中 1977, 秦ほか 1982, Carver et al. 1996），あるいは凍結解凍後に認められることが多く（David 1972, 楠木 1984, Carver et al. 1996），これは中腸腺に蓄積された色素が自己消化や凍結解凍による組織の崩壊に伴って組織外に浸出するためと推察されている（秦ほか 1982）.

c. 原因生物・原因物質

着色の原因物質によって，藻類の光合成色素の一つであるカロテノイド系色素によるもの，フィ

表1 過去に発生した二枚貝の着色事例(畑 未発表)

タイプ	呼称	二枚貝種	着色の特徴	原因生物・物質	発生場所(発生年)	引用文献
A	赤変カキ [1,9] *1,2 赤変ガキ [3] 着色ガキ [2] Red discoloration [4,5,7] Red-colored-digestive glands [6] ピンクカキ [8] 赤変シジミ *3,4	マガキ [1-3] バージニアガキ [4] オオノガイ [4]	中腸腺・周辺組織の赤色化 [1] 組織全体の赤橙色化 [2,3] 赤褐色液の浸出 [1] 着色液の浸出 [2] 赤色液の浸出 [4]	渦鞭毛藻類 Prorocentrum micans ペリディニン (Peridinin-Chlorophyll a-Protein complex:PCP)	気仙沼湾(1974, 1975, 1976)	1)秦ほか(1982)
				ペリディニン	久美浜湾(1975-1976) [2] 片上湾(1978-1979) [3]	2)大橋・田中(1977) 3)片山・三宅(1979)
				カロテノイド系色素	アメリカ チェサピーク湾(1970-1971)	4)David(1972)
		ヨーロッパヒラガキ [5] Mussel [6] マガキ *1,2 ヤマトシジミ *3 Oyster [7]	中腸腺・周辺組織の赤色化 [5-7] *1-3 赤色液の浸出 [6] *1-3	繊毛虫類 Mesodinium rubrum [5,6] *1 (= Myrionecta rubra) *2,3 フィコエリスリン [6]	オランダ グレーヴェリンゲン湖(1983) [5] カナダ ノバスコシア州沿岸(1991, 1992) [6] 播磨灘北西部(1997) *1 的矢湾(2004) *2 熊野灘沿岸(2004) *2 伊勢湾北部(2004, 2005) *3	5)Kat(1984) 6)Carver et al.(1996) *1 難波 私信 *2 畑 未発表 *3 畑 未発表
				クリプト藻類 フィコエリスリン	フランス ラ・ロシェル沿岸(1998)	7)Pastoureaud et al.(2003)
		マガキ [8,9]	中腸腺,唇弁,心臓周辺組織のピンク色化 [8] 赤褐色液の浸出 [8] 赤色液の浸出 [9]	不明	新潟県 加茂湖(1946, 1954-1955) [8] 広島湾(1981) [9]	8)坂井(1976) 9)楠木(1984)
		ヤマトシジミ	中腸線・周辺組織のピンク色化 ピンク色液の浸出 (いずれも凍結解凍後)	不明	茨城県 涸沼(2006)	*4 岡本 私信
B	赤変カキ [10] 着色カキ [11] Brown coloration of oyster gills [12] カキの鰓着色 *5	マガキ [10,11]	鰓・唇弁の鉄錆色化 [10] 鰓・体表面の褐色化 [11]	渦鞭毛藻類 Gymnodinium simplex [11]	広島湾(1958) [10,11] 岡山県 裳掛地区(1958-1959) [10]	10)広島県水産試験場(1959) 11)羽田(1959)
		Oyster [12] マガキ *5	鰓の茶色化 [12] 鰓の茶褐色化 *5	ハプト藻類 Chrysochromulina quadrikonta [12] *5	気仙沼湾(1991) [12] 伊勢湾口(2001) *5	12)Kawachi & Inoue(1993) *5 畑 未発表
C	茶変カキ	マガキ	中腸腺の茶褐色化 [13] 茶褐色液の浸出 [13] *6	渦鞭毛藻類 Prorocentrum sp. aff. dentatum (= Prorocentrum shikokuense)	大船渡湾(2010)	13)加賀(2011)
				不明	伊勢湾口(2014)	*6 畑 未発表
D	黄変カキ	マガキ	黄色~黄緑色液の浸出 [9,14] *7 軟体部が黄変 [14] 血液が黄変 [14]	不明	広島湾(1974, 1981) [9] (1984) [14] 熊野灘沿岸(2015) *7	9)楠木(1984) 14)赤繁(1986) *7 畑 未発表
			黄色液の浸出	460 nm に吸収極大をもつ水溶性の色素	気仙沼湾(1976) 舞鶴湾(1976)	15)秦ほか(1987)
E	ミドリガキ	マガキ [16-19,21] イワガキ [19] ケガキ [19]	軟体部の緑色~淡緑色化 [18] 部分的に緑色の斑点 [18]	銅を含むピロール誘導体 [16] 銅 [17,18,20,22]	尾道市地先(1950年前後) [16] 名古屋港(1951) [17] 瀬戸内海(1950年代) [18] 延岡湾(1965) [19] 宮古(1969) [21]	16)門(1951) 17)田村(1953) 18)Fujiya(1960) 19)生田(1967) 20)生田(1968) 21)上村(1979) 22)上村(1980)

コビリン系色素のよるもの，原因不明のものに分けられる．カロテノイド系色素によるものは，ペリディニンが原因とされ（大橋・田中 1977，片山・三宅 1979），色素の存在形態としてペリディニンがクロロフィル a とともにタンパク質と結合したペリディニン－クロロフィル a－タンパク質複合体（Peridinin - Chlorophyll a- Protein complex：PCP）の状態が重要と考えられている（秦ほか 1982）．原因生物としては渦鞭毛藻類の Prorocentrum micans が知られており，本種は細胞内に PCP を保有することも確認されている（秦ほか 1982）．フィコビリン系色素によるものは，フィコエリスリンが原因とされ（Carver et al. 1996，Pastoureaud et al. 2003），原因生物としては繊毛虫類の Mesodinium rubrum（＝ Myrionecta rubra）（Kat 1984, Carver et al. 1996，難波 私信，畑 未発表）とクリプト藻類（Pastoureaud et al. 2003）が知られている．

（2）タイプ B（鰓が赤褐色～茶褐色に着色するタイプ）

a．呼称，二枚貝種，発生場所，発生年

赤変カキ（広島県水産試験場 1959），着色カキ（羽田 1959），brown coloration of oyster gills（Kawachi & Inoue 1993），カキの鰓着色（畑 未発表）などと呼ばれ，発生事例はマガキのみである．1958～1959 年にかけて広島県の広島湾から岡山県の裳掛地区にいたる広域で発生したほか（広島県水産試験場 1959，羽田 1959），宮城県の気仙沼湾で 1991 年に（Kawachi & Inoue 1993），三重県の伊勢湾口（鳥羽市地先）で 2001 年に発生が確認されている（畑 未発表）．

b．着色の特徴

鰓および唇弁が鉄錆色，褐色，茶色，茶褐色などに着色するのが特徴である．広島湾の事例では，鰓を中心に体表面全体が褐色に着色したとされる（羽田 1959）．原因生物が消滅した後も着色の改善に長期間を要し，広島県の事例では清浄海水で飼育した場合でも 2 週間（羽田 1959），三重県の事例では 2 ヵ月以上が経過した後でも着色が完全には解消しなかったことが確認されている（畑 未発表）．

c．原因生物・原因物質

広島県および岡山県の発生事例では渦鞭毛藻類の Gymnodinium simplex が（羽田 1959），宮城県（Kawachi & Inoue 1993）および三重県（畑 未発表）の発生事例ではハプト藻類の Chrysochromulina quadrikonta が原因生物とされる．三重県の事例では，茶褐色に着色したマガキの鰓のアセトン抽出により薄緑色がかった黄色色素が抽出されたものの，抽出後でも鰓には茶褐色の色素がかなり残っており，色素は完全には抽出できないほど組織に強く吸着していた．抽出液からは，660～670 nm および 410～460 nm 付近にそれぞれクロロフィルおよびカロテノイド系色素の吸収スペクトルが検出されたが，原因物質の特定にはいたっていない（天野 未発表）．

（3）タイプ C（中腸腺が茶褐色に着色し，体組織から茶褐色液が浸出するタイプ）

a．呼称，二枚貝種，発生場所，発生年

茶変カキと呼ばれ（加賀 2011，畑 未発表），発生事例はマガキのみである．岩手県の大船渡湾で 2010 年に（加賀 2011），三重県の伊勢湾口（鳥羽市地先）で 2014 年に発生が確認されている（畑 未発表）．

b．着色の特徴

中腸腺が茶褐色に着色し，むき身にした軟体部（体組織）から茶褐色の液が浸出する．茶褐色液の

浸出は，むき身にした直後には認められず，翌日に出荷先でビニール袋内の海水が着色することなどで認識される（加賀 2011）．

　ｃ．原因生物・原因物質

　岩手県の発生事例では，*Prorocentrum* sp. aff. *dentatum*（＝ *Prorocentrum shikokuense*, Takano & Matsuoka（2011））による赤潮（最高密度 25,253 cells mL^{-1}）に伴ってマガキの着色が発生したことから，本種が原因生物と推測されているが，再現試験などによる確認が必要とされている（加賀 2011）．三重県の発生事例については原因が不明である．

（4）タイプD（体組織から黄色液が浸出するタイプ）

　ａ．呼称，二枚貝種，発生場所，発生年

　黄変カキと呼ばれ（楠木 1984，赤繁 1986，秦ほか 1987），発生事例はマガキのみである．広島県の広島湾で 1974 年と 1981 年（楠木 1984）および 1984 年に（赤繁 1986），宮城県の気仙沼湾で 1976 年に，京都府の舞鶴湾で 1976 年に（秦ほか 1987），三重県の熊野灘沿岸（紀北町白石湖）で 2015 年に発生が確認されている（畑 未発表）．

　ｂ．着色の特徴

　特定の組織が着色することはないが，むき身にした軟体部（体組織）から黄色（秦ほか 1987）あるいは黄色～黄緑色の液が浸出する（楠木 1984，赤繁 1986）．血液が黄色を呈していたとの報告もある（赤繁 1986）．

　ｃ．原因生物・原因物質

　原因物質は，460 nm に吸収極大を持つ水溶性の色素とされるが，このような色素はプランクトンから検出されていないため，植物プランクトンあるいはバクテリア由来の物質がカキの体内で代謝され，黄色色素に変換されたものと推察されている（秦ほか 1986）．また，色素の主要な蓄積部位が中腸腺であり，濾過海水で 10 日間飼育することで速やかに消失したことから，餌に含まれる黄色色素が中腸腺で吸収，蓄積された後，血液を循環して腎臓に運ばれ，体外へ速やかに排出されると考えられている（赤繁 1986）．

（5）タイプE（重金属が原因で，軟体部が緑色に着色するタイプ）

　ａ．呼称，二枚貝種，発生場所，発生年

　ミドリガキと呼ばれ（門 1951，田村 1953，Fujiya 1960，生田 1967，上村 1979），マガキでは，広島県の尾道市地先で 1950 年前後に（門 1951），愛知県の名古屋港で 1951 年に（田村 1953），瀬戸内海で 1950 年代に（Fujiya 1960），宮城県の延岡湾で 1965 年に（生田 1967），岩手県の宮古湾で 1969 年に（上村 1979），発生が確認されている．なお，延岡湾では，マガキのほか，イワガキとケガキでも発生が認められている（生田 1967）．

　ｂ．着色の特徴

　軟体部が緑色～淡緑色に着色し，部分的に緑色の斑点が認められる（Fujiya 1960）．

　ｃ．原因生物・原因物質

　銅や亜鉛などの精錬工場排水，廃坑で野積みされた鉱石からの流下水など，重金属汚染との関連から調査が行われ，銅（田村 1953，Fujiya 1960，生田 1968，上村 1980）あるいは銅を含むピロール誘

導体が原因とされている（門 1951）．また，これらが *Skeletonema* 属などの餌料プランクトンによって濃縮された後，マガキに吸収，蓄積されることで発生したと考えられている（上村 1980）．

　以上，これまでに国内外で確認されている主要な二枚貝の着色事例について，着色の特徴や原因などの情報をもとにして可能な限り整理を行った．ただし，原因不明の事例が多く，また，着色状況を示す写真もほとんどないなど情報は十分でなかったため，上記の類型化については依然として正確さに課題が残されている．

3．三重県における二枚貝の着色事例

　先に類型化した二枚貝の着色事例のうち A，B，C，D に該当するタイプが三重県沿岸で確認されているので，その時の発生状況について紹介する（図 1）．

(1) タイプ A　赤変カキ（血ガキ）－ 2004 年の的矢湾と熊野灘沿岸（紀北町地先）での事例

　2004 年 12 月 9 日に的矢湾のマガキ生産者から，カキをむき身にすると約半数の個体に赤変部位が認められ，むき身を入れた容器の水がピンク色になるとの連絡があった．12 月 6 日頃から海色が悪く，同時期から赤変カキが確認されているという．12 月 9 日に研究所に持ち込まれたマガキは，心臓を中心に閉殻筋周辺がピンク色を呈しており（図 2（口絵 3）B），中腸腺を切断すると赤色液の浸出が認められた（図 2（口絵 3）C）．中腸腺からの浸出液の顕微鏡観察では，珪藻類の *Skeletonema* 属，*Licmophora* 属および渦鞭毛藻類の *Prorocentrum sigmoides* などのプランクトンが少数観察されたほか，サイズが不均一な茶褐色の粒子が多数観察された．しかし，これらの光学顕微鏡レベルで検出可能な粒子はいずれも顕著な赤色は呈しておらず，液体自体が薄い赤色に染まったような状態であった（図

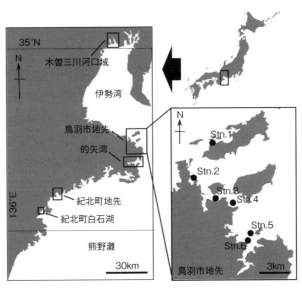

図 1　三重県沿岸における着色現象の発生海域（畑 未発表）
　　タイプ A：的矢湾（2004 年），紀北町地先（2004 年），木曽三川河口域（2004 年，2005 年），タイプ B：鳥羽市地先（Stn.1 ～ 6，2001 年），タイプ C：鳥羽市地先（2014 年），タイプ D：紀北町白石湖（2015 年）．

2（口絵 3）D．12 月 9 日に採取した養殖海域の海水からは，繊毛虫類の *M. rubrum*（図 2（口絵 3）A）が 60 cells mL^{-1}，珪藻類の *Skeletonema* 属が 250 cells mL^{-1}，*P. sigmoides* が 0.01 cells mL^{-1} の密度で検出され，他海域で赤変カキの原因として報告されている *M. rubrum* による赤変化であることが疑われたが，出現密度が低かったため，特定にはいたらなかった．

　その後，12 月 17 日〜 22 日に熊野灘沿岸（紀北町地先）で *M. rubrum* による赤潮（最高密度 3,400 cells mL^{-1}）が発生し，赤潮発生域において特異的に養殖マガキの赤変化が確認された．これにより，三重県沿岸においても本種が養殖マガキの赤変化の原因生物であることが推定された．

　M. rubrum の細胞密度とマガキの赤変化との関係については，岡山県の事例で，本種の細胞密度が 930 cells mL^{-1} の海水にマガキを 30 分間浸漬しただけで赤変化が認められたとの情報がある（難波 私信）．また，海域で二枚貝の赤変化が認められた際の本種の出現密度として 80 cells mL^{-1}（Carver et al. 1996）および 1 cell mL^{-1}（Kat 1984）などの事例が報告されている．前述の的矢湾における事例を含め，ピーク時の出現密度が捉えられていない可能性があるものの，二枚貝の高い濾水能力および中腸腺への蓄積を考慮すると，海水に顕著な着色が認められないような比較的低い出現密度でも赤変化が起こる可能性は十分に考えられる．

　的矢湾および紀北町地先の事例では，いずれも *M. rubrum* が消滅した後は 1 週間程度で赤変化が解消した．また，後者の事例では，非常に濃い赤変化が認められていたものの，清浄海水での蓄養により半日程度で赤変化がほぼ解消したことが生産者によって確認されている．岡山県の事例でも清浄海水飼育によって 7 〜 12 時間程度で赤変化が解消したとの情報があり（難波 私信），*M. rubrum* によるマガキの赤変化については本種が消滅すれば比較的短期間で解消するものと推察される．

（2）タイプA　赤変シジミ－ 2004 年，2005 年の伊勢湾北部（木曽三川河口域）での事例

　2004 年 4 月 13 日に伊勢湾北部（木曽三川河口域）で，中腸腺および周辺組織が赤変化したヤマトシジミが，検出率は約 3％と低いながらも確認された．その後，4 月 24 日〜 25 日にかけて，出荷先の消費者から同水域産のシジミを砂抜きのために真水に入れたところ赤い水が出たとの苦情が 4 件あった．これを受けて実施した 4 月 29 日の調査では，ほぼすべてのシジミに赤変化が確認された．シジミは，中腸腺が濃い赤褐色を呈し，周辺組織にも赤色の着色が認められた（図 2（口絵 3）E）．海水中からは原因と推測されるプランクトンは確認されず，その後の 5 月 13 日の調査では赤変化は解消していた．原因生物は検出できなかったが，海水の遡上範囲と赤変シジミの発生範囲が一致していたことから，着色の原因は河川水ではなく，海水中に存在していたことが推察された．

　翌年の 2005 年 4 月 24 日〜 27 日にかけて，同水域内の広範囲で *M. rubrum* による赤潮（最高密度 5,000 cells mL^{-1}）が発生し，4 月 28 日に調査したところ海水遡上域において 20 〜 90％の高頻度でシジミの赤変化が確認された．*M. rubrum* の出現密度が高い地点で赤変シジミの検出率が高く，着色の度合いも濃い傾向にあったことから，本種が赤変化の原因であると推察された．4 月 28 日からシジミ漁の操業自粛が行われたが，4 月 30 日頃から *M. rubrum* は減少傾向，シジミの赤変化も改善傾向となり，5 月 4 日には操業が再開された．

　清浄海水飼育による赤変化の改善効果について，2004 年の赤変シジミを用いて検討した結果，4 日間の飼育で 10 個体中 9 個体の赤変化が解消され，マガキの赤変化と同様に，赤変化は比較的短期間で解消することが明らかになった（図 2（口絵 3）F）．また，2004 年の赤変シジミについては，麻痺

性および下痢性貝毒のマウス毒性試験の結果，毒性は検出されなかったことから，食品としての安全性については問題がないものと推察された．

　同様のヤマトシジミの赤変化は，2006 年に茨城県涸沼産の冷凍シジミでも確認されている．シジミの表面に付着した氷がピンク色に染まり，殻を開くと中腸腺および周辺組織がピンク色に着色していたという．ただし，この時の原因については明らかにされていない（岡本氏 私信）．

（3）タイプB　カキの鰓着色－2001 年の伊勢湾口（鳥羽市地先）での事例

　2001 年 1 月 5 日に伊勢湾口（鳥羽市地先）で養殖マガキの鰓が茶褐色に着色する現象が発生した．着色部位は鰓と唇弁であり，餌の主な通路である鰓の先端部や唇弁などで特に着色が濃かった．その他の組織には着色はなく，体組織からの着色液の浸出も認められなかった（図3（口絵4）A～D）．鰓と唇弁の組織切片の顕微鏡観察では，鰓の先端および唇弁の内側の上皮組織に茶褐色の顆粒が多数確認され（図3（口絵4）E, F），着色が濃い個体ほど顆粒が多い傾向があった．なお，非発生海域の正常なマガキにはこのような顆粒は認められなかった．着色発生海域では，調査したすべてのマガキが例外なく着色しており，その後，着色が完全に解消するまでに 2 ヵ月以上の長期間を要した（図1，4）．

　2000 年 12 月下旬に伊勢湾口で黄緑色をした赤潮が広域的に発生していたとの生産者の情報があり，マガキの着色との関連が推察されたが，この時の赤潮構成種は未確認であった．1 月 5 日の調査時にはハプト藻類の *C. quadrikonta* が 500 cells mL^{-1} の密度で優占し（図5, 6（口絵5）A），原因であることが疑われたが，この時点では赤潮はすでに解消していたため，特定にはいたらなかった．そこで，本種を単離培養し，試験的にマガキに給餌して着色の再現を試みた．培養した *C. quadrikonta* の細胞浮遊液は，生産者の情報にあったような黄緑色を呈していた（図6（口絵5）B）．飼育水槽にマガキ 20 個体を入れ，*C. quadrikonta* を 1 日 1 回のみ飼育水中の密度が約 50,000 cells mL^{-1} となるよ

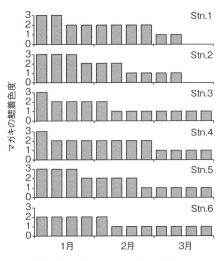

図4　2001 年の伊勢湾口（鳥羽市地先）におけるマガキの鰓着色度の変化（畑 未発表）
鰓着色度（3：鰓，唇弁ともに濃く着色，2：鰓の着色は薄いが，唇弁が濃く着色，1：鰓の着色は不明瞭だが，唇弁が着色，0：着色なし）．

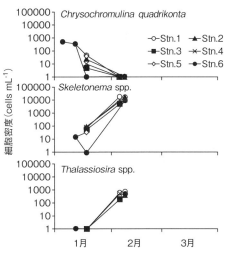

図5　2001 年の伊勢湾口（鳥羽市地先）におけるプランクトン優占種の変化（畑 未発表）

うに給餌して 13 日間飼育した結果，現場海域で確認されたものと同様の鰓と唇弁の茶褐色の着色が再現され，本種が着色の原因であったことが確認できた（図 6（口絵 5）C，D）．

　前述のように，本種による鰓の着色は 2 ヵ月以上にわたって長期化した．着色したマガキを清浄海水で飼育した場合でも，現場海域と同様に，2 ヵ月以上が経過しても着色は完全には解消されず，原因生物である C. quadrikonta が消滅した後でも退色に長期間を要することが確認された．組織観察結果で示されたように，茶褐色の色素が顆粒状となり，鰓および唇弁の上皮組織内に取り込まれた状態で存在することが退色に長期間を要する原因の一つと推察される．なお，着色カキの麻痺性および下痢性貝毒のマウス毒性試験の結果，毒性は確認されなかったことから，食品としての安全性については問題がないと推察された．しかし，見た目の悪さから，出荷の自粛が 1 ヵ月近く行われ，マガキの単価は 2 ヵ月以上にわたって低下し，経済的な漁業被害は甚大であった．

　12 月下旬には，伊勢湾北部においても広域的に小型鞭毛藻が発生していたとの情報があった（最高密度 4,200 cells mL^{-1}）．小型鞭毛藻が C. quadrikonta であったか否かは特定できなかったが，細胞サイズが 10 μm 程度で，黄色の色素を有したとの情報があり，これらの特徴は本種に類似していた．そこで，情報を知った 2 月上旬に，伊勢湾沿岸の三重県側 8 地点，愛知県側 4 地点および三河湾の湾奥 1 地点において天然のマガキを採取して着色状況を調査した結果，着色の度合いには差があったものの，伊勢湾沿岸の 12 地点では調査したすべての個体に着色が認められた．これにより，C. quadrikonta による赤潮が伊勢湾内で広域的に発生していた可能性が示唆された．その後，三重県沿岸海域において本種による赤潮は確認されていないが，出現自体はほぼ毎年確認されているため，今後も突発的な広域赤潮の発生に注意が必要である．

（4）タイプ C　茶変カキ－ 2014 年の伊勢湾口（鳥羽市地先）の事例

　2014 年 1 月 19 日に伊勢湾口（鳥羽市地先）の養殖漁場で生産，出荷されたマガキのむき身から茶褐色の液が浸出する現象が確認された（図 7（口絵 6）A）．同漁場内の 19 軒の生産者のうち 1 軒から出荷されたむき身 5 袋中の 1 袋でのみ発生し，むき身作業時には異変は認められなかったが，出荷先の市場で着色が確認されたという．プランクトン調査が実施されていないため原因は不明であるが，着色状況は岩手県大船渡湾の Prorocentrum sp. aff. dentatum（図 7（口絵 6）B）が原因と推測されている茶変カキ（加賀 2011）に類似していた．なお，同じ生産者の出荷物の中でも特定の袋でしか発生が認められなかったことから，むき身に何らかの保存条件が加わることで着色液の浸出が起こる可能性も考えられた．

（5）タイプ D　黄変カキ－ 2015 年の熊野灘沿岸（紀北町白石湖）の事例

　2015 年 3 月 19 日に熊野灘沿岸（紀北町）に位置する汽水湖の白石湖で養殖されたマガキから黄色の液が浸出する現象が確認された（図 8（口絵 7））．黄色液の浸出は，マガキの殻を開いた直後から認められた．生産者の情報によると，同現象は漁場内のほぼ全域で発生したが，深場に垂下しているマガキでは発生がほとんどなかったという．また，同時期に赤潮の発生は確認されておらず，原因は不明であった．同現象は 3 月 25 日頃まで継続した．

4．漁業被害と対策

　プランクトンが原因の二枚貝の着色現象として，*P. micans*，*M. rubrum*，クリプト藻などによる赤変カキや赤変シジミをはじめとする二枚貝の赤変化（タイプA），*C. quadrikonta* や *G. simplex* によるカキの鰓着色（タイプB），*Prorocentrum* sp. aff. *dentatum* による茶変カキ（タイプC）などについて紹介した．今後，これらのプランクトンが発生した際には，二枚貝の着色に警戒が必要である．いずれの事例も二枚貝の斃死や衰弱は認められておらず，食品としての安全性についても問題はないと推察されたが，見た目の悪さから商品価値が著しく低下し，風評被害や出荷自粛などにより二枚貝の出荷に大きな影響を与える．

　M. rubrum による二枚貝の赤変化については，発生頻度は高いものの，比較的短期間で終息することが多く，清浄海水飼育による被害軽減も可能と考えられる．ただし，生産者の出荷作業時には発見され難く，出荷先からの苦情を受けて初めて認識されることが多いため，本種の出現が確認された際には早期の対策が必要である．特に，殻付の状態で出荷されるシジミでは，赤変化の発見が遅れる可能性が高いが，シジミを凍結解凍後に中腸腺を摘出し，濡らした濾紙上に放置して赤色液の浸出を確認する方法により早期発見が可能である．

　一方，*C. quadrikonta* によるマガキの鰓着色は，鰓がいったん着色してしまうと退色は容易ではなく，清浄海水飼育でも効果が低いため，着色発生後の対策は困難である．伊勢湾口の事例では，マウス毒性試験で安全性が確認されたため，冷凍食品等の加工品用として出荷するなどの対応が行われたが，価格の低下は免れない状況であった．

　いずれにせよ，原因生物の出現を早期に捉え，避難等の対策により着色の発生を未然に防止することが最も重要である．貝毒の発生監視のために実施されるモニタリングの際に，二枚貝の着色原因となるプランクトンも併せて監視するなどの対応が必要であろう．そのためには，二枚貝の着色原因が明らかにされている必要があるが，黄変カキなど未だ原因が不明の事例も認められる．さらに，今後，新たな原因生物や有毒プランクトンにより二枚貝の着色が起こる可能性も考えられる．着色現象の発生は，突発的かつ一過性であることが多いため，原因生物の特定などが困難な場合も多いが，漁業被害の軽減ならびに安全な二枚貝の出荷のため，今後も原因生物や二枚貝の安全性などに関する情報が収集，蓄積されることが望まれる．

文　献

赤繁 悟（1986）カキ血液中の黄変色素の存在について．広島県水産試験場研究報告 16: 33-37.

Carver CE, Mallet AL, Warnock R, Douglas D（1996）Red-coloured digestive glands in cultured mussels and scallops: the implication of *Mesodinium rubrum*. J Shellfish Res 15: 191-201.

David DB（1972）The red pigment in discolored oysters and soft-shelled clams from the Chesapeak Bay. Chesapeak Sci 13: 334-335.

Fujiya M（1960）Studies on the effects of copper dissolved in sea water on oyster. Bull Jpn Soc Sci Fish 26: 462-468.

羽田良禾（1959）カキ着色とプランクトンとの関係．鈴峯女子短大研究集報 第6集 自然科学編, pp.85-91.

Hallegraeff G（1993）A review of harmful algal blooms and their apparent global increase. Phycologia 32: 79-99.

秦 正弘・秦 満夫・中村弘二・藤原 等（1982）気仙沼湾に発生した赤変カキについて．日本水産学会誌 48: 975-979.

秦 正弘・松本育夫・伊藤正雄・秦 満夫・赤繁 悟（1987）カキの黄変現象について．日本水産学会誌 53: 667-680.

広島県水産試験場（1959）赤変カキについて．水試だより No.68.

生田国雄（1967）水棲生物の重金属蓄積に関する研究－Ⅰ．カキの銅含有量について．日本水産学会誌 33: 405-409.

生田国雄（1968）水棲生物の重金属蓄積に関する研究－Ⅱ．カキの銅・亜鉛蓄積について．日本水産学会誌 34: 112-116.

今井一郎（2000）赤潮の発生−海からの警告−. 遺伝 54: 30-34.

門 洋一（1951）マガキの變形細胞の顆粒の性質について. 動物学雑誌 60: 137-141.

加賀新之助（2011）2010 年に大船渡湾において発生した *Prorocentrum* sp. 赤潮発生の環境特性と茶変カキについて. 岩手県水産技術センター研究報告 7: 7-13.

片山勝介・三宅与志雄（1979）片上湾口部に発生した赤変ガキについて. 岡山水産試験場事業報告書, pp.238-239.

Kat M（1984）"Red" oysters（*Ostrea edulis* L.）caused by *Mesodinium Rubrum* in Lake Grevelingen. Aquaculture 38: 375-377.

Kawachi M, Inoue I（1993）*Chrysochromulina quadrikonta* sp. nov., a quadriflagellate member of the genus *Chrysochromulina*（Prymnesiophyceae = Haptophyceae）. Jpn J Phycol 41: 221-230.

楠木 豊（1984）広島湾における黄変カキの発生. 広島水産試験場研究報告 4: 1-10.

大橋 徹・田中俊次（1977）久美浜湾産着色ガキの検討. 京都府立海洋センター研究報告 1: 166-167.

Pastoureaud A, Dupuy C, Chretiennot-Dinet M J, Lantoine F, Loret P（2003）Red coloration of oysters along the French Atlantic coast during the 1998 winter season: implication of nanoplanktonic cryptophytes. Aquaculture 228: 225-235.

坂井英世（1976）2 月の管理 牡蠣. 養殖 13: 101-104.

Takano Y, Matsuoka K（2011）A comparative study between *Prorocentrum shikokuense* and *P. donghaiense*（Prorocentrales, Dinophyceae）based on morphology and DNA sequences. Plankton Benthos Res 6: 179-186.

田村 保（1953）名古屋港内のミドリガキに就いて，愛知県下に於ける水質汚濁の現状（第二報）. 愛知県水産試験場臨時報告, pp.29-33.

上村俊一（1979）1969 年に生起した宮古湾における養殖ガキの重金属汚染について. 水質汚濁研究 2: 75-84.

上村俊一（1980）餌料中の銅，亜鉛がカキの重金属蓄積に及ぼす影響. 日本水産学会誌 46: 83-85.

2-10　島嶼海域での低密度赤潮[*1]による
新たな漁業被害の発生[*2]

山砥稔文[*3]・石田直也[*4]

　長崎県には対馬，壱岐，五島列島，平戸島，伊万里湾の島々（青島等），九十九島などの離島が多く散在し（島嶼数は971と日本1位），海岸線は4,137 kmと北海道に次いで長く，九十九島や対馬の浅茅湾のようなリアス式海岸の地形が認められ，複雑に入り組んでいる内湾が多い．このような地形を活かし，従来から県内全域で魚類等の養殖が盛んに行われてきた．近年の特徴として，赤潮の発生や降雨による濁水の影響が少なく，対馬暖流の影響を受ける温暖な離島地区でマグロ養殖が開始され，生産額（生産量）は2012年には82億円（2,609 t）と急増し，養殖振興の大きな柱と位置づけられるようになってきた（図1）．ところが，2013年は渦鞭毛藻の *Karenia mikimotoi* と *Cochlodinium* sp. Type-Kasasa（長崎県総合水産試験場 2014），2014年にはディクティオカ藻の *Octactis octonaria* と *K. mikimotoi* の赤潮形成時にマグロの斃死が確認された（長崎県総合水産試験場 2015）．斃死時の細胞数は数十から数百 cells mL^{-1} と低く，一般的に被害が発生する細胞数の1/10程度であった．斃死時に病気の発生は疑われず，溶存酸素等の環境条件に異常が認められなかったことから，斃死はこれらのプランクトンによるものと判断された（表1）．これらとは別に県内のマグロ養殖漁場においては，例年秋季にしばしば斃死が起こることがあり，これらの斃死は漁場中層における透明度低下（濁り）の影響でマグロが網に衝突したり，擦れを起こした結果と推察されていた（熊井 2000）．2014年と2015年には，五島の玉之浦湾での現場調査により，透明度低下は珪藻類の増殖に起因することがわかってきた．本稿では，従来の九州本土沿岸とは異なる離島海域での新たな低密度赤潮による養殖マグロの斃死被害の発生と機構について解説する．

1．五島列島での *Cochlodinium* sp. Type-Kasasa 赤潮

　五島列島（以下五島と呼ぶ）は九州西端，長崎港の西方約100 kmに位置し，北東から南西方向に約80 kmにわたり140余の島々が連なる．南西部の福江島西端は，国際水路機関によって東シナ海と日本海の境界とされ，本稿での海域区分はこれに従う．2013年8月下旬〜10月上旬に五島西岸周辺において *Cochlodinium* sp. Type-Kasasa 赤潮が3海域で確認された．これらの赤潮によってマグロ等

[*1]　赤潮：長崎県総合水産試験場は赤潮による漁業被害を最重要視しているため，有害種による被害発生の恐れがある場合には，着色がみられない低密度でも，所定の細胞数に達した段階で赤潮として取り扱っている．例えば *Karenia mikimotoi* では表2（138頁）の情報発信基準値を目安とし，500 cells mL^{-1} 程度で『赤潮』としている．

[*2]　Occurrence of fishery damage due to red tide of low cell density in islands sea area of Nagasaki prefecture

[*3]　Toshifumi Yamatogi（yamatogi011143@pref.nagasaki.lg.jp）

[*4]　Naoya Ishida

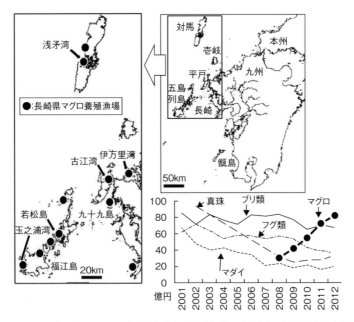

図 1　長崎県沿岸海域でのマグロ養殖漁場と主要養殖魚種の生産金額（長崎県農林水産統計）

表 1　有害プランクトンによる養殖マグロ斃死事例

年	時期	場所	原因種	斃死時細胞数 (cells mL^{-1})	被害発生の危険細胞数 (cells mL^{-1})
2005	8 月	対馬（浅茅湾）	*Cochlodinium polykrikoides*	不明 （着色あり）	数千[*1]
2013	7–8 月	伊万里湾	*Karenia mikimotoi*	326	数千[*1]
2013	9 月	五島（若松島）	*Cochlodinium* sp.Type-Kasasa	242	数千[*2]
2013	9 月	五島（玉之浦湾）	*Cochlodinium* sp.Type-Kasasa	216	数千[*2]
2014	5 月	五島（若松島）	*Octactis octonaria*	45	不明
2014	7 月	平戸（古江湾）	*Karenia mikimotoi*	433	数千[*1]

[*1] 松岡ほか 2006，[*2] 鹿児島県水産試験場 1995

の魚類が斃死した．赤潮はまず北東部の奈摩湾で発生し（8/27），やや遅れて中部の若松島月ノ浦で出現（9/2）した後，南西部の玉之浦湾（9/27）でも確認された．気象庁の海流データによると，8 月と 9 月上旬の五島西岸では北東から南西部に向かう南下流が存在していたと考えられる（図 2）．西岸北東部，中部，南西部での発生時期の遅れの原因として，この南下流によって運搬された個体群が，湾ごとに増殖の最適水温，塩分等の環境条件が整った時に赤潮を形成したと考えられる．マグロの斃死は赤潮発生初期に確認され，被害発生時の細胞数は玉之浦湾で 216 cells mL^{-1}，若松島で 242 cells mL^{-1} であった．若松島では，他に蓄養中のヒラマサやクエも斃死したが，被害は赤潮が高密度化（4,160 ～ 8,160 cells mL^{-1}）した 9 月中旬に発生した．赤潮形成時の本藻発生量と増殖速度に及ぼす水温，塩分の関係をみると，本藻の高密度出現時の水温は 26 ～ 29℃，塩分は 28 ～ 35 の範囲にあり，培養実験で確認された最適水温，塩分条件（山砥ほか 2010）によく一致していた（図 3）．本藻による赤潮発生の直前と前期（8 月下旬～ 9 月上旬）には降水量が平年値を上回り，湾内は低塩分になったとともに栄養塩が供給された状態にあったと考えられた．これら 3 海域の地形はすべて湾口部が北側にある閉鎖的な袋状であり，赤潮発生の直前と期間中（8 月下旬～ 9 月下旬）には北寄りの風も卓

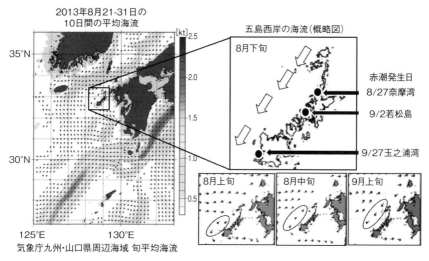

図2　五島周辺海域における海流（気象庁海況予報システム）

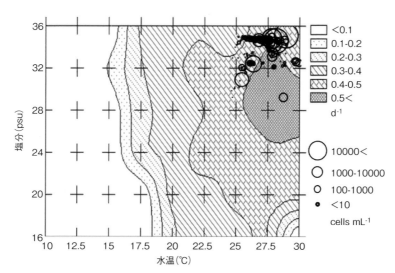

図3　有害渦鞭毛藻 *Cochlodinium* sp. Type-Kasasa の発生量（cells mL^{-1}）と比増殖速度（d^{-1}）に及ぼす水温，塩分の影響（山砥ほか 2010）

越していた（図4）. 本藻は昼間，湾内風下沿岸域の表層付近で高密度に分布していた. 細胞数の増加は海水交換の少ない小潮時にみられた. また3海域では，過去に長崎大学や県水産業普及指導センターが定期プランクトン調査を継続的に実施していたが，これまで本藻の出現は未確認であった. これらのことから，本藻赤潮は，潮流や風によって沖から漁場へ流れ込んだ個体群が，降雨による栄養塩供給と増殖に適した高水温による増殖促進効果，および小潮による低い海水交換率がもたらす湾内での維持効果によって形成された可能性がある.

2. 平戸島古江湾での *K. mikimotoi* 赤潮

　平戸島は西側に日本海を臨み，東側は平戸瀬戸を挟んで九州本土に面している. 西海岸には薄香

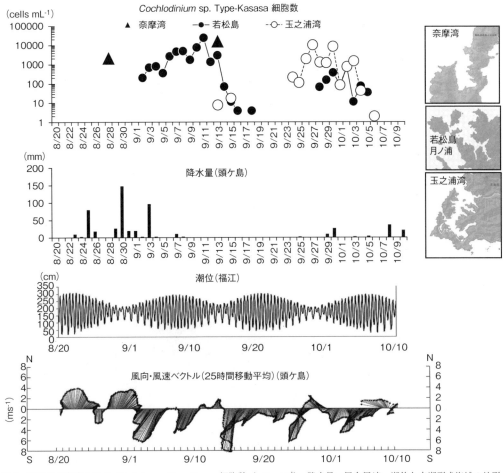

図4 五島周辺海域での *Cochlodinium* sp. Type-Kasasa 細胞数（cells mL⁻¹），降水量，風向風速，潮位と赤潮形成海域の地形

湾，古江湾など半閉鎖性の海湾がある．古江湾では 2014 年 7 月上～中旬に *Karenia mikimotoi* 赤潮が発生した．6 月下旬～7 月上旬は湾口から漁場方向への風や大量降雨（306 mm）があり，小潮（7/5），水温 22℃ 前後と赤潮形成にとって好条件であった．本藻は赤潮発生直前の昼間，5 ～ 10 m 層に 305 ～ 433 cells mL⁻¹ の細胞数で検出されたが，この時に養殖マグロの斃死が確認された．当時，本藻の分布は 5 ～ 10 m に集中し，表層～ 2.5 m ではほとんど認められなかった（図5）．同様の分布現象と斃死との関連は 2013 年 7 月の伊万里湾青島周辺漁場でも確認されており，養殖マグロ斃死時の細胞数は 326 ～ 430 cells mL⁻¹（10 m 層）であった（水産総合研究センター西海区水産研究所ほか 2014）．このように，本藻は発生初期に海域中層で増殖した後に表層付近で濃密度分布層を形成することがあるため，漁場が危険な状況になっていても，現場では海上から着色等の異変を検知することが難しく，その結果，赤潮対策の遅れが漁業被害につながることが少なくない．

3. 西九州沿岸（鹿児島県甑島，五島若松島，対馬浅茅湾）での *O. octonaria* の増殖

西九州沿岸域は東シナ海東部沿岸から日本海西部沿岸にかけて，鹿児島県甑島，五島，対馬などの離島が散在し，共通して対馬暖流の影響を強く受ける．*Octactis octonaria* は 2014 年の 5 月中

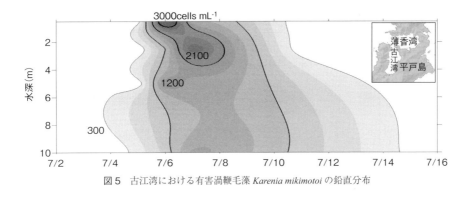

図5　古江湾における有害渦鞭毛藻 *Karenia mikimotoi* の鉛直分布

旬に若松島月ノ浦で低密度ながら赤潮を形成し，養殖マグロの斃死が生じた（長崎県総合水産試験場 2015）．その斃死時の細胞密度は 45 cells mL^{-1} であった．わが国沿岸において *O. octonaria* はこれまで養殖魚に被害を及ぼしたという記録はないが，類縁種の *Vicicitus globosus*（= *Chattonella globosa*）は実験でハマチを斃死させた事例（吉松 2006）がある．養殖現場においては，2008 年の三重県で *V. globosus*（下記の図鑑では *C. globosa* と表記）が数十 cells mL^{-1} 程度出現した時に養殖魚の餌食いが悪かったとの情報がある（三重県水産研究所「沿岸海域プランクトン図鑑」2012）．また，2003 年 6 月上旬に鹿児島錦江湾では，養殖ブリ類の斃死時に *C. globosa*（原報告に従う）が 400 cells mL^{-1} 程度の密度で確認されている．同年 6 月下旬〜7 月には *C. globosa* が，長崎県沿岸の広域（大村湾〜九十九島〜平戸島〜伊万里湾）でラフィド藻 *Chattonella antiqua*, *C. marina*, *Heterosigma akashiwo* との混合赤潮を形成し，主要な原因種は不明ながら，養殖ブリやヒラマサに被害が生じた（長崎県総合水産試験場 2004）．養殖魚斃死時の細胞数（cells mL^{-1}）は，最高値でそれぞれ *C. antiqua*：8，*C. marina*：16，*H. akashiwo*：432，*C. globosa*：134 であった．これらのことから，*C. globosa* は養殖魚の斃死を引き起こす危険種として認識されていた．しかるに今回，2003 年当時のプランクトン画像（6 月に伊万里湾で採取）を再度確認したところ，球形時の細胞の大きさが直径 22 μm であったことから，この時に出現していたのは *O. octonaria* であった可能性が高いと判断された．*O. octonaria* と *C. globosa* は系統分類学的に近縁である可能性が強く，以前より骨格を持たない球形細胞を *C. globosa* と表記してきたため，これまで混同して取り扱われてきた可能性が大きい．2014 年の *O. octonaria* の出現をみると，5 月中旬に五島福江島の南東沖で 0.04 cells mL^{-1}，奈摩湾では 56 cells mL^{-1} であった．5 月下旬には九十九島で 10 cells mL^{-1}，対馬浅茅湾尾崎のマグロ養殖漁場で 20 cells mL^{-1} が確認された．これに先立つ 5 月上旬には，東シナ海東部の西九州沿岸で南側に位置する鹿児島県甑島においても最高細胞数 1,116 cells mL^{-1} という本藻の高密度出現が確認されていた．4 月下旬の潮流をみると（図6），対馬暖流が甑島，五島，および対馬方向に向かっており，5 月中旬には甑島から五島南東沖や九十九島への流れがあったと考えられる．これらの海域における出現時期の遅れの原因として，海流による運搬の可能性がある．五島若松島，対馬浅茅湾，甑島浦内湾では，共通して養殖マグロが斃死する漁業被害が生じていた．ただし，浅茅湾（*H. akashiwo* が同時に出現：最高 760 cells mL^{-1}）と浦内湾での斃死原因は特定されてない．松岡・岩滝（2004）は，2002 年夏〜秋季に有害種の *Cochlodinium polykrikoides* が東シナ海東部沿岸から日本海西部沿岸にかけて，対馬暖流によりその分布を広げていく可能性を指摘した．その後 Matsuoka et al.（2010）は，実際に本藻が東シナ海の東部沖合域から北部沿岸域へ移送されたことを確認している．

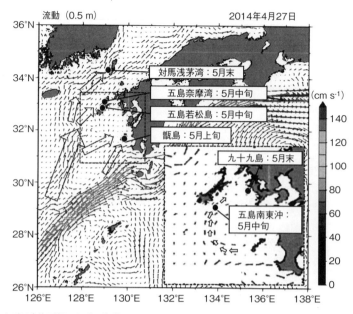

図6 東シナ海東部および日本海西部における流動
気象庁海況予報システムの出力を用いて，水産総合研究センターが作図したものにディクティオカ藻 *Octactis octonaria* 分布
状況と白抜き矢印を加筆した．

4．福江島（玉之浦湾）での珪藻類の増殖

　2013 年の秋季，10 月の小潮時に行った五島福江島玉之浦湾調査の結果を図7に示す．水深 10 m の中層でクロロフィル蛍光値が高く，植物プランクトンが多く分布していた．優占種は珪藻類（*Pseudo-nitzschia*

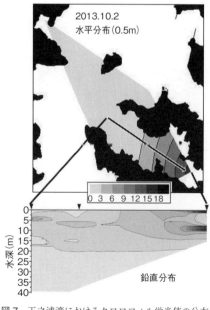

図7 玉之浦湾におけるクロロフィル蛍光値の分布

sp.：1,600 cells mL^{-1}）であったことから，秋季の中層における透明度の低下現象（濁り）は，珪藻類の増殖が原因である可能性が考えられた．表層には *Cochlodinium* sp. Type-Kasasa が高密度に分布（740 cells mL^{-1}）していた．温帯海域では一般に，秋季は気温低下による海水の対流混合に伴う植物プランクトンの増殖が起こるが，福江島では9月も6月と7月に次いで降水量が多く，湾内での植物プランクトンの増殖が盛んであったと考えられる．また，9月は北寄りの風が卓越することから，玉之浦湾のように北側に湾口を持つ袋状の海湾では，吹送流によって表層の植物プランクトン群集は湾奥部へ押し込められ，水深の浅い湾奥では海面冷却によって下降流が発生し，それによって植物プランクトンが中層に運ばれ分布するようになったと想定できる．*Cochlodinium* sp. Type-Kasasa のような鞭毛藻は日周鉛直移動を通じて表層へと昼間に遊泳移動できるが（図7），遊泳力のな

い珪藻類はこの逆エスチュアリー循環流によって下層から湾外方向へ運ばれる傾向があると考えられる．2014年秋季9月の小潮時の同湾調査でも，マグロ養殖漁場の中層で珪藻類の増殖が確認された．これまで，珪藻類の有害性はノリ養殖漁場で栄養塩消費による色落ちが広く認識されていたが，マグロ養殖漁場でも濁りの原因種として有害性を示す可能性があることが判明した．その一方で，同様の地形を持つ近隣の若松島月ノ浦マグロ養殖漁場では，秋季に濁り現象はみられていない．月ノ浦湾奥部では二枚貝（アコヤガイ，ヒオウギガイ，マガキ）と藻類（アオサ）養殖が行われているが，玉之浦湾奥部では，貝・藻類養殖は行われていない．今後，プランクトン増殖抑制の対策として，プランクトンを摂食する貝や栄養塩競合対象としての藻類とマグロ等魚類の組み合わせ養殖を検討するべきであろう（養殖研究所養殖システム部 2014）．

5. 長崎県における有害赤潮による被害防止対策

　マグロは他の魚種に比べて，従来の赤潮時よりも斃死被害が発生する原因生物の細胞数が1/10程度で低いと考えられるため，長崎県総合水産試験場は「マグロに関して，情報発信基準値は1/10を乗ずるものとする」との赤潮情報発信基準を県内関係機関に配布した（表2）．赤潮の被害軽減に向けて，従来とは異なる新たな対策が必要であるとの視点から，以下の2点について注意喚起を促す取り組みを行っている．

　（1）海流による移動：*Cochlodinium* sp. Type-Kasasa や *Octactis octonaria* のように東シナ海東部から日本海西部の西九州沿岸に広く分布する有害種に対して，県は五島周辺（西沖や五島灘）の沖合広域調査や沿岸海域水質・赤潮分布情報システム（水産庁事業）を活用して，当該種の出現を早期に把握することにしている．

　（2）プランクトンの鉛直分布：赤潮発生前に中層で増殖を始める *Karenia mikimotoi* や，中層での濁りの原因となる珪藻類に対しては，県が初期発生海域を中心として，プランクトンの鉛直分布が詳細に把握できる直読式機器による観測調査を実施している．県内のマグロ等養殖漁場周辺では，養殖業者や漁業協同組合が主体となり，市町や県と連携した自主監視調査を行っている．養殖筏には，県が漁場環境の異変をいち早く察知するためのテレメーターシステムを設置し，地域関係者が24時間連続観測したプランクトン量等水質の変化をホームページでリアルタイム監視している．長崎県の地形的特徴（離島が多く海岸線が長い）と，有害プランクトンの生態（目視できない水深での増殖）の観点から，赤潮監視に関しては質と量の面でさらなる観測機器の導入は必須であるが，予算確保という大きなボトルネックが残る．長崎県総合水産試験場は低コストでも的確な漁場監視が強化できるように，現場調査と室内実験データをもとにして，海域ごとに有害プランクトンの増殖水深を透明度と光量から予測する技術や，光合成活性の指標値（F_v/F_m）を用いて有害プランクトンの消長を予測する技術等を開発検討している．このように地域が一丸となった『長崎方式』の人力主体（機器観測は補完）の地道なモニタリングは，原因種と発生海域の個別性を強く意識してなされており，有害赤潮による漁業被害の未然防止と被害の軽減に向けての現実的な取り組みといえよう．さらなる工夫と改善を通じて，将来的にも可能な限り漁業者への貢献が期待されている．

表2 赤潮情報の発信基準［目安］

長崎県総合水産試験場　漁場環境科

平成 26 年 8 月 29 日

警戒　餌止めの励行，生簀移動
注意　①プランクトンの動向に注意し，餌止めあるいは生簀移動の実行および準備
　　　②淡水浴，薬浴，喰わせ込みを控える

赤潮プランクトン	情報発信基準値（cells mL^{-1}）		増殖適水温（℃）（最適水温）
	警戒を要する	注意を要する	
シャットネラ　アンティーカ *Chattonella antiqua*	10	1	20 ～ 32.5（25 ～ 30）
シャットネラ　マリーナ *Chattonella marina*	10	1	20 ～ 32.5（25 ～ 30）
シャットネラ　オバータ *Chattonella ovata*	100	10	15 ～ 32.5（25 ～ 30）
カレニア　ミキモトイ *Karenia mikimotoi*	500	100	12.5 ～ 30（25）
カレニア　ディジタータ *Karenia digitata*	100	10	17 ～ 23（出現時）
コックロディニウム　ポリクリコイデス *Cochlodinium polykrikoides*	500	50	17 ～ 30（25 ～ 27.5）
コックロディニウム　エスピー　カササガタ *Cochlodinium* sp. type-Kasasa	500	50	17 ～ 30（27 ～ 28）
ヘテロシグマ　アカシオ *Heterosigma akashiwo*	10,000	1,000	15 ～ 30（15 ～ 25）
ヘテロカプサ　サーキュラーリスカーマ *Heterocapsa circularisquama*	50	10	15 ～ 30（30）
ディクティオカ *Dictyocha* 藻	400	40	20 ～ 30（出現時）

＊ *C. antiqua*，*C. marina* の情報発信基準は，魚類対象
＊ *H. circularisquama* の情報発信基準は，貝類対象
＊マグロに関して，情報発信基準値（cells mL^{-1}）は 1/10 を乗ずるものとする
＊珪藻類の増殖による透明度の低下がみられた場合には，給餌を控える
＊ディクティオカ藻（*Octactis octonaria*，*Viciditus globosus*）

文　献

鹿児島県水産試験場（1995）鹿児島県の赤潮生物（増補版）．

熊井英水（2000）最新 海産魚の養殖．247pp. 湊文社，東京．

長崎県総合水産試験場（2004）平成 15 年度赤潮プランクトン等監視調査事業報告書－Ｉ－長崎県下における赤潮の発生状況－．29pp.

長崎県総合水産試験場（2014）平成 25 年度赤潮プランクトン等監視調査事業報告書－Ｉ－長崎県下における赤潮の発生状況－．205pp.

長崎県総合水産試験場（2015）平成 26 年度赤潮プランクトン等監視調査事業報告書－Ｉ－長崎県下における赤潮の発生状況－．141pp.

独立行政法人水産総合研究センター西海区水産研究所・中央水産研究所・佐賀県・長崎県（2014）平成 25 年度漁場環境・生物多様性保全総合対策委託事業赤潮・貧酸素水塊対策推進事業．九州海域での有害赤潮・貧酸素水塊発生機構解明と予察・被害防止等技術開発報告書．2. 九州北部海域における有害赤潮等発生監視と発生機構の解明．30pp.

松岡數充・岩滝光儀・山砥稔文（2006）長崎県周辺海域の有害植物プランクトン．財団法人長崎県産業振興財団・独立行政法人科学技術振興機構．29pp.

松岡數充・岩滝光儀（2004）有害無殻渦鞭毛藻 *Cochlodinium polykrikoides* Margalef 研究の現状（総説）．日本プランクトン学会報 51: 38-45.

Matsuoka K, Mizunio A, Iwataki M, Takano Y, Yamatogi T, Yoon YH, Lee JB（2010）Seed populations of a harmful unarmored dinoflagellate *Cochlodinium polykrikoides* Margalef in the East China Sea. Harmful Algae 9: 548-556.

三重県水産研究所（2012）三重県沿岸海域プランクトン図鑑．52pp.

山砥稔文・坂本節子・山口峰生・村田圭助・櫻田清成・高野義人・岩滝光儀・松岡數充（2010）西九州沿岸における有害無殻渦鞭毛藻 *Cochlodinium* sp. Type-Kasasa の分布と増殖特性．藻類 58：167-172.

養殖研究所養殖システム部（2014）魚類養殖漁場に垂下したアサリによる水質浄化効果を試算．平成 25 年度年報．独立行政法人水産総合研究センター．95pp.

吉松定昭（2006）香川県の赤潮生物（第 3 版）．香川県魚類養殖業対策本部．27pp.

2-11　*Chattonella* の魚毒性発現機構
－活性酸素関与の可能性[*1]

小田　達也[*2]

1. シャットネラ赤潮

　シャットネラ（*Chattonella antiqua, C. marina, C. ovata*）はラフィド藻綱に属し，光合成能力を有する独立栄養型の単細胞植物プランクトンの一種であり，日本近海で発生する代表的な赤潮原因プランクトンとして知られている．細胞は紡錘状で長さは 30-150 μm，頭部に 2 本の鞭毛を持ち，海水中を活発に遊泳している．細胞表層に柔らかい糖被膜（グリコキャリックス）を有するのみで強固な細胞壁を欠くため，水温，塩分濃度の変化，培養条件の悪化，撹拌などの物理的刺激によって容易に球状に変形したり，遊泳能力を失って培養器の底に沈んだりする．細胞の形態的特徴によって何種類かに分類されるが，これまでわれわれは，主に *C. marina* と *C. antiqua* について種々の角度から研究に取り組んでいる．両者は細胞の大きさ，形態に若干の相違がある．*Chattonella* は特にブリなどの魚類に強い毒性を示し，その赤潮によるわが国における漁業被害額の累積は，約 300 億円にも達すると推定されている．2009 年および 2010 年に九州沿岸域で発生した *Chattonella* 赤潮は，ブリ養殖に対して数十億円を超える甚大な漁業被害をもたらし，赤潮問題の深刻さが再認識されている．海外においてもオーストラリアでのマグロ養殖に対する *Chattonella* 赤潮による大きな被害が報告されている（Munday & Hallegraeff 1998）．わが国におけるマグロ養殖も活発化していることから，海洋食糧資源，特に養殖魚の安定確保にとって *Chattonella* 赤潮は依然脅威となっている．わが国を中心に，赤潮に関して先駆的な多数の研究や取り組みが実施されているが，*Chattonella* を含め，未だにその毒性発現機構の解明にいたった赤潮プランクトン種はなく，有効な防除対策も見出せていない．これまでわれわれは，数十年来，1985 年に鹿児島湾で分離された *C. marina* を中心にその生物学的側面および毒性発現機構解明に関する研究に取り組んでおり，特に本種の最大の特徴として，高濃度の活性酸素を産生放出することを明らかにしてきた．一方，国内外の他の研究者により，*Chattonella* の魚毒性原因物質として高度不飽和脂肪酸，溶血毒素，神経毒素の存在が報告されている（岡市・西尾 1978, Endo et al. 1992）．しかしながら，破壊された細胞や培養上清にはほとんど魚毒性が認められず，活発に遊泳している生細胞が魚毒性発現には重要であることが指摘されており，少なくとも分離可能な安定な毒素の存在は疑問視されている．

[*1] Possible involvement of reactive oxygen species（ROS）in the ichthyotoxic mechanism of *Chattonella*

[*2] Tatsuya Oda（t-oda@nagasaki-u.ac.jp）

2．*Chattonella* による活性酸素産生

　1989 年，島田らによって通常の条件下で培養中の *C. antiqua* にチトクローム C 還元能が観察され，その還元はスーパーオキサイドジスムターゼ（SOD）添加によって阻害されたことから，活性酸素の一つであるスーパーオキサイド（O_2^-）の産生が示された（Shimada et al. 1989）．われわれも *C. marina* について種々の生化学的手法により調べたところ，スーパーオキサイドのほか，過酸化水素の産生を検出した（Oda et al.1992b, 1994, 小田・石松 1995）．さらに，活性酸素のうち，反応性が高く生物毒性が高いとされるヒドロキシラジカルも電子スピン共鳴（ESR）法において検出されている（Oda et al. 1992a）．ESR 法は活性酸素検出法として最も信頼性が高いとされている．図 1 に *C. marina* 細胞浮遊液で得られた ESR スペクトルを示す．時間経過に伴い，スーパーオキサイドのシグナルは徐々にヒドロキシラジカルのシグナルへと変化することが観察された．活性酸素消去酵素である SOD 存在下，あるいは細胞破壊液ではこのようなシグナルは観察されない．一般に，生物系ではまずスーパーオキサイドが産生され，酵素反応等により過酸化水素に変換された後，フェントン反応により過酸化水素と鉄イオンとの反応によりヒドロキシラジカルが産生されると考えられている．*Chattonella* の活性酸素産生系を種々の蛍光プローブを用いて蛍光顕微鏡観察したところ，スーパーオキサイドは *Chattonella* 細胞表層で産生されているのに対して，過酸化水素は細胞内で産生されていることを示す像が観察され，これらの知見から，*Chattonella* ではスーパーオキサイドと過酸化水素は異なる系で別々に産生されていることが示唆されている（図 2（口絵 8））．さらに諸外国の研究者を含め多くの研究者によっても *Chattonella* による活性酸素産生は確認されている．*Chattonella* 以外にもラフィド藻類に属する *Heterosigma akashiwo*, *Fibrocapsa japonica*, *Olisthodiscus luteus* からも高い活性酸素産生が検出されたことから，活性酸素産生はラフィド藻類に共通した生化学的性質と考えられる（Oda et al. 1997）．*Chattonella* や他のラフィド藻類における活性酸素産生の生物学的意義については現在も不明であるが，活性酸素消去酵素であるカタラーゼや SOD 添加により，*Chattonella* の細胞分裂が著しく阻害されたことから，活性酸素産生は *Chattonella* 自身の細胞分裂時に重要な役割を担っていると推定される（Oda et al. 1995）．一方，*Chattonella* の活性酸素産生はレクチン（コンカナバリン A（Con A），小麦胚細胞凝集素（WGA），トウゴマ凝集素（CBH））（Oda et al. 1998）や魚鰓由来粘液物質（Nakamura et al. 1998）などの存在下で著しく上昇することが見出されている．これらの知見から，*Chattonella* 細胞表層には外部からの刺激に応答して活性酸素産生量を上昇させるシグナル伝達機構が存在することが示唆された（図 3）．また，*Chattonella* の魚類粘液物質に対する応答は魚毒性発現機構を考えるうえでも興味深い知見であり，*Chattonella* が鰓組織を通過する際，粘液物質との接触によって，より多くの活性酸素を産生し，結果的

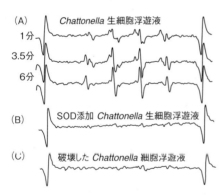

図 1　*Chattonella marina* の活性酸素産生を示す ESR スペクトル
　（A）*Chattonella* 生細胞浮遊液におけるスーパーオキサイドシグナルからヒドロキシラジカルシグナルへの変化．（B）活性酸素消去酵素 SOD 存在下での *Chattonella* 生細胞浮遊液の ESR スペクトル．（C）超音波処理により破壊した *Chattonella* 細胞浮遊液の ESR スペクトル（小田・石松 1995）．

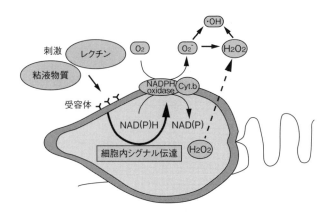

図3 *Chattonella marina* の細胞表層に存在する活性酸素産生機構

に鰓組織に強く傷害を与えると推察することもできる.

　Chattonella から放出されるスーパーオキサイドおよび過酸化水素量は，細胞数当たりに換算すると，貪食殺菌能が知られているマクロファージのそれに匹敵するものであった（Oda et al. 1992a）.事実，海洋細菌の一種であるビブリオ菌（*Vibrio alginolyticus*）に対する *Chattonella* の影響について調べたところ，本菌は *Chattonella* 培地で増殖するのに対して，*Chattonella* 細胞浮遊液中では増殖が顕著に抑制された（Oda et al. 1992b）. また，超音波処理によって破壊した *Chattonella* では活性酸素は検出されず，ビブリオ菌に対する毒性も認められなかった. このことは，破壊あるいは死細胞となった *Chattonella* は魚毒性を示さないとする従来の報告と一致する（石松・小田 1998）. 少なくとも *Chattonella* は活性酸素を介して海洋細菌の増殖を抑制するようであり，貪食殺菌能を有する哺乳類の白血球と *Chattonella* との類似性があるようにも見受けられる. 事実，*Chattonella* のスーパーオキサイド産生をつかさどる酵素系とヒト好中球細胞膜に存在する活性酸素産生酵素である NADPHオキシダーゼとの類似性を示す知見が特異抗体を用いた免疫学的手法により得られている（Kim et al. 2000）. *Chattonella* 細胞の表層がグリコキャリックスと呼ばれる糖被膜で覆われていることは古くから知られていた. しかもこのグリコキャリックスは，撹拌やある種の化学物質の刺激に反応して容易に *Chattonella* 細胞本体から脱落すること（図4），さらに脱落後，グリコキャリックスは数時間で *Chattonella* 細胞上に再生することがわかっている（Yokote & Honjo 1985）. そこで温和な条件で超音波処理後，*Chattonella* 細胞本体を遠心により除去し，無細胞系グリコキャリックス画分を調製した. 興味あることに，このグリコキャリックス画分に NADPH を添加すると活性酸素産生が誘導された. さらに，ヒト好中球 NADPHオキシダーゼのサブユニットの1つ gp91phox に対する抗体で認識されるタンパク質がこのグリコキャリックス画分に存在することが見出された（Kim et al. 2000）. これらの結果から，*Chattonella* 細胞にはヒト好中球など哺乳類の貪食細胞の膜に存在する活性酸素産生酵素である NADPH オキシダーゼと類似した酵素系が存在し，お

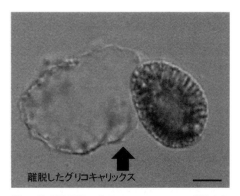

図4　物理的刺激による *Chattonella marina* 細胞からのグリコキャリックス（糖被膜）の離脱
　　　スケール：20 μm.

そらくそのような酵素系はグリコキャリックスに局在する可能性が高いと推定された．一方，無細胞系グリコキャリックス画分を抗原としてラット皮内に免疫し，抗グリコキャリックス抗体を調製した．間接蛍光抗体染色において，本抗体は *Chattonella* 細胞を認識することが確認された（Kim et al. 2001）．次いで，*Chattonella* 曝露後のブリ鰓組織を本抗体による間接蛍光抗体染色で調べたところ，*Chattonella* 曝露後のブリ鰓組織のみにグリコキャリックスの存在を示唆する強い蛍光が観察された（Kim et al. 2001）（図5）．これらの結果は，*Chattonella* 細胞がブリの鰓を呼吸水とともに通過する際，一部の *Chattonella* 細胞のグリコキャリックスが脱落して鰓表面に付着する可能性を示唆する．付着したグリコキャリックスが持続的に活性酸素を産生することで鰓機能に損傷を与える可能性も考えられるが，この点も含め *Chattonella* の魚毒性発現機構についてはさらに検討が必要である．

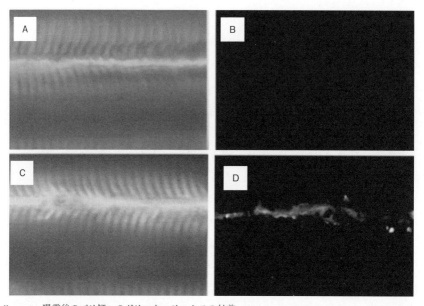

図5 *Chattonella marina* 曝露後のブリ鰓へのグリコキャリックスの付着
A：抗グリコキャリックス抗体処理した正常鰓組織の明視野顕微鏡写真，B：抗グリコキャリックス抗体処理した正常鰓組織の蛍光顕微鏡写真，C：*C. marina* 曝露後，抗グリコキャリックス抗体処理したブリ鰓の明視野顕微鏡写真，D：*C. marina* 曝露後，抗グリコキャリックス抗体処理したブリ鰓の蛍光顕微鏡写真．

3. *Chattonella* による魚類斃死機構

　Chattonella による魚類斃死機構に関しては，未だ定説にいたっていないが，最終的には窒息死であるという点については多くの研究者の見解が一致しているようである．石松らの研究により，*Chattonella* 曝露時におけるブリの生理学的な検討から，*Chattonella* に曝露されたブリにおいて最も初期に観察される生理的変化は動脈血酸素分圧の急激な低下であることが明らかにされた（Ishimatsu et al. 1990）（図6）．さらに，*Chattonella* 曝露時におけるブリの鰓を組織学的に検討した結果，唯一認められた組織学的変化は入鰓弁動脈側の一次鰓弁間における多量の粘液物質の存在であることが見出されている（Ishimatsu et al. 1996, Hishida et al. 1997）（図7）．したがって，鰓弁間に粘液物質が詰まることにより呼吸水の流通阻害が起こり，鰓組織における酸素の取り込みなどのガス交換能が阻害され，その結果，動脈血酸素分圧が低下する可能性が考えられる．*Chattonella* に曝露されたブリの鰓

表面が粘液物質で覆われることは古くから観察されており，Chattonella 細胞が鰓を通過する際，何らかの機構によって鰓の粘液細胞からの粘液物質の分泌を引き起こし，その結果，鰓におけるガス交換能が低下し，窒息死にいたるという仮説が成り立つかもしれない．Chattonella が産生する活性酸素が鰓粘液細胞からの粘液の過剰分泌を引き起こす可能性も十分考えられる（図8）．また，鰓表面を覆う粘液物質が Chattonella 由来という可能性も考えられ，今後，これらの点については さらに検討する必要がある．

　以上，Chattonella による魚類斃死機構に関してこれまでに提示されてきた諸説について言及したが，今後さらにこの謎を究明していく際，古くから知られている，破壊された Chattonella 細胞や死細胞は魚毒性をまったく示さないという点は常に意識しておくことが重要であろう．

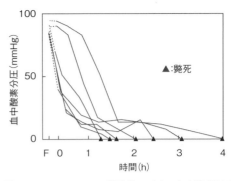

図6　Chattonella marina 曝露後のブリの血中酸素分圧の経時的変化（小田・石松 1995）
個々の線は各個体を，黒三角は斃死をそれぞれ示す．

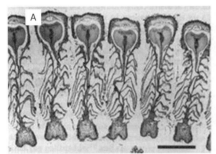
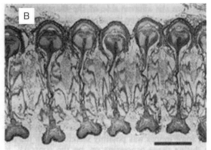

図7　Chattonella marina 曝露後のブリ鰓組織の変化
　　　A：正常ブリ鰓組織．B：C. marina 曝露後のブリ鰓組織．スケール：500 μm（Ishimatsu et al. 1996）．

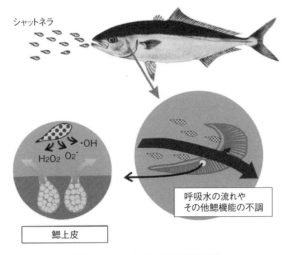

図8　Chattonella の魚毒性発現機構

文 献

Endo M, Onoue Y, Kuroki A.（1992）Neurotoxin-induced cardiac disorder and its role in the death of fish exposed to *Chattonella marina*. Mar Biol 112: 371-376.

Hishida Y, Ishimatsu A, Oda T（1997）Mucus blockade of lamellar water channels in yellowtail exposed to *Chattonella marina*. Fish Sci 63: 315-316.

Ishimatsu A, Maruta H, Tsuchiyama T, Ozaki M.（1990）Respiratory, ionoregulatory and cardiovascular responses of the yellowtail *Seriola quinqueradiata* to exposure to the red tide plankton *Chattonella*. Nippon Suisan Gakkaishi 56: 189-199.

石松 惇・小田達也（1998）シャットネラの活性酸素産生と魚類へい死. 海洋 30: 175-180.

Ishimatsu A, Sameshima M, Tamura A, Oda T（1996）Histological analysis of the mechanisms of *Chattonella*-induced hypoxemia in yellowtail. Fish Sci 62: 50-58.

Kim D, Nakamura A, Okamoto T, Komatsu N, Oda T, Iida T, Ishimatsu A, Muramatsu T（2000）Mechanism of superoxide anion generation in the toxic red tide phytoplankton *Chattonella marina*: possible involvement of NAD (P) H oxidase. Biochim Biophys Acta 1524: 228-232.

Kim D, Nakashima T, Matsuyama Y, Niwano Y, Yamaguchi K, Oda T（2007）Presence of the distinct systems responsible for superoxide anion and hydrogen peroxide generation in red tide phytoplankton *Chattonella marina* and *Chattonella ovata*. J Plankton Res 29: 241-247.

Kim D, Okamoto T, Oda T, Tachibana K, Lee KS, Ishimatsu A, Matsuyama Y, Honjo T, Muramatsu T（2001）Possible involvement of the glycocalyx in the ichthyotoxicity of *Chattonella marina*（Raphidophyceae）: Immunological approach using antiserum against cell surface structures of the flagellate. Mar Biol 139: 625-632.

Munday BL, Hallegraeff GM（1998）Mass mortality of captive southern Bluefin tuna（*Thunnus maccoyii*）in April/May 1996 in Boston bay, South Australia: a complex diagnostic problem. Fish Pathology 33（4）: 343-350.

Nakamura A, Okamoto T, Komatsu N, Ooka S, Oda T, Ishimatsu A, Muramatsu T（1998）Fish mucus stimulates the generation of superoxide anion by *Chattonella marina* and *Heterosigma akashiwo*. Fish Sci 64: 866-869.

Oda T, Akaike T, Sato K, Ishimatsu A, Takeshita S, Muramatsu T, Maeda H（1992a）Hydroxyl radical generation by red tide algae. Arch Biochem Biophys 294: 38-43.

小田達也・石松 惇（1995）赤潮プランクトン，シャットネラによる活性酸素産生と毒性発現機構. マリンバイオテクノロジー研究会報 8: 15-28.

Oda T, Ishimatsu A, Shimada M, Takeshita S, Muramatsu T（1992b）Oxygen-radical-mediated toxic effects of the red tide flagellate *Chattonella marina* on *Vibrio alginolyticus*. Mar Biol 112: 505-509.

Oda T, Ishimatsu A, Takeshita S, Muramatsu T（1994）Hydrogen peroxide production by the red tide flagellate *Chattonella marina*. Biosci Biotechnol Biochem 58: 957-958.

Oda T, Moritomi J, Kawano I, Hamaguchi S, Ishimatsu A. Muramatsu T（1995）Catalase- and superoxide dismutase- induced morphological changes and growth inhibition in the red tide phytoplankton *Chattonella marina*. Biosci Biotechnol Biochem 59: 2044-2048.

Oda T, Nakamura A, Okamoto T, Ishimatsu A, Muramatsu T（1998）Lectin-induced enhancement of superoxide anion production by red tide phytoplankton. Mar Biol 131: 383-390.

Oda T, Nakamura A, Shikayama M, Kawano I, Ishimatsu A, Muramatsu T（1997）Generation of reactive oxygen species by raphidophycean phytoplankton. Biosci Biotechnol Biochem 61: 1658-1662.

岡市友利・西尾幸郎（1978）*Nornellia* sp.によるハマチのへい死原因. 鹿児島湾赤潮発生原因調査研究報告 77-81.

Shimada M, Shimono R, Murakami TH, Yoshimatsu S, Ono C（1989）*Chattonella antiqua* reduces cytochrome C from horse heart. In: Red Tide: Biology, Environmental Science, and Toxicology（Okaichi T, Anderson DM, Nemoto T eds）, pp.443-446, Elsevier, New York.

Yokote M, Honjo T（1985）Morphological and histrochemical demonstration of a glycocalyx on the cell surface of *Chattonella antiqua*, a 'naked flagellate'. Experientia 41: 1143-1145.

2-12 貝リンガルによる
渦鞭毛藻 *Heterocapsa circularisquama* 赤潮の予察[*1]

永井清仁[*2]・本城凡夫[*3]

1. はじめに

渦鞭毛藻 *Karenia mikimotoi* やラフィド藻 *Chattonella* 属のような有害藻類も時に貝類を斃死させることがあるが，渦鞭毛藻 *Heterocapsa circularisquama* は，アコヤガイ，カキ，アサリなどの産業上重要な二枚貝に対し特異的に大きな被害をもたらしてきた（Shumway 1990, Heinig & Campbell 1992, Honjo 1994, Matsuyama 1999）．本種は，1988 年に高知県浦の内湾において日本で初めて赤潮を形成し，二枚貝類に被害を与えた（本城 2000）．1992 年には三重県英虞湾で最初の赤潮を形成して養殖アコヤガイの約 3〜6 割を斃死させた（松山ほか 1995）．それ以後，英虞湾では毎年のように夏季に発生するようになり，真珠養殖業者の脅威となっている．さらに本種は，1990 年代半ばから西日本各地の内湾へと急速に分布を拡大後，頻繁に赤潮を形成し（Honjo et al. 1998），最初の発生からわずか 10 年ほどで推定漁業被害総額は 70〜100 億円に達している（松山 2001）．

H. circularisquama の恐怖は，着色がまったく認められない低い細胞密度（約 50 cells mL^{-1}）から二枚貝の摂餌活動や呼吸活動などに悪影響を及ぼし，その密度が長期に持続すれば衰弱や斃死が生じることにある（松山ほか 1995）．さらに，数千 cells mL^{-1} の高細胞密度に達すると，わずか 1〜2 日で貝を死にいたらしめてしまうほどの強い毒性を示す（Nagai et al. 1996, 2000）．*H. circularisquama* 赤潮から養殖貝の被害を確実に防ぐには，今のところ赤潮が発生していない海域に養殖貝を避難することである．しかし本種は，環境の変化に耐性のある細胞（テンポラリーシスト）へと一時的に形態を変え，主として殻体内部に潜み，貝の運搬移植先の新たな海域へと分布を拡大することがわかっている（Honjo et al. 1998, 本城ほか 2002）．したがって，本種赤潮による被害軽減を図るには，出現を早期に検知し，できるだけ低い細胞密度の段階で養殖貝を赤潮発生海域から避難するなどの対応が望まれる．

本種細胞の出現や赤潮発生を予察するには，通常，養殖漁場海域を船で回り，現場海水を採水して顕微鏡で細胞を観察する作業を続けなければならない．しかし，*H. circularisquama* の細胞サイズは 20 μm 程度と小型で，類似のプランクトンも多く，しかも細胞外形が変化しやすく，識別が難しいことから，観察には多大な時間と労力が必要とされる．近年，モノクローナル抗体による高感度の検出法が開発され，海水中のごく低密度状態で本種細胞の検出が可能になっている（Shiraishi et al.

[*1] Forecast of dinoflagellate *Heterocapsa circularisquama* blooms with "shell-lingual（Kairingaru）" equipment

[*2] Kiyohito Nagai（k-nagai@mikimoto.com）

[*3] Tsuneo Honjo

2007).しかし,検出までには,現場海水の採水作業,濃縮や一連の処理が必要であり,連続観測するには大きな労力が伴う.そこで,低い密度段階において少ない労力で細胞検知や赤潮への増殖過程を監視するために有用な手法の開発が期待されていた.ここでは,二枚貝の生活反応を利用した *H. circularisquama* の早期出現監視技術と,アコヤガイを用いたこの技術の活用事例を紹介する.

2．ホール素子センサーによる二枚貝殻体運動の測定

　二枚貝の殻体運動は,呼吸,摂餌,排泄などの生活活動と密接に関連しており,海水から餌を取り入れたり,糞や偽糞などを殻体内から外に強制的に排除したりするなど,季節や日周期に応じた日常生活と関係していることが知られている(Rao 1954, 宮内 1970, Langton 1977, 藤井 1979, 1981, Akumfi-Ameyaw & Nayloy 1987, Gainey & Shumway 1988, 山森 1988, 藤井・杜多 1991).しかし,時として,突発的な外敵接近による接触や遮光刺激,貧酸素,塩分低下などの生息環境悪化に対する強い外部刺激への防御反応として,貝は異常な殻体開閉運動を示すことがある(Gainey & Shumway 1988, Baldwin & Kramer 1994, Rajagopal et al. 1997).特に,アコヤガイは *H. circularisquama* の曝露という強い外部刺激に対して,直ちに激しい殻体の開閉運動を示す(Nagai et al. 1996).この殻体運動応答は *H. circularisquama* 細胞がきわめて低い密度で存在していても現れる.したがって,この殻体異常運動を実際の海域において *H. circularisquama* 赤潮の初期発生段階から検知し測定することができれば,突発的な異変をいち早くキャッチする優れた水圏環境の監視技術となるはずである.

　従来,二枚貝の殻体運動の測定には,キモグラフ法(Kymograph method)やストレインゲージ法(strain-gauge method)が主として用いられ(Kuwatani 1963, 宮内 1970, Fujii 1977, 藤井 1979, Higgins 1980),小型コイルを用いる方法や筋電法(electromyogram)なども報告されている(Jenner et al. 1989, 本城ほか 2002).しかし,いずれも耐久性やセンサー装着の問題により貝に負担をかけることから,海水中で長期間にわたって殻体開閉を測定するのは困難であった.そこで,二枚貝の殻体運動の測定に際して,貝に外圧を加えないやさしい方法として,磁力の変化を電気的信号(電圧)に変換する磁電変換素子の"ホール素子"に着目した.樹脂で防水加工した"ホール素子センサー"を二枚の貝殻の片側に水中硬化型接着剤で固定し,反対側の貝殻のセンサーと相対する位置に小型磁石を接着固定すると(図1の中央),殻体の開閉距離によってセンサー感知部にかかる磁力が変化する.その出力値を測定装置(図1の左)に取り込み,開殻距離に変換して記録することができる(Nagai et al. 2006).ホール素子センサーは,貝への装着も簡単で,耐久性に優れ,生物にほとんど負担をかけず,ごく自然な状態で水中に生息する二枚貝の殻体運動を長期間にわたり安定して連続測定することを可能にする.また,小型センサーを使用すると多くの二枚貝にも応用可能である.

3．*H. circularisquama* に対するアコヤガイの殻体運動応答

　センサーと磁石を装着したアコヤガイを,濾過海水と *H. circularisquama* の 100 cells mL^{-1} 懸濁海水に曝露した時の殻体運動波形を図2に示す.濾過海水中では,開殻した状態が長く続き,その間に数回の閉殻動作を示す程度である.1時間当たりのスパイク頻度,即ち閉殻動作の回数は通常5回以下にとどまり,応答スパイクは比較的鋭い棘状を呈した.一方,20 cells mL^{-1} の細胞懸濁海水中では,

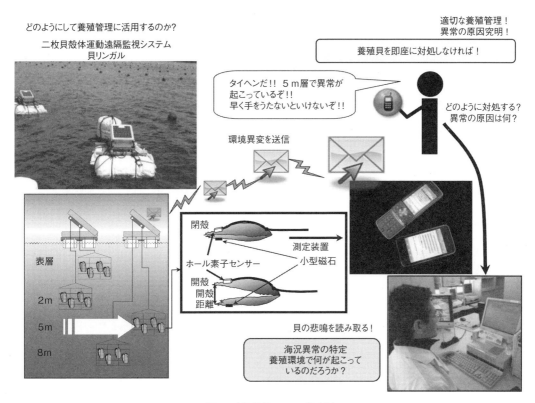

図1　赤潮監視システム概念図

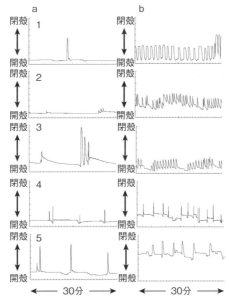

図2　濾過海水（a）と *Heterocapsa circularisquama* 100 cells mL^{-1} 懸濁液曝露（b）における各種二枚貝の殻体運動波形
1：アコヤガイ *Pinctada fucata martensii*，2：アサリ *Ruditapes philippinarum*，3：マガキ *Crassostrea gigas*，4：ヒオウギガイ *Chlamys*（*Mimachlamys*）*senatoria nobilis*，5：ムラサキイガイ *Mytilus galloprovincialis*．

スパイク頻度は1時間当たり20回以上，50 cells mL^{-1}では40回以上観測され，細胞密度が高くなるに従い顕著に増加した．さらに100 cells mL^{-1}で曝露すると50 cells mL^{-1}曝露時と同等か，または頻繁に検知されるようになり，時折，持続的な閉殻を示す波形が断続的に現れた（Nagai et al. 2006）．この特異的波形は，10 cells mL^{-1}以下の低い密度においてさえも断続的ではあるが小刻みに現れ，曝露細胞を除去するとこの応答は直ちに消失した．また，餌料生物など他の植物プランクトンではこのようなタイプの波形は現れないことから，この波形は海水中の *H. circularisquama* の存在によって生じた特異的な殻体応答であるといえる．

　これに関した技術の開発を進めることを通じ，アコヤガイの特異的な殻体運動を，筏もしくは浮体上からインターネット回線でパソコン（以下PCと記す）に遠隔送信することによって，*H. circularisquama* の初期出現段階から1時間ごとに波形の変化を検知できるようになり，筏の避難などの手段を講じることで被害の軽減が可能となってきた（図1）．次に現場での実用例について述べる．われわれは，この遠隔操作型二枚貝殻体運動測定装置一式を "貝リンガル（東京測器研究所製）" として商標登録した．

4．貝リンガルによる *H. circularisquama* 細胞群の監視

　英虞湾の養殖漁場で貝リンガルによる監視の実用性を検証した．2004年の7月20日，英虞湾奥部に位置する立神浦のStn.A-1（水深6〜7.3 m，34°17'26"N, 136°50'50"E）に貝リンガルを設置した．水深2 m層とB-1 m層（水深5〜6.3 m）にホール素子センサーを装着したアコヤガイを4個体ずつ養殖ネットに収容して垂下し，貝リンガル装置でデータを記録し，浜島町大崎にあるミキモト真珠研究所内のPCに遠隔操作で自動的に毎時のデータを回収した．

　7月20日まではStn.A-1のB-1 m層に垂下したアコヤガイの殻体開閉運動は，1時間当たり5回以下であり，異常は見られなかった．翌日の21日，日没前後（18：00頃）から深夜（24：00）にかけて，*H. circularisquama* 曝露時に見られる特有の殻体開閉運動が初めて頻繁に観察された．この異常波形は7月21から25日までの間に次第に増加し，26〜29日には長時間にわたり同じ時間帯で連続的に現れるようになった．したがって，Stn.A-1の地点で *H. circularisquama* が増加し始めたのは，7月21日頃からであると推定できた．このように，貝リンガルは *H. circularisquama* の赤潮形成過程を確実に追跡できる有効な手法であることがわかった．

　7月20日までStn.A-1周辺漁場において *H. circularisquama* 細胞は観察されず，7月26日に採取した海水で，同地点の2 m層と5 m層において *H. circularisquama* が1 cell mL^{-1}と84 cells mL^{-1}の密度で計測された．そこで，この日のアコヤガイ殻体運動波形を解析したところ，スパイク頻度は1日中連続して現れるのではなく，2 m層とB-1 m層で異なる時間帯に現れていた（図3）．この時間的なズレは，*H. circularisquama* 細胞群が日周鉛直移動によって2 m層とB-1 m層を異なった時間帯に通過したことを示している．さらにB-1 m層を詳細に見ると，スパイク頻度は夕方と明け方に増加し，深夜にやや減少傾向を示していることから，22：00〜4：00にかけてB-1 m層よりさらに下層へと下降し，底層付近に密集していることを示唆している．貝リンガルの設置によって *H. circularisquama* 細胞群の一日の行動も把握できることがわかってきた．

　貝リンガルで細胞の初期出現を検知し，できるだけ早い段階で速やかに養殖貝を赤潮非発生海域に

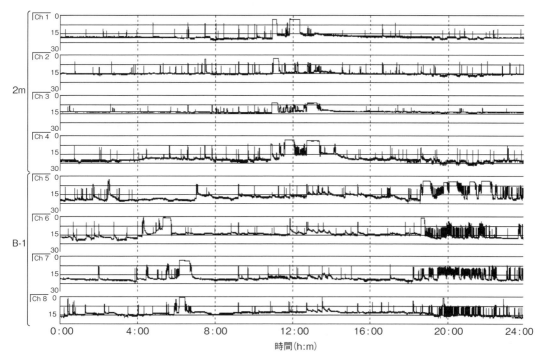

図3　*Heterocapsa circularisquama* 赤潮発生期間中である7月26日，Stn. A-1に設置した貝リンガルで測定された2m層（Ch1-4）とB-1層（Ch5-8）におけるアコヤガイ殻体運動波形の1日の変化

移動することにより，現場で実際に被害を軽減できるようになってきた．他の海域への移動はコストが高い．また *H. circularisquama* 赤潮は夏季に発生することが多く，炎天下での長時間の運搬は貝へのダメージも大きい．英虞湾では，ほぼ毎年 *H. circularisquama* の出現が確認され，その後赤潮へと発達するが，毎年の避難作業は大きな労力を要する．*H. circularisquama* 赤潮発生初期，または1,000 cells mL^{-1} 以下の細胞密度の短期的な赤潮発生の対応としては，垂下層をできるだけ浅くすることが推奨され，斃死軽減に役立っている．英虞湾全域に及ぶ広範な赤潮発生はまれであり，漁場によって赤潮の細胞密度は異なるので，*H. circularisquama* の細胞が少ない外洋水の侵入する湾口付近などへの回避も可能である．しかし，それには漁場海域の特性を十分に理解し，*H. circularisquama* の出現と赤潮発生までの監視を綿密に行っていくことが重要である．

5. 貝リンガルによる長期遠隔監視

　貝リンガルでは，大量の殻体運動波形データを装置本体で解析処理することができ，解析データとして単位時間当たりの殻体開閉頻度，生活開殻距離（1回の開閉運動における最大開殻距離の平均値），開殻距離平均値に処理して発信できる．こうした解析値から海況の異常をメールで通知することも可能である．実際に貝リンガルを用いてStn.A-1の2004年7月から2005年10月までの約1年間にわたる遠隔監視の事例を次に紹介する．Stn.A-1の2m層とB-1m層に各4個体を垂下し，貝リンガルで解析された1時間当たりの殻体開閉運動回数のデータ（スパイク頻度）を，連続してミキモト真珠研究所のPCに自動的に回収した．各8個体の1時間当たりのスパイク頻度の平均

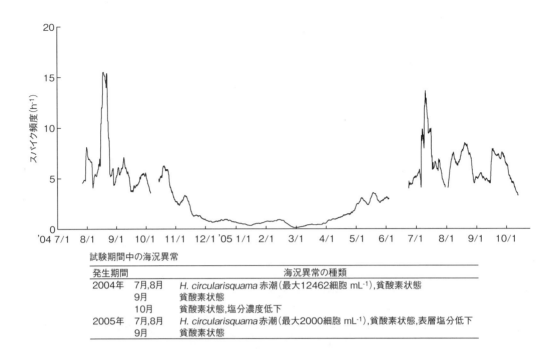

試験期間中の海況異常

発生期間		海況異常の種類
2004年	7月,8月	*H. circularisquama* 赤潮(最大12462細胞 mL⁻¹),貧酸素状態
	9月	貧酸素状態
	10月	貧酸素状態,塩分濃度低下
2005年	7月,8月	*H. circularisquama* 赤潮(最大2000細胞 mL⁻¹),貧酸素状態,表層塩分低下
	9月	貧酸素状態

図4　英虞湾の Stn. A-1 において 2004 年 7 月から 2005 年 10 月の約 1 年間,貝リンガルで観測されたスパイク頻度(貝殻開閉頻度)の 1 週間移動平均値の推移(上図)と観測期間中に起こった各月の海況異常の事例(下表)

値の 1 週間移動平均と観測期間中に起こった海況異常の種類を図 4 に示す.2004 年および 2005 年ともに *H. circularisquama* 赤潮や貧酸素などの異常海況が頻発した 7 月から 9 月にスパイク頻度の増加が認められ,特に 2004 年の 8 月と 2005 年の 7 月に,スパイク頻度が 1 時間に 10 回以上に達する顕著な増加を示した.*H. circularisquama* が 100 cells mL⁻¹ 以上で出現した期間は,2004 年では 8 月 5 ～ 23 日,2005 年では 7 月 4 ～ 22 日であり,この期間に生じたスパイク頻度の顕著な増加は,*H. circularisquama* 赤潮によるものと判断された.このように貝リンガルでは,長期にわたる連続的な遠隔監視が可能である.

　通信技術の発達により貝リンガルは,インターネット回線を利用することにより低コストで,かつ24 時間の連続的運用が可能となり,殻体開閉運動波形の監視がモバイル PC やスマートフォンなどで,どこにいても可能となった(図 1,147 ページ).有害なプランクトンの種類により,二枚貝の殻体開閉運動波形も異なることが予想され,今後,貝リンガルの殻体運動波形を詳細に解析することにより,赤潮を形成する種類も判定できる可能性があり,他の有害赤潮の予測も期待される.立神浦のStn. A-1 に設置した貝リンガルからの情報は,現在,三重県水産研究所のホームページで"貝リンガル情報" として発信され公開されている.

6.　*H. circularisquama* に対する他種二枚貝の殻体応答

　アサリ *Ruditapes philippinarum*,マガキ *Crassostrea gigas*,ヒオウギガイ *Chlamys*(*Mimachlamys*)*senatoria nobilis*,およびムラサキイガイ *Mytilus galloprovincialis* に,*H. circularisquama* の細胞密度 20 cells mL⁻¹,50 cells mL⁻¹,100 cells mL⁻¹ で曝露させ,これら二枚貝の殻体運動応答(殻体応答)を調

べた．各々の殻体運動波形は，貝の種類によってそれぞれ異なっていた（永井 2006）．濾過海水中の殻体運動波形と 100 cells mL^{-1} の *H. circularisquama* 細胞密度に曝露した時に現れた典型的な殻体運動波形は先に図 2（147 ページ）に示した．アサリとカキはアコヤガイと同様に 20 cells mL^{-1} の細胞密度で顕著にスパイク頻度が増加したが，アコヤガイは大きな殻体開閉運動を行うのに対して，アサリやマガキは，開殻した状態で小刻みな開閉を繰り返す特徴的な殻体応答を示した．また，アサリでは，時々持続した閉殻反応が見られたが，この閉殻反応は，濾過海水中でも定期的に現れ，細胞密度が増加すると逆に少なくなることから，通常に見られる生活反応と考えられた．マガキでは，個体差が顕著で，*H. circularisquama* に対する感受性が異なっていた．濾過海水中でスパイクが比較的多く見られた個体では，低密度の細胞を含む海水中でもきわめて鋭敏な反応を示し，スパイクの増加は顕著であったのに対し，濾過海水中でスパイクがあまり現れなかった個体では，*H. circularisquama* に対する応答は鈍い傾向にあった．ヒオウギガイでは 100 cells mL^{-1} からスパイクの増加が認められ，前 3 種の二枚貝と比べて *H. circularisquama* に対する殻体応答は鈍かった．一方，ムラサキイガイでは，20 cells mL^{-1} 程度から殻体応答に変化が現れたが，前 4 種とは殻体運動波形が大きく異なり，殻体開閉運動が不規則になり開殻幅が著しく小さくなった．これは，アコヤガイが激しい殻体開閉運動により *H. circularisquama* を排除しているのに対して，ムラサキイガイでは開殻幅を狭くして *H. circularisquama* の侵入を防いでいるのではないかと考えられた．われわれの結果とは別に，アサリで同様の殻体応答が報告されている（Basti et al. 2009）．

　以上のように，アサリ，マガキ，ヒオウギガイ，ムラサキイガイ，およびアコヤガイで，それぞれ殻体運動波形に違いが見られ，特に *H. circularisquama* の細胞懸濁液に対する殻体応答もそれぞれの貝で異なっていた．世界中には多くの種類の二枚貝が生息しており，それらは種特有の異なる殻体応答特性を持っているはずである．また，アコヤガイの殻体運動パターンは，*H. circularisquama* 赤潮，貧酸素，硫化水素の発生などの環境異変の種類によって異なることが知られ（永井ほか 2005，郷ほか 2009），環境異常の原因も特異的な波形で特定できる可能性がある．今後，種々の貝の殻体応答を正確に捉え，その応答パターンの特徴を解析することにより，二枚貝を用いた水圏環境の集中管理への応用が期待される．さらに，魚類養殖施設からセンサーを装着した二枚貝を垂下し，施設上に貝リンガルを設置することで，魚類養殖漁場の赤潮や貧酸素等の環境異変の監視にも応用できるはずである．近年の情報通信技術の著しい発達は，ユビキタス社会を推進し，低コストで膨大な情報の遠隔通信を可能にしており，世界中の海の異変をリアルタイムに貝リンガルによって集中管理できる時代が到来しつつある．

文　献

Akumfi-Ameyaw C, Naylor E（1987）Temporal patterns of shell-gape in *Mytilus edulis*. Mar Biol 95: 237-242.

Baldwin IG, Kramer KJM（1994）Biological early warning systems（BEWS）. In: Biomonitoring of Coastal Waters and Estuaries（Kramer KJM ed）, pp.1-28, CRC Press, Florida.

Basti L, Nagai K, Shimasaki Y, Oshima Y, Honjo T, Segawa S（2009）Effects of the toxic dinoflagellate *Heterocapsa circularisquama* on the valve movement behaviour of the Manila clam *Ruditapes philippinarum*. Aquaculture 291: 41-47.

Fujii T（1977）Measurement of periodic open and shut shell movement of bivalves by the strain-gauge method. Bull Jpn Soc Sci Fish 43: 901.

藤井武人（1979）二枚貝の周期的活動性に関する研究−Ⅰ．自然環境化でのアサリ *Tapes japonica* DESHYES にみられる周期．東北水研報 40: 37-46.

藤井武人（1981）二枚貝の周期的活動性に関する研究−Ⅱ．アカガイとマガキの貝殻開閉運動．東北水研報 43: 65-69.

藤井武人・杜多哲（1991）自然環境下におけるムラサキイガイの貝殻開閉運動．養殖研報 20: 33-40.

Gainey JLF, Shumway SE（1988）A compendium of the responses of bivalve molluscs to toxic dinoflagellates. J Shellfish Res 7: 623-628.

郷 讓治・永井清仁・本城凡夫（2009）ホール素子センサーを用いたアコヤガイ殻体運動による貧酸素および硫化水素含有貧酸素海水の監視法. 水産増殖 57: 449-453.

Higgins PJ（1980）Effects of food availability on the valve movements and feeding behavior of juvenile *Crassostrea Virginica*（Gmelin）. I.Valve movements and periodic activity. J Exp Mar Biol Ecol 45: 229-244.

Heinig CS, Campbell DE（1992）The environmental context of a *Gyrodinium aureolum* bloom and shellfish kill in Maquoit Bay, Maine, September 1988. J Shellfish Res 11: 111-l22.

Honjo T（1994）The biology and prediction of representative red tides associated with fish kills in Japan. Rev. Fish. Sci. 2: 225-253.

Honjo, T, Imada N, Oshima Y, Maema Y, Nagai K, Matsuyama Y, Uchida T（1998）Potential transfer of *Heterocapsa circularisquama* with pearl oyster consignments. In: Harmful Algae（Reguera B, Blanco J, Fernandez ML, Wyatt T ed）, pp.224-226, Xunta de Galicia and Intergovernmental Oceanographic Commission of UNESCO, Paris.

本城凡夫（2000）有害プランクトンによる漁業被害の発生状況とその問題点. 水産増養殖叢書 48, 有害・有毒赤潮の発生と予知・防除（日本水産資源保護協会編）, pp.4-17, 日本水産資源保護協会, 東京.

本城凡夫・今田信良・永井清仁・郷 讓治・芝田久士・長副 聡（2002）*Heterocapsa circularisquama* 赤潮発生水域の拡大防止. 水産学シリーズ 134, 有害・有毒藻類ブルームの予防と駆除（日本水産学会監修）, pp.30-42, 恒星社厚生閣, 東京.

Jenner HA, Noppert F, Sikking T（1989）A new system for the detection of valve-movement response of bivalves. Kema Sci Techn Rep 7: 91-98.

Kuwatani Y（1963）Effect of photo-illumination on rhythmical shell movement of pearl oyster, *Pinctada martensii*（DUNKER）. Bull Jpn Soc Sci Fish 29: 1064-1070.

Langton RW（1977）Digestive rhythms in the mussel *Mytilus edulis*. Mar Biol 41: 53-58.

松山幸彦・永井清仁・水口忠久・藤原正嗣・石村美佐・山口峰生・内田卓志・本城凡夫（1995）1992 年に英虞湾において発生した *Heterocapsa* sp. 赤潮発生期の環境特性とアコヤガイ艶死の特徴について. 日本水産学会誌 61: 35-41.

Matsuyama Y（1999）Harmful Effect of Dinoflagellate *Heterocapsa circularisquama* on Shellfish Aquaculture in Japan. Jpn Int Res Agr Sci 33: 283-293.

松山幸彦（2001）有害渦鞭毛藻 *Heterocapsa circularisquama* の赤潮発生機構と二枚貝に及ぼす影響に関する生理生態学的研究. 236pp, 博士論文, 九州大学.

宮内徹夫（1970）アコヤガイの活力判定法に関する研究. 真珠技術研会報 68 : 7-70.

Nagai K, Matsuyama Y, Uchida T, Yamaguchi M, Ishimura M, Nishimura A, Akamatsu S, Honjo T（1996）Toxicity and LD$_{50}$ levels of the red tide dinoflagellate *Heterocapsa circularisquama* on juvenile pearl oysters. Aquaculture 144: 149-154.

Nagai K, Matsuyama Y, Uchida T, Yamaguchi M, Akamatsu S, Honjo T（2000）Effect of a natural population of the harmful dinoflagellate *Heterocapsa circularisquama* on the survival of the pearl oyster *Pinctada fucata*. Fish Sci 66: 995-997.

永井清仁・郷 讓治・山下裕康・本城凡夫（2005）海の異変を知らせる貝リンガル. バイオサイエンスとインダストリー 63: 265-267.

Nagai K, Honjo T, Go J, Yamashita H, Oh SJ（2006）Detecting the shellfish killer *Heterocapsa circularisquama*（Dinophyceae）by measuring bivalve value activity with a Hall element sensor. Aquaculture 255: 395-401.

永井清仁（2006）日本産アコヤガイの異常艶死原因, *Heterocapsa circularisquama* 赤潮と赤変病に対する被害軽減方策に関する研究. pp.72-82, 博士論文, 九州大学.

Rajagopal S, Velde GVD, Jenner HA（1997）Shell valve movement response of dark false mussel, *Mytilopsis leucophaeta* to chlorination. Wat Res 31: 3187-3190.

Rao KP（1954）Tidal rhythmicity of rate of water propulsion in *Mytilus californianus* and its modifiability by transplantation. Biol Bull 43: 283-293.

Shumway SE（1990）A review of the effects of algal blooms on shellfish and aquaculture. J World Aquacul Soc 21: 65-104.

Shiraishi T, Hiroishi S, Nagai K, Go J, Yamamoto T, Imai I（2007）Seasonal distribution of the shellfish-killing dinoflagellate *Heterocapsa circularisquama* in Ago Bay monitored by an indirect fluorescent antibody technique using of monoclonal antibodies. Plankton Benthos Res 2: 49-62.

山森邦夫（1988）貝類と甲殻類 1. 貝類の周期的活動. 水産学シリーズ 69, 水産動物の日周活動（日本水産学会監修）, pp.9-20, 恒星社厚生閣, 東京.

2-13　赤潮のモニタリングとモデリング
－八代海の *Chattonella* 赤潮を例として[*1]

鬼塚 剛[*2]・折田和三[*3]・櫻田清成[*4]・青木一弘[*5]

1．はじめに

　わが国沿岸域では，各地で有害赤潮による漁業被害が発生した1970年代以降，主に都道府県の水産試験研究機関によって赤潮のモニタリングが継続して行われている．モニタリングは赤潮原因種の分布把握を主眼とし，情報提供による被害軽減に役立てられるとともに，得られた原因種ごとの発生時期や発生環境等に関する情報は，赤潮研究の進展に多大な貢献をしてきた（板倉2010）．一方，1980年代以降，モニタリングデータや原因種の生理・生態学的な知見の蓄積に伴い，赤潮発生過程の理解や発生予測を目的とした数理モデルや統計モデルの開発・適用も試みられてきた（池田・中田1997）．本章では，赤潮の監視のために構築されたモニタリング体制とモデルを用いた予測の試みについて，近年 *Chattonella* 赤潮が頻発している八代海の事例を紹介する．

2．八代海における *Chattonella* 赤潮の出現特性とモニタリング体制

　八代海は九州本土と天草諸島に囲まれたわが国の代表的な閉鎖性海域の一つで，北東から南西にかけて多くの島々が連なる複雑な地形を有している（図1）．比較的水深の浅い北部海域では海面加熱・冷却や八代海に注ぐ唯一の一級河川で全流域面積の5割以上を占める球磨川を中心とした河川水の影響を強く受ける一方で，水深の深い南部海域や西部海域では主に長島海峡を通じて侵入する外海水の影響も受けている（滝川ほか2004）．八代海では中部から南部海域を中心にブリ等の魚類養殖が盛んに行われているが，近年，*Chattonella* や *Cochlodinium polykrikoides* などの有害プランクトンによる赤潮が頻発しており，養殖魚の斃死による漁業被害も報告されている．

　八代海では1988年に *Chattonella antiqua* による最初の漁業被害が報告された（水産庁九州漁業調整事務所2014）．本種の出現頻度は近年増加傾向にあり，1998年以降はほぼ毎年出現し，大規模な赤潮を形成した2009年と2010年には2年連続して甚大な漁業被害をもたらしている（水産庁九州漁業調整事務所2014）．この間，熊本県や鹿児島県を中心に関係機関によるモニタリング調査が継続して

[*1]　Monitoring and modeling of harmful algal blooms: A case study of *Chattonella* blooms in the Yatsushiro Sea

[*2]　Goh Onitsuka（onizuka@affrc.go.jp）

[*3]　Kazumi Orita

[*4]　Kiyonari Sakurada

[*5]　Kazuhiro Aoki

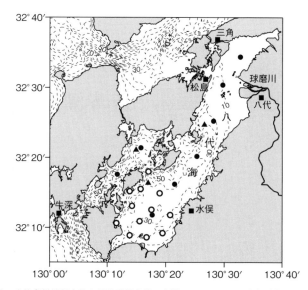

図1 平成 25 年度漁場環境・生物多様性保全総合対策委託事業の定期モニタリング調査点（●：熊本県水産研究センター，東町漁業協同組合，○：鹿児島県水産技術開発センター，▲：東町漁業協同組合），自動観測ブイ設置場所（▲），気象庁アメダス観測点（■）
上記以外にも熊本県水産研究センターや天草市水産研究センターはそれぞれ独自の調査点を設け調査を実施しているほか，有害赤潮発生時には周辺漁協も含め任意の点での臨時調査が行われる.

実施され，*Chattonella* 赤潮の数日スケールの分布変動と海洋環境との関係（鬼塚ほか 2011, Aoki et al. 2012, 2014, 2015, 西ほか 2012, 櫻田ほか 2013），*Chattonella* の増殖特性に基づく他種との出現時期の違いや制限栄養塩（紫加田ほか 2010, 2011），*Chattonella* 赤潮発生年と非発生年における気象・海況の違い（櫻田ほか 2007, 2008, 折田ほか 2013, Onitsuka et al. 2015）等，*Chattonella* 赤潮出現特性に関する多くの知見が得られている.

いったん赤潮化した後に効果的な防除法がない現状では，モニタリングを通じて低密度レベルから監視し，適切な時期の餌止めや生簀の避難等の対策を実施することが重要となる．そのため，これまで報告された *Chattonella* 赤潮の出現特性等の既往知見を踏まえて，八代海では，*Chattonella* をはじめとする有害プランクトン細胞密度の水平・鉛直分布ならびに気象・海況の監視，競合種となる珪藻類や栄養塩の動態の把握のために，地方自治体の水産試験研究機関や水産総合研究センター，周辺漁協等が連携し，国内屈指のモニタリング体制を構築している（図1, 2）．春季には底泥中に存在するシストの分布調査，例年 *Chattonella* 遊泳細胞が初認される 5 月以降には，低密度での個体群動態を把握するための濃縮検鏡による高感度調査，競合種となる珪藻類の計数，栄養塩分析等が実施され，調査結果は随時関係機関で情報共有されている．このうち，*Chattonella* をはじめとする有害プランクトンについては，熊本県・鹿児島県や天草市などの水産試験研究機関に加えて，鹿児島県の東町漁業協同組合を中心に漁業者自らが調査を行うことで高頻度かつ広範囲での出現状況が把握されており，これらの情報は FAX で関係機関へ周知されるとともに，熊本・鹿児島両県のホームページや沿岸海域水質・赤潮分布情報（http://akashiwo.jp/public/kaikuListInit.php）において準リアルタイムで公開されている．さらに，2015 年時点で，3 基の自動観測ブイが設置され，30 分または 1 時間ごとに風向・風速や水質・流況の鉛直プロファイルが，やはり準リアルタイムで取得および公開されている（有明海・八代海等の水質観測情報 http://ariake-yatsushiro.jp/）．このような綿密なモニタリングと迅速な情

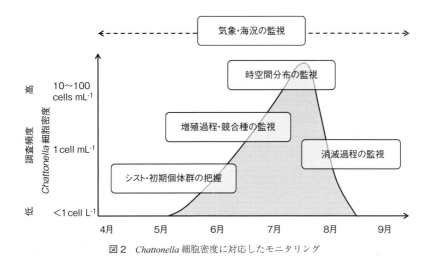

図2　*Chattonella* 細胞密度に対応したモニタリング

報提供は現場における対策の実施に活かされ，赤潮による漁業被害の軽減に役立てられている．

3．八代海における *Chattonella* 赤潮のモデリング

(1) 統計モデルによる発生予測

　赤潮による漁業被害の軽減という実用的な観点から，特定のプランクトン種が赤潮化する前の環境条件や前駆現象をもとに赤潮の発生を予測しようとする試みが行われている（水産庁 1991，松原ほか 2011 など）．このような試みに際し，赤潮発生に関わる環境条件や前駆現象の絞り込みを行ううえで，赤潮発生状況と環境因子についての長期のモニタリングデータを用いた統計解析は有効な手段となる．八代海では，1980 年代以降，熊本県と鹿児島県によるモニタリング調査が継続して実施されており，それぞれ両県の調査データを用いて，多変量解析の一つである判別分析によって *Chattonella* 赤潮発生に関わる要因抽出および予測が検討された（櫻田ほか 2008，折田ほか 2013）．

　櫻田ほか（2008）は，1986 年から 2005 年の八代海の熊本県海域（八代海南部を除く北部〜中部と西部）における *Chattonella* の発生状況と環境条件を用いて，下式（1）のような線形判別関数を用いた判別分析を行った．

$$y = a_0 + \textstyle\sum_{i=1}^{n} a_i x_i \qquad (1)$$

　ここで y は目的変数，x_i は説明変数，a_i は判別係数である．判別分析に用いる目的変数は，*Chattonella* 赤潮の発生の有無とし，5 月から 8 月にかけての気象，海況，および他種の赤潮発生状況の中から説明変数を設定した（表1）．*Chattonella* の発生年・非発生年の2群間で平均値の有意差検定（t 検定，$p < 0.10$）を行い，平均値の差が有意であった項目および既往知見をもとに，*Chattonella* 赤潮に影響を与えると予想される項目の中から変数増減法によって説明変数の絞り込みを行った後，2群の離れ具合を表す相関比が最大となるように判別係数を求め判別式を作成した．なお，*Chattonella* 赤潮発生年は，発生期間が 5 日以上かつ最高細胞密度が 100 cells mL^{-1} 以上確認されている年とし，*Chattonella* は確認されたが上述の基準を満たしていない小規模発生年については解析から

表1 八代海において *Chattonella* 赤潮の統計解析に用いられた項目（a：櫻田ほか 2008，b：折田ほか 2013）

(a)

気象
　観測点：三角，松島，八代，牛深，水俣
　項　目：気温，降水量，日照時間，風向，風速
　期　間：5-8月（旬別，月別（風向，風速は除く））

海況
　調査点：八代海中央部5定点（5点平均）
　項　目：表層水温，底層水温，水温成層，表層塩分，底層塩分，塩分成層，DIN，PO$_4$-P
　期　間：6-8月（旬別，月別）

Chattonella 以外の赤潮形成状況
　項　目：他種の赤潮，広域赤潮
　期　間：6-8月（旬別，月別）
　単　位：日数

(b)

要因	地区	項目	使用データ	項目数
気象	水俣，八代	平均気温，日照時間合計，降水量合計	2～6月旬，月集計	120
	水俣，八代	北東風率，平均風速（全方位，北東，南西）ベクトル平均風速（主軸，直交軸）	5～6月日毎集計	96
	九州南部	入梅日*，梅雨明け日*，梅雨期間		3
海象	八代海南部	0 m平均水温，10 m平均水温	6～7月，12定点平均値	4
	八代海南部	0 m平均塩分，10 m平均塩分	6～7月，12定点平均値	4
	薄井	水温（3 mまたは底層）	4～5月東町漁協	1
生物	八代海南部	珪藻類最高細胞密度，定点平均細胞密度最大値	6～7月プランクトン組成	2
合計				230

*入梅日と梅雨明け日は5月1日からの積算日数とした

除外した．それぞれ5月下旬，6月下旬，7月中旬までのデータを用いた判別式を作成し，目的変数の正負で *Chattonella* 赤潮の発生・非発生を判定した．例として6月下旬の判別式を下記に示す．

$$判別得点（6月下旬）= 0.028 降水量（三角5月上旬）+ 1.849 底層水温（6月中旬）$$
$$- 0.133 DIN（6月下旬）- 39.086 \quad (2)$$

式（2）は，5月上旬に降水量が多く，6月中旬に底層水温が高く，6月下旬にDIN濃度の低い年に赤潮化しやすいことを示している．5月上旬の降水量が夏季の *Chattonella* 赤潮に直接影響しているとは考え難いが，底層水温やDIN濃度はシスト発芽やその後の増殖に影響していると考えられる．ここでは示さないが，5月と7月の判別式を構成する説明変数は6月とは異なり，判別時期によって抽出される環境因子が変化していた．発生・非発生の判別率は非常に高く，小規模発生年やデータ欠測のため適用できない年を除く判別率は5月で94%，6月と7月はともに100%だった（表2）．八代海では，*Chattonella* は7月から8月に赤潮化することが多く，7月中旬の判定だと発生が早い年にはすでに発生後の情報となる恐れがあるため，予測に使う場合は6月下旬までの判別結果を参考にすべきだろう．

　一方，折田ほか（2013）は，1988年から2012年の八代海の鹿児島県海域（八代海南部海域）における *Chattonella* 赤潮の発生状況と表1に示す2月から6月の気象，海象，および珪藻類細胞密度を用いて，*Chattonella* 赤潮発生年と非発生年の判別を行った．櫻田ほか（2008）と同様に，小規模発生年を除いた後，各項目について *Chattonella* 赤潮発生年と非発生年に分け，2群の平均値に有意差

（*t* 検定，$p < 0.05$）が認められたものの中から説明変数を設定した．折田ほか（2013）は，式（1）について，目的変数に赤潮発生年を 1，非発生年を − 1 とするダミー変数を用いた重回帰式として判別式を求めた後，目的変数の正負で *Chattonella* 赤潮の発生・非発生を判定した．判別式は 5 月下旬および 6 月下旬までに得られるデータを用いてそれぞれ作成した．下式（3）は 6 月下旬のものである．

$$判別得点（6 月下旬）= 0.015 日照時間（水俣 6 月中旬）$$
$$+ 1.378 平均風速（北東）（八代 6 月）$$
$$+ 0.056 入梅日 − 3.723 \qquad (3)$$

式（3）によると，八代海南部海域の *Chattonella* 赤潮発生年には，梅雨入りが遅く，6 月に日照時間が長く，北東風が強い傾向にあることがわかる．赤潮発生・非発生の判別率は櫻田ほか（2008）と同様に非常に高く，1988 年から 2012 年までの 25 年間のうち小規模発生年を除く 20 年間の判別率は 5月，6 月ともに 100％だった（表 2）．

表 2　八代海における *Chattonella* 赤潮の判別的中率

判別時期	判別的中率 （櫻田ほか 2008）	判別的中率 （折田ほか 2013）
5 月下旬	94% （発生年：7/7，非発生年：9/10）	100% （発生年：7/7，非発生年：13/13）
6 月下旬	100% （発生年：6/6，非発生年：5/5）	100% （発生年：7/7，非発生年：13/13）
7 月中旬	100% （発生年：5/5，非発生年：9/9）	―

　以上，八代海の熊本県海域と鹿児島県海域で，それぞれ赤潮に関与する要因の抽出と予測の試みを紹介した．前述した 2 つの事例は，赤潮発生年と非発生年の 2 群の平均値の差から赤潮に関与する要因を抽出するものであり，長期モニタリングデータの揃った海域では解析手法として有効と考えられる．ここで示した熊本県海域，鹿児島県海域のいずれのケースでも 6 月末までに得られる情報で高い判別率を示した．前年までのモニタリングデータから判別式を作成しておき，赤潮発生前の環境条件で判別できれば，対策実施の際の判断材料の一つとなると考えられる．ただし，この方法では発生時期や規模はわからないため，直前情報というよりも 1 ヵ月程度前の中期予測のような位置づけで活用した方が良いだろう．

　櫻田ほか（2008）と折田ほか（2013）では，解析手法はほぼ同じながら，異なる説明変数が抽出された．この要因としては，適用海域および期間の違いや表 1 に示した解析項目の違いが考えられる．八代海の *Chattonella* 赤潮には局所発生するケースから全域の広範囲に及ぶケースまであり，初期発生域と赤潮発達域が異なる場合や赤潮水塊の移流による分布拡大も報告されている（Aoki et al. 2012, 折田ほか 2013）．今後は，両県のデータを統合して赤潮の発生時期や成長パターン，発生範囲を考慮した解析を行うとともに，線形を仮定しない判別分析やロジスティック回帰分析など各種統計手法の適用も検討すべきだろう．

(2) 流動モデルによる短期動態予測

　赤潮が広域化する際，初期発生海域で高密度化した後に他海域へ分布を拡大していく事例が報告されている（竹内ほか 1995，宮村ほか 2005 など）．このような出現パターンの場合，モニタリングによって初期発生海域を特定し，その後の分布拡大要因を明らかにしておくことで，赤潮の出現時期を予測できる可能性がある．八代海で 2009 年に発生した *Chattonella* 赤潮は，7 月下旬から 8 月上旬にかけて八代海の北部海域から南部海域に分布を急速に拡大していた（図 3）．八代海南部海域では，*Chattonella* 細胞密度の増加時に表層塩分の低下が確認されており，河川由来の低塩分水の挙動が *Chattonella* 赤潮の時空間変動に深く関与していると推察されている（鬼塚ほか 2011）．そこで，Aoki et al.（2012, 2014）は八代海を対象とする 3 次元流動モデルを構築し，物理的な要因による *Chattonella* 赤潮短期動態，特に *Chattonella* 赤潮と河川由来の低塩分水の分布変動要因の解析を行った．

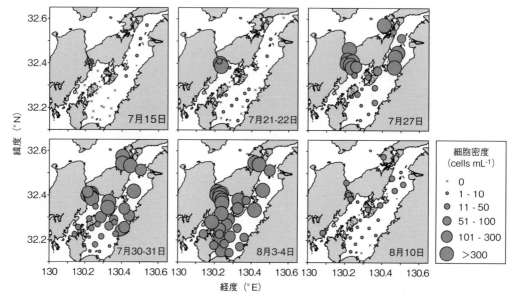

図 3　2009 年の八代海における *Chattonella* 細胞密度の水平分布の推移（Aoki et al. 2012）

　モデルの水平解像度は複雑な地形を表現するために 1/350°（約 300 m）とし，計算では沿岸域で重要な物理プロセスである潮汐，河川水流入，および気象攪乱を考慮した．2009 年の計算結果によると，南部海域に *Chattonella* 赤潮が出現した 7 月末から 8 月初めにかけて球磨川河口付近から低塩分水が南下していく様子がみられ（図 4），この低塩分水南下には 7 月下旬の球磨川の出水および 7 月末から 8 月初めに連吹した北寄りの風が寄与していた．さらに，モデルで計算された流動場を用いて赤潮水塊を模した粒子の輸送実験を行ったところ，粒子の分布域は観測された赤潮水塊と同様に数日程度で北部海域から南部海域に拡大していた．以上の結果から，2009 年に観測された *Chattonella* 赤潮の南部海域への分布拡大が球磨川由来の低塩分水塊の南下に伴う物理的な輸送によることが明らかとなった．

　2009 年の赤潮分布拡大時にみられた "球磨川の出水" と "北寄りの風" について，それぞれが八代海の流動場にどのような影響を与えているか，定量的に評価し指標化することで赤潮の短期動態予

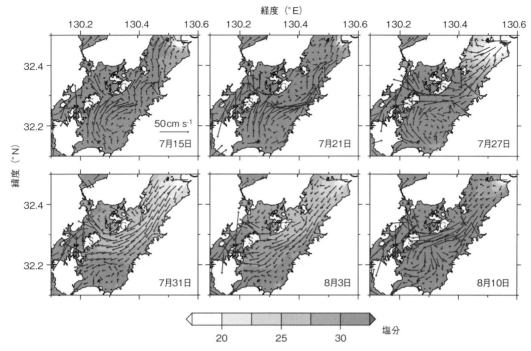

図4　2009年の八代海における日平均海面流速と海面塩分の水平分布の推移（Aoki et al. 2012）

測につながることが期待される．球磨川の出水により北部海域に出現した低塩分水塊は周囲の海水に比べて軽いため圧力勾配力によって密度流を駆動する．また，海上風はその風速の大小により，海面摩擦によって生じる風応力が吹送流を駆動する．圧力勾配力 *PG* と風応力 *WS* はそれぞれ次式で表される．

$$PG = - gh_r(\rho_A - \rho_B)/(2\rho_A \Delta y) \qquad (4)$$

$$WS = \rho_{air} C_d |W| W_y/(\rho_A h_r) \qquad (5)$$

ここで，*g* は重力加速度（9.8 m s^{-2}），*h$_r$* は低塩分水塊の厚さ，*ρ$_A$* および *ρ$_B$* はそれぞれ南部海域および北部海域の海表面から5 m 深までの平均海水密度，*Δy* は南部海域と北部海域の距離，*ρ$_{air}$* は大気密度（1.2 kg m^{-3}），*C$_d$* は海面摩擦係数（1.0 × 10^{-3}），*W* は風速，*W$_y$* は南西方向の風速である．これら2式を *Chattonella* 赤潮が発生した2008年から2010年夏季に適用し，圧力勾配力と風応力の和と流動モデルの塩分時空間変化から計算された低塩分水の南下指標（河川から流入した淡水の北部海域から南部海域への輸送量）を比較した（図5）．その結果，圧力勾配力と風応力の和が正の時に低塩分水が南下しており，両者のタイミングはほぼ一致した．また，南部海域における *Chattonella* 細胞密度増加のタイミングとの対応も認められたことから，圧力勾配力と風応力の和は，北部海域において赤潮が出現している際には赤潮の南下指標として用いることができると考えられる．図5では，上記計算式の未知数である海水密度（*ρ$_A$*, *ρ$_B$*）や風向・風速（*W*, *W$_y$*），低塩分水塊の厚さ（*h$_r$*）にモデル入出力結果を用いているが，八代海に設置されている自動観測ブイのデータを利用すれば，モデル計算を行わなくても随時南下指標を算出できる．

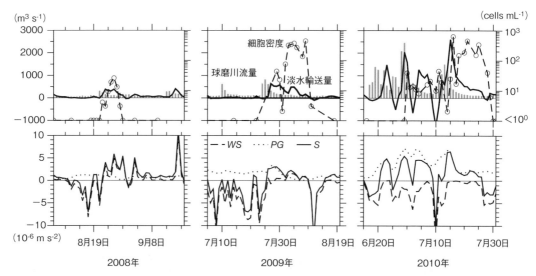

図5 球磨川流量（灰色棒），八代海北部海域から南部海域への淡水輸送量（実線），南部海域での *Chattonella* 細胞密度（白丸）の時間変化（上図），および圧力勾配力（*PG*：点線），風応力（*WS*：破線），両者の和（*S*：実線）の時間変化（下図）（Aoki et al. 2014）
上図で淡水輸送量が正の時，北部海域から南部海域へ低塩分水が南下することを意味しており，南部海域の細胞密度増加のタイミングとの対応も認められる．

　計算機性能の向上により，従来よりも高解像度の3次元流動モデル計算が可能となったことで，物理的な輸送による赤潮水塊の数日スケールの分布変動が明らかにされた．今後，このような高解像度モデルの他の赤潮発生海域への適用によって，物理的な要因による赤潮動態の解明および予測が進展することが期待される．ただし，ここで紹介したようなモデル計算を天気予報のように随時更新・運用していくには，技術的かつ経済的な課題が残されているため，当面はモデル結果から赤潮動態の鍵となっている要因を抽出し，上記の"南下指標"のように計算が容易な形に単純化しておくことが有効であると考えられる．

4．まとめと今後の課題および展望

　赤潮は種特異的であると同時に海域特異的な現象であるため，原因種や海域特性に対応したモニタリングが必要となる．八代海の場合，*Chattonella* を主な対象とし，その生活様式や出現特性に合わせて，シスト調査や濃縮検鏡による初期個体群の把握，増殖に関わる環境要因や競合種の監視，赤潮形成後の時空間変動の監視，といった段階に応じた監視を関係機関が連携して行っている．これまで主にモニタリングを担ってきた水産試験研究機関だけでなく周辺漁協も共同で赤潮監視を行うという取り組みは，八代海以外でも魚類養殖の盛んな瀬戸内海東部（香川県）や豊後水道宇和海（愛媛県）などで実施され，漁業被害軽減に一定の成果を上げている．海外に目を向けると，米国では NOAA/NCCOS（米国海洋大気局/国立沿岸海洋科学センター）が主導する Phytoplankton Monitoring Network というプログラムにおいて，一般市民のボランティアによる有害有毒プランクトンの監視も実施されている（http://coastalscience.noaa.gov/research/habs/pmn）．将来的にモニタリング予算の縮小が懸念される中，プランクトン同定技術の研修等を通じて専門家以外もモニタリングに参加できる仕組みの検

討も必要かもしれない.

　近年の観測機器の高度化と情報通信技術の発展も赤潮監視に重要な役割を果たしている.　八代海に設置されている自動観測ブイでは,　赤潮動態に影響を与える海上風,　水質,　および流況を常にモニターできるほか,　蛍光センサーによるクロロフィル極大層の監視によって,　有害赤潮が発生している場合,　日周鉛直移動による分布層の時間変化も正確に捉えられる.　現場型遺伝子解析装置による有害プランクトン検出や栄養塩センサー等の技術開発も進められており（Babin et al. 2005）,　今後の現場への普及が期待される.　また,　GIS（地理情報システム）を用いた沿岸海域水質・赤潮分布情報は,　関係機関からの情報を集約および可視化し即時に公表することにより,　有害プランクトン時空間分布の迅速な把握ならびに情報共有を可能にした.　赤潮は時に複数海域を跨いで発生するため,　近隣海域も含め分布状況を正確に把握しておくことで,　早期の対策に資することが期待される.

　現場漁業者からは現状の正確な把握とともに,　今後の見通しについてのニーズが高い.　ここでは,　異なったアプローチによるモデルを用いた赤潮の予測に関する2つの事例を紹介した.　モデル研究には確率論的なアプローチと決定論的なアプローチがある.　確率論的なアプローチである統計モデルは,　過去のプランクトン動態と各環境因子との相関関係から将来を予測するため,　因果関係や作用機序が必ずしもわかっていなくとも適用可能であり,　今後のデータの蓄積により精度向上が期待される.　一方,　決定論的なアプローチとしては個体群動態モデルや流動モデルがある.　本章で示した流動モデルでは赤潮動態に関わる物理過程のみを対象としたのに対し,　個体群動態モデルは特定のプランクトンの生物特性やそのプランクトンに影響を与える環境要因を組み込んだモデルで,　赤潮発生の作用機序の理解にとって有効な手段である（Yamamoto et al. 2002 など）.　米国 Maine 湾では,　*Alexandrium fundyense* のシスト発芽条件や増殖特性を組み込んだ個体群動態モデルと流動モデルを結合し,　前年秋季のシスト分布を初期条件として栄養細胞の時空間変動予測が行われている（McGillicuddy et al. 2011）.　今回対象とした *Chattonella* については生活様式や生理特性の既往知見が比較的揃っている（Imai & Yamaguchi 2012）.　今後は *Chattonella* の生物特性を組み込んだ個体群動態モデルの開発と適用によって,　赤潮にいたる作用機序の解明および予測技術の開発に繋げていく必要がある.

文　献

Aoki K, Onitsuka G, Shimizu M, Kuroda H, Matsuyama Y, Kimoto K, Matsuo H, Kitadai Y, Sakurada K, Nishi H, Tahara Y（2012）Factors controlling the spatio-temporal distribution of the 2009 *Chattonella antiqua* bloom in the Yatsushiro Sea, Japan. Estuar Coast Shelf Sci 114: 148-155.

Aoki K, Onitsuka G, Shimizu M, Kuroda H, Matsuo H, Kitadai Y, Sakurada K, Ando H, Nishi H, Tahara Y（2014）Variability of factors driving spatial and temporal dispersion in river plume and *Chattonella antiqua* bloom in the Yatsushiro Sea, Japan. Mar Pollut Bull 81: 131-139.

Aoki K, Onitsuka G, Shimizu M, Kuroda H, Matsuo H, Kitadai Y（2015）Interregional differences in mortality of aquacultured yellowtail *Seriola quinqueradiata* in relation to a *Chattonella bloom* in the Yatsushiro Sea, Japan, in 2010. Fish Sci 81: 525-532.

Babin M, Cullen JJ, Roesler CS, Donaghay PL, Doucette GJ, Kahru M, Lewis MR, Scholin CA, Sieracki ME, Sosik HM（2005）New approaches and technologies for observing harmful algal blooms. Oceanography 18: 210-227.

池田三郎・中田英昭（1997）赤潮発生現象のシステム分析. 赤潮の科学（第二版）（岡市友利編）, pp.293-329, 恒星社厚生閣, 東京.

Imai I, Yamaguchi M（2012）Life cycle, physiology, ecology and red tide occurrences of the fish-killing raphidophyte *Chattonella*. Harmful Algae 14: 46-70.

板倉 茂（2010）赤潮・貝毒モニタリングの重要性, 問題点および提案. 月刊海洋 42: 103-106.

McGillicuddy Jr DJ, Townsend DW, He R, Keafer BA, Kleindinst JL, Li Y, Manning JP, Mountain DG, Thomas MN, Anderson DM（2011）Suppression of the 2010 *Alexandrium fundyense* bloom by changes in physical, biological, and chemical properties of the Gulf of Maine.

Limnol Oceanogr 56: 2411-2426.

松原 賢・横尾一成・古賀秀昭（2011）有明海佐賀県海域における *Chattonella* 赤潮の発生予察. 日本プランクトン学会報 58: 18-22.

宮村和良・三ヶ尻孝文・金澤 健（2005）2003 年大分県臼杵湾沿岸に発生した有害渦鞭毛藻 *Karenia mikimotoi* 赤潮の出現特性. 水産海洋研究 69: 91-98.

西 広海・田原義雄・徳永成光・久保 満・吉満 敏・中村章彦（2012）2009 年及び 2010 年に八代海で発生した *Chattonella antiqua* 赤潮. 鹿児島県水産技術開発センター研究報告 3: 37-44.

鬼塚 剛・青木一弘・清水 学・松山幸彦・木元克則・松尾 斉・未代勇樹・西 広海・田原義雄・櫻田清成（2011）2010 年夏季に八代海で発生した *Chattonella antiqua* 赤潮の短期動態－南部海域における出現特性－. 水産海洋研究 75: 143-153.

Onitsuka G, Aoki K, Shimizu M（2015）Meteorological conditions preceding *Chattonella* bloom events in the Yatsushiro Sea, Japan, and possible links with the East Asian monsoon. Fish Sci 81: 123-130.

折田和三・西 広海・田原義雄・中村章彦（2013）統計学的手法を用いた八代海の *Chattonella* 赤潮発生に関与する要因抽出と予察の可能性. 鹿児島県水産技術開発センター研究報告 4: 24-32.

櫻田清成・木野世紀・小山長久・糸山力生（2007）八代海における有害プランクトンの発生状況と予察法の検討. 熊本県水産研究センター研究報告 7: 31-44.

櫻田清成・山形 卓・小山長久・糸山力生（2008）八代海における有害赤潮 *Chattonella antiqua* の発生予察. 熊本県水産研究センター研究報告 8: 35-45.

櫻田清成・高日新也・梅本敬人（2013）2010 年に八代海で赤潮化した *Chattonella antiqua* の発生状況と日周鉛直移動. 熊本県水産研究センター研究報告 9: 85-90.

紫加田知幸・櫻田清成・城本祐助・生地 暢・吉田 誠・大和田紘一（2010）八代海における植物プランクトンの増殖に与える水温, 塩分および光強度の影響. 日本水産学会誌 76: 34-45.

紫加田知幸・櫻田清成・城本祐助・小山長久・生地 暢・吉田 誠・大和田紘一（2011）八代海におけるラフィド藻 *Chattonella antiqua* の増殖および栄養塩との関係. 日本水産学会誌 77: 40-52.

水産庁（1991）平成 2 年度赤潮対策技術開発試験, 東部瀬戸内海シャットネラ赤潮総合解析報告書. 144pp.

水産庁九州漁業調整事務所（2014）平成 25 年九州海域の赤潮. 113pp.

竹内照文・小久保友義・辻 泰俊・本城凡夫（1995）田辺湾における *Gymnodinium mikimotoi* の群成長と流況による赤潮分布域の変化. 日本水産学会誌 61: 494-498.

滝川 清・田中健路・森 英次・渡辺 枢・外村隆臣・青山千春（2004）八代海の環境変動の要因分析に関する研究. 海岸工学論文集 51: 916-920.

Yamamoto T, Seike T, Hashimoto T, Tarutani K（2002）Modelling the population dynamics of the toxic dinoflagellate *Alexandrium tamarense* in Hiroshima Bay, Japan. J Plankton Res 24: 33-47.

第3部
主要な有害プランクトンにおける
生理，生態，生活環，および赤潮の動態
-Part 3 Physiological ecology,
life cycle and population dynamics of harmful algae-

古くから赤潮による養殖魚介類の大量斃死被害を与えてきた有害プランクトン種としては，ラフィド藻の *Chattonella* spp. や *Heterosigma akashiwo*，渦鞭毛藻の *Karenia mikimotoi* と *Cochlodinium polykrikoides* が代表的なものとして挙げられ，現在もそれらによる被害が続いている．また被害はさほどではないが発生頻度が高いのは渦鞭毛藻の夜光虫（*Noctiluca scintillans*）である．新参の赤潮生物としては，二枚貝類を特異的に殺滅する渦鞭毛藻 *Heterocapsa circularisquama* や，低水温期に発生するディクティオカ藻 *Pseudochattonella verruculosa* が注目されている．さらに，珪藻類による養殖ノリの色落ち被害は，有明海，瀬戸内海等を中心にほぼ毎年発生し，春の珪藻赤潮によってノリ養殖はシーズンを終えるような事態に陥っている．第3部においてはこれらの主要な有害プランクトンを対象とし，生理・生態・生活環・個体群動態等に関して，現段階における研究成果をとりまとめて最新の情報を提供すると同時に問題点等の整理を行う．そして発生機構に基づく発生の予知・予察について可能性を探る．

3-1　*Cochlodinium polykrikoides* の増殖特性と生活環[*1]

坂本節子[*2]・山口峰生[*3]

1．はじめに

　無殻渦鞭毛藻 *Cochlodinium polykrikoides* Margalef は，世界各地で大規模な赤潮を形成し甚大な漁業被害を及ぼしてきた．特に 1990 年代後半以降，韓国および日本沿岸では広域かつ大規模な赤潮を形成し，沿岸養殖漁業では数十億円を超える莫大な漁業被害をもたらしている．ここでは本種の発生状況，増殖特性，生活環を中心に説明する．

2．赤潮発生状況と漁業被害

(1) 発生海域

　Cochlodinium polykrikoides の発生記録はカリブ海プエルトリコ島から始まる（Margalef 1961）．その後，本種は熱帯から温帯域まで分布が広く報告されるようになった．特に，1990 年代から 2000 年代にはアジアや北米大陸の南部海域で分布を拡大した（Tomas & Smayda 2008, Lee et al. 2013）．これまでに *C. polykrikoides* の発生が報告された海域を図 1 に示す．北米大陸では米国（Tomas & Smayda 2008, Gobler et al. 2008, 2012），メキシコ（Gárate-Lizárraga et al. 2000, 2004, 2009），コスタリカ（Margalef 1961, Maldonado 2008）で発生が報告されている．アジアにおける主要な発生国は，日本（Yuki & Yoshimatsu 1989, 松岡・岩滝 2004, 宮原ほか 2005, 山砥ほか 2005, 2006, Matsuoka et al. 2010），韓国（尹 2001, 金ほか 2001, Lee 2006, 2008, Lee et al. 2013, Park et al. 2013），中国（Lu & Hodgkiss 1999），フィリピン（Azanza & Baula 2005, Azanza et al. 2008），マレーシア（Anton et al. 2008），インド（Iwataki et al. 2008）である．特に，日本および韓国では大規模な漁業被害が繰り返し発生しており，本種の調査・研究事例は多い．地中海およびアラビア海やオマーン海でも本種の発生が報告されており，これらの主要な発生国はスペイン（Zingone et al. 2006, Reñé et al. 2013），アラブ首長国連邦，オマーン（Richlen et al. 2010）である．

　日本では，1976 年に八代海で *C. polykrikoides*（当時は *Cochlodinium* sp. '78 八代型と呼ばれていた）の大規模な赤潮が発生し，養殖魚類等に甚大な被害を与えたことが記録として残っている（鹿児島県水産試験場 1995）．また，1975 年に八代海で発生し，マダイの斃死の原因となった赤潮も本種と同一

[*1]　Growth physiological characteristics and life cycle of the harmful dinoflagellate *Cochlodinium polykrikoides*

[*2]　Setsuko Sakamoto（sssaka@affrc.go.jp）

[*3]　Mineo Yamaguchi

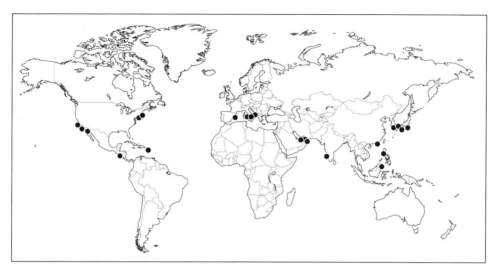

図1 *Cochlodinium polykrikoides* 発生海域

種と推定されている（熊本県水産試験場 1980）．これらの記録から，日本では 1970 年代半ばに本種
の赤潮が顕在化してきたことがわかる．その後，本種の赤潮はほぼ毎年西日本のどこかで発生してい
る．図 2 に 1975 年から 2012 年の間に日本沿岸で発生した *C. polykrikoides* の赤潮件数を示す．本種
の発生件数は，1990 年代前半頃まではそれほど多くなかったが，1999 年頃から西九州沿岸，播磨灘，
豊後水道などで発生件数が増加し，2003 年には過去最大の計 26 件にのぼった．近年も年間計 15 件
前後の発生が報告されており，年間の赤潮発生件数の約 1 割が本種の赤潮という状況が続いている．

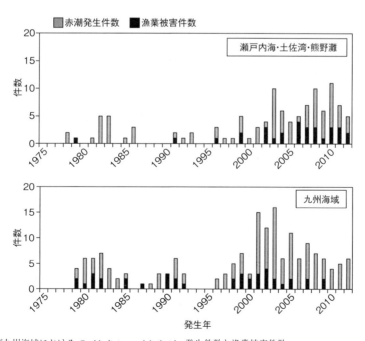

図2 瀬戸内海および九州海域における *Cochlodinium polykrikoides* 発生件数と漁業被害件数
瀬戸内海の赤潮（水産庁瀬戸内海漁業調整事務所 1975 〜 2012）および九州海域の赤潮（水産庁九州漁業調整事務所 1978 〜
2012）より作図．

近年の傾向としては九州海域で発生件数が減少傾向にある一方で，瀬戸内海で発生件数が増加しているようである．

(2) 漁業被害と対策

表1に，日本における *C. polykrikoides* 赤潮の発生状況と主な漁業被害について整理した．1978年に八代海で発生した *C. polykrikoides* 赤潮は，ブリ養殖に約4千万円の漁業被害を与えた．2000年には八代海で約40億円にのぼる大規模な漁業被害をもたらした．2000年代前半までは，本種の赤潮と漁業被害は八代海および九州海域に集中していた．しかしながら，2004年に豊後水道で本種の赤潮が発生してマダイやシマアジなどに約4億円の被害が発生した後，豊後水道，周防灘，播磨灘，土佐湾などでも本種の赤潮による漁業被害が頻繁に報告されるようになった．また，2002年および2003年には，それまでほとんど赤潮の被害が報告されていなかった日本海山陰沿岸で本種の大規模な赤潮が発生し，魚類のほか，貝類，甲殻類，ウニ類など多くの水産生物の斃死が報じられている（宮原ほか2005）．

表1 日本における *Cochlodinium* 赤潮発生状況と漁業被害

発生年月	発生場所	被害生物	被害額（百万円）	備考
1978年7～8月	八代海 獅子島	ブリ	44	
1980年6月	対馬 浅海湾	ハマチ，タイなど	25	
1981年8～9月	八代海 御所浦など	ハマチ，マアジ，マダイ，タイなど	32	
1982年6月	九州南部 笠沙町	ハマチ	91	
1985年7月	九州南部 笠沙町	ブリ，ヒラマサなど	76	
8月	八代海 芦北町	マアジ，マダイなど	59	
1990年8～9月	八代海 弊串・水俣など	ブリ	40	
1991年12月	九州北部 平戸市	ハマチ	35	
1999年8月	伊万里湾	マダイ，ハマチ，トラフグ，シマアジなど	760	
	八代海 津奈木町	トラフグ	58	
2000年7月	八代海 熊本県沿岸	トラフグ，マダイ，ブリ，カンパチ，シマアジ，マアジ，ヒラマサ，クロダイ，イシダイ，マサバ，カサゴ，イサキ，ヒラメ	3,983	
2002年8月	八代海 獅子島	ブリ，カンパチ	588	
9月	九州北部 三隅町～阿武町（日本海）	ブリ，ハマチ	15	
2003年9月	八代海 龍ヶ岳町～河浦町	ブリ，トラフグ，カンパチ，シマアジ，ヒラマサ	287	混合赤潮
2004年7月	豊後水道 岩松湾	マダイ，シマアジ，スズキ	394	
2005年7～8月	八代海 熊本海域	ブリ，ヒラマサ，カンパチ，シマアジ，トラフグ，マダイ	64	混合赤潮
2006年8～9月	燧灘	ヒラメ	203	
2008年3～6月	豊後水道 猪串湾	シマアジ，ヒラマサ，カンパチ	62	混合赤潮
3～4月	土佐湾	カンパチ	49	
2009年6～8月	八代海 全域	ブリ，シマアジ，カンパチ，ヒラマサ，マダイ，トラフグ	870	混合赤潮
2010年5～8月	豊後水道 猪串湾，土佐湾	カンパチ，シマアジ，ハマチ	191	
2011年5～8月	豊後水道 宿毛湾，播磨灘	ブリ，カンパチ	89	
2013年5月	豊後水道 宿毛湾	カンパチ，シマアジ	146	
5月	豊後水道 福浦・船越	カンパチ	46	
9月	五島	クロマグロ，カンパチ，ヒラマサ，クエ	142	*Cochlodinium* sp. 笠沙型
9～10月	九州西部 九十九島	マダイ，トラフグ	36	*Cochlodinium* sp. 笠沙型

　本種による魚介類の斃死機構については当初，毒性物質の生産が疑われた（Onoue et al. 1985）．その後，溶血活性（Kim et al. 2001），*C. polykrikoides* 由来の活性酸素（Kim CS et al. 1999, 2002）や細胞表面の粘液多糖層による鰓の損傷（Lee et al. 1996）などいくつかの要因の関与が疑われているが，未だ斃死機構は明らかでない．漁業被害軽減技術の開発を進めるためにも斃死機構の解明が急がれる．

　漁業被害軽減のための赤潮生物の除去に関しても様々な方法が試みられてきた．これまでに試みられてきた方法としては，過酸化水素のような化学物質を用いる方法や凝集剤を使用する方法（Sengco et al. 2001, Sengco & Anderson 2004），殺藻細菌の活用（Imai et al. 1995, Lovejoy et al. 1998, Imai & Kimura 2008），粘土散布（Han & Kim 2001, 和田ほか 2002, Song et al. 2010）などがある．この中で *C. polykrikoides* 赤潮への対策として唯一有効に活用されているのが粘土散布である．特に黄土やモンモリロナイト（入来モンモリ）がよく用いられ，*C. polykrikoides* に対して高い除去作用が認められている（Choi et al. 1998, 和田ほか 2002, Song et al. 2010）．しかし，粘土散布は大量の粘土を環境中へ持ち込むことになり，底生生物の生息環境への影響が懸念されることから，近年は沿岸を浚渫した底泥を用いる方法など，環境に配慮した粘土利用方法の開発が検討されている（Song et al. 2010）．

3. 増殖特性

(1) 水温，塩分，光の影響

　C. polykrikoides の発生時期は海域によって異なる．尹（2001）によると，韓国南部海域では水温が最も高くなる8月から10月の，水温躍層が崩壊する時期に本種の赤潮が発生することから，赤潮形成には水温が深く関係していることを示唆している．Kudela & Gobler（2012）は *Cochlodinium* の出現海域における出現時の水温・塩分環境のデータを整理し，本種の特性をまとめているが，それによると *C. polykrikoides* の赤潮は，おおむね水温20℃以上，塩分30〜33の熱帯から亜熱帯海域でよく発生している．一方，水温が低い時期（3℃：Tomas & Smayda 2008）にも本種は栄養細胞の形態で越冬細胞として生残しているという．これらのことから，本種は広い水温環境下で生存可能であるが，至適増殖温度および塩分は比較的狭いという特性を持つとされている．日本でも本種の赤潮は主に6〜9月の夏場の高水温期に発生しているが，12月や3月の水温がまだ低い時期に発生している事例もあり（表1），九州北部の薄香湾では越冬細胞を含め年間を通して観察されることが確認されている（Matsuoka et al. 2010）．

　一方，室内培養実験で本種の増殖に及ぼす水温，塩分の影響を調べた例はあまり多くない．Kim D-I et al.（2004）は，室内培養実験で異なる水温と塩分温度の組み合わせで増殖速度を調べた．その結果，水温15〜30℃，塩分20〜36で増殖可能であり，水温21〜26℃，塩分30〜36の条件下で好適な増殖を示すことを報告した．また，分散分析の結果，水温は本種の増殖速度に最も影響を与える要因であり，次いで塩分，さらに水温と塩分の相互作用も増殖速度に影響を及ぼすことを報告した．同様に山砥ほか（2005, 2006）は，日本の西九州沿岸および諫早湾に出現した *C. polykrikoides* の培養株を用いて増殖に及ぼす水温と塩分の影響を調べ，本種は水温10〜32.5℃，塩分16〜36で増殖可能であり，最大比増殖速度（0.56〜0.61 d^{-1}）は水温27.5℃，塩分28〜32で得られたことを報告している．われわれも日本沿岸で分離した複数の培養株で同様の実験を行った結果，増殖可能な水温および塩分は10〜30℃および10〜35，至適増殖水温および塩分は20〜25℃および20〜35で，最大

増殖速度は 0.29 ～ 0.57 divisions d^{-1} であった（坂本ほか 2009）．これらの結果から，本種は高水温，高塩分条件で高密度増殖する特性を有していると考えられる．近年の地球温暖化による海水温の上昇は本種の生息環境や分布域拡大に有利に働いているといえよう．

　C. polykrikoides は光合成により増殖することから，光環境も本種の増殖に影響を与える．野外調査で本種は表層で赤潮を形成することが観察されていることから，比較的強い光を要求することが推察される．Kim D-I et al.（2004）は八代海産の培養株を用いて増殖に及ぼす光強度の影響を調べた結果，本種の増殖に至適な光環境は 90 μmol photons m^{-2} s^{-1} 以上であることを報告している．表2に *C. polykrikoides* および主要赤潮原因鞭毛藻類の増殖に及ぼす光強度のパラメータをまとめた．この結果を見ると，本種の補償光量（I$_0$）は概ね 3 ～ 20 μmol photons m^{-2} s^{-1}，半飽和定数（K$_s$）は 22 ～ 90 μmol photons m^{-2} s^{-1} であり，日本沿岸で発生する主要な赤潮形成鞭毛藻の *Heterocapsa circularisquama* や *Chattonella* 属などと比べると，同程度から約2倍の光強度を必要とすることを示している．また，Oh et al.（2006）は本種が青色光で最も良く増殖することを観察し，この特性は濁りが多い沿岸域よりも清澄な外洋域で増殖するのに適応していることを示唆している．

表2　*Cochlodinium polykrikoides* および主要赤潮鞭毛藻類の増殖に及ぼす光強度の影響

種名	半飽和定数（K$_s$） (μmol photons m^{-2} s^{-1})	補償光量（I$_0$） (μmol photons m^{-2} s^{-1})	最大増殖速度（μ$_m$） (divisions d^{-1})	文献
Cochlodinium polykrikoides				
八代海株（熊本）	45.1	10.8	0.35	Kim D-I et al. 2004
青方湾，奈摩湾，浅茅湾株（長崎）	22.5 ～ 37.4	3.0 ～ 9.8	0.73 ～ 0.76 *	山砥ほか 2005
八代海株（熊本）	79.0	19.2	0.55	坂本 未発表
Heterocapsa circularisquama	—	17.1	1.36	Oh et al. 2008
Karenia mikimotoi	53.6	0.7	1.18	山口・本城 1989
Gymnodinium catenatum	16.8	10.0	0.19	Yamamoto et al. 2002
Chattonella antiqua	42.3	10.3	1.34	山口ほか 1991
Chattonella marina	63.3	10.5	1.39	山口ほか 1991

*比増殖速度 0.51 ～ 0.53（d^{-1}）を増殖速度（divisions d^{-1}）に換算した

（2）栄養塩

　細胞外から取り込む栄養塩は植物プランクトンの増殖に不可欠であり，*C. polykrikoides* においても重要な増殖要因の一つである．金ほか（2007）は，八代海産の *C. polykrikoides* 培養株を用いて窒素およびリンの形態別利用特性を調べ，本種が無機態の窒素やリンだけでなく尿素やグリシンといった有機態窒素やフォスフォモノエステル，フォスフォジエステルのような有機態リンを利用して増殖できることを報告した．また Gobler et al.（2012）は，培養実験において *C. polykrikoides* が窒素源としてグルタミン酸を用いて良く増殖できることを明らかにし，本種が柔軟に栄養源の変化に適応して増殖できること，および窒素が本種のブルームに強く影響していることを示した．また，彼らは窒素およびリン制限下における増殖動力学を調べ，動力学パラメータである最大増殖速度および最小細胞内含量が窒素では 0.48 d^{-1} と 5.25 pmol cell^{-1}，リンでは 0.54 d^{-1} と 0.37 pmol cell^{-1} であったことを報告している．これらの結果は，環境中の無機態窒素やリンが低濃度であっても，有機態の窒素やリンを利用することで本種が種間競合において有利な地位を獲得できることを示唆している．本種は無機栄養塩が枯渇しやすい夏季においても，増殖に有利な特性を持っているといえる．

　尹（2001）は，韓国沿岸において *C. polykrikoides* による赤潮が栄養塩濃度の高い内湾より，低い

外洋域で発生頻度が高いことを言及している．また，Morse et al.（2013）はチェサピーク湾における本種の発生と栄養塩濃度について詳細に調べ，本種は栄養塩濃度が低く DIN が DIP に比べて低い時に発生したことを報告している．このことから栄養塩の濃度だけでなく，NP 比もブルームの発生に影響を与えている可能性がある．日本沿岸では近年海域の貧栄養化が問題となっているが，本種の赤潮発生件数が増えている要因と無関係ではないように思える．

　一方で，*C. polykrikoides* がクリプト藻など直径 11 μm 以下のプランクトンを捕食する混合栄養を行うという報告もあり（Jeong et al. 2004），本種の栄養摂取様式と増殖能力との関係についてはさらに研究が必要である．また，Kocha et al.（2014）は *C. polykrikoides* 赤潮環境中のビタミン B 群の濃度を調べ，ビタミン B_{12} の濃度が非赤潮環境に比べて赤潮海水中で顕著に低いことを報告し，このことから *C. polykrikoides* のビタミン B_{12} 要求性が高いことを示唆した．われわれは八代海の海水の AGP 試験を実施した際に，無機態窒素やリンを添加しても *C. polykrikoides* が増殖しないことがしばしばあることを観察しており，ビタミンや微量金属などの影響が推察される．*C. polykrikoides* の赤潮発生機構を明らかにするうえで，環境中に存在する微量成分の動態や，本種によるその利用能等についても注目して研究を進める必要がある．

（3）赤潮形成における物理的環境と日周鉛直移動

　自然環境では，環境要因の変化が大きいことに加え，他生物による捕食圧や栄養塩の競合など，増殖を制限する要因が多々存在するので，増殖速度は室内実験の結果よりもさらに遅いと推察される．実際に，尹（2001）は現場での群成長率を試算したところ約 $0.25\ \mathrm{d^{-1}}$ となったことを報告している．このように増殖の遅いプランクトンが高密度の赤潮を形成する過程は増殖速度だけでは説明しきれない．赤潮の形成には生物の増殖能だけでなく，風や海流など物理的環境や光環境に関連する天候，およびそれらに連動した赤潮生物の習性も大きな影響を与える．渦鞭毛藻の個体群は，細胞密度がある程度増えると日周鉛直移動を行うことが知られている．日周鉛直移動は，日中は表層の飽和光条件下で光合成を，夜間は底層の高栄養塩濃度環境で栄養摂取を効率的に行うための行動と説明されている（Eppley et al. 1969）．*C. polykrikoides* についても日周鉛直移動をすることが野外調査において確認されている．Park et al.（2001）は韓国南海島沖で発生した *C. polykrikoides* 赤潮の鉛直分布の変化を調査した．その結果，本種は朝（6 時頃〜）表層へ向かって上昇し始め，昼（11〜16 時）に表層へ到達し，夜（20 時）には 15 m 層に降下移動することを観察し，本種が日周鉛直移動することを証明した．日周鉛直移動により，夜には分散して分布している細胞が昼には表層から 2〜3 m の水深に集まることにより，*C. polykrikoides* は増殖が遅くても濃密な赤潮の形成が可能となる．

　C. polykrikoides の赤潮については，内湾沿岸域だけでなくしばしば沖合も含めた広範囲で大規模な赤潮を形成することが，一つの大きな特徴として挙げられる（金ほか 2001）．このように大規模な赤潮が発生する機構について，尹（2001）は韓国沿岸における *C. polykrikoides* 赤潮の発生機構を考察している．この中で，衛星追跡漂流ブイを用いた調査から，半島南部沿岸の中央部で発生した *C. polykrikoides* 赤潮が風や潮汐により陸の方から外へ一部が運ばれ，これが対馬暖流などの表面の海水の流れに乗って南海岸から東海岸まで拡散されることを示した．日本沿岸では 2003 年に鳥取県から兵庫県の山陰地方沿岸において，広範囲で大規模な *C. polykrikoides* 赤潮が発生した．この赤潮発生とほぼ同時期に，日本海を流れる対馬暖流の上流に当たる韓国南岸でも大規模な本種の赤潮が

発生していた．これらのことから，宮原ほか（2005）は赤潮が対馬暖流によって上流の海域から運ばれてきた可能性を示唆した．この山陰沿岸で発生した本種の赤潮の発生機構を明らかにするために，Onitsuka et al.（2010）は粒子追跡モデルを用いた数値計算を行った結果，山陰沿岸に発生した *C. polykrikoides* 赤潮の起源が 500 km 以上離れた韓国南西部沿岸海域となることを報告した．このように，*C. polykrikoides* 赤潮の形成や分布拡大には，風や海流が大きく影響していることがわかる．本種の赤潮発生上流域の発生状況についての情報を共有することは，赤潮の短期発生予測を行ううえで重要となる．広域に発生する赤潮の観測方法として，近年，海色衛星画像データを用いた方法が有効に利用されつつある（Ishizaka et al. 2006, Ahn et al. 2006, Azanza et al. 2008, Choi et al. 2014）．

4. 分子系統分類と検出技術の開発

Iwataki et al.（2008）は，*C. polykrikoides* には細胞形態は同じだが，rDNA 配列が異なる 3 つのリボタイプが存在することを報告した．彼らは，これらのリボタイプが地理系統学的な分布を示していることから East Asian タイプ，Philippines タイプ，American/Malaysian タイプの 3 つに分けた．このうち日本沿岸で確認されているのは East Asian タイプおよび Philippines タイプで，ほとんどの海域で出現しているのは East Asian タイプであり，Philippines タイプは大村湾および浜名湖の限られた海域で確認されているのみである（Iwataki et al. 2008, 坂本 未発表）．最近，Reñé et al.（2013）は，地中海で発生した *C. polykrikoides* の LSU rRNA 遺伝子の部分配列をこれらのリボタイプのそれと比較し，分子系統解析の結果から地中海産の *C. polykrikoides* は East Asian タイプと近縁ではあるものの Iwataki et al.（2008）が報告したリボタイプとは異なるクレードを形成する新たなリボタイプ（Mediterranean タイプ）となることを報告した．この地中海産 *C. polykrikoides* の形態を見ると，細胞長は 24 ～ 27 μm と通常よりやや小型の細胞で，単細胞あるいは 2 連鎖以下で出現し長い連鎖細胞が観察されない（Reñé et al. 2013）．このような細胞形態は九州沿岸で観察されている *Cochlodinium* sp. Type-Kasasa（鹿児島県水産試験場 1984, Matsuoka et al. 2010）と同じである．そこでわれわれは伊万里湾で発生した *Cochlodinium* sp. Type-Kasasa の LSU rDNA 部分配列の分子系統解析を行った結果，本種は East Asian タイプおよび Mediterranean タイプに近縁であるものの，既報のリボタイプのいずれのクレードにも属さない新たなリボタイプとなることを確認した（坂本ほか 未発表）．したがって，本種には少なくとも 5 つのリボタイプが存在することになるといえよう．

近年，遺伝子配列の差をもとに種や種内変異，さらには系群を判別するための様々な方法が開発されてきている．*Cochlodinium* についても，種特異的なプライマーを用いた PCR 法（Kim C H et al. 2004）や定量 PCR 法（Kamikawa et al. 2006, Park et al. 2014, Sakamoto et al. 2007），マイクロサテライトマーカーによる系群判別法（Nagai et al. 2009），LAMP 法（坂本 未発表）などが開発されてきている．Park et al.（2014）は *C. polykrikoides* のリボタイプのうち，Philippines タイプ，East Asian タイプ，American/Malaysian タイプを区別して検出できる定量 PCR を開発した．これを用いて，韓国沿岸では Philippines タイプと East Asian タイプが出現し，前者は夏季のブルーム時に主に発生し，後者は秋に優占して発生していることを明らかにした．このことは，リボタイプによって生理生態が異なる可能性を示している．今後まだ検出系が開発されていないリボタイプも含めて検出できるようになれば，定量 PCR は *C. polykrikoides* の各リボタイプの分布や発生時期を明らかにするうえで有用なツー

ルになるであろう．また，リボタイプの分布状況の把握とともに，各リボタイプの株について増殖特性や生活環，毒性の特徴を明らかにする研究も今後の大きな課題として残されている．

5．休眠期細胞と生活環

　休眠期細胞（シスト）の存在の有無と生理生態に関する情報は，本種の発生や分布拡大の機構を理解するうえで重要である．*C. polykrikoides* のシストについては透明皮膜シスト（hyaline cyst）（Kim C-H et al. 2002, 2007, Tang & Gobler 2012）と休眠シスト（Kim et al. 2007, Tang & Gobler 2012, Li et al. 2015）の報告がある．前者は鞭毛およびクロロフィルを持たない不動の細胞で，全体が透明の被膜（hyaline membrane）で包まれている（図3（口絵9））．細胞内には赤橙色顆粒（red accumulation body）と呼ばれる構造が観察される．休眠シストのような頑丈なシスト壁を持たず，成熟期間を必要とせずに短い期間（〜2日）で発芽することから一時シストと考えられているが，低温暗所で長期保存（4℃，6ヵ月）した後でも発芽できることが確認されており，越冬細胞としても重要な役割を果たしている可能性がある（Kim C-H et al. 2002）．透明皮膜シストは室内培養実験でクローン培養株から形成されることが確認されていることから，無性的に形成されていると考えられる（Tang & Gobler 2012）．一方，休眠シストについては当初，*C. polykrikoides* 赤潮が発生していた海水や発生海域の底泥試料中に観察された茶褐色楕円形でヒレ状突起物を備えた細胞がシストと疑われたが（Rosales-Loessener et al. 1996, Matsuoka & Fukuyo 2000），このようなシストからの発芽細胞や遺伝子配列等の確認はなされていなかった．その後 Tang & Gobler（2012）は，*C. polykrikoides* の American/Malaysian リボタイプの複数の培養株を用いてシスト形成実験を行い，径20〜40 μm の黄褐色で球形，細胞表面に突起物を持たない休眠シストが形成されることを確認した．休眠シストは異なる株を掛け合わせた場合だけでなくクローン株でも形成されているが，透明皮膜シストと異なり発芽までに約1ヵ月を要するという．発芽については，1細胞で発芽する場合と2細胞に分裂してから発芽する場合があると報告されているが，この点については環境条件や発芽細胞の核相の確認も含め，より詳細な研究が必要と思われる．

　透明皮膜シストも休眠シストも底泥試料から見つかった事例はなかったが，Park & Park（2010）は定量 PCR 法を用いて韓国沿岸で採取した底泥試料から *C. polykrikoides* の遺伝子を検出し，底泥中に本種のシストが存在する可能性を示していた．最近，Li et al.（2015）は韓国沿岸の底泥から *C. polykrikoides* の休眠シストを発見し，発芽した栄養細胞およびシスト細胞の遺伝子配列から本種の East Asian リボタイプの休眠シストであることを証明した．彼らが報告した休眠シストは先に Tang & Gobler（2012）が報告したシストとは形態が異なっていたが，Li et al.（2015）は形成環境あるいは両者のリボタイプが異なることがその要因ではないかと推察している．この点については今後，室内培養実験で詳細な検討が必要であろう．これまで本種のシードポピュレーションの生態については不明であったが，耐久性のある休眠シストが発見されたことにより，本種の大規模な赤潮の発生には休眠シストが大きな役割を果たしていることを考慮すべきであろう．一方，Matsuoka et al.（2010）は東シナ海において *C. polykrikoides* の栄養細胞の分布状況を調査し，薄香湾で一年を通して栄養細胞が出現していることを明らかにした．このことは，本種が栄養細胞のまま越冬してシードポピュレーションとなっている海域があることを示している．本種の初期発生を捉えるためには，このような多様

な越冬様式が可能であることを考慮した野外調査が必要であろう.

文 献

Ahn YH, Shanmugan P, Ryu JH, Jeong JC（2006）Satellite detection of harmful algae bloom occurrences in Korean waters. Harmful Algae 5: 213-231.

Anton A, Teoh PL, Mohd-Shaleh SR, Mohammad-Noor N（2008）First occurrence of *Cochlodinium* blooms in Sabah, Malaysia. Harmful Algae 7: 331-336.

Azanza RV, Baula IU（2005）Fish kills association with *Cochlodinium* blooms in Palawan, the "last frontier" of the Philippines. Harmful Algae News 29: 13-14.

Azanza RV, David LT, Borja RT, Baula IU, Fukuyo, Y（2008）An extensive *Cochlodinium* bloom along the western coast of Palawan, Philippines. Harmful Algae 7: 324-330.

Choi HG, Kim PJ, Lee WC, Yoon SJ, Kim HG, Lee HJ（1998）Removal efficiency of *Cochlodinium polykrikoides* by yellow loess. J Korean Fish Soc 31: 109-113.

Choi J-K, Min J-E, Noh JH, Han T-H, Yoon S, Park YJ, Moon J-E, Ahn J-H, Ahn SM. Park J-H（2014）Harmful algal bloom（HAB）in the East Sea identified by the Geostationary Ocean Color Imager（GOCI）. Harmful Algae 39: 295-302.

Eppley RW, Rogers JM, McCarthy JJ（1969）Half saturation constants for uptake of nitrate and ammonium by marine phytoplankton. Limnol Oceanogr 14: 912-920.

Gárate-Lizárraga I, Bustillos-Guzmán JJ, Morquecho LM, Lechuga-Deveze CH（2000）First outbreak of *Cochlodinium polykrikoides* in the Gulf of California. Harmful Algae News 21: 7.

Gárate-Lizárraga I, López-Cortes DJ, Bustillos-Guzmán JJ, Hernández-Sandoval F（2004）Blooms of *Cochlodinium polykrikoides* （Gymnodiniaceae）in the Gulf of California, Mexico. Rev Biol Trop 52, suppl. 1: 51-58.

Gárate-Lizárraga I, Diaz-Ortiz J, Perez-Cruz B, Alarcon-Tacuba M, Torres-Jaramillo A, Alarcon-Romero MA, Lopez-Silva S（2009） *Cochlodinium polykrikoides* and *Gymnodinium catenatum* in Bahia de Acapulco, Mexico（2005-2008）. Harmful Algae News 40: 8-9.

Gobler CJ, Berry DL, Anderson OR, Burson A, Koch F, Rodgers BS, Moore LK, Goleski JA, Allam B, Bowser P, Tang Y, Nuzzi R（2008）Characterization, dynamics, and ecological impacts of harmful *Cochlodinium polykrikoides* blooms on eastern Long Island, NY, USA. Harmful Algae 7: 293-307.

Gobler CJ, Burson A, Koch F, Tang Y, Mulholland MR（2012）The role of nitrogenous nutrients in the occurrence of harmful algal blooms caused by *Cochlodinium polykrikoides* in New York estuaries（USA）. Harmful Algae 17: 64-74.

Han MY, Kim W（2001）A theoretical consideration of algae removal with clays. Microchem J 68: 157-161.

Imai I, Ishida Y, Sakaguchi K, Hata Y（1995）Algicidal marine bacteria isolated from northern Hiroshima Bay, Japan. Fish Sci 61: 624-632.

Imai I, Kimura S（2008）Resistance of the fish-killing dinoflagellate *Cochlodinium polykrikoides* against algicidal bacteria isolated from the coastal sea of Japan. Harmful Algae 7: 360-367.

Ishizaka J, Kitaura Y, Touke Y, Sasaki H, Tanaka A, Murakami H, Suzuki T, Matsuoka K, Nakata H（2006）Satellite detection of red tide in Ariake Sound, 1998-2001. J. Oceanogr 62: 37-45.

Iwataki M, Kawami H, Mizushima K, Mikulski CM, Doucette GJ, Relox Jr. JR, Anton A, Fukuyo Y, Matsuoka K（2008）Phylogenetic relationships in the harmful dinoflagellate *Cochlodinium polykrikoides*（Gymnodiniales, Dinophyceae）inferred from LSU rDNA sequences. Harmful Algae 7: 271-277.

Jeong HJ, Yoo YD, Kim JS, Kim TH, Kim JH, Kang NS, Yih W（2004）Mixotrophy in the phototrophic harmful alga *Cochlodinium polykrikoides*（Dinophycean）: Prey species, the effects of prey concentration, and grazing impact. J Eukaryot Microbiol 51: 563-569.

鹿児島県水産試験場（1984）鹿児島県の赤潮 No.A-15.

鹿児島県水産試験場（1995）鹿児島県の赤潮生物（増補版）No.A-7-1.

Kamikawa R, Asai J, Miyahara T, Murata K, Oyama K, Yoshimatsu S, Yoshida T, Sako Y（2006）Application of a real-time PCR assay to a comprehensive method of monitoring harmful algae. Microbes Environ 21: 163-173.

Kim C-H, Cho H-j, Shin J-B, Moon C-H, Matsuoka K（2002）Regeneration from hyaline cysts of *Cochlodinium polykrikoides*（Gymnodiniales Dinophyceae）, a red tide organism along the Korean coast. Phycologia 41: 667-669.

Kim C-H, Park G-H, Kim K-Y（2004）Sensitive, accurate PCR assays for detecting harmful dinoflagellate *Cochlodinium polykrikoides* using a specific oligonucleotide primer set. J Fish Sci Tech 7: 122-129.

Kim C-J, Kim H-G, Kim C-H, Oh H-M（2007）Life cycle of the ichthyotoxic dinoflagellate *Cochlodinium polykrikoides* in Korean coastal waters. Harmful Algae 6: 104-111.

Kim CS, Lee SG, Lee CK, Kim HG, Jung J（1999）Reactive oxygen species as causative agents in the ichthyotoxicity of the red tide dinoflagellate *Cochlodinium polykrikoides*. J Plankton Res 21: 2105-2115.

Kim CS, Lee SG, Kim HG, Lee JS（2001）Screening for toxic compounds in the red tide dinoflagellate *Cochlodinium polykrikoides*: Is it toxic plankton? Algae 16: 457-462.

Kim CS, Jee B-Y, Bae HM（2002）Structural alterations in the gill of the red sea bream, *Pagrus major*, exposed to the harmful dinoflagellate *Cochlodinium polykrikoides*. J Fish Sci Tech 5: 75-78.

Kim D, Oda T, Muramatsu T, Kim D, Matsuyama Y, Honjo T（2002）Possible factors responsible for the toxicity of *Cochlodinium polykrikoides*, a red tide phytoplankton. Comp Biochem Physiol Part C 132: 415-423.

Kim D-I, Matsuyama Y, Nagasoe S, Yamaguchi M, Yoon Y-H, Oshima Y, Imada N, Honjo T（2004）Effects of temperature, salinity and irradiance on the growth of the harmful red tide dinoflagellate *Cochlodinium polykrikoides* Margalef（Dinophyceae）. J Plankton Res 26: 61-66.

金 大一・松原 賢・呉 碩津・島崎洋平・大嶋雄治・本城凡夫（2007）八代海から単離した有害渦鞭毛藻 *Cochlodinium polykrikoides* の栄養塩利用特性と増殖動力学. 日本水産学会誌 73: 711-717.

金 英淑・李 英植・朴 鍾守・白 哲仁（2001）韓国南岸沿岸の *Cochlodinium polykrikoides* 赤潮の出現特性. 水環境学会誌 24: 871-876.

Kocha F, Bursona A, Tanga YZ, Collierb JL, Fisherb NS, Sañudo-Wilhelmyc S, Gobler CJ（2014）Alteration of plankton communities and biogeochemical cycles by harmful *Cochlodinium polykrikoides*（Dinophyceae）blooms. Harmful Algae 33: 41-54.

Kudela RM, Gobler CJ（2012）Harmful dinoflagellate blooms caused by *Cochlodinium* sp.: Global expansion and ecological strategies facilitating bloom formation. Harmful Algae 14: 71-86.

熊本県水産試験場（1980）昭和54年度赤潮対策技術開発試験報告書　2-（2）粘土散布による赤潮緊急沈降試験, pp.43.

Lee C-K, Park T-G, Park Y-T, Lim W-A（2013）Monitoring and trends in harmful algal blooms and red tides in Korean coastal waters, with emphasis on *Cochlodinium polykrikoides*. Harmful Algae 30, Supplement 1: S3-S14

Lee D-K（2008）*Cochlodinium polykrikoides* blooms and eco-physical conditions in the South Sea of Korea. Harmful Algae 7: 318-323.

Lee JS（1996）Bioactive compounds from red tide plankton, *Cochlodinium polykrikoides*. J Korean Fish Soc 29: 165-173.

Lee YS（2006）Factors affecting outbreaks of high-density *Cochlodinium polykrikoides* red tides in the coastal seawaters around Yeosu and Tongyeong, Korea. Mar Pollut Bull 52: 1249-1259

Li Z, Han MS, Matsuoka K, Kim SY, Shin HH（2015）Identification of the resting cyst of *Cochlodinium polykrikoides* Margalef（Dinophyceae, Gymnodiniales）in Korean coastal sediments. J Phycol 51: 204-210.

Lovejoy C, Bowman JP, Hallegraeff GM（1998）Algicidal effects of a novel marine *Pseudoalteromonas* isolate（class Proteobacteria, gamma subdivision）on harmful algal bloom species of the genera *Chattonella*, *Gymnodinium*, and *Heterosigma*. Appl Environ Microbiol 64: 2806-2813.

Lu S, Hodgkiss IJ（1999）An unusual year for the occurrence of harmful algae. Harmful Algae News 18: 1-3.

Maldonado DJC（2008）Spectral properties and population dynamics of the harmful dinoflagellate *Cochlodinium polykrikoides*（Margalef）in southwestern Puerto Rico. 166p, PhD thesis, University of Peruto Rico, USA.

Margalef R（1961）Hidrografía y fitoplancton de un área marina de la costa meridional de Puerto Rico. Inv Pesq 18: 33-96.

Matsuoka K, Fukuyo Y（2000）Technical guide for modern dinoflagellate cyst study. 29p, WESTPAC-HAB/WEATPAC/IOC, JSPS, Tokyo.

松岡數充・岩滝光義（2004）有害無殻渦鞭毛藻 *Cochlodinium polykrikoides* Margalef 研究の現状. 日本プランクトン学会報 51: 38-45.

Matsuoka K, Mizuno A, Iwataki M, Takano Y, Yamatogi T, Yoon YH, Lee J-B（2010）Seed populations of a harmful unarmored dinoflagellate *Cochlodinium polykrikoides* Margalef in the East China Sea. Harmful Algae 9: 548-556.

宮原一隆・氏 良介・山田東也・松井芳房・西川哲也・鬼塚 剛（2005）2003年9月に日本海山陰沿岸で発生した *Cochlodinium polykrikoides* Margalef 赤潮. 日本プランクトン学会報 52: 11-18.

Morse RE, Mulholland MR, Hunley WS, Fentress S, Wiggins M, Blanco-Garcia JL（2013）Controls on the initiation and development of blooms of the dinoflagellate *Cochlodinium polykrikoides* Margalef in lower Chesapeake Bay and its tributaries. Harmful Algae 28: 71-82.

Nagai S, Nishitani G, Sakamoto S, Sugaya T, Lee CK, Kim C-H, Itakura S, Yamaguchi M（2009）Genetic structuring and transfer of marine dinoflagellate *Cochlodinium polykrikoides* in Japanese and Korean coastal waters revealed by microsatellites. Mol Ecol 18: 2337-2352.

Oh SJ, Kim DI, Sajima T, Shimasaki Y, Matsuyama Y, Oshima Y, Honjo T, Yang HS（2008）Effects of irradiance of various wavelengths from light-emitting diodes on the growth of the harmful dinoflagellate *Heterocapsa circularisquama* and the diatom *Skeletonema costatum*. Fish Sci 74: 137-145.

Oh SJ, Yoon YH, Kim D-I, Shimasaki Y, Oshima Y, Honjo T（2006）Effect of light quantity and quality on the growth of the harmful dinoflagellate *Cochlodinium polykrikoides* Margalef（Dinophyceae）. Algae 21: 311-316.

Onitsuka G, Miyahara K, Hirose N, Watanabe S, Semura H, Hori R, Nishikawa T, Miyaji K, Yamaguchi M（2010）Large-scale transport of *Cochlodinium polykrikoides* blooms by the Tsushima Warm Current in the southwest Sea of Japan. Harmful Algae 9: 390-397.

Onoue Y, Nozawa K, Kumanda K, Takeda K, Aramaki T（1985）Toxicity of *Cochlodinium* type '78 Yatsushiro occurring in Yatsushiro Sea. Bull Jpn Soc Sci Fish 51: 147.

Park BS, Wang P, Kim JH, Kim J-H, Gobler CJ, Han M-S（2014）Resolving the intra-specific succession within *Cochlodinium polykrikoides* populations in southern Korean coastal waters via use of quantitative PCR assays. Harmful Algae 37: 133-141.

Park J, Jeong HJ, Yoo YD, Yoon EY（2013）Mixotrophic dinoflagellate red tides in Korean waters: Distribution and ecophysiology. Harmful Algae 30, Supplement 1: S28-S40.

Park JG, Jeong MK, Lee JA, Cho KJ, Kwon OS（2001）Diurnal vertical migration of a harmful dinoflagellate, *Cochlodinium polykrikoides*

(Dinophyceae), during a red tide in coastal waters of Namhae Island, Korea. Phycologia 40: 292-297.

Park TG, Park YT (2010) Detection of *Cochlodinium polykrikoides* and *Gymnodinium impudicum* (Dinophyceae) in sediment samples for Korea using real-time PCR. Harmful Algae 9: 59-65.

Reñé A, Garcés E, Camp J (2013) Phylogenetic relationships of *Cochlodinium polykrikoides* Margalef (Gymnodiniales, Dinophyceae) from the Mediterranean Sea and the implications of its global biogeography. Harmful Algae 25: 39-46.

Richlen ML, Morton SL, Jamali EA, Rajan A, Anderson DM (2010) The catastrophic 2008-2009 red tide in the Arabian gulf region, with observations on the identification and phylogeny of the fish-killing dinoflagellate *Cochlodinium polykrikoides*. Harmful Algae 9: 163-172.

Rosales-Loessener F, Matsuoka K, Fukuyo Y, Sanchez EH (1996) Cyst of harmful dinoflagellates found from Pacific coastal waters of Guatemala. In: Harmful and Toxic Algal Blooms (Yasumoto T, Oshima Y, Fukuyo Y eds), pp.193-195, IOC-UNESCO, Sendai.

Sakamoto S, Takano Y, Nishitani G, Yamaguchi M (2007) Development of a real-time PCR assay for the detection of harmful dinoflagellates *Cochlodinium polykrikoides* and *Cochlodinium* sp. (Kasasa type). 4th International symposium on targeted HAB species in the East Asia Waters: 11-12. (Abstract)

坂本節子・山口峰生・山砥稔文・Kim D-I・本城凡夫 (2009) *Cochlodinium polykrikoides* の増殖生理. 日本プランクトン学会報 56: 32-36.

Sengco MR, Li A, Tugend K, Kulis D, Anderson DM (2001) Removal of red- and brown-tide cells using clay flocculation. I. Laboratory culture experiments with *Gymnodinium breve* and *Aureococcus anophagefferens*. Mar Ecol Prog Ser 210: 41-53.

Sengco MR, Anderson DM (2004) Controlling harmful algal blooms through clay flocculation. J Eukaryot Microbiol 51: 169-172.

Song Y-C, Sivakumar S, Wooc J-H, Ko S-J, Hwang E-J, Jo Q (2010) Removal of *Cochlodinium polykrikoides* by dredged sediment: A field study. Harmful Algae 9: 227-232.

水産庁九州海漁業調整事務所 (1978 ~ 2012) 九州海域の赤潮.

水産庁瀬戸内海漁業調整事務所 (1975 ~ 2012) 瀬戸内海の赤潮.

Tang YZ, Gobler CJ (2012) The toxic dinoflagellate *Cochlodinium polykrikoides* (Dinophyceae) produces resting cysts. Harmful Algae 20: 71-80.

Tomas CR, Smayda TJ (2008) Red tide blooms of *Cochlodinium polykrikoides* in a coastal cove. Harmful Algae 7: 308-317.

和田　実・中島美和・前田広人 (2002) 粘土散布による赤潮駆除. 水産学シリーズ 134, 有害・有毒藻類ブルームの予防と駆除 (広石伸互・今井一郎編), pp.121-133, 恒星社厚生閣, 東京.

山口峰生・本城凡夫 (1989) 有害赤潮渦鞭毛藻 *Gymnodinium nagasakiense* の増殖に及ぼす水温, 塩分および光強度の影響. 日本水産学会誌 55: 2029-2036.

山口峰生・今井一郎・本城凡夫 (1991) 有害赤潮ラフィド藻 *Chattonella antiqua* と *C. marina* の増殖に及ぼす水温, 塩分および光強度の影響. 日本水産学会誌 57: 1277-1284.

Yamamoto T, Oh SJ, Kataoka Y (2002) Effect of temperature, salinity and irradiance on the growth of the toxic dinoflagellate *Gymnodinium catenatum* (Dinophyceae) isolated from Hiroshima Bay, Japan. Fish Sci 68: 356-363.

山砥稔文・坂口昌生・岩滝光儀・松岡數充 (2005) 西九州沿岸に分布する有害渦鞭毛藻 *Cochlodinium polykrikoides* Margalef の増殖に及ぼす水温, 塩分および光強度の影響. 日本プランクトン学会報 52: 4-10.

山砥稔文・坂口昌生・岩滝光儀・松岡數充 (2006) 諫早湾に出現する有害赤潮渦鞭毛藻 4 種の増殖に及ぼす水温, 塩分の影響. 日本水産学会誌 72: 160-168.

尹　良湖 (2001) 韓国沿岸海域における渦鞭毛藻 *Cochlodinium polykrikoides* 赤潮の発生機構に関する一つの考察. 日本プランクトン学会報 48: 113-120.

Yuki K, Yoshimatsu S (1989) Two fish-killing species of *Cochlodinium* from Harima-Nada, Seto Inland Sea, Japan. In: Red Tides: Biology, Environmental Science, and Toxicology (Okaichi T, Anderson D, Nemoto T eds), pp.451-454, Elsevier, New York.

Zingone A, Siano R, D'Alelio D, Sarno D (2006) Potentially toxic and harmful microalgae from coastal waters of the Campania region (Tyrrhenian Sea, Mediterranean Sea). Harmful Algae 5: 321-337.

3-2 *Heterocapsa circularisquama* の
個体群動態と環境要因[*1]

外丸裕司[*2]・白石智孝[*3]

1. はじめに

　日本沿岸域において漁業被害を引き起こす有害赤潮生物の代表的な種として，ラフィド藻の *Chattonella antiqua*, *C. marina*, *Heterosigma akashiwo*, 渦鞭毛藻の *Karenia mikimotoi*, *Cochlodinium polykrikoides* 等が挙げられる．これらの有害鞭毛藻は赤潮時に養殖魚をしばしば大量斃死させ，大きな漁業被害を与えてきた（本城 2000, 今井ほか 2000）．一方，渦鞭毛藻の *Heterocapsa circularisquama* は魚類にはまったく影響を及ぼさず，本来植物プランクトンの捕食者である二枚貝を殺してしまうというユニークな特徴を持つ（Nagai et al. 1996, 2000, 永井 1999, Matsuyama et al. 1999, 2001a）．さらに，*H. circularisquama* 赤潮はワムシ，繊毛虫といった養殖稚仔魚の餌料となる有用動物プランクトンも殺すことが報告されている（Kamiyama & Arima 1997, Kim et al. 2000）．本章ではこのような特徴を持つ *H. circularisquama* の研究について，これまでに蓄積された知見を形態・生理・生態学的観点からまとめる．

2. *H. circularisquama* の基本性状

(1) 分類と形態的特徴

　H. circularisquama は，渦鞭毛藻綱ペリディニウム目ペリディニウム科に属する植物プランクトンである（Horiguchi 1995）．*Heterocapsa* 属はこれまでに少なくとも 15 種が報告されており，*H. circularisquama* のみが有害種として知られている（Iwataki et al. 2004, Iwataki 2008）．

　H. circularisquama は，大きさは長径 20.0 ～ 28.8 μm（平均 23.9 μm），短径 13.8 ～ 20.0 μm（平均 17.3 μm）のサイズ幅であり，ほぼ等長の円錐形の上殻と半球形の下殻からなる（図 1）．本種はセルロース質の薄い鎧板を有し，鎧板配列は Po, cp, 5', 3a, 7", 6c, 5s, 5"', 2"" である（Horiguchi 1995）．また縦横 2 本の鞭毛を持ち，回転遊泳の途中にキツツキ様の行動を示して遊泳方向を変えるといった特徴を持つ．環境の悪化した条件下で *H. circularisquama* はしばしば鎧板を脱ぎ捨て，不動で球形～楕円形のテンポラリーシストを形成することが知られている（Uchida et al. 1996, 1999）．

[*1] Effects of environmental factors on population dynamics of the bivalve-killing dinoflagellate *Heterocapsa circularisquama* in Japanese coastal waters

[*2] Yuji Tomaru（tomaruy@affrc.go.jp）

[*3] Tomotaka Shiraishi

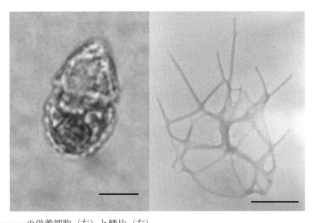

図1 *Heterocapsa circularisquama* の栄養細胞（左）と鱗片（右）
スケール：10 μm（左），200 nm（右）．
2004 年 3 月 3 日に高知県浦ノ内湾の湾奥 2 m 層から採水した試料から単離した分離培養株の細胞．栄養細胞：ホルマリン固定した細胞を光学顕微鏡下で撮影．鱗片：細胞を鱗片観察の手順に従って染色し，透過型電子顕微鏡下で撮影．Shiraishi et al.（2008）より改変．

（2）細胞内共生細菌

H. circularisquama 細胞内には共生細菌の存在が確認されている．Maki et al.（2004）は英虞湾，浦ノ内湾，伊万里湾そして八代海から分離した計 5 株の *H. circularisquama* 細胞内共生細菌の 16S リボソーマル RNA の配列を解析した．その結果，*H. circularisquama* 細胞内共生細菌のリボタイプは分離場所に関わらず，γ-proteobacteria グループ（G 群）ならびに *Flexibacter-Cytophaga-Bacterioides* グループ（F 群）の 2 群に分類された．両細菌群の *H. circularisquama* 細胞内における分布には特徴があり，G 群は細胞核の周辺に分布し，F 群は細胞質内に広く分布すると考えられている．細胞内共生細菌が生存していくための *H. circularisquama* に対する依存度は種によって多様であることが報告されている．例えば，生きた *H. circularisquama* 細胞が不可欠な共生細菌もいれば，必ずしも必要としない細菌も存在すると考えられている（Maki & Imai 2001a）．一方，*H. circularisquama* の増殖速度や生残は，細胞内共生細菌の存在の有無に影響を受けないことが明らかになっている（Maki & Imai 2001b）．そのため細胞内共生細菌の *H. circularisquama* に対する役割は，今のところ不明である．

3．これまでの赤潮発生履歴と被害状況

H. circularisquama は 1988 年，高知県浦ノ内湾で初めて確認されたが，その時には赤潮を形成してアサリを中心とした二枚貝の大量斃死を引き起こした（玉井 1999）．以後本種の発生海域は拡大し，1989 年には福岡湾（山本・田中 1990），1992 年には英虞湾（松山ほか 1995），1993 年には浜名湖（岡本 1994），1994 年には楠浦湾（吉田・宮本 1996），1995 年には広島湾（松山ほか 1997）において本種の赤潮発生が確認され，2000 年までに西日本沿岸のほとんどの主要な内湾で発生が確認されるまでにいたった（Matsuyama et al. 2001b, 松山 2003a）．*H. circularisquama* による赤潮は，多大な漁業被害をもたらしている．例えば 1992 年の英虞湾の事例では真珠貝を大量斃死させて約 30 億円の被害を引き起こし（松山ほか 1995），さらに 1998 年には広島湾において養殖カキに対して約 40 億円にものぼる斃死被害を引き起こした（本城 2000）．2000 年代に入ると大規模な漁業被害は減少したものの，

西日本海域では本種による赤潮は小規模ながらも毎年観測され続けている．また *H. circularisquama* の分布北限は近年まで若狭湾内の小浜湾ならびに舞鶴湾とされていたが（松山 2003a, 今井ほか 2013），2009 年 10 月には新潟県佐渡島の加茂湖で本種赤潮が初認された（近藤ほか 2012）．この赤潮では加茂湖内の養殖マガキの約 2/3 が斃死し，被害金額は推計 1.9 億円に達した．このことから，地球温暖化による水温上昇とともに *H. circularisquama* の分布はさらに北上することも予想されており，東日本における今後の出現動向には注意を払う必要がある．

4. 生理学的特徴（増殖・毒性の特徴）

(1) 増殖

H. circularisquama 赤潮は夏季から晩秋にかけて頻発する．本種赤潮が確認される水温と塩分はそれぞれ，約 15 ～ 31℃ ならびに 24 ～ 34 と観測されており，特に高温高塩分時（> 23℃, > 30）には大規模化する傾向が見られる（Matsuyama 2012）．Yamaguchi et al.（1997）による *H. circularisquama* の室内培養増殖実験結果と，現場での大規模赤潮形成環境はよく一致する．英虞湾産 *H. circularisquama* HA-2 株は，20℃ 以上で比較的早く増殖し，最大増殖速度は水温 30℃，塩分 35 で 1.3 divisions d^{-1} である．このような観察事例からは，本種は元来温暖種である可能性も指摘されている．

一方，1995 年の広島湾や 2009 年の加茂湖では，本種が約 15℃ という比較的低水温でも二枚貝を斃死させるレベルの赤潮を形成している（松山ほか 1997, 近藤ほか 2012）．坂本ほか（2012）は，低水温下で赤潮を形成した加茂湖産の *H. circularisquama* は，他海域の株に比較して低水温で高い増殖速度を持つわけではないことを示している．このことは，従来の高温高塩分を好む本種が，低温でも優占的に海域で増殖するポテンシャルを持つことを示唆している．

(2) 有機リン利用特性

H. circularisquama はアルカリフォスファターゼ活性を持ち，リン酸態リンの枯渇時に溶存態有機リン（DOP）を利用可能であることが明らかにされている（松山 2003a, Yamaguchi et al. 2005）．本種のアルカリフォスファターゼ活性は他種に比較して高く（松山 2003a），海水中のリン酸エステルを活発に分解して利用可能なものにしていると考えられている．それゆえ，本種は無機態リン濃度が低い場合でも，DOP が存在すればこれを利用し，利用できない種に対して優占的に増殖可能になるであろう．夏季の瀬戸内海では実際に DOP が溶存態リン濃度の約 4 ～ 8 割程度を占める場合がある（林ほか 2000）．

また本種の最小細胞内窒素・リン含有量は代表的な赤潮藻である *C. antiqua* ならびに *K. mikimotoi* に比較して約 14 ～ 36％ 程度と小さいため（Yamaguchi et al. 2001），理論的には他種赤潮原因藻類に比べて一定の赤潮密度になるために必要とされる栄養塩量が少なくて済む．

(3) テンポラリーシスト

H. circularisquama 細胞の一つの形態として，非遊泳性の球形から楕円形のテンポラリーシストと呼ばれる状態があることが知られている．例えば，珪藻 *Chaetoceros didymus*, *Licmophora* sp. ならびに *Stephanopyxis palmeriana* のそれぞれと *H. circularisquama* を二者で混合培養すると，いずれの場合も

H. circularisquama の増殖は抑制され，本種の遊泳細胞はテンポラリーシストを形成することが確認されている（Uchida et al. 1996）．テンポラリーシストの形成は珪藻との混合培養ばかりでなく，他の増殖競合種が存在した場合や殺藻細菌・ウイルス存在時，そして水温低下など，本種の増殖にとって不適な条件になった場合に形成されるものと考えられている（内田ほか 2000, 長崎ほか 2000, Tarutani et al. 2001, Matsuyama 2012）．このテンポラリーシストの環境耐久性は未だ十分には明らかにされていないが，*H. circularisquama* の生残戦略において重要な働きを持つ可能性は十分に考えられる．

（4）種間相互作用

　一般的に渦鞭毛藻類のブルームは，珪藻類の密度が低くなった時期に形成されると考えられている．物理・化学環境がそれに影響していることはもちろんであるが，種間相互作用もその候補の一つであると考えられている．例えば上記で説明したように，珪藻と *H. circularisquama* を混合培養した場合，本種の遊泳細胞はテンポラリーシストを形成する（Uchida et al. 1996）．内田ほか（2000）はこのような現象は，*H. circularisquama* が珪藻との競争を避けるための生態学的な戦略の一つであると推察している．

　一方 *H. circularisquama* は，他の鞭毛藻類を細胞同士の接触によって殺すことが知られている（Uchida et al. 1995, 1996）．*Gyrodinium instriatum* は *H. circularisquama* の接触によって動きを止め培養器の底に沈降し，最終的には細胞が崩壊して死滅にいたる．*Akashiwo sanguinea* や *Prorocentrum dentatum* も同様に *H. circularisquama* の接触によって死滅することが確認されている（内田ほか 2000, Yamasaki et al. 2011）．*H. circularisquama* による他藻類の死滅誘導は本種培養上清のみでは生じない．そのため *H. circularisquama* 細胞表面に，他種細胞に死滅をもたらす何らかの化学物質が存在するものと考えられている（松山 2003b）．このような *H. circularisquama* による他種への攻撃的機能は，攻撃対象となる生物による捕食を逃れるための生態学的機能であると推察されている．

（5）海洋生物への影響

　H. circularisquama による二枚貝斃死には，本種細胞の貝への直接接触が必要である（松山 2003b）．*H. circularisquama* を曝露された二枚貝は，殻が激しく開閉して外套膜が収縮し，やがて心拍が停止する．*H. circularisquama* 細胞の表面には毒物質が存在すると考えられ，界面活性剤で処理すると，細胞は遊泳するが貝への毒性は消失することが観察されている．毒成分は不安定で，細胞から離れると短時間で活性が失われる．この毒は溶血活性を持つポルフィリン誘導体であることが報告されているが（Miyazaki et al. 2005），これが二枚貝の斃死に直接関与しているかどうかは十分解明されていない．また前項で述べた *H. circularisquama* の他種渦鞭毛藻類への毒性も，本種の細胞表面に局在する溶血性の物質であることが指摘されている（Yamasaki et al. 2011）．

　多くの渦鞭毛藻類は，*Karenia brevis* が産生するブレベトキシンに代表されるようなポリケチドを合成することが知られている（Brand et al. 2012）．Salcedo et al.（2012）は *H. circularisquama* の網羅的 mRNA 塩基配列の解析を実施し，その中から *K. brevis* のポリケチド合成遺伝子と相同性の高い遺伝子が多数存在することを明らかにした．しかしながら，本種が持つポリケチド合成遺伝子と相同性の高い遺伝子により生産される物質の性状は理解されていないため，二枚貝斃死との関連はまったく明らかになっていない．これまで様々なアプローチにより *H. circularisquama* の二枚貝類に対する毒

性物質の解明が試みられてきたが，いずれも二枚貝斃死の直接的な原因となる物質の同定にはいたっていない．本分野の研究にはなお，多くの労力と時間を要するであろう．

5. 高感度検出技術の開発

(1) 高感度検出技術の必要性

　これまで，*H. circularisquama* の赤潮発生はゲリラ的であり，本種の個体群動態，特に赤潮の発生初期過程が不明であるため，発生予察は難しい状況にあった．さらに *Heterocapsa* 属内には本種と形態の紛らわしい類似種が存在するため（Iwataki et al. 2002a），光学顕微鏡観察による種の厳密な識別は熟練を要し，困難である．本種の最終的な同定には，細胞外被の最外層に位置する鱗片（0.2 μm）の形状を，透過型電子顕微鏡観察によって確認する必要がある（堀口 1999, Iwataki et al. 2002b, 2004）．しかし，透過型電子顕微鏡の操作には熟練を要するうえに煩雑であるため，本種赤潮のモニタリングにおいてまったく現実的でない．また本種は他の赤潮原因藻と比べてサイズが比較的小さく，従来の光学顕微鏡を用いた観察では現場海水試料中の本種の検出自体が困難であり，見落とされがちであったため，これまで現場水域における本種の発生初期〜消滅にいたる個体群動態の全貌は明らかにされていなかった．

　例えば，英虞湾においては 1992 年に初めて *H. circularisquama* 赤潮発生が確認されたが，本種細胞が 10^3 cells mL^{-1} 付近に増殖するまで検出されることがなく，初検出の後 1 週間以内に広域で赤潮を形成し（最高 87,420 cells mL^{-1}），細胞密度が高かった海域では 40−60％のアコヤガイが斃死したという（松山ほか 1995）．さらに赤潮が濃密な海域ではアコヤガイがほぼ全滅状態になったと報告されている．したがって，本種赤潮による被害の軽減防止策を策定するためにも，本種を低密度の状態から高感度に検出できるモニタリング方法を開発し，個体群動態の全貌を明らかにする必要がある．

(2) モノクローナル抗体を用いた間接蛍光抗体法

　形態的に同定が困難な微生物を簡易かつ迅速に同定する方法の一つに，抗体を用いた検出法がある（Ward & Perry 1980, Velez et al. 1988, Shapiro et al. 1989, Vrieling et al. 1993a, b, Vrieling & Anderson 1996, Imai et al. 2001）．Shiraishi et al.（2007）は，*H. circularisquama* を特異的に識別できるモノクローナル抗体を用いた間接蛍光抗体法によるモニタリング法を開発し，現場モニタリングへの有効性を実証している．本法は顕微鏡観察を基本にしており，FITC 標識の有無および形態観察による判断が同時に行えるため，目的藻種の同定・識別を簡便かつ正確に行うことができる．

　本法で用いたモノクローナル抗体は，検討に用いたすべての株の *H. circularisquama* 細胞において，栄養細胞とテンポラリーシストの両方の形態に反応し，*H. circularisquama* と形態のよく似た *Heterocapsa* 属の他種や，*Scrippsiella trochoidea* とは反応しない．*H. circularisquama* 以外の種では，*Alexandrium catenella* と *A. tamarense* に反応するが，両者は *H. circularisquama* よりも明らかにサイズが大きいうえに形態もより球形に近いため，容易に識別できる．

　英虞湾や浦ノ内湾等において，本法による周年モニタリングが実施され，*H. circularisquama* を栄養細胞とテンポラリーシストのどちらの状態でも検出できることや，概ね 1 cell L^{-1} という低密度から高感度に検出，定量できることが示されている（Shiraishi et al. 2007, 2008）．一方，光学顕微鏡を

用いた従来の検鏡法によるモニタリングでは，10^3 cells L^{-1} を超える細胞密度の時でも見落とされることがある．モノクローナル抗体を用いた間接蛍光抗体法により，赤潮発生の初期過程から消滅にいたるまでの *H. circularisquama* の個体群動態や越冬機構を把握することが可能となった．

間接蛍光抗体法は，抗体反応による蛍光観察と形態観察を併用するため，崩壊した細胞や他生物に捕食された細胞を誤って検出することはない．また，非特異的な蛍光を発する細胞も形態観察によって対象から排除することができる．今後，新奇の形態類似種が発見されれば，モノクローナル抗体の特異性を確認する必要があろう．顕微鏡観察において，他の藻類が一緒に観察されるため，本種を漏らすことなく計数するのは相当の労力と熟練を必要とするが，同時に他の生物の細胞密度等の情報も得ることができる．本法は蛍光顕微鏡があれば各地の試験研究機関において実用可能である．

(3) リアルタイム PCR 法を用いた簡易定量法

近年，特異的かつ高感度に有害赤潮生物を検出・定量するために rRNA 遺伝子（rDNA）をもとにしたリアルタイム PCR 法が開発されている．*K. mikimotoi, C. polykrikoides* や有害ラフィド藻類（Handy et al. 2005, Kamikawa et al. 2006）について，リアルタイム PCR 法の有用性が報告されている．ところが，リアルタイム PCR 法を用いて継続的に有害赤潮藻のモニタリングを実施した例はほとんどない．Kamikawa et al.（2006）は，リアルタイム PCR 法を用いた *H. circularisquama* の定量法を報告した．しかし，DNA 抽出が煩雑で時間を要したため，現場での継続的なモニタリングには不向きであった．Shiraishi et al.（2012）は，現場海水中の *H. circularisquama* 細胞から簡便かつ高感度に DNA を抽出する方法を開発し，周年モニタリングに応用できることを実証した．

その方法は，海水中の微細藻類をヌクレポアフィルター（孔径 3.0 μm）上に濾過捕集し，TE バッファー内で 10 分間煮沸するという簡便かつ迅速なものである．1 細胞からの検出が可能で，他の藻類が大量に存在する場合でも高感度で定量できる．浦ノ内湾において，このリアルタイム PCR 法と上述の間接蛍光抗体法により周年モニタリングが実施され，両者の定量結果はほぼ一致し，低密度でも前者の手法により現場海水中の *H. circularisquama* の細胞密度をほぼ正確に把握できることが示されている（図 2）（Shiraishi et al. 2009）．二枚貝養殖を行っている海域においては，頻繁に本種を監視する必要があるため，リアルタイム PCR 法は現場における *H. circularisquama* のモニタリング方法として，きわめて有用であると結論できる．この簡便で高感度なリアルタイム PCR 法は他の微細藻類にも適用できると考えられる．他の藻類も同じ方法で定量可能になれば，1 回の DNA 抽出で複数の有害有毒藻類をモニタリングすることができ，将来は顕微鏡を用いた通常のモニタリングにとってかわる可能性もあるかもしれない．

リアルタイム PCR 法は，すでに崩壊した細胞や捕食された細胞からも DNA が抽出される可能性があるため，赤潮形成後に捕食生物が増殖したような場合は，赤潮の実態を反映しない過大評価の値を算出してしまう危険性を伴う．リアルタイム PCR においても，新奇の近縁種が見つかればプライマーとプローブの特異性を確認しなければならない．一方で，採水後，細胞の濾過捕集，DNA 抽出，リアルタイム PCR のいずれの工程においても複数の試料を同時に処理することができる．さらに種の同定と定量は機械によって行われるため，経験や技術を必要としないという利点がある．しかしながら，得られる情報は *H. circularisquama* の細胞密度の値のみである．また，採水からリアルタイム PCR までの全工程を自動化し，養殖筏等に取り付けて定期的に *H. circularisquama* の細胞密度の情報

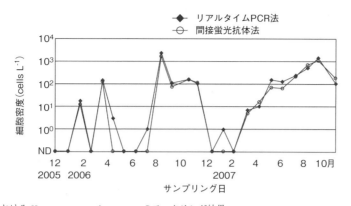

図2　浦ノ内湾における *Heterocapsa circularisquama* のモニタリング結果
　　2005 年 12 月～ 2007 年 11 月の期間，高知県浦ノ内湾の湾奥 2 m 層から採水し，モノクローナル抗体を用いた間接蛍光抗体法と，リアルタイム PCR 法による定量を行った．いずれの定量法も高感度であり，1 ～ 3 cells L^{-1} という低密度からの検出が可能であった．両定量法の精度は同程度であり，リアルタイム PCR 法が現場モニタリングに活用できることが示された．Shiraishi et al.（2009）より改変．

が送信されるようなシステムの開発も将来的には可能であろう．近年，現場水中で rRNA サンドイッチハイブリダイゼーション法により対象種を自動的に検出する装置（Environmental sample processor）が開発され，現場における有害有毒種の検出に適用されているが（Sellner et al. 2003），このような装置を改良してリアルタイム PCR を組み込むことができれば，定量性の高い現場設置型モニタリングシステムが確立されると考えられる．

　さらに近年では，*H. circularisquama* を LAMP（Loop-mediated Isothermal Amplification）法と呼ばれる核酸増幅技術を利用して簡易に検出する技術も構築されている（坂本・山口 2009）．本技術は上記のリアルタイム PCR 法と比較して定量性において劣るものの，高価な装置がなくても簡便・迅速に海水中の本種の存在有無を判定できるため，現場での利用が見込まれている．

（4）生物反応を利用した検出技術

　上述の分子生物学的手法とは異なり，本種細胞の二枚貝に対する攻撃性を応用した，独創的な *H. circularisquama* 検出技術が Nagai et al.（2006）によって開発されている．この技術に基づいた装置は，現在では実用品として市販されている．二枚貝は海洋環境中において通常，呼吸や摂餌のため開殻の状態にある．しかしながら，周囲に存在する *H. circularisquama* 細胞が二枚貝の軟体部に触れると，二枚貝は激しい殻の開閉運動を行う．本技術は二枚貝の殻の両側にセンサーを取り付けることにより，二枚貝の殻体運動を電気信号として検出する技術である．これは二枚貝殻体運動測定装置（貝リンガル）として，養殖現場などで徐々に普及が進んでいる（2-12 章，永井ほか 2004）．

6．赤潮の形成機構のまとめ

　これまでの光学顕微鏡によるモニタリングでは，低密度時における *H. circularisquama* の検出が困難であったため，赤潮ピーク期の挙動しか把握されておらず，特に赤潮発生の初期過程や越冬機構といった個体群動態の全貌は不明であった．しかし，上述の高感度検出技術の開発により，1 cell L^{-1} のような低密度からの検出・定量が可能となり，*H. circularisquama* の個体群動態の全貌が明らかに

されつつある．ここでは，英虞湾と浦ノ内湾を例に，本種の赤潮形成機構を論じる．

(1) 英虞湾

　英虞湾では 2001 〜 2005 年に間接蛍光抗体法を用いたモニタリングが実施され，低密度時からの *H. circularisquama* 個体群動態が把握された（図 3）．光学顕微鏡を用いた従来の計数法によるモニタリングでは，細胞密度が高い時しか検出されず，一度も細胞を検出できない年もあった．

　H. circularisquama は，毎年 5 月頃（概ね水温 18 〜 19℃）に 1 〜 10 cells L^{-1} という低密度で出現し始め，その後水温の上昇に伴って細胞密度は増加し，夏季の高水温期に細胞密度のピークを迎え赤潮を形成することもあった．その後，細胞密度は減少し続けたが，湾奥部では 11 月頃まで低密度ながらも検出され，湾口部では 1 月まで細胞が検出されることがあった．英虞湾では，毎年夏季には 25℃以上まで水温が上昇するが，冬季にはしばしば 10℃ を下回る．塩分は周年を通して安定しており，表層では降雨の影響で塩分 30 を下回ることがしばしばあったが，5 m 以深では 30 を下回ることはほとんどなかった．夏季の英虞湾は明らかに *H. circularisquama* 赤潮の発生にとって好適な海域であるといえる．外洋に面した湾口部では，湾奥部より水温が緩やかに減少する傾向があり，1 月まで水温が 10℃ 以上で推移するため，*H. circularisquama* が生残した．4 年間を通した細胞密度と水温のデータ

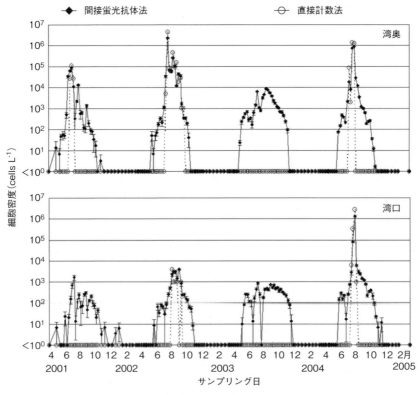

図 3　英虞湾における *Heterocapsa circularisquama* の個体群動態（上段：湾奥，下段：湾口）
　　　2001 年 4 月〜 2005 年 3 月の期間，英虞湾の湾奥および湾口 5 m 層から採水し，モノクローナル抗体を用いた間接蛍光抗体法と，従来の光学顕微鏡を用いた直接計数法による定量を行った．間接蛍光抗体法は 1 cell L^{-1} からの検出が可能であった．一方，直接計数法では 1,000 cells L^{-1} でも細胞を見落とすことがあった．モノクローナル抗体を用いた間接蛍光抗体法により，英虞湾における赤潮発生の初期過程から消滅にいたるまでの *H. circularisquama* の個体群動態が明らかにされた．Shiraishi et al.（2007）より改変．

においては，両者の間に有意な相関が認められ（$p < 0.01$），水温が高いほど細胞密度が高い傾向が見られた．25℃以上の時は概ね *H. circularisquama* が検出され，10℃以下の時には検出されることはなかった．湾奥部の底層では夏季に貧酸素化し，*H. circularisquama* の細胞密度と溶存酸素（DO）との間に有意な負の相関が得られた（$p < 0.05$）．夏季の底層における細胞密度の増加は高水温による影響があったと考えられるが，貧酸素条件の底層水では，栄養塩や微量金属等の必須栄養物質が海底から溶出してくるため（Brügmann 1988, Akagi & Hirayama 1991, Suzuki 2001, Møller & Riisgård 2007），成層が発達している夏季には，*H. circularisquama* は日周鉛直移動によりこれら底層の栄養塩や微量栄養物質を獲得している可能性も考えられる（松山 2003a, Naito et al. 2005）．*H. circularisquama* に関しては，越冬可能な休眠性シストは発見されておらず，栄養細胞あるいはテンポラリーシストの状態で越冬している可能性が高い．英虞湾においては2～4月には細胞が検出されたことはなく，毎年5月に出現する個体群のシードポピュレーションが不明のままである．第一の可能性として，冬季には比較的水温の高い湾口部等で検出限界（1 cell L^{-1}）以下の非常に低密度で存在している可能性がある．次に，香港で本種の生息が確認されている（Iwataki et al. 2002c）ので，毎年 *H. circularisquama* 個体群が海流によって運ばれて英虞湾に移入している可能性も今のところ否定できない．また *H. circularisquama* 細胞は，真珠貝の輸送に伴って他水域に運ばれ，そこで真珠貝から泳ぎだし，増殖することができると報告されている（Honjo et al. 1998, 本城・今田 1999, Imada et al. 2001）．そのため，真珠貝の輸送による英虞湾への *H. circularisquama* 細胞の移入には注意する必要がある．

（2）浦ノ内湾

　浦ノ内湾では2004～2007年に間接蛍光抗体法を用いたモニタリングが実施され，周年の *H. circularisquama* の個体群動態が明らかとなった．*H. circularisquama* は，周年，継続的に検出され，2月の低水温期にはテンポラリーシストと栄養細胞が混在して検出されることもあった．浦ノ内湾においては，夏～秋にかけて水温の上昇に伴って細胞密度が増加し，秋以降減少する傾向が認められた．浦ノ内湾では春～夏にラフィド藻 *H. akashiwo* や *K. mikimotoi* 等の赤潮が発生することが多く，そのような場合には *H. circularisquama* は多種との競合に負けて増殖できず，他の赤潮が衰退した後に秋（9～10月）に赤潮を形成した．浦ノ内湾では，夏季の水温は30℃を超えるまでに上昇し，10月でも概ね25℃以上ある．そして冬季になっても水温は10℃を下回らない．塩分もほぼ25以上で周年安定している．

　2004年3月3日に浦ノ内湾から越冬細胞を単離し，そのクローン株の細胞および鱗片の形態や大きさを観察したところ，*H. circularisquama* の特徴（Horiguchi 1995, Iwataki et al. 2004）と一致した．以上から *H. circularisquama* は浦ノ内湾では栄養細胞の状態で越冬できると結論された．そして，越冬細胞が翌年の赤潮のシードポピュレーションとなると考えられる．浦ノ内湾は，*H. circularisquama* にとって周年栄養細胞で過ごすことのできる環境であり，赤潮発生に好適な海域であるといえる．また，栄養細胞のままで越冬可能であるが，一時的にテンポラリーシストを形成して低水温に耐えることもあると考えられる．

　このモニタリング結果に基づくと，冬季に水温が10℃以下にならない内湾では，*H. circularisquama* は浦ノ内湾と同様に栄養細胞の状態で越冬している可能性がある．また冬季に水温が10℃を下回る内湾では越冬できない可能性が大きい．そのような海域では，暖かい海域からの本種細胞の移

入や，貝の移動に伴う人為的移入が考えられる．いずれにしても水温の上昇傾向が続いた場合，*H. circularisquama* は日本沿岸に定着し，より高い頻度で赤潮が発生する可能性が大きい．今後も貝の養殖を行っている海域では，本種の調査と監視が必要である．

7. 減耗要因（動物，バクテリア，ウイルス）

H. circularisquama 赤潮の崩壊過程には，物理・化学・生物学的な要因が複雑に関与するものと考えられているが，その崩壊過程の全容は未だ明らかになっていない．本節では減耗の直接的な要因となる，動物プランクトンによる捕食，殺藻細菌ならびにウイルス感染について集められた知見を概説する．

（1）動物プランクトン

H. circularisquama を捕食する動物プランクトンは多数報告されており，特に繊毛虫類による捕食に関しては集中的な調査がこれまでに行われている（Kamiyama 1997, Kamiyama & Arima 1997）．Kamiyama et al.（2001）は CMFDA（5-chloromethylfluorescein diacetate）で蛍光標識した *H. circularisquama* 細胞を用い，繊毛虫類の本種に対する摂食速度の測定を行った．例えば，*Favella ehrenbergii* と *Tintinnopsis corniger* の *H. circularisquama* に対する摂食速度は，それぞれ 14.51 cells ind.$^{-1}$ h^{-1} ならびに 0.51 cells ind.$^{-1}$ h^{-1} と見積もられた．1998 年に広島湾で発生した本種赤潮期間中には，主要な *H. circularisquama* の捕食繊毛虫類として *Favella*, *Tontonia*, *Eutintinnus*, *Tintinnopsis*, *Amphorellopsis* が記録されている（Kamiyama & Matsuyama 2005）．*H. circularisquama* 個体群に対するそれら繊毛虫類の捕食による1日当たりの減少率は，上記のような繊毛虫類の摂食速度をもとに計算すると，1～75%に達すると推算されている．また，*H. circularisquama* 個体群が 10^2 cells mL^{-1} の場合は，特に繊毛虫類の捕食圧の影響が大きいものと考えられている（Kamiyama & Matsuyama 2005）．このように動物プランクトンの *H. circularisquama* 赤潮の挙動に対する影響は無視できない．本種赤潮の挙動を予測するためには，現場調査の際に注意を払ってそれらの存在密度を確認しておく必要があるであろう．

（2）殺藻細菌

殺藻細菌は一般に宿主特異性が低く，多様な微細藻類を溶藻させる．中でも *H. circularisquama* を殺藻する代表的な細菌として，*Cytophaga* sp. AA8-2 株（今井ほか 1999, 長崎ほか 2000）や γ-proteobacteria EHK-1 株（Kitaguchi et al. 2001）などが知られている．AA8-2 株による殺藻は環境中の有機物や他細菌の存在有無，そして温度などの影響を受け，栄養細胞を殺藻するもののテンポラリーシストは殺せないことが明らかになっている（長崎ほか 2000）．一方，EHK-1 株による *H. circularisquama* への殺藻性は強く，本種の栄養細胞だけでなくテンポラリーシストも破壊する様子が観察されている．二槽培養実験により EHK-1 株が生産する菌体外分泌物が殺藻成分を含むものと推察されている．殺藻物質は耐熱性を持つ分子量 3,000 未満の物質であることが示唆されているが，残念ながら完全同定にはいたっていない（北口ほか 2002）．

上記のような殺藻細菌が現場環境中で *H. circularisquama* 個体群の挙動に影響を与えている可能性

に関しては，未だ十分な証拠は得られていない．英虞湾で発生した *H. circularisquama* 赤潮期間中に実施された調査では，本種の殺藻微生物は 1 cell mL^{-1} 以下でしか検出されていない．また，実験室内で殺藻細菌による殺藻現象が確認されるのは，殺藻細菌の密度が数万〜数百万 cells mL^{-1} 程度の場合である．*H. circularisquama* 赤潮に対する殺藻細菌の影響解明には，今後の現場調査が不可欠であろう．

(3) ウイルス

H. circularisquama に感染するウイルスはこれまでに HcDNAV と HcRNAV の 2 種類が報告されている．HcDNAV は約 0.2 μm の大型 2 本鎖 DNA ウイルスで，*H. circularisquama* に対する潜伏期間は 40-56 時間，1 細胞当たり複製されるウイルス感染単位（バーストサイズ，infectious units cell^{-1}）は 1,800〜2,440 である（Tarutani et al. 2001, Nagasaki et al. 2003）．また HcRNAV は 4.4 kb の 1 本鎖 RNA ゲノムを持つ粒径 31 nm の小型球形ウイルスで（Miller et al. 2011），*H. circularisquama* 赤潮が発生した西日本の様々な海域から分離された（Tomaru et al. 2004）．HcRNAV の潜伏期間とバーストサイズは，それぞれ 48 時間，3,400〜21,000 infectious units cell^{-1} と見積もられている．いずれのウイルスも宿主に対する感染特異性は高く，数日間で数千倍から数万倍に増幅する．このようなウイルスは，*H. circularisquama* 赤潮が発生した海水からはほとんどのケースで検出されている（図 4）（Tomaru & Nagasaki 2004, Tomaru et al. 2009b, Fujimoto et al. 2013）．英虞湾における長期現場観測結果からは，*H. circularisquama* 赤潮発生時に HcRNAV が特異的に増加することや，消滅直前の *H. circularisquama* 赤潮個体群のうち 8 割以上の細胞に HcRNAV 様粒子が存在することなどが明らかとなり，HcRNAV が *H. circularisquama* 赤潮の崩壊に深く関与しているものと推察されている（Nagasaki et al. 2004）．また，海域によっては HcDNAV と HcRNAV の両者が同時に赤潮崩壊に関与していることも示唆されている（Tomaru et al. 2009b）．

微生物農薬として求められる要素として 1）高い複製能を持つ，2）低価格で生産可能，3）防除作用の種特異性が高いという点が挙げられるが，上記のようなウイルスはいずれの条件も満たしている．そのため，*H. circularisquama* 赤潮に対するウイルスの微生物農薬としての活用の検討が考えられている（Nagasaki et al. 2002, 外丸ほか 2005, 2007）．特に HcRNAV は赤潮発生後の海底泥に高密度に蓄積し，凍結しても感染力価はほとんど低下しない（外丸 未発表）ため，ウイルスを含む泥を凍結保存して翌年以降の *H. circularisquama* 赤潮制御に利用するアイデアが提案された．そして近年，そのアイデアを具体的に検討する実験が進められている（畑ほか 2012, 中山ほか 2013）．実際，*H. circularisquama* 赤潮発生年に泥中にウイルスが大量に蓄積し，感染性を維持したウイルスが翌年の赤潮発生時期まで持ち越された場合，その年の赤潮が抑制されていた（Tomaru et al. 2007）．この事例はさらなる検証が必要であるが，泥中ウイルス利用の可能性を示唆するものと考えられる．ただし，ウイルス感染を利用した *H. circularisquama* 赤潮の防除においては，ウイルスに対する抵抗性を持つ細胞の出現について注意深く警戒する必要があろう．例えば実験室内で培養している *H. circularisquama* 培養に HcDNAV を接種した場合，ほとんどの細胞は死滅するが，一部はテンポラリーシストとして生残する（Tarutani et al. 2001）．また HcRNAV の場合は，対数増殖中の *H. circularisquama* 培養にウイルスを接種すると数日間で細胞密度が半減するが，その後ウイルス感染に対して抵抗性を持つ表現型の細胞が増殖し，ウイルス存在下でも高密度の細胞密度を保つことができるようになる（Tomaru et

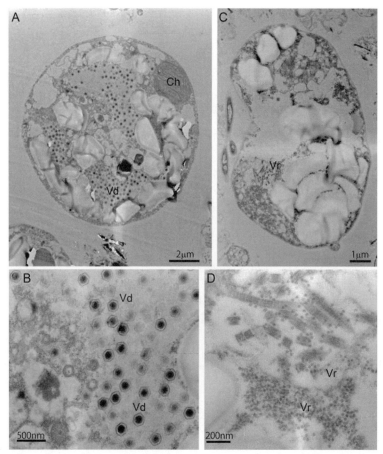

図4 2001年8月29日に，福良湾から採取された *Heterocapsa circularisquama* 細胞の電子顕微鏡写真
　　電子顕微鏡観察用のサンプルは，25℃で24時間培養後の細胞を使用．A：2本鎖DNAウイルス（HcDNAV）と推察される大型のウイルス様粒子に感染した *H. circularisquama* 細胞，B：Aの拡大写真，C：1本鎖RNAウイルス（HcRNAV）と推察される小型のウイルス様粒子に感染した *H. circularisquama* 細胞，D：Cの拡大写真．
　　Ch：葉緑体, Vd：HcDNAV様粒子, Vr：HcRNAV様粒子. Tomaru & Nagasaki（2004）より改変．

al. 2009a）．微細藻類がウイルスに対して抵抗性を発揮する機構は多様であるが，HcRNAVに対する抵抗性に関しては *H. circularisquama* 細胞内で生じている分子・生理的な変化であることが予測されている．

　海洋という巨大な空間に発生する赤潮の挙動にウイルス感染が影響を与えていることは確からしいが，人間がそれを積極的に利用するためには，両者の関係を分子，生理，生態，それぞれのレベルでより深く関連づけながら理解しておくことが必要不可欠である．

8. まとめ

　佐渡島の加茂湖で発生した *H. circularisquama* 赤潮は，本種による赤潮が決して過去の出来事ではなく，これまでに発生履歴のない日本の各地内湾においても今後，新たに発生する危険性があることを顕示した．上述したように本種の赤潮発生には様々な要因が絡んでいるが，人間ができる赤潮対策として，意図しない *H. circularisquama* の人工的移動を抑える必要がある．例えば *H. circularisquama*

は二枚貝やその付着物に潜んだ状態で，少なくとも 24 時間は生残可能であることが示されている（Honjo et al. 1998）．このような事実から，われわれはこれまで以上に水産物の移動に気を付ける必要がある（本城 2000）．幸い近年，分子生物学的手法を利用した *H. circularisquama* の検出技術・感度の向上により，より簡便・迅速な検査手法が実現されている．今後，*H. circularisquama* の生理・生態解明とともに，赤潮対策としての本種の拡散防止に一層の努力が求められる．

文　献

Akagi S, Hirayama F（1991）Formation of oxygen-deficient water mass in Omura Bay. Mar Pollut Bull 23: 661-663.

Brand LE, Campbell L, Bresnan E（2012）*Karenia*: The biology and ecology of a toxic genus. Harmful Algae 14: 156-178.

Brügmann L（1988）Some peculiarities of the trace-metal distribution in Baltic waters and sediments. Mar Chem 23: 425-440.

Fujimoto A, Kondo SI, Nakao R, Tomaru Y, Nagasaki K（2013）Co-occurrence of *Heterocapsa circularisquama* bloom and its lytic viruses in Lake Kamo, Japan, 2010. Jpn Agricultural Res Quarterly 47: 329-338.

Handy SM, Coyne KJ, Portune KJ, Demir E, Doblin MA, Hare CE, Cary SC, Hutchins DA（2005）Evaluating vertical migration behavior of harmful raphidophytes in the Delaware Inland Bays utilizing quantitative real-time PCR. Aquat Microb Ecol 40: 121-132.

畑 直亜・山田浩旦・西村昭史・中山奈津子・外丸裕司・長崎慶三（2012）底泥中に存在する殺藻ウイルスHcRNAVの感染価の維持に及ぼす保存温度の影響．三重県水産研究所研究報告 21: 21-26

林 美鶴・柳 哲雄・橋本俊也（2000）瀬戸内海における窒素・リンの現存量比率．海の研究 9: 83-89.

本城凡夫（2000）有害プランクトンによる漁業被害の発生状況とその問題点．水産研究叢書 48 有害・有毒赤潮の発生と予知・防除（石田祐三郎・本城凡夫・福代康夫・今井一郎編），pp.4-17，日本水産資源保護協会，東京．

本城凡夫・今田信良（1999）今後の展望－*Heterocapsa circularisquama* 赤潮の伝播と対策．日本プランクトン学会報 46: 180-181.

Honjo T, Imada N, Ohshima Y, Maema Y, Nagai K, Matsuyama Y, Uchida T（1998）Potential transfer of *Heterocapsa circularisquama* with pearl oyster consignments. In: Harmful Algae（Reguera B, Blanco J, Fernandez ML, Wyatt T eds），pp.224-226, IOC of UNESCO, Santiago de Compostela.

Horiguchi T（1995）*Heterocapsa circularisquama* sp. nov.（Peridiniales, Dinophyceae）: A new marine dinoflagellate causing mass mortality of bivalves in Japan. Phycol Res 43: 129-136.

堀口健雄（1999）*Heterocapsa circularisquama* の分類とその問題点－形態分類．日本プランクトン学会報 46: 164-166.

Imada N, Honjo T, Shibata H, Oshima Y, Nagai K, Matsuyama Y, Uchida T（2001）The quantities of *Heterocapsa circularisquama* cells transferred with shellfish consignments and the possibility of its establishment in new areas. In: Harmful Algal Blooms（Hallegraeff GM, Blackburn SI, Bolch CJ, Lewis RJ eds），pp.474-476, IOC of UNESCO, Paris.

今井一郎・中桐 栄・牧 輝弥（1999）*Heterocapsa circularisquama* と海洋細菌との関係．日本プランクトン学会報. 46: 172-177.

今井一郎・山口峰生・小谷祐一（2000）有害有毒プランクトンの生態．月刊海洋号外 23: 148-160.

今井一郎・白石智孝・藤井 光・広石伸互（2013）舞鶴湾における有害渦鞭毛藻 *Heterocapsa circularisquama* の季節的変動．北海道大学学水産科学研究彙報 63: 1-5.

Imai I, Sunahara T, Nishikawa T, Hori Y, Kondo R, Hiroishi S（2001）Fluctuations of the red tide flagellates *Chattonella* spp.（Raphidophyceae）and the algicidal bacterium *Cytophaga* sp. in the Seto Inland Sea, Japan. Mar Biol 138: 1043-1049.

Iwataki M（2008）Taxonomy and identification of the armored dinoflagellate genus *Heterocapsa*（Peridiniales, Dinophyceae）. Plankton Benthos Res 3: 135-42.

Iwataki M, Takayama H, Matsuoka K, Fukuyo Y（2002a）*Heterocapsa lanceolata* sp. nov. and *Heterocapsa horiguchii* sp. nov.（Peridiniales, Dinophyceae），two new marine dinoflagellates from coastal Japan. Phycologia 41: 470-479.

Iwataki M, Takayama H, Matsuoka K, Hiroishi S, Fukuyo Y（2002b）Taxonomic study on *Heterocapsa* with special reference to their body scale ultrastructure. Fish Sci 68 Suppl: 631-632.

Iwataki M, Wong MW, Fukuyo Y（2002c）New record of *Heterocapsa circularisquama*（Dinophyceae）from Hong Kong. Fish Sci 68: 1161-1163.

Iwataki M, Hansen G, Sawaguchi T, Hiroishi S, Fukuyo Y（2004）Investigations of body scales in twelve *Heterocapsa* species（Peridiniales, Dinophyceae），including a new species *H. pseudotriquetra* sp. nov. Phycologia 43: 394-403.

Kamikawa R, Asai J, Miyahara T, Murata K, Oyama K, Yoshimatsu S, Yoshida T, Sako Y（2006）Application of a real-time PCR assay to a comprehensive method of monitoring harmful algae. Microbes Environ 21: 163-173.

Kamiyama T（1997）Growth and grazing responses of tintinnid ciliates feeding on the toxic dinoflagellate *Heterocapsa circularisquama*. Mar Biol 128: 509-515.

Kamiyama T, Arima S（1997）Lethal effect of the dinoflagellate *Heterocapsa circularisquama* upon the tintinnid ciliate *Favella taraikaensis*. Mar Ecol Prog Ser 160: 27-33.

Kamiyama T, Takayama H. Nishii Y, Uchida T（2001）Grazing impact of the field ciliate assemblage on a bloom of the toxic dinoflagellate *Heterocapsa circularisquama*. Plankton Biol Ecol 48: 10-18.

Kamiyama T, Matsuyama Y（2005）Temporal changes in the ciliate assemblage and consecutive estimates of their grazing effect during the course of a *Heterocapsa circularisquama* bloom. J. Plankton Res 27: 303-311.

Kim D, Sato Y, Oda T, Muramatsu T, Matsuyama Y, Honjo T（2000）Specific toxic effect of dinoflagellate *Heterocapsa circularisquama* on the rotifer *Brachionus plicalilis*. Biosci Biotechnol Biochem 64: 2719-2722.

Kitaguchi H, Hiragushi N, Mitsutani A, Yamaguchi M, Ishida Y（2001）Isolation of an algicidal marine bacterium with activity against the harmful dinoflagellate *Heterocapsa circularisquama*（Dinophyceae）. Phycologia 40: 275-279.

北口博隆・満谷 淳・石田祐三郎（2002）細菌による赤潮防除法の開発の現状②－二枚貝を特異的に斃死させる渦鞭毛藻を殺藻する細菌の分離とその殺藻機構. 福山大学内海生物資源研究所報告 13: 11-17.

近藤伸一・中尾令子・岩滝光儀・坂本節子・板倉 茂・松山幸彦・長崎慶三（2012）有害赤潮藻ヘテロカプサの分布域北上現象. 日本水産学会誌 78: 719-725.

Maki T, Imai I（2001a）Effects of harmful dinoflagellate *Heterocapsa circularisquama* cells on the growth of intracellular bacteria. Microbes Environ 16: 234-239.

Maki T, Imai I（2001b）Relationships between intracellular bacteria and the bivalve killer dinoflagellate *Heterocapsa circularisquama*（Dinophyceae）. Fish Sci 67: 794-803.

Maki T, Yoshinaga I, Katanozaka N, Imai I（2004）Phylogenetic analysis of intracellular bacteria of a harmful marine microalga, *Heterocapsa circularisquama*（Dinophyceae）. Aquat Microb Ecol 36: 123-135.

松山幸彦（2003a）有害渦鞭毛藻 *Heterocapsa circularisquama* に関する生理生態学的研究－Ⅰ *H. circularisquama* 赤潮の発生および分布拡大機構に影響する環境要因等の解明. 水産総合研究センター研究報告書 7: 24-105.

松山幸彦（2003b）有害渦鞭毛藻*Heterocapsa circularisquama* に関する生理生態学的研究－Ⅱ *H. circularisquama* の毒性および貝類斃死機構の解明. 水産総合研究センター研究報告書 9: 13-117.

松山幸彦・永井清嗣・水口忠久・藤原正嗣・石村美佐・山口峰生・内田卓志・本城凡夫（1995）1992 年に英虞湾において発生した *Heterocapsa* sp. 赤潮発生期の環境特性とアコヤガイ斃死の特徴について. 日本水産学会誌 61: 35-41.

松山幸彦・木村 淳・藤井 斉・高山晴義・内田卓志（1997）1995 年広島湾西部で発生した *Heterocapsa circularisquama* 赤潮の発生状況と漁業被害の概要. 南西海区水産研究所研究報告書 30: 189-207.

Matsuyama Y（2012）Impacts of the harmful dinoflagellate *Heterocapsa circularisquama* bloom on shellfish aquaculture in Japan and some experimental studies on invertebrates. Harmful Algae 14: 144-155.

Matsuyama Y, Uchida T, Honjo T（1999）Effects of harmful dinoflagellates, *Gymnodinium mikimotoi* and *Heterocapsa circularisquama*, redtide on filtering rate of bivalve molluscs. Fish Sci 65: 248-253.

Matsuyama Y, Usuki H, Uchida T, Kotani Y（2001a）Effects of harmful algae on the early planktonic larvae of the oyster, *Crassostrea gigas*. In: Harmful Algal Blooms（Hallegraeff GM, Blackburn SI, Bolch CJ, Lewis RJ eds）, pp.411-414, IOC of UNESCO, Paris.

Matsuyama Y, Uchida T, Honjo T, Shumway SE（2001b）Impacts of the harmful dinoflagellate, *Heterocapsa circularisquama*, on shellfish aquaculture in Japan. J Shellfish Res 20: 1269-1272.

Miller J, Woodward J, Chen S, Jaffer M, Weber B, Nagasaki K, Tomaru Y, Wepf R, Roseman A, Varsani A, Sewel T（2011）Three-dimensional reconstruction of *Heterocapsa circularisquama* RNA virus by electron cryo-microscopy. J Gen Virol 92: 1960-1970.

Miyazaki Y, Nakashima T, Iwashita T, Fujita T, Yamaguchi K, Oda T（2005）Purification and characterization of photosensitizing hemolytic toxin from harmful red tide phytoplankton, *Heterocapsa circularisquama*. Aquat Toxicol 73: 382-393.

Møller LF, Riisgård HU（2007）Impact of jellyfish and mussels on algal blooms caused by seasonal oxygen depletion and nutrient release from the sediment in a Danish fjord. J Exp Mar Biol Ecol 351: 92-105.

永井清仁（1999）*Heterocapsa circularisquama* によるアコヤガイの斃死. 日本プランクトン学会報 46: 155-156.

Nagai K, Matsuyama Y, Uchida T, Yamaguchi M, Ishimura M, Nishimura A, Akamatsu S, Honjo T（1996）Toxicity and LD_{50} levels of the red tide dinoflagellate *Heterocapsa circularisquama* on juvenile pearl oysters. Aquaculture 144: 149-154.

Nagai K, Matsuyama Y, Uchida T, Akamatsu S, Honjo T（2000）Effect of a natural population of the harmful dinoflagellate *Heterocapsa circularisquama* on the survival of the pearl oyster *Pinctada fucata*. Fish Sci 66: 995-997.

永井清仁・山下裕康・郷 譲治（2004）環境 海の異変を知らせる貝リンガル. 養殖 41: 82-85.

Nagai K, Honjo T, Go J, Yamashita H, Oh SJ（2006）Detecting the shellfish killer *Heterocapsa circularisquama*（Dinophyceae）by measuring bivalve valve activity with a Hall element sensor. Aquaculture 255: 395-401.

長崎慶三・山口峰生・今井一郎（2000）英虞湾から分離された海洋細菌 AA8-2 株の *Heterocapsa circularisquama* に対する殺藻性に関する検討. 日本水産学会誌 66: 666-673.

Nagasaki K, Tarutani K, Tomaru Y, Itakura S, Tamai K, Yamanaka S, Tanabe H, Katanozaka N, Shirai Y, Yamaguchi M（2002）Possible use of viruses as a microbiological agent against harmful algal blooms. Proceedings of international commemorative symposium, 70th anniversary of the Japanese Society of Fisheries Science: 497-500.

Nagasaki K, Tomaru Y, Tarutani K, Katanozaka N, Yamanaka S, Tanabe H, Yamaguchi M（2003）Growth characteristics and intra-species host specificity of a large virus infecting the dinoflagellate *Heterocapsa circularisquama*. Appl Environ Microb 69: 2580-2586.

Nagasaki K, Tomaru Y, Nakanishi K, Hata N, Katanozaka N, Yamaguchi M（2004）Dynamics of *Heterocapsa circularisquama*（Dinophyceae）and its viruses in Ago Bay, Japan. Aquat Microb Ecol 34: 219-226.

Naito K, Matsui M, Imai I（2005）Ability of marine eukaryotic red tide microalgae to utilize insoluble iron. Harmful Algae 4: 1021-1032.

中山奈津子・近藤伸一・畑 直亜・外丸裕司・樽谷賢治・長崎慶三・板倉 茂（2013）*Heterocapsa circularisquama* 感染性ウイルスを含む現場海底泥を利用した赤潮抑制に関する検討. 日本水産学会誌 79: 1017-1019.

岡本 研（1994）浜名湖の植物プランクトン－汽水性の強い内湾の事例として－. 水産海洋研究 59: 175-179.

坂本節子・山口峰生（2009）新奇有害プランクトンの簡易モニタリング技術開発, 生理・生態の解明. 平成 20 年度漁場環境・生物多様性保全総合対策委託事業, 赤潮・貧酸素水塊漁業被害防止対策事業報告書: 1-5.

坂本節子・紫加田知幸・中山奈津子・外丸裕司・長崎慶三・山口峰生（2012）佐渡島加茂湖で発生した有害赤潮藻ヘテロカプサの生理特性ならびに殺藻性微生物との関係の解明. 平成 23 年度漁場環境・生物多様性保全総合対策委託事業, 赤潮・貧酸素水塊漁業被害防止対策事業報告書: 48-56.

Salcedo T, Upadhyay RJ, Nagasaki K, Bhattacharya D（2012）Dozens of toxin-related genes are expressed in a nontoxic strain of the dinoflagellate *Heterocapsa circularisquama*. Mol Biol Evol: mss007.

Sellner KG, Doucette GJ, Kirkpatrick GJ（2003）Harmful algal blooms: causes, impacts and detection. J Ind Microbiol Biotechnol 30: 383-406.

Shapiro LP, Campbell L, Haugen EM（1989）Immunochemical recognition of phytoplankton species. Mar Ecol Prog Ser 57: 219-224.

Shiraishi T, Hiroishi S, Nagai K, Go J, Yamamoto T, Imai I（2007）Seasonal distribution of the shellfish-killing dinoflagellate *Heterocapsa circularisquama* in Ago Bay monitored by an indirect fluorescent antibody technique using monoclonal antibodies. Plankton Benthos Res 2: 49-62.

Shiraishi T, Hiroishi S, Taino S, Ishikawa T, Hayashi Y, Sakamoto S, Yamaguchi M, Imai I（2008）Identification of overwintering vegetative cells of the bivalve-killing dinoflagellate *Heterocapsa circularisquama* in Uranouchi Inlet, Kochi Prefecture, Japan. Fish Sci 74: 128-136.

Shiraishi T, Hiroishi S, Kamikawa R, Sako Y, Taino S, Ishikawa T, Hayashi Y, Imai I（2009）Population dynamics of the shellfish-killing dinoflagellate *Heterocapsa circularisquama* monitored by an indirect fluorescent antibody technique and a real-time PCR assay in Uranouchi Inlet, Kochi Prefecture, Japan. The proceedings of the 5th World Fisheries Congress, 6c_1006_200, TerraPub, Tokyo.

Shiraishi T, Kamikawa R, Sako Y, Imai I（2012）Monitoring harmful microalgae by using a molecular biological technique. In: Food Quality（Kapiris K ed）, pp.15-28, InTech, Croatia.

Suzuki T（2001）Oxygen-deficient waters along the Japanese coast and their effects upon the estuarine ecosystem. J Environ Qual 30: 291-302.

玉井恭一（1999）*Heterocapsa circularisquama* 赤潮の発生と被害の現状. 日本プランクトン学会報 46: 153-154.

Tarutani K, Nagasaki K, Itakura S, Yamaguchi M（2001）Isolation of a virus infecting the novel shellfish-killing dinoflagellate *Heterocapsa circularisquama*. Aquat Microb Ecol 23: 103-111.

Tomaru Y, Nagasaki K（2004）Widespread occurrence of viruses lytic to the bivalve-killing dinoflagellate *Heterocapsa circularisquama* along the western coast of Japan. Plankton Biol Ecol 51: 1-6.

Tomaru Y, Katanozaka N, Nishida K, Shirai Y, Tarutani K, Yamaguchi M, Nagasaki K（2004）Isolation and characterization of two distinct types of HcRNAV, a single-stranded RNA virus infecting the bivalve-killing microalga *Heterocapsa circularisquama*. Aquat Microb Ecol 34: 207-218.

外丸裕司・片野坂徳章・小谷祐一・吉田吾郎・山中 聡・田辺博司・山口峰生・長崎慶三（2005）有害赤潮原因藻に感染する 2 本鎖 DNA ウイルス（HaV, HcV）ならびに 1 本鎖 RNA ウイルス（HcRNAV）の各種生物に対する安全性評価試験. 水産総合研究センター研究報告 14: 7-20.

Tomaru Y, Hata N, Masuda T, Tsuji M, Igata K, Masuda Y, Yamatogi T, Sakaguchi M, Nagasaki K（2007）Ecological dynamics of the bivalve-killing dinoflagellate *Heterocapsa circularisquama* and its infectious viruses in different locations of western Japan. Environ Microbiol 9: 1376-1383.

外丸裕司・白井葉子・高尾祥丈・長崎慶三（2007）海水中のもっとも小さな生物因子－水圏ウイルスの生態学－. 日本海水学会誌 61: 307-316.

Tomaru Y, Mizumoto H, Nagasaki K（2009a）Virus resistance in the toxic bloom-forming dinoflagellate *Heterocapsa circularisquama* to single-stranded RNA virus infection. Environ Microbiol 11: 2915-2923.

Tomaru Y, Mizumoto H, Takao Y, Nagasaki K（2009b）Co-occurrence of DNA- and RNA-viruses infecting the bloom-forming dinoflagellate, *Heterocapsa circularisquama*, on the Japan coast. Plankton Benthos Res 4: 129-134.

Uchida T, Yamaguchi M, Matsuyama Y, Honjo T（1995）The red-tide dinoflagellate *Heterocapsa* sp. kills *Gyrodinium instriatum* by cell contact. Mar Ecol Prog Ser 118: 301-303.

Uchida T, Matsuyama Y, Yamaguchi M, Honjo T（1996）Growth interactions between a red tide dinoflagellate *Heterocapsa circularisquama* and some other phytoplankton species in culture. In: Harmful and Toxic Algal Blooms（Yasumoto T, Oshima Y, Fukuyo Y eds）, pp.369-372, IOC of UNESCO, Paris.

Uchida T, Toda S, Matsuyama Y, Yamaguchi M, Kotani Y, Honjo T（1999）Interactions between the red tide dinoflagellates *Heterocapsa circularisquama* and *Gymnodinium mikimotoi* in laboratory culture. J Exp Mar Biol Ecol 241: 285-299.

内田卓志・松山幸彦・山口峰生・本城凡夫 (2000) 有害渦鞭毛藻 *Heterocapsa circularisquama* の赤潮発生機構. 有害・有毒赤潮の発生と予知・防除 (石田祐三郎・本城凡夫・福代康夫・今井一郎編), pp.137-149, 日本水産資源保護協会, 東京.

Velez D, Macmillan JD, Miller L (1988) Production and use of monoclonal antibodies for identification of *Bradyrhizobium japonicum* strains. Canadian J Microbiol 34: 88-92.

Vrieling EG, Draaijer A, van Zeijl WJM, Peperzak L, Gieskes WWC, Veenhuis M (1993a) The effect of labeling intensity, estimated by real-time confocal laser scanning microscopy, on flow cytometric appearance and identification of immunochemically labeled marine dinoflagellates. J Phycol 29: 180-188.

Vrieling EG, Gieskes WWC, Colijn F, Hofstraat JW, Peperzak L, Veenhuis M (1993b) Immunochemical identification of toxic marine algae: first results with *Prorocentrum micans* as a model organism. In: Toxic Phytoplankton Blooms in the Sea (Smayda TJ, Shimizu Y eds), pp. 925-931, Elsevier Science Publishers, Amsterdam.

Vrieling EG, Anderson DM (1996) Immunofluorescence in phytoplankton research: applications and potential. J Phycol 32: 1-16.

Ward BB, Perry MJ (1980) Immunofluorescent assay for the marine ammonium-oxidizing bacterium *Nitrosococcus oceanus*. Appl Environ Microbiol 39: 913-918.

Yamaguchi H, Yamaguchi M, Fukami K, Adachi M, Nishijima T (2005) Utilization of phosphate diester by the marine diatom *Chaetoceros ceratosporus*. J Plankton Res 27: 603-606.

Yamaguchi M, Shigeru I, Nagasaki K, Matsuyama Y, Uchida T, Imai I (1997) Effects of temperature and salinity on the growth of the red tide flagellates *Heterocapsa circularisquama* (Dinophyceae) and *Chattonella verruculosa* (Raphidophyceae). J Plankton Res 19: 1167-1174.

Yamaguchi M, Itakura S, Uchida T (2001) Nutrition and growth kinetics in nitrogen- or phosphorus-limited cultures of the novel red tide dinoflagellate *Heterocapsa circularisquama* (Dinophyceae). Phycologia 40: 313-318.

山本千裕・田中義興 (1990) 福岡湾で発生した2種類の有害赤潮プランクトンについて. 福岡県水産試験場研究報告書 16: 43-44.

Yamasaki Y, Zou Y, Go J, Shikata T, Matsuyama Y, Nagai K, Shimasaki Y, Yamaguchi K, Oda T, Honjo T (2011) Cell contact-dependent lethal effect of the dinoflagellate *Heterocapsa circularisquama* on phytoplankton-phytoplankton interactions. J Sea Res 65: 76-83.

吉田雄一・宮本政秀 (1996) 1994年に楠浦湾に発生した *Heterocapsa circularisquama* 赤潮の消長と日周変化について. 熊本県水産研究センター研究報告書 3: 31-35.

3-3 *Karenia mikimotoi* の赤潮動態と発生予察・対策[*1]

宮 村 和 良[*2]

1. *Karenia mikimotoi* の学名の変遷について

　1933 年に三重県五ヶ所湾と英虞湾で発生した赤潮の原因種は，*Gymnodinium mikimotoi* として初めて尾田（1935）により報告された．1965 年に長崎県大村湾で甚大な被害が報告されて以降，*Gymnodinium '65*，*G. nagasaki* 等と仮称されていたが，1984 年に Takayama & Adachi（1984）により新種の *G. nagasakiense* として記載された．しかし，その後の研究によって，高山・松岡（1991）は *G. nagasakiense* と *G. mikimotoi* は同種であると判定して，再び *G. mikimotoi* に戻した．さらに Hansen et al.（2000）はヨーロッパで確認される *G. aureolum* は本種と同種であると報告した．現在では Daugbjerg et al.（2000）によって *Karenia mikimotoi* と改名され現在にいたっている．

2. *Karenia* 属（*Gymnodinium* 属）による赤潮の発生状況と水産生物への影響

　1979 〜 2012 年の瀬戸内海（土佐湾，熊野灘を含む）および九州海域におけるカレニア属（ギムノディニウム属）の赤潮発生件数の推移（図 1）から，瀬戸内海域で 1996 年と 2008 年に突発的に発生件数の増加が確認されるが，両海域とも概ね 10 〜 20 件の範囲で推移していることがわかる．2000

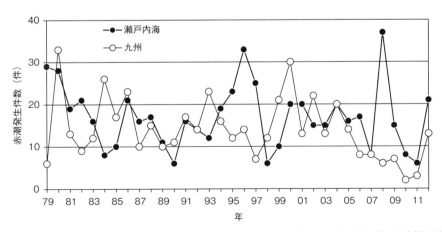

図 1　瀬戸内海，九州海域における *Karenia mikimotoi* 赤潮発生件数の推移（瀬戸内海は土佐湾，熊野灘（三重県除く）も含む）

[*1] Population dynamics, prediction and countermeasures of *Karenia mikimotoi* red tides

[*2] Kazuyoshi Miyamura（miyamura-kazuyoshi@pref.oita.lg.jp）

年以降, 九州海域の発生件数は減少傾向で推移したが 2012 年に再び増加した. 本種による赤潮被害およびその影響は養殖と天然いずれの魚介類でも報告されている (入江・浜島 1966, 飯塚・入江 1966, 沢田・和田 1983, 吉松 1982, Matsuyama et al. 1998, 1999, Yamasaki et al. 2004). 特に 1984 年に熊野灘全域で約 28 億円, 1991 年と 2012 年に安芸灘と豊後水道でそれぞれ 15 億円の大きな被害が発生しており, 最近では豊後水道沿岸で大きな被害が頻発する傾向にある (表 1). 一方, 九州海域の被害額は比較的少ないが, 2006 年以降九州西岸北部海域 (伊万里湾, 唐津市周辺, 薄香・古江湾, 九十九島周辺, 大村湾) に赤潮発生と被害が集中している. 以上のように, 本種による赤潮は今後もなお西日本の海域で広範囲に発生すると考えられ, 引き続き監視と警戒を行う必要がある.

表 1 *Karenia mikimotoi* による漁業被害 (被害額 1 億円以上)

年	被害額 (千円)	海域	県名	主な被害魚介類
1979	506,290	豊後水道	愛媛県	養殖ハマチ
1980	350,709	豊後水道	愛媛県	養殖ハマチ
1981	109,267	豊後水道	愛媛, 大分県	養殖ハマチ
1982	189,132	燧灘	広島県	養殖マダイ
1984	2,873,361	熊野灘	和歌山県	ハマチ, ヒオウギ
1985	1,021,068	周防灘, 伊予灘, 豊後水道	山口, 大分, 福岡, 愛媛県	養殖ハマチ, ハマグリ等
1986	374,337	豊後水道	愛媛, 大分県	養殖ハマチ
1990	121,440	土佐湾	高知県	養殖カンパチ
1991	1,528,891	安芸灘	広島県	養殖マダイ
1995	613,940	播磨灘	香川, 兵庫, 岡山県	養殖カンパチ
1996	142,632	安芸灘, 播磨灘	広島県, 香川県	養殖ハマチ, 養殖マダイ等
2001	188,273	豊後水道	大分県	養殖ブリ, 養殖アワビ等
2002	115,400	安芸灘	広島県	養殖ハマチ, 養殖ウマヅラハギ
2005	317,388	豊後水道	愛媛, 大分県	養殖トラフグ, 養殖ハマチ, 養殖ヒラメ
2006	146,965	豊後水道	大分県	養殖ヒラマサ, 養殖ブリ, 養殖マダイ
2007	420,962	豊後水道	愛媛, 大分県	養殖ハマチ, 養殖マダイ, 養殖カンパチ, 養殖ヒラメ, 養殖トラフグ
2012	1,532,837	豊後水道	愛媛, 大分県	養殖カンパチ, 養殖マダイ, 養殖アワビ, 蓄養マサバ, 天然アワビ

出典: 瀬戸内海の赤潮 (水産庁瀬戸内海漁業調整事務所)

3. 個体群の発達過程と年間の生活様式

本種個体群の発達過程を図 2 に示し, 生活様式並びに現場観測と各種実験で得られた情報を付記した. なお個体群の各発達段階は, 田森ほか (1991), 竹内ほか (1995) に従い, (1) 初期出現期・出現初期 (低密度で推移する期間), (2) 対数増殖期・増殖期 (顕著に増殖する期間), (3) 定常期・盛期 (増殖速度が遅くなる期間), (4) 衰退期 (細胞密度が急速に減少する区間) に区分した.

(1) 初期出現期 (出現初期)

初期出現期はシードポピュレーションとして機能する遊泳細胞が分布する時期である. 本種の遊泳細胞は三重県五ヶ所湾, 高知県浦ノ内湾および福岡県博多湾において周年確認されている (Honjo et al. 1990, 山口 1994, 佐藤ほか 1996). さらに冬季に遊泳細胞が東京湾および西日本の各現場海域で観

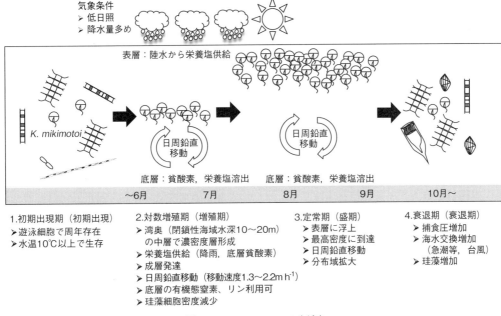

気象条件
➤ 低日照
➤ 降水量多め

表層：陸水から栄養塩供給

K. mikimotoi

日周鉛直移動

日周鉛直移動

底層：貧酸素，栄養塩溶出　　　底層：貧酸素，栄養塩溶出

| ～6月 | 7月 | 8月 | 9月 | 10月～ |

1.初期出現期（初期出現）
➤ 遊泳細胞で周年存在
➤ 水温10℃以上で生存

2.対数増殖期（増殖期）
➤ 湾奥（閉鎖性海域水深10～20m）の中層で濃密度層形成
➤ 栄養塩供給（降雨，底層貧酸素）
➤ 成層発達
➤ 日周鉛直移動（移動速度1.3～2.2m h⁻¹）
➤ 底層の有機態窒素，リン利用可
➤ 珪藻細胞密度減少

3.定常期（盛期）
➤ 表層に浮上
➤ 最高密度に到達
➤ 日周鉛直移動
➤ 分布域拡大

4.衰退期（衰退期）
➤ 捕食圧増加
➤ 海水交換増加（急潮等，台風）
➤ 珪藻増加

図2　*Karenia mikimotoi* の生活史

測されていること（中田・飯塚 1987, 寺田ほか 1987, 保坂 1990, 板倉ほか 1990, 馬場ほか 1994, 佐藤ほか 1996），Ouchi et al.（1994）によって室内培養による接合子の存在は確認されているが，現場海域でのシストの存在は確認されていないこと（板倉ほか 1990）から，本種は遊泳細胞の状態で越冬し，それらが翌年の赤潮のシードポピュレーションとして機能していると考えられている．Honjo et al.（1991）は冬季の水温が越冬細胞の増減に関与していることを示し，その水温は 12℃ が境界であると考えている．周防灘や博多湾では比較的暖かい海域で遊泳細胞が観測され，それぞれ10℃，11℃以上である（馬場ほか 1994, 佐藤ほか 1996）．培養試験においても 10℃ 以上で増殖することが確認されていることから（山口・本城 1989），水温約 10℃ 以上が個体群密度を維持するために必要な水温であると推測される．ただし，寺田ほか（1987）は周防灘の観測において水温 6.4℃ で本種の遊泳細胞を観測しており，現場海域における低水温下での個体群の維持についてさらなる検討が必要である．

(2) 対数増殖期（増殖期）

　対数増殖期（増殖期）において，本種は海水交換の少ない静穏域（水深約 10 ～ 20 m）の中層で増殖する（飯塚・入江 1966, Honjo et al. 1990, 竹内ほか 1995, 1997, Uchida et al. 1998）．中層で形成された高密度層は海面からの観測が難しく，「中層増殖性赤潮」と呼ばれる．この時期は水温の上昇と降雨による密度成層の発達が観測される．水温，塩分の本種への影響について，山口・本城（1989）は培養実験によって水温 10 ～ 30℃，塩分 10 ～ 30 の各範囲で増殖可能であり，水温 25℃，塩分 25 の組み合わせで最も増殖速度が大きいとしている．これは本種が広温，広塩分性種であることを意味し，夏季の降雨による急激な環境変化にも順応でき，高い増殖能力を維持できる特性を有すると考えられる．増殖を促進する要因として，大村湾では梅雨時期の降雨（降雨性赤潮）と海底水の低酸素化（無酸素化関連赤潮）のいずれかが（飯塚・入江 1969, 飯塚 1972），周防灘では降雨と海底水貧酸素化の

両現象（山口 1994, 江藤・俵積田 2008）および海底水貧酸素化と風による成層の崩壊が関係していることが指摘されている（Kimura et al. 1999）. すなわち, 陸水または底泥, もしくは両方から, 栄養塩を含む増殖を支える物質が供給されることが本種の大規模な赤潮形成の要因と考えられる. 一方, 五ヶ所湾（本城 1997）と田辺湾（竹内ほか 1997）ではこれら二つの現象が認められず, 香川県引田湾では有光層内の栄養塩濃度が低い環境下でも赤潮を形成している（一見ほか 2007）. 本種は窒素およびリン源に対する半飽和定数（K_s）が細胞の大きさに比べて小さく, 低濃度の栄養塩環境下でも十分増殖できる特性を持っている（山口 1994）. また低栄養の環境下では, 無機態および有機態の窒素, リンを利用することが可能であり（Iwasaki et al. 1990, Yamaguchi & Itakura 1999, 山口ほか 2004, 深尾ほか 2007）, またハマチ養殖漁場海水中の餌由来溶存有機物を利用して増殖が促進される（西村 1982）. 本種はこのような栄養塩利用特性によって, 栄養塩濃度の低い海域でも潜在的に赤潮を形成することが可能であると考えられる.

赤潮形成時における増殖速度は, 五ヶ所湾で $0.32 \sim 0.47$ divisions d^{-1}（Honjo et al. 1990）, 田辺湾では 0.58 divisions d^{-1}（竹内ほか 1995）, 大村湾では赤潮発生前の週間平均速度で 1.01 divisions d^{-1}（飯塚 1987）であったと報告されている. 培養実験における最大増殖速度は 1.06 divisions d^{-1}（山口・本城 1989）であることから, *Heterosigma akashiwo*（Honjo & Tabata 1985）のような急激に赤潮が形成されることはないと考えられる.

この時期, 日中の中層で観測される高密度層の分布水深は, 細胞密度, 日射量, および観測時間によって異なる. Honjo et al.（1990）は細胞密度が $1,000$ cells mL^{-1} 以下の時は水深 $5 \sim 10$ m に, それ以上では $0 \sim 2$ m に多く分布することを観測している. 飯塚・入江（1969）, 飯塚（1972）は 10 m 前後（透明度の $1.5 \sim 2$ 倍に相当）に分布していると報告している. 山口（1994）は周防灘での現場観測において晴天時には中層で, 曇天時には表層で分布することを観察している. 増殖に及ぼす光強度について, 本種は光量子束密度 10 μmol photons m^{-2} s^{-1} から増殖でき, 110 μmol photons m^{-2} s^{-1} で増殖は飽和する（山口・本城 1989）. この値は他のプランクトン種より低く, 中層域で増殖する本種の生態的特徴を示していると思われる. 本種が中層で定位する特性について, 本城（1997）は気象, 海象の急激な変化による個体群の逸散やそれに伴う増殖制限からの回避が可能であると述べている. さらに高密度層は夜間に沈降し, 再び日中に有光層にまで上昇する日周鉛直移動が観測されている（飯塚・入江 1966, Honjo et al. 1990, Koizumi et al. 1996）. 移動速度は, 沈降時には大村湾で 1.7 m h^{-1}（飯塚・入江 1966）, 五ヶ所湾で 1.3 m h^{-1}（Honjo et al. 1990）であり, 沈降・浮上速度は宇和海法華津湾で 2.2 m h^{-1}（Koizumi et al. 1996）であったと報じられている. Koizumi et al.（1996）は現場観測における夜間の到達水深は 20 m であるが, 本種の遊泳速度から潜在的に最大水深 25 m 以上に達すると推測している. また本種は硫化物に対する耐性も持ち（飯塚・中島 1975）, 赤潮発生海域の嫌気状態の底泥の熱水抽出液で増殖が促進されることから（Hirayama & Numaguchi 1972）, 日周鉛直移動時における底層の嫌気的条件下でも個体群を維持できる能力を持ち合わせていると考えられる. したがって本種の日周鉛直移動は, 底層の栄養塩の利用と有光層での光合成を効率良く行うことによって, 個体群の維持・増殖に有効に働いていると思われる.

またこの時期に珪藻類の減少が報告される（山口 1994, 佐藤ほか 1996, 一見ほか 2007, 宮村・石坂 2014）一方, 本種に混じって渦鞭毛藻 *Prorocentrum dentatum* の増殖が観測されたこともある（柳ほか 1994）.

(3) 定常期（盛期）

　この時期は海面から赤潮が確認でき，増殖と集積の作用によって非常に濃密な赤潮を形成し，赤潮発生期間中の最高細胞密度に達することが多い．また，初期発生海域にとどまらず，湾口や湾外，あるいは港内にまで急速に分布を拡大するのが特徴である．熊野灘では地場発生の可能性が否定できないとしつつも，灘北部（五ヶ所湾）で発生した赤潮が南下流によって運搬されて増殖し，南部（串本港）にまで達した可能性が指摘されている（本城 1997）．また，周防灘の赤潮水塊は移流・拡散により，伊予灘，別府湾，豊後水道北部まで到達すると考えられている（田森ほか 1991，柳ほか 1993，小泉ほか 1994，宮村ほか 2005）．田辺湾では南部海域で発生した赤潮が東部域へ，ついで北部域へと移動し，湾口にまで達するという（竹内ほか 1995）．またパッチ状になった赤潮水塊が，養殖漁場を通過する時に漁業被害が発生するという観察報告（吉松ほか 1985）もある．

(4) 衰退期（衰退期）

　赤潮の衰退は台風（飯塚・入江 1969，早川ほか 1996），急潮（兼田ほか 2010），低気圧の通過（竹内ほか 1995），といった物理的攪乱による細胞密度の減少，さらには他のプランクトン（特に従属栄養性渦鞭毛藻）による捕食（Nakamura et al. 1995a, b, 1996）がその大きな要因であると指摘されている．また本種の終息時に珪藻類の急激な増加が観測されることから，珪藻類との間の何らかの競合関係によって，*K. mikimotoi* の増殖が制限されていることも考えられる．

4. 赤潮発生予測と被害軽減

　本種の赤潮発生を防ぐための有効な対策はない．そのため，発生の予測により漁業被害を最小限に軽減することが最も重要である．これまでに長期予測および短期予測が試みられている．長期予測について，Honjo et al. (1991) は冬季の水温と赤潮発生時期の関係性を検討し，冬季水温から夏季赤潮の発生時期を予測している．短期予測では，大内・高山（1984）は主成分分析を用いて赤潮発生の前駆となる海況を解析し，赤潮発生の予測においてその有効性を示している．また赤潮の発生予測にはいたっていないが，広域に発生する西部瀬戸内海の赤潮については，その気象の特徴として梅雨の集中豪雨の後であること（伊藤ほか 1986），その後 7 月中旬にかけて，日射量が少なく，水温が低く，降水量が多いという 3 つの気象および海象条件が重なった年であると指摘されている（柳ほか 1992）．

　一方，西部瀬戸内海域において，初期発生域の特定および分布拡大機構についても報告されている（田森ほか 1991，小泉ほか 1994，宮村ほか 2005）．田辺湾や五ヶ所湾のように，地場で発生する赤潮については赤潮初期発生海域の特定がなされ（竹内ほか 1995, Uchida et al. 1998），これらの海域では初期発生海域の監視によって周辺海域への赤潮の拡大が予測可能である．また香川県引田湾では，珪藻の動態と夏季の天候予測から赤潮発生予測の可能性が検討されている（一見ほか 2007）．以上のように本種の発生予測には，まず各海域に応じた赤潮発生機構を解明し，赤潮発生時の特徴的な気象・海象・競合プランクトンの出現状況を考慮したうえで，赤潮初期発生海域の監視体制を構築することが重要であると考える．さらに，継続的監視を実施するために，現場モニタリング技術の高度化を図るとともに，さらなる生物学的知見を集約することも重要である．

（1）大分県豊後水道沿岸における赤潮対策

大分県豊後水道海域は養殖漁業が盛んな海域であり，これまでに本種による赤潮によって甚大な被害を被ってきた歴史がある．本海域の赤潮発生は大きく2つに分けることができる．一つは北部海域（臼杵湾，津久見湾）において，周防灘で広域的に発生した赤潮水塊が移入する「赤潮水塊移入型」であり，もう一つは各湾奥で独立して発生する「地場発生型」である．以下に大分県豊後水道の各海域に応じた赤潮モニタリング高度化技術を用いた赤潮監視事例について記す．

a．北部海域での赤潮対応（赤潮水塊移入型への対応）

宮村ほか（2005）によると，北部海域での赤潮は，周防灘で発生した赤潮水塊の一部が伊予灘と別府湾を経由し本海域に移入，発生する．このことから本海域での赤潮対応には周防灘から豊後水道北部にいたる広範囲な赤潮監視体制の構築が必要である．宮村ほか（2009）は，2008年に西部瀬戸内海で発生した大規模赤潮について，人工衛星の海色画像を用いた広域監視の結果，衛星画像の高濃度クロロフィル海域から赤潮分布域を特定し（図3），赤潮水塊が本海域に移入する前にその発生を予測して，被害の軽減につなげた．さらに，衛星で得られた赤潮分布域の推移について，潮流を考慮して解析した結果，周防灘から移流・拡散した赤潮は国東半島沿岸を南下し，一部は別府湾奥へ，もう一方は別府湾を横断し別府湾南岸に達した後，佐賀関半島を越え豊後水道北部へ広がると推定した．これらの解析結果を小泉ほか（1994）の作成した瀬戸内海西部における赤潮分布拡大図に加えることにより，西部瀬戸内海で大規模に発生する赤潮の分布拡大経路を推定した（図3）．以上のように，本海域での赤潮予測には周防灘海域での赤潮監視が殊に重要であり，その発生状況に応じて周辺海域のモニタリング体制を強化することによって，赤潮の来襲を予測できるようになっている．

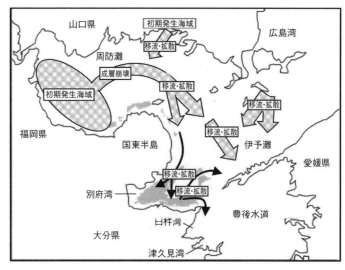

図3 小泉ほか（1994）をもとに作成した西部瀬戸内海における赤潮拡大分布経路
陰部分は2008年7月28日にAqua（MODIS）で観測されたクロロフィル画像をもとに推定された *K. mikimotoi* 赤潮海域.

b．地場発生型赤潮への対応

地場発生する *K. mikimotoi* 赤潮については赤潮初期発生海域の監視が重要である（竹内ほか1995，Uchida et al. 1998）．しかし，初期発生海域の中層で形成される高密度層は海面から観測できないこと，さらに細胞密度，時間，天候によってその水深が変化することから，現場海域での高密度層の特定は

困難であった．そこで，Koizumi et al.（1996）が本種の赤潮高密度層を多項目水質計（以後 CTD）の鉛直クロロフィル蛍光値から特定していることに着目し，同様の方法を用いて初期発生海域の中層で形成される高密度層の特定を試みた．その結果，2002 年夏季の猪串湾奥において，本種赤潮の初期に鉛直クロロフィル蛍光値の極大値が水深 3 m 層付近で観測された．各層の遊泳細胞密度を計数したところ，表層 1 cell mL^{-1}，水深 2 m 層 5 cells mL^{-1}，水深 5 m 層 12 cells mL^{-1} であるのに対し，極大値の観測された水深 3 m 層は 550 cells mL^{-1} と格段に高密度で分布することが確認できた．これらの結果から，本手法を用いて高密度層を特定することの有効性が確認できた．佐伯湾で 2009 年に発生した本種による赤潮においても，赤潮の発生初期から盛期にいたる現場海域の濃密度層を的確に把握することができ，この観測結果から養殖魚への被害が発生する約 3 週間前にはその発生を予測することができた（図 4）．以上のように，地場発生する赤潮への対応には，CTD を利用して鉛直クロロフィル蛍光値を把握し，初期発生海域の中層で形成される高密度層を特定することにより，赤潮予測が可能になると考えられた．現在，本海域では県の出先機関，市役所，漁協に CTD が整備され，中層で形成される高密度層の観測が行われ，通常の赤潮監視対策に活用されている．

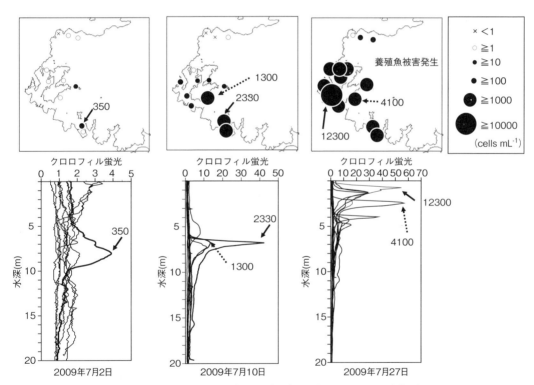

図4　2009 年夏季に佐伯湾で発生した *Karenia mikimotoi* 赤潮の分布と各点鉛直クロロフィル蛍光値の推移
　　上段：各点の最高細胞密度分布，下段：各点鉛直クロロフィル蛍光値の推移，数値は細胞密度（cells mL^{-1}）を示す．

(2) 2012 年に発生した大規模赤潮の特徴と被害軽減

　大分県豊後水道沿岸では，上記の赤潮監視体制の構築によって，赤潮水塊移流型および地場発生型赤潮の短期的赤潮予測が可能になっている．2012 年夏季に当海域を含む豊後水道沿岸で記録的な赤潮（表 1：192 ページ）が発生した際にも，赤潮発生前から赤潮監視が実施された．その結果，次のような特徴が観測された．

①遊泳細胞が例年より早期にかつ広範囲に観測された.

②梅雨時期は低日照でかつ記録的な降雨が観測された.

③塩分の低下に伴い，複数海域の各湾奥の中層で高密度層が形成された.

④赤潮形成時には沖合からの暖水波及が弱かった

このうち①〜③についてはこれまでの赤潮発生時の特徴的な状況と一致していた.

　現場での対応としては，プランクトンの出現状況に応じ観測態勢を強化した．①，②の時には観測回数を増加し，CTD を用いて赤潮初期発生海域の中層で形成される高密度層の監視を行った．③の時は緊急赤潮情報等の発表，および新聞等で赤潮発生の注意喚起（赤潮発生約 2 週間前）を漁業関係者に促した．赤潮発生時にはその対応（餌止め，避難）が迅速かつ確実に行われた.

　この年の大分県豊後水道沿岸における漁業被害は養殖魚 8,702 万円，天然魚介類 2 億 469 万円（合計 2 億 9,171 万円）であり，天然魚介類の被害が全体の 70％を占め，（従来の赤潮被害と比較して）養殖魚の被害がかなり少なかった．本種の赤潮が頻発する佐伯湾での赤潮被害額の推移（図 5）をみると，天然魚介類に比較して養殖魚の被害は年々減少し，2012 年における佐伯湾の養殖魚への赤潮被害額は 2005 年の被害と比較して大幅に減少している．この大幅な養殖魚介類の被害額の減少理由は，これまでの研究によって確立された赤潮発生予測が，生産現場への迅速な赤潮対応となって現れ，

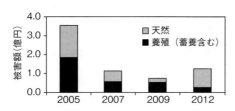

図 5　佐伯湾における *Karenia mikimotoi* 赤潮による漁業被害の推移

このような形に結実したためと考える．現場漁業者の聞き取りにおいても，短期赤潮予測の効果についての評価が高く，養殖漁業を行ううえでの欠かせない観測項目として認識されている．以上のように，本種の赤潮発生に伴う監視体制の整備と現場モニタリング技術の高度化を図ることによって，現場海域における短期予測が確立され，漁業被害軽減が可能になってきている.

5. 今後の赤潮研究課題

　これまでの各研究者による努力と現場関係者の協力により，実用的な短期予測が可能になり，被害軽減につながった．今後は，Honjo et al.（1991）によって提案された長期的な発生予測，および杜多ほか（1993）の数値シミュレーション等を用いた赤潮発生モデルを，豊後水道域においても検討する必要がある．2012 年の広域に発生した赤潮の場合には，初期遊泳細胞が赤潮形成に果たした役割は大きいと考えられたことから，早期の遊泳細胞密度の把握は赤潮発生予測のための重要な課題であると考える．現在 PCR 等を用いた高感度検査が可能になり（Yuan et al. 2012），これらを用いて広域的な遊泳細胞の分布および越冬状況を把握することは，長期予測の確立と実用化を可能にするうえで重要であろう．また監視においては，人工衛星（Siswanto et al. 2013）や自動観測ブイ，フローカム（宮村・石坂 2014）等の高度な観測機器を用いることによって，短期的赤潮予測および監視はさらに充実すると期待され，これらを用いた赤潮発生モデルおよび赤潮発生シミュレーションの構築が待たれる．また漁業者から要望される赤潮の発生抑制，および被害軽減に関する各技術開発も同時に行う必要がある．このように，今後も現場海域の監視と被害軽減技術の開発と高度化が必要であり，本種に関する一連の研究の発展が水産業の繁栄に必須であると考える.

文 献

馬場俊典・檜山節久・神薗真人・江藤拓也・岩男 昂・樋下雄一・小泉喜嗣・高島 景・内田卓志・本城凡夫（1994）西部瀬戸内海における赤潮渦鞭毛藻 *Gymnodinium mikimotoi* 遊泳細胞の越冬について. 日本プランクトン学会報 41: 69-71.

Daugbjerg N, Hansen G, Larsen J, Moestrup Ø（2000）Phylogeny of some of the major genera of dinoflagellates based on ultrastructure and partial LSU rDNA sequence data, including the erection of three new genera of unarmoured dinoflagellates. Phycologia 39: 302-317.

江藤拓也・俵積田貴彦（2008）2006 年夏季に周防灘西部海域で発生した *Karenia mikimotoi* 赤潮. 福岡県水産海洋技術センター研究報告 18: 107-112.

深見剛志・西島敏隆・山口晴生・足立真佐雄（2007）赤潮プランクトン 6 種の尿素利用能. 日本プランクトン学会報 54: 1-8.

Hansen G, Daugbjerg N, Henriksen P（2000）Comparative study of *Gymnodinium mikimotoi* and *Gymnodinium aureolum*, comb. nov. (=*Gyrodinium aureolum*) based on morphology, pigment composition, and molecular data. J Phycol 36: 394-410.

早川康博・竹内照文・山本史郎・市橋 理（1996）田辺湾における 1990 年ギムノディニウム赤潮の 1 層ボックスモデルによるシミュレーション. 日本水産学会誌 62: 598-613.

Hirayama K, Numaguchi K（1972）Growth of *Gymnodinium* Type-'65, causative organism of red tide in Omura bay, in medium supplied with bottom mud extract. Bull Plankton Soc Japan 19: 13-21.

本城凡夫（1997）ギムノディニウム. 赤潮の科学第二版（岡市友利編）, pp.264-273, 恒星社厚生閣, 東京.

Honjo T, Tabata K（1985）Growth dynamics of *Olisthodiscus luteus* in outdoor tanks with flowing coastal water and in small vessels. Limnol Oceanogr 30: 653-664.

Honjo T, Yamaguchi M, Nakamura O, Yamamoto S, Ouchi A, Ohwada K（1991）A relationship between winter water temperature and the timing of summer *Gymnodinium nagasakiense* red tides in Gokasho Bay. Nippon Suisan Gakkaishi 57: 1679-1682.

Honjo T, Yamamoto S, Nakamura O, Yamaguchi M（1990）Annual cycle of motile cells of *Gymnodinium nagasakiense* and ecological features during the period of red tide development. In: Toxic Marine Phytoplankton（Granéli E, Sundström B, Edler L, Anderson DM eds）, pp.165-170, Elsevier, New York.

保坂三継（1990）東京湾における *Gymnodinium nagasakiense* Takayama et Adachi の出現. 日本プランクトン学会報 37: 69-75.

一見和彦・宮尾和宏・門谷 茂（2007）瀬戸内海引田湾における有害赤潮渦鞭毛藻 *Karenia mikimotoi*（渦鞭毛藻）の赤潮発生年と非発生年の海域環境の比較. 日本プランクトン学会報 54: 9-15.

飯塚昭二（1972）大村湾における *Gymnodinium* '65 年型種赤潮の発生機構. 日本プランクトン学会報 19: 22-33.

飯塚昭二（1987）4・1 群成長・生物間関係・行動生態. 赤潮の科学第二版（岡市友利編）, pp.91-123, 恒星社厚生閣, 東京.

飯塚昭二・入江春彦（1966）1965 年夏期大村湾赤潮時の海況とその被害−2：後期赤潮とその生物学的特徴について. 長崎大学水産学部研究報告 21: 67-101.

飯塚昭二・入江春彦（1969）大村湾における *Gymnodinium* 赤潮発生と海底水無酸素化現象との関連. 日本プランクトン学会報 16: 99-115.

飯塚昭二・中島敏光（1975）赤潮鞭毛藻の硫化物に対する反応. 日本プランクトン学会報 22: 27-32.

入江春彦・浜島謙太朗（1966）1965 年夏期大村湾赤潮時の海況とその被害−1：1965 年夏期大村湾赤潮の概説. 長崎大学水産学部研究報告 21: 59-65.

板倉 茂・今井一郎・伊藤克彦（1990）広島湾における赤潮渦鞭毛藻 *Gymnodinium nagasakiense* 出現密度の季節変化. 南西水研報 23: 27-33.

伊藤克彦・今井一郎・山口峰生・松尾 豊・安楽正照・寺田和夫・神薗真人（1986）1985 年夏季に周防灘で発生した *Gymnodinium nagasakiense* 赤潮の経過と海況. 赤潮の発生予知技術の開発に関する研究：昭和 60 年度研究報告書, pp.7-18, 南西水研・東海水研.

Iwasaki H, Kim CH, Tsuchiya M（1990）Growth characteristics of a dinoflagellate *Gymnodinium nagasakiense* Takayama et Adachi. Jpn J Phycol 38: 155-161.

兼田淳史・小泉喜嗣・高橋大介・福森香代子・郭 新宇・武岡英隆（2010）2007 年宇和海下波湾における有害渦鞭毛藻 *Karenia mikimotoi* 赤潮の底入り潮の発生による消滅. 水産海洋研究 74: 167-175.

Kimura B, Kamizono M, Eto T, Koizumi Y, Murakami M, Honjo T（1999）Population development of red tide dinoflagellate *Gymnodinium mikimotoi* in shore water of Japan. Plankton Biol Ecol 46: 37-47.

小泉喜嗣・高島 景・神薗真人・江藤拓也・馬場俊典・檜山節久・池田武彦・岩男 昂・樋下雄一・内間満明・矢沼 隆・内田卓志・本城凡夫（1994）西部瀬戸内海における *Gymnodinium mikimotoi* の増殖域の環境特性と分布拡大機構. 海の研究 3: 99-110.

Koizumi Y, Uchida T, Honjo T（1996）Diurnal vertical migration of *Gymnodinium mikimotoi* during a red tide in Hoketsu Bay, Japan. J Plankton Res 18: 289-294.

Matsuyama Y, Koizumi Y, Uchida T（1998）Effect of harmful phytoplankton on the survival of the abalones, *Haliotis discus* and *Sulculus diversicolor*. Bull Nansei Natl Fish Res Inst 31: 19-24.

Matsuyama Y, Uchida T, Honjo T（1999）Effects of harmful dinoflagellates, *Gymnodinium mikimotoi* and *Heterocapsa circularisquama*, red-tide on filtering rate of Bivalve molluscs. Fish Sci 65: 248-253.

宮村和良・石坂丞二（2014）西部瀬戸内海における Flow-CAM® を用いた現場赤潮監視. 日本プランクトン学会報 61: 41-44.

宮村和良・三ヶ尻孝文・金澤 健（2005）2003 年大分県臼杵湾沿岸に発生した有害渦鞭毛藻 *Karenia mikimotoi* 赤潮の出現特性. 水産海洋研究 69: 91-98.

宮村和良・田西三希子・岩野英樹・朝井隆元・小柳隆文・尾田成幸・小泉喜嗣（2009）大分県沿岸域におけるリモートセンシング技術を用いた赤潮監視の試み. 水産海洋研究 73: 291-294.

Nakamura Y, Suzuki S, Hiromi J（1995a）Growth and grazing of a naked heterotrophic dinoflagellate, *Gyrodinium dominans*. Aquat Microb Ecol 9: 157-164.

Nakamura Y, Suzuki S, Hiromi J（1995b）Population dynamics of heterotrophic dinoflagellates during a *Gymnodinium mikimotoi* red tide in the Seto Inland Sea. Mar Ecol Prog Ser 125: 269-277.

Nakamura Y, Suzuki S, Hiromi J（1996）Development and collapse of a *Gymnodinium mikimotoi* red tide in the Seto Inland Sea. Aquat Microb Ecol 10: 131-137.

中田憲一・飯塚昭二（1987）赤潮渦鞭毛藻 *Gymnodinium nagasakiense* の越冬に関する一観察. 日本プランクトン学会報 34: 199-201.

西村昭史（1982）魚類養殖漁場の有機汚染が赤潮生物 *Gymnodinium* type-'65 および *Chattonella antiqua* の増殖に及ぼす影響. 日本プランクトン学会報 29: 1-7.

尾田方七（1935）*Gymnodinium mikimotoi* Miyake et Kominami N. sp.（MS.）の赤潮と硫酸銅の効果. 動物学雑誌 47: 35-48.

Ouchi A, Aida S, Uchida T, Honjo T（1994）Sexual reproduction of a red tide dinoflagellate *Gymnodinium mikimotoi*. Fish Sci 60: 125-126.

大内 晟・高山晴義（1984）赤潮図による *Gymnodinium* '65 年型種赤潮の予察について. 日本水産学会誌 50: 1201-1205.

佐藤利幸・本田清一郎・池内 仁（1996）福岡湾における *Gymnodinium mikimotoi* 栄養細胞の季節変化. 福岡水技研報 5: 51-58.

沢田茂樹・和田有二（1983）宇和海に発生した *Gymnodinium* '65 年型種赤潮に対する魚介類の二，三の抵抗試験について. 昭和 57 年度赤潮予察調査報告書, pp.131-140.

Siswanto E, Ishizaka J, Tripathy SC, Miyamura K（2013）Detection of harmful algal blooms of *Karenia mikimotoi* using MODIS measurements: A case study of Seto-Inland Sea, Japan. Remote Sens Environ 129: 185-196.

Takayama H, Adachi R（1984）*Gymnodinium nagasakiense* sp. nov., a red-tide forming dinophyte in the adjacent water of Japan. Bull Plankt Soc Japan 31: 7-14

高山晴義・松岡數充（1991）*Gymnodinium mikimotoi* Miyake et Kominami ex Oda と *Gymnodinium nagasakiense* Takayama et Adachi の種形質の再評価. 日本プランクトン学会報 38: 53-68.

竹内照文・小久保友義・辻 泰俊・本城凡夫（1995）田辺湾における *Gymnodinium mikimotoi* の群生長と流況による赤潮分布域の変化. 日本水産学会誌 61: 494-498.

竹内照文・小久保友義・内田卓志（1997）田辺湾における *Gymnodinium mikimotoi* の増殖域の環境特性と本種赤潮の発生環境. 日本水産学会誌 63:184-193.

田森裕茂・岩井 昂・神薗真人・吉田幹英・池田武彦・馬場俊典・小泉喜嗣・内間満明・三浦秀夫・矢沼 隆（1991）西部瀬戸内海における *Gymnodinium mikimotoi* の初期出現域とその環境特性. 日本水産学会誌 57: 2179-2186.

寺田和夫・池内 仁・高山晴義（1987）冬季の周防灘沿岸で観察された *Gymnodinium nagasakiense*. 日本プランクトン学会報 34: 201-203.

杜多 哲・阿保勝之・本城凡夫・山口峰生・松山幸彦（1993）迫間浦における *Gymnodinium* 赤潮の発生に及ぼす海水交換の影響. 海岸工学論文集 40: 996-1000.

Uchida T, Toda S, Nakamura O, Abo K（1998）Initial site of *Gymnodinium mikimotoi* blooms in relation to the seawater exchange rate in Gokasho Bay, Japan. Plankton Biol Ecol 45: 2, 129-137.

山口晴生・西島敏隆・西谷博和・深見公雄・足立真佐雄（2004）赤潮プランクトン 3 種の有機態リン利用特性とアルカリフォスファターゼ産生能. 日本水産学会誌 70: 123-130.

山口峰生（1994）*Gymnodinium nagasakiense* の赤潮発生機構と発生予知に関する生理生態学的研究. 南西水研報 27: 251-394.

山口峰生・本城凡夫（1989）有害渦鞭毛藻 *Gymnodinium nagasakiense* の増殖におよぼす水温，塩分および光強度の影響. 日本水産学会誌 55: 2029-2036

Yamaguchi M, Itakura S（1999）Nutrition and growth kinetics in Nitrogen- or Phosphorus-limited cultures of the noxious red tide dinoflagellate *Gymnodinium mikimotoi*. Fish Sci 65: 367-373.

Yamasaki Y, Kim D, Matsuyama Y, Oda Y, Honjo T（2004）Production of superoxide anion and hydrogen peroxide by the red tide dinoflagellate *Karenia mikimotoi*. J Biosci Bioeng 3: 212-215.

柳 哲雄・浅井良保・小泉喜嗣（1992）*Gymnodinium mikimotoi* の赤潮発生の物理的条件. 水産海洋研究 56: 107-112.

柳 哲雄・平尾賢治・松山幸彦・本城凡夫（1994）五ヶ所湾のギムノディニウム赤潮. La mer 32: 65-70.

柳 哲雄・山本隆司・小泉喜嗣・池田武彦・神薗真人・田森裕茂（1993）周防灘・伊予灘のギムノディニウム赤潮の数値シミュレーション. 水産海洋研究 57: 319-331.

吉松定昭（1982）*Gymnodinium* sp.（'65 年型種）の水産動物に与える影響. 昭和 55 年度赤潮予察調査報告書, pp.144-152.

吉松定昭・小野知足・藤沢節茂（1985）1982 年備讃瀬戸西部海域に発生した *Gymnodinium nagasakiense* 赤潮. 香川赤潮研報 1: 17-27.

Yuan J, Mi T, Zhen Y, Yu Z（2012）Development of a rapid detection and quantification method of *Karenia mikimotoi* by real-time quantitative PCR. Harmful Algae 17: 83-91.

3-4　夜光虫 *Noctiluca scintillans* の動態
－水質環境ならびに海洋生態系における役割[*1]

荒 功一[*2]・福山哲司[*3]

1. はじめに

　従属栄養性渦鞭毛藻の夜光虫 *Noctiluca scintillans*（Macartney）Ehrenberg は，世界中の温帯から熱帯の内湾・沿岸域で最も頻繁に赤潮を形成するプランクトンの1つに挙げられ，表層での異常増殖や海水の集積作用により鮮やかな赤色の赤潮を形成する（図1（口絵10））（黒田 1990, Elbrächter & Qi 1998）. これまでに，夜光虫赤潮の発生による養殖魚の斃死などの漁業被害が報告されており，夜光虫が細胞内に高濃度に含有するアンモニア態窒素（NH_4^+-N）が有毒性の原因であると考えられている（岡市・西尾 1976）. 一方，夜光虫は，細胞内に再生・蓄積したきわめて高濃度の NH_4^+-N とリン酸態リン（PO_4^{3-}-P）を含む液胞を有し，それらが細胞から分泌・滲出・放出後に海水と混ざり合う. そのため，夜光虫は，有害赤潮（HAB：Harmful Algal Bloom）を形成するというより，むしろ栄養塩類再生・供給者としての役割を果たしているものと考えられる. そこで本稿では，夜光虫の生活環，他生物の捕食，増殖特性などを踏まえ，夜光虫赤潮が頻繁に発生する相模湾沿岸域での動態，水質環境ならびに生態系における夜光虫の役割について評価を試みる.

2. 生活環

　夜光虫の生活環を図2に示す. 通常は，栄養細胞が無性的な2分裂により増殖するが，一部で自然発生的に配偶子が形成されて有性生殖を行う. この時遊走子母細胞が形成され，細胞表面で原遊走子が分裂・増加し，遊走子母細胞から遊走子が放出される. 放出された遊走子は，遊走子同士の接合による同型配偶，あるいは遊走子と栄養細胞の接合による異型配偶のいずれかを経て栄養細胞へと成長する（Schnepf & Drebes 1993, Fukuda & Endoh 2006）. 遊走子の形成は，水温，塩分，光，pH あるいは夜光虫細胞の栄養状態の変動より，むしろ夜光虫自体の高い出現密度により抑制される（Sato et al. 1998）.

[*1] Seasonal variability of the red tide-forming heterotrophic dinoflagellate *Noctiluca scintillans*: its role in the nutrient-environment and aquatic ecosystem

[*2] Koichi Ara（arakoich@brs.nihon-u.ac.jp）

[*3] Satoshi Fukuyama

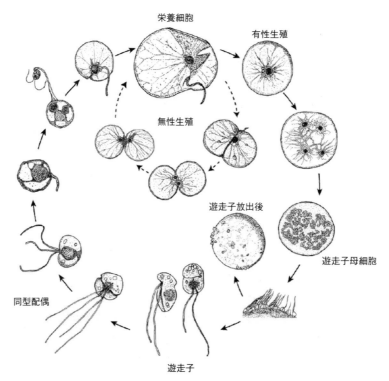

図 2　夜光虫の生活環（Fukuda & Endoh 2006）
　　　遊走子形成から接合にいたる過程については同型配偶のみを記す.

3．夜光虫による他生物の捕食

　夜光虫は，細胞内に葉緑体を持たず自ら栄養物を合成できない従属栄養生物であるので，他生物などを摂食することでエネルギーを得て生存する．夜光虫は，現場海域で採集された細胞の観察ならびに摂餌実験により，植物プランクトン，バクテリア，マイクロ・メソ動物プランクトン，魚卵，生物由来の有機物とその分解物であるデトライタスなど，様々なものを捕食することが知られている（黒田 1990, Fonda Umani et al. 2004）．夜光虫による捕食は，餌生物個体群・群集の現存量や加入量を直接的あるいは潜在的に低下させたり（トップダウン効果），あるいは同じ餌生物をめぐって競合関係にある動物プランクトンの現存量や群集構造に影響を与えたりすることが知られている（Sekiguchi & Kato 1976, Isinibilir et al. 2008）．

4．増殖に対する水温，塩分，餌料密度の影響

　室内飼育実験によると，夜光虫の比増殖速度は，水温 5℃ から増大（正常に増殖）し，21 ～ 23℃ で最大比増殖速度を示し，25 ～ 27℃ で低下し，さらに 28℃ ではマイナスとなり，32℃ の高水温ですべての夜光虫細胞が 1 日以内に死滅したと報じられている（Lee & Hirayama 1992, Tada et al. 2004）．
　夜光虫は，あらかじめ塩分 17 ～ 34 のいずれに順応させた場合でも，塩分 14 以上で比増殖速度が増大（安定的に増殖）し，塩分 22 で最大比増殖速度を示したが，塩分 34 から急激に低塩分 14 に移

すと死滅したと報告されている（Lee & Hirayama 1992）.

　これまでに餌料として様々な植物プランクトン（珪藻，渦鞭毛藻，クリプト藻，ラフィド藻，ハプト藻，プラシノ藻，緑藻など）を用いて夜光虫の比増殖速度が測定されており，いずれの場合も餌料の細胞密度が高いほど比増殖速度を増大させ，比増殖速度と餌細胞密度との間には直線関係あるいは指数関数的な曲線関係が得られている（Lee & Hirayama 1992, Buskey 1995, Kiørboe & Titelman 1998）.

5. 相模湾沿岸域（江の島沖）における夜光虫の動態

（1）季節消長

　相模湾江の島沖約 4.5 km，水深約 55 m の地点に設けた 1 定点（図 3）で 2000 年 12 月〜 2014 年 12 月に夜光虫の動態を調べた．夜光虫の出現密度は，春〜夏季，特に上層（水深 10 m 層以浅）で高く，秋〜冬季に低いか出現が認められなかった（図 4）.

夜光虫の出現期間，出現密度や鉛直分布などの変動は，年によって異なるものの，季節消長パターンは概ね毎年同様である．夜光虫の出現密度の急激な増加は，水温上昇と同調し，また植物プランクトンの春季ブルームの期間あるいはその直後に現れることが本海域で確認され，他の温帯の内湾・沿岸域からも多数報告されている（黒田・佐賀 1978, Huang & Qi 1997, Schoemann et al. 1998, Pithakpol et al. 2000a, b, Fonda Umani et al. 2004, Tada et al. 2004, Miyaguchi et al. 2006, Ara et al. 2013）．夜光虫は，鉛直混合期（11 〜 3 月）には少なく，水柱内に分散していた．一方で夜光虫は，夏季成層期（6 〜 9 月）を含め春〜秋季（4 〜 10 月）に多く出現し，その大半が上層（水深 10 m 層以浅）に分布した（図 4）．これは，夜光虫の比重が海水の比重よりも小さいため（野澤 1943），海水よりも軽く浮力のある夜光虫細胞が上層に集積する傾向があり，成層化によって上層で出現密度が高くなることを示している．沿岸域では，成層化により夜光虫細胞が上層に浮上した後，風，潮汐，海流，フロントなどによって受動的にさらに集積することが，夜光虫赤潮形成の主なメカニズムであるとされている（Huang & Qi 1997, Dela-Cruz et al. 2003, Miyaguchi et al. 2006）.

　本海域では，水温，クロロフィル a 濃度（Chl-a）や一次生産速度のほか，夜光虫の餌料となり得るピコ・ナノ・マイクロ・メソ動物プランクトン群集の出現密度とバイオマス，ならびに懸濁態炭素・窒素濃度が春〜秋季に上層で高く，冬季に水柱全体で低かった（Ara &

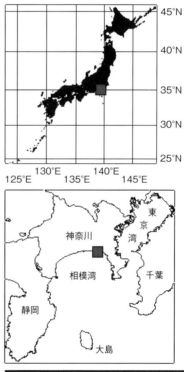

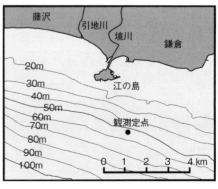

図 3　相模湾江の島沖における観測定点

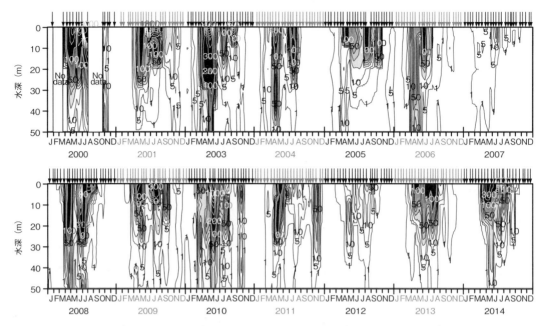

図 4　相模湾沿岸域における夜光虫の出現密度（cells L^{-1}）の鉛直分布の変動
図中の矢印は観測日を示す.

Hiromi 2009, Ara et al. 2011a, b, 2013, 奥津ほか 2012）．このことは，夜光虫が春～秋季に上層で個体群を増大させ得る生物的要因になっているといえよう．また，室内飼育実験により，夜光虫の細胞密度が高くなるとその栄養細胞は，遊走子を形成して有性生殖を行う頻度を著しく抑制し，無性的な 2 分裂を継続させることによって大増殖を引き起こすと考えられている（Sato et al. 1998）.

　夏季，特に 26 ～ 28℃の高水温に達する上層では，たとえ Chl-*a* と一次生産速度が比較的高水準で維持されていたにしても，夜光虫の出現密度が非常に低かった（図 4, Ara et al. 2013）．このような現象は，他の海域でも起きている（Huang & Qi 1997, Schoemann et al. 1998, Tada et al. 2004, Miyaguchi et al. 2006）．その理由として，すでに述べた通り夜光虫の増殖速度は温度・餌料依存型を呈し，水温（5℃から 21 ～ 23℃）と餌料（主に植物プランクトン）密度が高いほど増殖速度を増大させるが，水温 26 ～ 27℃以上の高水温下では常に増殖できない（Lee & Hirayama 1992, Tada et al. 2004）からである.

（2）細胞内の栄養塩含有量・濃度と栄養塩プール

　夜光虫の細胞内栄養塩含有量は，これまでに瀬戸内海播磨灘（岡市・西尾 1976, Montani et al. 1998）と相模湾（Ara et al. 2013）で採集された生細胞を用いて測定されている．細胞内含有量は，相模湾のもので NH_4^+-N が 0.45 ～ 4.95 nmol cell^{-1}，PO_4^{3-}-P が 0.07 ～ 0.40 nmol cell^{-1}（図 5），播磨灘のもので NH_4^+-N が 1.67 ～ 6.76 nmol cell^{-1}，PO_4^{3-}-P が 0.11 ～ 0.62 nmol cell^{-1}（Montani et al. 1998）とほぼ同様か，あるいは播磨灘のものがやや高い．また，それら以外の細胞内含有量は，相模湾のもので硝酸＋亜硝酸態窒素（NO_3^-＋NO_2^--N）が 0.03 ～ 0.64 nmol cell^{-1}，珪酸態珪素（Si(OH)$_4$-Si）が 0.13 ～ 0.99 nmol cell^{-1} であった.

　細胞内栄養塩濃度は，NH_4^+-N が 10.1 ～ 49.0 amol μm^{-3}（10,100 ～ 49,000 μM），NO_3^-＋NO_2^--N が 0.37 ～ 6.52 amol μm^{-3}（374 ～ 6,520 μM），PO_4^{3-}-P が 0.89 ～ 2.79 amol μm^{-3}（891 ～ 2,790 μM），Si(OH)$_4$-

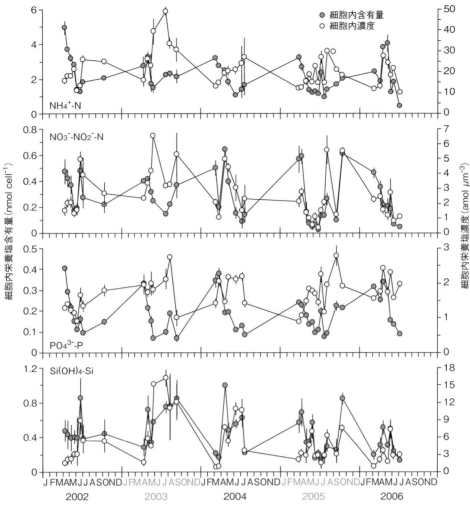

図5　相模湾沿岸域における夜光虫の細胞内栄養塩含有量・濃度の変動（Ara et al. 2013）
　　　値は平均±標準誤差を示す．

Si が 0.88 ～ 16.2 amol μm^{-3}（878 ～ 16,200 μM）であり（図5），これらは，採集時の海水中の栄養塩濃度に対して NH_4^+-N が 3,500 ～ 1,100,000 倍（平均 15,000 倍），NO_3^- ＋ NO_2^--N が 60 ～ 14,500 倍（平均 900 倍），PO_4^{3-}-P が 1,400 ～ 260,000 倍（平均 7,000 倍），Si(OH)$_4$-Si が約 70 ～ 32,000 倍（平均 1,000 倍）ときわめて高い濃度であった（Ara et al. 2013）．

　室内飼育実験により夜光虫に十分量の餌料（ラフィド藻 *Heterosigma akashiwo*，初期細胞密度 1.3 × 10^4 cells mL^{-1}）を与えた時，35 日目まで細胞内 NH_4^+-N，NO_3^- ＋ NO_2^--N，PO_4^{3-}-P 含有量は徐々に増加し続けたが，Si(OH)$_4$-Si 含有量は増加も減少もせずにほぼ一定だった．一方，絶食条件下で細胞内栄養塩含有量は，少なくても 13 日目までいずれもほぼ一定だったが，その後ほとんどの細胞が 25 日目までに死滅した（Ara et al. 2013）．このことは，夜光虫が摂食により細胞内で NH_4^+-N と PO_4^{3-}-P を再生・蓄積したことを示す．しかし，細胞内 NO_2^--N と NO_3^--N は，夜光虫の細胞内液体が pH 4 ～ 5 の強い酸性であることより（岡市・西尾 1976），NH_4^+-N が酸化（硝化）した副産物質であると考えられる．また，細胞内 Si(OH)$_4$-Si は，すでに摂食された餌料（植物プランクトン）中の珪

藻の被殻由来のものであり，夜光虫の細胞内で消化も再生もされていないと考えられる（Montani et al. 1998）.

　本海域で 2002 年 1 月〜 2006 年 12 月に夜光虫の総細胞内栄養塩含有量は，水柱（水深 0 〜 50 m 層）内に存在する溶存態無機窒素全体（細胞内含有量＋海水中濃度）の平均 7.6%，リンの平均 9.3% を占め，特に夜光虫の出現密度が高く海水中の栄養塩類濃度が低かった 4 〜 7 月に窒素の 15.5 〜 30.2%，リンの 16.7 〜 35.5% を占め，環境中の栄養塩プールとして量的に重要であると考えられる（Ara et al. 2013）.

(3) 夜光虫の細胞抽出物（栄養塩）を珪藻に添加した時の反応

　本海域より採集した植物プランクトン中より珪藻 *Thalassiosira rotula* Meunier を単離培養し，これを夜光虫細胞から抽出した栄養塩を添加した区（3 段階の添加区）と添加しない区（対照区）で培養した（Ara et al. 2013）. *T. rotula* の細胞密度は，いずれの区でも同様に 6 〜 60 時間後までゆるやかに増加した. 添加区での *T. rotula* の細胞密度は，60 〜 84 時間後まで急激に増加し，実験終了（72 〜 288 時間後）まで栄養塩濃度が高い区ほど高水準で推移した. 一方，対照区での *T. rotula* の細胞密度は，72 〜 204 時間後まで概ね一定で推移し，その後徐々に減少した（図 6）. 以上の結果より，珪藻 *T. rotula* は夜光虫の細胞抽出物（栄養塩）を添加することによって増殖し，また添加した栄養塩類濃度が高いほど *T. rotula* はより高密度に増殖した. このことは，夜光虫が細胞内に再生・蓄積した栄養塩を植物プランクトン（珪藻）が実際に利用して増殖できることを示しており，夜光虫赤潮の形成から崩壊までの時期にはそれらの細胞から海水中へ分泌・滲出・放出される栄養塩によって，植物プランクトンが増殖すると想定される.

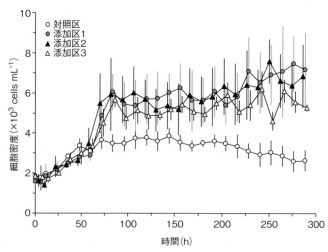

図 6　夜光虫の細胞抽出物（栄養塩）を珪藻 *Thalassiosira rotula* に添加した時の反応（Ara et al. 2013）
　　培養条件は，温度 23.0 ± 1.0℃，光強度 60 μmol m^{-2} s^{-1} の白色蛍光灯，12 時間：12 時間の明暗周期，初期細胞密度 1.6 〜 2.0 × 10^3 cells mL^{-1} であった. 培養液中の初期 NH$_4^+$-N，NO$_3^-$＋NO$_2^-$-N，PO$_4^{3-}$-P，Si(OH)$_4$-Si 濃度（単位：μM）は，それぞれ添加区 1 で 21.30，1.91，1.33，21.71，添加区 2 で 11.69，1.35，0.76，14.17，添加区 3 で 1.31，0.69，0.13，5.60，対照区で 0.17，0.68，0.07，5.12. 値は平均±標準誤差を示す.

(4) 排泄速度と栄養塩供給

　相模湾沿岸域から採集した夜光虫の生細胞を用いて，アンモニア（NH$_4^+$-N）とリン（PO$_4^{3-}$-P）排

泄速度をウォーターボトル法により，絶食条件下で測定した（Ara et al. 2013）．夜光虫の排泄速度は，アンモニアが 2.4 〜 242.6 pmol cell^{-1} h^{-1}，リンが 0.2 〜 24.2 pmol cell^{-1} h^{-1} であり，いずれも実験開始 1 〜 3 時間後に高く，それ以降時間の経過に伴い急激に低下した（図 7）．夜光虫採集時に現場海水中の Chl-a が高かった時の夜光虫のアンモニアとリンの排泄速度は，Chl-a が低かった場合の値と比較して実験開始 1 〜 6 時間後に高かった．このことは，夜光虫の排泄速度が採集時の現場海水中の餌料条件（植物プランクトンの量）を反映し，また時間経過に伴う排泄速度の急激な低下は実験条件下での絶食の影響だと思われる．すでに述べた通り，室内飼育実験により絶食条件下でも夜光虫の細胞内栄養塩含有量が数日間ほぼ一定に保たれた（Ara et al. 2013）．これは，飢餓条件下で夜光虫は細胞内に栄養塩を蓄積し続け，なおかつ排泄速度を著しく低下させていたことを示す．また，細胞内のアンモニアとリン含有量に対するこれらの排泄の割合（1 時間当たり%）は，互いに同様な変動を呈した（図 7）．このことは，夜光虫が細胞内に再生・蓄積したアンモニアやリンをそれぞれ同じ割合で排泄していたことを示す．よって，実験開始 1 時間後に得られたアンモニアとリンの排泄速度の最高値（243 pmol N cell^{-1} h^{-1}，24 pmol P cell^{-1} h^{-1}）が，絶食条件の影響がより小さく，実際の排泄速度により近いものと考えられる．

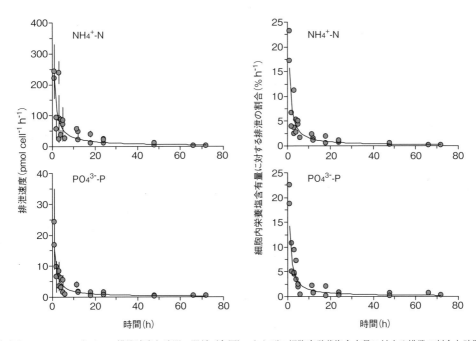

図 7　夜光虫のアンモニアとリンの排泄速度と時間の関係（左図），ならびに細胞内栄養塩含有量に対する排泄の割合と時間の関係（右図）（Ara et al. 2013）
　　　値は平均±標準誤差を示す．

　本海域の表層で夜光虫赤潮が発生した 2006 年 4 月 19 日，亜表層以深（水深 5 〜 50 m 層）での栄養塩濃度は，NH$_4^+$-N が 0.75 〜 1.55 μM，NO$_3^-$ + NO$_2^-$-N が 2.13 〜 6.12 μM，PO$_4^{3-}$-P が 0.18 〜 0.43 μM，Si(OH)$_4$-Si が 1.75 〜 4.97 μM だったのに対し，夜光虫赤潮の中心部の極表層（水深約 0 〜 3 cm）では，NH$_4^+$-N が 92.0 μM，NO$_3^-$ + NO$_2^-$-N が 28.6 μM，PO$_4^{3-}$-P が 7.9 μM ときわめて高かったが，Si(OH)$_4$-Si は 7.0 μM で海水中の濃度と同水準だった（Ara et al. 2013）．このような夜光虫赤潮

の中心部の極表層でのきわめて高い栄養塩（NH_4^+-N と PO_4^{3-}-P）濃度は，播磨灘でも同様に捉えられている（Montani et al. 1998, Pithakpol et al. 2000a）．実際に，本海域の上層（水深 10 m 以浅）で栄養塩（NH_4^+-N と PO_4^{3-}-P）濃度，Chl-*a*，一次生産速度が間欠的に高かった時は，夜光虫の出現密度が高かった時とタイミングが一致している．このことは，夜光虫の排泄による栄養塩供給が海水中の栄養塩濃度を上昇させ，さらに Chl-*a* と一次生産速度をも上昇させ得ることを示す（Ara et al. 2013）．この場合，夜光虫は植物プランクトンを摂食して増殖し（ボトムアップ効果），同時に夜光虫が供給する栄養塩類を利用して植物プランクトンは増殖するという植物プランクトン－夜光虫間の相互関係（Mutually supportive relationship）（Harris 1959, Dugdale & Goering 1967, Corner & Davis 1971）にあるといえよう．

　本海域で，2002 年 1 月～2006 年 12 月に夜光虫の出現密度と排泄速度より求めた窒素とリンの供給量は，一次生産速度の実測値からレッドフィールド比により推定した植物プランクトンの窒素要求量の平均 34.8%，リン要求量の平均 55.3% を満たしており，特に夜光虫の出現密度が高く海水中の栄養塩類濃度が低かった 4～7 月に窒素要求量の 50.6～85.4%，リン要求量の 80.5～135.8% を満たしたと推定された．これらの値は，これまでマイクロ・メソ動物プランクトンについて得られてきた値（Verity 1985, Harrison 1992, Hernándes-León et al. 2008）と比較して同程度か，もしくは高い．いずれにしても夜光虫は，食うことのできるすべての生物を食べ，一気に栄養塩に変換し，植物プランクトンに供給するという，独特な機能を果たしている．

(5) 水質環境と海洋生態系における夜光虫の役割

　夜光虫は，細胞内に再生・蓄積するきわめて高濃度の栄養塩とその高い排泄速度による供給量の多さから，水質環境ならびに海洋生態系，特に植物プランクトンが一次生産を行ううえで重要な栄養塩再生・供給者としての役割を果たしているものと考えられる．さらに，夜光虫は植物プランクトンを摂食して増殖し（ボトムアップ効果），同時に夜光虫が供給する栄養塩を利用して植物プランクトンは増殖するという植物プランクトン－夜光虫間の相互関係により，海域の富栄養化を促進し得るものと考えられる．富栄養化に伴う植物プランクトンの増加は，夜光虫赤潮の高頻発化を引き起こすことが指摘されてきた（黒田・佐賀 1978）．本海域の水質環境は，春～夏季に上層（有光層）で窒素欠乏状態になることはほとんどないが，珪素欠乏ならびにリン欠乏状態に陥り，これによって春季（主に珪藻）ブルームが終焉する（Ara et al. 2011a, b）．よって，これまで他の代表的な内湾・沿岸域（東京湾，大阪湾，瀬戸内海など）で起こったように本海域で富栄養化が進行し，特に窒素やリンと比較して珪素が欠乏することを通じ，珪藻ではなく，渦鞭毛藻類，ラフィド藻など有害赤潮ブルームを形成する種類が次第に有利になり，珪藻から非珪藻へと生態系レベルでの植物プランクトン群集の構造変化が起こることが懸念される．

文　献

Ara K, Hiromi J（2009）Seasonal variability in plankton food web structure and trophodynamics in the neritic area of Sagami Bay, Japan. J Oceanogr 65: 757-779.

Ara K, Fukuyama S, Tashiro M, Hiromi J（2011a）Seasonal and year-on-year variability in chlorophyll *a* and microphytoplankton assemblages for 9 years（2001-2009）in the neritic area of Sagami Bay, Japan. Plankton Benthos Res 6: 158-174.

Ara K, Yamaki K, Wada K, Fukuyama S, Okutsu T, Nagasaka S, Shiomoto A, Hiromi J（2011b）Temporal variability in physicochemical properties, phytoplankton standing crop and primary production for 7 years（2002-2008）in the neritic area of Sagami Bay, Japan. J Oceanogr 67: 87-111.

Ara K, Nakamura S, Takahashi R, Shiomoto A, Hiromi J（2013）Seasonal variability of the red tide-forming heterotrophic dinoflagellate *Noctiluca scintillans* in the neritic area of Sagami Bay, Japan: its role in the nutrient-environment and aquatic ecosystem. Plankton Benthos Res 8: 9-30.

Buskey E（1995）Growth and bioluminescence of *Noctiluca scintillans* on varying algal diets. J Plankton Res 17: 29-40.

Corner EDS, Davis AC（1971）Plankton as a factor in the nitrogen and phosphorus cycles in the sea. Adv Mar Biol 9: 101-204.

Dela-Cruz J, Middleton JH, Suthers IM（2003）Population growth and transport of the red tide dinoflagellate, *Noctiluca scintillans*, in the coastal waters off Sydney Australia, using cell diameter as a tracer. Limnol Oceanogr 48: 656-674.

Dugdale RD, Goering JJ（1967）Uptake of new and regenerated forms of nitrogen in primary production. Limnol Oceanogr 12: 196-206.

Elbrächter M, Qi ZY（1998）Aspect of *Noctiluca*（Dinophyceae）population dynamics. In: Physiological Ecology of Harmful Algal Blooms （Anderson DM, Cembella AD, Hallegraeff MG eds）, pp.315-335, NATO ASI Series, Vol. G. 41. Springer-Verlag, Berlin.

Fonda Umani S, Beran A, Parlato S, Virgilio D, Zollet T, De Olazabal A, Lazzarini B, Cabrini M（2004）*Noctiluca scintillans* Macartney in the Northern Adriatic Sea: long-term dynamics, relationships with temperature and eutrophication, and role in the food web. J Plankton Res 26: 545-561.

Fukuda Y, Endoh H（2006）New details from the complete life cycle of the red-tide dinoflagellate *Noctiluca scintillans*（Ehrenberg）McCartney. Eur J Protistol 42: 209-219.

Harris E（1959）The nitrogen cycle in Long Island Sound. Bull Bingham Oceanogr Coll 17: 31-65.

Harrison WG（1992）Regeneration of nutrients. In: Primary Productivity and Biogeochemical Cycles in the Sea（Falkowski PG, Woodhead AD eds）, pp.385-409, Plenum Press, New York.

Hernándes-León S, Fraga C, Ikeda T（2008）A global estimation of zooplankton ammonium excretion in the open ocean. J Plankton Res 30: 577-585.

Huang C, Qi Y（1997）The abundance cycle and influence factors on red tide phenomena of *Noctiluca scintillans*（Dinophyceae）in Dapeng Bay, the South China Sea. J Plankton Res 19: 303-318.

Isinibilir M, Kideys AE, Tarkan AN, Yilmaz IN（2008）Annual cycle of zooplankton abundance and species composition in Izmit Bay（the northeastern Marmara Sea）. Estuar Coast Shelf Sci 78: 739-747.

Kiørboe T, Titelman J（1998）Feeding, prey selection and prey encounter mechanisms in the heterotrophic dinoflagellate *Noctiluca scintillans*. J Plankton Res 20: 1615-1636.

黒田一紀・佐賀史郎（1978）大阪湾におけるヤコウチュウの分布と生態. 水産海洋研究会報 32: 56-67.

黒田一紀（1990）渦鞭毛藻綱ノクティルカ目ノクティルカ科. 日本の赤潮生物（福代康夫・高野秀昭・千原光雄・松岡數充編）, pp. 78-79, 内田老鶴圃, 東京.

Lee JK, Hirayama K（1992）Effects of salinity, food level and temperature on the population growth of *Noctiluca scintillans*（Macartney）. Bull Fac Fish Nagasaki Univ 71: 163-168.

Miyaguchi H, Fujiki T, Kikuchi T, Kuwahara VS, Toda T（2006）Relationship between the bloom of *Noctiluca scintillans* and environmental factors in the coastal waters of Sagami Bay. J Plankton Res 28: 313-324.

Montani S, Pithakpol S, Tada K（1998）Nutrient regeneration in coastal seas by *Noctiluca scintillans*, a red tide-causing dinoflagellate. J Mar Biotechnol 6: 224-228.

野澤兼文（1943）夜光虫の比重とその周囲海水への適応. 動物学雑誌 55: 305-314.

岡市友利・西尾幸郎（1976）夜光虫（*Noctiluca miliaris*）の毒性について. 日本プランクトン学会報 23: 75-80.

奥津 剛・荒 功一・広海十朗（2012）相模湾沿岸域のプランクトン生態系における微生物食物連鎖の構造：クロロフィル*a*＜ 20μm, バクテリア, 従属栄養性ナノ鞭毛虫およびマイクロ動物プランクトンの季節変遷. 日本プランクトン学会報 59: 1-19.

Pithakpol S, Tada K, Montani S（2000a）Nutrient regeneration during *Noctiluca scintillans* red tide in Harima Nada, the Seto Inland Sea, Japan. In: Proceedings of the 15th Ocean Engineering Symposium（the Society of Naval Architects of Japan ed）, pp.127-134, Tokyo.

Pithakpol S, Tada K, Montani S（2000b）Ammonium and phosphate pools of *Noctiluca scintillans* and their supplies to the water column in Harima Nada, the Seto Inland Sea, Japan. La mer 37: 153-162.

Sato MS, Suzuki M, Hayashi H（1998）The density of a homogeneous population of cells controls resetting of the program for swarmer formation in the unicellular marine microorganism *Noctiluca scintillans*. Exp Cell Res 245: 290-293.

Schnepf E, Drebes G（1993）Anisogamy in the dinoflagellate *Noctiluca*? Helgol Meeresunters 47: 265-273.

Schoemann V, de Baar HJW, de Jong JTM, Lancelot C（1998）Effects of phytoplankton blooms on the cycling of manganese and iron in coastal waters. Limnol Oceanogr 43: 1427-1441.

Sekiguchi H, Kato T（1976）Influence of *Noctiluca*'s predation on the Acartia population in Ise Bay, central Japan. J Oceanogr Soc Japan 32: 195-198.

Tada K, Pithakpol S, Montani S（2004）Seasonal variation in the abundance of *Noctiluca scintillans* in the Seto Inland Sea, Japan. Plankton Biol Ecol 51: 7-14.

Verity PG（1985）Grazing, respiration, excretion, and growth rates of tintinnids. Limnol Oceanogr 30: 1268-1282.

3-5 有害赤潮ラフィド藻 *Chattonella* の
生物学と赤潮動態[*1]

今井一郎[*2]・山口峰生[*3]

1. わが国における *Chattonella* 赤潮の発生と漁業被害

　わが国沿岸では植物プランクトンの約200種が赤潮原因種あるいは有毒種として報じられている（福代ほか1990）．その中で，養殖魚介類の斃死被害の規模と頻度において，*Chattonella* が群を抜いて大きい（今井2012）．わが国では，*Chattonella* 赤潮は1969年に初めて広島湾で発生が確認された（高山1972）．その後，ほぼ毎年のように赤潮が西日本のどこかで発生してきている．これまで *Chattonella* 赤潮の発生が確認されたことのある水域を図1に示した．基本的には瀬戸内海や九州沿岸が主要発生水域であり，養殖魚の斃死被害も断然大きい．太平洋側では東京湾（湾口付近で発生），日本海側では舞鶴湾にて1975年と1985年に赤潮を形成した記録がある．栄養細胞の存在に関しては，北海道余市および小樽の沿岸域において表層海水中に *Chattonella marina* が確認されている（嶋田ほか2015）．また，岩手県大船渡湾の海底泥中では *Chattonella* のシストが観察されたという（山口，未発表）．*Chattonella* の分類に関しては1-2章を参照されたい．

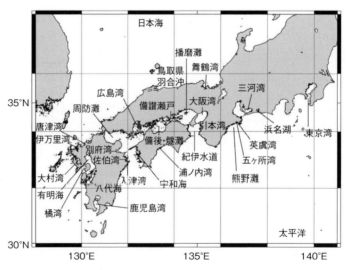

図1　わが国沿岸で *Chattonella* 赤潮が発生した沿岸内湾水域
　　　今井（2012）を一部改訂．

[*1] Biology and bloom dynamics of the noxious red tide flagellate *Chattonella*（Raphidophyceae）

[*2] Ichiro Imai（imai1ro@fish.hokudai.ac.jp）

[*3] Mineo Yamaguchi

Chattonella 赤潮による漁業影響は，1) 天然および養殖魚介類の衰弱・斃死，2) 漁獲量の減少，3) 漁獲量の一時的増加，4) 異常行動と珍しい生物の漁獲，5) 蓄養中の魚介類の斃死，などである（岡市 1980）．これまでわが国沿岸域において発生した *Chattonella* 赤潮の中で，主要なものを要約して表1に示した（今井 2012, 水産庁瀬戸内漁調 2014, 水産庁九州漁調 2015）．最大の被害は 1972 年夏季に播磨灘で発生し，養殖ハマチ 1,428 万尾の斃死で計 71 億円にのぼった．その後も，一度の赤潮で 10 億円以上の被害が頻繁に発生している．八代海・有明海水域においては，21 世紀になって以降 *Chattonella* 赤潮がほぼ毎年のように発生しており，特に 2009 年に 33 億円，2010 年には 53 億円と甚大な被害が養殖ブリで起こった．

表1　わが国沿岸において *Chattonella* により引き起こされた主要な漁業被害（今井 2012）

年	発生水域	漁業被害の内容	被害金額（億円）
1969	広島湾	ハマチなど約8万尾斃死	不明
1970	広島湾ほか	ハマチ約50万尾斃死	6.2
1972	播磨灘ほか	ハマチ約1420万尾斃死	71.5
1977	播磨灘	ハマチ約350万尾斃死	29.7
	鹿児島湾	ハマチ約120万尾斃死	7.0
1978	播磨灘ほか	ハマチ約280万尾斃死	33.2
1979	播磨灘	ハマチ約105万尾斃死	3.2
1982	播磨灘	ハマチ約38万尾斃死	7.7
1983	紀伊水道ほか	ハマチなど約29万尾斃死	3.8
1985	鹿児島湾	ブリなど約50万尾斃死	7.5
1986	播磨灘ほか	ハマチなど斃死	2.1
1987	播磨灘	ハマチ約135万尾斃死	25.3
1989	豊後水道	ハマチなど16万尾斃死	4.9
1990	八代海など	ブリなど約111万尾斃死	15.5
1992	有明海	ハマチなど約18万尾斃死	3.7
2000	豊後水道	ブリなど約7.5万尾斃死	0.5
2003	播磨灘	ハマチ，カンパチなど約55万尾斃死	12.7
2004	安芸灘	ハマチ，ヒラメなど5.4万尾斃死	1.7
2008	八代海	ブリなど約8万尾斃死	1.9
2009	八代海	ブリ，シマアジなど約208万尾斃死	33.3
2010	八代海	ブリ，カンパチなど約278万尾斃死	52.8

2．増殖生理

　赤潮が発生するためには，当該種の増殖が前提となる．*Chattonella* の増殖には様々な環境要因が影響を与えており，したがって，これら要因が増殖に与える影響を把握することは基本的な研究課題である．物理・化学的な要因としては，光，水温，塩分，栄養塩が主要なものとして挙げられる．生物学的な要因としては，同じ植物プランクトンとして栄養塩などをめぐる競争相手になる他種の植物プランクトン，捕食者である動物プランクトンや原生生物，微生物による感染，寄生，殺藻作用等が挙げられる（Imai & Yamaguchi 2012）．

　Chattonella の細胞分裂は明暗周期によって同調され，細胞分裂は暗期に起こる（Nemoto & Furuya 1985）．*Chattonella antiqua*, *C. marina* および *C. ovata* の増殖に及ぼす光の影響を検討して得られたパラメータを要約し表2に示した（山口ほか 1991, Yamaguchi et al. 2010）．*C. antiqua* と *C. marina* の増殖は光強度 30 μmol photons m^{-2} s^{-1} 以上でみられ，110 μmol photons m^{-2} s^{-1} で飽和した．この2種の最大増殖速度は1回分裂 日$^{-1}$ 程度である．*C. ovata* の場合，2株を用いて実験が行われ，最大増殖速

度は 2.09 と 1.49 分裂日$^{-1}$ の値を示しており，*C. antiqua* や *C. marina* に比べて高い値であった．半飽和光強度も *C. ovata* が断然高い値であり，増殖が飽和するのも 300 µmol photons m^{-2} s^{-1} 以上であった（Yamaguchi et al. 2010）．オーストラリア産の *C. marina* において，増殖の飽和は 400 µmol photons m^{-2} s^{-1} 以上であり，光強度の強い環境に適応していると指摘されている（Marshall & Hallegraeff 1999）．*C. ovata* も同様に強い光環境に適応しているものと考えられる．

表2 *Chattonella antiqua*，*C. marina* および *C. ovata* の増殖に及ぼす光の影響
データは，山口ほか（1991）および Yamaguchi et al.（2010）から得た．

	μ_m (divisions d^{-1})	K_S	I_0
C. antiqua	1.34	42.4	10.3
C. marina	1.39	63.4	10.5
C. ovata			
CO2 株	2.09	178	20.1
CO8 株	1.49	87.5	15.5

μ_m：最大増殖速度，K_S：半飽和光強度（µmol photons m^{-2} s^{-1}），
I_0：光強度の閾値（µmol photons m^{-2} s^{-1}）

　水温と塩分を様々に組み合わせ（水温 10－30℃，塩分 10－35），増殖が飽和する光強度（120 µmol photons m^{-2} s^{-1}）を与え，十分な栄養条件下で培養実験を行って得られた結果を表3に示した（山口ほか 1991）．両種ともに温度 15－30℃，塩分 10－35 で増殖した．最適な水温と塩分の組み合わせは，*C. antiqua* で 25℃ と 25，*C. marina* では 25℃ と 20 であった．生存可能な温度範囲はこれら2種で 13－31℃ と報じられており（矢持 1984），瀬戸内海播磨灘において *C. antiqua* は 19.2－28.8℃，*C. marina* は 18.8－28.0℃ で観察されている（吉松・小野 1986）．オーストラリア産の *C. marina* は温度 10℃ でも増殖可能であり，低温へ適応していると指摘されている（Marshall & Hallegraeff 1999）．*C. ovata* に関しては3株について同様の実験で検討されており（表3），最適の条件は温度 25－30℃，塩分 25－30 の組み合わせであった（Yamaguchi et al. 2010）．これらの値は *C. antiqua* や *C. marina* の場合に比べて，特に水温は高いといえる．*C. ovata* が高密度で夏季に現場で検出された時の水温条件は 26.0－29.5℃，塩分は 31.47－31.97 であるという．

表3 *Chattonella antiqua*，*C. ovata* および *C. subsalasa* の増殖に及ぼす水温と塩分の影響
実験は増殖が飽和する光強度 120 µmol photons m^{-2} s^{-1} の条件下で行った．
データは，山口ほか（1991）および Yamaguchi et al.（2010）から得た．

	増殖可能温度	増殖可能塩分	至適水温	至適塩分
C. antiqua	15－30℃	10－35	25℃	25
C. marina	15－30℃	10－35	25℃	20
C. ovata				
CO2 株	10－32.5℃	10－35	30℃	25
CO3 株	15－32.5℃	10－35	25℃	25
CO8 株	15－32.5℃	10－35	30℃	30

　窒素やリンといった栄養塩と増殖との関係についてはかなり詳しく検討がなされている．*Chattonella* は夜間でも栄養塩類の吸収が可能である．表4に *C. antiqua*，*C. ovata* および *C. subsalasa* の増殖と栄養塩に関するパラメータを示した．*C. antiqua* の場合，K_S 値は瀬戸内海等の海域で通常に測定される値の範囲内であり，普通に生息し得ると考えられる．*C. subsalsa* に関しては，米国東部の極端に富栄養化した沿岸のラグーンから分離されたものであり，そのような環境に適応しているものと想像される（Zhang et al. 2006）．

表4 *Chattonella antiqua*, *C. ovata* および *C. subsalasa* の増殖と栄養塩類の関係
データは Nakamura（1985），Nakamura et al.（1988），Zhang et al.（2006），
および Yamaguchi et al.（2008a）から得た.

	PO_4^{3-}	NO_3^-	NH_4^+
C. antiqua			
μ_m (divisions d^{-1})	1.41	1.41	1.07
K_S (μM)	0.11	1.00	0.23
q_0 (pmol)	0.62	7.8	7.7
C. ovata			
μ_m (divisions d^{-1})	1.25	1.14	ND
K_S (μM)	ND	ND	ND
q_0 (pmol)	0.48	5.5	ND
C. subsalsa			
μ_m (divisions d^{-1})	0.81	0.87	0.84
K_S (μM)	0.84	8.98	1.46
q_0 (pmol)	ND	ND	ND

μ_m：最大増殖速度，K_S：半飽和定数，q_0：細胞内最少持ち
分，ND：No data

 C. antiqua の栄養要求をみると，窒素源としては硝酸塩とアンモニウム塩をよく利用し，尿素をごくわずかに利用して増殖するが，アミノ酸等は窒素源として利用できない（Nakamura & Watanabe 1983）. アンモニウム塩に関して，高濃度（> 150 μM）の場合 *C. antiqua* に対して毒性を示すという. *C. ovata* は *C. antiqua* と異なり，尿素を窒素源として利用できないと報じられている（Yamaguchi et al. 2008a）. リン源としては基本的にリン酸塩を利用するが，よく用いられるグリセロリン酸は利用しない場合が多い. *C. ovata* は，ATP と ADP をリン酸塩以外に利用できるという（Yamaguchi et al. 2008a）.

 鉄は *Chattonella* の増殖に必須の元素である. しかしながら，*Chattonella* を増殖させることができる合成培地がなかったため，長くその実態は不明であった. しかしようやく *Chattonella* の増殖を可能にする合成培地が開発され（Imai et al. 2004），それを基本培地に用いて鉄の利用に関する検討がなされた（Naito et al. 2005a, b, 2008, 2-4章も参照）. *Chattonella* の増殖に及ぼす塩化第2鉄（キレート剤なし）とサリチル酸（SA）鉄，クエン酸（CA）鉄，ならびに EDTA 鉄の影響を図2に示した（Naito et al. 2005a）. *Chattonella* は，EDTA でキレートされた鉄，それも鉄とのモル比が1：10の場合に増殖したが，1：100の時は *C. marina* のみが遅れて増殖し，1：1では増殖しなかった. 他に用いたサリチル酸やクエン酸がキレート剤の場合は，いずれのモル比でもまったく *Chattonella* の増殖は認められなかった. 鉄の利用に関して *Chattonella* は，驚異的に無能であり，現場海域においてどのような形態の有機態鉄が活用され，赤潮にいたっているのか大変興味深い課題といえよう.

3. 日周鉛直移動

 瀬戸内海播磨灘の坊瀬島に設置された現場型メソコズムにおいて，外部からの潮汐や流れの影響を受けない状況で *Chattonella* がどの程度の深さまで昇降するのかが観察された（Wartanabe et al. 1995）. その結果，昼間には表層に集まっていた *Chattonella* 栄養細胞は，夕刻に沈降していき午前3時には7.5 m 層に極大となる分布を示し，再び上昇を開始して昼には表層で細胞密度が最大となった. これにより，*Chattonella* は7.5 m 深まで自身の主体的な遊泳運動より昇降可能と報告された. 現場海域では，瀬戸内海の播磨灘や九州の有明海，八代海等において *Chattonella* の日周鉛直移動が赤潮の

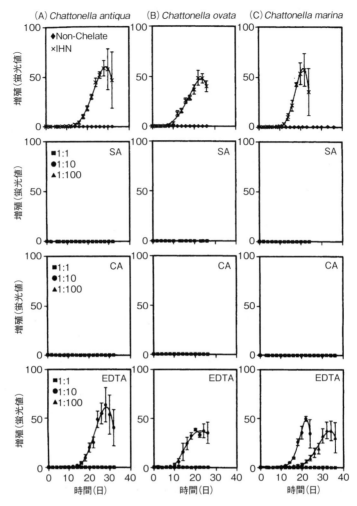

図2　*Chattonella antiqua*，*C. ovata* および *C. marina* の増殖に及ぼす塩化第2鉄（キレート剤なし）とサリチル酸（SA）鉄，クエン
酸（CA）鉄，ならびに EDTA 鉄の影響（Naito et al. 2005a）
　　図中の数字は，鉄とキレート剤のモル比．培養液は完全人工合成培地である IHN 培地（Imai et al. 2004）を用い，*Chattonella*
の増殖は蛍光光度計を用いてクロロフィル蛍光値によりモニターした．

発生時に観察されている（浜本ほか 1979，櫻田ほか 2013，Katano et al. 2014）．有害赤潮渦鞭毛藻の
Karenia mikimotoi が水深 20 m まで昇降する（Koizumi et al. 1996）のに比べればやや劣るが，浅海域
では珪藻類との栄養塩をめぐっての競合においてそれなりに貢献すると考えられる．

4．シストの形態

　前述のように *Chattonella* は，栄養細胞の状態での生存可能な温度は 13−31℃ である．温暖な西日
本の沿岸海域でも瀬戸内海等では冬季に水温が 10℃ 以下にまで低下することから，栄養細胞の状態
での越冬は不可能であろう．事実，瀬戸内海での長期的なモニタリングにおいても，冬季に水柱で
Chattonella が確認されたことはない（吉松・小野 1986）．したがって越冬のために，*Chattonella* は
生活環の中でシストの時期を持つ（今井・伊藤 1986, Imai & Itoh 1988, Yamaguchi et al. 2008b）．一般

的にシストの果たす重要な機能としては，1）不適な環境を海底で過ごすので保持され当該水域で毎年発生するブルームの発生源となる，2）耐久性を持つことから越冬や越夏の手段となる，3）破損や捕食に対する抵抗性が高いので種の分布拡大を可能にする，4）シストが自発的な休眠期間を持つ場合は発芽の時期が増殖に好適な時期に調節制御され毎年ほぼ同じ季節に出現することが可能になる，5）有性生殖によって形成されるシストの場合は遺伝子の組み換えが行われ個体群の遺伝的多様性が維持される，等が挙げられる（Wall 1971，福代 1987）．最後の有性生殖を除き，*Chattonella* においてもシストの機能は共通するように思われる．

　瀬戸内海の海底泥から見出された天然の *Chattonella*（*C. antiqua*，*C. marina*，*C. ovata*）のシストと，各々のシストから発芽して確認された栄養細胞の写真を図3（口絵11）に示した．各種（変種）のシストはまったく同様の形態をしており，シストの形態的特徴をもとにした各種の識別は不可能であった．これは有毒渦鞭毛藻の *Alexandrium tamarense* と *A. catenella* の場合とよく似た状況といえる（Itakura & Yamaguchi 2005）．したがってシストの種判別のためには，シストの培養を通じて生じた栄養細胞の形態を確認する必要がある．*Chattonella* のシストの形態学的特徴は下記の通りである．すなわち，1）半球形をしており直径が 25−35 μm，高さは 15−25 μm，サイズは通常の栄養細胞に比べて著しく小さい，2）珪藻の被殻や砂粒等の固形物表面に付着している，3）色調は黄緑色〜褐色を呈する，4）シスト内には濃褐色から黒色の粒子が存在する，5）ほぼ球形の葉緑体がシストの中に多数存在しており，落射蛍光顕微鏡を用い青色励起光下で観察すると赤色の自家蛍光を発し，これにより直接検鏡によるシストの計数が可能である，6）シストは単核である，7）シストの表面は平滑で特段の構造は認められない，等である．シストは単独の場合もあるが，10個以上のシストが複数で塊状になっている場合もある．付着しているシストの場合，シストの頂端部に発芽のための構造が認められ，実際にこの部分からの発芽も観察されており，発芽後の空シストにはこの部分に径約 7 μm の円形の開口部が生じる（図4）．

　発芽能力を持つシストは，培養開始後 4−6 日間に多くが発芽する（今井ほか 1984）．1個のシストから1個の細胞が発芽する（今井・伊藤 1986）．発芽直後の細胞はシストと似た色調とサイズであるが，明条件で1日経つと通常の栄養細胞の大きさになり，その後分裂を開始する．シストの発芽は暗黒条件でも起こり（今井ほか 1984，今井 1992），明条件の場合は弱光の方が好ましいという観察がなされている（Ichimi et al. 2003）．また比較的酸素の少ない条件下でも，*Chattonella* のシストは通常の渦鞭毛藻のシストに比べてより高頻度で発芽できると報告されている（Montani et al. 1995）．

5. シストの形成条件と過程

　C. marina のクローン培養株を用い，室内培養条件下でシストの形成実験を行った（Imai 1989）．温度25℃の好適条件下，窒素制限の培養液中で培養すると，増殖が止まる頃からシストとサイズや色調の似た小型の細胞が多数出現した（図5）．これらの培養を弱光（15 μmol photons m^{-2} s^{-1} 以下）あるいは暗黒条件に置くと，数日後には付着用の基質として添加したガラス粒子の表面に人工的に形成させたシストが観察された．これらは，天然のシストと同じ形態をしていた（図6）．これらの人工シストを温度11℃の暗黒低温条件下で4ヵ月間以上保存し，発芽に好適な条件下で培養すると，実際にシストから栄養細胞の発芽が確認された（Imai 1989）．同様の条件下で，*C. antiqua* のシストも

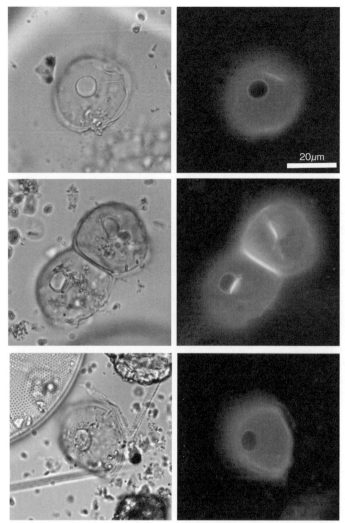

図 4　海底泥中に存在する *Chattonella* の発芽後の空シスト
　　　　同じシストを左側は通常光下で観察し，右側はプリムリン染色後に紫色励起光下で観察した（Yamaguchi et al. 1995）．空のシストには，孔径 7 µm の発芽孔が観察される．

形成が確認されている（Nakamura et al. 1990）．

　瀬戸内海等の赤潮発生海域における *Chattonella* のシスト形成過程は，以下のようなものと考えられる．栄養細胞は表層や有光層で栄養塩類を消費しつつ増殖し，場合によっては赤潮を形成する．栄養塩の消失が引き金となってシスト形成小型細胞を産生する（図 5）．これらの細胞は，海底へと沈降していき（今井ほか 1993），海底に存在する珪藻の被殻や砂粒に付着して，弱光の環境条件下でシストの形成が進行，完了する．広島湾で 1990 年に発生した *Chattonella* 赤潮において，赤潮の末期に形成された膨大な数のシストが海底泥中に確認された（今井ほか 1993）．同様に播磨灘においても，*Chattonella* 赤潮が発生した際にセディメントトラップが設置され，シスト形成小型細胞が深層へと沈降しシスト形成が進むことが確認されている（Nakamura & Umemori 1991）．

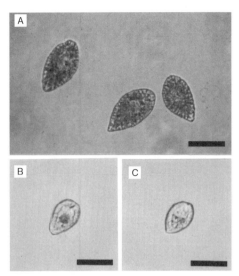

図5　*Chattonella marina* の栄養細胞（A）と窒素欠乏培地中で形成されたシスト形成小型細胞（B，C）（今井 1990）
スケール：30 μm.

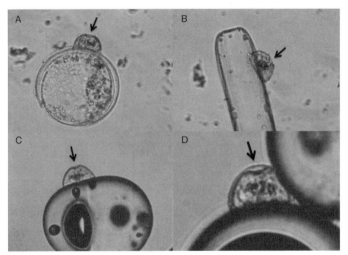

図6　天然海域の *Chattonella* シスト（A：中心目珪藻の被殻に付着，B：羽状目珪藻の被殻に付着），および培養条件下で人工的に
形成させた *Chattonella marina* のシスト（C, D：ガラスビーズに付着）（今井 1990）
矢印は発芽のための構造を示す．シストのサイズ（径）は 30 μm.

6. *Chattonella* の生活環

　1969 年に初めて赤潮を形成し養殖ブリを斃死させて注目を集めた *Chattonella* は，夏に赤潮を形成
する生物であるが越冬形態は長い間不明であり，生活環の解明は，シストの発見とシスト形成条件の
解明を待たねばならなかった．生活環の中の各段階の細胞を室内培養条件下で誘導形成させ，それら
の核の DNA 量を測定することによって，核相を知ることができ，ひいては有性生殖過程や単相生物
なのか複相生物なのかといった基礎生物学的な知見が得られる．このような研究に，当時，顕微蛍光
測光の技術が威力を発揮した（Yamaguchi 1992）．核 DNA に特異的に結合し紫外線励起によって青色
の強力な蛍光を発する DAPI（4'6-diamidino-2-phenilindole）を用いれば，種々の生活環ステージの細

胞の核 DNA 量を定量でき，核相が明らかになる．

　C. antiqua と *C. marina* について，通常の栄養細胞，シスト形成小型細胞，人工的に形成させたシスト，瀬戸内海の天然シスト，シストから発芽した直後の小型細胞，その後通常の栄養細胞になって培養された細胞について核 DNA 量が測定され，そのユニークな生活環が解明された（Yamaguchi & Imai 1994）．増殖期の栄養細胞は二分裂によって増殖する．したがって核 DNA 量のヒストグラムには，細胞周期の G1 期，S 期，G2 期および M 期のピークが明確に現れる．そして，2C（2 complements of DNA：二倍体の染色体数に相当する DNA 量）の核 DNA 量の細胞が G1 期にあり，4C の DNA 量の細胞が G2 期または M 期に認められた．人工シストや天然のシスト，発芽直後の細胞（小型），ならびにシスト形成小型細胞は通常の栄養細胞の半分の DNA 量しか持っておらず（1C），*Chattonella* は複相生物であり，シストは単相であるというユニークな事実が判明した（Yamaguchi & Imai 1994）．

　現時点における *Chattonella* の生活環をまとめて図 7 に示した．Yamaguchi & Imai（1994）の研究で明らかになったのは図 6 の中で「ホロガミー」の部分（後に詳述）を除いたものである．無性的な細胞分裂は縦二分裂で進行する．栄養欠乏条件下（特に窒素）でシストの形成が誘導され，形成されたシスト形成小型細胞の核 DNA 量は 1C であり，その後の作られたシストも 1C である．以上から，通常の栄養細胞からシスト形成小型細胞が誘導される時に減数分裂が起こっていると想定される．シストは冷暗黒環境下で遺伝的に制御された自発的休眠の解除が進み，好適条件下に移すと発芽する．シストからは 1 個の細胞が発芽して生じる（今井・伊藤 1986）．そして生じた発芽細胞は 1C である

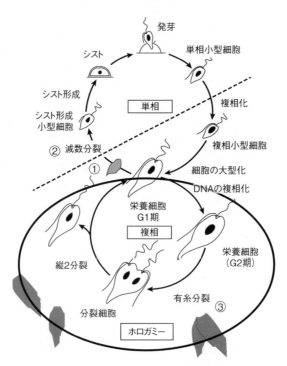

図 7　有性生殖過程としてのホロガミー（Figueroa & Rengefors 2006）を考慮に入れた *Chattonella* の生活環（Yamaguchi & Imai（1994）を改訂）
　　破線より上は単相，下は複相のステージを示す．
　　①複相のシスト形成小型細胞（Demura et al. 2012），②複相の小型細胞から単相の小型細胞になる時に減数分裂が起こると考えられた，③ホロガミーを通じて栄養細胞が接合し，細胞と核が融合した後に細胞が 2 つに分かれると想定される．

が，24時間経つ前にサイズも形態も通常の栄養細胞へと変化する前に2Cになっていた（Yamaguchi & Imai 1994）．その後，通常みられる栄養細胞へと変化して，細胞分裂を重ねることになる．渦鞭毛藻を中心とする大部分の微細藻類は，栄養細胞が1Cの単相の生活環を有する場合が多く，接合を通じて形成されるシストは2Cであることが多い．複相の生活環を持つ微細藻類は珍しく，珪藻類以外では夜光虫などあまり多くない．

淡水にもラフィド藻は生息し，中でも *Gonyostomum semen* は濃厚なブルーム（淡水赤潮）を発生させ遊泳に支障をきたすなど，人間にも悪影響を及ぼしている（Cronberg 2005, 今井 2013a）．これまで *G. semen* の生活環は不明な部分が多かったが，Figueroa & Rengefors（2006）はスウェーデンの湖水から *G. semen* のクローン培養を2株確立し，観察される生活史の各ステージについて形態変化を微速度撮影でモニターし，生活環の全容を明らかにした．最も普通に観察された生活環の過程は，分裂，分裂の後に起こる接合，無性的なシスト形成，および有性的なシスト形成等である．本研究で最も興味深い観察は，ホロガメート（hologamete）の接合過程であるホロガミー（hologamy）である．培養の対数増殖期に細胞間の接合は頻繁に観察され，接合は細胞の前半部分で起こる．接合によって大きくて長い細胞（接合子）が形成され，核は互いに近づき融合して1つになる．その後この細胞はシストを形成することはなく，やがて分裂して2個の通常の栄養細胞になる．このようなホロガメートの接合はほとんど知られておらず，もちろんラフィド藻でも初の報告である．

次に，インドのマラバー海岸で赤潮の発生と魚類の大量斃死が起こった際に，原因生物の *Hornellia marina*（シノニム *Chattonella marina*）を対象に，様々な形態観察がなされている（Subrahmanyan 1954）．その中で，栄養細胞の接合と判断されるスケッチがある．これがホロガミーならば，海産ラフィド藻でもホロガミーを確認，検討する必要がある．広島湾から分離培養された *Chattonella marina* のクローン培養の中に，頻度は高くはないが，図8に示した通常の栄養細胞の「接合」と判断される形態の細胞ペアが観察された（今井 2013b）．また，このようなペアをキャピラリーで分離し，時計皿の培養液に移して翌日観察すると2つの細胞に分かれているのが観察された（今井 未発表）．これがホロガミーであるなら，

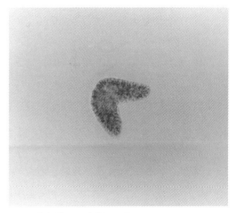

図8 広島湾から分離された *Chattonella marina* のクローン株の培養で観察された栄養細胞の接合，ホロガミーと想定される（今井 2013b）

生活環の中で接合過程の存在が不明である *Chattonella* において，遺伝子の交換を伴う過程になるといえよう．

Demura et al.（2012）は，マイクロサテライトマーカーによる遺伝子型の解析により，*Chattonella* の生活環を検討した．その結果，シスト形成小型細胞の中に複相のものの存在を見出した．シストについてはデータを示しておらず，その核相はまだ不明のままである．それにも関わらず複相のシストの存在を示唆しており，今後の十分な検討が必要である．

ホロガミー（Figueroa & Rengefors 2006），複相である栄養細胞の接合（今井 2013b），ならびに複相のシスト形成小型細胞の存在（Demura et al. 2012）を考慮して，現在考えられる *Chattonella* の生活環を図7に提示した．通常の栄養細胞の接合を通じて核融合が起こり，遺伝子の交換を行って再度分裂

すれば有性過程はここで完結し，個体群の遺伝的多様性は保持されるであろう．Subrahmanyan（1954）の観察が栄養細胞の接合であり，図 8 で示したようなものであればホロガミーを考慮するのはさほど無理なことではないと考えられる．

　次に，複相のシスト形成小型細胞が確認されたことは興味深い．シスト形成を培養実験で試みた Nakamura et al.（1990）の示した写真の中で，著者らが「配偶子の接合」と呼んでいるものがある．細胞の後端が融合しており，前端が分かれている．これは配偶子の接合ではなく，複相のシスト形成小型細胞が減数分裂を通じてシスト形成のための単相のシスト形成小型細胞になっている過程と考えることができる．この過程があれば，減数分裂の起こる過程が明確になる．ラフィド藻の場合，接合の時は細胞の前半部で融合し，細胞分裂は鞭毛の生じている細胞の前端部から分かれ始め，細胞の後半部が最後まで融合しているのが通常であり，海産の Chattonella だけでなく淡水産の G. semen においても詳細に確認されている（Cronberg 2005, Figueroa & Rengefors 2006）．Chattonella の場合，シストから発芽した直後の細胞が単相で，そのままの形態のまま 24 時間程度で複相化することを想起するならば，シスト形成の段階でも逆の進行過程が存在することになる．栄養細胞のシスト形成からシストの発芽を通じてまた栄養細胞に戻る過程は対称性を示しており，生物学的に大変美しいと思える．

7.　Chattonella の年間の生活様式

　瀬戸内海等の水域で，現在知られている Chattonella の年間の生活様式は図 9 の通りである（Imai & Itoh 1987, Imai et al. 1991, 1998）．Chattonella はシストで越冬する．シストは現場の温度環境によく適応しており，夏季の形成直後のシストは遺伝的に制御された自発的休眠状態にあり，低温で 4 ヵ月間以上過ごすことが休眠の解除（発芽能の獲得）に必要である（Imai & Itoh 1987）．すなわち，夏季に赤潮を形成する生物であるが，シストの成熟には冬の低温を要求するということを意味しており，温帯の四季に実によく適応した生物といえよう．春にはシストの休眠が終わり，生理的に発芽可能な状態であるが，水温が低過ぎるために発芽ができないのでそのまま休眠状態を強制されている．その後，海底の温度が上がり，発芽適温になると活発に発芽して栄養細胞として水柱で増殖を開始する．長期間の休眠のお陰で，シストの発芽は必ず夏に起こるように調節されており，夏の生物として季節を外さない工夫がなされているといえよう．また Chattonella は，プランクトンとして水柱で生活すると同時にシストとして底生生活を送っていることから，両方の生活が可能になるのは水深が小さい浅海域が適しており，瀬戸内海のような水域はまさに好適な環境といえるであろう．以上総合的に考えるならば，Chattonella の生活史戦略は単に冬を乗り切るだけの受動的な生存戦略（survival strategy）と捉えるよりも（Dale 1983），水域環境に対してより一層積極的に適応した戦略，すなわち適応的生存戦略（adaptive survival strategy, Imai & Itoh 1987）と認識すべきであろう．

8.　Chattonella 赤潮の発生機構

　シストの発芽を通じて栄養細胞が水柱に現れると，その後の Chattonella の増殖の成否は水柱の様々な要因，特に栄養塩環境とそれをめぐる競争者である珪藻類の影響を受けることになる．Chattonella

赤潮の発生時には，水柱に珪藻類が低密度あるいはほとんど認められないことが経験的に知られている（吉松・小野 1986, 伊藤ほか 1990, 今井 1990, 2012, 紫加田ほか 2010, 鬼塚ほか 2011, Imai & Yamaguchi 2012, 西ほか 2012）．これらのことと，栄養塩および珪藻類の状況を考慮して，*Chattonella* 赤潮の発生機構に関する仮説を図9に示した．

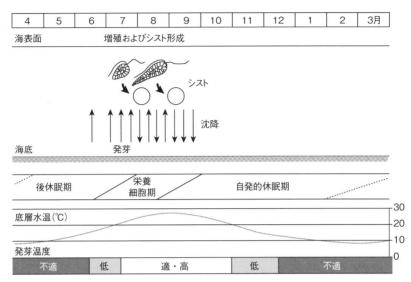

図9 瀬戸内海等の沿岸域に生息する *Chattonella* におけるシストの時期と栄養細胞の時期を含んだ生活様式に関する模式図 Imai & Itoh（1987）を改訂，今井（1990）．底層水温の季節変化とシストの生理的な状態も同時に記した．

栄養塩類をめぐる *Chattonella* の競争者として，珪藻類は圧倒的な強者である（Eppley 1977, 山口 1994, 紫加田ほか 2010）．しかしながら珪藻類の多くは，成層後の栄養塩消失等の不適な環境下で休眠期細胞を形成し，水柱の有光層から沈降消失してしまうことが起こる（French & Hargraves 1980, Garrison 1984, Smetacek 1985, 板倉・今井 1994）．珪藻類休眠期細胞は発芽・復活に光を要求し（Hargraves & French 1983, Garrison 1984, Imai et al. 1996），一方 *Chattonella* のシストは暗黒条件下でも発芽できる（今井 1992, Ichimi et al. 2003）．このような状況は，弱光環境の海底では *Chattonella* のシストの選択的発芽が進み，珪藻類休眠期細胞の発芽・復活は起こり難いと考えられる．水柱で生き残った珪藻の細胞は，限度を越えて小型化してしまうと生存ができなくなる（小久保 1960）．*Chattonella* 赤潮が発生するための条件について，図10に整理した．成層状態が夏季の間継続すると，表層の栄養塩類は消失し，表層水中にはほとんど何も生息しない状況が生じる．一方で気象の不安定な夏では常に降雨や鉛直混合が日常的に発生し，このような環境下では豊富な栄養を基盤に常に珪藻類が卓越すると予想できる．図10中段の条件が起こった場合，弱者の *Chattonella* が赤潮を形成できると想定される．すなわち，しばらくの期間成層すると表層では栄養塩類が枯渇して珪藻類は小型化して不活性化するか，休眠期細胞を形成して海底へと沈降する．大部分の珪藻類が沈降した後に低気圧等の影響で鉛直混合が起こると，底層から栄養塩類が表層に運ばれ栄養環境が好転するにも関わらず，珪藻類がほとんど表層に存在しない状況が続く．この時点で数細胞 mL^{-1} の初期個体群が有光層内に生息しておれば，1日1回の分裂で1週間後には128倍になるので，*Chattonella* は水柱の有光層の栄養塩類をほぼ独占的に吸収してしまうことが可能と考えられる．

図11に，2009年夏季の八代海において発生した *Chattonella* 赤潮について，珪藻類とともに経時的

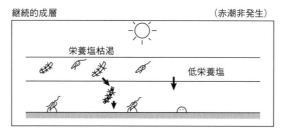

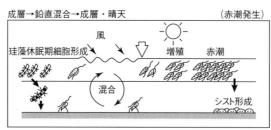

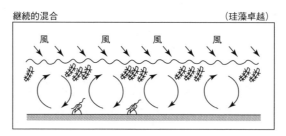

図 10 沿岸水域における *Chattonella* 赤潮の発生環境と珪藻類の挙動（今井 1995，Imai & Yamaguchi 2012）

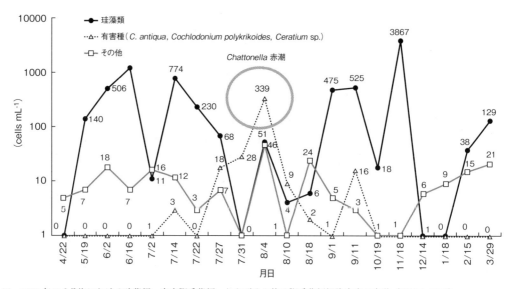

図 11 2009 年の八代海における珪藻類，有害鞭毛藻類，およびその他の鞭毛藻類細胞密度の変動（西ほか 2012）
　　　鹿児島県長島町の地先の Stn.1，獅子島と御所浦島の間の Stn.10，および水俣市地先の Stn.12 の表層水 1 mL 中の細胞数の合計で表した．8 月 4 日の有害鞭毛藻のピーク時は 98% が *Chattonella antiqua* であった．

な変化を紹介する．図からも明らかなように，珪藻類が減少して少ない間に1週間程度の増殖期を経て *Chattonella* が水柱内で卓越し赤潮を起こして，養殖ブリに大量斃死をもたらした．卓越して水柱の栄養塩類がなくなれば，珪藻類は生存が困難になるであろう．このような赤潮の発生過程を前提にするならば，珪藻類が卓越することを人為的に手助けできれば，有害な鞭毛藻類による赤潮を全体として発生予防できる可能性がある．海底泥中の豊富な珪藻休眠期細胞の活用が大きな可能性を持っていると考えられる．

文　献

Cronberg G（2005）The life cycle of *Gonyostomum semen*（Raphidophyceae）. Phycologia 44: 285-293.

Dale B（1983）Dinoflagellate resting cysts: "benthic plankton". In: Survival Strategies of Algae（Fryxell GA ed），pp.69-136, Cambridge University Press, Cambridge.

Demura M, Noel MH, Kasai F, Watanabe MM, Kawachi M（2012）Life cycle of *Chattonella marina*（Raphidophyceae）inferred from analysis of microsatellite marker genotype. Phycol Res 60: 316-325.

Eppley RW（1977）The growth and culture of diatoms. In: The Biology of Diatoms（Werner D ed），pp.24-64, Springer-Verlag, Berlin.

Figueroa RI, Rengefors K（2006）Life cycle and sexuality of the freshwater raphidophyte *Gonyostomum semen*（Raphidophyceae）. J Phycol 42: 859-871.

French FW, Hargraves PE（1980）Physiological characteristics of plankton diatom resting spores. Mar Biol Lett 1: 185-195.

福代康夫（1987）生活史. 赤潮の科学（岡市友利編），pp.53-61, 恒星社厚生閣, 東京.

福代康夫・高野秀昭・千原光雄・松岡數充編（1990）日本の赤潮生物－写真と解説－. 407p, 内田老鶴圃, 東京.

Garrison DL（1984）Plankton diatoms. In: Marine Plankton Life Cycle Strategies（Steidinger KA, Walker LM eds），pp.1-17, CRC Press, Boca Raton, Florida.

浜本俊策・吉松定昭・山田達夫（1979）夜間連続観測調査. 昭和53年6月発生ホルネリア赤潮に関する調査報告書, pp.33-47, 香川県.

Hargraves PE, French FW（1983）Diatom resting spores. In: Survival Strategies of the Algae（Fryxell GA ed），pp.49-68, Cambridge Univ. Press, Cambridge.

Ichimi K, Meksumpun S, Montani S（2003）Effect of light intensity on the cyst germination of *Chattonella* spp.（Raphidophyceae）. Plankton Biol Ecol 50: 22-24.

Imai I（1989）Cyst formation of the noxious red tide flagellate *Chattonella marina*（Raphidophyceae）in culture. Mar Biol 103: 235-239.

今井一郎（1990）有害赤潮ラフィド藻 *Chattonella* のシストに関する生理生態学的研究. 南西水研研報 23: 63-166.

今井一郎（1992）瀬戸内海のシャットネラ赤潮におけるシストの生態的役割. 月刊海洋 24: 33-42.

今井一郎（1995）珪藻類を用いたシャットネラ赤潮の生態学的防除の可能性. 月刊海洋 27: 603-612.

今井一郎（2012）シャットネラ赤潮の生物学. 184p. 生物研究社, 東京.

今井一郎（2013a）有害有毒赤潮の生物学（26）淡水産ラフィド藻 *Gonyostomum semen* のブルーム. 海洋と生物 35: 154-159.

今井一郎（2013b）有害有毒赤潮の生物学（27）淡水産赤潮ラフィド藻 *Gonyostomum semen* の生活環. 海洋と生物 35: 261-268.

今井一郎・伊藤克彦（1986）周防灘海底泥から見出された *Chattonella* のシストについて（予報）. 日本プランクトン学会報 33: 61-63.

Imai I, Itoh K（1987）Annual life cycle of *Chattonella* spp., causative flagellates of noxious red tides in the Seto Inland Sea of Japan. Mar Biol 94: 287-292.

Imai I, Itoh K（1988）Cysts of *Chattonella antiqua* and *C. marina*（Raphidophyceae）in sediments of the Inland Sea of Japan. Bull Plankton Soc Japan 35: 35-44.

Imai I, Yamaguchi M（2012）Life cycle, physiology, ecology and red tide occurrences of the fish-killing raphidophyte *Chattonella*. Harmful Algae 14: 46-70.

今井一郎・伊藤克彦・安楽正照（1984）播磨灘における *Chattonella* 耐久細胞の分布と発芽温度. 日本プランクトン学会報 31: 35-42.

Imai I, Itakura S, Itoh K（1991）Life cycle strategies of the red tide causing flagellates *Chattonella*（Raphidophyceae）in the Seto Inland Sea. Mar Poll Bull 23: 165-170.

今井一郎・板倉 茂・大内 晟（1993）北部広島湾における *Chattonella* 赤潮の発生と海底泥中のシストの挙動. 日本水産学会誌 59: 1-6.

Imai I, Itakura S, Yamaguchi M, Honjo T（1996）Selective germination of *Heterosigma akashiwo*（Raphidophyceae）cysts in bottom sediments under low light conditions: A possible mechanism of red tide initiation. In: Harmful and Toxic Algal Blooms（Yasumoto T, Oshima Y, Fukuyo Y eds），pp.197-200, International Oceanographic Commission of UNESCO, Paris.

Imai I, Yamaguchi M, Watanabe M（1998）Ecophysiology, life cycle, and bloom dynamics of *Chattonella* in the Seto Inland Sea, Japan. In: Physiological Ecology of Harmful Algal Blooms（Anderson DM, Cembella AD, Hallegraeff GM eds），NATO ASI Series, Ecological Sciences Vol. 41, pp.95-112, Springer-Verlag, Berlin.

Imai I, Hatano M, Naito K（2004）Development of a chemically defined artificial medium for marine red tide-causing raphidophycean flagellates. Plankton Biol Ecol 51: 95-102.

板倉 茂・今井一郎（1994）1991 年夏季播磨灘の海況と表層水中における浮遊性珪藻類 *Chaetoceros* 休眠胞子の分布. 水産海洋研究 58: 29-42.

Itakura S, Yamaguchi M（2005）Morphological and physiological differences between the cysts of *Alexandrium catenella* and *A. tamarense*（Dinophyceaea）in the Seto Inland Sea, Japan. Plankton Biol Ecol 52: 85-91.

伊藤克彦・今井一郎・板倉 茂・山口峰生・松尾 豊・寺田和夫・神薗真人・池内 仁（1990）*Chattonella* および *Gymnodinium* 赤潮の発生予知要素の選定と評価. 赤潮の発生予知技術の開発に関する研究, 5 か年の研究報告, pp.171-179, 南西海区水産研究所, 広島県廿日市.

Katano T, Yoshida M, Yamaguchi S, Yoshino K, Hamada T, Koriyama M, Hayami Y（2014）Effect of nutrient concentration and salinity on diel vertical migration of *Chattonella marina*（Raphidophyceae）. Mar Biol Res 10: 1007-1018.

Koizumi Y, Uchida T, Honjo T（1996）Diurnal vertical migration of *Gymnodinium mikimotoi* during a red tide in Hoketsu Bay, Japan. J Plankton Res 18: 289-294.

小久保清治（1960）浮遊珪藻類. 330p, 恒星社厚生閣, 東京.

Marshall JA, Hallegraeff GM（1999）Comparative ecophysiology of the harmful alga *Chattonella marina*（Raphidophyceae）from south Australia and Japanese waters. J Plankton Res 21: 1809-1822.

Montani S, Ichimi K, Meksumpun S, Okaichi T（1995）The effects of dissolved oxygen and sulfide on the germination of the cysts of some different phytoflagellates. In: Harmful Marine Algal Blooms（Lassus P, Arzul G, Erard E, Gentien P, Marcailluo C eds）, pp.627-632, Lavoisier, Paris.

Naito K, Matsui M, Imai I（2005a）Influence of iron chelation with organic ligands on the growth of red tide phytoplankton. Plankton Biol Ecol 52: 14-26.

Naito K, Matsui M, Imai I（2005b）Ability of marine eukaryotic red tide microalgae to utilize insoluble iron. Harmful Algae 4: 1021-1032.

Naito K, Imai I, Nakahara H（2008）Complexation of iron by microbial siderophores and effects of iron chelates on the growth of marine microalgae causing red tides. Phycol Res 56: 58-67.

Nakamura Y（1985）Kinetics of nitrogen- or phosphorus-limited growth and effects of growth conditions on nutrient uptake in *Chattonella antiqua*. J Oceanogr Soc Japan 41: 381-387.

Nakamura Y, Umemori T（1991）Encystment of the red tide flagellate *Chattonella antiqua*（Raphidophyceae）: cyst yield in batch culture and cyst flux in the field. Mar Ecol Prog Ser 78: 273-284.

Nakamura Y, Watanabe MM（1983）Growth characteristics of *Chattonella antiqua* Part 2. Effects of nutrients on growth. J Oceanogr Soc Japan 39: 151-155.

Nakamura, Y., J. Takashima and M. Watanabe（1988）Chemical environment for red tides due to *Chattonella antiqua* in the Seto Inland Sea, Japan Part 1. Growth bioassay of the seawater and dependence of growth rate on nutrient concentrations. J Oceanogr Soc Japan 44: 113-124.

Nakamura Y, Umemori T, Watanabe M, Kulis DM, Anderson DM（1990）Encystment of *Chattonella antiqua* in laboratory cultures. J Oceanogr Soc Japan 46: 35-43.

Nemoto Y, Furuya M（1985）Inductive and inhibitory effects of light on cell division in *Chattonella antiqua*. Plant Cell Physiol 26: 669-674.

西 広海・田原義雄・徳永成光・久保 満・吉満 敏・中村章彦（2012）2009 年及び 2010 年に八代海で発生した *Chattonella antiqua* 赤潮－発生期の環境特性と養殖ブリへの影響－. 鹿水技研報 3: 5-20.

岡市友利（1980）魚介類の被害防止策. 水産学シリーズ 34, 赤潮－発生機構と対策（日本水産学会編）, pp.124-138, 恒星社厚生閣, 東京.

鬼塚 剛・青木一弘・清水 学・松山幸彦・木元克則・松尾 斉・耒代勇樹・西 広海・田原義雄・櫻田清成（2011）2010 年夏季に八代海で発生した *Chattonella antiqua* 赤潮の短期動態－南部海域における出現特性－. 水産海洋研究 75: 143-153.

櫻田清成・高日新也・梅本敬人（2013）2010 年に八代海で赤潮化した *Chattonella antiqua* の発生状況と日収鉛直移動. 熊本水研センター研報 9: 85-90.

紫加田知幸・櫻田清成・城本祐助・生地 暢・吉田 誠・大和田紘一（2010）八代海における植物プランクトンの増殖に与える水温, 塩分および光強度の影響. 日本水産学会誌 76: 34-45.

嶋田 宏 坂本節子 山口峰生 今井 郎（2013）北海道石狩湾沿岸におけるる暖水性有害微細藻類の出現. 平成 21 年度日本水産学会春季大会講演要旨集, 東京.

Smetacek VS（1985）Role of sinking in diatom life-history cycle: ecological, evolutionary and geological significance. Mar Biol 84: 239-251.

Subrahmanyan R（1954）On the life-history and ecology of *Hornellia marina* gen. et sp. nov.,（Chloromonadineae）, causing green discoloration of the sea and mortality among marine organisms off the Malabar Coast. Indian J Fish 1: 182-203.

水産庁瀬戸内海漁業調整事務所（2014）平成 25 年瀬戸内海の赤潮. 64p.

水産庁九州漁業調整事務所（2015）平成 2 年瀬戸内海の九州海域の赤潮. 117p.

高山晴義（1972）1969 年および 1970 年広島湾に発生した赤潮鞭毛虫類について. 広島水試研報 3: 1-7.

Wall D（1971）Biological problem concerning fossilizable dinoflagellates. Geosci Man 3: 1-15.

Watanabe M, Kohata K, Kimura T, Yamaguchi S（1995）Generation of a *Chattonella antiqua* bloom by imposing a shallow nutricline in a mesocosm. Limnol Oceanogr 40: 1447-1460.

Yamaguchi H, Sakamoto S, Yamaguchi M（2008a）Nutrition and growth kinetics in nitrogen- and phosphorus-limited cultures of the novel red tide flagellate *Chattonella ovata*（Raphidophyceae）. Harmful Algae 7: 26-32.

Yamaguchi H, Mizushima K, Sakamoto S, Yamaguchi M（2010）Effects of temperature, salinity, and irradiance on growth of the novel red tide flagellate *Chattonella ovata*（Raphidophyceae）. Harmful Algae 9: 398-401.

Yamaguchi M（1992）DNA synthesis and the cell cycle in the noxious red-tide dinoflagellate *Gymnodinium nagasakiense*. Mar Biol 112: 191-198.

山口峰生（1994）*Gymnodinoium nagasakiense* の赤潮発生機構と発生予知に関する生理生態学的研究. 南西水研研報 27: 251-394.

Yamaguchi M, Imai I（1994）A microfluorometric analysis of nuclear DNA at different stages in the life history of *Chattonella antiqua* and *Chattonella marina*（Raphidophyceae）. Phycologia 33: 163-170.

山口峰生・今井一郎・本城凡夫（1991）有害赤潮ラフィド藻 *Chattonella antiqua* と *C. marina* の増殖速度に及ぼす水温, 塩分および光強度の影響. 日本水産学会誌 57: 1277-1284.

Yamaguchi M, Itakura S, Imai I, Ishida Y（1995）A rapid and precise technique for enumeration of resting cysts of *Alexandrium* spp.（Dinophyceae）in natural sediments. Phycologia 34: 207-214.

Yamaguchi M, Yamaguchi H, Nishitani G, Sakamoto S, Itakura S（2008b）Morphology and germination characteristics of the cysts of *Chattonella ovata*（Raphidophyceae）, a novel red tide flagellate in the Seto Inland Sea, Japan. Harmful Algae 7: 459-463.

矢持 進（1984）大阪湾に出現する赤潮鞭毛藻 6 種の増殖に及ぼす水温の影響. 日本プランクトン学会報 31: 15-22.

吉松定昭・小野知足（1986）播磨灘南部での赤潮生物および鞭毛藻類の季節的消長. 香川赤潮研報 2: 1-42.

Zhang Y, Fu FX, Whereat E, Coyne KJ, Hutchins DA（2006）Bottom-up controls on a mixed-species HAB assemblage: A comparison of sympatric *Chattonella subsalsa* and *Heterosigma akashiwo*（Raphidophyceae）isolates from the Delaware Inland bays, USA. Harmful Algae 5: 310-320.

3-6 ディクティオカ藻 *Pseudochattonella verruculosa* による魚類斃死[*1]

折田和三[*2]

1. はじめに

　鹿児島県指宿市山川湾（図1）で2012年2月，養殖ブリおよびカンパチが斃死した．当初，斃死が見られた海域には明瞭な着色域がなかったことから，直ちに斃死原因を特定できなかったが，現場海水から高密度の微小プランクトンが確認され（図2），水産総合研究センター瀬戸内海区水産研究所によりディクティオカ藻 *Pseudochattonella verruculosa*（Y. Hara et Chihara）Tanabe-Hosoi et al. と同定され，これが本県で初めての *Pseudochattonella* 赤潮となった（Hara & Chihara 1994, Hosoi-Tanabe et al. 2007）．本種の細胞の長さは12.6〜24.9 μm（平均17.6 μm），球形から扁平な楕円形で形態は多様であった．その細胞表面全体はイボ状の突起で覆われ，黄褐色を呈しており，ゆっくりと回転しながら遊泳するが停止している細胞も多かった．

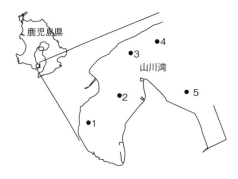

図1　山川湾および調査定点

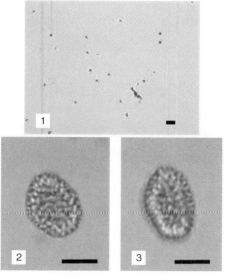

図2　*Pseudochattonella verruculosa*
　　1：赤潮海水（低倍率），2，3：細胞形態.
　　スケールは，1：50 μm, 2，3：10 μm.

[*1] Fish-kill by *Pseudochattonella verruculosa*（Dictyochophyceae）

[*2] Kazumi Orita（orita-kazumi@pref.kagoshima.lg.jp）

　本稿では，今回の赤潮発生状況と，赤潮発生時の細胞を用いた曝露試験を実施して *P. verruculosa* がブリに与える影響と鰓の組織学的変化を確認したので紹介する．

2．赤潮発生状況

　2012 年 2 月 10 日に山川町漁協が採水した持ち込みサンプルから *P. verruculosa* 細胞が確認されたため，2 月 11 日から 20 日まで赤潮分布調査を実施した．翌 11 日の調査では，現場海域は濁りが認識できる程度で明瞭な着色域は確認されなかったが，0 m 層の最高細胞密度は 300 cells mL^{-1} で水深 10 m 層まで 100 cells mL^{-1} を超えているところがあった（図 3）．さらに 13 日には山川湾のほぼ全域に広がって着色し，0 m 層で平均細胞密度は 1,994 cells mL^{-1}，最高細胞密度も 3,541 cells mL^{-1} に上がり，赤潮分布調査外のごく一部の海域では 9,175 cells mL^{-1} にも達した．その後，15 日には着色域がなくなり，最高細胞密度は 17 cells mL^{-1} となった後は，数 cells mL^{-1} で推移し，再び増殖することはなかった．クロロフィル a 濃度は，着色域の確認された 13 日は 0 m 層の値が 17.8 μg L^{-1} を超えていたが，5 m 層以深では 6.6 μg L^{-1} 以下を示し，表層で濃度が高かった．その間の風は，赤潮形成前は北西方向から吹くことが多かったが，ピークとなった 13 日前後は時折南西寄りの風が吹く程度で風速は遅くなった（図 4）．着色域がなくなった 15 日以降は再び北西方向からの風に変わった．このことから，細胞密度の推移には風の影響が強かったと推測された．すなわち，2 月 11 日までは北西方向からの風が続き，鉛直混合が起こり，10 m 層付近までほぼ均一の状態であったと思われる．その後，12 日夜間から風が静穏となり，風浪による鉛直混合が弱くなると *P. verruculosa* は表層付近に集積し，高密度になったと推測される．15 日午後から再び北西寄りの風に転じ，鉛直混合が起こるが，その直前には表層から 10 m 層まで一様に細胞密度が低下していることから，拡散による減少よりも個体群として細胞密度自体が減少し赤潮が終息したと考えられるものの，終息に転じた直接の要因については環境要因の状況からは特定できなかった．

　P. verruculosa が出現した際の水温，塩分，および細胞密度を図 5 に示す．水温 14.2 〜 14.4℃，塩分 32.8 〜 33.1 で細胞密度が 300 cells mL^{-1} 以上と高かった．

　鹿児島県の有害赤潮は，鹿児島湾では 6 月にラフィド藻 *Chattonella marina*，八代海では 7 〜 8 月

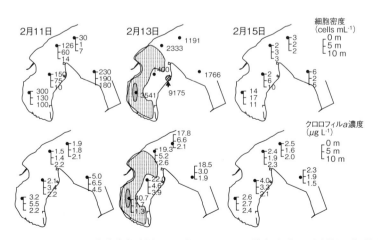

図 3　*Pseudochattonella verruculosa* 細胞密度（上）およびクロロフィル a 濃度（下）の分布状況（網掛けは着色域）

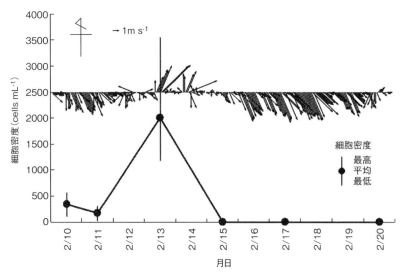

図4 *Pseudochattonella verruculosa* 細胞および風向風速の推移

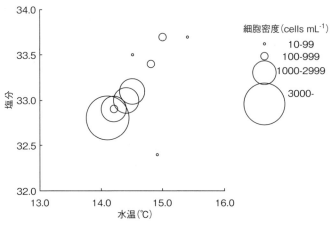

図5 *Pseudochattonella verruculosa* 細胞の出現水温，塩分，および細胞密度

に *Chattonella antiqua*，8月に渦鞭毛藻 *Cochlodinium polykrikoides* と，春季から夏季の水温上昇期に発生する傾向がある（鹿児島県 1995）．ラフィド藻 *Heterosigma akashiwo* は，鹿児島湾で4月に（折田ほか 1999），山川湾で2月末～3月に（西・田原 2012）赤潮を形成したことがあり，本県で発生する有害赤潮の中では比較的低水温期に赤潮となる．今回，赤潮を形成した *P. verruculosa* は最も低い水温の2月の水温14℃台で赤潮となっており，一年を通じて最低水温期における赤潮形成となった．他県をみると，松本ほか（1990）は，1989年1～2月に香川県内海湾で当時未同定の仮称イガグリとして本種赤潮が発生したと記録し，発生時の表層水温は示されていないが，近隣の表層水温が 9.6～10.2℃であったことから約 10℃前後と推定される（香川県 1989）．また，馬場ほか（1995）は 1993年6月に山口県徳山市で本種赤潮が発生した際の水温は，表層で 21.2～21.5℃だったとしている．

　一方，室内試験では，Yamaguchi et al.（1997）は，*P. verruculosa* を水温6段階（5, 10, 15, 20, 25, 30℃），塩分6段階（10, 15, 20, 25, 30, 35）で培養実験を行ったところ，水温 15℃塩分 25 の組み合わせで最も良く増殖し，水温 25℃以上または塩分 10 以下では増殖しなかったと報告してい

る．また，本田・吉松（2009）は，水温を4段階（10, 15, 20, 25℃），塩分を7段階（13, 16, 19, 23, 25, 28, 32）で培養実験を行った．その結果，水温10〜25℃，塩分16〜32で増殖し，水温20℃塩分28の組み合わせで最も良く増殖したが，水温23.5℃以上では比増殖速度が低くなり，25℃では塩分32以外は増殖しなかったことから，本種は有害プランクトンの中では比較的低水温域で増殖しやすい種と考えている．これらのことから，山川湾で本種赤潮が発生した際の水温14℃台は，*P. verruculosa* にとっては適水温の範囲内であったと推測される．

3. 赤潮がブリに与える影響

本種の赤潮がブリに与える影響を把握するため，*Pseudochattonella* 赤潮が発生した山川湾の着色域の表層海水をバケツにより採取して，鹿児島県水産技術開発センターに持ち帰り水槽内で曝露試験を実施した．供試魚として当センターで飼育し，5日間餌止めしたブリ *Seriola quinqueradiata*（魚体重800〜900g）を使用した．通気で水槽内のDO（溶存酸素量）を維持した状態でブリ2尾を入れて *P. verruculosa* に曝露し，24時間後までブリの斃死状況等を観察した．試験中の水温，塩分，DOは，多項目水質計を用いて定期的に確認した．なお，通常の濾過海水を入れた水槽を対照区とした．この試験を赤潮発生期間中の2月13日および14日の合計2回実施した（表1）．

1回目の試験では，*P. verruculosa* の細胞密度3,900 cells mL^{-1} に曝露した2尾は，2時間後に呼吸がやや荒くなり，うち1尾が2時間30分後に横転し始め，4時間50分後に斃死した．曝露区の残る3尾は24時間後まで生残した．2回目の試験においては，*P. verruculosa* の細胞密度2,691 cells mL^{-1} で1時間30分後に横転し始め，2時間30分以内に曝露した2尾とも斃死した．1回目の試験では，赤潮が発生した山川湾の変色域の表層海水をバケツにより採取し当センターに搬入した後，搬入用水槽の海水を撹拌して曝露試験用の水槽に収容したのに対し，2回目の試験では，搬入用水槽の中で *P. verruculosa* が遊泳し，パッチ状に蝟集している表層を選択的にすくい取り，曝露試験用の水槽に収容して試験に用いた．このため，*P. verruculosa* の細胞は光学顕微鏡観察では，1回目の試験では静止しているものが多かったが，2回目の試験では遊泳するものが1回目に比べて多かった．細胞密度としては1回目より2回目の試験の方が少ないにも関わらず2回目の方が短時間に2尾とも斃死したのは，細胞自体に遊泳力があり，活力が高かったためと推察される．有害赤潮プランクトンとして知られている *C. antiqua* は，本県では100 cells mL^{-1} 以下の少ない細胞密度でも漁業被害が発生している（鹿児島県 1995）が，*C. antiqua* の細胞の大きさは50〜130 μmと有害赤潮プランクトンの中では比較的大きく，*P. verruculosa* の約3〜5倍の長さがある．一方，*P. verruculosa* とほぼ同じ細胞の大きさ

表1　ブリに対する *Pseudochattonella verruculosa* の曝露試験結果

試験回次	試験開始日時	試験区	曝露密度 (cells mL^{-1})	供試尾数 (尾)	結果（斃死状況）
1回目	2月13日 13:54	曝露区1	4,125	2	24時間後に2尾とも生残
		曝露区2	3,900	2	4時間50分後に1尾（890g）斃死 24時間後に残り1尾は生残
		対照区	0	2	24時間後に2尾とも生残
2回目	2月14日 14:30	曝露区	2,691	2	2時間17分後に1尾（815g）斃死 2時間24分後に1尾（828g）斃死
		対照区	0	2	24時間後に2尾とも生残

である *H. akashiwo* は 2011 年 3 月山川湾で赤潮を発生した際，細胞密度 18,570 cells mL^{-1} で漁業被害が発生している（西・田原 2012）が，今般の曝露試験よりも明らかに細胞密度は高い．これらのことから，*P. verruculosa* は小型の細胞にも関わらず 3,000 cells mL^{-1} 以下でも短時間でブリを斃死させるほどのきわめて強い魚毒性を持つことが明らかとなった．

　曝露試験で斃死したブリから鰓を直ちに切除し，0.1％リン酸バッファー 2％グルタールアルデヒドで固定した後，定法（㈳日本電子顕微鏡学会関東支部 2000）で処理した一次鰓弁を走査型電子顕微鏡（SEM）で観察した．ブリの鰓弁は，一次鰓弁の小出鰓動脈側および小入鰓動脈側の上皮細胞が伸張し（図 6-1），二次鰓弁前面を覆うように広がるとともに（図 6-2，黒矢印），二次鰓弁上面も肥大してその隙間が閉塞していた（図 6-3）．上皮細胞が伸張しているところは上皮組織と基底膜が剥離し，外に面している上皮細胞を含む上皮組織のみが二次鰓弁の頂点付近にまで引き伸ばされている状態（図 6-4，黒矢印）にあったが，二次鰓弁間の基底は剥離していなかった（図 6-4，白矢尻）．このほか，伸張した一次鰓弁上皮細胞は破損しているわけでなく，表面の微小隆起（microridge）も消失していなかった．また，鰓弁上皮の塩類細胞が通常よりも目立つようになっていたが，二次鰓弁間の塩類細胞の脱落等はないなどの特徴が見られた．折田ほか（2012）は，*C. antiqua* に曝露して斃死したブリの鰓を SEM で観察しているが，*P. verruculosa* に曝露したブリの鰓には，*C. antiqua* に曝露して斃死したブリで見られたような二次鰓弁上皮細胞の剥離や破損は見られなかった．その一方で，一次鰓弁上皮組織が伸張して二次鰓弁前面を覆うとともに，二次鰓弁上面も肥大してその隙間が閉塞しており，このため，二次鰓弁間の海水通過が妨げられ，ガス交換が低下し窒息により斃死にいたったと推測される．このことから *C. antiqua* とは毒成分や斃死にいたる機序が異なる可能性が示唆された．

　近年，日本の各海域で *Pseudochattonella* 赤潮が確認されている（神奈川県 2009，柘植ほか 2011，中嶋ほか 2012，瀬戸内海漁業調整事務所 2014）．本種は，細胞が小さいうえ，形態の変異が大きいため低密度の場合に検出され難いこと，西日本では有害赤潮モニタリング調査の時期から外れる低水温期でも赤潮を形成すること，曝露試験を通して *P. verruculosa* のきわめて強い魚毒性が確認されたこと

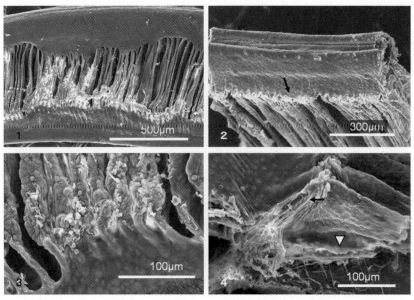

図 6　斃死したブリの鰓の SEM 画像
1：一次鰓弁，2：一次鰓弁小出鰓動脈側，3：二次鰓弁，4：組織学的変化部位断面

などから，今後はさらに注意深くモニタリングしていく必要がある．

文 献

馬場俊典・桃山和夫・平岡美登里（1995）徳山市戸田地先で発生した有害赤潮プランクトンについて. 山口内海水試報 24: 121-122.

Hara Y, Doi K, Chihara M（1994）Four new species of *Chattonella*（Raphidophyceae, Chromophyta）from Japan. Jpn J Phycol 42: 407-420.

本田恵二・吉松定昭（2009）*Pseudochattonella verruculosa*（Y.Hara et Chihara）Tanabe, Hosoi, Honda, Fukaya, Inagaki et Sako の増殖に及ぼす水温, 塩分, 光強度の影響. 香赤潮研報 7: 1-8.

Hosoi-Tanabe S, Honda D, Fukaya S, Otake I, Inagaki Y, Sako Y（2007）Proposal of *Pseudochattonella verruculosa* gen. nov., comb. nov.（Dictyochophyceae）for a for-mar raphidophycean alga *Chattonella verruculosa*, based on 18S rDNA phylogeny and ultrastructural characteristics. Phycol Res 55: 185-192.

香川県（1989）昭和 63 年度香川県水産試験場事業報告. 香川県水産試験場: 119.

鹿児島県（1995）鹿児島県の赤潮生物（増補版）. 鹿児島県水産試験場.

神奈川県（2009）平成 20 年度神奈川県水産技術センター業務概要. 神水技セ資料 No.7: 37-39.

松本紀男・吉松定昭・香川 哲・本田恵二・宮川昌志・一色 正（1990）平成元年の赤潮生状況. 香赤潮研年報: 3-10.

中嶋康生・柘植朝太郎・竹内喜夫・中村雅廣（2012）(3) 有害プランクトン動向調査試験. 平成 23 年度愛知県水産試験場業務報告: 117-118.

西 広海・田原義雄（2012）赤潮総合対策調査事業－Ⅰ（有害・有毒プランクトン対策研究）. 平成 22 年度鹿水技セ事報: 98-102.

折田和三・上野貴治・中村章彦（1999）1995 年 4 月鹿児島湾奥部に発生した *Heterosigma akashiwo* 赤潮. 平成 9 年度鹿水試事報生物部編: 117-127.

折田和三・西 広海・田原義雄・中村章彦（2012）赤潮総合対策調査事業－Ⅴ（赤潮被害防止緊急対策事業）. 平成 23 年度鹿水技セ事報: 110-123.

瀬戸内海漁業調整事務所（2014）平成 26 年 3 月瀬戸内海の赤潮. 水産庁. http://www.jfa.maff.go.jp/setouti/akasio/gepou/pdf/201403_0612.pdf,（参照 2014-09-10）.

㈳日本電子顕微鏡学会関東支部（2000）走査型電子顕微鏡. 447p, 共立出版, 東京.

柘植朝太郎・大橋昭彦・山田 智・岩瀬重元・大澤 博・島田昌樹・平野禄之・古橋 徹（2011）(3) 有害プランクトン動向調査試験. 平成 22 年度愛知県水産試験場業務報告: 106-107.

Yamaguchi M, Itakura S, Nagasaki K, Matsuyama Y, Uchida T, Imai I（1997）Effects of temperature and salinity on the growth of the red tide flagellates *Heterocapsa circularisquama*（Dinophyceae）and *Chattonella verruculosa*（Raphidophyceae）. J Plankton Res 19: 1167-1174.

3-7 赤潮ラフィド藻 *Heterosigma akashiwo* の生理生態[*1]

紫加田知幸[*2]・本城凡夫[*3]

1. はじめに

Heterosigma akashiwo（Hada）Hada ex Hara et Chihara はラフィド藻の 1 種であり，漁港など水深の浅い沿岸域において赤潮を形成する傾向にあり，主に養殖業に被害をもたらす（Honjo 1993, Smayda 1998）．過去に，*H. akashiwo* は底生性のペラゴ藻 *Olisthodiscus luteus* と混同されて取り扱われた時期がある（Tomas 1978a, b, 1979, 1980, Honjo & Tabata 1985, Hara & Chihara 1987, 中山ほか 2010）．また，Hara & Chihara（1987）が培養試料の観察に基づいて本種を *H. akashiwo* と命名した後，Taylor（1992）がスケッチに基づいて *Heterosigma carterae* という種名を提唱した．しかしながら，Throndsen（1996）は命名規約に基づいて "akashiwo" に先取権があることを明らかにし，現在は *H. akashiwo* が広く用いられている．そこで本章では，これまでに *O. luteus* および *H. carterae* として記述されている先行研究も含めて取り扱う．

H. akashiwo は米国，カナダ，英国，ベルギー，ノルウェー，韓国，ニュージーランド，チリなど，世界中の沿岸域においてブルームを形成する（Chang et al. 1990, Smayda 1998）．ニュージーランド（Chang et al. 1990），カナダやチリ（Taylor 1990）などでは養殖サケなどの斃死被害も報告されている．本邦において本種は，沖縄から北海道まで生息しており（夏池ほか 2015），九州沿岸域（鹿児島湾，長崎湾，有明海，博多湾ほか），豊後水道（宇和島湾，若松湾，宿毛湾），瀬戸内海，舞鶴湾，紀伊水道，熊野灘沿岸域（五ヶ所湾ほか），伊勢・三河湾などで初夏から秋にかけて頻繁にブルームを形成する．かつては瀬戸内海だけでも本種の赤潮による漁業被害が 16 年間（1972 〜 1987 年）で 20 億円に達した（Honjo 1993）が，近年は 2001 年の鹿児島湾で発生した約 1 億円の漁業被害（村田ほか 2008）を除けば大きな被害の報告はない．

本種が水産業に有害でかつコスモポリタンであることから，世界中で生理生態学的研究が盛んに展開されてきた．これまでに出版された本種の生理生態学的特性に関する総説としては，Honjo（1993），Smayda（1998），および今井（2000）がある．そこで，本章ではこれらの総説以降に発信された知見を中心に本種の生理生態学的特性について概説する．

[*1] Physiological ecologiy of *Heterosigma akashiwo*（Raphidophyceae）

[*2] Tomoyuki Shikata（shikatat@affrc.go.jp）

[*3] Tsuneo Honjo

2. 生活史

Heterosigma akashiwo は水中と海底に生息する二つのライフステージを有する．水中におけるライフステージは栄養細胞または遊泳細胞と呼ばれ，細胞分裂により増殖する．一方で，海底におけるライフステージは増殖および遊泳することはなく，低温や暗条件など栄養細胞の増殖に不適な環境を生き抜く細胞と考えられている（Imai & Itakura 1999）．底生性の細胞として，底生期細胞（benthic stage cell, Tomas 1978b），シスト（cyst, Imai et al. 1993）および休眠細胞（resting cell, Han et al. 2002）の3タイプが報告されている．底生期細胞は葉緑体数からシストとは異なる（Smayda 1998）．栄養細胞を冷暗所に置いて誘導される休眠細胞は運動性がなく，無殻という点では底生期細胞やシストと同じであるが，寿命が2〜3週間と短く，2本の鞭毛を有する点で異なる（Han et al. 2002）．シストは天然の底泥中より発見された（Imai et al. 1993）．その後，Itakura et al.（1996）は，天然の赤潮海水をオートクレーブ処理した底泥と混合し，暗条件下で24時間培養した結果，シストの人為形成に成功した．また，底生期細胞や休眠細胞とは異なり，シストは約2週間程度の内因性休眠期間を有することもわかっている（Itakura et al. 1996）．現在のところ，3タイプの中で実環境中から見出されているのはシストのみであるので，以降はシストのみを本種の底生のライフステージとして取り扱う．

H. akashiwo のシストが多く存在する海域では，赤潮発生頻度が高い傾向にある（Imai & Itakura 1991）．よって，本種の初期発生過程を理解するためにシストの発芽条件を明らかにすることは重要である．シストの発芽は温度に大きく影響を受け（Imai & Itakura 1999），16℃以下で底泥からの遊泳細胞の出現は遅延し，発芽直後の細胞の生残率は著しく低くなる（図1, Shikata et al. 2007）．また，シストの発芽に光は必要ない（Imai et al. 1996）が，発芽直後の生残率は暗条件よりも明条件下で著しく高く（図2, Shikata et al. 2007），発芽直後の生残率を上昇させるために必要な光強度は200 μmol m^{-2} s^{-1} 以上と非常に高い（Shikata et al. 2008a）．以上のことを図3に示す．

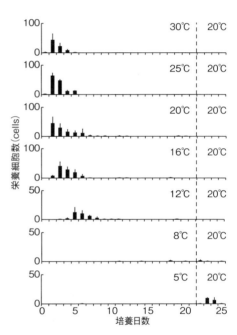

図1　異なる温度下における底泥中からの *Heterosigma akashiwo* 栄養細胞の出現量変化
H. akashiwo シストを含む底泥を各温度下で静置培養し，毎日上澄みを抜き取り栄養細胞を計数した．21日間各温度下で培養後，すべての試料を20℃へ移してさらに培養して栄養細胞の出現を観察した．

3. 増殖特性

室内培養実験で観察される本種の最高分裂速度は株間で大きく異なり（Fredrickson et al. 2011），最高分裂速度が1 division d^{-1} 以下とする知見も存在するが（Haque & Onoue 2002），環境条件を最適化すれば1.5〜2 divisions d^{-1} 程度の増殖速度を観察できる株も存在する（Tomas 1978a, Shikata 2009）．

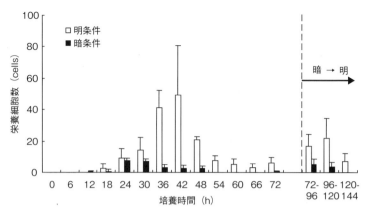

図2 明条件および暗条件下における底泥中からの *Heterosigma akashiwo* 栄養細胞の出現量変化
H. akashiwo シストを含む底泥を明あるいは暗条件下で静置培養し，6時間おきに上澄みを抜き取り栄養細胞を計数した．72時間後，暗条件下で培養した試料を明条件へ移して栄養細胞の出現を観察した．

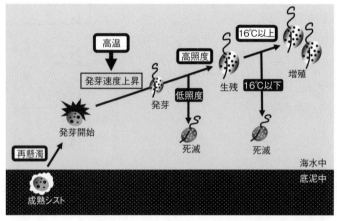

図3 *Heterosigma akashiwo* におけるシストの発芽過程と環境条件との関係

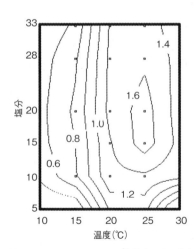

図4 *Heterosigma akashiwo* の増殖に及ぼす水温および塩分の影響

また，野外水槽で育った細胞は室内培養株よりも高い増殖速度を示し，最高で 3.3 divisions d^{-1} に達する（Honjo & Tabata 1985）．概して，本種は好適な環境条件下では他の赤潮鞭毛藻類よりも高い速度で増殖可能であると考えられる．

水温は本種の増殖に大きな影響を与える．株間で多少の差異があるが，概して本種は 10～30℃ で増殖可能で，15℃ 以上で活発に増殖する（Smayda 1998）．例えば，博多湾株は 15℃ 以上で増殖速度が著しく上昇し，25℃ で最高となる（Shikata 2009, 図4）．一方で，本種は広範囲の塩分（2～50）下で生残し，増殖できる（Tomas 1978a, Zang et al. 2006, Martínez et al. 2010）．博多湾株については，20～25℃ 下では塩分 5～33 の範囲で増殖可能で，25℃ の場合，塩分 15 で増殖速度が最高となる（Shikata 2009, 図4）．また，急激な塩分の変化にも高い耐性と順応性を有しており，塩分 32 に順応した細胞を塩分 5 の

培地へ移しても球形のテンポラリーシストを形成して生残でき，数日後には元の形態へ回復して増殖を開始する（Shikata et al. 2008b）.

　本種は 9 〜 34 µmol photons m^{-2} s^{-1} 以上の光強度で増殖でき（Langdon 1987, Shikata et al. 2008a），最大増殖速度が 100 µmol photons m^{-2} s^{-1} 付近で得られる株（Tomas 1980, Watanabe et al. 1982, Zhang et al. 2006）と 150 µmol photons m^{-2} s^{-1} 程度で最大増殖速度の半分を達成する株がある（Shikata 2009）. 日長を 10 〜 14 時間の範囲で変化させても，増殖速度には影響しないことも報告されている（Butrón et al. 2012）. 白色蛍光灯を光源とした場合，1,200 µmol photons m^{-2} s^{-1} の高照度下でも強光阻害は認められず，増殖速度は低下しない（Butrón et al. 2012）. 一方，紫外線を含む自然環境下では光合成活性の一時的な低下が認められるが，紫外線防除物質を産生することで，数日のうちに強光環境に順応して正常に増殖可能となると考えられている（Gao et al. 2007）. 光波長も本種の増殖速度に影響し，430 〜 480 nm の青色光が最も増殖に有効である（図 5, Shikata et al. 2009）.

　H. akashiwo は，増殖のために高濃度の窒素，リン，鉄を要求し（Brand 1991, Naito et al. 2005, Shikata et al. 2008c），マンガンなどの微量金属やビタミン B$_{12}$ も必要である（Takahashi & Fukazawa 1982, Watanabe et al. 1982, 西島・畑 1984）. 窒素源としては主に無機三態窒素（硝酸，亜硝酸，アンモニア）を効率良く利用する（Watanabe et al. 1982）. 有機態窒素の中では尿素が効率良く増殖に利用されると考えられている（Watanabe et al. 1982, Chang & Page 1995, Wood & Flynn 1995, Zhang et al. 2006, Herndon & Cochlan 2007）が，アミノ酸を利用可能な株も存在するとの報告もある（Fredrickson et al. 2011）. リン源としては無機態リン（オルトリン酸，トリポリリン酸，メタリン酸）をよく利用する. 有機態リンの利用については研究者間で見解が異なっている. 山口ほか（2004）によると五ヶ所湾株ではアデノシン二リン酸（ADP）およびアデノシン三リン酸（ATP）は利用できるが，試験に供した 9 種のリン酸モノエステルすべてが利用されず，アルカリフォスファターゼ活性も検出されない. その一方で，Wang et al.（2011）は，中国南部の大亜湾より得られた株が ATP に加え，4 種のリン酸モノエステルを利用でき，無機態リンと同程度の増殖を示すと報告している.

　他の鞭毛藻類と比べて，*H. akashiwo* の栄養塩取り込みや増殖に必要な栄養塩の濃度や量は高いと考えられている（Smayda 1998）. 本種が生残するために最低限必要な窒素量（最小細胞含量）は 24 pg cell^{-1}（Hosaka 1992）であり，例えば 1,000 cells mL^{-1} の *H. akashiwo* 個体群が維持されるためには 1.7 µM の窒素濃度が必要で，窒素取り込み速度の半飽和定数 1.47 〜 2.45 µM とほぼ一致している（Tomas 1979, Herndon & Cochlan 2007）. 一方，リンの最小細胞含量は 0.095 pmol cell^{-1} で，1,000 cells mL^{-1} の個体群を維持するためには約 0.1 µM のリン濃度が必要であるが，リンの取り込み速度の半飽和定数 1.00 〜 1.98 µM（Tomas 1979）はそれよりもずいぶん高い. ただし，本種は細胞内に高濃度のリンを貯蔵でき（Watanabe et al. 1987, 1989），高いリン消費量をカバーしていると考えられている.

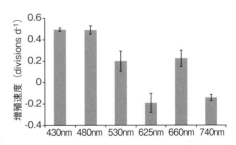

図 5　*Heterosigma akashiwo* の増殖に及ぼす光波長の影響
光強度は 40 µmol photons m^{-2} s^{-1} に統一した.

4．日周鉛直移動

　H. akashiwo は他の赤潮鞭毛藻類と同様に，日周鉛直移動を行い，表層から底層までの広い層において栄養塩を取り込み，昼間には表層まで能動的に移動して受光できる（Yamochi & Abe 1984, Watanabe et al. 1988）．そのため，珪藻など遊泳できない他の植物プランクトンとの増殖競合を有利に進めることができると考えられている．自然環境における観察結果によると，本種は夜明け前から上昇を，日の入り前に沈降を開始する（MacKenzie 1991）が，上昇速度（$1.0 \sim 1.3$ m h^{-1}）に比べると，下降速度（$0.2 \sim 0.3$ m h^{-1}）はずいぶん遅い（Yamochi & Abe 1984）．ただし，水柱の塩分勾配が大きい時，上昇速度は制限される（Bearon et al. 2006）．室内条件下では下降および上昇は，それぞれ暗期開始時刻および明期開始時刻の数時間前から始まり（畑野ほか 1983, Wada et al. 1985, Kohata & Watanabe 1986），自然環境における観察結果と一致している．鉛直移動リズムは明暗周期の変化に同調するが，連続明条件あるいは暗条件下では数日のうちに消失する（Takahashi & Hara 1989, Shikata et al. 2015）．また，14 hL：10 hD の場合，リズム維持には 0.3 μmol photons m^{-2} s^{-1} 以上の光強度が必要であるが，光の照射方向は鉛直移動とは無関係である（Takahashi & Hara 1989）．他の赤潮鞭毛藻と同じく，リズムの維持や調節には青色光が有効であることもわかっている（Shikata et al. 2015）．さらに，栄養塩も日周鉛直移動を遂行するために必要であることが実験的に検証されている（畑野ほか 1983）．

5．他生物との相互作用

　高細胞密度の *H. akashiwo* はブリなどの魚類（Honjo 1993），繊毛虫などの動物プランクトン（Graham & Strom 2010, Harvey & Menden-Deuer 2011）など海産動物を斃死させる．また，アサリは本種を餌として良く成長する（Taga et al. 2013）が，カキに対しては毒となる可能性が指摘されている（Keppler et al. 2005）．これまで海産動物へ悪影響を及ぼす因子として，本種が産生するブレベトキシン様神経毒（Khan et al. 1997），活性酸素（Yang et al. 1995），細胞外の粘液や有機化合物（Yokote et al. 1985, Chang et al. 1990, Twiner et al. 2004）などが類推されているが，詳細なメカニズムは明らかにされていない．

　H. akashiwo は動物だけでなく，珪藻などの植物プランクトンに対しても有害な作用を引き起こす（Yamasaki et al. 2007）．珪藻 *Skeletonema* に対する他感作用（アレロパシー）については *H. akashiwo* が産生する高分子多糖タンパク質複合体が関与し，競合種である珪藻の増殖を抑制し，本種が単一種赤潮を形成するための役割を果たしていると考えられている（2-8 章，Yamasaki et al. 2009）．また，本種のアレロパシー作用は種選択的に起こることも証明されている（Yamasaki et al. 2009）．逆に珪藻から本種へのアレロパシー作用についても推察されているが（Pratt 1966, Honjo & Tabata 1985），濃密な珪藻ブルームが複数回発生した 2 ヵ月間にわたる海水のバイオアッセイ試験においては，*H. akashiwo* に対する増殖抑制効果は検出されていない（Shikata et al. 2008c）．

　一方で，細菌（Imai et al. 1998）やウイルスといった他の微生物が本種の個体群増大に負の影響を及ぼす場合もある．ここでは，*H. akashiwo* ウイルス（HaV）についてやや詳しく述べる．最初に発見された HaV は長径約 0.2 μm の正 20 面体で，2 本鎖 DNA ウイルスである（Nagasaki et al. 1994a,

1997）．ゲノムサイズは 294 kb で，ゲノム配列は他の原生生物に感染するウイルスと高い相同性を有する．自然環境中においても HaV に感染した *H. akashiwo* 細胞が確認され（Nagasaki et al. 1994a），ブルーム衰退期に感染細胞が増加し，その直後にブルームが衰退することが観察された（Nagasaki et al. 1994b, Tarutani et al. 2000）．HaV の感染は種特異的というより株特異的であり，多くのサブタイプを含むと考えられる（Tarutani et al. 2000, Tomaru et al. 2004）．こうした知見に基づき，HaV は *H. akashiwo* 個体群の量的変動だけでなく，質的変動（クローン構成の変化）も引き起こすと推察された（Tomaru et al. 2004）．HaV に関しては Tomaru et al.（2008）で詳しくレビューされている．また HaV 以外にも，様々な種類の *H. akashiwo* 感染性ウイルスが発見・単離されている（Lawrence et al. 2001, Tai et al. 2003, Lang et al. 2004）．

　一般に従属栄養性あるいは混合栄養性のプランクトンによる捕食は植物プランクトンの個体群動態に大きな影響を与えると考えられている（Sherr & Sherr 2002）．繊毛虫 *Tiarina fusus* および *Eutintinnus* sp., 渦鞭毛藻類 *Oxyrrhis marina* および *Noctiluca scintillans* などは *H. akashiwo* を捕食し，増殖する（Jeong et al. 2002, 2003, Clough & Strom 2005）．しかし，本種は *Coxliella*, *Tintinnopsis*, *Favella*, *Metacylis*, *Strombidium* などの繊毛虫や *Acartia* などのコペポーダにとっては餌とならず（Uye & Takamatsu 1990），むしろ毒となる（Tomas & Deason 1981, Verity & Stoecker 1982, Uye & Takamatsu 1990, Colin & Dam 2002, Graham & Strom 2010, Harvey & Menden-Deuer 2011）．また，*H. akashiwo* への捕食圧は捕食生物種および共存する他の被捕食生物種の構成（Colin & Dam 2002, Clough & Strom 2005, Graham & Strom 2010）や塩分などの環境条件によって変化することも実験的に検証されている（Strom et al. 2013）．以上のことから，動物プランクトンの群集構造によって，*H. akashiwo* の個体群動態は影響を受け，変化し得ると考えられる．

6．ブルームの発生機構

　これまでに述べた *H. akashiwo* の生理生態学的特性を踏まえて，本種の発生機構を概観する．水深の浅い沿岸域において，本種は水温上昇期に海底のシストから発芽し，その環境に光の十分な到達があれば生残する．その後，日周鉛直移動により，河川水の流入等によって表層に供給されたあるいは海底付近に存在する栄養塩を取り込み，表層付近で光合成を行い，増殖する．増殖過程において，本種が有する毒性は他の植物プランクトンとの競合や動物プランクトンからの捕食を最低限にとどめることができ，単一種赤潮を形成することもあり得る．しかしながら，栄養塩の枯渇，ウイルスの蔓延，殺藻・増殖阻害細菌や捕食生物の増加などが起これば赤潮は急速に衰退する．Smayda のブルームモデル（Smayda 1998）が提案されてから 15 年以上が経過した．Smayda のブルームモデルにおいて，本種のブルーム形成を規制する主たる要素は水温，化学（栄養塩）環境，種間競合とされたが，現在も基本的に変更はない．しかしながら，赤潮初期過程における光環境の重要性は追記する必要があるだろう．また，近年の高頻度で綿密な野外観測や先進的な実験設備および培養技術を用いた精密な室内実験により，株間の生理特性の相違や種間相互作用などについて大きく理解が深まり，発生機構の解像度は飛躍的に高くなったといえる．最近では，ミトコンドリアゲノムの解読（Masuda et al. 2011），光合成活性の解析（Hennige et al. 2013），栄養塩代謝に関連する酵素群の発現解析（Coyne 2010）など，分子レベルの細胞生物学的アプローチも進められており，本種の生理生態学的研究はさ

らに進展している.

文　献

Bearon RN, Grünbaum D, Cattolico RA（2006）Effects of salinity structure on swimming behavior and harmful algal bloom formation in *Heterosigma akashiwo*, a toxic raphidophyte. Mar Ecol Prog Ser 306: 153-163.

Brand LE（1991）Minimum iron requirements of marine phytoplankton and the implications for the biogeochemical control of new production. Limnol Oceanogr 36: 1756-1771.

Butrón A, Madariaga I, Orive E（2012）Tolerance to high irradiance levels as a determinant of the bloom-forming *Heterosigma akashiwo* success in estuarine waters in summer. Estuar Coast Shelf Sci 107: 141-149.

Chang FH, Page M（1995）Influence of light and three nitrogen sources on growth of *Heterosigma carterae*（Raphidophyceae）. N Z J Mar Freshw Res 29: 299-304.

Chang FH, Anderson C, Boustead NC（1990）First record of a *Heterosigma*（Raphidophyceae）bloom with associated mortality of a cage-reared salmon in Big Glory Bay. N Z J Mar Freshw Res 24: 461-469.

Clough J, Strom S（2005）Effects of *Heterosigma akashiwo*（Raphidophyceae）on protist grazers: laboratory experiments with ciliates and heterotrophic dinoflagellates. Aquat Microb Ecol 39: 121-134.

Colin SP, Dam HG（2002）Testing for toxic effects of prey on zooplankton using sole versus mixed diets. Limnol Oceanogr 47: 1430-1437.

Coyne KJ（2010）Nitrate reductase（NR1）sequence and expression in the harmful alga *Heterosigma akashiwo*（Raphidophycea）. J Phycol 46: 135-142.

Fredrickson KA, Strom SL, Crim R（2011）Interstrain variability in physiology and genetics of *Heterosigma akashiwo*（raphidophyceae）from the west coast of north America. J Phycol 47: 25-35.

Gao K, Guan W, Helbling EW（2007）Effects of solar ultraviolet radiation on photosynthesis of the marine red tide alga *Heterosigma akashiwo*（Raphidophyceae）. J Photochem Photobiol 86: 140-148.

Graham SL, Strom SL（2010）Growth and grazing of microzooplankton in response to the harmful alga *Heterosigma akashiwo* in prey mixture. Aquat Microb Ecol 59: 111-124.

Han MS, Kim YP, Cattolico RA（2002）*Heterosigma akashiwo*（Raphidophyceae）resting cell formation in batch culture: strain identity versus physiological response. J Phycol 38: 304-317.

Haque SM, Onoue Y（2002）Effects of salinity on growth and toxin production of a noxious phytoflagellate, *Heterosigma akashiwo*（Raphidophyceae）. Bot Mar 45: 356-363.

Hara Y, Chihara M（1987）Morphology, ultrastructure and taxonomy of the raphidophycean alga *Heterosigma akashiwo*. Bot Mag Tokyo 100: 151-163.

Harvey EL, Menden-Deuer S（2011）Avoidance, movement, and mortality: The interactions between a protistan grazer and *Heterosigma akashiwo*, a harmful algal bloom species. Limnol Oceanogr 56: 371-378.

畑野智司・原 慶明・高橋正征（1983）赤潮鞭毛藻（*Heterosigma akashiwo*）の鉛直移動習性に対する光照射と栄養物質の影響に関する予報. 藻類 31: 263-269.

Hennige SJ, Coyne KJ, MacIntyre H, Warner ME（2013）The photobiology of *Heterosigma akashiwo*. Photoacclimation, diurnal periodicity, and its ability to rapidly exploit exposure to high light. J Phycol 49: 349-360.

Herndon J, Cochlan WP（2007）Nitrogen utilization by the raphidophyte *Heterosigma akashiwo*: growth and uptake kinetics in laboratory cultures. Harmful Algae 6: 260-270.

Honjo T（1993）Overview on bloom dynamics and physiological ecology of *Heterosigma akashiwo*. In: Toxic Phytoplankton Blooms in the Sea（Smayda TJ, Shimizu Y eds）, pp.33-41, Elsevier, Amsterdam.

Honjo T, Tabata K（1985）Growth dynamics of *Olisthodiscus luteus* in outdoor tanks with flowing coastal water and in small vessels. Limnol Oceanogr 30: 653-664.

Hosaka M（1992）Growth characteristics of a strain of *Heterosigma akashiwo*（Hada）Hada isolated from Tokyo Bay, Japan. Bull Plankton Soc Jpn 39: 49-58.

今井一郎（2000）フノイト藻赤潮の発生機構と予知. 有害・有毒赤潮の発生と予知・防除（石田祐三郎, 本城凡大, 福代康大, 今井一郎編）, pp.29-57, 日本水産資源保護協会, 東京.

Imai I, Itakura S（1991）Densities of dormant cells of the red tide flagellate *Heterosigma akashiwo*（Raphidophyceae）in bottom sediments of Northern Hiroshima Bay, Japan. Bull Jpn Soc Microb Ecol 6: 1-7.

Imai I, Itakura S（1999）Importance of cysts in the population dynamics of the red tide flagellate *Heterosigma akashiwo*（Raphidophyceae）. Mar Biol 133: 755-762.

Imai I, Itakura S, Itoh K（1993）Cyst of the red tide flagellate *Heterosigma akashiwo*, Raphidophyceae, found in bottom sediments of northern Hiroshima Bay, Japan. Nippon Suisan Gakkaishi 59: 1669-1673.

Imai I, Itakura S, Yamaguchi M, Honjo T（1996）Selective germination of *Heterosigma akashiwo*（Raphidophyceae）cysts in bottom sediments under low light conditions: a possible mechanism of the red tide initiation. In: Harmful and Toxic Algal Blooms（Yasumoto T, Oshima Y, Fukuyo Y eds）, pp.197-200, IOC-UNESCO, Paris.

Imai I, Kim MC, Nagasaki K, Itakura S, Ishida Y（1998）Relationships between dynamics of red tide-causing raphidophycean flagellates and algicidal micro-organisms in the coastal sea of Japan. Phycol Res 46: 139-146.

Itakura S, Nagasaki K, Yamaguchi M, Imai I（1996）Cyst formation in the red tide flagellate *Heterosigma akashiwo*（Raphidophyceae）. J Plankton Res 18: 1975-1979.

Jeong HJ, Kim JS, Yoo YD, Kim YD et al.（2003）Feeding by the heterotrophic dinoflagellate *Oxyrrhis marina* on the red-tide raphidophyte *Heterosigma akashiwo*: a potential biological method to control red tides using mass-cultured grazers. J Eukaryot Microbiol 50: 274-282.

Jeong HJ, Yoon JY, Kim JS, Yoo YD, Seong KA（2002）Growth and grazing rates of the prostomatid ciliate *Tiarina fusus* on red-tide and toxic algae. Aquat Microb Ecol 28: 289-297.

Keppler CJ, Hoguet J, Smith K, Ringwood AH, Lewitus AJ（2005）Sublethal effects of the toxic alga *Heterosigma akashiwo* on the southeastern oyster（*Crassostrea virginica*）. Harmful Algae 4: 275-285.

Khan S, Arakawa O, Onoue Y（1997）Neurotoxins in a toxic red tide of *Heterosigma akashiwo*（Raphidophyceae）in Kagoshima Bay. Jpn Aquacult Res 28: 9-14.

Kohata K, Watanabe M（1986）Synchronous division and the pattern of diel vertical migration of *Heterosigma akashiwo*（Hada）Hada（Raphidophycea）in a laboratory culture tank. J Exp Mar Biol Ecol 100: 209-224.

Lang, AS, Culley AI, Suttle CA（2004）Genome sequence and characterization of a virus（HaRNAV）related to picorna-like viruses that infects the marine toxic bloom-forming alga *Heterosigma akashiwo*. Virology 320: 206-217.

Langdon C（1987）On the cause of interspecific differences in the growth-irradiance relationship for phytoplankton. Part I. A comparative study of the growth-irradiance relationship of three marine phytoplankton species: *Skeletonema costatum*, *Olithodiscus luteus*, and *Gonyaulax tamarensis*. J Plankton Res 9: 459-482.

Lawrence JE, Chan AM, Suttle CA（2001）A novel virus（HaNIV）causes lysis of the toxic bloom-forming alga *Heterosigma akashiwo*（Raphidophyceae）. J Phycol 37: 216-222.

MacKenzie L（1991）Toxic and noxious phytoplankton in Big Glory Bay, Stewart Island, New Zealand. J Appl Phycol 3: 19-34.

Martínez R, Orive E, Laza-Martínez A, Seoane S（2010）Growth response of six strains of *Heterosigma akashiwo* to varying temperature, salinity and irradiance conditions. J Plankton Res 32: 529-538.

Masuda I, Kamikawa R, Ueda M, Oyama K, Yoshimatsu S, Inagaki Y, Sako Y（2011）Mitochondrial genomes from two red tide forming raphidophycean algae *Heterosigma akashiwo* and *Chattonella marina* var. *marina*. Harmful Algae 10: 130-137.

村田圭助・猪狩忠光・和田 実・上野剛司（2008）鹿児島県海域で発生する *Heterosigma akashiwo* の増殖の及ぼす水温・塩分・照度の影響等について. 鹿児島水技研報 1: 1-5.

Nagasaki K, Ando M, Imai I, Itakura S, Ishida Y（1994a）Virus-like particles in *Heterosigma akashiwo*（Raphidophyceae）; a possible red tide disintegration mechanism. Mar Biol 119: 307-312.

Nagasaki K, Ando M, Itakura S, Imai I, Ishida Y（1994b）Viral mortality in the final stage of *Heterosigma akashiwo*（Raphidophyceae）red tide. J Plankton Res 16: 1595-1599.

Nagasaki K, Yamaguchi M（1997）Isolation of a virus infectious to the harmful bloom causing microalga *Heterosigma akashiwo*（Raphidophyceae）. Aquat Microb Ecol 13: 135-140.

Naito K, Matsui M, Imai I（2005）Ability of marine eukaryotic red tide microalgae to utilize insoluble iron. Harmful Algae 4: 1021-1032.

中山 剛・山口晴代・甲斐厚・井上 勲（2010）スベリコガネモ（*Olisthodiscus*）の系統的位置について:ラフィド藻網からペラゴ藻網へ. 藻類 58: 34.

夏池真史・金森 誠・馬場勝寿・山口 篤・今井一郎（2015）北海道噴火湾における有害赤潮形成ラフィド藻 *Heterosigma akashiwo* の季節変動. 日本プランクトン学会報 62: 1-7.

西島敏隆・畑 幸彦（1984）*Heterosigma akashiwo* HADA の B 群ビタミン要求に関する増殖生理. 日本水産学会誌 50: 1505-1510.

Pratt DM（1966）Competition between *Skeletonema costatum* and *Olisthodiscus luteus* in Narragansett Bay and in culture. Limnol Oceanogr 11: 447-455.

Sherr EB, Sherr BF（2002）Significance of predation by protists in aquatic microbial food webs. Antonie van Leeuwenhoek 81: 293-308.

Shikata T（2009）Studies on the mechanisms of bloom development in the raphidophyte *Heterosigma akashiwo*. PhD thesis, Kyushu University, Fukuoka.

Shikata T, Matsunaga S, Nishide H, Sakamoto S, Onitsuka G, Yamaguchi M（2015）Diurnal vertical migration rhythms and their photoresponse in four phytoflagellates causing harmful algal blooms. Limnol Oceanogr 60: 1251-1261.

Shikata T, Nagasoe S, Matsubara T, Yamasaki Y, Shimasaki Y, Oshima Y, Honjo T（2007）Effects of temperature and light on cyst germination and germinated cell survival of the noxious raphidophyte *Heterosigma akashiwo*. Harmful Algae 6: 700-706.

Shikata T, Nagasoe S, Matsubara T, Yoshikawa S, Yamasaki Y, Shimasaki Y, Oshima Y, Honjo T（2008a）Factors influencing the initiation of blooms of the raphidophyte *Heterosigma akashiwo* and the diatom *Skeletonema costatum* in a port in Japan. Limnol Oceanogr 53: 2503-2518.

Shikata T, Nagasoe S, Oh SJ, Matsubara T, Yamasaki Y, Shimasaki Y, OshimaY, Honjo T（2008b）Effects of down- and up-shocks from rapid changes of salinity on survival and growth of estuarine phytoplankters. J Fac Agr Kyushu Univ 53: 81-87.

Shikata T, Yoshikawa S, Matsubara T, Tanoue W, Yamasaki Y, Shimasaki Y, Matsuyama Y, Oshima Y, Jenkinson IR, Honjo T（2008c）Growth dynamics of *Heterosigma akashiwo*（Raphidophyceae）in Hakata Bay, Japan. Eur J Phycol 43: 395-411.

Shikata T, Nukata A, Yoshikawa S, Matsubara T, Yamasaki Y, Shimasaki Y, Oshima Y, Honjo T（2009）Effects of light quality on initiation and development of meroplanktonic diatom blooms in a eutrophic shallow sea. Mar Biol 156: 875-889.

Smayda TJ（1998）Ecophysiology and bloom dynamics of *Heterosigma akashiwo*（Raphidophyceae）. In: Physiological Ecology of Harmful Algal Blooms（Anderson DM, Cembella AD, Hallegraeff GF eds）, NATO ASI Series, vol. G41 pp.113-131, Springer-Verlag, New York.

Strom SL, Harvey EL, Fredrickson KA, Menden-Deuer S（2013）Broad salinity tolerance as a refuge from predation in the harmful raphidophyte alga *Heterosigma akashiwo*（Raphidophycea）. J Phycol 49: 20-31.

Taga S, Yamasaki Y, Kishioka M（2013）Dietary effects of the red-tide raphidophyte *Heterosigma akashiwo* on growth of juvenile Manila clams, *Ruditapes philippinarum*. Plankton Benthos Res 8: 102-105.

Tai V, Lawrence JE, Lang AS, Chan AM, Culley AI, Suttle CA（2003）Characterization of HaRNAV, a single-stranded RNA virus causing lysis of *Heterosigma akashiwo*（Raphidophycea）1. J Phycol 39: 343-352.

Takahashi M, Fukazawa N（1982）Mechanism of "red tide" formation. Mar Biol 70: 267-273.

Takahashi M, Hara Y（1989）Control of diel vertical migration and cell division rhythm of *Heterosigma akashiwo* by day and night cycles. In: Red Tides Biology, Environmental Science, and Toxicity（Okaichi T, Anderson DM, Nemoto T eds）, pp.265-268, Elsevier, New York.

Tarutani K, Nagasaki K, Yamaguchi M（2000）Viral impacts on total abundance and clonal composition of the harmful bloom forming phytoplankton *Heterosigma akashiwo*. Appl Environ Microbiol 66: 4916-4920.

Taylor FJR（1990）Red tides, brown tides and other harmful algal blooms: The view into the 1990's. In: Toxic Marine Phytoplankton（Granéli E, Sundström B, Edler L, Anderson DM eds）, pp.527-533, Elsevier, New York.

Taylor FJR（1992）The taxonomy of harmful marine phytoplankton. Gior Bot Ital 126: 209-219.

Throndsen J（1996）Note on the taxonomy of *Heterosigma akashiwo*（Raphidohyceae）. Phycologia 35: 367.

Tomaru Y, Shirai Y, Nagasaki K（2008）Ecology, physiology and genetics of a phycodnavirus infecting the noxious bloom-forming raphidophyte *Heterosigma akashiwo*. Fish Sci 74: 701-711.

Tomaru Y, Tarutani K, Yamaguchi M, Nagasaki K（2004）Quantitative and qualitative impacts of viral infection on a *Heterosigma akashiwo*（Raphidophyceae）bloom in Hiroshima Bay, Japan. Aquat Microb Ecol 34: 227-238.

Tomas CR（1978a）*Olisthodiscus luteus*（Chrysophyceae）. I. Effects of salinity and temperature on growth, mortality and survival. J Phycol 14: 309-313.

Tomas CR（1978b）*Olisthodiscus luteus*（Chrysophyceae）. II. Formation and survival of a benthic stage. J Phycol 14: 314-319.

Tomas CR（1979）*Olisthodiscus luteus*（Chrysophyceae）. III. Uptake and utilization of nitrogen and phosphorus. J Phycol 15: 5-12.

Tomas CR（1980）*Olithodiscus luteus*（Chrysophycea）. IV. Effects of light intensity and temperature on photosynthesis, and cellular composition. J Phycol 16: 157-166.

Tomas CR, Deason EE（1981）The influence of grazing by two *Acartia* species on *Olisthodiscus luteus* Carter. Mar Ecol 2: 215-223.

Twiner MJ, Dixon SJ, Trick CG（2004）Extracellular organics from specific cultures of *Heterosigma akashiwo*（Raphidophyceae）irreversibly alter respiratory activity in mammalian cells. Harmful Algae 3: 173-182.

Uye S, Takamatsu K（1990）Feeding interactions between planktonic copepods and red-tide flagellates from Japanese coastal waters. Mar Ecol Prog Ser 59: 97-107.

Verity PG, Stoecker D（1982）Effects of *Olisthodiscus luteus* on the growth and abundance of Tintinnids. Mar Biol 72: 79-87.

Wada M, Miyazaki A, Fujii T（1985）On the mechanisms of diurnal vertical migration behavior of *Heterosigma akashiwo*（Raphidophyceae）. Plant Cell Physiol 26: 431-436.

Wang ZH, Liang Y, Kang W（2011）Utilization of dissolved organic phosphorus by different groups of phytoplankton taxa. Harmful Algae 12: 113-118.

Watanabe M, Kohata K, Kunugi M（1987）^{31}P nuclear magnetic resonance study of intracellular phosphate pools and polyphosphate metabolism in *Heterosigma akashiwo*（Hada）Hada（Raphidophyceae）. J Phycol 23: 54-62.

Watanabe M, Kohata K, Kunugi M（1988）Phosphate accumulation and metabolism by *Heterosigma akashiwo*（Raphidophyceae）during diel vertical migration in a stratified microcosm. J Phycol 24: 22-28.

Watanabe M, Takamatsu T, Kohata K, Kunugi M, Kawashima M, Koyama M（1989）Luxury phosphate uptake and variation of intracellular metal concentrations in *Heterosigma carterae*（Raphidophyceae）. J Phycol 25: 428-436.

Watanabe MM, Nakamura Y, Mori S, Yamochi S（1982）Effects of physico-chemical factors and nutrients on the growth of *Heterosigma akashiwo* Hada from Osaka Bay, Japan. Jpn J Phycol 30: 279-288.

Wood GJ, Flynn KJ（1995）Growth of *Heterosigma carterae*（Raphidophyceae）on nitrate and ammonium at three photon flux densities: evidence for N stress in nitrate-growing cells. J Phycol 31: 859-867.

山口晴生・西島敏隆・西谷博和・深見公雄・足立真佐雄（2004）赤潮プランクトン3種の有機態リン利用特性とアルカリフォスファターゼ産生能. 日本水産学会誌 70: 123-130.

Yamasaki Y, Nagasoe S, Matsubara T, Shikata T, Shimasaki Y, Oshima Y, Honjo T（2007）Allelopathic interactions between the bacillariophyte *Skeletonema costatum* and the raphidophyte *Heterosigma akashiwo*. Mar Ecol Prog Ser 339: 83-92.

Yamasaki Y, Shikata T, Nukata A, Ichiki S, Nagasoe S, Matsubara T, Shimasaki Y, Nakao M, Yamaguchi M, Oshima Y, Oda T, Ito M, Jenkinson IR, Asakawa M, Honjo T（2009）Extracellular polysaccharide-protein complexes of a harmful alga mediate the allelopathic control it exerts within the phytoplankton community. The ISME J 3: 808-817.

Yamochi S, Abe T（1984）Mechanisms to initiate a *Heterosigma akashiwo* red tide in Osaka Bay. II. Diel vertical migration. Mar Biol 83: 255-261.

Yokote M, Honjo T, Asakawa M（1985）Histochemical demonstration of a glycocalyx on the cell surface of *Heterosigma akashiwo*. Mar Biol 88: 295-299.

Yang CZ, Albright LJ, Yousif AN（1995）Oxygen-radical mediated effects of the toxic phytoplankter *Heterosigma carterae* on juvenile rainbow trout *Oncorhynchus mykiss*. Dis Aquat Organ 23: 101-108.

Zhang Y, Fu FX, Whereat E, Coyne KJ, Hutchins DA（2006）Bottom-up controls on a mixed-species HAB assemblage: A comparison of sympatric *Chattonella subsalsa* and *Heterosigma akashiwo*（Raphidophyceae）isolates from the Delaware Inland Bays, USA. Harmful Algae 5: 310-320.

3-8　ノリ色落ち原因珪藻類の生理，生態，生活環と個体群動態[*1]

西川哲也[*2]

1.　ノリ色落ち原因珪藻とは

　ノリの色落ちは，大量発生した植物プランクトンによって海域の窒素やリンなどの栄養塩が多量に消費され，ノリの生育に必要な栄養塩が不足することによって起こるノリの色調低下現象である（図1（口絵12））．ノリは一般に，黒く艶のあるものほど良質とされ，色調の低下したノリは，旨味成分であるアミノ酸含量も少なく，商品価値が低い．ノリ色落ち原因珪藻は，ノリ養殖漁期（概ね11月～翌年4月）に大量発生し，養殖ノリに色落ち被害を引き起こす珪藻の総称である．これまでに，瀬戸内海において色落ち被害を引き起こした代表的な原因珪藻を図2（口絵13）に示す（Manabe & Ishio 1991, Miyahara et al. 1996, 大山ほか 2008, 西川 2011）．この他にも，*Skeletonema* 属や *Chaetoceros* 属など通常は無害で海の生産者として根本的に重要な珪藻類であっても，ノリ養殖漁場周辺海域で栄養塩を消費し色落ち被害を引き起こせば，その原因藻と見なされる．

　ノリ養殖は，有明海や瀬戸内海など西日本の沿岸域を中心に日本各地で盛んに行われており，例えば，瀬戸内海東部海域では播磨灘を中心に，兵庫県瀬戸内海海域における漁業生産量の約半分，生産金額でも4割近くを占める重要な漁業種類となっている．播磨灘では，ノリの生産量がピークに達した1980年代から養殖ノリに色落ち被害が発生し始め，当初その原因藻は *Coscinodiscus wailesii* であった（Manabe & Ishio 1991）．その後，1990年代半ば以降には *Eucampia zodiacus* の大量発生によって深刻な色落ち被害が頻発するようになり，現在では本種がノリ色落ち原因藻として最も問題視されている（西川 2011）．ここでは *E. zodiacus* を主対象に，本種がなぜ近年になって大量発生するようになったのか，また本種が大量発生した海域ではなぜ甚大な色落ち被害が発生するのか，そのメカニズムを *C. wailesii* など他種との比較を通して示すとともに，これまでに蓄積されたノリ色落ち原因珪藻に関する知見を総括する．

2.　海域環境の長期変動とノリ色落ち原因珪藻の出現

　兵庫県立農林水産技術総合センター水産技術センターでは，播磨灘に設けた19定点において，1973年4月から毎月1回，月の上旬に定期的な海洋観測調査を実施している（眞鍋ほか 1994,

---

[*1] Physiology, ecology, life cycle and population dynamics of the harmful diatoms causing bleaching of aquacultured nori

[*2] Tetsuya Nishikawa（tetsuya_nishikawa@pref.hyogo.lg.jp）

Nishikawa et al. 2010a）．本調査では水質に関する調査項目に加え，植物プランクトンの種の同定と計数を行ってきた（中村ほか 1989）．1973 〜 2007 年まで 35 ヵ年の本データセットを用いて，播磨灘における海域環境の長期変動を解析した結果，本海域では冬季の最低水温に有意な上昇と，溶存無機態窒素（DIN）濃度に有意な低下が検出された（Nishikawa et al. 2010a）．また，植物プランクトンの細胞密度は 1970 年代〜 1980 年代前半に高く，1980 年代前半に大きく減少し，以降はほぼ横ばいで推移している（Nishikawa et al. 2010a）．構成種の大部分は珪藻で，その種組成には劇的な変化が見られた．すなわち，1970 年代〜 1980 年代前半は，富栄養化海域の代表的な指標種である *Skeletonema* spp. が構成種の大部分を占めていたが，1980 年代半ば以降は *Chaetoceros* spp. をはじめ他の珪藻の割合が増大した．一方 *E. zodiacus* は，1990 年代半ば以降，季節的には 1 〜 4 月に細胞密度が増大し，この時期に高頻度で優占するようになった（Nishikawa et al. 2011，図 3）．これらのことから，水温の上昇，栄養塩濃度の低下といった海域環境の変化が，*E. zodiacus* の増殖にとって有利に作用していることが考えられた．

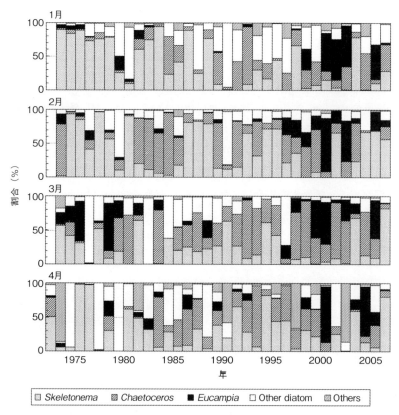

図 3　1973 〜 2007 年 1 〜 4 月の播磨灘における植物プランクトン種組成の月変動（19 定点の表層平均値，Nishikawa et al.（2011）を改変）

3．ノリ色落ち原因珪藻の増殖生理学的特性

E. zodiacus が 1990 年代半ば以降の播磨灘の海域環境によく適応した増殖特性を有していること，またその特性が養殖ノリに対して深刻な色落ち被害を引き起こす要因となっていることが，室内培養

実験から示されている．その主な内容を以下に示す．

(1) 温度と塩分の影響

　温度を 5，7，10，15，20，25，30℃ の 7 段階，塩分を 10，15，20，25，30，35 の 6 段階に設定し，これら温度と塩分のすべてを組み合わせた 42 通りの条件下で培養実験を実施した（西川 2002）．その結果，*E. zodiacus* は温度 7℃ 以上で増殖し，広範な温度と塩分条件下で増殖が可能であった（図 4）．最大増殖速度は，温度 25℃ と塩分 25 の条件下で 3.0 divisions d^{-1} と見積もられ，植物プランクトンの中でも *Skeletonema* spp. や *Chaetoceros* spp. と並び高い増殖速度を有していた．*E. zodiacus* は，水温が年間を通して最も低下する 2 ～ 3 月を中心に，現場海域においてブルームを形成する．この時の増殖速度は，至適増殖温度条件下（20 ～ 25℃）の約 1/3 程度にまで低下していると推算される．また，*C. wailesii* が温度 5℃ でもわずかながら増殖が可能であるのに対し（西川ほか 2000，図 4），*E. zodiacus* は温度 5℃ では増殖できないことから，本種は低温条件下において増殖耐性が高いとはいえないようである．これらのことから，1990 年代以降観察されている播磨灘の冬季水温の上昇が，近年本種が大量発生するようになった重要な環境変動の要因であると考えられた．

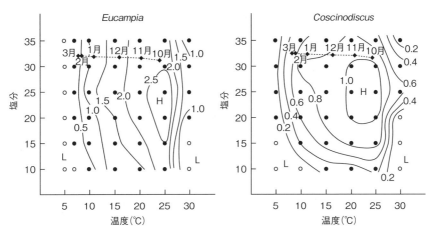

図 4　*Eucampia zodiacus* と *Coscinodiscus wailesii* の温度，塩分に対する増殖応答と播磨灘における水温，塩分の月平均値（◆）
　　　水温と塩分は，播磨灘 19 定点における 1973 ～ 2007 年の月平均値（西川ほか（2000）および西川（2002）を改変）．

(2) 温度と光強度の影響

　E. zodiacus の増殖に及ぼす光の影響を，温度 8，9，12.5，15，20，25℃ の 6 段階，光強度 5，10，20，30，50，70，90，120，150，200，250，300，350 μmol photons m^{-2} s^{-1} の 13 段階に設定した条件下で調べた（Nishikawa & Yamaguchi 2006）．温度 8 ～ 12.5℃ 下において，*E. zodiacus* は 5 μmol photons m^{-2} s^{-1} の弱光下でもわずかながら増殖し，10 μmol photons m^{-2} s^{-1} 以上の光強度条件下では，すべての温度条件下で増殖が認められ，増殖速度は光強度の増大とともに上昇した（図 5）．各増殖パラメータ値（最大増殖速度（μ_m：divisions d^{-1}），半飽和定数（K_s：μmol photons m^{-2} s^{-1}）および光強度の閾値（I_0：μmol photons m^{-2} s^{-1}））は，いずれも温度の上昇とともに増大した．同様の結果は，*C. wailesii* に対して実施した培養実験からも得られており（Nishikawa & Yamaguchi 2008），これらの結果は，温度の低下とともに増殖速度は低下する反面，より低い光強度下で増殖が可能であることを意味する．増殖パラメータをもとに，現場海域における *E. zodiacus* の増殖可能水深（D_t）を推算したところ，本種

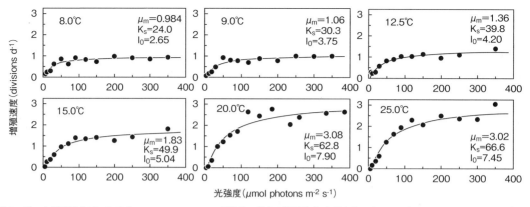

図5 様々な温度条件下における *Eucampia zodiacus* の光強度に対する増殖速度（西川（2002）および Nishikawa & Yamaguchi（2006）を改変）

が主にブルームを形成する 2 〜 3 月にかけて，D_t 値が上昇することが明らかとなった（Nishikawa & Yamaguchi 2006）．このことから，鉛直的に表層から底層にかけて分布する本種にとって，水柱内で増殖が可能な水深が拡大することは，ブルームを長期間維持するための重要な要因であると考えられた．

（3）栄養塩の影響

栄養塩（窒素，リン，珪酸）濃度と *E. zodiacus* の増殖速度の関係は，Monod の式で表すことができる（西川・堀 2004a）．*E. zodiacus* の K_s 値（最大増殖速度の 1/2 を与える栄養塩濃度）を播磨灘における栄養塩濃度の月平均値（Nishikawa et al. 2010a）と比較すると，DIN と珪酸では周年を通して K_s 値の方が栄養塩濃度の月平均値を下回っていた（表1）．また，*E. zodiacus* の最小細胞内栄養塩含量（Q_0）は，温度 9 および 20℃ 下において窒素が 1.6 および 1.0 pmol cell^{-1}，リンが 0.24 および 0.16 pmol cell^{-1}，珪酸が 3.8 および 2.6 pmol cell^{-1} と推算され（表1），細胞サイズを考慮すると他種に比べて小さい値であった（西川・堀 2004a）．このような栄養塩に対する増殖生理学的特性から，本種は海域の栄養塩が枯渇するまで増殖を繰り返すことが可能であり，栄養塩レベルが低下傾向にある播磨灘において，他種との栄養塩をめぐる競合に有利であることが考えられた．

表1 温度 9 および 20℃ 下における *Eucampia zodiacus* および *Coscinodiscus wailesii* の窒素，リンおよび珪酸に対する最大増殖速度（μ_m），半飽和定数（K_s），最小細胞内栄養塩含量（Q_0）（各パラメータ値は西川・堀（2004a, b）から引用）

種名	栄養塩	温度（℃）	μ_m (divisions d^{-1})	K_s (µM)	Q_0 (pmol cell^{-1})
Eucampia zodiacus	窒素	9	1.0	0.76	1.6
		20	2.6	0.86	1.0
	リン	9	1.3	0.29	0.24
		20	2.9	0.31	0.16
	珪酸	9	1.2	0.91	3.8
		20	2.4	0.88	2.6
Coscinodiscus wailesii	窒素	9	0.49	1.4	440
		20	1.3	1.4	440
	リン	9	0.46	0.39	40
		20	1.1	0.39	30
	珪酸	9	0.48	6.2	1400
		20	1.0	5.7	1400

　形態別窒素，リン利用能を検討した実験から，*E. zodiacus* は数種類の有機態窒素を増殖に利用することができたが，アンモニアでは 250 μM 以上の濃度で増殖が阻害され，アンモニア耐性は *C. wailesii* に比べて低かった（西川・堀 2004a, b）．一方，*E. zodiacus* は無機態リンと同様，実験に用いた 14 種類の有機態リンをすべて増殖に利用することができた（西川・堀 2004a, 図 6）．珪藻のリン源の利用特性は，大別すると本研究で実験に供した有機態リンのすべてを増殖に利用できるタイプと，数種類の有機態リンのみ増殖に利用できるタイプに分けられ，色落ち原因珪藻の中では，*E. zodiacus* は前者，*C. wailesii* は後者であった（西川・堀 2004a, b, 図 6）．近年，栄養塩レベルが低下傾向にある瀬戸内海では，有機態リンを増殖に有効利用できる種の出現割合が増大する傾向があり（Nishikawa et al. 2010a），*E. zodiacus* もそのような利用能を有していることが明らかとなった．

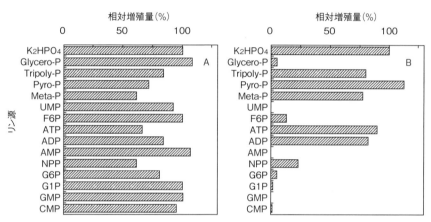

図 6　*Eucampia zodiacus*（A）と *Coscinodiscus wailesii*（B）による有機態リン利用能の比較（西川・堀（2004a, b）を改変）
　　　利用能は，リン酸二カリウム（K₂HPO₄）の最大収量を 100 とした場合の相対量（%）．（β－グリセロリン酸ナトリウム（Glycero-P），トリポリリン酸ナトリウム（Tripoly-P），ピロリン酸ナトリウム（Pyro-P），メタリン酸（Meta-P），ウリジン－5'－リン酸二ナトリウム（UMP），D－フルクトース－6'－リン酸二ナトリウム（F6P），アデノシン－5'－三リン酸（ATP），アデノシン－5'－二リン酸（ADP），アデノシン－5'－一リン酸（AMP），p－ニトロフェニルリン酸二ナトリウム（NPP），D－グルコース－6'－リン酸二ナトリウム（G6P），α－D－グルコース－1'－リン酸二ナトリウム（G1P），グアノシン－5'－一リン酸二ナトリウム（GMP），シチジン－5'－一リン酸（CMP））

（4）栄養塩取り込みの動力学的解析

　E. zodiacus と *C. wailesii* の栄養塩取り込み速度（ρ：pmol cell^{-1} h^{-1}）は，栄養塩濃度（S：μM）に依存し，以下に示す Michaelis-Menten の式で表すことができる．

$$\rho = \rho_{max} \cdot S/(K_s + S)$$

ここで ρ_{max} は最大取り込み速度（pmol cell^{-1} h^{-1}），K_s は半飽和定数（μM）を表す．

　栄養塩の取り込み能は一般に細胞サイズに依存し，細胞サイズが大きいほど K_s 値や ρ_{max} 値が高くなる傾向がある（Eppley et al. 1969）．そのため種間の比較には，細胞サイズを考慮した最大比取り込み速度（V_{max} ＝最大取り込み速度（ρ_{max}）/ 最小細胞内栄養塩含量（Q_0）：h^{-1}）や V_{max}/K_s（最大比取り込み速度 / 半飽和定数）が用いられる（Nakamura & Watanabe 1983, Yamamoto et al. 2004）．温度 9℃条件下の窒素に対する *E. zodiacus* の V_{max} および V_{max}/K_s 値は，20℃下の約 1/2 程度であったが，その値は他種の至適温度下で得られた値より高かった（Nishikawa et al. 2009, 表 2）．このことから，

本種は他種に比べて高い窒素取り込み能を有し，水温が10℃前後まで低下するノリ漁期後半においても，高い取り込み能が維持されていることが判明した（Nishikawa et al. 2009）．これに対して，*C. wailesii* は栄養塩取り込み速度がきわめて大きく（表2），1細胞当たりの栄養塩消費量が大きい種であると考えられた（Nishikawa et al. 2010b）．一方で，本種は K_s 値や Q_0 値も大きいために，V_{max} 値や V_{max}/K_s 値は小さく，他種との競合には不利であると考えられた．

表2　温度9および20℃下における *Eucampia zodiacus* および *Coscinodiscus wailesii* の窒素，リン取り込み能（K_s：半飽和定数，ρ_{max}：最大取り込み速度，Q_0：最小細胞内栄養塩含量，V_{max}：最大比取り込み速度（ρ_{max}/Q_0）（各パラメータ値は西川・堀（2004a, b），Nishikawa et al.（2009, 2010b）から引用）

種名	栄養塩	温度（℃）	K_s（μM）	ρ_{max}（pmol cell^{-1} h^{-1}）	Q_0（pmol cell^{-1}）	V_{max}（h^{-1}）	V_{max}/K_s
Eucampia zodiacus	窒素	9	2.59	0.777	1.6	0.49	0.19
		20	2.92	0.916	1.0	0.92	0.32
	リン	9	1.83	0.244	0.24	1.0	0.56
		20	4.85	0.550	0.16	3.4	0.71
Coscinodiscus wailesii	窒素	9	2.91	58.3	440	0.13	0.045
		20	5.08	95.5	440	0.22	0.043
	リン	9	5.62	41.9	40	1.05	0.19
		20	6.67	59.1	30	1.97	0.3

4．ノリ色落ち原因珪藻の生活環と個体群動態

代表的なノリ色落ち原因珪藻である *E. zodiacus* と *C. wailesii* は，いずれも珪藻の中で細胞サイズが大きく，沈降速度も大きい（小野ほか 2006）．それゆえ，これら珪藻の大量発生は鉛直混合期（10月〜翌年3月）に起こり，それがノリ養殖漁期と重なることから，ノリと栄養塩をめぐって競合する状況が生じている．図7に *E. zodiacus* と *C. wailesii* の播磨灘における周年を通した生活環を示した．原因珪藻の生活環や個体群動態は種特異的である．ここでは，比較的研究が進んでいる *E. zodiacus* と *C. wailesii* の播磨灘における生活環と個体群動態について述べる．

E. zodiacus については，2002年4月〜2005年12月にかけて，播磨灘北部沿岸域において周年を通した細胞密度と細胞サイズの変化が調べられている（Nishikawa et al. 2007）．*E. zodiacus* は調査を実施した4年間を通して，ほぼ周年栄養細胞が観察されている（図8A）．また，細胞サイズ（頂軸長）は 10.8 ± 0.69 〜 81.2 ± 1.4 μm の範囲で変動し，サイズの減少と回復には周期性と連続性が見られた（図8B）．すなわち，本種の細胞サイズは毎年1回，秋季に最小サイズに達し，その直後に最大値まで回復する．秋季に細胞サイズを回復した個体群は，徐々に細胞サイズを減少させ，1年かけて再び最小サイズに達した．これらのことから，本種は休眠期細胞を形成しない，または少なくとも播磨灘では休眠期細胞の形成期間が他種に比べて非常に短い種であることが示された．

これに対して，*C. wailesii* は播磨灘の海底土中から休眠細胞が初めて発見されている（長井ほか 1995）．本種の休眠細胞は主に4〜9月の海底土中から検出され，栄養細胞は10〜3月の水中に出現し，両者には明瞭な季節性が報告されている（Nagai et al. 1996）．すなわち，本種は増殖に不適な成層期に休眠細胞を形成して海底泥中で生残し，鉛直混合の始まりとともに栄養細胞に復活し，二分裂による増殖を開始する．また，本種は播磨灘において年に2回，すなわち秋季（10〜11月）と春季（2月）に出現のピークを示し，一般に秋季に細胞密度が最大となる（長井 2000a, 図7）．現場海域にお

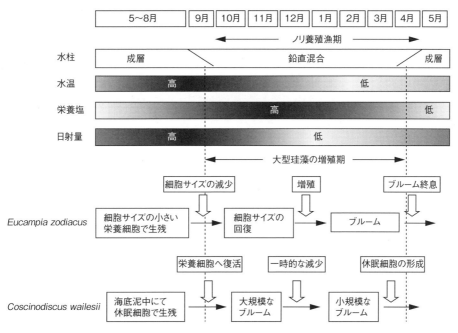

図7　播磨灘における *Eucampia zodiacus* と *Coscinodiscus wailesii* の季節的消長と生活環の模式図（西川（2011）を改変）

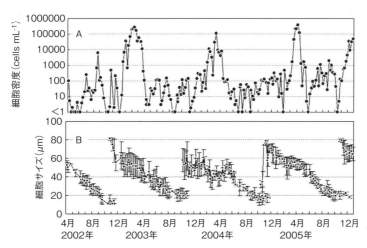

図8　2002年4月〜2005年12月の播磨灘北部沿岸域（二見定点）における *Eucampia zodiacus* の細胞密度（A）と細胞サイズ（B）の変動（Nishikawa et al.（2007）を改変）

ける秋季の水温（20℃前後）は，培養実験から求められた本種の至適増殖温度（西川ほか2000）とよく一致し，本種は現場海域において至適増殖環境下でブルームを形成していると考えられる．

　培養実験の結果から，*C. wailesii* と同様，*E. zodiacus* にとっても秋季は至適増殖条件であると考えられる（西川2002, Nishikawa & Yamaguchi 2006）．しかしながら，*E. zodiacus* は *C. wailesii* のように秋季にブルームを形成しない．*E. zodiacus* は細胞サイズを小さくすることで増殖に不適な成層期の海域環境に適応し（Nishikawa et al. 2013），増殖に適した秋季に活発に増殖するのではなく，増大胞子の形成により細胞サイズの回復を図る．なお，*C. wailesii* は培養条件下において栄養的増大による細胞サイズの回復過程が詳細に観察されている（長井・眞鍋1994, Nagai et al. 1995）．*C. wailesii* の最小

細胞サイズは，蓋殻径で 70 μm 前後であるが（長井・眞鍋 1994），播磨灘ではその最小サイズに達する前に，蓋殻径の平均値が 250 μm 前後まで減少した時点で，栄養的増大によって大きさを回復する（Nagai et al. 1995）．また，そのサイズ回復には季節性や周期性のないことが報告されている（長井 2000b）．これに対して，E. zodiacus の増大胞子形成は未解明な点が多く，現場海域における細胞サイズの回復が有性生殖によるものなのか，栄養的増大によるものなのかも不明である．E. zodiacus の増大胞子形成過程の解明は，色落ち対策につながる重要な知見であり，今後のさらなる研究の進展が望まれる．

　1990 年代半ば以降，播磨灘において E. zodiacus が大量発生するようになった要因，および冬季の低水温期にブルームを形成する要因は，本種特有の生活環と密接な関連があると考えられる．E. zodiacus は，1990 年代半ば以前も現在と同様の生活環を有し，秋季に細胞サイズを回復していたと推察される．しかしながら，1990 年代半ば以前の海域環境では，鉛直混合期の間にブルームを形成するレベルにまで増殖できないまま成層期を迎えていたと考えられる．E. zodiacus は，播磨灘において一年のうち最も水温が低下する時期にブルームを形成するものの，他の珪藻と比較して必ずしも低温耐性が高い種ではない（西川ほか 2000，西川 2002）．一方で，本種は珪藻の中でも高い増殖速度を有し，増殖可能な 7℃ 以上の温度条件下では，至適増殖温度である 20 〜 25℃ に向かって，温度の上昇とともに増殖速度が急激に増大する（西川 2002，Nishikawa & Yamaguchi 2006）．1990 年代後半以降，播磨灘では水温が高め基調で推移するようになり，特に冬季の最低水温に有意な上昇が認められ（Nishikawa et al. 2010a），冬季水温の月平均値が 8℃ を下回らなくなった（Nishikawa et al. 2011）．その結果，秋季に細胞サイズを回復した E. zodiacus の個体群が，大量発生が可能な鉛直混合期の間にブルームを形成するまで増殖できるようになり，その時期が一年で最も水温が低下する鉛直混合期後半と結果的に一致していることが考えられる．

5．原因珪藻によるノリ色落ち発生メカニズム

　浮遊珪藻類は，その生活様式から生活史の一部に休眠期細胞を形成するメロプランクトンと終生浮遊生活を送るホロプランクトンに大別できる．前者には Skeletonema spp.，Chaetoceros spp.，C. wailesii 等が含まれ，後者としては Rhizosolenia imbricata が代表的である（図9）．播磨灘で優占する主要な珪藻の大部分はメロプランクトンに属し，これらは概して栄養塩の要求量が高く，多くの種では高い増殖速度を有しており，増殖に不適な環境下では休眠期細胞を形成する．また，海域環境が好転すると速やかに栄養細胞へ復活し，活発に増殖を繰り返すことによって個体群を増大させる．したがって，このような種がブルームを形成した海域では，栄養塩が多量に消費され，その濃度が急激に低下する．これに対して，ホロプランクトンは比較的増殖速度が低く，R. imbricata のように，栄養塩が高濃度で添加されている培地ではむしろ増殖が阻害される種も知られている（佐々木・鬼頭 2003）．一般に，ホロプランクトンは低栄養塩濃度下における耐性が高く，低栄養塩濃度下でも栄養細胞のまま長期間生残が可能である．そのため，このような種が形成するブルームは継続日数が長くなる傾向があり（山口ほか 2003），栄養塩濃度の低い状態が長期間継続する．

　これまでの研究結果から，E. zodiacus 特有の生理生態学的特性は，ノリ養殖に対して悪影響を及ぼすメロプランクトンおよびホロプランクトン両方の特性を備えていると考えられる（図9）．すなわ

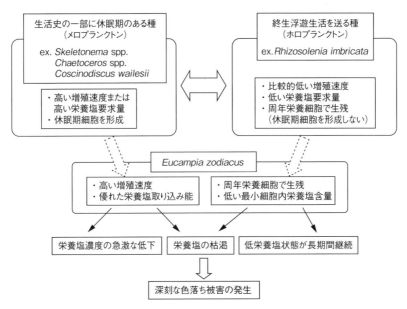

図9　*Eucampia zodiacus* と他種珪藻類の増殖生理学的特性と生活史特性の比較，および *E. zodiacus* の大量発生によるノリの色落ち
被害の発生要因（西川（2011）を改変）

ち，本種は珪藻の中でも高い増殖速度を有し，低温下において窒素の取り込み能に優れていることか
ら，本種が大量発生した海域では栄養塩がほぼ枯渇するまで消費される．一方で，本種は休眠期細胞
を形成せず，最小細胞内栄養塩含量も低いことから，栄養塩濃度が低下した海域でも栄養細胞のまま
生残する．その結果，本種の大量発生は長期に及び，その間，海域の栄養塩もほぼ枯渇した状態が継
続する．このようなメロプランクトンおよびホロプランクトン両方の特性を持つ種は，沿岸域に出現
する主要な珪藻の中では，*E. zodiacus* 以外に見当たらない．加えて，播磨灘では *E. zodiacus* に先立ち，
しばしば *C. wailesii* が大量発生する（長井 2000a）．*C. wailesii* は，増殖速度は小さいものの，珪藻の
中でも細胞サイズが特に大きく，1 細胞当たりの栄養塩消費量が格段に大きい．したがって，播磨灘
では *C. wailesii* がノリ養殖漁期の比較的早い段階において，海域の栄養塩を大きく低下させる．その
後，*C. wailesii* に替わって *E. zodiacus* がブルームを形成し，海域の栄養塩を消費し尽くし，栄養塩が
枯渇した状態を長期間継続させている．このように，播磨灘の養殖ノリはタイプの異なる珪藻と栄養
塩をめぐっての競合関係にあり，特に，*E. zodiacus* がノリ漁期後半に大量発生するようになったこと
で，色落ち被害がさらに深刻になったと考えられる．

6. ノリ色落ち原因珪藻の発生予察

　有害藻による漁業被害防止対策は，発生予察技術と被害防除技術に大別される（本城 2000）．ノリ
の一大生産地である有明海では，珪藻の大量発生によって栄養塩が低下したノリ漁場に，窒素肥料と
して硫安などを人為的に添加（施肥）し，養殖ノリの色落ち防止を図っている（川村 2006）．本方法は，
海域全体の栄養塩レベルを上昇させ，それを維持する必要があることから，水深の浅い海域で支柱式
の養殖が主体の有明海では，有効な色落ち対策となっている．これに対して，播磨灘では海岸線のほ
とんどが埋め立てられており，有明海に比べて水深の大きい海域において，浮き流し式による養殖が

行われている．特に，当海域の主要なノリ漁場は，潮流の速い明石海峡周辺海域であることから（永田ほか 2001），海域の施肥による栄養塩濃度の維持や上昇の効果は期待できない．このような海域では，まず原因珪藻の発生を予察し，その情報をノリの刈り取りのタイミングや回数の調整，ノリ網張り替え時期の判断材料として活用することにより，色落ち被害を最小限に抑える対策を講じることが重要である．

　現在，播磨灘におけるノリ色落ち原因珪藻の発生予察として，C. wailesii の秋季発生量を予察する手法が確立されている（長井 2000a）．本種は，増殖に不適な4～8月を海底泥中で休眠細胞として生残し，鉛直混合の始まる9月以降，栄養細胞となって増殖する（Nagai et al. 1996）．長井（2000a）は，培養条件下において C. wailesii の休眠細胞の生残率が水温の上昇とともに低下することに注目し，播磨灘19定点における3～8月の3層平均水温の積算値と9～11月の C. wailesii 細胞密度の積算値に負の相関があることを見出した．また，この両者の関係から成層期の水温をモニターすることによって，C. wailesii 秋季発生量を予察できることを示している．

　一方 E. zodiacus は，周年栄養細胞で生残し，周期的に細胞サイズの減少と回復を繰り返しながら，毎年1回，秋季に最小サイズに達した細胞サイズの回復を図る（Nishikawa et al. 2007, 2013）．そこで，秋季に細胞サイズを回復した細胞の割合が，全体の50%に達した日を起点として，E. zodiacus 秋季個体群の平均細胞密度とその個体群のブルームがピークに達するまでに要した日数を調べた結果，両者には負の相関が見られた（西川・今井 2011, 図10）．すなわち，秋季に細胞サイズを回復した個体群の細胞密度が高い年は，本種のブルームがピークに達するまでに要する日数が短いことが判明した．E. zodiacus の場合，秋季個体群を翌年1～4月に形成されるブルームのシードポピュレーションと見なし，秋季に平均細胞密度と細胞サイズ回復時期を把握することによって，当該年度のノリ漁期において E. zodiacus のブルームがピークに達する時期（＝海域の栄養塩が枯渇し，養殖ノリに色落ちが発生する時期）を予察することが可能であると考えられた．今後は，各地先の海域特性も考慮しながら，このような成果を養殖ノリの色落ち被害がより軽減される施策へ活用することが重要である．

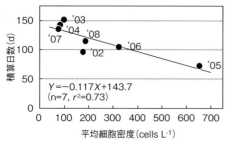

$$Y=-0.117X+143.7$$
$$(n=7,\ r^2=0.73)$$

図10　2002～2008年の秋季における Eucampia zodiacus 平均細胞密度と秋季に細胞サイズを回復した個体群のブルームがピークに達するまでに要した日数の関係
平均細胞密度は，秋季にサイズを回復した細胞が初めて観察された日から，すべての出現細胞がサイズを回復するまでの間に出現した細胞数／調査日数で算出．日数は，サイズを回復した細胞が全体の50%に達した日からブルームのピークまでの間で算出（西川・今井（2011）を改変）

文　献

Eppley RW, Rogers JN, McCarthy JJ（1969）Half-saturation constants for uptake of nitrate and ammonium by marine phytoplankton. Limnol Oceanogr 14: 912-920.

本城凡夫（2000）第1章　有害プランクトンによる漁業被害の発生状況とその問題点. 水産研究叢書48, 有害・有毒赤潮の発生と予知・予防（石田祐三郎・本城凡夫・福代康夫・今井一郎編）, pp.4-17, 日本水産資源保護協会, 東京.

川村嘉応（2006）有明海奥部のノリ養殖. 海洋と生物 167: 603-610.

Manabe T, Ishio S（1991）Bloom of Coscinodiscus wailesii and DO deficit of bottom water in Seto Inland Sea. Mar Pollut Bull 23: 181-184.

眞鍋武彦・反田 實・堀 豊・長井 敏・中村行延（1994）播磨灘の漁場環境と植物プランクトンの変動−20年間のモニタリングの成果−. 沿岸海洋研究ノート 31: 169-181.

Miyahara K, Nagai S, Itakura S, Yamamoto K, Fujisawa K, Iwamoto T, Yoshimatsu S, Matsuoka S, Yuasa A, Makino K, Hori Y, Nagata S, Nagasaki K, Yamaguchi M, Honjo T（1996）First record of a bloom of *Thalassiosira diporocyclus* in the Eastern Seto Inland Sea. Fish Sci 62: 878-882.

長井 敏（2000a）第4章 播磨灘における有害大型珪藻 *Coscinodiscus wailesii* の大量発生機構とその予知. 水産研究叢書48, 有害・有毒赤潮の発生と予知・予防（石田祐三郎・本城凡夫・福代康夫・今井一郎編）, pp.71-100, 日本水産資源保護協会, 東京.

長井 敏（2000b）珪藻類のサイズの回復－大型の珪藻 *Coscinodiscus wailesii* の無性生殖による大きさの回復過程を例にして－. 月刊海洋号外 21: 144-151.

長井 敏・堀 豊・眞鍋武彦・今井一郎（1995）播磨灘海底泥中から見いだされた大型珪藻 *Coscinodiscus wailesii* Gran 休眠細胞の形態と復活過程. 日本水産学会誌 61: 179-185.

Nagai S, Hori Y, Manabe T, Imai I（1995）Restoration of cell size by vegetative cell enlargement in *Coscinodiscus wailesii*（Bacillariophyceae）. Phycologia 34: 533-535.

Nagai S, Hori Y, Miyahara K, Manabe T, Imai I（1996）Population dynamics of *Coscinodiscus wailesii* Gran（Bacillariophyceae）in Harima-Nada, Seto Inland Sea, Japan. In: Harmful and Toxic Algal Blooms（Yasumoto T, Oshima Y, Fukuyo Y eds）, pp.239-242, IOC of UNESCO, Paris.

長井 敏・眞鍋武彦（1994）培養条件下における大型の珪藻類の *Coscinodiscus wailesii* の増大胞子形成. 日本プランクトン学会報 40: 151-167.

永田誠一・名角辰郎・中谷明泰・鷲尾圭司・眞鍋武彦（2001）近年の播磨灘主要ノリ漁場の環境調査結果. 兵庫県立水産試験場研究報告 36: 59-73.

Nakamura Y, Watanabe MM（1983）Nitrate and phosphate uptake kinetics of *Chattonella antiqua* grown in light/dark cycles. J Oceanogr Soc Japan 39: 167-170.

中村行延・松田泰嗣・安田 基・真鍋武彦（1989）播磨灘における植物プランクトンの出現状況. 兵庫県立水産試験場研究報告 26: 11-17.

西川哲也（2002）ノリの色落ち原因藻 *Eucampia zodiacus* の増殖に及ぼす水温, 塩分および光強度の影響. 日本水産学会誌 68: 356-361.

西川哲也（2011）養殖ノリ色落ち原因珪藻 *Eucampia zodiacus* の大量発生機構に関する生理生態学的研究. 兵庫県立農林水産技術総合センター研究報告（水産編）42: 1-82.

西川哲也・堀 豊（2004a）ノリの色落ち原因藻 *Eucampia zodiacus* の増殖に及ぼす窒素, リンおよび珪素の影響. 日本水産学会誌 70: 31-38.

西川哲也・堀 豊（2004b）ノリの色落ち原因藻 *Coscinodiscus wailesii* の増殖に及ぼす窒素, リンおよび珪素の影響. 日本水産学会誌 70: 872-878.

Nishikawa T, Hori Y, Nagai S, Miyahara K, Nakamura Y, Harada K, Tanda M, Manabe T, Tada K（2010a）Nutrient and phytoplankton dynamics in Harima-Nada, eastern Seto Inland Sea, Japan during a 35-year period from 1973 to 2007. Estuar Coast 33: 417-427.

Nishikawa T, Hori Y, Nagai S, Miyahara K, Nakamura Y, Harada K, Tada K, Imai I（2011）Long time-series observations in population dynamics of the harmful diatom *Eucampia zodiacus* and environmental factors in Harima-Nada, eastern Seto Inland Sea, Japan during 1974-2008. Plankton Benthos Res 6: 26-34.

Nishikawa T, Hori Y, Harada K, Imai I（2013）Annual regularity of reduction and restoration of cell size in the harmful diatom *Eucampia zodiacus*, and its application to the occurrence prediction of nori bleaching. Plankton Benthos Res 8: 166-170.

Nishikawa T, Hori Y, Tanida K, Imai I（2007）Population dynamics of the harmful diatom *Eucampia zodiacus* Ehrenberg causing bleachings of *Porphyra* thalli in aquaculture in Harima-Nada, the Seto Inland Sea, Japan. Harmful Algae 6: 763-773.

西川哲也・今井一郎（2011）有害藻類 *Eucampia zodiacus* による養殖ノリ色落ち発生予察. 日本水産学会誌 77: 876-880.

西川哲也・宮原一隆・長井 敏（2000）播磨灘産大型珪藻 *Coscinodiscus wailesii* の増殖に及ぼす水温, 塩分の影響. 日本水産学会誌 66: 993-998.

Nishikawa T, Tarutani K, Yamamoto T（2009）Nitrate and phosphate uptake kinetics of the harmful diatom *Eucampia zodiacus* Ehrenberg, a causative organism in the bleaching of aquacultured *Porphyra* thalli. Harmful Algae 8: 513-517.

Nishikawa T, Tarutani K, Yamamoto T（2010b）Nitrate and phosphate uptake kinetics of the harmful diatom *Coscinodiscus wailesii*, a causative organism in the bleaching of aquacultured *Porphyra* thalli. Harmful Algae 9: 563-567.

Nishikawa T, Yamaguchi M（2006）Effect of temperature on light-limited growth of the harmful diatom *Eucampia zodiacus* Ehrenberg, a causative organism in the discoloration of *Porphyra* thalli. Harmful Algae 5: 141-147.

Nishikawa T, Yamaguchi M（2008）Effect of temperature on light-limited growth of the harmful diatom *Coscinodiscus wailesii*, a causative organism in the bleaching of aquacultured *Porphyra* thalli. Harmful Algae 7: 561-566.

小野 哲・一見和彦・多田邦尚（2006）ノリ養殖に被害を及ぼす大型珪藻 *Coscinodiscus wailesii* の現存量と沈降速度. 日本海水学会誌 60: 253-259.

大山憲一・吉松定昭・本田恵二・阿部享利・藤沢節茂（2008）2005年2月に播磨灘から備讃瀬戸に至る香川県沿岸域で発生した大型珪藻 *Chaetoceros densus* のブルーム：発生期の環境特性とノリ養殖への影響. 日本水産学会誌 74: 660-670.

佐々木和之・鬼頭 鈞（2003）有明海で発生した *Rhizosolenia imbricate* Brightwell の増殖特性. 日本プランクトン学会報 50: 79-87.

山口峰生・板倉 茂・長井 敏（2003）生活史特性からみた珪藻赤潮の発生機構. 海苔と海藻 65: 18-22.

Yamamoto T, Oh SJ, Kataoka Y（2004）Growth and uptake kinetics for nitrate, ammonium and phosphate by the toxic dinoflagellate *Gymnodinium catenatum* isolated from Hiroshima Bay, Japan. Fish Sci 70: 108-115.

3-9 有明海の新たなノリ色落ち原因珪藻
Asteroplanus karianus[*1]

松原 賢[*2]

1. 赤潮発生状況

羽状目珪藻 *Asteroplanus karianus*（Grunow）C. Gardner & R.M. Crawford はかつて *Asterionella kariana* および *Asterionellopsis kariana* と呼ばれていたが，Crawford & Gardner（1997）によって現在の学名が提唱された．栄養細胞のサイズ（蓋殻長）は 16～68 μm（高野 1990）で比較的大型の珪藻類である．*A. karianus* は，日本国内では有明海のほかに北海道の噴火湾（嶋田 2000）や秋田県の男鹿市地先海域（高田ほか 未発表）で，また国外では北海（Hoppenrath 2004），バルト海（Hällfors 2004），渤海（Sun et al. 2004）などで出現もしくは赤潮が報告されている．有明海奥部（図1）では 1980 年代からすでに出現が記録されていたが，2007 年度のノリ漁期から突如として濃密な赤潮を恒常的に形成するようになった（図2）．有明海奥部において，*A. karianus* は 12 月下旬から 1 月中旬に赤潮を形成する傾向がある（松原ほか 2014）．この時期は，ノリ養殖の二期作目である冷凍網期が開始され，「一番摘み海苔」に代表される高品質で高価なノリが生産される大事な時期である．しかし，*A. karianus* 赤潮が発生するとノリ養殖漁場では栄養塩が著しく減少する（松原ほか 2014）ためノリが色落ちし，漁

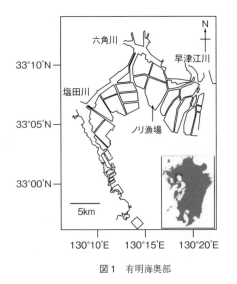

図1 有明海奥部

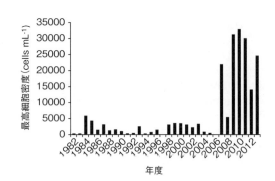

図2 有明海佐賀県海域における *Asteroplanus karianus* の最高細胞密度の変動

[*1] Novel harmful diatom *Asteroplanus karianus*, a causative organism in the bleaching of cultured nori（*Pyropia*）

[*2] Tadashi Matsubara（matsubara-tadashi@pref.saga.lg.jp）

業者は大きな損失を受けることになる．概算ではあるが，*A. karianus* 赤潮による色落ちにより，ノリの単価が通常の 7 割程度に下落することが報告されている（Yamaguchi et al. 2014）．

2．*A. karianus* の生理・生態

　本種が有明海で濃密な赤潮を形成し，ノリの色落ち原因珪藻の新奇種として問題視されるようになった 2000 年代に入って，複数の研究機関により本種の生理・生態に関する研究が進められ，2010 年代前半にはある程度の知見が集積されてきた．

　松原ほか（2014）は，4 年以上にわたり有明海奥部において *A. karianus* と各種環境要因の変動を調べた．その結果，*A. karianus* の栄養細胞は 7 月から 10 月にかけて観察されることはないが，11 月に入ると六角川河口域から塩田川河口域付近の海域で出現し始め，12 月下旬から 1 月中旬に同海域を中心に増加して赤潮を形成する傾向が見出された．なお，赤潮衰退後，6 月まで *A. karianus* の栄養細胞は観察されるものの，再度赤潮を形成することはなかった．このように，*A. karianus* は水温が概ね 5〜10℃ と年間で最も低く，全天日射量も年間で最も少ない時期に赤潮を形成するという，興味深い生態特性が確認された．

　山口ほか（未発表）は，水温（5，10，15，20，25，30）および塩分（10，15，20，25，30，35）における *A. karianus* の栄養細胞の増殖応答について調べ，本種は 30℃ の高水温条件下では増殖できないが，水温 5〜25℃，塩分 10〜35 の範囲で増殖可能であり，水温 20℃ および塩分 25 の組み合わせで最大増殖速度（2.2 divisions d^{-1}）を示すことを明らかにした．また，山口ほか（未発表）の室内試験結果に照合すると，有明海奥部において赤潮発生時期に観測される条件（水温 5〜10℃，塩分 30 程度）であっても，*A. karianus* の増殖速度は 0.3〜0.8 divisions d^{-1} の範囲にあり，これは現場において赤潮を形成するのに十分な増殖速度に相当する．しかし，*A. karianus* の赤潮発生時期の水温は室内試験で得られた増殖至適水温の 20℃ よりも 10℃ 以上も低いことから，本種の赤潮発生機構を水温に対する増殖特性のみで説明することは困難である．

　A. karianus は休眠細胞を形成して，長い期間を海底で過ごしている（Yamaguchi M et al. unpublished）．前述したように，*A. karianus* の栄養細胞は 7 月から 10 月まで観察されることはなく，11 月に入ってから観察され始める．このことから，本種の休眠細胞はシードポピュレーションとして初期増殖に重要な役割を果たしており，その復活生理を明らかにすることが赤潮発生機構の解明に必要である．松原ほか（未発表）は，当海域で採取した底泥試料を用い，水温（6.5，10，15，20，25，27.5，30℃）が休眠細胞の復活率と復活後の栄養細胞の増殖に与える影響を調べた．すなわち，各水温区において底泥試料から出現する栄養細胞を MPN 法を用いて明らかにし，復活可能な *A. karianus* の休眠細胞数を調べ，100 ×（各水温区における MPN 値）÷（10℃ における MPN 値）の式で 10℃ を基準とする復活率を算出した．なお，本試験は各水温区について 3 回繰り返した．また，底泥試料を改変 SWM-3 培地が入ったフラスコに懸濁し，各水温区において 5 日間培養後，*A. karianus* の細胞密度を調べ，復活後の増殖を評価した．その結果，*A. karianus* はすべての水温区で復活し，復活率は 15〜25℃ で 10℃ の 1.4〜2.2 倍と高く，6.5℃，27.5℃，30℃ では 0.1〜0.6 倍と低かった．また，復活後の増殖は 15℃，10℃ の順で良く，6.5℃ および 20〜30℃ では 15℃ の 35% 未満にとどまった．これらのことを総合すると，*A. karianus* の復活に至適な水温は 15℃ 付近と推定された．なお，同時

に試みた *Skeletonema* spp. の復活至適水温は 25℃ であったことから，本種は低水温に適応した復活特性を有していることが明らかである．松原ほか（2014）は，*A. karianus* の休眠細胞が復活に要する時間は低水温条件下（10℃）よりも高水温条件下（25℃）の方が長いことを報告している．温度 20〜30℃ では復活に要する時間が長いために，復活後の細胞増加が 10℃ や 15℃ よりも遅延する可能性がある．この仮説を検証するため，今後，*A. karianus* の休眠細胞が復活に要する時間と水温との関係について調べる必要がある．

　Yamaguchi et al.（2014）は，10.8℃ における *A. karianus* の栄養塩利用特性について調べ，硝酸態窒素およびリン酸態リンの最大摂取速度の半飽和定数（K_s）はそれぞれ 7.44 μM および 3.61 μM と推算した．特に，硝酸態窒素の K_s はノリの色落ち原因珪藻の代表種である *Coscinodiscus wailesii* や *Eucampia zodiacus* の 9℃ における値（Nishikawa et al. 2009, 2010, 3-8 章）の 2.5 倍以上高い値であった．この結果は，*A. karianus* が効率良く増殖するには窒素源が豊富に溶存する環境が必要であることを示唆している．

　紫加田ほか（未発表）は，円柱水槽（水深 85 cm）を用いて *A. karianus* の栄養細胞の沈降特性について調べ，本種の沈降速度は小型珪藻と比して高く，塩分躍層存在下でも速やかに沈降し着底することを確認した．このことは，現場海域においても成層形成期に *A. karianus* が有光層に保持されないことを示唆している．

3．*A. karianus* の増殖動態と環境要因との関係

　A. karianus は 7 月から 10 月には観察されないが，11 月以降から出現が認められ，12 月下旬から 1 月中旬に赤潮を形成する傾向にあることを前述した．

　図 3 に塩田川河口域における各種水質を 2007 年 12 月から 2012 年 3 月までのデータに基づく月平均値で示す．また，図 4 にこれまでに得られた生理・生態特性に関する知見から想定される *A. karianus* の赤潮発生機構の概念図を示す．7 月から 9 月まで，水温の月平均値は 27.5〜29.1℃ と高いことから，高水温により *A. karianus* の休眠細胞の復活や栄養細胞の増殖が抑制される．10 月に入ると水温の月平均値が 22.4℃ まで低下するが，20℃ でも *A. karianus* の復活後の増殖はまだ良好ではなく，10 月でも復活に好適な時期とはいえない．表層と底層の密度差 $\Delta\sigma t$ をみると，7 月から 8 月は強固な成層が形成されている．成層形成期に *A. karianus* の増加を抑制し得る要因として，栄養細胞の沈降速度が大きくて有光層に細胞が維持されないこと，底層の貧酸素水塊により休眠細胞の復活が抑制されること（松原ほか 2014）が挙げられる．また，当海域では 7 月から 8 月は *Skeletonema* spp. を主体とする珪藻類が高密度化することから，珪藻類との栄養塩競合やアレロパシーといった生物・化学的要因により *A. karianus* の増殖が抑制されている可能性もある．以上のような理由から，

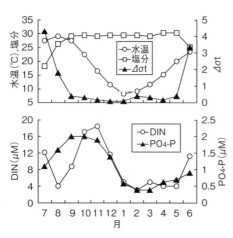

図 3　塩田川河口域における表層の水温，塩分，DIN，PO_4-P および表底層の密度差（$\Delta\sigma t$）の月平均値

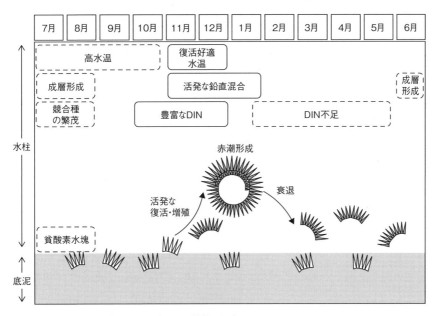

図4 有明海奥部における *Asteroplanus karianus* の赤潮発生機構の概念図
　　A. karianus に好適な要因を実線囲みで，不適な要因を破線囲みで示す．競合種の繁茂，貧酸素水塊は *A. karianus* についての
　　試験データはないが，負の影響が想定される．

7月から10月までの期間に *A. karianus* は赤潮を形成できないものと考えられる．

　11月から12月に入ると，水温の月平均値が11.6〜16.5℃まで低下して休眠細胞の復活に好適となり，Δσt が小さくなって鉛直混合撹拌が活発になり，底泥中の休眠細胞が巻き上げられて復活する機会が多くなってくる．つまり，11月から12月は底泥中の休眠細胞から栄養細胞が効率良く水柱に供給されてくるため，*A. karianus* が検出され始める．そして，溶存態無機窒素（DIN）が豊富である環境下で分裂を繰り返し，12月下旬から1月中旬に赤潮形成にいたると考えられる．このように，*A. karianus* が12月下旬から1月中旬に赤潮を形成する第一の要因は，本種が低水温に適応した復活特性を有していることにあるといえる．12月下旬から1月中旬は水温と全天日射量が年間で最低となることから，この時期に赤潮を形成する本種は低水温条件下で低光強度にもまた適応していることが推察されるが，今後の検討課題である．

　A. karianus の赤潮が衰退後，2月から5月まで DIN の月平均値は硝酸態窒素の K_s の7.44 μM 未満であることから，この期間に本種が効率良く増殖するためには DIN が不足していると考えられる．6月には梅雨に伴う出水により DIN は増加するが，成層が形成されるために撹拌環境が整わず，*A. karianus* は増加できないのではないかと推測される．なお，無機リン酸塩（PO_4-P）については周年を通して K_s の3.61 μM より低い濃度である．多くの真核植物プランクトン（山口・足立 2010）と同様に，*A. karianus* も様々な有機リン化合物をリン源として利用している可能性がある．

4. 塩田川感潮域から河口域における *A. karianus* の分布

　片野ほか（2013）や2010年から2013年における松原ほか（未発表）による現場調査の結果，*A. karianus* は塩田川河口域の開口部付近でより高密度化することがわかってきた．そこで2014年，*A.*

karianus 赤潮の発生中に，塩田川感潮域から河口域に調査定点（Stn. A 〜 H）を設け，昼間満潮時に本種の分布状況を調べたところ，*A. karianus* は開口部より内側の海域でより高密度であった．なお，比較対象種として同時に調べた *Skeletonema* spp. ではそのような傾向は観測されなかった（図5）．このことから，開口部よりも内側の海域での高密度分布は物理的な集積ではなく，その海域で本種が増殖したためであると考えられた．この海域は高濁度および高栄養塩環境という特徴がある（図5）．Stn. A 〜 D の濁度は表層でも 60 FTU（Formazin Turbidity Unit，ホルマジン度）以上であり，Stn. B では 160 FTU を超えていた．なお，濱田ほか（2009）の式により濁度を懸濁物質（SS）に換算すると，160 FTU は約 380 mg L^{-1} となる．また，Stn. A 〜 D の DIN は表層で 21.9 〜 52.5 μM であり，本種の増殖に十分な濃度であった．高濁度環境では水中光強度が制限されること，泥粒子による凝集作用により植物プランクトンの増殖が抑制されることが指摘されている（田中ほか 2004）．*A. karianus* は何らかの生理・生態特性により，高濁度・低光強度の環境下でも増殖抑制を受けず，その場の高い栄養塩を利用して増殖できることが示唆される．*A. karianus* にとっては開口部から外側の海域に比較して，内側の海域の方が増殖により適した環境であると推測される．*A. karianus* が高濁度環境下で増殖可能な理由を特定すること，また今回実施したような河川感潮域から河口域にかけての調査を周年にわたり実施することが，本種の赤潮発生機構を明らかにするに当たって重要な調査事項であると考えられる．

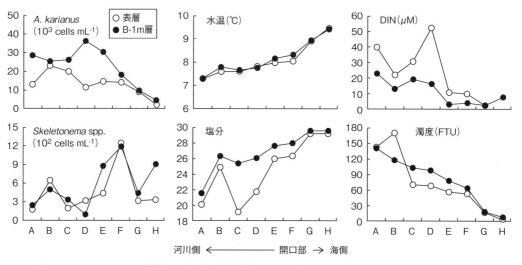

図5　2014 年の *Asteroplanus karianus* 赤潮発生時の塩田川感潮域から河口域における *A. karianus*，*Skeletonema* spp.，水温，塩分，DIN および濁度の分布

5．その他の課題

A. karianus が 2007 年度から濃密な赤潮を形成するようになった原因は今のところ不明であり，その解明は大きな課題である．松原（2012）は有明海奥部におけるノリ漁期に出現する珪藻類の優占種が，長期的に見ると *Skeletonema* spp. のみ → *Skeletonema* spp. + *Chaetoceros* spp. → *Skeletonema* spp. + *A. karianus* へと変化したことを報告し，DIN/DIP 比の低下がこの変化に関与したと推察しているが，さらなる検討が必要である．有明海奥部の環境が 2007 年度以降とそれ以前とでどのような変化をしているのか，より詳細に解析する必要がある．

　冒頭で述べたように，*A. karianus* は日本国内では有明海のほかに秋田県の男鹿市地先海域でも確認されている．しかし，有明海と男鹿市地先海域で観察される *A. karianus* の細胞を比較すると，形態に差異がみられる．有明海産のものは被殻形態がくさび形であるのに対し，男鹿市地先海域産のものは擬人形である．また，*A. karianus* は螺旋状の群体を形成するが，螺旋の径は有明海産の方が大きい．両種は地域の違いによる形態変異なのか，あるいは別種なのか，各産地の株を用いて分子生物学的手法による検討を行う必要がある．

文　献

Crawford RM, Gardner C（1997）The transfer of *Asterionellopsis kariana* to the new genus *Asteroplanus*（Bacillariophyceae），with reference to the fine structure. Nova Hedwigia 65: 47-57.

Hoppenrath M（2004）A revised checklist of planktonic diatoms and dinoflagellates from Helgoland（North Sea, German Bight）. Helgol Mar Res 58: 243-251.

Hällfors G（2004）Checklist of Baltic Sea phytoplankton species（including some heterotrophic protistan groups）. Balt Sea Environ Proc No.95. Helsinki Commission, Baltic Marine Environ Protection Commission, 210pp.

濱田孝治・山本浩一・速水祐一・吉野健児・大串浩一郎・山口創一・片野俊也・吉田　誠（2009）再懸濁特性マッピングに基づく有明海の懸濁物シミュレーション．土木学会論文集 B2（海岸工学）65: 986-990.

片野俊也・吉野健児・伊藤祐二（2013）有明海奥部の植物プランクトンの季節変化: 特に夏季，冬季の有害赤潮と環境要因の関連について．沿岸海洋研究 51: 53-64.

松原　賢（2012）有明海佐賀県海域におけるノリ漁期の植物プランクトン．水産学シリーズ 173，豊穣の海・有明海の現状と課題（大嶋雄治編），pp.9-24，恒星社厚生閣，東京．

松原　賢・横尾一成・川村嘉応（2014）有害珪藻 *Asteroplanus karianus* の有明海佐賀県海域における出現動態と各種環境要因との関係．日本水産学会誌 80: 222-232.

Nishikawa T, Tarutani K, Yamamoto T（2009）Nitrate and phosphate uptake kinetics of the harmful diatom *Eucampia zodiacus* Ehrenberg, a causative organism in the bleaching of aquacultured *Porphyra* thalli. Harmful algae 8: 513-517.

Nishikawa T, Tarutani K, Yamamoto T（2010）Nitrate and phosphate uptake kinetics of the harmful diatom *Coscinodiscus wailesii*, a causative organism in the bleaching of aquacultured *Porphyra* thalli. Harmful Algae 9: 563-567.

嶋田　宏（2000）噴火湾における植物プランクトン組成の季節変化．沿岸海洋研究 38: 15-22.

Sun J, Liu D, Xu J, Chen K（2004）The netz-phyoplankton community of the Central Bohai Sea and its adjacent waters in spring 1999. Acta Ecologica Sinica 24: 2003-2016.

高野秀昭（1990）珪藻綱羽状目無縦溝亜目ディアトーマ科 *Asterionella kariana* GRUNOW. 日本の赤潮生物（福代康夫・高野秀昭・千原光雄・松岡敷充編），pp.306-307，内田老鶴圃，東京．

田中勝久・児玉真史・熊谷　香・藤本尚仲（2004）有明海筑後川河口域における冬季のクロロフィル蛍光と濁度変動．海の研究 13: 163-172.

山口晴生・足立真佐雄（2010）海洋真核植物プランクトンによる有機態リンの利用（総説）．日本プランクトン学会報 57: 1-12.

Yamaguchi H, Minamida M, Matsubara T, Okamura K（2014）Novel blooms of the diatom *Asteroplanus karianus* deplete nutrients from Ariake Sea coastal waters. Mar Ecol Prog Ser 517: 51-60.

3-10　休眠期を持つ珪藻類[*1]

石井健一郎[*2]・石川輝[*3]・今井一郎[*4]

1.はじめに

　沿岸域に生息する珪藻類の多くは，通常，無性的な分裂による増殖とサイズ回復のための増大胞子形成を行っている．そのような珪藻類の代表例として *Chaetoceros* 属の生活史を図1に示した．珪藻類の中には，増殖に不適な環境で耐久性の休眠期細胞を形成する種が多く知られている（例えば Hargraves & French 1975, Garison 1984, 板倉 2000）．休眠期細胞は好適増殖環境の回復に伴い発芽・復活し，再び水柱で増殖を行ういわば「種（タネ）」としての役割を持つとされている（Gran 1912, French & Hargraves 1980, Garrison 1981, 板倉 2000）．そのため，どのような種の休眠期細胞がどれほど海底堆積物中に存在しているかを知ることは，当該種の動態を把握するうえできわめて重要な情報となる．

　珪藻類の休眠期細胞（resting stage cell）は形態的に休眠胞子（resting spore）と休眠細胞（resting cell）とに分けられる（McQuoid & Hobson 1996）．前者は栄養細胞の被殻の中に栄養細胞とは形態が異なる新たな被殻を形成し，栄養細胞よりも厚い珪酸質の被殻構造を有する（図2B）．これら休眠胞子が再び増殖を開始することを発芽（germination）と呼称する．一方，休眠細胞は通常の細胞分裂と同様の過程を通じて形成され，被殻内部の細胞質に栄養細胞よりも暗色を呈する色素体の存在が確認されている（今井ほか 1990, 板倉ほか 1992, McQuoid & Hobson 1996, 板倉 2000, Ishii et al. 2012）．しかし，現在までに栄養細胞と休眠細胞を区別する明確な基準はない．休眠細胞が再び増殖を開始することを復活

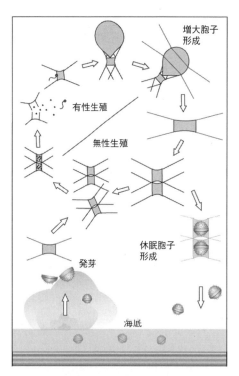

図1　休眠期細胞を形成する珪藻類の生活史（*Chaetoceros* 属を例に）

[*1] Diatoms possessing resting stage
[*2] Ken-Ichiro Ishii（ken1ro@kais.kyoto-u.ac.jp）
[*3] Akira Ishikawa
[*4] Ichiro Imai

（rejuvenation）と呼称する．

これまで赤潮発生機構解明の一環として，有明海や瀬戸内海を中心に，最確数（MPN）法を用いて海底堆積物中の珪藻類休眠期細胞密度が見積もられてきた（例えば Imai et al. 1984，今井ほか 1990, Itakura et al. 1997, 1999）．その結果，海底堆積物中には $10^3 \sim 10^6$ cells cm^{-3} 湿泥もの休眠期細胞が存在することが明らかになった．また東シナ海においては，沖縄から中国沿岸に向けてのトランセクト上で海底泥が採取され，それらに含まれる珪藻類休眠期細胞が春季のブルームに関与していることが示された（Ishikawa & Furuya 2004）．一連の研究で用いられた MPN 法は，未知なる形態を有する生物の細胞密度を把握するには有効な方法であるが，検出限界が 200 cells g^{-1} 湿泥と低密度の細胞を検知できないという欠点がある（今井ほか 1990, Itakura et al. 1999, 板倉 2000）．この問題を解決するためには海底堆積物中の休眠期細胞を顕微鏡で直接観察して種を同定し，計数する必要がある．しかし，現在までに明らかとなっている休眠期細胞の形態情報が非常に少ないため，それらの種を同定することが困難な状況が続いてきた．

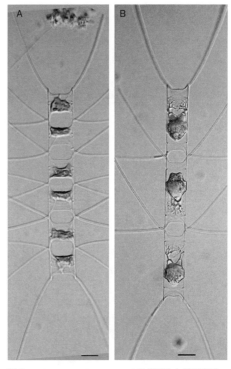

図2　*Chaetoceros lorenzianus* の栄養細胞と休眠胞子 A：連鎖群体を形成した栄養細胞．B：栄養細胞被殻中に形成された休眠胞子．スケール：20 μm．

本章では，まず海産珪藻類の中でも最も種数が多く，しばしば沿岸域で優占し混合赤潮を形成する *Chaetoceros* 属休眠胞子に関して，近年新たに明らかになった形態情報と種同定方法について解説する．次に，*Chaetoceros* 属以外の休眠期細胞について新たに発見された休眠期細胞の形態情報を述べる．最後に，現在までに得られた休眠期細胞の形態情報をもとに，実際の現場海底におけるそれら休眠期細胞の種同定を行った結果を踏まえて，今後の休眠期細胞研究の展望を述べる．

2．珪藻類 *Chaetoceros* 属の休眠胞子

（1）*Chaetoceros* 属について

珪藻類 *Chaetoceros* 属は，珪藻類の中でも最も種数が多く（Van Landingham 1968, Hasle & Syvertsen 1996），沿岸域および湧昇域において頻繁に優占し，一次生産の根幹を支えている（Werner 1977）．また，増・養殖業における餌生物としての利用や，本属に含まれるノリの色落ち原因種の観点から水産学上重要な分類群である（大山ほか 2008）．本属の形態的な特徴は，細胞殻表面から長く伸びる刺毛（setae）と呼ばれる構造を持つことにあり，多くの種はその刺毛を連結させたような形で連鎖群体を形成する（図2 A）．本属は大きく2つの亜属，暗脚亜属（*Phaeoceros*）と明脚亜属（*Hyalochaete*）に分類される．前者は刺毛中に葉緑体が陥入しているため，顕微鏡で観察すると刺毛の一部が暗褐色に見える．後者にはその特徴がなく，刺毛は無色透明に見える．両亜属とも一般的な珪藻類と同様に，通常は無性的な分裂による増殖を繰り返すが，明脚亜属の中には栄養塩の枯渇など，増殖に不適な環

境で休眠胞子を形成する種が多く知られている（例えば Garrison 1981, Hargraves & French 1983, 板倉ほか 1993, Itakura et al. 1997, Oku & Kamatani 1995, 1997, 1999, McQuoid & Hobson 1996, 板倉 2000）。一方、暗脚亜属についてはただ 1 種 *C. eibenii* を除いて休眠胞子の形成に関する報告はない（井狩 1925, von Stosch et al. 1973）。一般的に、本属の休眠胞子は栄養細胞の被殻内部に形成され、栄養細胞よりも厚い珪酸質の殻を持ち、栄養細胞とまったく異なった形態をしている（図 2 B）。栄養細胞と比較して比重の大きい休眠胞子は形成後直ちに海底へと沈降する。このため、休眠胞子が水柱で観察される機会はまれであり、主にセディメントトラップや海底堆積物試料中に観察されることが多い（Hargraves & French 1983, Garrison 1984, Suto 2003a, b）。

　Chaetoceros 属の形態学的研究において、これまで栄養細胞では数多くの研究が発表され、その種同定基準が確立されている（例えば Duke et al. 1973, Evensen & Hasle 1975, Rines & Hargraves 1988, Jensen & Moestrup 1998）。さらに近年では、形態情報と遺伝情報を結びつける研究も行われている（Kooistra et al. 2010）。一方、本属休眠胞子に関する形態学的研究は、栄養細胞と比較してきわめて少ないのが現状である。現在本属では 74 種について休眠胞子の存在が確認されているが（McQuoid & Hobson 1996）、それらの詳しい形態情報はきわめて少ない。また、種同定を行うための明確な基準も存在しなかった。その結果、栄養細胞の形態から種同定ができても、休眠胞子の形態からは種同定ができない事態が続いていた。このような状況の中で、海底堆積物中の休眠胞子が別種として記載されたり、化石種との対応関係が不明であることも多かった（Suto 2003a, b, 2004a-e, 2005a-c, 2006a-c, 2007, Suto et al. 2008）。

　つまり、休眠胞子と栄養細胞との対応関係や、化石種との対応関係を明らかにするためには、休眠胞子の詳細な形態情報とそれらを用いた明確な種の同定基準が必須である。

（2）*Chaetoceros* 属休眠胞子の形態と種同定方法

　本属休眠胞子の基本的な形態は、一般的な珪藻被殻の形態と同様に、いわゆる "お弁当箱" のような構造をしている（図3）。休眠胞子の場合、上の殻を初成殻（primary valve）、下の殻を後成殻（secondary valve）と呼称し、両殻には蓋殻面に対し垂直な帯状の構造（殻套：mantle）がある。後成殻の殻套には穿孔列（single ring of puncta）と呼ばれる穴が並んでいる。この構造が両被殻を見分けるための重要な形態であることが本属の化石種の研究から明らかになっている（Suto 2003a, b, 2004a-e, 2005a-c, 2006a-c, 2007, Suto et al. 2008）。この特徴は現生種においても適用できることが確認されている（Ishii et al. 2011）。この穿孔列は光学顕微鏡下では観察可能であるが（図4 A）、走査型電子顕微鏡（Scanning Electron Microscopy：SEM）下では、後成殻殻套が初成殻殻套に覆われているため、観察することは不可能になる（図4 B）。初成殻と後成殻をバラバラにすると SEM による観察も可能である（図4 C）。このことから、本属休眠胞子の種同定には光学顕微鏡による観察が適している（Ishii et al. 2011）。

　Ishii et al.（2011）では、2004 年 4 月から 2006 年 1 月にかけて、長崎県沿岸の諫早湾および、大村湾長与浦、形上湾において月 1 回の頻度で、20 μm メッシュサイズのプランクトンネットの鉛直引きによる調査が行われた。捕集されたサンプル中に存在する栄養細胞中に形成された休眠胞子（図 2 B）を観察し、休眠胞

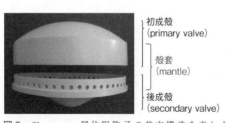

図3　*Chaetoceros* 属休眠胞子の基本構造を表した
　　　15,000 倍模型
　　　後成殻には穿孔列（single ring of puncta）がある。

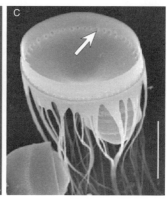

図4 *Chaetoceros lauderi* の休眠胞子
スケール：20 µm．A：光学顕微鏡による観察．矢印は穿孔列を示す．B：電子顕微鏡（SEM）による観察．金属蒸着により穿孔列の観察は不可能となる．C：SEM による後成殻の観察．このような状態では穿孔列の確認は可能である．

子の形態を記載し，撮影した．休眠胞子の種同定は休眠胞子を覆う栄養細胞の被殻形態から行った．その結果，18 種の *Chaetoceros* 属休眠胞子，*Chaetoceros affinis* Lauder，*C. compressus* var. *hirtisetus* Rines & Hargraves，*C. contortus* Schütt，*C. coronatus* Gran，*C. costatus* Pavillard，*C. curvisetus* Cleve，*C. debilis* Cleve，*C. diadema* Ehrenberg，*C. didymus* Ehrenberg，*C. distans* Ehrenberg，*C. lauderi* Ralfs in Lauder，*C. lorenzianus* Grunow，*C. pseudocurvisetus* Mangin，*C. radicans* Schütt，*C. seiracanthus* Gran，*C. siamense* Ostenfeld，*C. similis* Cleve および *C. vanheurckii* Gran の出現が確認された．詳細な観察の結果，各種休眠胞子はきわめて特徴的な形態を有していることが明らかになった（図5）．例えば，*C. coronatus* には鶏冠（crest）と呼ばれる構造があり，この特徴は他の種には存在しない形態であった．また，*C. diadema* や *C. lorenzianus* は枝枝状棘（dichotomous branching process）という構造があり，他の種についても棘（spine）や瘤（knob），鞘（sheath）と呼ばれる構造が存在した．そして，細胞殻表面の様々な構造物の所在は4つの部位，つまり，初成殻表面および初成殻殻套縁辺，後成殻表面，後成殻殻套縁辺に大別でき，それぞれの部位にある形態的特徴を組み合わせることにより種同定が可能であることが示された（図6）．本属休眠胞子の種同定に有用と結論づけられた主要な形態用語を以下に示す．

初成殻（primary valve）：休眠胞子の形成過程で，最初に形成される蓋殻．

後成殻（secondary valve）：休眠胞子の形成過程で，初成殻の次にできる蓋殻．

殻套（mantle）：蓋殻の縁にある蓋殻面に垂直な帯．

穿孔列（single ring of puncta）：後成殻の殻套基部にある穿孔の一列．穿孔列は初成殻の殻套に覆われているため，初成殻が後成殻と分かれていない場合，SEM では観察することは不可能．初成殻の外套は薄いため，光学顕微鏡では焦点深度を穿孔列に合わせることで観察可能．

初成殻表面（primary valve face）：殻套部を除く初成殻の表面．初成殻表面には様々な形態の構造物が存在．

後成殻表面（secondary valve face）：殻套部を除く後成殻の表面．初成殻と同様に，同定基質になり得る構造物が存在．

棘（spine）：蓋殻から伸びる針状の突起物．種によって長さ，太さが異なる．

樹枝状棘（dichotomous blanching process）：初成殻表面から伸びる枝状に分岐した突起物．

瘤（knob）：蓋殻にある瘤状の突起物．

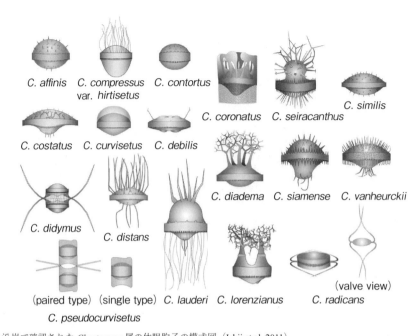

図5　長崎県沿岸で確認された *Chaetoceros* 属の休眠胞子の模式図（Ishii et al. 2011）
　　C. pseudocurvisetus の休眠胞子は，対（paired type）のものと単独（single type）のものがある．*C. radicans* の休眠胞子は，構造上，
　　殻面（valve view）から観察されることが多い．

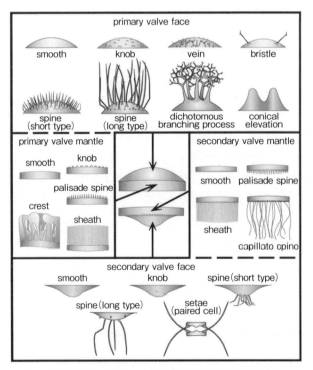

図6　*Chaetoceros* 属休眠胞子の種同定に有効な形態形質とそれらの配置（Ishii et al. 2011）

脈（vein）：脈状の構造物で，細胞表面を網目状に覆う．

刺毛（setae）：後成殻表面から伸びる長い棘状の構造物．

柵状棘（palisade spines）：殻套縁辺から伸びる短い棘．

糸状棘（capillate spines）：殻套縁辺から伸びる長く細い棘．

鞘（sheath）：殻套縁辺から伸びる膜状の鞘．表面は多孔質であることが多い．

剛毛（bristle）：初成殻表面から伸びる太く直線的な棒状の突起物．

円錐隆起（conical elevation）：初成殻表面上の円錐形に隆起した突起物．

鶏冠（crest）：初成殻殻套縁辺から伸びる鶏冠状の突起物．

Ishii et al.（2011）で観察された *Chaetoceros* 属 18 種に関して，種同定のためのフローチャートが作成された（図 7）．このフローチャートにより，長崎県沿岸における本属休眠胞子の種同定が可能になった．また，この種同定方法は，後述する伊勢湾での休眠期細胞の種同定においても有効に機能した（石井ほか 2014）．今後は，このフローチャートに他種の形態情報も付加し，さらに他海域についても充実させることが重要な課題である．

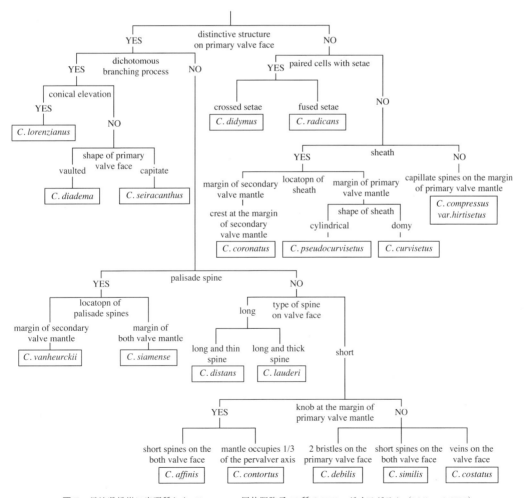

図 7　長崎県沿岸に出現種した *Chaetoceros* 属休眠胞子 18 種のフローダイアグラム（Ishii et al. 2011）

3. 新たな休眠期細胞の探索

(1) 休眠期細胞研究の現状

　珪藻類ではこれまで約 150 種の休眠期細胞の存在が確認されている（McQuoid & Hobson 1996）. 近年では，日本においてノリの色落ち原因種として注目されている *C. wailesii* に関して，長井ほか（1995）によって海底泥中から休眠期細胞が発見された. これにより，本種の生活史に休眠ステージが存在することが明らかになった. 珪藻類の中には休眠ステージを持たない種の存在も指摘されている. 例えば，同じノリ色落ち原因種として注目されている *E. zodiacus* については，現在までに休眠期細胞の発見報告はなく，Nishikawa et al.（2007）によると，播磨灘では夏季にはほとんど栄養細胞が消滅するが，ごく低密度で生き残った細胞が次回の増殖のシードになっていると結論されている（3-8 章参照）. このように，珪藻類には増殖に不適な環境で休眠期細胞を形成するタイプと，細胞数を極端に減少した状態の栄養細胞として生き残るタイプが存在すると考えられる. 対象生物がどちらのタイプに属するのかは，各種の生活史戦略を考えるうえで非常に重要な情報となる. また，それら休眠期細胞の海底泥中における密度は，個体群動態を把握するうえで必須の情報である. しかし，休眠期細胞の形成が確認されている種は珪藻類全体からするとごくわずかであり，未知なる休眠期細胞が多数存在していると予想されている（McQuoid & Hobson 1996）. 実際に，Lewis et al.（1999）は現場海底泥を培養し，これまで休眠期細胞の報告がなかった珪藻種 *Thalassiosira angulate*, *T. pacifica*, *T. punctigera*, *T. eccentrica*, *T. minima*, および *T. anguste-lineata* の栄養細胞の出現を確認しており，それらの休眠期細胞の存在を示唆した. このような現状のもと，新たな休眠期細胞を探索すべく，2006 年から三重県英虞湾における海底堆積物の調査を行った.

(2) 英虞湾海底堆積物から新たに発見された珪藻類休眠期細胞

　Ishii et al.（2012）では新たな休眠期細胞の探索を目的として，2006 年 7 月から 2010 年 7 月まで毎月 1 回の頻度で，三重県英虞湾の座賀島にある三重大学大学院生物資源学研究科付属紀伊・黒潮生命圏フィールドサイエンスセンター・水産実験所前で調査が行われた. 調査には，改良型エクマン採泥器（Yokoyama & Ueda 1997）が用いられ，海底堆積物が採取された. 堆積物サンプルは目合い 20 μm および 100 μm の篩によりサイズ分画され，20 μm 篩上の残渣物を実験に用いた. それらの中で，既報告にない未知の休眠期細胞を発芽・復活実験に供した. その結果，英虞湾の海底泥から，6 種の新規休眠期細胞，*Actinoptychus senarius*（Ehrenberg）Ehrenberg，*Biddulphia alternans*（J. W. Bailey）Van Heurck，*Lithodesmium variabile* Takano，*Odontella longicruris*（Greville）Hohan，*O. mobiliensis*（Bailey）Grunow，*Detonula pumila*（Castracane）Schütt が発見された（Ishii et al. 2012）. 以下にそれらの形態的特徴を記す（図 8）.

1) *Actinoptychus senarius*（Ehrenberg）Ehrenberg（図 8 A）

　本種の休眠期細胞は栄養細胞と形態的に酷似していることから，休眠細胞に分類される. 休眠細胞の殻径は約 30 〜 70 μm. 細胞内に顆粒状の複数の色素体を有し，それらは栄養細胞の色素体よりも濃い暗色を呈する. それらは細胞内で不均等に分布する.

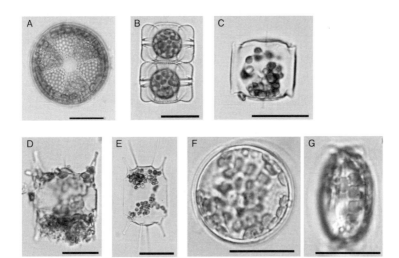

図8 英虞湾海底堆積物中から新たに発見された珪藻類休眠期細胞
A：*Actinoptychus senarius*，B：*Biddulphia alternans*，C：*Lithodesmium variabile*，D：*Odontella longicruris*，E：*O. mobiliensis*，F：*Detonula pumila*（valve view：殻面観），G：*D. pumila*（girdle view：帯面観）．スケール：20 μm．

2）*Biddulphia alternans*（J. W. Bailey）Van Heurck（図8 B）

本種の休眠期細胞は，栄養細胞と同じ形態をしていたため，休眠細胞に分類される．休眠細胞の殻径は約 25〜40 μm．細胞内に顆粒状の複数の色素体を有し，それらは細胞の中心に球状に集まる．

3）*Lithodesmium variabile* Takano（図8 C）

本種の休眠期細胞は栄養細胞と同様の形態をしていることから，休眠細胞に分類される．休眠細胞の殻径は約 20〜30 μm．細胞内に顆粒状の複数の色素体を有し，それらは栄養細胞の色素体よりも暗色を呈する．また，休眠細胞の色素体は不均等に分布しており，色素体の存在しない部位が存在する．

4）*Odontella longicruris*（Greville）Hoban（図8 D）

本種の休眠期細胞は栄養細胞と比較して，貫殻軸長が常に短く，細胞の片側に堆積物粒子を付着させた細胞が多く見られる．これらのことから，本種の休眠期細胞は，半内生（semi-endogenous）の休眠胞子であることが示唆される．休眠細胞の殻径は約 25〜50 μm．細胞内に顆粒状の複数の色素体を有し，それらは栄養細胞の色素体よりも濃い暗色を呈する．また，色素体は細胞内で不均等に分布しており，色素体の存在しない部位が存在する．

5）*Odontella mobiliensis*（Bailey）Grunow（図8 E）

本種の休眠期細胞には片側の連結棘が欠損している細胞が複数確認され，その殻は発芽後そのまま栄養細胞被殻として利用されていたことから，本種も *O. longicruris* と同様に半内生の休眠胞子であることが示唆される．休眠細胞の殻径は約 25〜45 μm．細胞内に顆粒状の複数の色素体を有し，それらは栄養細胞の色素体よりも濃い暗色を呈する．また，色素体は細胞内で不均等に分布し，色素体の存在しない部位が存在する．

6）*Detonula pumila*（Castracane）Schütt（図8 F，G）

本種の休眠期細胞は栄養細胞と明らかに異なった形態をしているため，休眠胞子に分類される．休眠胞子の殻径は約 20〜40 μm．円盤型で，貫殻軸面から観察すると殻套のような構造が存在する．

本研究では形成後間もない休眠胞子が複数確認され，それらは栄養細胞被殻が休眠胞子の外側に残っていたことから，本種の休眠胞子は栄養細胞の内部に形成される内生休眠胞子（endogenous）であることが示された．細胞内に円盤状の色素体を複数有し，それらは栄養細胞の色素体よりも暗色を呈する．それら色素体は細胞内で不均等に分布しており，細胞殻の内側に付着するように分布する．

　Ishii et al.（2012）において，英虞湾の1定点で6種もの新規休眠期細胞が発見されたことから，他海域においても同様に未報告の休眠期細胞が多数存在する可能性が高いと考えられる．今後は，より多くの海域における調査を行い，未知の休眠期細胞と栄養細胞との対応関係を解明することが求められる．

4．休眠細胞と栄養細胞の違い

　休眠細胞の被殻は，栄養細胞の被殻をそのまま利用しているため，両者の被殻の形態はまったく同じである．よって，両者を被殻の形態で見分けることは不可能である．一方，休眠細胞と栄養細胞の細胞質に関して，色素体の色相と分布に差異があることが報告されている．例えば，休眠期細胞の細胞質は栄養細胞のそれと比較してより暗色であるとする報告（Hargraves 1979, Sicko-Goad et al. 1989, 今井ほか 1990, 板倉ほか 1993）や，休眠期細胞はより丸い色素体を有するとした報告（Gibson & Fitzsimons 1990）がある．Ishii et al.（2011）により英虞湾で新たに発見された休眠期細胞に関しても，すべての休眠期細胞の色素体は栄養細胞のものと比較して暗色を呈していることが確認され，さらにそれらが細胞内で不均一に分布することが明らかになった．このような細胞質の違いによって，休眠細胞と栄養細胞を区別できる可能性が示された．今後は，他の休眠細胞にも同様の傾向が認められるかを確認し，休眠細胞と栄養細胞とを見分ける明瞭な基準を確立させる必要がある．

5．現場海底堆積物中の休眠期細胞の種同定

（1）海底堆積物中の休眠期細胞

　海底堆積物中の珪藻類休眠期細胞の密度を正確に把握する方法として，直接顕微鏡による各種休眠期細胞の種同定および計数が挙げられる．これまで，珪藻類休眠期細胞を直接顕微鏡によって種同定し，計数を行った研究はきわめて少ない．Pitcher（1990）は南アフリカのケープ半島沖の湧昇域において，水柱における Chaetoceros 属の栄養細胞と休眠胞子を計数し，湧昇域における両者の動態を明らかにした．この研究では休眠胞子の種同定に SEM が用いられたが，それらの計数結果は珪藻類の休眠期細胞トータルの値として示されており，種レベルごとの計数は行われていない．SEM を用いた形態観察は，被殻構造の細部を観察するには適しているが，それらを計数することはほぼ不可能である．その理由として，休眠胞子を種同定するには，適切な角度から細胞を観察する必要があり，金属イオン蒸着により固定された状態の SEM による観察では，すべての細胞を正確に種同定することが不可能となることが挙げられる．さらに，海底堆積物中の休眠期細胞の種を同定する際には，多くの堆積物粒子を除きながら観察する必要があるため，倒立顕微鏡による観察が欠かせない．すなわち，海底堆積物中の休眠期細胞密度を把握するには，光学顕微鏡下で種同定するための形態情報が必須となる．

　このような状況のもと，2節でも述べているように，*Chaetoceros* 属休眠胞子18種の詳細な形態と それらの光学顕微鏡での種同定基準が提案されている（Ishii et al. 2011）．また，その他の属において も新たに6種の休眠期細胞の存在が明らかにされ，それぞれの光学顕微鏡での種同定基準が明らかに されている（Ishii et al. 2012）．このような近年の珪藻類の休眠期細胞に関する形態学的な研究の進展 により，海底堆積物中の休眠期細胞に関し種ごとの定量的な調査が可能になってきた．

(2) 伊勢湾海底堆積物中の休眠期細胞

　これまで明らかにされた休眠期細胞の形態情報および種同定方法を用いて，実際に伊勢湾海底堆 積物中の休眠期細胞の種同定が試みられた．調査は，2011年5月21日から24日にかけて行われた 三重大学附属練習船勢水丸1105航海において，伊勢湾の海底堆積物が採取された．調査地点は，湾 奥のIS1（34°58.11' N，136°43.78' E）およびIS2（34°57.07' N，136°43.49' E），湾央のIS8（34°48.72' N，136°43.70' E），松阪沖のMZ（34°37.71' N，136°34.34' E）であった．各地点で採取された海底 堆積物は，直ちに冷暗所（7℃）に移動し，2ヵ月以上保存することでサンプル中に栄養細胞が生残 する可能性を排除した．次いで目合い100 μmおよび20 μmの篩を用いてサイズ分画を行い，20 μm 篩上の残渣物中に存在する珪藻類休眠期細胞を対象に種同定を行った．また，種同定の正誤を判定 するために，すべての細胞を対象に発芽・復活実験を行い，栄養細胞から種を同定した．実験の結 果，10属24種1変種の休眠期細胞を確認した（表1）．最も種数が多かった *Chaetoceros* 属では14 種1変種，*Chaetoceros affinis* Lauder，*C. constrictus* Gran，*C. contortus* Schütt，*C. curvisetus* Cleve，*C. debilis* Cleve，*C. diadema*（Ehrenberg）Gran，*C. didymus* var. *didymus* Ehrenberg，*C. didymus* var. *anglicus* （Grunow）Gran，*C. distans* Ehrenberg，*C. eibenii* Grunow，*C. laciniosus* Schütt，*C. lorenzianus* Grunow，*C. pseudocurvisetus* Mangin，*C. radicans* Schütt，および *C. vanheurckii* Gran の存在を確認した．それら の中で，既知の形態情報から種の同定ができた種は12種であった（表1）．これらは既報の本属休 眠胞子の形態情報（表1）と Ishii et al.（2011）で提案された本属休眠胞子の同定基準に基づいて種 同定することができた．しかし，残りの2種1変種，*C. eibenii*，*C. laciniosus*，および *C. didymus* var. *anglicus* は既報の形態情報では種同定が不可能であった．これらの休眠胞子は発芽実験後に出現して きた栄養細胞の形態を根拠に種を同定した．

　Chaetoceros 属以外の珪藻類休眠期細胞は，休眠胞子と休眠細胞を含め，9属10種が確認された． 休眠胞子は，*Detonula pumila*（Castracane）Schütt，*Ditylum brightwellii*（West）Grunow，*Leptocylindrus danicus* Cleve，*Stephanopyxis turris*（Greville）Ralfs の4種が確認され，これらはすべて既知の形態 情報により種の同定が可能であった（表1）．また，*Skeletonema* 属の休眠細胞が確認されたが，本 属は近年の種の見直しにより光学顕微鏡下での形態的特徴では種同定が不可能になったため（Sarno et al. 2005, 2007, Zingone et al. 2005，山田 2013），属レベルの同定に留まった．その他の休眠細胞は， *Actinocyclus normanii*（Gregory）Hustedt，*Actinocyclus* cf. *octonarius* Ehrenberg，*Actinoptychus senarius* （Ehrenberg）Ehrenberg，*Coscinodiscus* cf. *radiatus* Ehrenberg，および *Paralia sulcata*（Ehrenberg）Cleve の5種が確認された．*A.* cf. *octonarius* および *C.* cf. *radiatus* の2種は休眠細胞に関する報告がない（表 1）．本研究の発芽・復活実験により栄養細胞としての増殖が確認されたことで，両種に休眠ステージ が存在することが明らかになった（石井ほか 2014）．しかし，これら2種の正確な種同定には走査型 電子顕微鏡を用いた被殻の詳細な観察が必要になるため（Tomas 1997），今回の研究では種名を確定

表1 伊勢湾海底堆積物中に存在した珪藻類の休眠期細胞

種名	形態による種同定	休眠期細胞の種類	参考文献[b]
Actinocyclus normanii	可能	RC	1
Actinoc. cf. *octonarius*[a]	不可能	RC	
Actinoptychus senarius	可能	RC	2
Chaetoceros affinis	可能	RS	3，4，5，6，7，8
C. constrictus	可能	RS	3，4，5，9，10
C. contortus	可能	RS	8，7，11，12
C. curvisetus	可能	RS	4，5，6，8，9，12，13，14
C. debilis	可能	RS	4，5，7，8，9，13，15
C. diadema	可能	RS	4，5，6，7，8，9，10，12，13，14，15，16，17，18，19
C. didymus var. *didymus*	可能	RS	4，5，6，7，8，9，13，14，15，18，20，21，22，23
C. didymus var. *anglicus*	不可能	RS	24
C. distans	可能	RS	3，5，8
C. eibenii	不可能	RS	21，25
C. laciniosus	不可能	RS	4，5，7，9，
C. lorenzianus	可能	RS	3，4，5，7，8，9，12，14
C. pseudocurvisetus	可能	RS	4，5，8，9，26，27，28
C. radicans	可能	RS	4，5，6，7，8，9，11，15，29
C. vanheurckii	可能	RS	3，4，5，8，15，18
Coscinodiscus cf. *radiatus*[a]	不可能	RC	
Detonula pumila	可能	RS	2
Ditylum brightwellii	可能	RS	4，30，31
Leptocylindrus danicus	可能	RS	4，19，30，32，33，34，35
Paralia sulcata	可能	RC	4
Stephanopyxis turris	可能	RS	4，36，18，31
Skeletonema sp.	不可能	RC	

[a] 休眠期細胞の報告がない種

[b] 1：Sicko-Goad et al.（1989），2：Ishii et al.（2012），3：Gran & Yendo（1914），4：Cupp（1943），5：Stockwell & Hargraves（1986），6：Pitcher（1990），7：Jensen & Moestrup（1998），8：Ishii et al.（2011），9：Rines & Hargraves（1988），10：Riaux-Gobin & Desclas-Gros（1992），11：Rines & Hargraves（1990），12：Kooistra et al.（2010），13：Hargraves（1979），14：Pitcher（1986），15：Garrison（1981），16：Hargraves（1972），17：Hargraves & French（1975），18：Hollibaugh et al.（1981），19：French & Hargraves（1985），20：Karsten（1905），21：von Stosch et al.（1973），22：Round et al.（1990），23：McQuoid & Hobson（1995），24：Okuno（1956），25：Ikari（1925），26：Kuwata & Takahashi（1990），27：Kuwata et al.（1993），28：Oku & Kamatani（1995），29：Stockwell & Hargraves（1988），30：Hargraves（1976），31：Hargraves（1984），32：Gran（1912），33：Davis et al.（1980），34：French & Hargraves（1986），35：Ishizaka et al.（1987），36：von Stosch & Drebes（1964）

RC：休眠細胞（resting cell），RS：休眠胞子（resting spore）

するにはいたっていない．伊勢湾堆積物中のほとんどの休眠期細胞が，形態情報に基づいて種を同定することができた．このことは，海底堆積物中の珪藻類各種の休眠期細胞密度を把握する方法として，光学顕微鏡を用いた直接顕鏡による計数が可能であり，海底堆積物中の珪藻類休眠期細胞の密度を正確に把握するための道が拓かれたことを意味している．

6. 今後の展望

現在，直接顕鏡によって珪藻休眠期細胞の形態的特徴から種同定ができる種が次第に増えてきている．今後はこのような研究を続けるとともに，現場海底における珪藻類の休眠期細胞を計数し，どのような珪藻種がどれほど保存されているかを明らかにすることより，現場海域における珪藻類の動態と生活史戦略が解明されることが期待される．また，珪藻類と他の有害有毒藻類との競合関係解明につながることも期待される．近年の最も新しい研究では，PET チャンバー（Plankton Emergence Trap/

Chamber）と呼ばれる海底設置型の機器により，シストから発芽した渦鞭毛藻を直接捕捉することによって，それらの海底からの供給量を見積もることが可能になった（4-3 章, Ishikawa et al. 2007, 2014）．本機器を珪藻類にも応用し，さらに海底堆積物中の休眠期細胞密度を直接計数することで，海域の珪藻類の動態を総合的に把握することができると期待される．

文　献

Duke EL, Lewin, J, Reimann BEF（1973）Light and electron microscope studies of diatom species belonging to the genus *Chaetoceros* Ehrenberg. I. *Chaetoceros septentrionale* Oestrup. Phycologia 12: 1-9.

Evensen DL, Hasle GR（1975）The morphology of some *Chaetoceros*（Bacillariophyceae）species as seen in the electron microscopes. Beih Nova Hedwigia 53: 153-184.

French FW, Hargraves PE（1980）Physiological characteristics of planktonic diatom resting spores. Mar Biol Lett 1: 185-195.

Garrison DL（1981）Monterey Bay phytoplankton. II. Resting spore cycles in coastal diatom populations. J Plankton Res 3: 137-156.

Garrison DL（1984）Planktonic diatoms. In: Marine Plankton Life Cycle Strategies（Steidinger KA, Walker LM eds）, pp.1-17, CRC Press, Baca Raton.

Gibson CE, Fitzsimons AG（1990）Introduction of the resting phase in the planktonic diatoms *Aulacoseira subarctica* in very low light. Br Phycol J 25: 329-334.

Gran HH（1912）Pelagic plant life. In: The Depths of the Ocean（Murray J, Hjort J eds）, pp.307-386, Macmillan and Co., Ltd., London.

Hargraves PE（1979）Studies on marine plankton diatoms IV. Morphology of *Chaetoceros* resting spores. Beih Nova Hedwigia 64: 99-120.

Hargraves PE, French FW（1975）Observations on the survival of diatom resting spores. Beih Nova Hedwigia 53: 229-238.

Hargraves PE, French FW（1983）Diatom resting spores: significance and strategies. In: Survival Strategies of the Algae（Fryxell GA ed）, pp. 49-68, Cambridge University Press, Cambridge.

Hasle R, Syvertsen EE（1996）Marine diatoms. In: Identifying Marine Diatoms and Dinoflagellates（Tomas CR ed）, pp.5-385, Academic Press, San Diego.

井狩二郎（1925）Chaetoceros Eibenii, Grun ニ就テ. 植物学雑誌 39: 52-59.

Imai I, Itoh K, Anraku M（1984）Extinction dilution method for enumeration of dormant cells of red tide organisms in marine sediments. Bull Plankton Soc Japan 31: 123-124.

今井一郎・板倉 茂・伊藤克彦（1990）播磨灘および北部広島湾の海底泥中における珪藻類の休眠期細胞の分布. 沿岸海洋研究ノート 28: 75-84.

Ishii K-I, Iwataki M, Matsuoka K, Imai I（2011）Proposal of identification criteria for resting spores of *Chaetoceros* species（Bacillariophyceae）from a temperate coastal sea. Phycologia 50: 351-362.

Ishii K-I, Ishikawa A, Imai I（2012）Newly identified resting stage cells of diatoms from sediments collected in Ago Bay, central part of Japan. Plankton Benthos Res 7: 1-7.

石井健一郎・澤山茂樹・中村 亨・石川 輝・今井一郎（2014）伊勢湾海底堆積物中に観察された珪藻類休眠期細胞の種同定. 藻類 62: 79-87.

Ishikawa A, Furuya K（2004）The role of diatom resting stage in the onset of the spring bloom in the East China Sea. Mar Biol 145: 633-639.

Ishikawa A, Hattori M, Imai I（2007）Development of the "plankton emergence trap/chamber（PET Chamber）", a new sampling device to collect *in situ* germinating cells from cysts of microalgae in surface sediments of coastal waters. Harmful Algae 6: 301-307.

Ishikawa A, Hattori M, Ishii K-I, Kuris DM, Anderson D, Imai I（2014）*In situ* dynamics of cyst and vegetative cell populations of the toxic dinoflagellate *Alexandrium catenella* in Ago Bay, central Japan. J Plankton Res 36: 1333-1343.

板倉 茂（2000）沿岸性浮遊珪藻類の休眠期細胞に関する生理生態学的研究. 瀬戸内水研報 2: 67-1130.

板倉 茂・今井一郎・伊藤克彦（1992）海底泥中から見出された珪藻 *Skeletonema costatum* 休眠細胞の形態と復活過程. 日本プランクトン学会報 38: 135-145.

板倉 茂・山口峰生・今井一郎（1993）培養条件下における浮遊性珪藻 *Chaetoceros didymus* var. *protuberans* の休眠胞子形成と発芽. 日本水産学会誌 59: 807-813.

Itakura S, Imai I, Itoh K（1997）"Seed bank" of coastal planktonic diatoms in bottom sediments of Hiroshima Bay, Seto Inland Sea, Japan. Mar Biol 128: 497-508.

Itakura S, Nagasaki K, Yamaguchi M, Imai I（1999）Abundance and spatial distribution of viable resting stage cells of planktonic diatoms in bottom sediments of the Seto inland sea, Japan. In: Proceedings of the 14th International Diatom Symposium（Mayama S, Idei M, Koizumi S eds）, pp.213-226, Koeltz Scientific Books, Koenigstein.

Jensen K.G, Moestrup Ø（1998）The genus *Chaetoceros*（Bacillariophyceae）in inner Danish coastal waters. Opera Botanica 133: 5-68.

Kooistra WH, Sarno D, HernÁndez- Becerril DU, Assmy P, Prisco CD, Montresor M（2010）Comparative molecular and morphological phylogenetic analyses of taxa in the *Chaetocerotaceae*（Bacillariophyta）. Phycologia 49: 471-500.

Lewis J, Harris ASD, Jones KJ, Edmonds RL（1999）Long-term survival of marine planktonic diatoms and dinoflagellates in stored sediment samples. J Plankton Res 21: 343-354.

McQuoid MR, Hobson LA（1996）Diatom resting stages. J Phycol 32: 889-902.

長井 敏・堀 豊・眞鍋武彦・今井一郎（1995）播磨灘海底泥中から見いだされた大型珪藻 *Coscinodiscus wailesii* Gran 休眠期細胞の形態と復活過程. 日本水産学会誌 61: 179-185.

Nishikawa T, Hori Y, Tanida K, Imai I（2007）Population dynamics of the harmful diatom *Eucampia zodiacus* Ehrenberg causing bleaching of *Porhyra* thalli in aquaculture in Harima-Nada, the Seto Inland Sea Japan. Harmful Algae 6: 761-773.

Oku O, Kamatani A（1995）Resting spore formation and phosphorus composition of the marine planktonic diatom *Chaetoceros pseudocurvisetus* under various nutrient conditions. Mar Biol 123: 393-399.

Oku O, Kamatani A（1997）Resting spore formation of the marine planktonic diatom *Chaetoceros pseudocurvisetus* induced by high salinity and nitrogen depletion. Mar Biol 127: 515-520.

Oku O, Kamatani A（1999）Resting spore formation and biochemical composition of the marine planktonic diatom *Chaetoceros pseudocurvisetus* in culture: ecological significance of decreased nucleotide content and activation of the xanthophylls cycle by resting spore formation. Mar Biol 135: 425-436.

大山憲一・吉松定昭・本田恵二・安倍享利・藤沢節茂（2008）2005 年 2 月に播磨灘から備讃瀬戸に至る香川県沿岸域で発生した大型珪藻 *Chaetoceros densus* のブルーム: 発生期の環境特性とノリ養殖への影響. 日本水産学会誌 74: 660-670.

Pitcher GC（1990）Phytoplankton seed populations of the Cape Peninsula upwelling plume, with particular reference to resting spores of *Chaetoceros*（Bacillariophyceae）and their role in seeding upwelling waters. Est uar Coast Shelf Sci 31: 283-301.

Rines JEB, Hargraves PE（1988）The *Chaetoceros* Ehrenberg（Bacillariophyceae）flora of Narragansett Bay, Rhode Island, U.S.A. Bibliotheca Phycologica 79: 1-196.

Sarno D, Kooistra WH, Medlin LK, Percopo I, Zingone A（2005）Diversity in the genus *Skeletonema*（Bacillariophyceae）. II. An assessment of the taxonomy of *S. costatum*-like species with the description of four new species. J Phycol 41: 151-176.

Sarno D, Kooistra WH, Balzano S, Hargraves PE, Zingone A（2007）Diversity in the genus *Skeletonema*（Bacillariophyceae）. III. Phylogenetic position and morphological variability of *Skeletonema costatum* and *Skeletonema grevillei*, with the description of *Skeletonema ardens* sp. nov. J Phycol 43: 156-170.

Sicko-Goad L, Stoermer E F, Kociolek JP（1989）Diatom resting cell rejuvenation and formation: time course, species records and distribution. J Plankton Res 11: 375-389.

Suto I（2003a）Taxonomy of the marine diatom resting spore genera *Dicladia* Ehrenberg, *Monocladia* gen. nov. and *Syndendrium* Ehrenberg and their stratigraphic significance in Miocene strata. Diatom Res 18: 331-356.

Suto I（2003b）*Periptera tetracornusa* sp. nov., a new middle Miocene diatom resting spore species from the North Pacific. Diatom 19: 1-7.

Suto I（2004a）Taxonomy of the diatom resting spore genus *Liradiscus* Greville and its stratigraphic significance. Micropaleontology 50: 59-79.

Suto I（2004b）*Dispinodiscus* gen. nov., a new diatom resting spore genus from the North Pacific and Norwegian Sea. Diatom 20: 79-94.

Suto I（2004c）*Coronodiscus* gen. nov., a new diatom resting spore genus from the North Pacific and Norwegian Sea. Diatom 20: 95-104.

Suto I（2004d）Fossil marine diatom resting spore morpho-genus *Gemellodiscus* gen. nov. in the North Pacific and Norwegian Sea. Paleontol Res 8: 255-282.

Suto I（2004e）Fossil marine diatom resting spore morpho-genus *Xanthiopyxis* Ehrenberg in the North Pacific and Norwegian Sea. Paleontol Res 8: 283-310.

Suto I（2005a）*Vallodiscus* gen. nov., a new fossil resting spore morpho-genus related to the marine diatom genus *Chaetoceros*（Bacillariophyceae）. Phycol Res 53: 11-29.

Suto I（2005b）Observations on the fossil resting spore morpho-genus *Peripteropsis* gen. nov. of marine diatom genus *Chaetoceros*（Bacillariophyceae）in the Norwegian Sea. Phycologia 44: 294-304.

Suto I（2005c）Taxonomy and biostratigraphy of the fossil marine diatom resting spore genera *Dicladia* Ehrenberg, *Monocladia* Suto and *Syndendrium* Ehrenberg in the North Pacific and Norwegian Sea. Diatom Res 20: 351-374.

Suto I（2006a）The explosive diversification of the diatom genus *Chaetoceros* across the Eocene/Oligocene and Oligocene/Miocene boundaries in the Norwegian Sea. Mar Micropaleontol 58: 259-269.

Suto I（2006b）Taxonomy of the fossil marine diatom resting spore morpho-genera *Xanthioisthmus* Suto gen. nov. and *Quadrocistella* Suto gen. nov. in the North Pacific and Norwegian Sea. J Micropalaeontol 25: 3-22.

Suto I（2006c）*Truncatulus* gen. nov., a new resting spore morpho-genus related to the marine diatom genus *Chaetoceros*（Bacillariophyceae）. Phycologia 45: 585-601.

Suto I（2007）The Oligocene and Miocene record of the diatom resting spore genus *Liradiscus* Greville in the Norwegian Sea. Micropaleontology 53: 145-159.

Suto I, Jordan RW, Watanabe M（2008）Taxonomy of the fossil marine diatom resting spore genus *Goniothecium* Ehrenberg and its allied species. Diatom Res 23: 445-469.

Tomas CR（1997）Identifying Marine Phytoplankton. 858p, Academic Press, San Diego, California.

Van Landingham SM（1968）Catalogue of the Fossil and Recent Genera and Species of Diatoms and their Synonyms. Part II. *Bacteriastrum* through *Coscinodiscus*, pp.494-1086, Verlag von J. Cramer, Lehre, Germany.

von Stosch HA, Theil G, Kowallik KV（1973）Entwicklungsgeschichtliche Untersuchungen an zentrischen Diatomeen.V. Bau und Lebenszyklus von *Chaetoceros didymum*, mit Beobachtungen über einige andere Arten der Gattung. Helgol Wiss Meeresunters 25: 384-445.

Werner D（1977）Introduction with a note on taxonomy. In: The Biology of Diatoms 13（Werrner D ed）, pp.1-17, University of California Press, California.

山田真知子（2013）珪藻 *Skeletonema* 属の最近の分類と生理生態特性（総説）. 日本プランクトン学会報 60: 18-28.

Yokoyama H, Ueda H（1997）A simple corer set inside an Ekman grab to sample intact sediments with the overlying water. Benthos Res 52: 119-122.

Zingone A, Percopo I, Sims PA, Sarno D（2005）Diversity in the genus *Skeletonema*（Bacillariophyceae）. I. A reexamination of the type material of *S. costatum* with the description of *S. grevillei* sp. nov. J Phycol 41: 140-150.

第4部
主要な有毒プランクトンにおける
生理，生態，生活環，およびブルームの動態
－Part 4 Physiological ecology,
life cycle and population dynamics of toxic algae－

　北日本の沿岸を中心に，有毒プランクトンに起因する下痢性貝毒や麻痺性貝毒による有用二枚貝類の基準値を超える毒化が，ほぼ毎年起こり出荷自主規制がなされている．麻痺性貝毒による貝の毒化に関しては，水産物の移動に伴い発生域が近年は西日本沿岸域にも拡大し，完全に定着した状況にある．また，海藻類に付着する有毒渦鞭毛藻類の問題も，温暖化に伴って世界的に拡大する傾向にある．有毒プランクトンによる魚介類の毒化機構は，種特異的かつ水域特異的であり，発生予察もまた同様である．第4部においては，主要な有毒プランクトンを対象とし，生理・生態・生活環・個体群動態等に関して，現段階における研究成果をとりまとめ最新の情報を提供する．特筆すべきは，近年まで培養の不可能であった下痢性貝毒の原因渦鞭毛藻 *Dinophysis* 属の培養が可能となり，その増殖様式や毒の生産についての最新の成果があげられていることである．また，麻痺性貝毒の原因生物 *Alexandrium tamarense* の発生予察がオホーツク海沿岸で可能になった成功例等も紹介する．

4-1　下痢性貝毒原因渦鞭毛藻 *Dinophysis* 属の現場生態[*1]

西谷 豪[*2]・石川 輝[*3]・高坂祐樹[*4]・今井一郎[*5]

1. はじめに

　下痢性貝毒とは，食物連鎖を通じて毒化した二枚貝（マガキ，ホタテガイ，アサリなど）を人間が摂食した場合に，下痢・嘔吐・吐き気・腹痛等の症状を伴う消化器系障害を引き起こす中毒現象を指す．さらにその毒成分には人の発癌を促進させる作用があり（Fujiki et al. 1988, Suganuma et al. 1988），たとえ上記の症状を引き起こさない程度の毒量であっても，将来への健康被害が懸念される．図1には農林水産省消費安全局がまとめた2001年からの日本沿岸域における下痢性貝毒の発生件数の推移を示している．下痢性貝毒が発生する海域は主に北海道・東北沿岸域が中心であり，それ以外の海域で発生する事例はまれである．この十数年の間，発生件数が増加あるいは減少傾向にあるわけではなく，多い年と少ない年を繰り返しているように見える．また，図2は北海道沿岸における下痢性貝毒発生規模の長期的な変動を示したものである（北海道立総合研究機構水産研究本部 2013）．これを見ると，1980年代から1990年代前半では北海道沿岸全体で比較的毒量の高い下痢性貝毒が毎年のように続いていたが，それ以降は明らかに毒量が低くなっている傾向が見受けられる．2000年代からは毒量が高い年もあるが，現在の北海道沿岸域ではかなり沈静化しているようである．しかしな

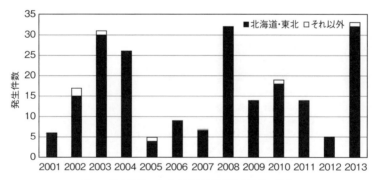

図1　日本沿岸における下痢性貝毒発生件数の推移
農林水産省消費安全局より許可を得て掲載．

[*1]　Field ecology of the toxic dinoflagellate *Dinophysis* causing diarrhetic shellfish poisoning

[*2]　Goh Nishitani（ni5@bios.tohoku.ac.jp）

[*3]　Akira Ishikawa

[*4]　Yuki Kosaka

[*5]　Ichiro Imai

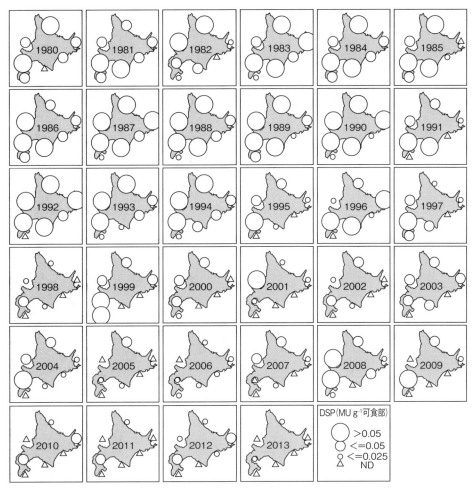

図2　1980年から2013年の北海道沿岸における下痢性貝毒量の年間最大値（ホタテガイ，MU g⁻¹－可食部）
平成25年度貝毒プランクトン調査結果報告書「赤潮・特殊プランクトン予察調査報告書」（北海道立総合研究機構水産研究
本部 2013）より引用．

がら，東日本大震災後2013年の宮城県気仙沼湾では，下痢性貝毒検出によってホタテガイの出荷が
1ヵ月ほど規制されるなど，水産養殖業にとって下痢性貝毒の発生は未だに大きな問題となっている．
　この下痢性貝毒は二枚貝自体が生産するわけではなく，餌となる海産植物プランクトンの数種が生
産し，それらが現場海域で増殖した時期に，それらを摂食した二枚貝の体内へ毒が蓄積される．そ
の原因プランクトンとは渦鞭毛藻の *Dinophysis* 属が主である．1978年に安元教授らのグループによ
って初めて *Dinophysis fortii* が本貝毒の主原因プランクトンであることが突き止められ（Yasumoto et
al. 1980），それ以降は各都道府県の水産試験場によって精力的な現場モニタリングが行われてきた．
日本沿岸域で出現が確認されている本属の主要な種としては，*Dinophysis acuminata*, *D. caudata*, *D.*
fortii, *D. infundibulus*, *D. mitra*, *D. norvegica*, *D. rotundata*, *D. rudgei*, *D. tripos* があり，*D. rudgei* 以
外はすべて有毒種であるといわれている（Reguera et al. 2012）．しかしこれら有毒種のうち，実際の
現場海域で下痢性貝毒の原因とされている主な種は *D. acuminata* と *D. fortii* のみであり（図3），その
他の種が下痢性貝毒を引き起こした事例はほとんどない．しかし，宮城県気仙沼湾において発生し
た *D. acuminata*（密度 1,802 cells L⁻¹）から毒が検出されない事例もある一方で（Hoshiai et al. 1997），

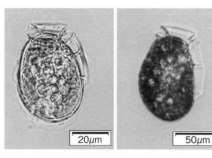

図3　下痢性貝毒原因プランクトン *Dinophysis acuminata*（左）と *D. fortii*（右）

三重県伊勢湾では *D. acuminata*（密度 120 cells L^{-1}）が下痢性貝毒の原因種とされている事例もあり（畑ほか 2011），*D. acuminata* と下痢性貝毒発生との因果関係は不明瞭である．

　上述のように北海道沿岸域では 1980 年代から現在にかけて下痢性貝毒が沈静化している傾向がある．この理由について，工藤ほか（2005）が興味深い調査結果を報告している．1980 年代の北海道噴火湾では *D. fortii* と *D. norvegica* が優占しており，その発生密度も 6,000 cells L^{-1} を超える年もあった．毒性の強い *D. fortii* では 200 cells L^{-1} を超えると二枚貝に毒が蓄積されるとの報告がある（Yasumoto et al. 1985）．しかし 1990 年代からその細胞数は激減し，現在の優占種は *D. acuminata* に遷移している（現在の細胞密度は 1,000 から 2,000 cells L^{-1} 程度）．海洋環境の変化によって *Dinophysis* 属自体の細胞数が減少したこと，さらに毒性の高い *D. fortii* や *D. norvegica* から毒性の低い *D. acuminata* に遷移したことが下痢性貝毒の沈静化に大きく影響したと思われる．またこれと同様の報告が，青森県陸奥湾においてもなされている（西谷ほか 2007）．

　Dinophysis 属は本州沿岸域に広く分布しているが，図1で示したように下痢性貝毒は西日本ではほとんど発生せず，北海道・東北を中心とした東日本で主に発生している．この理由として，*Dinophysis* 属は同一種であっても細胞内毒量に差異があることが知られており（Lee et al. 1989, Sato et al. 1996, Suzuki et al. 1997），さらに捕食者である二枚貝の種によって毒の代謝能力にも違いがあるため（Suzuki & Yasumoto 2000, Suzuki et al. 2001），このような地域差が生じているものと思われる．また，麻痺性貝毒の事例ではあるが，マガキよりもホタテガイの方が毒を蓄積しやすく減毒され難いという報告もある（高田ほか 2004）．マガキは日本沿岸域で広く養殖されているが，毒化しやすいホタテガイは主に北海道・東北地方沿岸域で養殖されていることも，下痢性貝毒の発生報告が北日本に集中している要因の一つであろう．

2．*Dinophysis* 属の摂食様式と餌料生物

　下痢性貝毒の原因生物として重要な *Dinophysis* 属ではあるが，近年までその研究は分類や現場モニタリングなどの基礎的な知見に限定されており，その生態は明らかにされていなかった．その理由は，*Dinophysis* 属の室内培養が確立されていなかったことに起因する．混合栄養性である *Dinophysis* 属が何らかの餌を必要としていることは予測されていたが，その正体は不明であった．しかし Janson（2004）は *Dinophysis* 属の細胞内に存在する葉緑体の構造や遺伝子配列をもとに，*Dinophysis* 属が繊毛虫の *Mesodinium rubrum*（= *Myrionecta rubra*）を摂食している仮説を提唱し，ついに Park et al.（2006）がその仮説をもとに *D. acuminata* の室内培養を世界で初めて成功させた．*Dinophysis* 属は peduncle と呼ばれるチューブ状の器官を鞭毛口付近から伸ばし，それを相手（*M. rubrum*）の体に突き刺すことによって，相手の中身（細胞質や葉緑体など）を吸い取ることが明らかとなった（図4）．以前は植物性と思われていた *Dinophysis* 属であったが，実際に室内培養で観察していると予想以上に動物的な摂餌状況を示し，*Dinophysis* 細胞が大量摂餌によって膨れあがることが多々見受けられる

（Nagai et al. 2008）．例えば *D. acuminata* では，1 日に 1 細胞当たり最大 3.2 細胞の *M. rubrum* を摂食したとの報告がある（Kim et al. 2008）．

繊毛虫 *M. rubrum* の種名について，以前は "*Mesodinium rubrum*" と呼ばれていたが，しばらく "*Myrionecta rubra*" とされた時期があった．しかし現在ではまた "*Mesodinium rubrum*" の呼び名で統一されている（Garcia-Cuetos et al. 2012, Hansen et al. 2013）．本種はある種のクリプト藻を餌として摂食し，その葉緑体だけを消化せずに自らの細胞内に残しておくことによって（数週間から 80 日ほど），その葉緑体の持つ光合成の能力を利用することができる（Johnson & Stoecker 2005, Johnson et al. 2006, 2007, Myung et al. 2013）．さらにその繊毛虫 *M. rubrum* を餌としている *Dinophysis* 属は，*M. rubrum* の細胞内に残されていたクリプト藻の葉緑体をさらに奪い取って利用しているのである．ここで餌として利用されるクリプト藻は，少なくとも日本沿岸域

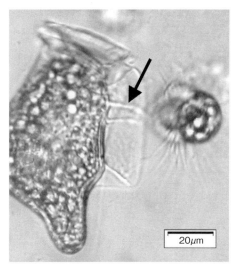

図 4　捕食者である *Dinophysis caudata*（左側）が餌である繊毛虫 *Mesodinium rubrum*（右側）を摂食しようとしている様子
Dinophysis は「peduncle」（矢印）と呼ばれるチューブ状の摂食器官を相手の体に突き刺し，その中身を吸収する（Nishitani et al. 2008a）．

では *Teleaulax amphioxeia* という種類に限定されている事象も興味深い（Nishitani et al. 2010）．室内培養ではこの *T. amphioxeia* を餌として *M. rubrum* を増殖させることができるが，*M. rubrum* の培養株を維持管理することが非常に困難であり，日本では唯一，神山孝史博士（現 東北区水産研究所）が *M. rubrum* の培養株を所持していた．その後，長井 敏博士（現 中央水産研究所）と神山博士が中心となり *Dinophysis* 属の室内培養実験が進められ，*D. fortii*（Nagai et al. 2008），*D. caudata*（Nishitani et al. 2008a），*D. infundibulus*（Nishitani et al. 2008b），*D. tripos*（Nagai et al. 2013）と次々に培養株が確立されていった（4-2 章も参照）．

このようにして，クリプト藻 *T. amphioxeia* →繊毛虫 *M. rubrum* →渦鞭毛藻 *Dinophysis* 属という被食－捕食関係が室内培養実験によって見出された．ここでいう *Dinophysis* 属とは，*D. acuminata*, *D. caudata*, *D. fortii*, *D. infundibulus*, *D. norvegica*, *D. tripos* などの主要な光合成種（クリプト藻由来の葉緑体を細胞内に保持する種）を指す．上述したように，現場海域においても *T. amphioxeia* と *M. rubrum* の関係性は実証されているが（Nishitani et al. 2010），*Dinophysis* 属が現場海域において *M. rubrum* 以外の繊毛虫を摂食しているかどうかは不明である．しかし最近の報告では，*D. acuminata* の天然細胞からプラシノ藻 *Pyramimonas* 属に近縁の葉緑体遺伝子配列が検出され（Kim et al. 2012），さらに室内培養実験においてもクリプト藻 *Chroomonas* sp. →底生性繊毛虫 *Mesodinium coatsi* →渦鞭毛藻 *D. caudata* という関係性が確かめられており（Kim et al. 2015），現場海域においても *M. rubrum* 以外の繊毛虫が *Dinophysis* 属の餌となっている可能性が示されている．

従属栄養性種である *D. rotundata* および *D. rudgei* は，他の *Dinophysis* 光合成種のように葉緑体を持たず（おそらくすぐに消化してしまう），現場海域では複数種の繊毛虫（*Tiarina fusus* や *Helicostomella* cf. *subulata*，いずれも有鐘繊毛虫）を餌としているようである（Hansen 1991, 井上ほか 1993）（顕微鏡観察による）．また，われわれが現場から採取した *D. rotundata* 細胞を遺伝子解析した

ところ，その細胞内から有鐘繊毛虫の *Tintinnopsis* 属や無殻繊毛虫の *Strombidium* 属などの遺伝子も検出していることから，*Dinophysis* 光合成種とは違い，多様な繊毛虫を餌にしていることが推察されている（西谷ほか 未発表）．*Dinophysis mitra* は *Dinophysis* 属の中でも特殊な種である．餌となる生物種はまだ明らかになっていないが，その細胞内に存在している葉緑体はクリプト藻由来ではなく，主にハプト藻由来であることが報告されている（Koike et al. 2005）．しかも興味深いことに，*D. mitra* は100 種類をも超える葉緑体を細胞内に保持しており（Nishitani et al. 2012），*Dinophysis* 属の中でも種によって餌とする繊毛虫の種類や葉緑体の獲得戦略が異なっていることは，進化の観点から見ても大変興味深い．上記 3 種（*D. rotundata*, *D. rudgei* および *D. mitra*）については未だ室内培養に成功した事例はなく，今後の培養確立が望まれる．

3. *Dinophysis* 属の現場生態

2006 年に *Dinophysis* 属の室内培養が成功したことを受け，これまでの現場調査ではあまり注目されていなかった繊毛虫 *M. rubrum* の発生量が *Dinophysis* 属と合わせて調査されるようになりつつある（Campbell et al. 2010, Sjöqvist & Lindholm 2011, Harred & Campbell 2014, Velo-Suárez et al. 2014）．しかし，無殻繊毛虫である *M. rubrum* は細胞が非常に壊れやすく，一般的な植物プランクトン用の固定液であるグルタールアルデヒドでは一瞬にして破裂してしまう．また，生きたままの状態の *M. rubrum* はまるで瞬間移動でもするかのように水中を飛び跳ねるため，固定液なしでの計数は困難である．そのためルゴール液による固定が有効であるが（Crawford & Lindholm 1997），ルゴール固定された *M. rubrum* を見分けるには，ある程度の熟練が必要とされる．そこで最近の研究では "Imaging FlowCytobot" と呼ばれる自動潜水タイプの機器が *M. rubrum* と *Dinophysis* 属を撮影し，その細胞数を自動測定する技術も開発されている（Campbell et al. 2010, Harred & Campbell 2014）．写真とデータは陸上にある研究所に送られ，特別に開発されたソフトウェアによって自動的に種同定される．彼らはメキシコ湾での調査によって，*Mesodinium* 属発生ピークのおよそ 1～2 ヵ月後に *Dinophysis* 細胞の発生ピークが見られることを報告している．さらに，*Mesodinium* 属と *Dinophysis* 属のブルームは沖合で形成され，それが潮流や上げ潮によって湾内に流れ込んでくるのであろうと結論づけている．

しかしながら，常に *Dinophysis* 属と *M. rubrum* の現場発生量に関係性が認められるとは限らない．室内培養実験での報告では，*M. rubrum* を摂食した *Dinophysis* 属は，その後餌のない状態でも1 週間から 1 ヵ月にわたって増殖することが可能であり（Nagai et al. 2008, Nishitani et al. 2008b, Kim et al. 2008, Nielsen et al. 2012），さらに餌のない状態において 3 ヵ月以上生き延びることができる（Nishitani et al. 2008b, Kim et al. 2008, Nielsen et al. 2012）．こういった *Dinophysis* 属の特殊な増殖生理は，上記で紹介したように現場における *M. rubrum* との発生量の間に大きなタイムラグを生じさせるであろう．また，現場環境は室内での培養状況とは大きく異なり，海域の物理環境特性（閉鎖性の程度，水深など），他のプランクトンとの競合や他感作用，高次捕食者（例えば二枚貝）の存在など，複数の要因が重なり合うために単純に餌料（*M. rubrum*）の発生量だけに左右されないと予想される．Sjöqvist & Lindholm（2011）によると，わずか数 m の水深の違いでも *M. rubrum* の発生量は大きく変動しており，現場海域ではパッチ状に生息し，その高密度水深は季節によっても異なることが示されている．*Dinophysis* 属と *M. rubrum* の現場発生量を調査する際には，こうしたサンプリングの難しさ

も十分に考慮すべきであろう．また上述したように，*M. rubrum* 以外の繊毛虫も *Dinophysis* 属の餌料生物となっている可能性が示唆されている（Kim et al. 2012, 2015）．以上のように，*Dinophysis* 属の現場発生は複数の要因によって左右されるが，それでもやはり *M. rubrum* の発生量を把握することが *Dinophysis* 属の個体群動態を予測する最初の足がかりとなるであろう．

　Dinophysis 属の現場生態を把握するうえでもう1つの鍵となるクリプト藻 *T. amphioxeia* は，顕微鏡下にて形態を識別して計数することはほぼ不可能である．その理由は長径 10 μm 以下の *T. amphioxeia* は形態学的特徴に乏しいためであり，また類似した形態を持つクリプト藻種は現場海域には多く存在しているためである．そこで *Teleaulax* 属の葉緑体遺伝子配列に特異的な蛍光核酸プローブが開発され（Takahashi et al. 2005），実際の現場海域において *D. fortii* が出現する前に *Teleaulax* 属が顕著に出現する事例が報告されている（Koike et al. 2007, 小池ほか 2007）．*Dinophysis* 属の現場発生を予測するに当たり，クリプト藻の発生量を把握することは1つの有効な手段であると思われる．そして *Dinophysis* 属の直接的な餌生物である *M. rubrum* の発生量とともに，クリプト藻を含めた三者間の現場動態を把握することが望まれる．

　内湾域において *Dinophysis* 属の初期個体群がどこから出現し，どのように卓越していくのかについては，未だ不明な点が多く残されている．渦鞭毛藻のいくつかの種はブルーム終盤にシストを形成して環境が不適な時期を過ごし，翌年のシードポピュレーションとなるが，培養株が確立された現在でも *Dinophysis* 属についてはシスト形成が行われるかどうか明らかにされていない（Reguera et al. 2012）．一年を通して観察されることの多い *D. acuminata* や *D. rotundata* は，少数の細胞が湾内で越冬して翌年のシードポピュレーションとなっている可能性がある（Nishitani et al. 2002）．近年行われている現場調査の成果によると，*Dinophysis* 属のブルーム終盤時に少し沖合の海底付近に *Dinophysis* 属細胞が集積している現象がいくつかの海域において観察されている（Batifoulier et al. 2013, Farrell et al. 2012, Reguera et al. 2012）．これらの観察結果を勘案し，現在では下記のような仮説が提唱されている（Velo-Suárez et al. 2014）．「増殖に不適な冬期は沖合の海底で小規模の *Dinophysis* 属個体群が生存しており，春期の湧昇流によって海表面に運ばれた *Dinophysis* 属は，そこで *M. rubrum* を摂食してある程度密度を増加させる．その後，春期から夏期にかけて，沖合から沿岸に向かう潮流に乗って湾内へと運ばれ，湾内においても *M. rubrum* を摂食することによってブルームを形成する（湾内集積との相乗効果）．*Dinophysis* 属ブルームの終盤時（秋期）には沈降流などによって多くの *Dinophysis* 細胞が海底付近へと沈んでいき，沿岸から沖合に向かう海底の潮流によって沖へと運ばれていく」というものである．海域によって状況は異なると思うが，この仮説が正しいとすると，モニタリングを行う際には湾内だけでなく沖合での発生量や湾内へ流れ込む潮流にも注意を払い，底層に高密度で存在する *Dinophysis* 属個体群が激しい波浪時には表・中層へ拡散される可能性も考慮することによって，*Dinophysis* 属の発生予測精度をより高めることができると期待される．

　ここで，著者らが行っているモニタリング事例を2つ紹介する．図5には，2013年青森県陸奥湾と 2012 年三重県伊勢湾での調査結果（細胞密度は全層平均値）を示した．陸奥湾の調査結果（図5-A）では，まず3月中旬から下旬にかけて *M. rubrum* の細胞密度が一時的に増加し，その後を追うように *D. acuminata* の細胞密度が増加している．その後，4月以降 *M. rubrum* の細胞密度は低いままであるにも関わらず，7月には *D. fortii* そして8月には *D. acuminata* のブルームがそれぞれ観察されている．この原因は不明であるが，おそらく *M. rubrum* のパッチ状の高密度発生を捉えられなかっ

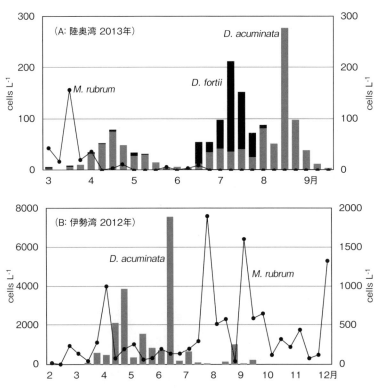

図 5　2013 年の青森県陸奥湾（A）と 2012 年の三重県伊勢湾（B）における *Dinophysis* 属（左軸：棒）と *Mesodinium rubrum*（右軸：折れ線）の細胞密度（いずれも全層平均値を cells L^{-1} で示した）

た，湾外から *Dinophysis* 個体群の流入があった，あるいは *M. rubrum* 以外の繊毛虫が餌となった，などが理由として考えられる．また，三重県伊勢湾での調査結果（図 5-B）でも同様の傾向がうかがえる．4 月に大きく細胞密度を増加させた *M. rubrum* に続き，*D. acuminata* の細胞密度が大きく増加している．その後，6 月中旬に *D. acuminata* の最大密度を記録しているが，その時の *M. rubrum* 細胞密度は比較的低く，陸奥湾の事例と同様の理由が考えられる．7 月以降は *M. rubrum* 細胞密度のピークが断続的に続くが，*D. acuminata* の細胞密度は大きな増加を見せていない．これはおそらく水温上昇などの物理環境の変化や他生物との競合などが主要な要因と思われる．両湾の結果から，春期の *Dinophysis* 属のブルーム前には *M. rubrum* 細胞密度の増加が見られ，両者が捕食者 - 被捕食者の関係性にあることが現場海域においても強く示唆された．しかしながら，夏期以降の *Dinophysis* 属の発生を予測するには，*M. rubrum* 細胞密度だけでは説明し難い課題が残っている．今後は *M. rubrum* 以外の繊毛虫が餌料となっている可能性も視野に入れ，各湾でのデータを長年蓄積していくことにより，その湾ごとに合った *Dinophysis* 属ブルームの規模や発生時期の予測シミュレーションモデルを構築していくことが必要である．

　最後に，*Dinophysis* 属の発生とホタテガイの毒化の関係で興味深い観察事例を紹介する（西谷 2005）．図 6 に 2002 年から 2003 年の青森県陸奥湾における *D. fortii* 発生密度（cells L^{-1}）とホタテガイ中腸腺の下痢性貝毒量（MU g^{-1}）を示した．ここでは *D. fortii* の発生密度を表中層（0, 5, 10, 20 m）の平均値と底層（30, 33 m）の平均値に分けている．発生ピークの時期は少し異なるが，2002 年では表中層で，2003 年では底層で *D. fortii* が卓越している．両年ともに *D. fortii* は最大 600 cells L^{-1}

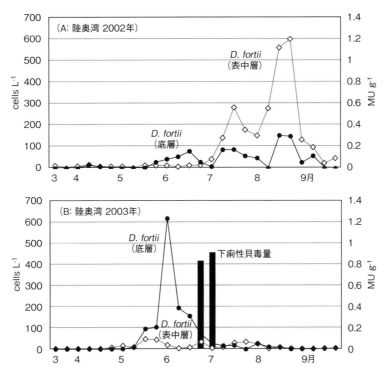

図6　2002年（A）および2003年（B）の青森県陸奥湾における *Dinophysis fortii* の発生密度（cells L^{-1}）（左軸：折れ線）とホタテガイ中腸腺の下痢性貝毒量（MU g^{-1}）（右軸：棒）との関係
調査水深6層のうち，*D. fortii* の発生密度を表中層（0，5，10，20 m の平均値）と底層（30，33 m の平均値）に分けて示した．西谷（2005）より改変．

ほど出現しているが，ホタテガイの毒化は2003年のみ発生した．これと同様の事例は，同湾の他の年でも観察されている（西谷2005）．この理由は未だ明らかにされていないが，底層で卓越する *D. fortii* の細胞内毒量は表中層で卓越するケースより高くなる可能性が考えられる．実際に陸奥湾の養殖海域では，上層で養殖したホタテガイの方が低毒であることが知られている（田中ほか1985）．これらの状況から判断して，陸奥湾では *D. fortii* が出現する5月から9月にかけては特にモニタリングを強化し，底層付近で *D. fortii* が 200 cells L^{-1} を超えると予想された場合，深層で養殖しているホタテガイはそれ以前に出荷する，あるいは毒化が予想される期間（1-2ヵ月ほど）は深層養殖ホタテガイを表層付近に移動させるといった対応策が考えられる．これらのデータが政府や国民にモニタリングの重要性を理解してもらう一助になれば幸いである．

4．おわりに

　図1（272ページ）で示したように，下痢性貝毒の発生件数は2000年代から増減を繰り返しており，その年の発生規模を予測するのが困難な状況にある．本稿でいくつか紹介したように，繊毛虫 *M. rubrum* やクリプト藻のモニタリング，湾内だけでなく少し沖合の地点での *Dinophysis* 属と *M. rubrum* の動態を把握する等，発生予測を高めるための調査項目はいくつもある．しかしながら，各都道府県の水産試験場における限られた予算と人材の中で今以上の作業量を追加することは困難であり，われわれ研究者としては *Dinophysis* 属の発生メカニズムをさらに解明し，できるだけ負担が少なく，かつ

有効なモニタリング手法を考案し，開発すべきであろう．

　2006 年に *D. acuminata* の室内培養が成功して以来，このおよそ 9 年間に世界各国の研究者によって *Dinophysis* 属の増殖生理特性や毒生産能が急速に解明されつつある．さらに海外ではモニタリング技術の進歩によって，今までより詳細な個体群動態を把握できるようになってきている．しかし少なくとも日本沿岸域では，われわれが把握している現状の知識と技術だけでは，*Dinophysis* 属の発生予測を成し遂げるにいたっていない．消費者に安心安全な水産物を提供し続けることは，漁業者・行政・研究者に課せられた使命であり，そのために今後も現場調査と室内実験によるデータを長期的に蓄積していくことが求められる．

文　献

Batifoulier F, Lazure P, Velo-Suárez L, Maurer D, Bonneton P, Charria G, Dupuy C, Gentien P（2013）Distribution of *Dinophysis* species in the Bay of Biscay and possible transport pathways to Arcachon Bay. J Mar Syst 109-110, S273-S283.

Campbell L, Olson RJ, Sosik HM, Abraham A, Henrichs DW, Hyatt CJ, Buskey EJ（2010）First harmful *Dinophysis*（Dinophyceae, Dinophysiales）bloom in the U.S. is revealed by automated imaging flow cytometry. J Phycol 46: 66-75.

Crawford DW, Lindholm T（1997）Some observations on vertical distribution and migration of the phototrophic ciliate *Mesodinium rubrum*（*Myrionecta rubra*）in a stratified brackish inlet. Aquat Microb Ecol 13: 267-274.

Farrell H, Gentien P, Fernand L, Lunven M, Reguera B, González-Gil S, Raine R（2012）Scales characterising a high density thin layer of *Dinophysis acuta* Ehrenberg and its transport within a coastal jet. Harmful Algae 15: 36-46.

Fujiki H, Suganuma M, Suguri H, Yoshizawa S, Takagi K, Uda N, Wakamatu K, Yamada K, Murata M, Yasumoto T, Suginuma T（1988）Diarrhetic shellfish toxin, dinophysistoxin-1, is a potent tumor promoter on mouse skin. Jpn J Cancer Res（Gann）79: 1089-1093.

Garcia-Cuetos L, Moestrup Ø, Hansen PJ（2012）Studies on the genus *Mesodinium* II. Ultrastructural and molecular investigations of five marine species help clarifying the taxonomy. J Euk Microbiol 59: 374-400.

Hansen PJ（1991）*Dinophysis* - a planktonic dinoflagellate genus which can act both as a prey and a predator of a ciliate. Mar Ecol Prog Ser 69: 201-204.

Hansen PJ, Nielsen LT, Johnson M, Berge T, Flynn KJ（2013）Acquired phototrophy in *Mesodinium* and *Dinophysis* - A review of cellular organization, prey selectivity, nutrient uptake and bioenergetics. Harmful Algae 28: 126-139.

Harred LB, Campbell L（2014）Predicting harmful algal blooms: a case study with *Dinophysis ovum* in the Gulf of Mexico. J Plankton Res 36: 1434-1445.

畑 直亜・鈴木敏之・辻 将治・中西麻希（2011）伊勢湾における有毒渦鞭毛藻 *Dinophysis* 属の発生とムラサキイガイ *Mytilus galloprovincialis* の毒化との関係. 日本水産学会誌 77: 1065-1075.

北海道立総合研究機構水産研究本部（2013）平成 25 年度貝毒プランクトン調査結果報告書「赤潮・特殊プランクトン予察調査報告書」pp.1-33.

Hoshiai G, Suzuki T, Onodera T, Yamasaki M, Taguchi S（1997）A case of non-toxic mussels under the presence of high concentrations of toxic dinoflagellate *Dinophysis acuminata* that occurred in Kesennuma Bay, northern Japan. Fish Sci 63: 317-318.

井上博明・福代康夫・二村義八郎（1993）渦鞭毛藻 *Oxyphysis oxytoxoides* による繊毛虫の捕食行動. 日本プランクトン学会報 40: 9-17.

Janson S（2004）Molecular evidence that plastids in the toxin-producing dinoflagellate genus *Dinophysis* originate from the free-living cryptophyte *Teleaulax amphioxeia*. Environ Microbiol 6: 1102-1106.

Johnson MD, Stoecker DK（2005）Role of feeding in growth and photophysiology of *Myrionecta rubra*. Aquat Microb Ecol 39: 303-312.

Johnson MD, Tengs T, Oldach D, Stoecker DK（2006）Sequestration, performance, and functional control of cryptophyte plastids in the ciliate *Myrionecta rubra*（Ciliophora）. J Phycol 42: 1235-1246.

Johnson MD, Oldach D, Delwiche CF, Stoecker DK（2007）Retention of transcriptionally active cryptophyte nuclei by the ciliate *Myrionecta rubra*. Nature 445: 426-428.

Kim S, Kang YG, Kim HS, Yih W, Coats DW, Park MG（2008）Growth and grazing responses of the mixotrophic dinoflagellate *Dinophysis acuminata* as functions of light intensity and prey concentration. Aquat Microb Ecol 51: 301-310.

Kim M, Kim S, Yih W, Park MG（2012）The marine dinoflagellate genus *Dinophysis* can retain plastids of multiple algal origins at the same time. Harmful Algae 13: 105-111.

Kim M, Nam SW, Shin W, Coats DW, Park MG（2015）Fate of green plastids in *Dinophysis caudata* following ingestion of the benthic ciliate *Mesodinium coatsi*: Ultrastructure and *psb*A gene. Harmful Algae 43: 66-73.

Koike K, Sekiguchi H, Kobiyama A, Takishita K, Kawachi M, Koike K, Ogata T（2005）A novel type of kleptoplastidy in *Dinophysis*（Dinophyceae）: Presence of Haptophyte-type plastid in *Dinophysis mitra*. Protist 156: 225-237.

Koike K, Nishiyama A, Takishita K, Kobiyama A, Ogata T（2007）Appearance of *Dinophysis fortii* following blooms of certain cryptophyte species. Mar Ecol Prog Ser 337: 303-309.

小池一彦・高木 稔・瀧下清貴（2007）*Dinophysis* 属の個体群動態と生理的特徴. 貝毒研究の最先端（今井一郎・福代康夫・広石伸互編）, pp.100-117, 恒星社厚生閣, 東京.

工藤 勲・宮園 章・嶋田 宏・磯田 豊（2005）噴火湾における低次生産過程と貝毒プランクトンの中長期変動. 沿岸海洋研究 43: 33-38.

Lee J-S, Igarashi T, Fraga S, Dahl E, Hovgaard P, Yasumoto T（1989）Determination of diarrhetic toxins in various dinoflagellate species. J Appl Phycol 1: 147-152.

Myung G, Kim HS, Park JW, Park JS, Yih W（2013）Sequestered plastids in *Mesodinium rubrum* are functionally active up to 80 days of phototrophic growth without cryptomonad prey. Harmful Algae 27: 82-87.

Nagai S, Nishitani G, Tomaru Y, Sakiyama S, Kamiyama T（2008）Predation by the toxic dinoflagellate *Dinophysis fortii* on the ciliate *Myrionecta rubra* and observation of sequestration of ciliate chloroplasts. J Phycol 44: 909-922.

Nagai S, Suzuki T, Kamiyama T（2013）Successful cultivation of the toxic dinoflagellate *Dinophysis tripos*（Dinophyceae）. Plankton Benthos Res 8: 171-177.

Nielsen LT, Krock B, Hansen PJ（2012）Effects of light and food availability on toxin production, growth and photosynthesis in *Dinophysis acuminata*. Mar Ecol Prog Ser 471: 37-50.

西谷 豪（2005）日本沿岸域における下痢性貝毒原因渦鞭毛藻 *Dinophysis* 属の生態及び培養の試みに関する研究. 博士号学位論文, 京都大学.

Nishitani G, Sugioka H, Imai I（2002）Seasonal distribution of species of the toxic dinoflagellate genus *Dinophysis* in Maizuru Bay（Japan）, with comments on their autofluorescence and attachment of picophytoplankton. Harmful Algae 1: 253-264.

西谷 豪・三津谷 正・今井一郎（2007）*Dinophysis* 属は下痢性貝毒の原因生物か？貝毒研究の最先端（今井一郎・福代康夫・広石伸互編）, pp.118-129, 恒星社厚生閣, 東京.

Nishitani G, Nagai S, Sakiyama S, Kamiyama T（2008a）Successful cultivation of the toxic dinoflagellate *Dinophysis caudata*（Dinophyceae）. Plankton Benthos Res 3: 78-85.

Nishitani G, Nagai S, Takano Y, Sakiyama S, Baba K, Kamiyama T（2008b）Growth characteristics and phylogenetic analysis of the marine dinoflagellate *Dinophysis infundibulus*（Dinophyceae）. Aquat Microb Ecol 52: 209-221.

Nishitani G, Nagai S, Baba K, Kiyokawa S, Kosaka Y, Miyamura K, Nishikawa T, Sakurada K, Shinada A, Kamiyama T（2010）High-level congruence of *Myrionecta rubra* prey and *Dinophysis* species plastid identities as revealed by genetic analyses of isolates from Japanese coastal waters. Appl Environ Microbiol 76: 2791-2798.

Nishitani G, Nagai S, Hayakawa S, Kosaka Y, Sakurada K, Kamiyama T, Gojobori T（2012）Multiple plastids collected by the dinoflagellate *Dinophysis mitra* through kleptoplastidy. Appl Environ Microbiol 78: 813-821.

Park MG, Kim S, Kim HS, Myung G, Kang YG, Yih W（2006）First successful culture of the marine dinoflagellate *Dinophysis acuminata*. Aquat Microb Ecol 45: 101-106.

Reguera B, Velo-Suárez L, Raine R, Park MG（2012）Harmful *Dinophysis* species: A review. Harmful Algae 14: 87-106.

Sjöqvist CO, Lindholm TJ（2011）Natural Co-occurrence of *Dinophysis acuminata*（Dinoflagellata）and *Mesodinium rubrum*（Ciliophora）in Thin Layers in a Coastal Inlet. J Eukaryot Microbiol 58: 365-372.

Sato S, Koike K, Kodama M（1996）Seasonal variation of okadaic acid and dinophysistoxin-1 in *Dinophysis* spp. in association with the toxicity of scallop. In: Harmful and Toxic Algal Blooms（Yasumoto T, Oshima Y, Fukuyo Y eds）, pp.285-288, UNESCO, Paris.

Suganuma M, Fujiki H, Suguri H, Yoshizawa S, Hirota M, Nakayasu M, Ojika M, Wakamatu K, Yamada K, Suginuma T（1988）Okadaic acid: an additional non-phorbol-12-tetradecanoate-13-acetate-type tumor promoter. Proc Natl Acad Sci USA 85: 1768-1771.

Suzuki T, Mitsuya T, Imai M, Yamasaki M（1997）DSP toxin contents in *Dinophysis fortii* and scallops collected at Mutsu Bay, Japan. J Appl Phycol 8: 509-515.

Suzuki T, Yasumoto T（2000）Liquid chromatography-electrospray ionization mass spectrometry of the diarrhetic shellfish-poisoning toxins okadaic acid, dinophysistoxin-1 and pectenotoxin-6 in bivalves. J Chromatogr 874: 199-206.

Suzuki T, Mackenzie L, Stirling D, Adamson J（2001）Conversion of pectenotoxin-2 to pectenotoxin-2 seco acid in the New Zealand scallop, *Pecten novaezelandiae*. Fish Sci 67: 506-510.

高田久美代・妹尾正登・東久保 靖・高辻英之・高山晴義・小川博美（2004）マガキ, ホタテガイおよびムラサキイガイにおける麻痺性貝毒の蓄積と減毒の差異. 日本水産学会誌 70: 598-606.

Takahashi Y, Takishita K, Koike K, Maruyama T, Nakayama T, Kobiyama A, Ogata T（2005）Development of molecular probes for *Dinophysis*（Dinophyceae）plastid: a tool to predict blooming and explore plastid origin. Mar Biotechnol 7: 95-103.

田中俊輔・青山禎夫・今井美代子・尾坂 康・高林信雄（1985）ホタテガイの垂下水深および活力が下痢性貝毒の毒力変化に及ぼす影響. 青森県水産増殖センター事業報告書 14: 259-268.

Velo-Suárez L, González-Gil S, Pazos Y, Reguera B（2014）The growth season of *Dinophysis acuminata* in an upwelling system embayment: A conceptual model based on in situ measurements. Deep-Sea Res Part II 101: 141-151.

Yasumoto T, Oshima Y, Sugawara W, Fukuyo Y, Oguri H, Igarashi T, Fujita N（1980）Identification of *Dinophysis fortii* as the causative organism of diarrhetic shellfish poisoning. Bull Jpn Soc Sci Fish 46: 1405-1411.

Yasumoto T, Murata M, Oshima Y, Sano M, Matsumoto GK, Clardy J（1985）Diarrhetic shellfish toxins. Tetrahedron 41: 1019-1025.

4-2　*Dinophysis* 属の培養と増殖特性[*1]

長井　敏[*2]・神山孝史[*3]

1．研究背景

　下痢性貝毒は，麻痺性貝毒とともに食品の安全を脅かす大きな問題の一つである（Yasumoto et al. 1985）．わが国は，貝毒研究では世界を先導する研究成果をあげており（Yasumoto & Murata 1993），研究成果に基づき，二枚貝の綿密な毒化モニタリングが実施され，市場に流通する二枚貝による食中毒は未然に防止されている．しかし下痢性貝毒は，脂溶性であるため二枚貝に蓄積した毒は排出され難く，一度基準値を超えた二枚貝の毒性が基準値以下になるまでに数ヵ月かかる場合もある．その間，その海域の対象二枚貝の出荷が自主的に規制されるため，本貝毒は水産業に大きな弊害を及ぼす．こうした被害の軽減のために貝の毒化予察技術開発はきわめて重要であるが，それには科学的に解明すべき課題が多く残されている．

　下痢性貝毒の発生原因は有毒渦鞭毛藻 *Dinophysis* 属のプランクトンを二枚貝が摂食することにあり，*Dinophysis* 属の出現状況が下痢性貝毒の発生に大きな影響を及ぼす．そのため，多くの試験研究機関では二枚貝の毒力検査とともに，*Dinophysis* 属のモニタリングを実施している．東日本では，海水中の *Dinophysis* 属の出現密度などから二枚貝の毒化の危険性を予測しているが，本属の出現状況と貝毒発生の対応関係は必ずしも一致しないケースも多く見られる．また西日本では，*Dinophysis* 属が大量発生しても貝の毒化はほとんど起こらない．こうした *Dinophysis* 属の発生と二枚貝の毒化の齟齬は，*Dinophysis* 属の毒組成や毒生産能が著しく変化すること（Suzuki et al. 1997），および二枚貝に種特異的な代謝による解毒機能や代謝能があること（Suzuki et al. 2001）に起因する．しかし，前者については，本属が毒を持つことは天然細胞の毒分析により確認されているものの（Lee et al. 1989），培養実験で毒の一次生産者であることが最近まで確認されなかったため，本属の増殖生理に基づく毒組成や毒生産能の特徴を解明することは学術的にきわめて重要な課題となっている．

　Dinophysis 属の栄養要求については，独立栄養（autotrophy）か，従属栄養（heterotrophy）か，あるいは混合栄養（mixotrophy）か，長い間，不明であった．このため，葉緑体を持つ種については，葉緑体 DNA の解析，光合成色素を持たない種については，餌生物の探索が行われ，多くの研究者が培養株の確立を試みてきた．*Dinophysis* 属が保持する葉緑体 DNA 解析の結果，これらの葉緑体はクリプト藻，とりわけ *Teleaulax amphioxeia* や *Geminigera cryophila* との相同性の高いことが明らかと

[*1]　Cultivation of the genus *Dinophysis* and the growth characteristics

[*2]　Satoshi Nagai（snagai@affrc.go.jp）

[*3]　Takashi Kamiyama

なり（Takishita et al. 2002, Janson 2004, Minnhagen & Janson 2006），また，^{14}C 標識による葉緑体の炭酸同化速度から，*Dinophysis* 属の葉緑体が光合成能を有することが証明された（Granéli et al. 1997, Koike et al. 2005）．以上より，*Dinophysis* 属は直接あるいは間接的にクリプト藻葉緑体を細胞内に取り込み，この葉緑体を利用してエネルギーを得ている（盗葉緑体化 kleptoplastidy）という説が提唱されるにいたった．その後，韓国の研究グループが世界で初めて，クリプト藻 *Teleaulax* sp. を餌として培養した繊毛虫 *Mesodinium rubrum*（= *Myrionecta rubra*）をさらに *D. acuminata* に餌として与えることにより，*D. acuminata* の高密度・長期継代培養に成功した（Park et al. 2006）．われわれも同様な手法で，葉緑体を保持する *Dinophysis* 属数種について，高密度での長期継代培養に国内では最初に成功している（Nagai et al. 2008, 2011, 2012, Nishitani et al. 2008a, b, Kamiyama & Suzuki 2009, Kamiyama et al. 2010）．また，これまで確認されていなかった毒生産能についても，培養された *D. acuminata* の毒含量や組成を高精度分析で初めて確認した（Kamiyama & Suzuki 2009）．こうした *Dinophysis* 属の培養の成功や毒生産の確認によって，これまでほとんど不明であった本グループの増殖，栄養，毒生産に関する特徴を世界に先駆けて明らかにする道筋を確立できたといえよう．本稿では，とりわけ *Dinophysis* 属の増殖特性について，これまでの研究成果を報告したい．

2．*Dinophysis* 属の培養と増殖速度

まず，静岡県浜名湖からクリプト藻 *Teleaulax amphioxeia* をマイクロプレートによる終点希釈法によりクローン培養株を確立した．次にこの *T. amphioxeia* を餌料として，大分県猪串湾から単離した繊毛虫 *Mesodinium rubrum* に添加することにより，*M. rubrum* の培養株を確立した．いずれも温度 18 ℃で継代培養を行った．2007 年 4 月に広島湾から単離した *D. fortii* 各 60 細胞および *D. acuminata* に *M. rubrum* を餌として与えて 1 ヵ月培養し，単離成功率および細胞密度を調べた．継代培養に成功した *D. fortii* クローン培養株の増殖速度を測定し，餌生物の捕食方法の観察も行った．*M. rubrum* を捕食した *D. fortii* の細胞内部を TEM により観察した．

D. acuminata および *D. fortii* 細胞を 1 細胞ずつ単離し，*M. rubrum* を餌として与え，1 ヵ月間培養した場合の単離成功率はそれぞれ 80 ％（48/60），78 ％（47/60）であり，両種の間に大きな差異は見られなかった．一方，増殖の見られた各株の細胞密度は，それぞれ 700 – 7,500（2,229 ± 1,549, Mean ± SD, n = 47），417 – 2,550（1,048 ± 501, n = 48）cells mL^{-1} の範囲にあり（図 1），細胞密度は *D. acuminata* の方で明らかに高く，着色が十分確認できる程度にまで増殖させることに成功した．捕食の仕方は，peduncle によるミゾサイトーシス（myzocytosis）であり，積極的な捕食が観察された（図 2A-D）．*D. fortii* は餌の *M. rubrum* の周囲を泳ぎ回り（図 2B），peduncle を *M. rubrum* 細胞に突き刺し（図 2B, C），すべての細胞内内容物を吸い上げるように取り込んだ．*M. rubrum* 細胞は *D. fortii* に peduncle を突き刺された瞬間にすべての繊毛が細胞から外れ，球状に変化した（図 2C, D）．*Dinophysis* は 45 – 90 分くらいで 1 個の *M. rubrum* を捕食することが可能であり，複数個の *M. rubrum* を連続的に捕食することで，大きく膨張した（図 2E）．積極的な捕食により，その後，細胞分裂を繰り返し活発な増殖を示した（図 2F-H）．また，餌がなくなり定状期に入ると小型の細胞が出現し，目立つようになった（図 2I）．このような捕食過程は，培養の成功した他の *Dinophysis* 種でも同様であった（Nagai et al. 2008, 2011, 2012, Nishitani et al. 2008a, b, Kamiyama & Suzuki 2009, Kamiyama et al. 2010）．

　Dinophysis 属の増殖速度について，これまでの知見を集め，表1にとりまとめた．*M. rubrum* を餌として与えた場合，*D. acuminata* については，温度18℃で0.94 divisions d^{-1}であり，培養30日後の

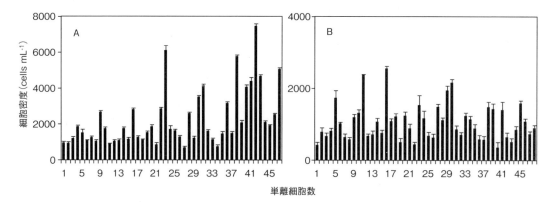

図1　繊毛虫 *Mesodinium rubrum* を餌として *Dinophysis* 1細胞を単離した場合の培養1ヵ月後の最大細胞密度
　　　A：*D. acuminata*，B：*D. fortii*.

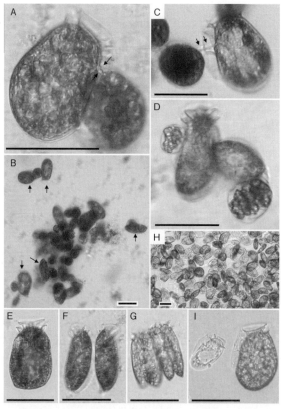

図2　*Dinophysis fortii* による peduncle を用いた *Mesodinium rubrum* の捕食行動の観察
　　　A：積極的に餌を捕食する *D. fortii* 細胞．peduncle が細胞に触れると *M. rubrum* は繊毛を落とし，球形になる様子を示す．透明の peduncle を介した *M. rubrum* 細胞内容物の *Dinophysis* 細胞内への輸送（矢印）．B：*D. fortii* 細胞の排出する物質（アレロパシー）によると思われる *M. rubrum* 細胞が凝集する様子とそれに群がり積極的に捕食する *D. fortii* 細胞を示す（矢印）．C：*M. rubrum* に peduncle を突き刺した直後の *D. fortii* 細胞．矢印は peduncle を示す．D：活発に *M. rubrum* を捕食する *D. fortii* 細胞．E：*M. rubrum* を十分捕食し膨張した状態の細胞（腹側）．F：二分裂による細胞増殖．G：前の細胞分裂で完全に細胞が分離しないまま，次の細胞分裂を起こした細胞．H：培養実験の後に集藻された細胞．I：培養の経過とともに小型細胞が増加（細胞形態は *D. acuminata* に類似，左の細胞）．スケール：50 μm.

表 1　天然および培養条件下における *Dinophysis* 属複数種における増殖速度の比較

種類	増殖速度（divisions d⁻¹）		最高細胞密度	測定条件	文献
	μ^{*1}	μ^{*2}	cells mL⁻¹		
Dinophysis acuminata		1.37	2,500	culture*	Park et al.（2006）
D. acuminata		1.36	5,000	culture*	Kim et al.（2008）
D. acuminata		0.58-1.01	167	culture*	Kamiyama and Suzuki（2009）
D. acuminata		0.20-0.40	4,200	culture*	Kamiyama et al.（2010）
D. acuminata		0.70-0.94	11,000	culture*	Nagai et al.（2011）
D. acuminata		0.65	ca. 1,000	culture*	Riisgaard and Hansen（2009）
D. acuminata		0.61		culture	Sampayo（1993）
D. acuminata		0.52-0.73		culture***	Granéli et al.（1995）
D. acuminata	0.78-0.97			in situ	Chang and Carpenter（1991）
D. acuminata	0.13-0.40			in situ	Reguera et al.（2003）
D. acuta		0.50-0.59		culture***	Granéli et al.（1997）
D. acuta	0.48-0.94			in situ	Reguera et al.（2003）
D. caudata		0.93-1.03	5,200	culture*	Nishitani et al.（2008a）
D. caudata		0.68	7	culture**	Nishitani et al.（2008a）
D. caudata		0.22		culture	Nishitani et al.（2003）
D. caudata	0.35			in situ	Reguera et al.（2003）
D. fortii		0.41-0.85	2,500	culture*	Nagai et al.（2008）
D. fortii		0.73	10	culture**	Nagai et al.（2008）
D. fortii		0.58-0.70	2,760	culture*	Nagai et al.（2011）
D. infundibulus		0.29-0.59	2,300	culture*	Nishitani et al.（2008b）
D. norvegica		0.26-0.91		culture***	Granéli et al.（1997）
D. tripos	0.72			in situ	Reguera et al.（2003）
D. tripos		0.54	2,190	culture*	Nagai et al.（2012）
D. sacculus	0.29-0.61			in situ	Garcés et al.（1997）

*1 増殖速度は Carpenter and Chang（1988）のモデルに従い算出
*2 増殖速度は Guillard（1973）のモデルに従い算出
* 餌として *M. rubrum* を与えて *Dinophysis* 属を培養
** *Dinophysis* 属に *M. rubrum* を十分与えた後に餌なしで培養
*** 増殖速度は ¹⁴C 法により算出

最大細胞密度は約 11,000 cells mL⁻¹ にまで到達した（図 3 A）．一方 *D. fortii* においては，18℃ で 0.70 divisions d⁻¹ の増殖速度を示し，培養 30 日後の最大細胞密度は約 2,800 cells mL⁻¹ であり（図 3 B），*D. acuminata* より分裂速度は低く，最大細胞密度も高くない．同様に，*D. caudata*, *D. infundibulis*, *D. tripos* では，増殖速度，最大細胞密度は，それぞれ 1.03, 0.59, 0.54 divisions d⁻¹, 5,200, 2,300, 2,190 cells mL⁻¹ であった（Nishitani et al. 2008a, b, Nagai et al. 2012）．餌の有無や培養条件等でかなりのばらつきが認められるが，上手く培養すると，他の赤潮生物に匹敵するほどの増殖速度を示す．

3. *Dinophysis* 属における繊毛虫 *Mesodinium* からの葉緑体の選択的取り込み

Dinophysis 属の細胞を TEM で観察すると，通常，大きな核，ピレノイドを有する葉緑体，食胞やラブドソームなどが確認できる（Vesk & Lucas 1986, Lucas & Vesk 1990）．本研究においても，飽食した *D. fortii* の細胞内を TEM で観察したところ，1 個体に 5 ～ 7 個の食胞が観察され，内部には，膜状・ミトコンドリア様の構造物が多数確認できた（図 4）．*M. rubrum* を飽食した *D. fortii* 細胞には，核とほぼ同サイズの食胞が観察され，取り込んだ餌の内容物を食胞内で積極的に消化している様子を観察することができた．食胞の中を観察したところ，ミトコンドリアや膜様の断片は確認できたが，葉緑

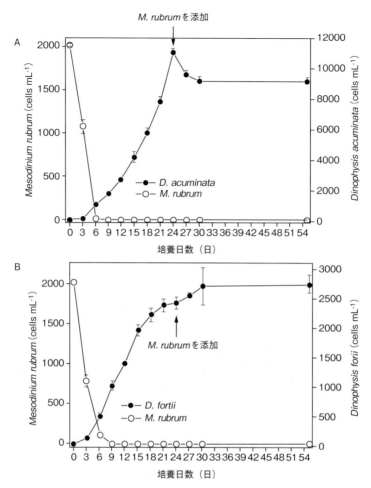

図3 *Mesodinium rubrum* を餌として与えた時の *Dinophysis acuminata* と *Dinophysis fortii* の増殖曲線
3回計数した平均値とその標準偏差を示す．A：*D. acuminata*, B：*D. fortii*.

体を見つけることはできなかった．でんぷん顆粒は，細胞質内や食胞内に散在していた（図4A-D）.
また，葉緑体は大きさの異なるものが多数観察されたが（図4A），長さ10 μm，幅＞1 μmほどに発
達した大きな葉緑体も観察された（図4B）．葉緑体については，主に3重のチラコイドラメラが観
察された（図4C）．餌を与えず4週間，飢餓状態にした *D. fortii* 細胞をTEMで観察すると，食胞は
まったく確認できず，大きな葉緑体は消失し，小型化した葉緑体を細胞縁辺部にわずかに確認するこ
とができる状態になっていた（図5）．餌がなくなり培養が定状期に入ると，小型細胞の割合が増加
し継代培養に失敗するケースも見られたが，小型化しても *M. rubrum* を捕食・摂食できる細胞も存在
し，この場合は通常のサイズに大きさを回復させることが可能であった（Nagai et al. 2008）.

　培養がなされる以前の研究によると，複数の *Dinophysis* 属光合成種の葉緑体は，TEMによる観察
からクリプト藻由来であること（Lessard & Swift 1986, Hallegraeff & Lucas 1988, Schnepf & Elbrächter
1988, Geider & Gunter 1989, Imai & Nishitani 2000），また，PCRによりクリプト藻由来の葉緑体DNA
が検出されることが報告されている（Takishita et al. 2002, Hackett et al. 2003, Janson & Granéli 2003,
Janson 2004, Takahashi et al. 2005）．したがって，*Dinophysis* 属が何らかの方法でクリプト藻を取り込
み，盗葉緑体（kleptoplastids）として機能させている可能性が指摘されてきた．今回，*Dinophysis* 培

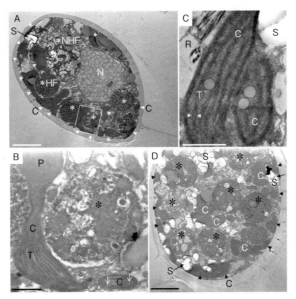

図 4　*Mesodinium rubrum* を大量に捕食して膨張した *Dinophysis fortii* 細胞の TEM 写真
　　　A：巨大な核，葉緑体，ピレノイドを持つ葉緑体を持つ細胞（矢印），均一，非均一な内容を示す食胞，でんぷん顆粒も確認．
　　　スケール：10 µm．B：写真 A のフォーカス，均一かつ球状のピレノイドと細胞壁に向かって鉛直に伸びた葉緑体，3 枚のチ
　　　ラコイド，ペアのチラコイドを持つ小型の葉緑体（矢印）．スケール：1 µm．C：3 枚のチラコイドを持つ葉緑体の高倍率写
　　　真（矢印）．スケール：1 µm．D：*M. rubrum* を大量に捕食して膨張し，多数の葉緑体，食胞，でんぷん顆粒を持つ *D. fortii* 細
　　　胞（矢印）．スケール：10 µm．
　　　略語 C：葉緑体，N：核，P：ピレノイド，R：ラブドソーマ，S：でんぷん様顆粒，T：チラコイド．*食胞（HF：均一，NHF：
　　　非均一）．

養細胞に *M. rubrum* を捕食させ，葉緑体（クロロプラス
ト）がどのように細胞内に取り込まれるかについて詳
細な観察を行った．まず，取り込まれた葉緑体が観察
しやすいように，*D. fortii* の培養細胞を 60 日間飢餓培
養した．飢餓培養した *Dinophysis* 細胞に *M. rubrum* を与
え，*Dinophysis* 細胞が *M. rubrum* を捕獲した瞬間を 0 分
として 1，5，10，15，40，60 分後の細胞を最終濃度 0.1
％となるよう，グルタールアルデヒドで固定した．各経
過時間について，複数の細胞の状態を観察できるよう複
数の細胞を用い，取り込まれた葉緑体の細胞内における
分布を B 励起下の倒立蛍光顕微鏡で観察した．観察の
結果，まず，飢餓培養した *Dinophysis* 細胞では葉緑体の
減少と著しい小型化が見られ，葉緑体が確認できない細
胞も複数確認された．*M. rubrum* を捕獲して 1 分経過し
た *Dinophysis* 細胞では，葉緑体の取り込みはまだ見られ
なかったが（図 6（口絵 14）A，B），5 分後には 20 個
前後の葉緑体がすでに細胞内へと取り込まれていた（同
C，D）．10 分後には約半数程度の葉緑体が取り込まれ

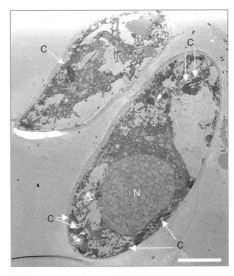

図 5　*Dinophysis fortii* の透過型電子顕微鏡による観察
　　　D. fortii 細胞を 4 週間，飢餓状態で培養した．
　　　縦方向の切片，飢餓状態の細胞（右）と小型化
　　　した細胞（左），いずれも食胞は見られず，細
　　　胞縁辺部に小型化した葉緑体（0.5–2 µm）が
　　　見られた（矢印）．スケール：10 µm．C：葉緑
　　　体，N：核．

たが, 他の細胞質はまだ *M. rubrum* の細胞内にあった (図 6 (口絵 14) E, F). 15－20 分後には, ほぼすべての葉緑体の取り込みが終了し細胞中央付近での集積が見られたが (図 6 (口絵 14) G, H), 40 分後には, 細胞質の取り込みとともに細胞縁辺部へ葉緑体は分散した (同 I, J). 葉緑体の取り込み時間は, 観察した細胞により若干異なった. *D. acuminata*, *D. caudata*, *D. infundibulis* でも同様な観察を行ったが, ほぼ同様な結果が得られた. 以上から *Dinophysis* 細胞は, 先に葉緑体だけを選択的に取り込むことによって食胞での消化を回避し, 盗んだ葉緑体を kleptoplastids として機能させていると想定された.

4. 問題点と今後の展望

　細胞内に葉緑体が観察され, *Teleaulax* と高い相同性を示す葉緑体遺伝子の塩基配列が得られている *Dinophysis norvegica* 等の種については, 何度も培養株の作成を試みてきたが, 未だに成功していない. この原因については, 例えば各海域に出現する *M. rubrum* の栄養特性が異なり, *Dinophysis* 属が出現する海域から単離した *M. rubrum* を餌として与える必要性がある, あるいは *M. rubrum* 以外の繊毛虫を餌としている可能性がある等, 複数の要因が考えられるが依然として不明である. 現在, 複数の海域から複数の *Dinophysis* 属の培養株を単離・確立し, 各株の毒生産能の解析, あるいは種々の培養条件下で毒生産に及ぼす培養諸条件の影響を調べている. さらに, ホタテガイやマガキに対して培養した *Dinophysis* 属を用いた摂食実験を行っており, 二枚貝への毒の蓄積や二枚貝自身の毒の変換能, そしてその過程等の詳細が今後明らかになると期待される.

文　献

Carpenter EJ, Chang J (1988) Species-specific phytoplankton growth rates via diel DNA synthesis cycles. I. Concept of the method. Mar Ecol Prog Ser 43: 105-111.

Chang J, Carpenter EJ (1991) Species-specific phytoplankton growth rates via diel DNA synthesis cycles. V. Application to natural populations in Long Island Sound. Mar Ecol Prog Ser 78: 115-122.

Garcés E, Delgado M, Camp J (1997) Phased cell division in a natural population of *Dinophysis sacculus* and the *in situ* measurement of potential growth rate. J Plankton Res 19: 2067-2077.

Geider RJ, Gunter PA (1989) Evidence for the presence of phycoerythrin in *Dinophysis norvegica*, a pink dinoflagellate. Br Phycol J 24:195-198.

Granéli E, Anderson DM, Carlsson P, Finenko G, Maestrini SY, Sampayo MA de M, Smayda TJ (1995) Nutrition, growth rate and sensibility to grazing for the dinoflagellates *Dinophysis acuminata*, *D. acuta* and *D. norvegica*. La mer 33: 149-156.

Granéli E, Anderson DM, Carlsson P, Maestrini SY (1997) Light and dark carbon uptake by *Dinophysis* species in comparison to other photosynthetic and heterotrophic dinoflagellates. Aquat Microb Eco 13: 177-186.

Guillard RRL (1973) Division rates. In: Handbook of Phycological Methods: Culture Methods and Growth Measurements (Stein JR ed), pp.289 311, Cambridge University Press, Cambridge.

Hackett JD, Maranda L, Yoon HS, Bhattacharya D (2003) Phylogenetic evidence for the cryptophyte origin of the plastid of *Dinophysis* (Dinophysiales, Dinophyceae). J Phycol 39: 440-448.

Hallegraeff GM, Lucas IAN (1988) The marine dinoflagellate genus *Dinophysis* (Dinophyceae): photosynthetic, neritic and non-photosynthetic, oceanic species. Phycologia 27: 25-42.

Imai I, Nishitani G (2000) Attachment of picophytoplankton to the cell surface of the toxic dinoflagellates *Dinophysis acuminata* and *D. fortii*. Phycologia 39: 456-459.

Janson S (2004) Molecular evidence that plastids in the toxin-producing dinoflagellate genus *Dinophysis* originate from the free-living cryptophyte *Teleaulax amphioxeia*. Environ Microbiol 6: 1102-1106.

Janson S, Granéli E (2003) Genetic analysis of the *psb*A gene from single cells indicates a cryptomonad origin of the plastid in *Dinophysis* (Dinophyceae). Phycologia 42: 473-477.

Kamiyama T, Suzuki T (2009) Production of dinophysistoxin-1 and pectenotoxin-2 by a culture of *Dinophysis acuminata* (Dinophyceae).

Harmful Algae 8: 312-317.

Kamiyama T, Nagai S, Suzuki T, Miyamura K（2010）Effect of temperature on production of okadaic acid, dinophysistoxin-1, and pectenotoxin-2 by *Dinophysis acuminata* in culture experiments. Aquat Microb Ecol 60: 193-202.

Kim S, Kang YG, Kim HS, Yih W, Coats DW, Park MG（2008）Growth and grazing responses of the mixotrophic dinoflagellate *Dinophysis acuminata* as functions of light intensity and prey concentration. Aquat Microb Ecol 51: 301-310.

Koike K, Sekiguchi H, Kobiyama A, Takishita K, Kawachi M, Koike K, Ogata（2005）A novel type of kleptoplastidy in *Dinophysis*（Dinophyceae）: Presence of haptophyte-type plastid in *Dinophysis mitra*. Protist 156: 225-237.

Lee JS, Igarashi T, Fraga S, Dahl E, Hovgaard P, Yasumoto T（1989）Determination of diarrhetic shellfish toxins in various dinoflagellate species. J Appl Phycol 1: 147-152.

Lessard EJ, Swift E（1986）Dinoflagellates from the North Atlantic classified as phototrophic or heterotrophic by epifluorescence microscopy. J Plankton Res 8: 1209-1215.

Lucas IAN, Vesk M（1990）The fine structure of two photosynthetic species of *Dinophysis*（Dinophysiales, Dinophyceae）. J Phycol 26: 345-357.

Minnhagen S, Janson S（2006）Genetic analyses of *Dinophysis* spp. Support kleptoplastidy. FEMS Microbiol Ecol 57: 47-54.

Nagai S, Nishitani G, Tomaru Y, Sakiyama S, Kamiyama T（2008）Predation by the toxic dinoflagellate *Dinophysis fortii* on the ciliate *Myrionecta rubra* and observation of sequestration of ciliate chloroplasts. J Phycol 44: 909-922.

Nagai S, Suzuki T, Kamiyama T（2012）Successful cultivation of the toxic dinoflagellate *Dinophysis tripos*（Dinophyceae）. Plankton Benthos Res 8: 171-177.

Nagai S, Suzuki T, Nishikawa T, Kamiyama T（2011）Differences in the production and excretion kinetics of okadaic acid, dinophysistoxin-1, and pectenotoxin-2 between cultures of *Dinophysis acuminata* and *D. fortii* isolated from western Japan. J Phycol 47: 1326-1337.

Nishitani G, Miyamura K, Imai I（2003）Trying to cultivation of *Dinophysis caudata*（Dinophyceae）and the appearance of small cells. Plankton Biol Ecol 50: 31-36.

Nishitani G, Nagai S, Sakiyama S, Kamiyama T（2008a）Successful cultivation of the toxic dinoflagellate *Dinophysis caudata*（Dinophyceae）. Plankton Benthos Res 3: 78-85.

Nishitani G, Nagai S, Takano Y, Sakiyama S, Baba K, Kamiyama T（2008b）Growth characteristics and phylogenetic analysis of the marine dinoflagellate *Dinophysis infundibulus*（Dinophyceae）. Aquat Microb Ecol 52: 209-221.

Park MG, Kim S, Kim HS, Kang YG, Yih W（2006）First successful culture of the marine dinoflagellate *Dinophysis acuminata*. Aquat Microb Ecol 45: 101-106.

Reguera B, Garcés E, Pazos Y, Bravo I, Ramilo I, González-Gil S（2003）Cell cycle patterns and estimates of *in situ* division rates of dinoflagellates of the genus *Dinophysis* by a postmitotic index. Mar Ecol Prog Ser 249: 117-131.

Riisgaard K, Hansen PJ（2009）Role of food uptake for photosynthesis, growth and survival of the mixotrophic dinoflagellate *Dinophysis acuminata*. Mar Ecol Prog Ser 381: 51-62.

Sampayo MA de M（1993）Trying to cultivate *Dinophysis* spp. In: Toxic Phytoplankton Blooms in the Sea（Smayda TJ, Shimizu Y eds）, pp.807-810, Elsevier, Amsterdam, Netherlands.

Schnepf E, Elbrächter M（1988）Cryptophycean-like double membrane-bound chloroplast in the dinoflagellates, *Dinophysis* Ehrenb.: Evolutionary, phylogenetic and toxicological implications. Bot Acta 101: 196-203.

Suzuki T, Mackenzie L, Stirling D, Adamson J（2001）Pectenotoxin-2 seco acid: a toxin converted from pectenotoxin-2 by the New Zealand Greenshell mussel, *Perna canaliculus*. Toxicon 39: 507-514.

Suzuki T, Mitsuya T, Imai M, Yamasaki M（1997）DSP toxin contents in *Dinophysis fortii* and scallops collected at Mutsu Bay, Japan. J Appl Phycol 8: 509-515.

Takahashi Y, Takishita K, Koike K, Maruyama T, Nakayama T, Kobiyama A, Ogata T（2005）Development of molecular probes for *Dinophysis*（Dinophyceae）plastid: A tool to predict blooming and explore plastid origin. Mar Biotechnol 7: 95-103.

Takishita K, Koike K, Maruyama T, Ogata T（2002）Molecular evidence for plastid robbery（Kleptoplastidy）in *Dinophysis*, a dinoflagellate causing diarrhetic shellfish poisoning. Protist 153: 293-302.

Vesk M, Lucas IAN（1986）The rhabdosome: a new type of organelle in the dinoflagellate *Dinophysis*. Protoplasma 134: 62-64.

Yasumoto T, Murata M（1993）Marine toxins. Chem Rev 93: 1897-1909.

Yasumoto T, Murata M, Oshima Y, Sano M, Katsumoto GK, Clardy J（1985）Diarrheric shellfish toxins. Tetrahedron 41: 1019-1025.

4-3 *Alexandrium catenella* のシストの発芽と個体群動態[*1]

石 川　輝[*2]・石 井 健 一 郎[*3]

1. はじめに

渦鞭毛藻類の中には，生活史の一時期に底生性の耐久細胞である休眠シストを形成する種が多く知られている．このような休眠シスト形成性渦鞭毛藻の基本的な生活史は次の通りである（Walker 1984, Pfiester & Anderson 1987）．栄養細胞の核相は単相で，二分裂によって増殖する（無性生殖）．この栄養細胞はある環境下で配偶子を形成し，配偶子どうしが接合して有性生殖を行う．接合が完了すると運動性接合子（核相は複相）が形成され，その後，休眠性接合子，いわゆる休眠シスト（以下，単にシストと呼ぶ）が形成される．形成されたシストは内因的に発芽が抑制された自発的休眠期間を経て発芽すると減数分裂を行い，最終的にまたもとの無性世代の栄養細胞に戻り，これで生活史を完結する．ただし，例えば *Alexandrium peruvianum*（Figueroa et al. 2008）や *Gymnodinium nolleri*（Figueroa & Bravo 2005），*Gyrodinium instriatum*（Uchida et al. 1996），*Scrippsiella trochoidea*（内田 1991）のように，運動性接合子が形成された後，必ずしもシスト形成に向かわずに再び分裂して栄養細胞に戻る場合もある．さらに，このほかにも基本的な生活史をもとにした様々な生活史パターンがあることがこれまでに明らかにされている．これらの詳細については石川（2008）や石川・今井（2011）に記述されているので参照されたい．渦鞭毛藻の生活史は，そのように意外に多様性に富んでいることが近年明らかになってきた．しかし，いずれにしてもシストは栄養細胞が個体群を形成する際のタネとしての役割を持つとされていることから（Wall 1971, 1975, Dale 1983, Anderson 1984, 1998），栄養細胞の出現動態を明らかにするためには，シストの挙動についても把握することが必須となる．

Alexandrium 属の中には麻痺性毒を産生し，二枚貝類を毒化させる種が存在する．*A. catenella*，*A. tamarense*，*A. tamiyavanichii*，*A. minutum* などがそうである．これらの中で，*A. catenella* と *A. tamarense* は世界的にも広く分布しており（Hallegraeff 1993），本邦では，前者は西日本，後者は北から西日本にかけての水域を主な分布域としている（Imai et al. 2006）．実際，*A. catenella* や *A. tamarense* による水産被害も多く，筆者らの研究フィールドである紀伊半島の南東岸に位置する三重県英虞湾においても，*A. catenella* を原因とする貝毒が発生している（畑ほか 2013）．この *A. catenella* については，*A. tamarense* と同様にこれまで発芽のメカニズムを解明するため，室内実験が広く行われてきた．その結果，*A. catenella* シストの休眠や発芽に及ぼす環境要因（水温など）の影響が明らか

[*1] Cyst germination and population dynamics of the toxic dinoflagellate *Alexandrium catenella*

[*2] Akira Ishikawa（ishikawa@bio.mie-u.ac.jp）

[*3] Ken-Ichiro Ishii

にされている（Hallegraeff et al. 1998, Figueroa et al. 2005, Joyce & Pitcher 2006）．しかし，シストの発芽を制御する多くの要因が複雑に絡み合い，しかもそれらが絶えず変化している現場海底における実際の発芽動態については，室内実験でその現場環境を再現することが不可能なので，知見がない状態であった．Alexandrium 属においてだけでなく，シストを形成する渦鞭毛藻類の生態をより正確に把握するためにはこの点を明らかにする必要がある．そこで筆者らは，現場での発芽を簡便にモニターできる "plankton emergence trap/chamber"（以下，PET チャンバーとする）を新たに開発した（Ishikawa et al. 2007）．ここでは，まずその PET チャンバーについて簡単に紹介する．続いて，三重県に位置する英虞湾において，その PET チャンバーを使って明らかにした A. catenella の現場海底泥上におけるシストの発芽挙動，ならびに発芽と個体群形成との関係（Ishikawa et al. 2014）について述べてみたい．

2．PET チャンバー

実は，この PET チャンバーの前にも現場海底から発芽してくるシストの発芽細胞を捕らえる「現場発芽細胞捕捉装置」が開発されていた（Ishikawa et al. 1995）．これは目合いの細かいプランクトンネット地で覆われた容器を海底にかぶせ，その中に出てきた発芽細胞を，容器に接続したホースを通してポンプ採集するものであった．この装置の使用によって，宮城県女川湾における S. trochoidea をはじめとする，数種の渦鞭毛藻類の現場海底での発芽動態が明らかにされた（Ishikawa & Taniguchi 1996, 1997）．しかし，この装置の操作は煩雑であり，加えてその使用は調査点の水深や海底地形などにも影響を受けるという問題が残されていた．それらの問題点を解決したのが PET チャンバーである（図1）．この PET チャンバーが発芽細胞を捕捉するコンセプトは，現場海底泥とその上部にプランクトンが含まれていない海水を入れた透明なプラスチックチューブを現場海底上に設置/培養し，一定時間経過後にチューブの海水の部分に発芽してきた細胞を捕集するというシンプルなものである．ただし，ここで注意しなければならないのは，海底泥の表面を現場海底にあるそのままの状態で乱さずに採取してチューブにつめ，そしてやはりその表面を乱さないようにその上部に海水を充填し，さらに，検鏡の時に泥粒子が邪魔するのを防ぐためその海水を回収する際にも泥の粒子を混入させないことである．これらのために，まず泥採集はエクマンバージ採泥器の中にコアーチューブをセットして泥を採るという Yokoyama & Ueda（1997）の方法を採用した．次いで，海水の充填と回収には，プランクトン計数に広く用いられている通称「ウタモールチャンバー」（Hasle（1978）参照）のシリンダー部操作方法を参考にした．現場海底からの発芽実測においてもう一つ重要なことは，海底上に設置しているチューブの中の海水を現場海底上の海水と同一にすることである．これにより，現場環境における発芽を調べることができるた

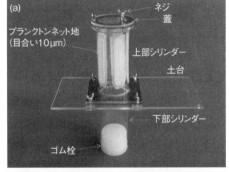

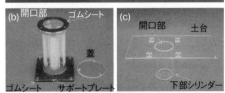

図1 PET チャンバー（plankton emergence trap/chamber）
(a) すべての部品を組み立てた状態の PET チャンバー本体，(b) 上部シリンダーと蓋，(c) 土台と下部シリンダー．（石川・石井 2007）．

めである．そこで，チューブ（つまり，図1での上部シリンダー）の側面にいくつかの窓を開け，そこに目合い 10 μm のプランクトンネット地を貼ってチューブ内外の海水が交換されるようにした．

この PET チャンバーの詳細な構造と具体的な操作手順については Ishikawa et al.（2007）と石川・石井（2007）を参考にされたい．

3. 現場海底における *A. catenella* シストの発芽

英虞湾南岸中央部付近の座賀島にある三重大学水産実験所前に一定点（水深約 11 m：底質は泥）を設け，この点において 2003 年 7 月〜 2004 年 12 月にかけて，水柱中の *A. catenella* 栄養細胞と海底泥中のシスト，ならびに PET チャンバーを用いて現場海底から発芽するシストの調査を毎月行った．この調査の間，PET チャンバー内に捕捉された *A. catenella* の遊泳細胞には 2 つのタイプが認められた．一つは，細胞の長さが約 60 μm と大きく，丸みを帯びた縦長の外形を持つ発芽細胞（図 2（口絵 15）a，b）である．もう一つは，細胞がそれよりも小さく（50 μm 以下），丸い外形であることから発芽細胞が減数分裂を経た後の栄養細胞（図 2（口絵 15）c，d）であるとされた．したがって，栄養細胞が 2 細胞で，1 つの発芽細胞という計算になる．なお，これらの発芽細胞と栄養細胞はすべてカルコフロール蛍光染色法（Fritz & Triemer 1985）を用いた鎧板観察により種を同定し，*A. catenella* であることを確認した．調査では，PET チャンバーを 6 本，海底に設置して，24 時間後に回収し，各PET チャンバー内における遊泳細胞（発芽細胞と栄養細胞）を顕微鏡下で計数した．それら 6 本の計数値を平均した後，最終的に PET チャンバーの土台開口部の面積（32.2 cm^2）を考慮して海底 1 m^{2}当たりから設置時間である 24 時間のうちに発芽してきた発芽細胞のフラックス（日間発芽フラックス：cells m^{-2} d^{-1}）を求めた．なお，この日間発芽フラックスを以降は単に発芽フラックスと呼ぶことにする．

1 年半にわたる調査の結果，水柱中の *A. catenella* 積算栄養細胞数（図 3a）と海底泥中のシスト密度（図 3b：海底泥表層 0 〜 3 cm 深度までの泥 1 cm^3 当たりの平均値）は季節的に大きく変動したことが明らかとなった．一方，発芽フラックスは 52 〜 1,753 cells m^{-2} d^{-1} の間で変動したものの，季節的には特に明確な傾向を示さずシストは継続的に発芽していたことが確認された（図 3 c）．ところで，一般に *Alexandrium* 属を含めていくつかの渦鞭毛藻種では個体群の増殖時に有性生殖が活発化し，その結果としてシストの大量形成とそれに続くシストの海底泥への供給がなされることが報告されている（Anderson et al. 1983, 竹内 1994, Ishikawa & Taniguchi 1996, Anglès et al. 2012a, b）．この研究でも，シスト密度は，全体としてみると栄養細胞のブルームが発生している最中か，あるいはその後に増加していた．このことから，英虞湾の *A. catenella* もブルーム中に活発にシストを形成し，海底泥にシストを補給していたことがうかがえた．渦鞭毛藻類のシストは，形成されてからある一定期間は自発的休眠（Pfiester & Anderson 1987）の状態にあり，周りの環境がシストの発芽に適していても発芽できない．この休眠期間の長さは，*A. tamarense* ではシストの保存温度や株によって異なるが 1 〜 12 ヵ月程度であることが知られている（Dale et al. 1978, Turpin et al. 1978, Anderson 1980, Perez et al. 1998）．一方，*A. catenella* シストの自発的休眠期間は，やはり産地（株）によって異なるものの，*A. tamarense* に比較して短い（Hallegraeff et al. 1998）．例えば，オーストラリア株（Hallegraeff et al. 1998）では 28 〜 55 日，南アフリカ株（Joyce & Pitcher 2006）では 15 〜 18 日，スペイン株（Figueroa et al. 2005）で

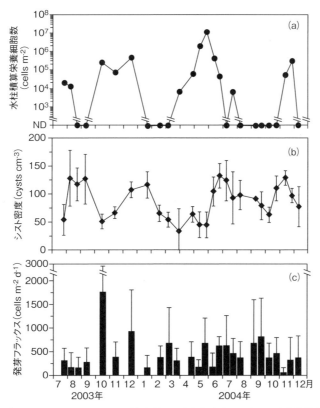

図3　英虞湾の調査点における *Alexandrium catenella* の （a）表層 0 m から海底上 1 m までの水柱積算栄養細胞数，（b）海底泥 3 cm 深度までのシスト密度，（c）海底上における発芽フラックスの季節変化（Ishikawa et al.（2014）を改変）
（a）の縦軸中の ND は栄養細胞が検出されなかったことを表す．（b）と（c）中の縦棒はそれぞれ ±標準偏差と +標準偏差を表す．

は 5 〜 65 日，そして日本株（瀬戸内海産と和歌山県田辺湾産：吉松 1992, 竹内 1994）では 10 〜 14 日という休眠期間が報告されている．このことから，英虞湾産の *A. catenella* シストも，他の株と同様に自発的休眠期間が短いことが容易に推察される．したがって，英虞湾で新たに形成されて海底泥中に加入したシストも直ちに自発的休眠期間を終え，すでに存在していたシストとともに発芽する準備を整えていたに違いない．このように発芽準備が完了したシストが海底泥中に常に温存されていたということが，現場海底上で継続的に発芽が生じ得たことの第一条件となったのであろう．

　渦鞭毛藻類のシストは自発的休眠を終えると，今度はその発芽は周りの環境に依存するようになる．つまり，この時のシストは外的な要因によって発芽が制御されており，休止（Pfiester & Anderson 1987）の状態にある．この休止状態のシストの発芽を制御する主な要因は温度であるとされている（Dale 1983, Pfiester & Anderson 1987）．ただし，シストには発芽可能な温度帯（Pfiester & Anderson 1987, Anderson et al. 2003）があり，それは種によっても，あるいは同一種であっても産地で異なる．*A. catenella* シストの場合，南アフリカ産（Joyce & Pitcher 2006）では 4 〜 22℃，和歌山県田辺湾産（竹内 1994）では 10 〜 30℃（30℃での発芽はごくわずかであるが）という発芽可能温度帯が報告されている．以前，英虞湾の *A. catenella* シストの発芽可能温度帯を調べたところ 10 〜 30℃（発芽の好適温度は 15 〜 25℃）であった（石川 未発表）．興味深いことに，この 10 〜 30℃という温度範囲は，研究期間中に記録された海底泥温度の変化範囲（10.2 〜 26.8℃：図 4a）をカバーしており，したがって，

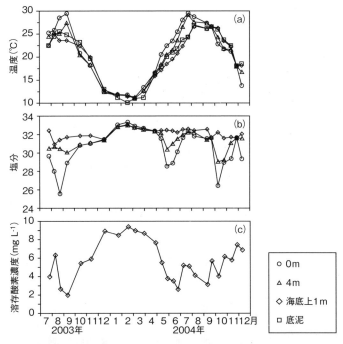

図4 英虞湾の調査点における（a）水柱中の水温および泥温，（b）水柱中の塩分，（c）海底上1mの層における溶存酸素濃度の季節
変化（Ishikawa et al.（2014）を改変）
泥温は海底泥1cm深度における温度である．

　このこともまた英虞湾で継続的に発芽が生じ得たことの条件になっていたといえる．

　この英虞湾での研究で発芽フラックスは52～1,753 cells m^{-2} d^{-1} の間で変動したことはすでに述べ
た．この発芽フラックスの大小は，その時々に存在したシストの現存量の多少によっても値が左右さ
れるので（もともとシストが少なければ発芽フラックスは小さくなり，逆にシストが多ければ発芽す
る割合が低くても発芽フラックスは大きくなることもあり得る），相対的な発芽の季節傾向を調べる
ために，ここで発芽フラックス（cells m^{-2} d^{-1}）をシストの現存量（cells m^{-2}：1 cm^3 当たりのシスト
数をもとに泥表層1 cmの深さで1 m^2 に存在していたシスト数を計算）で割って100倍したものを便
宜的に発芽率（% d^{-1}）として求めた（図5）．その結果，泥温が発芽には好適な温度帯となっていた
2003年7月～11月と2004年4月～12月にかけて（図4a），発芽率は必ずしも高かったわけではな
く，逆にその他の期間（2003年12月～2004年3月）に比べ低い場合もあることが明らかとなった．
つまり，温度は *A. catenella* シストの発芽を制御する基本的な要因ではあることは間違いないが，現
場海底泥上では他の要因も発芽に関与しているということである．

　渦鞭毛藻類のシストの発芽に影響を及ぼす要因として，温度の他に酸素が挙げられる．様々な渦鞭
毛藻種において，シストは無酸素では発芽できないことが知られている（遠藤・長田 1984, Anderson
et al. 1987, Kremp & Anderson 2000）．さらに，いくつかの種では，貧（低）酸素によって発芽が律速
されることも知られている（Ishikawa & Taniguchi 1994, Montani et al. 1995, Kremp & Anderson 2000）．
しかし英虞湾の調査においては，例えば海底より1 m上での溶存酸素濃度（図4c）が2.1～3.6
mg L^{-1} と低かった2003年8月下旬，9月や2004年6月中旬に，発芽率（図5）は確かに低下した一
方で，2004年5月下旬のように溶存酸素濃度が3.8 mg L^{-1} と低い時に，発芽率は比較的高い値を示

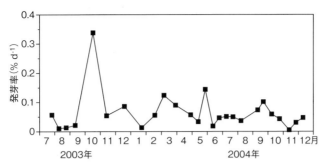

図5　英虞湾の調査点における *Alexandrium catenella* シストの発芽率の季節変化（Ishikawa et al.（2014）を改変）

したこともあった．このように，溶存酸素濃度と発芽率との間に明確な関係は認められなかったことから，この研究では溶存酸素濃度が現場のシストの発芽を制御しているという証拠は得られなかった．ただし，他種のシストでは溶存酸素濃度が $2.0\ \text{mg L}^{-1}$ になると発芽率が低下することが実験的に明らかになっているため（Montani et al. 1995），英虞湾でもより貧酸素になった場合には *A. catenella* シストもその影響を受け，発芽が抑制される可能性は十分ある．

　発芽には光も影響を及ぼすことが知られており，多くの種ではそれが必ずしも発芽に必須の要因とはならないものの，光を受けると発芽が促進されるという（遠藤・長田 1984, Anderson et al. 1987, Kremp & Anderson 2000）．この研究では，海底上の光強度は計測していないが，調査点の水深が 11 m と浅く，季節を通して光が海底に届いているはずなので，その強度の変化も *A. catenella* シストの発芽に関与していた可能性は大いにある．今後，様々な海域において PET チャンバーを用いた調査が行われれば，現場における *A. catenella* シストの発芽と環境要因との関係がより詳細に明らかになるものと期待される．

4．*A. catenella* シストの発芽と栄養細胞個体群形成

　A. catenella の栄養細胞は，2003 年 10 月〜 12 月と 2004 年 5 月中旬〜 6 月中旬，および 2004 年 11 月下旬において，水柱中での積算栄養細胞数（0，2，4，6，8 m と海底から 1 m 上の 6 層から得た細胞密度から計算）が $10^5\ \text{cells m}^{-2}$ を超える数で出現したが（最大は 2004 年 5 月下旬の $1.1 \times 10^7\ \text{cells m}^{-2}$），2003 年 8 月下旬〜 9 月と 2004 年 1 月〜 3 月上旬，2004 年 7 月上旬，2004 年 8 月〜 10 月，2004 年 12 月にはまったくみられなくなるという出現動向を示した（図3a）．一方，すでに述べたように *A. catenella* シストは現場海底から季節に関係なく継続的に発芽していた（図3c）．水柱積算栄養細胞数と発芽フラックスの関係を解析したところ，両者間には有意な正の相関関係はなかった（$r = 0.11$, $n = 26$, $p > 0.05$）．要するに，発芽フラックスの大きさは栄養細胞個体群の規模に影響を与えないということである．なお，本研究における調査期間中の発芽フラックスの平均値を求め，その値（$461\ \text{cells m}^{-2}\ \text{d}^{-1}$）をもとにして調査現場水柱（水深 11 m として）の 1 L 当たりに供給される 1 日当たりの発芽細胞数を計算したところ $0.04\ \text{cells L}^{-1}\ \text{d}^{-1}$ となった．ちなみに，調査期間中最大となった 2003 年 10 月の発芽フラックス（$1{,}753\ \text{cells m}^{-2}\ \text{d}^{-1}$）を用いても，その値は $0.16\ \text{cells L}^{-1}\ \text{d}^{-1}$ であり，海底から水柱中への発芽細胞の供給率がいかに小さいものか理解できよう．

　竹内（1994）は，和歌山県田辺湾産の *A. catenella* 株について，水温 20 〜 25℃が栄養細胞増殖の好

適範囲であることを報告している．また，Siu et al.（1997）は，香港の株では水温 20 ～ 25℃，塩分 30 ～ 35 の間で良好な増殖が得られることを示している．英虞湾の株においても同様に増殖実験を行ったところ，塩分 25 ～ 35 の範囲が増殖に好適であり，水温 17.5 ～ 27.5℃で増殖速度が高くなることが明らかとなった（石川 未発表）．本研究期間中の現場塩分は，ほとんどの場合 28 ～ 33 の間にあったことから（図 4 b），英虞湾において塩分は *A. catenella* 栄養細胞の増殖を律速する要因とはなっていなかったと考えられる．このことは，実際に比較的高い細胞密度（300 cells L^{-1} 以上）が塩分 28 ～ 33 の範囲で得られていることからもうかがえる（図 6）．一方，英虞湾の現場水温の季節的変化範囲は 11 ～ 30℃であったが（図 4a），増殖好適温度範囲は 17.5 ～ 27.5℃であるので，水温は栄養細胞の出現を律速する要因となっていたはずである．事実，細胞密度が比較的高く（300 cells L^{-1} 以上）なったのは，現場水温が 18 ～ 23℃の間の時であり（図 6），加えて三重県水産研究所の 13 年に及ぶ英虞湾モニタリングデータ（畑ほか 2013）をみても，同様（16 ～ 24℃の時に高い栄養細胞密度が記録されている）であることはこのことを裏付けるものである．

　以上のことは，*A. catenella* 栄養細胞の個体群の規模は，栄養細胞それ自身の増殖の程度に依存して決定されるのであり，現場からの発芽量によって決定されるのではないことを示している．換言すれば，水柱中の環境が栄養細胞の増殖に適している時に，たとえわずかでもシストの発芽により海底から水柱中へ栄養細胞が供給されていれば，それに続いてブルームが発生するということである．同様のことが現場海底において発芽が実測された *S. trochoidea*（Ishikawa & Taniguchi 1996）や *Ensiculifera carinata*，*Gonyaulax spinifera*，*G. verior*，*Protoperidinium claudicans*，*P. conocoides*，*P. conicum*（Ishikawa & Taniguchi 1997），そして *Alexandrium fundyense*（Anglès et al. 2012a），*A. minutum*（Anglès et al. 2012b）においても確認されている．つまり多くのシスト形成渦鞭毛藻種において，シストはブルームを開始するタネとしての役割を担っているのである．このことは以前から示唆されてきたことではあるが（例えば，Wall 1971, 1975, Dale 1983, Anderson 1984, 1998），それが PET チャンバーを用いた英虞湾での現場発芽調査でも実証されたことの価値は大きいであろう．

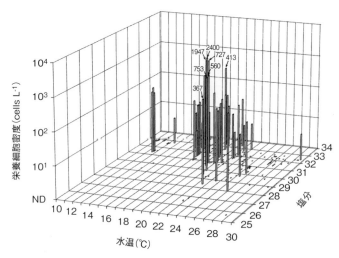

図 6　英虞湾の調査点における *Alexandrium catenella* 栄養細胞密度と水温・塩分との関係（Ishikawa et al.（2014）を改変）
　　各調査時に水柱中各 6 層（0，2，4，6，8 m および海底上 1 m 層）から得られた栄養細胞密度をそれぞれの層で記録された水温と塩分とともにプロットした．300 cells L^{-1} 以上の細胞密度には矢印とともに細胞密度を記した．縦軸中の ND は栄養細胞が検出されなかったことを表す．

5. 個体群動態における発芽パターンの生態学的意義

　Ishikawa & Taniguchi（1997）は，現場発芽細胞捕捉装置を用いた調査により，現場海底からのシストの季節的発芽パターンを"継続的"，"突発的"，"同調的"の3つに大きく分けている．今回明らかとなった英虞湾における *A. catenella* シストの発芽パターンは，これらの中で"継続的"に区分されるものである．この継続的発芽パターンは，上述したように発芽可能なシストが常に海底泥中に温存されていることと，シストの発芽可能温度範囲が広いことによりもたらされるものである．生態学的な観点から考えると，英虞湾のような環境変化の激しい場所において，このように周年にわたり継続的に発芽するということは，発芽した細胞が常に栄養細胞増殖の好機をうかがうことになり，有利に個体群を繁栄させることができるものと解釈される．つまり，*A. catenella* は，個体群形成において日和見的な戦略をとっている種であると結論できる．

　ここで紹介した英虞湾での PET チャンバーを使った発芽実測調査では，現場の発芽と環境要因との関係を明確に説明することはできなかった．しかし，その発芽こそが現場で起きている実態であって，そのような複雑な発芽の様相を実験室内で再現することはとうてい不可能なのである．したがって，将来様々な海域で PET チャンバーを用いて *A. catenella* の現場海底泥上における発芽を調べることによって，多様な環境下においておそらくは特異的に順応している本種の生態をより正確に解明することができるものと期待されよう．

文　献

Anderson DM（1980）Effects of temperature conditioning on development and germination of *Gonyaulax tamarensis*（Dinophyceae）hypnozygotes. J Phycol 16: 166-172.

Anderson DM（1984）Shellfish toxicity and dormant cysts in toxic dinoflagellate blooms. In: Seafood Toxins（Ragelis E ed），pp.125-138, American Chemical Society, Washington, DC.

Anderson DM（1998）Physiology and Bloom dynamics of toxic *Alexandrium* species, with emphasis on life cycle transitions. In: Physiological Ecology of Harmful Algal Blooms（Anderson DM, Cembella AD, Hallegraeff GM eds），pp.29-48, Springer, Berlin.

Anderson DM, Chisholm SW, Watras CJ（1983）Importance of life cycle events in the population dynamics of *Gonyaulax tamarensis*. Mar Biol 76: 179-189.

Anderson DM, Fukuyo Y, Matsuoka K（2003）Cyst methodologies. In: Manual on Harmful Marine Microalgae（Hallegraeff GM, Anderson DM, Cembella AD eds），pp.165-189, UNESCO, Paris.

Anderson DM, Taylor CD, Armbrust EV（1987）The effects of darkness and anaerobiosis on dinoflagellate cyst germination. Limnol Oceanogr 32: 340-351.

Anglès S, Garcés E, Hattenrath-Lehmann TK, Gobler CJ（2012a）In situ life-cycle stages of *Alexandrium fundyense* during bloom development in Northport-Harbor（New York, USA）. Harmful Algae 16: 20-26.

Anglès S, Garcés, E, Reñé, A, Sampedro N（2012b）Life-cycle alternations in *Alexandrium minutum* natural populations from the NW Mediterranean Sea. Harmful Algae 16: 1-11.

Dale B（1983）Dinoflagellate resting cysts: 'benthic plankton'. In: Survival Strategies of the Algae（Fryxell GA ed），pp.69-136, Cambridge University Press, Cambridge.

Dale B, Yentsch CM, Hurst JW（1978）Toxicity in resting cysts of the red tide flagellate *Gonyaulax excavata* from deeper water coastal sediments. Science 201: 1223-1225.

遠藤拓郎・長田 宏（1984）渦鞭毛藻 *Peridinium* sp.のシストの休眠と発芽. 日本プランクトン学会報 31: 23-33.

Figueroa RI, Bravo I（2005）A study of the sexual reproduction and determination of mating type of *Gymnodinium nolleri*（Dinophyceae）in culture. J Phycol 41: 74-83.

Figueroa RI, Bravo I, Garcés E（2005）Effects of nutritional factors and different parental crosses on the encystment and excystment of *Alexandrium catenella*（Dinophyceae）in culture. Phycologia 44: 658-670.

Figueroa RI, Bravo I, Garcés E（2008）The significance of sexual versus asexual cyst formation in the life cycle of the noxious dinoflagellate

Alexandrium peruvianum. Harmful Algae 7: 653-663.

Fritz L, Triemer RE（1985）A rapid simple technique utilizing calcofluor white M2R for visualization of dinoflagellate thecal plates. J Phycol 21: 662-664.

Hallegraeff GM（1993）A review of harmful algal blooms and their apparent global increase. Phycologia 32: 79-99.

Hallegraeff GM, Marshall JA, Valentine J, Hardiman S（1998）Short cyst-dormancy of an Australian isolate of the toxic dinoflagellate *Alexandrium catenella*. Mar Freshwater Res 49: 415-420.

Hasle GR（1978）The inverted-microscope method. In: Phytoplankton Manual（Sournia A ed）, pp.88-96, Unesco, Paris.

畑 直亜・舘 洋・中西尚文・山田浩且（2013）三重県沿岸海域における麻痺性貝毒の発生状況. 三重水研報 22: 37-47.

Imai I, Yamaguchi M, Hori Y（2006）Eutrophication and occurrences of harmful algal blooms in the Seto Inland Sea, Japan. Plankton Benthos Res 1: 71-84.

石川 輝（2008）植物プランクトンの生態－生活史, 群集構造, 増殖特性の観点から－, シスト形成渦鞭毛藻の生態戦略. 海洋プランクトン生態学（谷口 旭 監修）, pp.15-34, 成山堂書店, 東京.

Ishikawa A, Fujita N, Taniguchi A（1995）A sampling device to measure *in situ* germination rates of dinoflagellate cysts in surface sediments. J Plankton Res 17: 647-651.

Ishikawa A, Hattori M, Imai I（2007）Development of the "plankton emergence trap/chamber（PET Chamber）", a new sampling device to collect *in situ* germinating cells from cysts of microalgae in surface sediments of coastal waters. Harmful Algae 6: 301-307.

Ishikawa A, Hattori M, Ishii K, Kulis DM, Anderson DM, Imai I（2014）*In situ* dynamics of cyst and vegetative cell populations of the toxic dinoflagellate *Alexandrium catenella* in Ago Bay, central Japan. J Plankton Res 36: 1333-1343.

石川 輝・今井一郎（2011）鞭毛藻類の生活史とその戦略の多様性. 日本プランクトン学会報 58: 60-64.

石川 輝・石井健一郎（2007）有害有毒赤潮生物のシスト発芽研究における進展と将来展望. 海洋と生物 29: 411-417.

Ishikawa A, Taniguchi A（1994）The role of cysts on population dynamics of *Scrippsiella* spp.（Dinophyceae）in Onagawa Bay, northeast Japan. Mar Biol 119: 39-44.

Ishikawa A, Taniguchi A（1996）Contribution of benthic cysts to the population dynamics of *Scrippsiella* spp.（Dinophyceae）in Onagawa Bay, northeast Japan. Mar Ecol Prog Ser 140: 169-178.

Ishikawa A, Taniguchi A（1997）*In situ* germination patterns of cysts, and bloom formation of some armored dinoflagellates in Onagawa Bay, north-east Japan. J Plankton Res 19: 1783-1791.

Joyce LB, Pitcher GC（2006）Cysts of *Alexandrium catenella* on the west coast of South Africa: distribution and characteristics of germination. African J Mar Sci 28: 295-298.

Kremp A, Anderson DM（2000）Factors regulating germination of resting cysts of the spring bloom dinoflagellate *Scrippsiella hangoei* from the northern Baltic Sea. J Plankton Res 22: 1311-1327.

Montani S, Ichimi K, Meksumpun S, Okaicji T（1995）The effects of dissolved oxygen and sulfide on germination of the cysts of some different phytoflagellates. In: Harmful Marine Algal Blooms（Lassus P, Arzul G, Erard-Le Denn E, Gentien P, Marcaillou-Le Baut C eds）, pp.627-632, Lavoisier, Paris.

Perez CC, Roy S, Levasseur M, Anderson DM（1998）Control of germination of *Alexandrium tamarense*（Dinophyceae）cysts from the lower St. Lawrence estuary（Canada）. J Phycol 34: 242-249.

Pfiester LA, Anderson DM（1987）Dinoflagellate reproduction. In: The Biology of Dinoflagellates（Taylor FJR ed）, pp.611-648, Blackwell, Oxford.

Siu GKY, Young MLC, Chan DKO（1997）Environmental and nutritional factors which regulate population dynamics and toxin production in the dinoflagellate *Alexandrium catenella*. Hydrobiologia 352: 117-140.

竹内照文（1994）和歌山県田辺湾における赤潮渦鞭毛藻 *Alexandrium catenella* の生態に関する研究. 和歌山水試特別研報 2: 1-88.

Turpin DH, Dobell PER, Taylor FJR（1978）Sexuality and cyst formation in Pacific strains of the toxic dinoflagellate *Gonyaulax tamarensis*. J Phycol 14: 235-238.

内田卓志（1991）室蘭産 *Scrippsiella trochoidea* の有性生殖. 日本水産学会誌 57: 1215.

Uchida T, Matsuyama Y, Yamaguchi M, Honjo T（1996）The life cycle of *Gyrodinium instriatum*（Dinophyceae）in culture. Phycol Res 44: 119-123.

Walker LM（1984）Life histories, dispersal, and survival in marine, planktonic dinoflagellates. In: Marine Plankton Life Cycle Strategies（Steidinger KA, Walker LM eds）, pp.19-34, CRC Press, Boca Raton.

Wall D（1971）Biological problems concerning fossilizable dinoflagellates. Geosci Man 3: 1-15.

Wall D（1975）Taxonomy and cysts of red-tide dinoflagellates. In: Proceedings of the 1st International Conference on Toxic Dinoflagellate Blooms（LoCicero VR ed）, pp.249-255, Massachusetts Science and Technology Foundation, Wakefield.

Yokoyama H, Ueda H（1997）A simple corer set inside an Ekman grab to sample intact sediments with the overlying water. Benthos Res 52: 119-122.

吉松定昭（1992）瀬戸内海における赤潮生物特に渦鞭毛藻類 *Alexandrium* 属 2 種, ラフィド藻類 3 種の生活史に関する研究. 香赤潮研報 4: 1-90.

4-4　北海道オホーツク海沿岸における
有毒渦鞭毛藻 *Alexandrium tamarense* の出現予察[*1]

嶋田 宏[*2]・澤田真由美[*3]・浅見大樹[*4]・田中伊織[*5]・深町 康[*6]

1．はじめに

　北海道オホーツク海沿岸は年間20万トンを超える水揚げを誇る世界的なホタテガイの好漁場として知られる（西浜 1994a, Kosaka & Ito 2006）．本海域のホタテガイは海底に稚貝を放流して3年後に漁獲する「地まき」と呼ばれる方法で生産されるが，数年に一度の頻度で夏季に発生する麻痺性貝毒が，貝の計画的出荷に支障をきたすことがある（図1）（西浜 1994b, Shimada et al. 2012）．特に2002年には，網走地方沿岸（雄武町〜斜里町）で中腸腺1g当たり454 MUの最高毒性値を記録して，夏の最盛期に約1ヵ月にわたりホタテガイの流通が加工向けを含めすべてストップし，生鮮出荷自主規

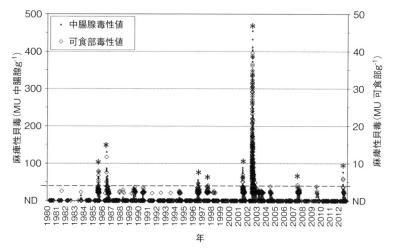

図1　北海道オホーツク海沿岸におけるホタテガイの麻痺性毒性値の年変動
　　　破線は国の定める生鮮出荷自主規制値（4 MU 可食部 g⁻¹）．毒性値の「ND」は「検出限界（2 MU g⁻¹）以下」を示す．「＊」は生鮮出荷自主規制値を超える毒性値が検出されたことを示す．中腸腺1g当たりの毒性値4 MUは，可食部の場合の40 MUに相当する．

[*1] A method for predicting the massive occurrence of toxic dinoflagellate *Alexandrium tamarense* along the coast of Hokkaido in the Okhotsk Sea in summer

[*2] Hiroshi Shimada（shimada-hiroshi@hro.or.jp）

[*3] Mayumi Sawada

[*4] Hiroki Asami

[*5] Iori Tanaka

[*6] Yasushi Fukamachi

制期間は約半年に及ぶなど，深刻な経済的損害をもたらした．本海域におけるホタテガイ生産高の年変動をみると，2003 年に漁獲量の増加に反して漁獲金額が減少していることから，2002 年の高毒化を一因とする翌年の供給過剰が単価暴落を招いたことがわかる（図 2）．これらの背景から筆者らは，本海域周辺における麻痺性貝毒原因生物 *Alexandrium tamarense* の分布を整理し，本種の出現予察手法の開発に着手することになった．

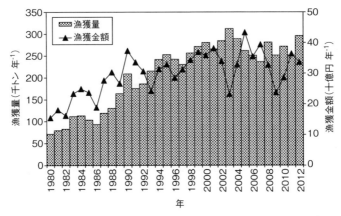

図 2　北海道オホーツク海沿岸におけるホタテガイ漁獲量と漁獲金額の年変動

2．広域・沿岸・流況調査の「三つ巴」で予察に挑む

2002 年から 6 年間にわたって夏季の本海域沖合における *A. tamarense* の分布を調べた結果，後述の通り，*A. tamarense* は沿岸のホタテガイ漁場を普段覆っている高温・高塩分の「宗谷暖流水」にはほとんど出現せず，主に沖合の「オホーツク海表層低塩分水」に分布することがわかった（Shimada et al. 2010）．この結果に先んじて 1989 年にもほぼ同様の結果が得られていたことから（西浜 1994b），*A. tamarense* は沖合表層の低塩分水が何らかの機構で沿岸に流入した時に沿岸に現れると考えられた．ところで本海域沿岸を帯状に流れる宗谷暖流は，日本海とオホーツク海の水位差によって駆動され，その流速は稚内と網走の水位差と正の相関があること（青田 1975），すなわち稚内と網走の水位差は宗谷暖流の勢力指標として利用できることが示唆されていた．これらの知見から筆者らは，「*A. tamarense* は宗谷暖流の一時的弱勢時に沖合から沿岸に流入する」という仮説をたて（図 3）（Shimada et al. 2012），2004，2007 および 2008 年の 3 年間に，沖合の広域分布調査と平行して，沿岸のホタテガイ漁場に定点を設定して *A. tamarense* の分布調査を行った（図 4）．さらに本調査と並行して行われた超音波ドップラー流速計（ADCP）を用いた宗谷暖流の実測結果（Fukamachi et al. 2008）を利用して，宗谷暖流の一時的弱勢および稚内と網走の水位差の減少，ならびに沿岸における *A. tamarense* の出現が同調するかどうかの吟味を行った．

これら「三つ巴」の調査を通して仮説通りの結果が得られれば，沖合の *A. tamarense* の分布状況を事前に調べておき，あとは稚内と網走の水位差を根拠として宗谷暖流の勢力を監視することによって，*A. tamarense* の出現予察が可能となるはずである．

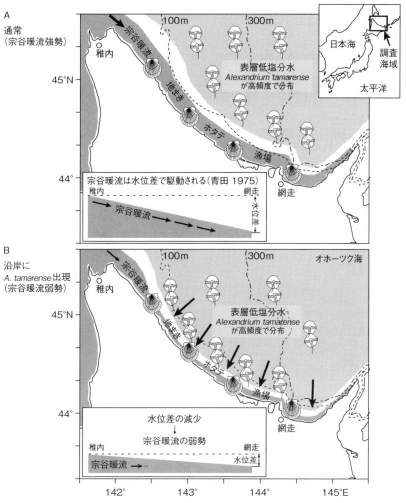

図3　宗谷暖流の流路，沿岸のホタテガイ漁場および麻痺性貝毒プランクトン *Alexandrium tamarense* を含んだ沖合の低塩分水の分布からみた本研究の仮説シナリオの概略図
　　　A：通常，B：宗谷暖流が弱勢となって沖合から *A. tamarense* が流入．

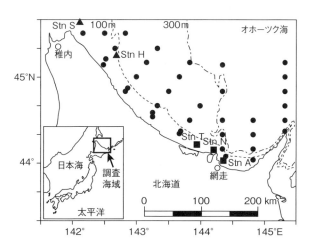

図4　調査定点図（●：広域調査37定点，■：沿岸調査3定点，▲：流況調査2定点）

3. 広域調査－沖合の *A. tamarense* ブルームの有無は？

「*A. tamarense* は宗谷暖流の一時的弱勢時に沖合から沿岸に流入する」という仮説が正しいとすれば，*A. tamarense* はまず沖合で増えて，次いで宗谷暖流の弱勢時に沿岸に流入するはずである．したがって，沿岸における *A. tamarense* の出現予察のためには，例年の麻痺性貝毒発生時期（6月下旬～7月）前の5月下旬から6月上旬頃に広域調査を行って，沖合の *A. tamarense* の分布状況を把握しておく必要がある．また，*A. tamarense* の出現盛期の7月にも同様の調査を行って，広域的な分布の年変動を把握することも重要である．水産試験場の調査船を利用してこのような調査を 2004～2008 年に実施した結果，麻痺性貝毒の発生年（2007年）において，*A. tamarense* はすでに6月上旬の時点で沖合の表層低塩分水（塩分 32.5 以下）中でブルーム（100 cells L^{-1} 以上）を形成し，ブルームは7月下旬まで持続していたことと，麻痺性貝毒の非発生年（2008年）にはブルームを形成しなかったことがわかった（図5, Shimada et al. 2012）．また，生鮮出荷自主規制にはいたらなかった 2004 年においても，7月下旬には相当数の *A. tamarense* が沖合に出現していたことも明らかとなった（図5, Shimada et al. 2012）．

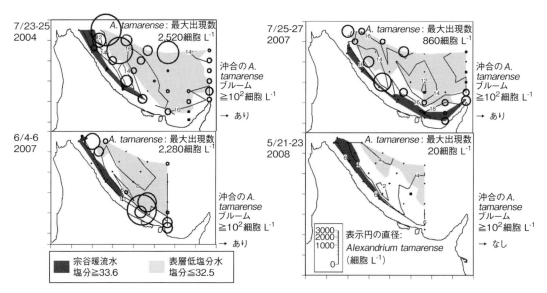

図5　広域調査の結果
　　等値線図は表面水温，スクリーントーンは表面の水塊分布，表示円の直径は *Alexandrium tamarense* 出現数（各定点における最大出現数）をそれぞれ示す．

4. 沿岸調査－沿岸での *A. tamarense* 出現状況は？

　沖合表層の低塩分水中の *A. tamarense* が，宗谷暖流の一時的弱勢時に沿岸のホタテガイ漁場に流入するかどうかを確かめるためには，沿岸の数ヵ所で定期的に水温・塩分と *A. tamarense* の分布を調べながらホタテガイの毒性値を監視する必要がある．開放的地形の沿岸域で時空間的にムラのないデータを得ることは一般に難しいが，現地の漁業協同組合ならびに水産技術普及指導所の精力的な協力により，幸運にも 2004，2007 および 2008 年に良質のデータを得ることができた（図6）．この調査に

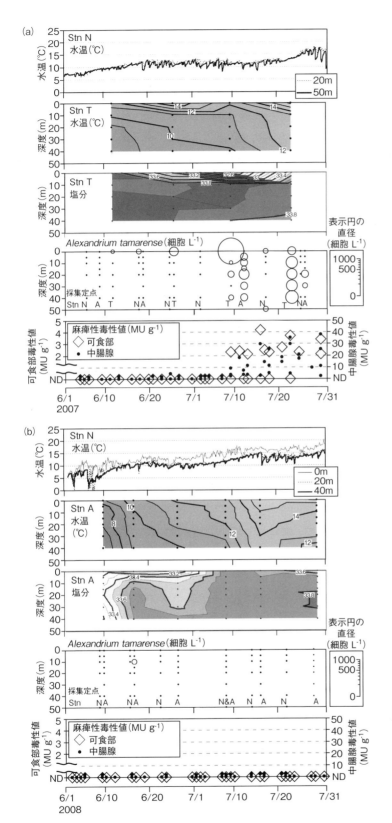

図6　沿岸調査の結果
　　上から，ロガーで記録された深
　　度別水温（折れ線グラフ），水
　　温・塩分・*Alexandrium tamarense*
　　の鉛直分布の季節変化および網
　　走沿岸におけるホタテガイの麻
　　痺性毒性値の時系列変化．
　　（a）2007 年，（b）2008 年．

よって，採集時の水温・塩分，*A. tamarense* 細胞数のほか，自記水温計を用いた 1 時間間隔の時系列水温データが得られた．これらの観測データと，各海域の地まきホタテガイの麻痺性毒性値データを時系列に並べてみると，麻痺性貝毒が発生した 2007 年には，水温と表層塩分の一時的低下（宗谷暖流の一時的弱勢）直後に *A. tamarense* が表層から高密度で検出され，毒性値が上昇したことがわかった（図 6, Shimada et al. 2012）．以上，沖合と沿岸の観測結果を併せると，「沖合で *A. tamarense* が増えた年には，宗谷暖流の一時的弱勢時に沿岸で *A. tamarense* が出現する」ことと，「沖合で *A. tamarense* が増えなかった年には，宗谷暖流が一時的に弱まっても沿岸に *A. tamarense* は出現しない」ことが明らかとなった．すなわち，「*A. tamarense* は宗谷暖流の一時的弱勢時に沖合から沿岸に流入する」という当初の仮説は，妥当性が検証されたわけである．

　A. tamarense の出現予察を実現するためにはもう一つ，インターネット経由でほぼリアルタイムで入手可能な稚内と網走の水位差が，宗谷暖流の勢力指標として使えるかどうかを確かめる必要がある．

5．流況調査−稚内と網走の水位差は宗谷暖流の勢力指標として有効か？

　北海道オホーツク海沿岸では桁網によるホタテガイの漁獲ならびに底曳網による魚類等の漁獲が盛んに行われている．このような海域で流況を調べるため，北海道大学低温科学研究所と水産試験場が

共同で，漁業を妨げない特別な形状の測器「耐トロール海底設置型超音波ドップラー流速計（TRBM-ADCP, 図 7）」を海底に設置して，宗谷暖流の実測を試みた．その結果，観測終了後に測器が海底の砂に埋もれるなどの試練を経ながらも，宗谷暖流の鉛直構造と季節変化を明瞭に捉えたデータが得られた（Fukamachi et al. 2008）．このデータにおける宗谷暖流の深度別の流速と，稚内と網走の水位差は時系列変化においてきわめてよく一致していたことから（図 8, Shimada et al. 2012），稚内と網走の水位差は，*A. tamarense* 出現予察のための宗谷暖流の勢力指標として使えると判定した．

　「三つ巴」調査の甲斐あって予察の準備は整ったが，予察成功の実績がないため運用には不安が残る．そこで過去にさかのぼって，われわれの仮説があてはまるかどうかを確かめてみた．

図 7　TRBM-ADCP（耐トロール海底設置型超音波
　　　ドップラー流速計）設置風景

6．レトロスペクティブ解析−過去の麻痺性貝毒発生も宗谷暖流の弱勢で説明できるのか？

　稚内と網走の水位差と毒性値データが揃っている麻痺性貝毒発生年（1996, 2001 および 2002 年）について，宗谷暖流の勢力と麻痺性毒性値データを時系列で比較してみると，われわれの仮説の通り，毒性値上昇の前には必ず宗谷暖流が弱勢となっていたことがわかった（図 9）．麻痺性貝毒の非発生

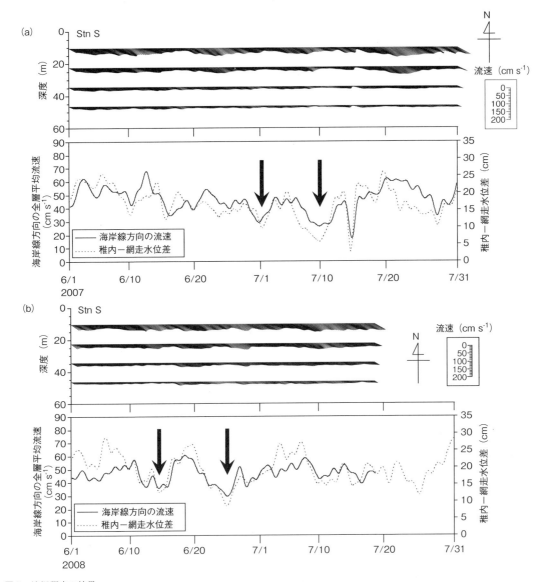

図8　流況調査の結果
　　上から，深度別の流速，海岸線方向流速の全層平均値および稚内－網走水位差の時系列変化（流速および水位データはタイ
　　ドキラーフィルター（Hanawa & Mitsudera 1985）を用いて日周期以下の潮汐成分を除去してから作図）.
　　(a) 2007 年，(b) 2008 年.

年または水位と毒性値データが揃っていない年についても，宗谷暖流の弱勢の後に麻痺性毒性値が初
めて検出される現象が認められた（表1）. これらの「レトロスペクティブ」解析によって，われわ
れの仮説は過去にさかのぼって妥当性が検証されたわけである.

　　総仕上げに，予察の作業の流れをシステム化して，毎年2回の *A. tamarense* 広域分布調査と，宗谷
暖流の勢力（稚内と網走の水位差）モニタリングを粛々と行い，現地に情報提供すれば予察の実用化
になる.

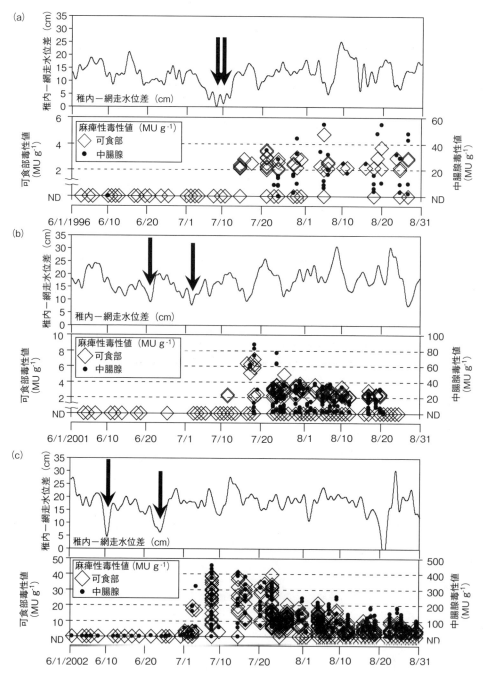

図9　本研究開始以前の麻痺性貝毒発生年（(a) 1996, (b) 2001 および (c) 2002 年）における，稚内−網走水位差および毒性値データを利用したレトロスペクティブ解析の結果

表1 本研究で観測が行われなかった年についての，麻痺性貝毒発生（≒ *Alexandrium tamarense* 出現）に関係するイベントの発生状況

年	麻痺性貝毒発生に関係するイベントが発生した日（月 / 日）		
	稚内－網走水位差の顕著な減少*	麻痺性貝毒の年間初めての検出	麻痺性毒性値の年間ピーク
1996**	7/8 および 10	7/15	8/6
1997**	6/28 および 29	7/22	8/25
1998	6/3 および 21	7/24	7/24 および 27
1999	6/7 および 22	不検出	不検出
2000	水位データ欠測	不検出	不検出
2001**	6/21 および 7/2	7/12	7/19
2002**	6/10 および 24	7/1	7/8
2003	6/10 および 7/15	3/26***	7/28
2005	6/30 および 7/27	不検出	不検出
2006	6/3 および 7/3	不検出	不検出

*麻痺性毒性値上昇前の1番目と2番目の稚内－網走水位差の極小値を「顕著な減少」と定義した
**麻痺性毒性値が国の定める値（4 MU 可食部 g⁻¹）を超えて上昇した年
***前（2002）年に蓄積された毒が残存したと推察される

7. 予察手法のまとめ－ *A. tamarense* 出現の条件と予察のフローチャート

　妥当性が検証された仮説に基づき，北海道オホーツク海沿岸における *A. tamarense* の出現は次の2つの条件が整った時に起こると整理できる．
（1）*A. tamarense* が沖合の表層低塩分水でブルームを形成する．
（2）宗谷暖流の一時的弱勢時に沖合表層水が沿岸に流入する．
したがって，*A. tamarense* の広域分布調査を5月下旬～6月上旬および7月下旬の2回行う場合，出現予察は図10に示すフローチャートに従って行えば良いと提案できる．

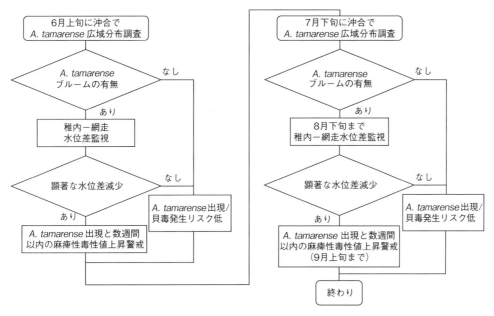

図10 *Alexandrium tamarense* 出現予察フロー図
　　　2回の広域分布調査と稚内－網走水位差の監視によって *A. tamarense* 出現を数週間前に予察するシステム．

8. おわりに－近年の予察実績と今後

2009 年に *A. tamarense* 発生予察の試行（夏季オホーツク海における *A. tamarense* の広域分布と麻痺性貝毒発生に関する速報発信）を始めてから，2014 年で 6 年目になる．運用開始後の予察実績がどうだったのか，結果が芳しくなかった 3 つの具体例を挙げて振り返ってみる（表 2）．まず 2009 年の例であるが，この年は 6 月上旬の事前調査で *A. tamarense* の最高出現数が 40 cells L^{-1} と比較的少なかったため，麻痺性貝毒の非発生年と予測した．しかし実際はその後 *A. tamarense* は増殖して沿岸に現れ，出荷自主規制値を超えることはなかったものの麻痺性毒性値の上昇が認められた．次いで 2012 年には，予察そのものは成功したが，ホタテガイの麻痺性毒性値が上昇する時期が例年よりも遅めの（宗谷暖流の弱勢から毒性値の上昇開始までに約 4 週間を要した）年もあった．さらに直近の 2014 年のように，沖合に *A. tamarense* が濃密に出現し，宗谷暖流の弱勢が観測されて，高毒化が予想されたにも関わらず，ホタテガイの麻痺性毒性値はわずかな上昇にとどまったような年もある．これらの問題は，*A. tamarense* 出現および麻痺性毒性値の上昇は複雑な自然現象であるため，理論的には予察可能でも，*A. tamarense* 分布調査の時空間的な粗さのために，精密な毒化の時期と規模の予測に関してはまだ改良の余地があることを示すものであろう．今後はシステム全体のバランス（費用対効果等）を鑑みながら，予察精度の向上を目指すつもりである．

表 2　予察システム運用開始後（2009－2014 年）の実績

年	沖合の *A. tamarense* ブルーム（≧ 100 細胞 L^{-1}）の有無（括弧内は *A. tamarense* の最高出現数，細胞 L^{-1}）		麻痺性貝毒発生予測に関係するイベント発生日（月 / 日）				
	5 月下旬 ～ 6 月上旬	7 月下旬	稚内－網走水位差の顕著な減少*	20MU／中腸腺または 3MU／可食部を超える麻痺性貝毒の検出	麻痺性貝毒発生注意喚起	麻痺性貝毒による生鮮出荷自主規制開始
2009	なし	あり（460）	6/29 および 7/14	7/22	7/24	規制なし
2010	なし	あり（240）	6/20 および 7/5	検出なし	注意喚起せず**	規制なし
2011	なし	あり（550）	6/23 および 7/19	検出なし	注意喚起せず**	規制なし
2012	あり（230）	あり（1760）	6/11 および 28	7/23	6/15	7/24
2013	あり（340）	なし	6/3 および 16	検出なし	注意喚起せず***	規制なし
2014	あり（160）	あり（7160）	6/21 および 7/27	7/29	6/20	規制なし

* 麻痺性毒性値上昇前の 1 番目と 2 番目の稚内－網走水位差の極小値を「顕著な減少」と定義した
** 7 月下旬の *A. tamarense* ブルームが沖合に偏っていたため，*A.tamarense* を含んだ沖合表層水の沿岸への流入の可能性は低いと判断した
***7 月下旬に *A. tamarense* ブルームの消滅を確認した

A. tamarense のブルームを確認した後の宗谷暖流弱勢が予測できれば，沿岸の *A. tamarense* 出現予察の迅速化および精度向上につながるであろう．天文潮位から算出される稚内－網走間水位差の予測値は約 2 週間の周期で変動することから（図 11），この予測値を目安として宗谷暖流の一時的弱勢を予測することがまず有効であろう．また稚内－網走間の水位差は，北海道とサハリンが向かい合う宗谷海峡周辺で北寄りの風が続いた時に，日本海の水位が下がりオホーツク海の水位が上がるために，減少することが知られている（Ebuchi et al. 2009）．さらに，北海道大学低温科学研究所が公開している短波海洋レーダシステムの観測データ（http://wwwoc.lowtem.hokudai.ac.jp/hf-radar/）を閲覧すれば，宗谷暖流の流況を部分的に把握することができる．つまり宗谷暖流の勢力は，インターネットで入手できる「潮汐表」，「予想天気図」および「レーダー観測データ」等の情報を駆使すれば，ある程度予

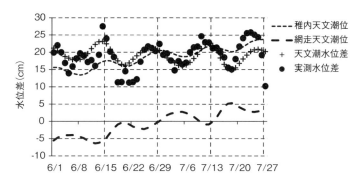

図 11 「潮汐表」として公開されている天文潮位から算出した稚内−網走水位差の予測値と実測値の例（2014 年 6 月 1 日〜7 月 27 日）

測可能である．しかしながら，沖合表層の *A. tamarense* が沿岸に流入してホタテガイが生息する海底に達するまでには，宗谷暖流外側のフロント域での湧昇や沈降等の複雑な流況の物理過程が予想されるため，予察の精度向上のためには，北海道オホーツク海沿岸／沖合をカバーする高解像の海況予測モデルの開発が望まれる．

文　献

青田昌秋（1975）宗谷暖流の研究. 低温科学 A33: 151-172.

Ebuchi N, Fukamachi Y, Ohshima KI, Wakatsuchi M（2009）Subinertial and seasonal variations in the Soya Warm Current revealed by HF ocean radars, coastal tide gauges, and bottom-mounted ADCP. J Oceanogr 65: 31-43.

Fukamachi Y, Tanaka I, Ohshima KI, Ebuchi N, Mizuta G, Yoshida H, Takayanagi S, Wakatsuchi M（2008）Volume transport of the Soya Warm Current revealed by bottom-mounted ADCP and ocean-radar measurement. J Oceanogr 64: 385-392.

Hanawa K, Mitsudera F（1985）On the data processing's of daily mean values of oceanographical data, -Note on the daily mean sea-level data-. Bull Coast Oceanogr 23: 79-87.

Kosaka Y, Ito H（2006）Chapter 22 Japan. In: Scallops: Biology, Ecology and Aquaculture（Shumway SE, Parsons GJ eds）, pp.1093-1141, Elsevier, Amsterdam.

西浜雄二（1994a）第 3 章 オホーツクのホタテ漁業史. オホーツクのホタテ漁業, pp.47-67, 北海道大学図書刊行会, 札幌.

西浜雄二（1994b）第 8 章 貝毒. オホーツクのホタテ漁業, pp.169-190, 北海道大学図書刊行会, 札幌.

Shimada H, Sawada M, Kuribayashi T, Nakata A, Miyazono A, Asami H（2010）Spatial distribution of the toxic dinoflagellate *Alexandrium tamarense* in summer in the Okhotsk Sea off Hokkaido, Japan. Plankton Benthos Res 5: 1-10.

Shimada H, Sawada M, Tanaka I, Asami H, Fukamachi Y（2012）A method for predicting the occurrence of paralytic shellfish poisoning along the coast of Hokkaido in the Okhotsk Sea in summer. Fish Sci 78: 865-877.

4-5 *Alexandrium tamarense* species complex 北米クレードの北半球高緯度域における分布[*1]

夏池真史[*2]・今井一郎[*3]

1. はじめに

　麻痺性貝毒とは，有毒植物プランクトンを摂食して毒を蓄積した二枚貝類やホヤをヒトが喫食することで発症する食中毒のことである．症状としてはじめに口唇，顔面，手足の痺れ，重症になると運動障害，呼吸困難によって死にいたることもある．麻痺性貝毒による食中毒被害は，北米大陸やヨーロッパを中心に数百年以上前から知られている（Hallegraeff 1993）．日本においても1970年代頃から東北地方や北海道を中心に二枚貝類の毒化が頻繁に報告されており，麻痺性貝毒の発生は公衆衛生ならびに水産上の重大な問題となっている（今井・板倉 2007）．

　渦鞭毛藻 *Alexandrium tamarense*（Lebour）Balech は，麻痺性貝毒を引き起こす有毒植物プランクトンの1種である．近年，分子遺伝学的解析によって，*A. tamarense* および別種とされてきた *A. catenella*（Whedon & Kofoid）Balech ならびに *A. fundyense*（Balech）の3種は，*A. tamarense* species complex としてまとめられ，その中で5つのクレードに分かれることが報告されている（Lilly et al. 2007, Anderson et al. 2012）．そして，現在ではこの5つのクレードに基づいて，*A. tamarense* species complex は，*A. fundyense*（北米クレード），*A. mediterraneum*（地中海クレード），*A. tamarense*（西ヨーロッパクレード），*A. pacificum*（温帯アジアクレード），*A. australiense*（タスマニアクレード）の5種とすることが提案されている（John et al. 2014a, b, 1-1章参照）．これまで日本国内で *A. tamarense* とされた種は主に *A. fundyense*（北米クレード）になり，同様に *A. catenella* は *A. pacificum*（温帯アジアクレード）になり，両種とも有毒種である（Lilly et al. 2007, John et al. 2014a, b）．一方，現在 *A. tamarense* とされている西ヨーロッパクレードは無毒とされており，今後しばらくは種名の標記に混乱が生じると考えられるため注意が必要である．

　本稿では，これらのクレードの中でも，日本国内においてこれまで *A. tamarense* として知られてきた北米クレード（現在では *A. fundyense*）の北半球における分布と，北極海を含む高緯度域における本種の出現状況について近年明らかになった新たな知見を紹介する．なお，*A. tamarense* species complex 北米クレードについて，日本の多くの研究者は現在提案されている *A. fundyense* とするよりも，*A. tamarense* 北米クレードと表記した方が，混乱が生じないと考えられるため，本稿では *A.*

[*1] The distribution of the *Alexandrium tamarense* species complex North American clade in the arctic and sub-arctic areas in Northern hemisphere

[*2] Masafumi Natsuike（natsuike.m.aa@m.titech.ac.jp）

[*3] Ichiro Imai

tamarense 北米クレードと表記する.

2. *A. tamarense* 北米クレードの分布

Alexandrium tamarense 北米クレードの分布は，*A. tamarense* species complex を構成している5種の中で最も広範かつ高緯度に及んでおり，北半球のおおよそ北緯30度以北の温帯から亜寒帯域の太平洋，大西洋の沿岸域（図1），南半球の南アフリカやアルゼンチン，チリなどの沿岸域に及ぶ（Lilly et al. 2007, Anderson et al. 2012）．さらに近年，グリーンランドや西部ベーリング海沿岸域において本種の栄養細胞の出現が確認され（Selina et al. 2006, Baggesen et al. 2012），北極海の一部を占めるチャクチ海の陸棚域や東部ベーリング海の陸棚域の海底表層に本種のシストが存在することが確認されている（Gu et al. 2013, Natsuike et al. 2013）．これらはすべて，*A. tamarense* 北米クレードに属していることが確かめられており（Lilly et al. 2007, Baggesen et al. 2012, Gu et al. 2013, Natsuike et al. 2013），北米クレードは北半球の北緯70度以北の高緯度にも分布することが判明した．この北米クレードの北半球における分布を図1のように北極点から俯瞰すると，北米クレードは北極海，太平洋との接続水域であるベーリング海，さらに北極海に近接した大西洋側のグリーンランドやアイスランド沿岸域において出現しており，北半球において本種は，太平洋から大西洋にかけて北極海を通じて連続的に分布しているように見える．本種の分布拡大要因として，船舶によるバラスト水などの人的要因が盛んに議論されてきた（Scholin et al. 1995）．しかし，近年明らかになった北米クレードは北半球の高緯度域において連続して分布しているため，北米クレードの北半球における分布は自然拡散によっても十分に説明し得るといえる．今後のさらなる系統解析が期待される．

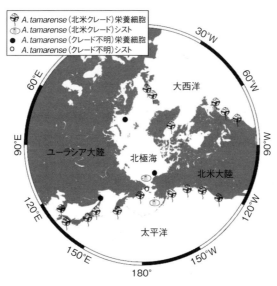

図1 北半球における *Alexandrium tamarense* 北米クレードの分布

3. *A. tamarense* 北米クレードの高緯度域における出現状況

　次に 2000 年後半以降，北米クレードの出現が明らかになりつつある北半球高緯度域，特にベーリング海と北極海の一部を構成し，ベーリング海峡でベーリング海と接するチャクチ海の本種出現状況について紹介する．これらの海域は，冬季には海氷が発達する非常に寒冷な海域である．表 1 に北半球高緯度域における北米クレードの出現状況を示した．また，図 1 の地図上にも本種の分布を示している．北極海において *A. tamarense*（クレード不明）の存在は早くから確認されており，1950 年代の調査によって，北米大陸最北端のバロー岬近くの沿岸域において夏季に本種が最大 2.8×10^4 cells L^{-1} という密度で出現したことが報告されている（Bursa 1963）．ただし，この時点で，本種は赤潮を形成するほどまで高密度に増殖するのはきわめてまれであり，東北地方や北海道沿岸域では本種の細胞密度が 1,000 cells L^{-1} 程度に達すれば二枚貝類が毒化し得ることを考えると，1950 年代のバロー岬近くでの密度は比較的高かったといえる．その後，ベーリング海を含む北極海周辺において植物プランクトンの調査が行われているが（Horner 1984, Okolodkov & Dodge 1996），Bursa（1963）による報告以降，近年まで本種の出現は確認されていない．その後，1998 年の調査によって，北極海の中で大西洋に面して冬季も結氷しない比較的温暖なバレンツ海において *A. tamarense*（クレード不明）の存在が報告された（Rat'kova & Wassmann 2002）．これらの 1990 年代までの先行研究では，北極海において *A. tamarense* の出現が散見されるが，細胞の外部形態のみによって種が同定されているため，そのクレードは不明である．

表 1　北半球高緯度域における *Alexandrium tamarense* species complex の出現状況

海域	最大細胞密度	出現種・出現グループ	参考文献
〈栄養細胞〉			
チャクチ海沿岸域	28,000 cells L^{-1}	*A. tamarense*（クレード不明）	Bursa 1963
バレンツ海	細胞密度不明	*A. tamarense*（クレード不明）	Rat'kova & Wassmann 2002
西部ベーリング海陸棚域	2,000,000 cells L^{-1}		
カムチャッカ半島沿岸域	7,000,000 cells L^{-1}	*A. tamarense*（北米クレード）	Selina et al. 2006, Lilly et al. 2007
オホーツク海	51,360 cells L^{-1}		
西部グリーンランド沿岸域	細胞密度不明	*A. tamarense*（北米クレード）	Baggessen et al. 2012
〈シスト〉			
オホーツク海	1,022 cysts g^{-1}	*A. tamarense*（北米クレード）	Shimada & Miyazono 2005
ベーリング海北部ロシア沿岸域	78 cysts cm^{-3}	*A. tamarense*（北米クレード）	Orlova & Morozova 2013
西部ベーリング海沿岸域	25,860 cysts cm^{-3}		
チャクチ海陸棚域	10,600 cysts cm^{-3}	*A. tamarense*（北米クレード）	Natsuike et al. 2013
東部ベーリング海陸棚域	835 cysts cm^{-3}		

　一方，2000 年代には太平洋側の西部ベーリング海，カムチャッカ半島，オホーツク海の沿岸域において非常に高密度に北米クレード栄養細胞が出現することが報告された（Selina et al. 2006）．この時の最大細胞密度は，それぞれ，2×10^6 cells L^{-1}，7×10^6 cells L^{-1}，5.1×10^4 cells L^{-1} という密度であり，これらの海域において出現する *A. tamarense* が北米クレードに属していることも確認されている（Lilly et al. 2007, Selina et al. 2006）．

　西部ベーリング海とカムチャッカ半島，さらにはオホーツク海沿岸域では，栄養細胞が高密度で出現するとともに，10,000 cysts cm^{-3} を超える本種シスト（休眠胞子）が海底堆積物中に存在している

ことも報告されている（Orlova & Morozova 2013, 表 1）．この値は，北米クレードが赤潮を形成する
ほど高密度に出現した大阪湾の 5,683 cysts cm^{-3}（山本ほか 2009）よりも数倍高い値である．そして，
近年，北極チャクチ海陸棚域において，最大 1.1×10^4 cysts cm^{-3} という高密度の *A. tamarense*（北米
クレード）シストが存在することが明らかとなった（Gu et al. 2013, Natsuike et al. 2013）．さらに，チ
ャクチ海陸棚域の東西南北にそれぞれ数百キロに及ぶ水深 50 m 前後の陸棚域ほぼ全域において本種
シストが 1,000 cysts cm^{-3} を超えて存在することが明らかになった（図 2）．この面積は北海道の陸地
面積と同程度であり，チャクチ海ではきわめて広範囲に高密度のシストが分布していることがわか
る．本種シストが高密度に存在する海域では，本種栄養細胞が高密度に出現していると考えられるた
め，近年チャクチ海陸棚域の広範囲において本種栄養細胞が高密度で出現している可能性はきわめて
高い．

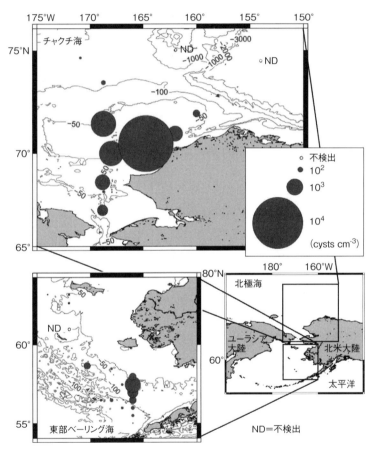

図 2　東部ベーリング海，チャクチ海における *Alexandrium tamarense*（北米クレード）シストの水平分布（Natsuike et al.（2013）を
　　一部改変）

　東部ベーリング海の陸棚域においても，チャクチ海ほど高密度ではないが最大 835 cysts cm^{-3}（643
cysts g^{-1}）の *A. tamarense*（北米クレード）シストが堆積していることが明らかになった（Natsuike et
al. 2013, 図 2）．この密度は，オホーツク海や北海道噴火湾において報告されている本種シスト密度
（それぞれ最高 1,022 cysts g^{-1}，533 cysts g^{-1}）と同程度である（Shimada & Miyazono 2005, Natsuike et
al. 2014）．オホーツク海や噴火湾では本種によるホタテガイの高毒化が頻繁に発生しているため，東

部ベーリング海陸棚域においても二枚貝類が毒化し得る密度で本種栄養細胞が出現している可能性がある．また，東部ベーリング海において本種シストが最大となった海域は，陸地から 200 km 以上離れた地点であり，沿岸域と連続せずにシストが高密度に分布している可能性が高い．このことは，東部ベーリング海の陸棚域のみで独立の個体群として本種が生息していることを示唆している．本種は一般に大阪湾や広島湾，カナダ東部のセントローレンス川河口といった内湾や河口域などの沿岸域で出現する種であり，チャクチ海や東部ベーリング海のように陸地から遠く離れた陸棚域において本種が独立して高密度に出現しているとすると，きわめて珍しい例であるといえる．

4．今後の研究の展望

　ベーリング海や北極チャクチ海といった北半球の高緯度に位置する非常に寒冷な海域において，*A. tamarense* 北米クレードが大量に存在していることが判明しつつある．本種の栄養細胞の出現時期や出現時の環境などの生態はもとより，二枚貝類の毒化の有無を調査すべきである．また，*A. tamarense* species complex の大量発生が原因と考えられるカイアシ類の高毒化や魚類，海鳥，ザトウクジラなどの死亡事例が報告されているため（Armstrong et al. 1978, White 1981, Geraci et al. 1989），二枚貝類の高毒化だけでなく，本種の大量発生によって麻痺性毒がどのように生態系に影響するのかを調べることも重要であると考えられる．

　北極海などの高緯度地域は，地球温暖化によって近年，夏季の海氷面積の減少や水温の上昇傾向が著しく，生態系にも大きな影響を及ぼしている（Grebmeier 2012）．このような気候変動が本種出現に及ぼす影響を評価することも今後の研究課題と考えられる．

文　献

Anderson DM, Alpermann TJ, Cembella AD, Collos Y, Masseret E, Montresor M（2012）The globally distributed genus *Alexandrium*: Multifaceted roles in marine ecosystems and impacts on human health. Harmful Algae 14: 10-35.

Armstrong IH, Coulson JC, Hawkey P, Hudson MJ（1978）Further mass seabird deaths from paralytic shellfish poisoning. Br Birds 71: 58-68.

Baggesen C, Moestrup Ø, Daugbjer N（2012）Molecular phylogeny and toxin profiles of *Alexandrium tamarense*（Lebour）Balech（Dinophyceae）from the west coast of Greenland. Harmful Algae 19: 108-116.

Bursa A（1963）Phytoplankton in coastal waters of the Arctic Ocean at Point Barrow, Alaska. Arctic 16: 239-262.

Geraci JR, Anderson DM, Timperi RJ, St. Aubin DJ, Early GA, Prescott H, Mayo CA（1989）Humpback whales（*Megaptera novaeangliae*）fatally poisoned by dinoflagellate toxin. Can J Fish Aquat Sci 46: 1895-1898.

Grebmeier JM（2012）Shifting patterns of life in the Pacific Arctic and Sub-Arctic seas. Annu Rev Mar Sci 4: 63-78.

Gu H, Zeng N, Xie Z, Wang D, Wang W, Yang W（2013）Morphology, phylogeny, and toxicity of Atama complex（Dinophyceae）from the Chukchi Sea. Polar Biol 36: 427-436.

Hallegraeff GM（1993）A review of harmful algal blooms and their apparent global increase. Phycologia 32: 79-99.

Horner R（1984）Phytoplankton abundance, chlorophyll a, and primary productivity in the western Beaufort Sea. In: The Alaskan Beaufort Sea: Ecosystems and Environments.（Barnes PW, Schell DM, Reminitz E eds）, pp.295-310. ACADEMIC PRESS INC, New York.

今井一郎・板倉 茂（2007）わが国における貝毒発生の歴史的経過と水産業への影響，水産学シリーズ 153，貝毒研究の最先端（今井一郎・福代康夫・広石伸互編），pp.9-18, 恒星社厚生閣，東京．

John U, Litaker RW, Montresor M, Murray S, Brosnahan ML, Anderson DM（2014a）Formal revision of the *Alexandrium tamarense* species complex（Dinophyceae）taxonomy: the introduction of five species with emphasis on molecular-based（rDNA）classification. Protist 165: 779-804.

John U, Litaker RW, Montresor M, Murray S, Brosnahan ML, Anderson DM（2014b）Proposal to reject the name *Gonyaulax catenella*（*Alexandrium catenella*）（Dinophyceae）. Taxon 63: 932-933.

Lilly EL, Halanych KM, Anderson DM（2007）Species boundaries and global biogeography of the *Alexandrium tamarense* complex（Dinophyceae）. J Phycol 43: 1329-1338.

Natsuike M, Nagai S, Matsuno K, Saito R, Tsukazaki C, Yamaguchi A, Imai I (2013) Abundance and distribution of toxic *Alexandrium tamarense* resting cysts in the sediments of the Chukchi Sea and the eastern Bering Sea. Harmful Algae 27: 52-59.

Natsuike M, Kanamori M, Baba K, Moribe K, Yamaguchi A, Imai I (2014) Changes in abundances of *Alexandrium tamarense* resting cysts after the tsunami caused by the Great East Japan Earthquake in Funka Bay, Hokkaido, Japan. Harmful Algae 39: 271-279.

Okolodkov YB, Dodge JD (1996) Biodiversity and biogeography of planktonic dinoflagellates in the Arctic Ocean. J Exp Mar Biol Ecol 202: 19-27.

Orlova TY, Morozova TV (2013) Dinoflagellate cysts in recent marine sediments of the western coast of the Bering Sea. Rus J Mar Biol 39: 15-29.

Rat'kova TN, Wassmann P (2002) Seasonal variation of phyto- and protozooplankton in the central Barents Sea. J Mar Systems 38: 47-75.

Scholin, CA, Hallegraeff GM, Anderson DM (1995) Molecular evolution of the *Alexandrium tamarense* 'species complex' (Dinophyceae): dispersal in the North America and West Pacific regions. Phycologia 34: 472-485.

Selina MS, Konovalova GV, Morozova TV, Orlova TY (2006) Genus *Alexandrium* Halim, 1960 (Dinophyta) from the Pacific coast of Russia: species composition, distribution, and dynamics. Rus J Mar Biol 32: 321-332.

Shimada H, Miyazono A (2005) Horizontal distribution of toxic *Alexandrium* spp. (Dinophyceae) resting cysts around Hokkaido, Japan. Plankton Biol Ecol 52: 76-84.

White AW (1981) Marine zooplankton can accumulate and retain dinoflagellate toxins and cause fish kills. Limnol Oceanogr 26: 103-109.

山本圭吾・鍋島靖信・山口峰生・板倉 茂 (2009) 2006 年および 2007 年の大阪湾における有毒渦鞭毛藻 *Alexandrium tamarense* と *A. catenella* シストの分布と現存量. 水産海洋研究 73: 57-66.

4-6 *Gymnodinium catenatum* の動態，および貝毒の予測と軽減[*1]

宮村和良[*2]・野田 誠[*3]

1. 遊泳細胞の形態およびシストの特徴

有毒渦鞭毛藻 *Gymnodinium catenatum* Graham はギムノディニウム目ギムノディニウム科に属する無殻の渦鞭毛藻の一種である．1943 年に Graham（1943）によって米国カルフォニア湾から採取された試料に基づいて記載された種で，新種記載以降の学名の変更はない（Daugbjerg et al. 2000）．細胞は長さ 28 ～ 45 µm と比較的大きく，単細胞時の細胞は縦長で楕円形を呈し，上錐がやや細長くなっている．通常は 2 ～ 16 細胞で連鎖群体を形成していることが多い．連鎖群体時の細胞は単独細胞と比較すると，細胞長と細胞幅がほぼ同じか若干細胞幅が大きく，上下に著しく偏圧されている．連鎖細胞は粘液糸で緩やかに連結しており，他の連鎖渦鞭毛藻と比較すると連鎖群体が大きく蛇行しながら遊泳するなど，さながらウミヘビのような非常に特徴的な遊泳動作を行うため，種同定の重要な特徴となっている．細胞表面は平滑で装飾物は有しておらず，わずかな物理化学的刺激によって球形化，あるいは破裂してしまうなど，きわめて脆弱である．細胞内には褐色の色素体を多数有しており，専ら光合成による独立栄養を営み増殖する．生活環の一部で有性生殖を行ってシストを形成し（Blackburn et al. 1989），シストは表面に網目模様を有する特徴的な形態をしている（Anderson et al. 1988）．シストの成熟や発芽に低温経験は必要なく，シスト形成から短期間で発芽すること（馬場 2010）が確認されている．

2. 生理特性

広島湾，および長崎県古江湾の培養株を用いた実験によると，増殖水温と塩分は広島株で水温 20 ～ 30℃，塩分 20 ～ 32 であり（Yamamoto et al. 2002），古江湾株では水温 15 ・ 30℃，塩分 16 ～ 36 であることから（山砥ほか 2008），国内で出現する株は広温性かつ広塩分性であると考えられる．オーストラリア（タスマニア）株の増殖水温 14.5 ～ 20℃，増殖塩分 23 ～ 34（Blackburn et al. 1989），スペイン（ビゴ）株の増殖水温 22 ～ 28℃（Bravo & Anderson 1994）と比較すると，国内株の増殖水温はスペイン株に近く，オーストラリア株より暖かい水温を好むのが特徴である．また最大増殖速度を与

[*1] Bloom dynamics of the paralytic shellfish poisoning（PSP）causing dinoflagellate *Gymnodinium catenatum* and the effective measures to predict and minimize the bivalve toxicity

[*2] Kazuyoshi Miyamura（miyamura-kazuyoshi@pref.oita.lg.jp）

[*3] Makoto Noda

える水温と塩分の組み合わせでの増殖速度は，広島株で 0.31 divisions d^{-1}（水温 25℃，塩分 30），古江湾株で 0.30 divisions d^{-1}（水温 22.5℃，塩分 24）であり，他の HAB 種と比較して低い値であった（Yamamoto et al. 2002, 山砥ほか 2008）．本種は無機態，有機態の窒素とリンを利用できる（Yamamoto et al. 2004, Oh et al. 2006, 山口 2007）が，無機態栄養塩の利用能を示す V$_{max}$（栄養塩最大吸収速度）/ K$_s$（半飽和定数）の値は *Alexandrium tamarense*, *Skeletonema costatum* と比較して小さいことから，栄養塩摂取をめぐる競争的環境下では，増殖に不利であると推測される（Yamamoto et al. 2004）．一方，細胞内での栄養塩の蓄積能は高いことから "storage stategist" と呼ばれ，栄養塩が枯渇し珪藻類が減少する環境下でも本種は個体群密度を維持できる能力を持っている（Yamamoto & Hata 2004）．以上のような生理的特徴から，本種は温暖な海域の比較的貧栄養な環境下で，時間をかけて増殖する種であると推測される．

3. 分　布

　本種は麻痺性貝毒（PSP）を産生する種であり，その分布は熱帯から暖温帯域までと広く，メキシコ，スペイン，オーストラリア，ニュージーランド，日本など世界各地に及んでいる（Hallegraeff et al. 2012）．いずれの海域でもブルームの発生に伴って二枚貝等に麻痺性貝毒が発生しており，公衆衛生上，あるいは水産業にとって甚大な悪影響を及ぼしている（Hallegraeff 2012, Matsuoka & Fukuyo 1994）．日本においては 1967 年に広島湾で初めて遊泳細胞が観測され（Hada 1967），ブルームは 1985 ～ 1986 年にかけて山口県の仙崎湾で確認されて以降（池田ほか 1988），1990 年に京都府の久美浜湾（西岡ほか 1993），1996 年の大分県猪串湾（Takatani et al. 1998）で発生し，1997 年には長崎県五島福江島の玉之浦湾で本種によると思われる天然マガキの自家消費による集団食中毒の発生が確認されている（Akaeda et al. 1997）．以後も 1998 年には熊本県天草下島の宮野河内湾（Matsuyama et al. 1999），2000 年には長崎県平戸島古江湾でも発生している（山砥ほか 2008）．本種のブルームが観測される地域は西日本の過疎地域の小湾であることが多く，現在も西日本の沿岸域で本種の出現とブルームによる有用二枚貝類の毒化が毎年報告されるなど，発生頻度の増加と広域発生が顕在化してきている（農林水産省消費安全局）．

4. 出現特性および環境

(1) スペイン（ビゴ湾）

　スペインのビゴ湾では 9 ～ 10 月に本種のブルームが発生する．その発生初期は湧昇流による栄養塩の供給により本種を含む渦鞭毛藻および珪藻が増殖し，その後の西風の影響により沖合水が湾奥に流入し，湾内では水温上昇と下降流が生じる．遊泳力の乏しい珪藻類はそこで減少し，遊泳能力の高い *G. catenatum* は湾内にとどまって個体群密度を維持し，その後の風の弱まりと栄養塩の流入により，赤潮を形成すると考えられている（Fraga et al. 1988, Figueiras & Pazos 1991, Fermin 1996）．

(2) オーストラリア（タスマニア島）

　1980 年にダーウエント河口域で初めてブルームが観測された．本海域における本種の増殖には水

温と降雨と風が関係している．ブルームの発生は，降雨の後に風が弱まって成層が継続する時期に相当し，またその後の水温の低下と強風による荒天によって細胞密度は減少するという（Hallegraeff et al. 1995）．ブルーム時の水温は 12 ～ 18℃，塩分は 28 ～ 34 であり，12℃以下になると細胞密度は減少する（Hallegraeff et al. 2012）．

（3）日 本

国内における本種のブルームおよび二枚貝の毒化は冬季から春季に発生することが多く，ブルーム期の水温は，仙崎湾では 11.0 ～ 17.5℃（馬場ほか 1995）および 16 ～ 11℃への下降の時期（池田ほか 1988），久美浜湾では 6 ～ 15℃（西岡ほか 1993），古江湾では 15.2 ～ 15.4℃（山砥ほか 2008），猪串湾では 15.3 ～ 16.0℃（宮村 2007）の範囲にある．これらの水温は既述の培養実験による最適水温と大きく違うことから，水温以外の環境要因によってブルームが引き起こされていると考えられる．宮村（2007）は猪串湾（図 1）で 2000 年 1 月 ～ 2003 年 12 月の 4 ヵ年にわたって海洋環境および本種遊泳細胞を観測した．その結果，本種の細胞密度は ND（< 6 cells L^{-1}）～ 1.9×10^4 cells L^{-1} で推移し，遊泳細胞はほぼ周年観測され，ブルーム（100 cells L^{-1} 以上）は年に 2 ～ 3 回観測された．例年 2 ～ 4 月の期間のブルームが最も細胞密度が高くかつ長期間続いた．遊泳細胞と出現環境を解析した結果，本種のブルームが確認された時期は低水温，高塩分，低 Chl.*a*，低栄養といった環境の条件下にあり，競合するプランクトンが出現しない時期に増殖することによって，増殖速度が遅い本種は個体群を維持，増殖していると考えられた．さらに阿保・宮村（2005），宮村・阿保（2005）による猪串湾内の流況と本種の出現密度の推移について検討した結果，本種個体群は冬季に湾奥の海水が冷却されることによって，湾口底層から湾外に海水が流出する逆エスチュアリー循環流時に増加し，降雨等により発生するエスチュアリー循環流の時には逆に本種個体群は衰退しやすいことが判明した（図 2）．以上の結果から，*G. catenatum* は貧栄養環境下でも増殖が可能な生理的特性に加えて，鉛直移動によって湾外への細胞流出をかなり防ぐことができる生態的特性を有し，他のプランクトンが増え難い環境下で増殖していると考えられる．

図 1　猪串湾の位置および調査点

5．二枚貝の毒化と細胞密度および二枚貝の種類別毒化傾向

本種の二枚貝への毒化に関して，マガキでは 10 ～ 100 cells L^{-1} で始まり，100 ～ 1,000 cells L^{-1} になると急激に毒性値が高くなり，1,000 cells L^{-1} 以上になると高毒化する（池田ほか 1988，馬場ほか 1995，山砥ほか 2008）．ヒオウギガイでは 30 cells L^{-1} で中腸腺に毒が蓄積し始め（宮村・古川 2006），100 cells L^{-1} で急激に毒力が高くなる（宮村未発表）．二枚貝の種類別（カキ，イタヤガイ，アサリ，ウチムラサキ，アカガイ，ムラサキイガイ）による毒化の影響は，ムラサキイガイ，カキの順で毒化が早く，イタヤガイは毒化が遅い傾向にあった．また毒の減衰についてみるとムラサキイガイとカキ

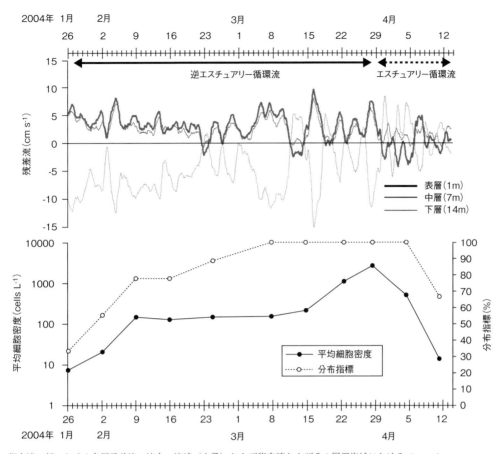

図2 猪串湾口部における各層残差流の流向，流速（上段）および猪串湾およびその周辺海域における *Gymnodinium catenatum* の平均細胞密度と分布指標の推移（下段）
上段残差流の流向は＋は湾奥，－は湾外への流れを示す．下段の分布指標（％）は *G. catenatum* が観測された点／全調査点×100で求めた．

はプランクトンの減少と同時に毒力も減少したが，イタヤガイはプランクトン減少後も高毒力が続き，長期に毒を蓄積する傾向がみられた．ヒオウギガイでも，イタヤガイと同様な毒力の増加，減衰が確認されている（宮村・古川 2006）．また夏季の本種の発生時には，同程度の細胞密度でも冬季と比較して毒力が低い傾向にあり，細胞内の毒力が，二枚貝の毒力に大きく関係していると考えられた（宮村 2007）．

6. 貝毒モニタリングと毒化予測

　本種は，過疎地や離島など検査体制の不十分な海域で発生することが多く，さらに30〜100 cells L^{-1} 程度の低密度から二枚貝の毒化が起こることや，出現時期によって二枚貝の毒化状況が大きく変化するなど困難が多い（宮村 2007）．したがって貝毒モニタリングには，プランクトン出現調査に加え二枚貝の毒力の把握が課せられる．特に猪串湾のような海域では，湾内の遊泳細胞が移流・拡散によって湾外の二枚貝を毒化させることから，広域かつ迅速な対応が要求される．最近，貝毒分析手法において，簡易に麻痺性貝毒を測定できる免疫学的測定法のひとつ ELISA（Enzyme-Linked

Immunosorbent Assay）法が Kawatsu et al.（2002）により開発された．さらに，大島・濱野（2007），篠崎ほか（2013）によってその有効性も確認され，従来のプランクトンモニタリングに加えて，ELISA 法による二枚貝毒化監視を同時に行う貝毒モニタリングが可能になった．猪串湾において，*G. catenatum* の初期発生海域の湾奥から沖合海域にいたる二枚貝毒力を ELISA 法で測定した結果，*G. catenatum* の増殖に伴い，他の二枚貝に先行して猪串湾奥のムラサキイガイが高毒化し，その後，周辺の二枚貝へと毒力の増加が広がる傾向が認められた（図3）．これらの結果は，猪串湾奥におけるムラサキイガイの毒力をモニタリングすることによって，その周辺海域の二枚貝の毒化を予測できることを示している．実際，大分県猪串湾およびその周辺の貝毒モニタリングにおいては，猪串湾奥の貝毒プランクトンおよびムラサキイガイの毒力を測定することによって，周辺海域の貝の毒化を予測し，ムラサキイガイの毒力が増加した際には，調査点および二枚貝の毒力調査回数を増やすことによって，貝毒問題に対応をしている．

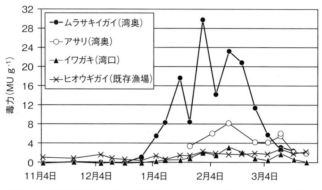

図3　大分県猪串湾およびその周辺海域における二枚貝の PSP 毒力の推移
　　　毒力は ELISA 法による測定.

7. 毒化対策による漁業被害の軽減

　モニタリング体制の構築により，有毒プランクトンの発生および二枚貝の毒化予測が可能になってきた．一方，二枚貝養殖漁業者からは毒化軽減手法の開発についての要望が強い．これまで二枚貝の毒化対策としては，毒化した貝の毒力を微生物によって減衰させる方法や（菊池・高見澤 1996），毒化部分の除去による対策などが行われている．しかし，零細で資本力の貧弱な二枚貝養殖業者や活貝を出荷する業者は，いったん毒化した二枚貝を出荷することは難しく，旬の時期や出荷最盛期を逃すことになる．このような問題を解決するためには，毒化を抑制する技術の開発が望まれる．以下に現場海域で毒化軽減として実施した事例について紹介する．

（1）避難漁場の利用による毒化軽減

　猪串湾周辺海域では湾奥から *G. catenatum* が移流・拡散することによって，貝が毒化することが明らかになっているので，比較的プランクトンの少ない海域が，避難漁場に適していると推測された．そこで，現場関係者の話し合いによって選定された避難漁場候補地の3点にヒオウギガイを垂下してその毒力を測定したところ，沖合水の影響が最も大きい海域で毒力が低く推移したことから（平成

20，21 年度大分水研セ事業報告），ここを避難漁場として選定した．2009 年 1 月に *G. catenatum* の出現によってヒオウギガイの毒化が予測された際には，既存漁場から避難漁場へ速やかに移動し，貝の毒化軽減を試みた．その結果（図 4），避難漁場では規制値を超えることがなく，毒化の上昇を回避することに成功した．しかしながら 2008 年春季の本種が広範囲かつ大規模に赤潮を形成した際には，避難漁場でも規制値（可食部 4 MU g^{-1}）を超える毒力が検出され，ヒオウギガイの出荷を自粛したことから，新たな毒化軽減技術の開発が必要である．

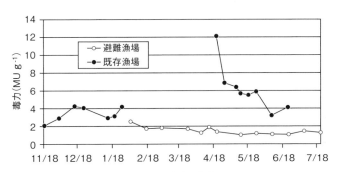

図 4 既存漁場および避難漁場における養殖ヒオウギガイの PSP 毒力の推移
Gymnodinium catenatum の増殖が予測された際に避難漁場へ貝を移動し，避難漁場から出荷した．毒力はヒオウギガイ中腸腺を ELISA 法により測定し，可食部毒力に換算した．

(2) ヒオウギガイの生理特性を利用した毒化抑制

二枚貝の生理特性を利用した新たな毒化軽減技術を紹介する．アコヤガイ等では真珠の挿核前に仕立て作業を行い，生理状態のコントロールが行われている（植本 1967）．もともと，貝の毒化は有毒プランクトンを取り込むことによって起きることから，二枚貝へのプランクトンの取り込みを抑制することによって，毒化も軽減できるはずである．そこで貝毒軽減シート（図 5）（特許第 5818111 号）を開発し，2011 年 11 月〜2012 年 1 月の期間に猪串湾奥で現場海域での毒化抑制効果を調べた．調査期間中，有毒プランクトンとしては *G. catenatum* と *Alexandrium catenella* が出現し，それぞれ ND（＜ 10 cells L^{-1}）〜 1,028 cells L^{-1}，ND（＜ 10 cells L^{-1}）〜 2,196 cells L^{-1} で推移した．ヒオウギガイの毒力は，対照区において 2.2 MU g^{-1} から 12.6 MU g^{-1} まで増加したのに対し，貝毒軽減シートを使用した実験区では低い毒力のまま推移した（図 6）．また実験区での可食部重量はやや減少したが，著しい商品価値の低下および斃死率の増加にはつながらなかった．このように，貝毒軽減シートを用いることによって毒化軽減が可能と考えられた．現在，本格的な実用化に向けた段階に入ったところである．

8. 今後の課題

猪串湾における本種の監視は，解明されたプランクトン発生機構に基づいたプランクトンのモニタリングと ELISA 法による二枚貝毒力の監視を併用して，現場の予測精度が飛躍的に向上し，養殖二枚貝については毒化の軽減も可能になってきた．しかしながら，本種のシストは 8℃ の低水温下でも一年以上生存し，栄養細胞より低温耐性が高いこと（馬場 2010），さらに近年環境変化によって *G. catenatun* の出現密度が近年増加し発生海域も拡大の傾向にあることから，今後，本種の生理生態学

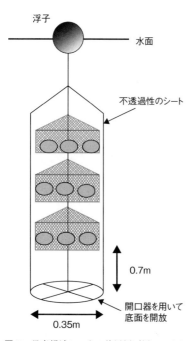

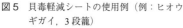

図5 貝毒軽減シートの使用例（例：ヒオウ
ギガイ，3段籠）

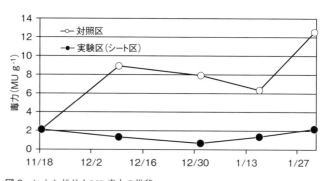

図6 ヒオウギガイ PSP 毒力の推移
PSP 原因プランクトン発生時の 2011 年 11 月〜 2012 年 1 月の期間に猪
串湾奥にヒオウギガイを垂下し ELISA 法で貝の PSP 毒力を測定した.

的研究をさらに深化させ，その成果に基づいた新たな貝毒プランクトン発生防止技術の開発と二枚貝
毒化軽減マニュアルの策定および広域的なモニタリング体制の充実が必要であり，それを目指した調
査検討が必要となってきている.

文　献

阿保勝之・宮村和良（2005）冬季の猪串湾における流動特性が貝毒原因プランクトン *Gymnodinium catenatum* の個体群増殖に及ぼ
す影響. 沿岸海洋研究 42: 161-165 .

Akaeda H, Takatani T, Anami A, Noguchi T（1988）Mass outbreaks of a food poisoning due to ingestion of an oyster at Tamano-ura, in Goto
Islands, Nagasaki, Japan. J Food Hygiene Soc Japan 39: 272-274.

Anderson DM, Jacobson DM, Bravo I, Wrenn JH（1988）The unique, microreticulate cyst of the naked dinoflagellate *Gymnodinium catenatum*.
J Phycol 24: 255-262.

馬場俊典（2010）山口県仙崎湾で採集された有毒渦鞭毛藻 *Gymnodinium catenatum* の天然シストの発芽に及ぼす水温, 光強度の影響.
日本プランクトン学会報 57: 79-86.

馬場俊典・檜山節久・池田武彦・桃山和夫（1995）仙崎湾における貝毒原因プランクトンの出現と養殖カキの毒化について. 山口内
海水産試験場報告 24: 22-25.

Blackburn SI, Hallegraeff GM, Bolch CJ（1989）Vegetative reproduction and sexual life cycle of the toxic dinoflagellate *Gymnodinium
catenatum* from Tasmania, Australia. J Phycol 25: 577-590.

Bravo I, Anderson DM.（1994）The effects of temperature, growth medium and darkness on excystment and growth of the toxic dinoflagellate
Gymnodinium catenatum from north-west Spain. J Plankton Res 16: 513-525.

Daugbjerg N, Hansen G, Larsen J, Moestrup Ø（2000）Phylogeny of some of the major genera of dinoflagellates based on ultrastructure and
partial LSU rDNA sequence data, including the erection of three new genera of unarmoured dinoflagellates. Phycologia 39: 302-317.

Fermin EG（1996）Short-time scale development of a *Gymnodinium catenatum* population in the Ria de Vigo（NW SPAIN）. J Phycol 32: 212-221.

Figueiras FG, Pazos Y（1991）Hydrography and phytoplankton of Ria de Vigo before and during a red tide of *Gymnodinium catenatum* Graham.
J Plankton Res 13: 589-599.

Fraga S, Anderson DM, Bravo I, Reguera B, Steidinger KA, Yentsch CM（1988）Influence of upwelling relaxation on dinoflagellates and
shellfish toxicity in Ria de Vigo, Spain. Estuar Coast Shelf Sci 27: 349-361.

Graham HW（1943）*Gymnodinium catenatum* a new dinoflagellate from the Gulf of California. Trans Am Microscop Soc 62: 259-261.

Oh SJ, Yamamoto T, Yoon YH（2006）Uptake and Excretion of dissolved organic phosphorus by two toxic dinoflagellates, *Alexandrium tamarense* Lebour（Balech）and *Gymnodinium catenatum* Graham. J Fish Sci and Technol 9: 30-37.

Hada Y（1967）Protozoan plankton of the Inland sea, Setonaikai I. The mastigophora. Bull Suzugamine Women's Coll Nat Soc 13: 1-26.

Hallegraeff GM, McCausland MA, Brown RK（1995）Early warning of toxic dinoflagellate blooms of *Gymnodinium catenatum* in southern Tasmanian waters. J Plankton Res 14: 1067-1084.

Hallegraeff GM, Blackburn SI, Doblin MA, Bolch CJS（2012）Global toxicology, ecophysiology and population relationships of the chainforming PST dinoflagellate *Gymnodinium catenatum*. Harmful Algae 14: 130-143.

池田武彦・松野 進・遠藤隆二（1988）貝毒に関する研究．（第 3 報）山口県内海水産試験場報告 116: 59-68.

Kawatsu K, Hamano Y, Sugiyama A, Hashizume K, Noguchi T（2002）Development and application of an enzyme immunoassay based on a monoclonal antibody against gonyautoxin components of paralytic shellfish poisoning toxins. J Food Prot 65: 1304-1308.

菊池慎太郎・高見澤一裕（1996）微生物を利用するホタテ貝除去法．養殖 33: 78-81.

Matsuoka K, Fukuyo Y（1994）Geographical distribution of the toxic dinoflagellate *Gymnodinium catenatum* Graham in Japanese coastal water. Bot Mar 37: 495-503

Matsuyama Y, Miyamoto M, Kotani Y（1999）Grazing impact of the heterotorophic dinoflagellate *Polykrikos kofoidii* on a bloom of *Gymnodinium catenatum*. Aquat Microb Ecol 17: 91-98 .

宮村和良（2007）猪串湾における有毒渦鞭毛藻 *Gymnodinium catenatum* の出現特性およびヒオウギガイ毒化の解明に関する研究．大分水試調研報 1: 7-65.

宮村和良・阿保勝之（2005）冬季，猪串湾と小蒲江湾に出現する *Gymnodinium catenatum* の個体群形成に影響する海況条件．水産海洋研究 69: 84-293.

宮村和良・古川英一（2006）麻痺性貝毒プランクトン *Gymnodinium catenatum* Graham による小蒲江湾の養殖ヒオウギガイ毒化．日本プランクトン学会報 53: 1-6.

西岡 純・和田洋蔵・今西裕一（1993）久美浜湾における *Gymnodinium catenatum*（Dinophyceae）の出現について．京都海洋セ研報 16: 43-49.

大島泰克・濱野米一（2007）麻痺性貝毒のモニタリング．水産学シリーズ 153, 貝毒研究の最先端－現状と展望（今井一郎・福代康夫・広石伸互編），pp.19-29, 恒星社厚生閣，東京.

篠崎貴史・渡邊龍一・川津健太郎・櫻田清成・高日新也・上野健一・松嶋良次・鈴木敏之（2013）麻痺性貝毒簡易検出キット（PSP-ELISA）を用いた貝毒モニタリングシステムの有効性．食衛誌 54: 397-401.

Takatani T, Morita T, Anami A, Akaeda H, Kamijo Y, Tsutsumi K, Noguchi T（1998）Appearance of *Gymnodinium catenatum* in association with the toxification of bivalves in Kamea, Oita Prefecture, Japan. Jpn Soc Food Hyg Safety 39: 275-280.

植本東彦（1967）仕立て作業および挿核手術がアコヤガイの生理状態に及ぼす影響．日本水産学会誌 33: 705-712.

山口峰生（2007）*Gymnodinium catenatum* の生理・生態特性の解明（栄養細胞の増殖に及ぼす環境要因の環境の解明）．運営費交付金プロジェクト研究，新奇有毒プランクトン *Gymnodinium catenatum* の発生機構の解明（5 ケ年取りまとめ報告書）．瀬戸内海区水産研究所.

Yamamoto T, Hata G（2004）Pulsed nutrient supply as a factor inducing phytoplankton diversity. Ecol Model 171: 247-270.

Yamamoto T, Oh SJ, Kataoka Y（2002）Effect of temperature, salinity and irradiance on the growth of the toxic dinoflagellate *Gymnodinium catenatum*（Dinophyceae）isolated from Hiroshima Bay, Japan. Fish Sci 68: 356-363.

Yamamoto T, Oh SJ, Kataoka Y（2004）Growth and uptake kinetics for nitrate, ammonium and phosphate by the toxic dinoflagellate *Gymnodinium catenatum* isolated from Hiroshima Bay, Japan. Fish Sci 70: 108-115.

山砥稔文・坂口昌生・染川勝英・永田新二・丸田 肇・浦 賢二郎・舛田大作・松山幸彦（2008）長崎県古江湾における有毒渦鞭毛藻 *Gymnodinium catenatum* Graham の冬春季の出現状況および培養株の増殖特性．日本プランクトン学会報 55: 83-92.

4-7　付着性有毒渦鞭毛藻類の生態・生理[*1]

足立真佐雄[*2]

1．本邦における付着性有毒渦鞭毛藻の分布

　付着性渦鞭毛藻 *Gambierdiscus* Adachi & Fukuyo, *Coolia* Meunier, *Ostreopsis* Schmidt, *Prorocentrum* Ehrenberg ならびに *Amphidinium* Claparède et Lachmann は，シガトキシンなど様々なマリントキシンを保有し，国内外においてシガテラをはじめとする食中毒や呼吸系の健康障害，海洋生物の毒化を引き起こすことが報告されている．このうち *Gambierdiscus* 属と *Ostreopsis* 属は，昨今の地球温暖化の進行に伴い，その分布域を拡大している可能性が指摘され，世界的に注目を集めている．そこで本稿では，本邦において発生するこれら2属に関して，これまでに得られている知見を整理し紹介する．

（1）*Gambierdiscus* 属

　まず *Gambierdiscus* 属に関して，本属は10種あまりの種から構成され，神経毒の1種であるシガトキシンやマイトトキシンを産生することが報告されており，シガテラの主たる原因藻として知られている．シガテラ（ciguatera fish poisoning：CFP）とは，主に熱帯・亜熱帯域において毒化魚を摂食することに起因する，死亡率の低い食中毒の総称であり，本中毒は世界中にて年間 2.5 ～ 50 万人規模で中毒被害をもたらす世界最大の海産食中毒として知られている．本邦沿岸域では，亜熱帯海域の沖縄において毎年3件程度の発生が（Oshiro et al. 2010），温帯域である本州・四国・九州においても近年散発的発生が報告されている（登田ほか 2012）．このような状況のもとで，石川・倉島（2010）は三重県英虞湾にて *Gambierdiscus toxicus* の出現を，畑山ほか（2011）は京都府の若狭湾にて本属藻類の存在を見出しており，さらに近年北海道から沖縄にいたる地点の表層 0 ～ 3 m から採取した海藻試料より，多数の *Gambierdiscus* 属株が分離・確立され，それらの小サブユニットのリボソーム RNA 遺伝子（SSU rDNA）に基づいた分子系統解析が行われた．その結果，本邦沿岸域には少なくとも2種（*G.* cf. *australes*, *G.* cf. *yasumotoi*）および3つの系統型（*Gambierdiscus* sp. type 1, 同 type 2, 同 type 3）が存在することが明らかにされた（Kuno et al. 2010, Nishimura et al. 2013, 図 1）．さらに，後者の3つの系統型と本属既報種との間の遺伝距離を求めたところ，いずれの場合も本属の既報種間のそれと同程度の塩基置換が見られた（Nishimura et al. 2013）．よって，これらの系統型は種として記載すべきと考えられた．これらの本邦産株のうち，*G.* cf. *australes* 株について走査型電子顕微

[*1] Ecology and physiology of benthic toxic dinoflagellates

[*2] Masao Adachi（madachi@kochi-u.ac.jp）

鏡（SEM）を用いて形態が精査されたところ，用いたいずれの株も前後圧縮型を示し，狭い第2底板を有すること，鎧板表面が滑らかであること，第2頂板が長方形であることから *G. australes* と同定された．次に，*Gambierdiscus* sp. type 1 株について形態が精査された結果，これらの株は *Gambierdiscus belizeanus* の形態形質を示した．その一方で，長方形の第2頂板を有すること，非対称な第3前帯板を有することから，*G. belizeanus* とは区別することが可能であった．以上から，*Gambierdiscus* sp. type 1 は *Gambierdiscus scabrosus* T. Nishim., Shin. Sato & M. Adachi と記載された（Nishimura et al. 2014）．また，マウスバイオアッセイ（Chinain et al. 1999）によりこれらの毒性が検討された結果，*G. australes* は強い毒性を，*G. scabrosus* と *Gambierdiscus* sp. type 3 も毒性を示すことが明らかにされた．一方，*Gambierdiscus* sp. type 2 は無毒であることが示された（Nishimura et al. 2013）．

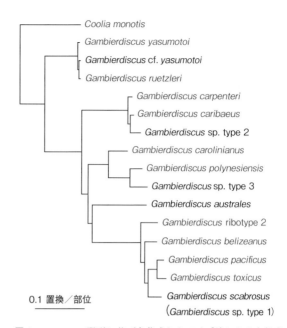

0.1 置換／部位

図1 SSU rDNA 配列に基づき作成したベイズ法による本邦産 *Gambierdiscus* 属の分子系統樹（Nishimura et al.（2013）を改変）
黒字で示した種は，本邦沿岸域にて見出された種を表す．

さらに，本邦各海域における本属藻の分布について検討された結果，本州など温帯海域では無毒と考えられる *Gambierdiscus* sp. type 2 の占める割合が高い一方で，亜熱帯海域の沖縄では有毒な *G. australes* および *G. scabrosus* が優占して分布することが明らかにされた．また，*Gambierdiscus* sp. type 3 と *G.* cf. *yasumotoi* は，本州と沖縄沿岸域にそれぞれ分布していた（Nishimura et al. 2013, 図2）．これら *G. australes* と *G. scabrosus* の毒性ならびに分布に関する結果と，これらが優占する沖縄においてシガテラが毎年繰り返し発生することを考え合わせると，これら2種が本邦におけるシガテラの原因藻であると推察された．

(2) *Ostreopsis* 属

付着性渦鞭毛藻 *Ostreopsis* 属は9種から構成され（Faust 1999），中でも *Ostreopsis* cf. *ovata* をはじめとする数種は，神経毒の1種であるパリトキシン（PLTX）およびその類縁体であるオバトキシン（ovatoxin）類を産生することが報告されている（Ciminiello et al. 2006, 2012）．イタリアをはじめとする地中海沿岸域では，本種の大量発生時に，ビーチを散策している人々に喘息様症状をはじめとする呼吸系疾患や遊泳者に皮膚炎が見られたことから，本藻に由来する PLTX ならびその類縁体がヒトへの健康障害を引き起こしているのではないかと指摘されている（Ciminiello et al. 2014）．さらに，地中海沿岸域において，本藻のブルームがウニの大量死や貝などの毒化を引き起こすことも報告されていることから（Aligizaki et al. 2011），欧州をはじめとする海外では，本属藻に関する研究が盛んに行われている．これに関連して，本邦では「パリトキシン様中毒」と呼ばれている海産魚類に起因する食中毒が散発的に起こり，これによる死者も発生し（Taniyama et al. 2009, Deeds & Schwartz

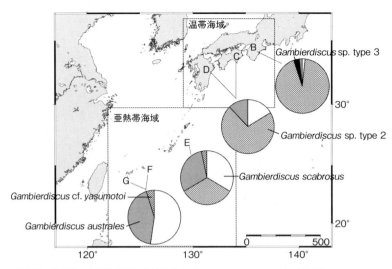

図2　*Gambierdiscus* 属各種・系統群の本邦沿岸域における分布（Nishimura et al.（2013）を改変）.
　　円グラフは，各種・系統群の株が分離された頻度を表す．網掛け：*Gambierdiscus* sp. type 2，白色：*G. scabrosus*，灰色：
　　G. australes，斜線：*G.* cf. *yasumotoi*，黒色：*Gambierdiscus* sp. type 3.
　　B：本州沿岸海域，C：四国沿岸海域，D：九州沿岸海域，E：沖縄本島沿岸海域，F：宮古島沿岸海域，G：池間島・伊良部
　　島沿岸海域.
　　B～D：温帯海域，E～G：亜熱帯海域

2010），本中毒の原因となる毒が PLTX とされたことから，PLTX を産生する *Ostreopsis* 属が毒化の原因生物である可能性が指摘されている（Taniyama et al. 2003）．しかし最近，本中毒における食べ残し検体には PLTX ならびにその類縁体が含まれないことが，液体クロマトグラフ-タンデム型質量分析計（LC-MS/MS）を用いた分析により明らかにされ，本中毒の原因毒は PLTX やその類縁体ではないことが示されており（Suzuki et al. 2013），これを考慮すると *Ostreopsis* 属が本中毒における毒化の原因生物である可能性はきわめて低いと考えられる．しかし，本属藻の産生する PLTX およびその類縁体による呼吸系疾患等のヒトへの健康障害に係る潜在的リスクは本邦にも存在すると考えられることから，本邦沿岸域における有毒な *Ostreopsis* 属藻類の分布や発生状況を明らかにすることは重要な課題である．本邦の沿岸域には，Fukuyo（1981）により *O. ovata* や *O. siamensis* が，Faust & Morton（1995）により *O. labens* が存在することが報告されている．また，Taniyama et al.（2003）は，徳島県沿岸域にて *Ostreopsis* sp. が大量発生したことを報告している．さらに，近年北海道から沖縄にわたる本邦沿岸各地より多数の *Ostreopsis* 属藻類株が単離され，これらの大サブユニットのリボソームRNA 遺伝子（LSU rDNA）D8/D10 領域の塩基配列ならびに 5.8S rDNA とそれに隣接する ITS 領域の塩基配列に基づく分子系統解析が行われ，得られた結果が Penna et al.（2010）により報告された欧州産等の本属藻の結果と比較された．その結果，本邦産株は，クレード A，B，C および D の4つの系統型から構成されること，このうちクレード A に属する株の多くは，地中海沿岸域において上述した健康障害を引き起こしている *O.* cf. *ovata* Mediterranean / Atlantic（Med/ Atl）サブクレード（Penna et al. 2010）に属すること，またクレード A の他の株は *O.* cf. *ovata* South China Sea サブクレード（Penna et al. 2010）に属することが明らかにされた（Sato et al. 2011, 図3）．一方，クレード B の株は既報のいずれの系統にも属さなかったことから未記載種であると考えられ，*Ostreopsis* sp. 1 とされた．また，クレード C および D の株は Penna et al.（2010）により報告された *O. labens* / *O. lenticularis* 株と近縁

であり，それぞれ *Ostreopsis* sp. 5 と *Ostreopsis* sp. 6 とされた（図3）.

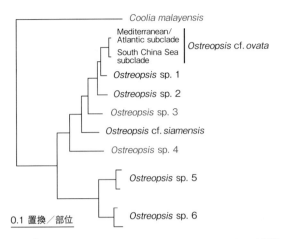

図3　LSU rDNA D8/D10 配列に基づき作成した最尤法による本邦産 *Ostreopsis* 属の分子系統樹（Sato et al.（2011）を改変）
　　黒字で示した種は，本邦沿岸域にて見出された種を表す.

　次に，本邦産の *O.* cf. *ovata* と *Ostreopsis* sp. 1 株を用いて，*Ostreopsis ovata* の重要な同定形質とされる細胞の長さ，幅ならびに厚みについて光学顕微鏡の下でそれぞれ計測されたところ，いずれも既報の *O. ovata* のそれらとほぼ一致していたことから，前者は *O. ovata* であり，後者は *O. ovata* の隠蔽種であると考えられた. さらに，これらの毒性についてマウスバイオアッセイにより検討された結果，本邦産の *O.* cf. *ovata* Med / Atl サブクレード株，*Ostreopsis* sp. 1 株および *Ostreopsis* sp. 6 株はいずれも有毒であることが明らかにされた（Sato et al. 2011）.

　これらの株は，LC-MS/MS を用いた分析により，PLTX の類縁体である ovatoxin 類を保有していることも明らかにされた（Suzuki et al. 2012）. また，本邦沿岸域における分布について検討された結果，北海道から沖縄まで本属藻は広く分布し，中でも *Ostreopsis* sp. 1 が，本州・四国・九州における優占種である一方で，*O.* cf. *ovata* Med / Atl サブクレードは沖縄海域における優占種である可能性が考えられた（Sato et al. 2011）. 以上の結果により，本邦沿岸域において，本州・四国・九州には *O.* cf. *ovata* の隠蔽種と考えられる有毒種が，沖縄海域には地中海沿岸域にて呼吸系疾患を引き起こすことが指摘されている有毒な *O.* cf. *ovata* が，それぞれ優占していると考えられた.

2. 本邦にて発生する有毒な付着性渦鞭毛藻各種の増殖特性

　前記した付着性渦鞭毛藻は，これまで熱帯・亜熱帯海域における発生に関する報告が多かったが，地球温暖化の進行を考慮すると，本邦も含めた温帯海域において，今後活発に発生することが懸念される. このような状況の下で，これらの各種の増殖に影響を与える環境条件，中でも地球温暖化の進行とともに上昇が見込まれている水温ならびに塩分が，これらの有毒藻の増殖に与える影響を評価することは重要である. そこで，本邦沿岸域より分離された付着性渦鞭毛藻各種の水温・塩分に関わる増殖至適条件ならびに増殖可能条件が検討された. 本検討を行う際に，これらの培養に適した培地を用いることが，各種の増殖ポテンシャルを正確に見積もるうえで重要と考えられる. そこで，まずこれら付着性渦鞭毛藻の培養・増殖に適した培地について検討された. その結果，*Gambierdiscus* 属

についてはIMK/2培地が，*Ostreopsis*属についてはIMK培地あるいはf/2培地が増殖に適しており，SWM-3培地，PES培地やPES/2培地などでは細胞収量が低下することが明らかにされた（Yamaguchi et al. 2012a, Yoshimatsu et al. 2014）．この原因として，後二者の培地に緩衝剤として添加されているトリスヒドロキシメチルアミノメタン（以下 Tris と略す）が，これらの付着性渦鞭毛藻の増殖を阻害する可能性が考えられ，これらの培養を行う場合には Tris を含まない培地を使用することが望ましいと考えられた．

　次に，本邦産 *Gambierdiscus* 属各種の増殖に及ぼす水温・塩分の影響について検討された結果，本邦産の *G. australes* 株，*G. scabrosus* 株および *Gambierdiscus* sp. type 2 株は，いずれも水温17.5〜30℃にて増殖可能であるが，15℃では増殖することができなかった（図4）．一方，*Gambierdiscus* sp. type 3 株は，水温15℃にも耐性を示し，15〜25℃にて増殖可能であった．さらに，*G. scabrosus* 株は30℃にて最大増殖速度を示したが，他3種の株は25℃にて最も良好に増殖した．また，*G. scabrosus* 株および *Gambierdiscus* sp. type 2 株は塩分20に耐性を示し，塩分20〜40と広い範囲で増殖可能であったが，*G. australes* 株および *Gambierdiscus* sp. type 3 株は塩分20の条件下では増殖できなかった（Yoshimatsu et al. 2014, 図4）．以上のことから，*G. scabrosus* の増殖至適水温は30℃と最も高く，*Gambierdiscus* sp. type 3 の増殖可能最低水温は15℃と最も低いこと，さらに *G. scabrosus* や *Gambierdiscus* sp. type 2 は他2種より低塩分側で増殖が可能であるなど，それぞれの種が異なる増殖特性を有することが明らかになった．これらの種の増殖特性と本邦におけるこれらの分布（図2），これらが分布する沿岸各海域における現場環境条件，さらには地球温暖化による今後の水温上昇を考え合わせると，有毒でありかつ高温条件下で活発に増殖可能な *G. scabrosus* が，将来四国・九州さらには本州沿岸域にて優占する可能性が考えられた．

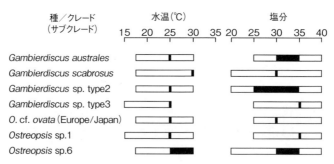

図4　本邦産 *Gambierdiscus* ならびに *Ostreopsis* 属各種の水温・塩分に係る増殖可能条件（白色）ならびに増殖至適条件（黒色）（Tanimoto et al. 2013, Yoshimatsu et al. 2014）

　同様に，*Ostreopsis* 属各有毒種の増殖至適条件ならびに増殖可能条件について検討された結果，本邦産の *O.* cf. *ovata*（Europe/Japan ＝ Med/Alt）株と *Ostreopsis* sp. 6 株は水温17.5〜30℃にて，*Ostreopsis* sp. 1 株は水温15〜30℃にて増殖可能であり，*O.* cf. *ovata* 株と *Ostreopsis* sp. 1 株は25℃にて，*Ostreopsis* sp. 6 株は25〜30℃にて最大増殖速度を示した．また，*Ostreopsis* sp. 6 株は塩分20に耐性を示し，塩分20〜40と広い塩分範囲で増殖可能であったが，*O.* cf. *ovata* 株および *Ostreopsis* sp. 1 株は塩分20の条件下では増殖できなかった．さらに，*O.* cf. *ovata* 株は塩分30にて，*Ostreopsis* sp. 1 株は塩分35にて，*Ostreopsis* sp. 6 株は塩分30〜35にて最大増殖速度を示した（Yamaguchi et al. 2012b, Tanimoto et al. 2013, 図4）．以上のように，本属各種により増殖特性が異なること，とりわけ

Ostreopsis sp. 1 株はより低温条件下において増殖可能であることが判明し，この結果は本種が北海道も含めて広く分布することに対応していると考えられた．

3．本邦沿岸域における有毒な付着性渦鞭毛藻のモニタリング法の開発

　上記した付着性有毒渦鞭毛藻の発生を予察するうえでも，有毒各種が現場海域においてどのような条件下で，どの程度発生するのかについて解明することが重要である．しかし，これらの有毒種は互いに形態が酷似しており，光学顕微鏡観察にのみ基づいて，これらの動態を把握することは困難である．そこで，これらの有毒種を特異的に定量するために，定量 PCR 法が注目されている．これまでに，浮遊性種も含めて様々な有害・有毒種を検出するために定量 PCR 法が応用されてきた．これらの方法では，既知数の比較対照細胞を含む標準試料から抽出したゲノム DNA の反応性（C_t 値：PCR 増幅産物がある一定値に達した時のサイクル数）を求めたうえで，現場試料に含まれる細胞に由来するゲノム DNA の C_t 値も求め，得られた C_t 値に基づき試料に含まれる細胞数を推定する．この際，標準試料として培養細胞が使われることが多いが，培養細胞と現場試料に含まれる細胞（以後，'現場細胞'と呼ぶ）とは生理状態が異なることが多く，結果としてそれらの DNA 回収率が異なる可能性，さらに渦鞭毛藻の細胞にしばしば含まれる PCR 増幅阻害物質の含量が異なることにより両者の DNA 増幅効率が異なる可能性が指摘されており（Coyne et al. 2005, Perini et al. 2011），これらが現場細胞の正確な定量を妨げる可能性がある．これらの問題を回避するために，標準試料として現場細胞を用いた例もいくつか報告されている（Coyne et al. 2005, Perini et al. 2011）．これらの例では，現場試料に含まれる有毒種の細胞を顕微鏡下にて観察・計数し，これらを既知数の比較対照細胞を含む標準試料として用い［Coyne et al.（2005）ではキャリブレーターと，Perini et al.（2011）ではゴールドスタンダードとそれぞれ呼ばれている］，これらの C_t 値を求め，現場試料の C_t 値と比較することにより現場細胞の数を推定する．しかし，現場試料には目的とする有毒藻に加えて，他の様々な微細藻類が含まれることが多く，後者の割合や組成は試料ごとに大きく異なることから，標準試料として用いた '現場試料'と定量に用いた現場試料の DNA 回収率や DNA 増幅効率が異なる可能性が存在する．この問題点を回避するために，Coyne et al.（2005）は定量 PCR の鋳型として用いる標準試料ならびに現場試料の DNA を抽出する際に，あらかじめ内部標準として既知量のプラスミドをこれらの試料に添加したうえで DNA 抽出を行い，得られた DNA を鋳型として用いて目的とする有毒藻の C_t 値を検討すると同時に，添加したプラスミドの C_t 値を合わせて検討している．これにより，両者の DNA 増幅効率をそれぞれ評価し，現場試料の DNA を用いた場合に増幅阻害が見られた場合は当該試料を希釈することにより，阻害が起こらないものを用いている．さらに彼らは，内部標準として添加したプラスミドの C_t 値に基づき，DNA 回収率を考慮しながら目的とする有毒藻の細胞数を求めている．しかし彼らの方法では，すでに述べたようにキャリブレーターを作成する際にこれに含まれる有毒藻の顕微鏡下における計数が欠かせない．しかし，形態で区別がつかない隠蔽種と考えられる細胞が共存した試料の細胞定量を行う場合，顕微鏡下にてそれらの計数ができないことから，本法をこれらの定量に応用することは不可能と考えられる．

　そこで，*Ostreopsis* 属数種をモデル藻として用いて，それぞれの試料の DNA 回収率も考慮しながら，隠蔽種も含めてそれぞれの種を検出・定量可能な手法が新たに開発された（Hariganeya et al.

2013). 本手法では，様々な微細藻を含む現場試料中の有害・有毒藻を定量する際に，これらの試料のDNA回収率は試料ごとに異なることを想定し，それぞれの試料の回収率が求められた．すなわち，各試料からDNAを抽出する前に，あらかじめ一定量のプラスミドDNA（内部標準として用いる）が試料に添加され，その後DNA抽出が行われた．次に，内部標準として用いたプラスミドDNAに特異的なプローブを用いて定量PCRを行うことにより，回収されたプラスミドDNAが定量された．これにより得られたDNA抽出されたプラスミド量を，抽出前に添加したプラスミド量により除することによりDNA回収率が求められた．この際，内部標準として用いられたプラスミドDNAに関して，環状のものとこれを制限酵素により切断した線状のものを用いて，いずれが内部標準のDNAとして適当であるのかについても検討された．さらに，定量したい有害・有毒藻に特異的なプローブを用いて定量PCRを行うことにより，現場試料に含まれる当該藻のDNAが定量され，前述したDNA回収率によりこれを補正することにより当該藻が定量された．以下に，本法の詳細ならびに本法を用いることにより得られた結果について具体的に説明する．

　まず，本邦産 *Ostreopsis* 属各クレードに特異的な配列に基づき TaqMan® プローブならびにプライマーセットをそれぞれ設計・調製し，それらの反応特異性が検証された結果，それぞれ標的とするクレードA-D株にのみ反応することが明らかにされた．次に，環状あるいは線状にした内部標準のプラスミドに，現場試料より抽出したゲノムDNAを添加した区および非添加区を設け，内部標準のプラスミドに反応するプローブならびにプライマーセットを用いて定量PCRが行われ，両者のPCR増幅効率が比較された．その結果，現場試料に由来するゲノムDNAを環状のプラスミドに添加した場合に，線状プラスミド添加時と比較して，C_t 値が有意に大きくなったことから，前者の反応系においてDNA増幅阻害が起こったと考えられた．以上のことから，内部標準としてプラスミドを使用する場合は，制限酵素で消化するなどして調製した線状プラスミドを使用することが望ましいと考えられた．本結果を踏まえて，各クレードのrDNA領域を組み込んだプラスミドについても線状化された後，これらを鋳型として用い定量PCRを行うことにより検量線が作成された結果，直線性の高い検量線が得られ，すべてのプローブ・プライマーセットは高効率（1.9〜2.0）かつ低コピー数（10コピー）まで検出可能であることが明らかにされた．次に，*Ostreopsis* 属各種の培養藻体からゲノムDNAが抽出され，これらに線状化した内部標準プラスミドと本属藻を含まない現場試料から抽出したゲノムDNAを添加した試料を調製し，これらの段階希釈液を鋳型として用い，各クレードに特異的な配列に基づき設計したプローブ・プライマーセットと内部標準のプラスミドに反応するプローブ・プライマーセットを用いてそれぞれ定量PCRが行われた結果，いずれの反応系においてもDNAの増幅阻害は認められなかった．そこで，これらのプローブ・プライマーセットを用いて，現場試料に含まれる各クレードの細胞数の定量が試みられた．その原理として，まず定量したい細胞を含む現場試料を2つ（試料#1および試料#2，図5）に分割し，試料#1には既知量の内部標準用のプラスミド（pGEM-3Zなど）を添加し，試料#2にはこれを添加せず，これら2つの試料からそれぞれDNAを抽出する．その後，試料#2には既知量の内部標準プラスミドを添加し，これらを鋳型として用いて各クレードに特異的なプローブ・プライマーセットと内部標準のプラスミドに反応するプローブ・プライマーセットを用いて定量PCRを行い，各クレードの'暫定的な'rDNA量（図5中の(x)），DNA抽出前に試料#1に添加したプラスミド量（図5中の(a)）およびDNA抽出後に試料#2に添加したプラスミド量（図5中の(b)）をそれぞれ求める．このうち後二者の値を用いて，DNA回収率（a/b）を求め，

さらに暫定的な rDNA 量を DNA 回収率により除することにより，試料に含まれる各クレードの‘補正した’rDNA 量（xb/a）を求める．これらを，後述する方法により求めた各クレードの 1 細胞当たりに含まれる rDNA 量（y）を用いて割り，さらに 2 を乗ずることにより，元の現場試料に含まれる各クレードの細胞数 2（xb/ya）を求める（図 5）．

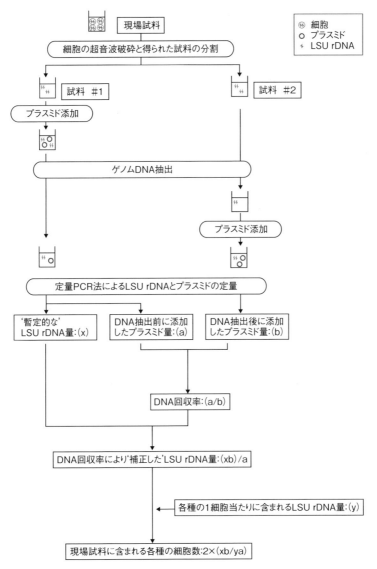

図 5 内部標準としてプラスミドを用いることにより求めた DNA 回収率を考慮した，有害・有毒藻を高精度に定量可能な定量 PCR 法の概要（Hariganeya et al.（2013）を改変）

また，本邦産 *Ostreopsis* 属クレード A-D の各細胞に含まれる rDNA コピー数を推定するために，クレード A-D 株の培養あるいはこれらを含む現場試料から顕微鏡下にて 1 細胞が複数単離された．単離された藻細胞に，既知量の内部標準プラスミドが添加された後，DNA が抽出された．これを鋳型として，内部標準のプラスミドに反応するプローブ・プライマーセットおよび前述した各クレードに反応するプローブ・プライマーセットを用いて，前述した方法に従って定量 PCR が行われ，DNA 回

収率に基づく補正を行ったうえで，各藻の1細胞当たりのrDNAコピー数が求められた．その結果，各クレード株のコピー数は株間では同様の値を示すが，クレード間では大きく異なり，クレードC，D株のそれらは，クレードA，B株のそれと比較して約10倍多いことが明らかにされた．その際，培養細胞1細胞当たりのrDNAコピー数は，現場細胞とそれと比較してコピー数がやや少ないことが明らかにされたが，両者に有意差は認められなかった．次に，本法の信頼性について検証するために，既知量の各クレードの培養細胞を様々な比率で添加した試料が調製され，これより抽出したゲノムDNAに本藻を含まない現場試料由来のゲノムDNAを添加した'疑似現場試料'を鋳型として用い，前述した内部標準による補正を考慮した定量PCRを行うことにより，各試料に含まれる各クレードの細胞数が推定された．その結果，推定された細胞数は添加細胞数にほぼ一致し，前者はいずれも後者の0.5〜2倍以内であることが明らかにされた．最後に，現場試料6種に由来するDNAをそれぞれ鋳型として，内部標準を用いた補正を考慮した定量PCRが行われ，得られた結果を先に求めた各藻の1細胞当たりのrDNAコピー数により除することで，供試した6試料に含まれる各藻の定量が試みられた．その結果，これらのうち3試料において *O. cf. ovata* およびその隠蔽種と考えられる *Ostreopsis* sp. 1 が共存していることが明らかにされた．さらに，いずれの試料においてもこれら定量PCRより推定された各種の細胞数の総計は，顕微鏡下で計測した *Ostreopsis* spp. の計数値とほぼ一致（1〜3倍以内）した．

4．おわりに

　以上のように，本邦にて発生する付着性有毒渦鞭毛藻の種類や，それらの分布について情報が蓄積されてきたが，地球温暖化の進行に伴い今後出現する種やそれらの分布が変わり得ると考えられるため，引き続き有毒種の組成や分布，さらには本稿にて紹介した定量PCR法を用いたそれらのモニタリング調査，さらには発生時の現場環境条件について精査されることが望まれる．さらに今後，栄養塩，光強度，さらには付着する基質となる海藻種も含めた様々な因子がその増殖や毒生産に与える影響について，明らかにされることが期待される．また，上記した各検討に加えて，本邦沿岸海域の魚類の毒性調査や，中毒における食べ残し検体や中毒患者の血液等の分析による原因毒の特定，さらには原因毒の高精度分析定量法の確立が求められる．以上により，地球温暖化の進行に伴いわが国において今後頻発する可能性が考えられる健康障害の原因となる有毒藻の発生機構の全容を解明し，わが国における公衆衛生の安全確保に向けて基盤となる知見の集積が望まれる．

文　献

Aligizaki K, Katikou P, Milandri A, Diogène J（2011）Occurrence of palytoxin-group toxins in seafood and future strategies to complement the present state of the art. Toxicon 57: 390-399.

Chinain M, Germain M, Deparis X, Pauillac S, Legrand A-M（1999）Seasonal abundance and toxicity of the dinoflagellate *Gambierdiscus* spp.（Dinophyceae）, the causative agent of ciguatera in Tahiti, French Polynesia. Mar Biol 135: 259-267.

Ciminiello P, Dell'Aversano C, Fattorusso E, Forino M, Magno GS, Tartaglione L, Grillo C, Melchiorre N（2006）The Genoa 2005 outbreak. Determination of putative palytoxin in Mediterranean *Ostreopsis ovata* by a new liquid chromatography tandem mass spectrometry method. Anal Chem 78: 6153-6159.

Ciminiello P, Dell'Aversano C, Dello Iacovo E, Fattorusso E, Forino M, Grauso L, Tartaglione L, Guerrini F, Pezzolesi L, Pistocchi R, Vanucci S（2012）Isolation and structure elucidation of ovatoxin-a, the major toxin produced by *Ostreopsis ovata*. J Am Chem Soc 134: 1869-1875.

Ciminiello P, Dell'Aversano C, Iacovo ED, Fattorusso E, Forino M, Tartaglione L, Benedettini G, Onorari M, Serena F, Battocchi C, Casabianca

S, Penna A（2014）First finding of *Ostreopsis* cf. *ovata* toxins in marine aerosols. Environ Sci Technol 48: 3532-3540.

Coyne KJ, Handy SM, Demir E, Whereat EB, Hutchins DA, Portune KJ, Doblin MA, Cary SC（2005）Improved quantitative real-time PCR assays for enumeration of harmful algal species in field samples using an exogenous DNA reference standard. Limnol Oceanogr: Methods 3: 381-391.

Deeds JR, Schwartz MD（2010）Human risk associated with palytoxin exposure. Toxicon 56: 150-162.

Faust MA（1999）Three new *Ostreopsis* species（Dinophyceae）: *O. marinus* sp. nov., *O. belizeanus* sp. nov., and *O. caribbeanus* sp. nov. Phycologia 38: 92-99.

Faust MA, Morton SL（1995）Morphology and ecology of the marine dinoflagellate *Ostreopsis labens* sp. nov.（Dinophyceae）. J Phycol 31: 456-463.

Fukuyo Y（1981）Taxonomical study on benthic dinoflagellates collected in coral reefs. Bull Jpn Soc Sci Fish 47: 967-978.

Hariganeya N, Tanimoto Y, Yamaguchi H, Nishimura T, Tawong W, Sakanari H, Yoshimatsu S, Sato S, Preston CM, Adachi M（2013）Quantitative PCR method for enumeration of cells of cryptic species of the toxic marine dinoflagellate *Ostreopsis* spp. in coastal waters of Japan. PLoS ONE 8: e57627.

畑山裕城・石川 輝・夏池真央・武市有未・鯵坂哲朗・澤山茂樹・今井一郎（2011）日本海若狭湾西部において見出された底生渦鞭毛藻 *Gambierdiscus* 属. 日本水産学会誌 77: 685-687.

石川 輝・倉島彰（2010）英虞湾における底生性有毒渦鞭毛藻 *Gambierdiscus toxicus* の出現. 水産海洋研究 74: 13-19.

Kuno S, Kamikawa R, Yoshimatsu S, Sagara T, Nishio S, Sako Y（2010）Genetic diversity of *Gambierdiscus* spp.（Gonyaulacales, Dinophyceae）in Japanese coastal areas. Phycol Res 58: 44-52.

Nishimura T, Sato S, Tawong W, Sakanari H, Uehara K, Shah MMR, Suda S, Yasumoto T, Taira Y, Yamaguchi H, Adachi M（2013）Genetic diversity and distribution of the ciguatera-causing dinoflagellate *Gambierdiscus* spp.（Dinophyceae）in coastal areas of Japan. PLoS ONE 8: e60882.

Nishimura T, Sato S, Tawong W, Sakanari H, Yamaguchi H, Adachi M（2014）Morphology of *Gambierdiscus scabrosus* sp. nov.（Gonyaulacales）: A new epiphytic toxic dinoflagellate from coastal areas of Japan. J Phycol 50: 506-514.

Oshiro N, Yogi K, Asato S, Sasaki T, Tamanaha K, Hirama M, Yasumoto T, Inafuku Y（2010）Ciguatera incidence and fish toxicity in Okinawa, Japan. Toxicon 56: 656-661.

Penna A, Fraga S, Battocchi C, Casabianca S, Giacobbe MG, Riobo P, Vernesi C（2010）A phylogeographical study of the toxic benthic dinoflagellate genus *Ostreopsis* Schmidt. J Biogeogr 37: 830-841.

Perini F, Casabianca A, Bottochi C, Accoroni S, Totti C, Penna A（2011）New approach using the real-time PCR method for estimation of the toxic marine dinoflagellate *Ostreopsis* cf. *ovata* in marine environment. PLoS ONE 6: e17699.

Sato S, Nishimura T, Uehara K, Sakanari H, Tawong W（2011）Phylogeography of *Ostreopsis* along west Pacific coast, with special reference to a novel clade from Japan. PLoS ONE 6: e27983.

Suzuki T, Watanabe R, Uchida H, Matsushima R, Nagai H, Yasumoto T, Yoshimatsu T, Sato S, Adachi M（2012）LC-MS/MS analysis of novel ovatoxin isomers in several *Ostreopsis* strains collected in Japan. Harmful Algae 20: 81-91.

Suzuki T, Watanabe R, Matsushima R, Ishihara K, Uchida H, Kikutsugi S, Harada T, Nagai H, Adachi M, Yasumoto T, Murata M（2013）LC-MS/MS analysis of palytoxin analogues in blue humphead parrotfish *Scarus ovifrons* causing human poisoning in Japan. Food Addit Contam: Part A 30: 1358-1364.

Tanimoto Y, Yamaguchi H, Yoshimatsu T, Sato S, Adachi M（2013）Effects of temperature, salinity and their interaction on growth of toxic *Ostreopsis* sp. 1 and *Ostreopsis* sp. 6（Dinophyceae）isolated from Japanese coastal waters. Fish Sci 79: 285-291.

Taniyama S, Arakawa O, Terada M, Nihio S, Takatani T, Mahmud Y, Noguchi T（2003）*Ostreopsis* sp., a possible origin of palytoxin（PTX）in parrotfish *Scarus ovifrons*. Toxicon 42: 29-33.

Taniyama S, Sagara T, Nihio S, Kuroki R, Asakawa M, Noguchi T, Yamasaki S, Takatani T, Arakawa O（2009）Survey of food poisoning incidents in Japan due to ingestion of marine boxfish, along with their toxicity. J Food Hyg Soc Japan 50: 270-277.

登田美桜・畝山智香子・豊福肇・森川 馨（2012）我が国における自然毒による食中毒事例の傾向. 食品衛生学雑誌 53: 105-120.

Yamaguchi H, Tanimoto Y, Yoshimatsu T, Sato S, Nishimura T, Uehara K, Adachi, M（2012a）Culture method and growth characteristics of marine benthic dinoflagellate *Ostreopsis* spp. isolated from Japanese coastal waters. Fish Sci 78: 993-1000.

Yamaguchi H, Yoshimatsu T, Tanimoto Y, Sato S, Nishimura T, Uehara K, Adachi M（2012b）Effects of temperature, salinity and their interaction on growth of the benthic dinoflagellate *Ostreopsis* cf. *ovata*（Dinophyceae）from Japanese coastal waters. Phycol Res 60: 297-304.

Yoshimatsu S, Yamaguchi H, Iwamoto H, Nishimura T, Adachi M（2014）Effects of temperature, salinity and their interaction on growth of Japanese *Gambierdiscus* spp.（Dinophyceae）. Harmful Algae 35: 29-37.

あとがき

　本書の刊行は，平成 25（2013）年度日本水産学会秋季大会で開催されたシンポジウム「有害有毒プランクトンの分類・生理・生態・生活史・個体群動態」での総合討論の際に，参加者から「このシンポジウムの内容を是非に書籍として公表していただきたい」との発言の後押しもあって実現したものである．本書はその時のシンポジウムで発表された演題をもとに，いくつかの新たな課題を加えて構成されている．

　わが国における赤潮研究の歴史は長く，最古の学術的な記述は 1900 年の西川藤吉氏の論文「赤潮に就て」（動物学雑誌）にさかのぼる．第二次世界大戦後は 1957 年に山口県徳山湾，1965 年に長崎県大村湾で発生した *Gymnodinium* sp.（= *Karenia mikimotoi*）赤潮による多大な漁業被害の原因究明の調査・研究が，科学的研究の端緒となった．その後 1960 年代後半から 1970 年代にかけて瀬戸内海を中心として，養殖漁業に甚大な被害を与えた *Chattonella* 赤潮の発生を受けて，大学を中心とした多くの試験研究機関で本格的な有害有毒プランクトンの研究が開始された．そして多くの研究成果があげられ，それらの研究の集大成として「赤潮の科学」が 1987 年に刊行され，さらに 1997 年にはその後の研究成果を盛り込んだ改訂版も出版された．それ以降 20 年近くの時間が経過しており，その間に進展した研究の成果が本書には収められている．一方で，この 20 年の間には水産庁主催の「有害有毒プランクトン同定研修会」が，日本水産資源保護協会や瀬戸内海区水産研究所を中心として，毎年開催されてきた．そこで研修を受けた各自治体の研究者らが現場で赤潮問題と対峙し，それぞれの現場における赤潮発生状況のモニタリングや被害軽減への取り組み等に関する成果が，漁場環境保全関係研究開発推進会議「赤潮・貝毒部会」で公表され，広範囲に情報が共有されるようになった．

　本書の特徴は，「有害有毒原因種の多様化」，「種同定の高度化」，「生活環や増殖の生理生態学的特性の解明」，「発生機構の解明と発生予知」等が，現場において実施された調査研究を踏まえて記述されていることであり，それが前書の「赤潮の科学」と大きく異なる点でもある．すなわち，現場で調査研究を行っている地方自治体の研究者の成果が，基盤として有害有毒プランクトン研究に大きく貢献しているという事実である．有害有毒プランクトンの増殖とブルームの発生機構を理解するためには，「原因種の生物としての生理生態学的特性と生活環の理解」ならびに「増殖現場の環境特性の把握」の両面を見据えた研究が基本的に重要である．しかしながら，有害有毒プランクトンの発生機構の理解だけが有害有毒プランクトン研究の最終ゴールではない．人類の生存にとって欠くことができない食糧資源の安全と安定的確保に対し，ネガティブインパクトを与える有害有毒プランクトンの大規模増殖をどのようにして防ぎ，有用水産物の毒化や斃死の被害をどのようにして軽減していくのかに向けて，さらなる研究が必要であることは論を俟たない．生物も環境もそして生態系も時間とともにダイナミックに変化している．このことを念頭に置きつつ，これからも周辺科学の成果も積極的に取り入れた研究を，息長く地道に進めていく必要がある．

2016 年 2 月

松岡數充・山口峰生・今井一郎

索　　引

英語索引・学名索引

有害有毒プランクトンの科学
Advances in Harmful Algal Bloom Research

今井一郎・山口峰生・松岡數充 編

2016 年 2 月 10 日　初版 1 刷発行

発行者	片岡 一成
印刷・製本	株式会社ディグ
発行所	株式会社恒星社厚生閣
	〒 160-0008 東京都新宿区三栄町 8
	TEL：03（3359）7371
	FAX：03（3359）7375
	http://www.kouseisha.com/

ISBN978-4-7699-1580-5　C3045

ⓒ Ichiro Imai, Mineo Yamaguchi and Kazumi Matsuoka, 2016

（定価はカバーに表示）

JCOPY ＜（社）出版者著作権管理機構　委託出版物＞

本書の無断複写は著作権上での例外を除き禁じられています．
複写される場合は，その都度事前に，（社）出版社著作権管理機
構（電話 03-3513-6969，FAX03-3513-6979，e-maili:info@
jcopy.or.jp）の許諾を得て下さい．

水圏の放射能汚染
―福島の水産業復興をめざして

黒倉 寿 編
A5判·200頁·定価（本体2,800円＋税）

福島第一原発事故後、流れ出た放射性物質はどう広がり蓄積されるのか、これまでのデータを基礎にまとめる。

Marine Phytoplankton
of the Western Pacific

T. Omura, M. Iwataki, V. M. Borja,
H. Takayama, Y. Fukuyo 著
A4判·160頁·オールカラー·定価（本体3,000円＋税）

光学顕微鏡から電子顕微鏡の写真を集めた観察や実習の際に役立つ海洋植物プランクトンの図鑑。

沿岸海洋研究会50周年記念
詳論 沿岸海洋学

日本海洋学会沿岸海洋研究会 編
B5判·272頁·定価（本体2,800円＋税）

物理·化学·生物と多分野が複雑に絡む沿岸海洋に特徴的なテーマを取り上げ、それぞれの視点で解説する。

水圏微生物学の基礎

濱﨑恒二·木暮一啓 編
B5判·280頁·定価（本体3,800円＋税）

最新の知見に基づき水圏環境中での微生物の分布、多様性、機能、相互作用などを包括的に記述した。

海洋科学入門
―海の低次生物生産過程

多田邦尚·一見和彦·山口一岩 著
B5判·128頁·定価（本体2,700円＋税）

植物プランクトンを中心に海洋の低次生物生産とそれに影響を及ぼす環境要因を軸に海洋学を概説する。

水産学
シリーズ 155
微生物の利用と制御
―食の安全から環境保全まで

藤井建夫·杉田治男·左子芳彦 編
A5判·146頁·定価（本体2,600円＋税）

微生物を利用した食品、赤潮対策、魚病対策のほか、エネルギー等他分野にわたる研究を解説する。

水産学
シリーズ 153
貝毒研究の最先端
―現状と展望

今井一郎·福代康夫·広石伸互 編
A5判·150頁·定価（本体2,700円＋税）

毒化軽減や毒化を予知する方法の研究など貝毒発生のメカニズムとその予防の最新研究を総括する。

改訂増補版
海の環境微生物学

右田祐三郎·杉田治男 編
A5判·264頁·定価（本体2,800円＋税）

環境問題で注目を集める微生物に関して、基礎的知見と応用例などを紹介した海洋微生物学の入門書。

食品衛生学
第三版

山中英明·藤井建夫·塩見一雄 共著
A5判·288頁·定価（本体2,500円＋税）

食品衛生学のテキストとした好評を得た前著を、最新のデータや法律に基づいて大幅に改訂した。

恒星社厚生閣